世界首例锦界三期
高位布置空冷汽轮发电机组
工程技术开发与创新实践

国能锦界能源有限责任公司 编著

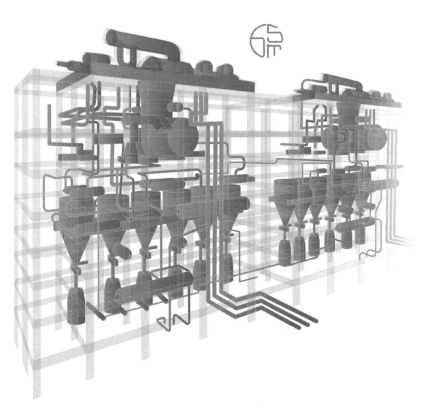

中国电力出版社
CHINA ELECTRIC POWER PRESS

内 容 提 要

本书分企业概况、技术创新、工程建设、生产运营、创新成果、党建领航共六篇二十一章八十节。

燃煤发电清洁高效既是我国能源领域的重大战略需求，也是电力行业节能降碳的前沿技术，而汽轮发电机组高位布置技术是煤炭清洁高效利用的重大突破。本书主要介绍了国能锦界能源有限责任公司三期扩建项目世界首例高位布置 2×660MW 空冷汽轮发电机组工程技术开发历程及技术创新成果，包括国能锦界公司煤电一体化项目规划发展简介、三期项目高位布置课题研究成果转化、施工组织设计、主要设计方案和设计专题的技术研发论证、性能试验、工程建设过程中的安全、质量、进度、投资控制及机组试运、生产运维管理、科技创新成果总结以及党建在项目管理中的领航作用等。本书论述的汽轮机发电机组高位布置技术，其系列创新成果及工程实践，为推动未来 700℃ 先进超超临界燃煤发电工程建设提供了关键技术支撑和路径指引，对国家能源安全具有重要的现实意义和长远战略价值。

本书可供电力工程规划设计、设备制造、工程建设及生产运行相关技术人员学习、借鉴和参考。

图书在版编目（CIP）数据

世界首例锦界三期高位布置空冷汽轮发电机组工程技术开发与创新实践/国能锦界能源有限责任公司编著 . —北京：中国电力出版社，2024.6

ISBN 978-7-5198-7939-6

Ⅰ.①世…　Ⅱ.①国…　Ⅲ.①汽轮发电机组—工程技术　Ⅳ.①TM311

中国国家版本馆 CIP 数据核字（2023）第 111390 号

审图号：GS京（2023）2334 号

出版发行：中国电力出版社

地　　　址：北京市东城区北京站西街 19 号（邮政编码 100005）

网　　　址：http：//www.cepp.sgcc.com.cn

责任编辑：娄雪芳（010—63412375）

责任校对：黄　蓓　朱丽芳　于　维

装帧设计：赵丽媛（封面、封底和篇隔页图片由西北电力设计院提供）

责任印制：吴　迪

印　　刷：三河市万龙印装有限公司

版　　次：2024 年 6 月第一版

印　　次：2024 年 6 月北京第一次印刷

开　　本：787 毫米×1092 毫米　16 开本

印　　张：32.5

字　　数：784 千字

印　　数：0001—3500 册

定　　价：168.00 元

谨以此书

献给陕西榆林神木锦界煤电一体化工程项目的建设者、运营者和创业创新创造价值的同路人!

编 委 会

主　编：刘建海　陈云峰　张　翼　徐　陆　何　文　高过斌
　　　　陈　兵　焦林生　李延兵　高　峰
副主编：鲁鹏飞　郝　卫　张宏涛　姚丹花　张志伟　柴守立
　　　　杨怀忠　马欣强　李红星　李路江　郭琴琴　雷双良
成　员：（按姓氏笔画排序）
　　　　于存喜　万鹏飞　马引生　马建宾　王　平　王　军
　　　　王　杰　王　卓　王　赓　王伟文　王向阳　王安西
　　　　王军胜　王凯民　王贵文　王素红　王振乐　王望龙
　　　　王喜军　王静静　牛文军　田　飞　白　伟　白　杰
　　　　冯雪峰　吕恒寿　朱晓鹏　朱鹏飞　乔　宇　乔　良
　　　　乔广渊　刘月富　刘永平　刘红军　刘运达　刘志东
　　　　刘改平　刘忠彦　刘振琪　刘爱萍　刘海涛　闫亚龙
　　　　闫雪超　祁　刚　许　亮　孙淑欣　孙慧峰　苏　鹏
　　　　苏晓峰　杜小军　李　立　李　波　李　健　李大为
　　　　李小平　李广清　李云龙　李凤军　李占荣　李亚东
　　　　李秀泉　李劲松　李垅基　李英河　李金泉　李京一
　　　　李鹏飞　杨　龙　杨　芳　杨　波　杨月来　杨文惠
　　　　杨乐乐　杨永林　杨奋林　杨忠飞　杨金松　杨晓鹏
　　　　连　平　肖述林　肖金玉　肖瑞婷　邱鹏飞　何　竹
　　　　余学海　谷朝红　汪朝阳　张　平　张　研　张　婷
　　　　张　魁　张小明　张亚龙　张兴焱　张军亮　张补忠
　　　　张彦和　张晓明　张象荣　范光平　尚志强　罗宇杰
　　　　周新庆　赵明远　赵建民　郝顺明　荣桂美　胡治平
　　　　姚婉玲　贺文军　贺众楷　贺海鹏　袁鹏举　贾　涛
　　　　贾树旺　顾永正　顾国平　徐　廷　徐广东　高　礼
　　　　高　洋　高　源　高凡德　高凤平　高占平　高永华
　　　　郭志军　郭尚智　郭振宇　唐建伟　黄　艳　崔　健
　　　　梁　添　梁砚巍　韩　燕　韩宏江　蒲建伟　解国庆
　　　　薛小军　薛应科　薛建庆

创新工程中的真善美

创新是引领发展的第一动力，创新的本质是突破。从能源转换的功能定位看，电力生产技术的核心在于能源转换效率的突破，而突破提效的关键在于提高系统的状态参数。进入 21 世纪以来，拥有 200 多年历史的热力发电技术新目标，就是主蒸汽温度提高到 700℃ 的先进超超临界发电技术，而要突破 700℃ "卡脖子" 的技术难题，就在于新材料、新布置和新结构等方面的攻关创新。从中央企业的角色定位看，作为党领导的经济部队，肩负着创新创造价值的责任和使命，而全要素生产率的提升和突破是企业管理提质增效的核心。国华电力作为能源央企，历届领导班子都深刻认识到通过创新提高能源转换效率、提高全要素生产率的重要意义，深刻认识到经济问题是民生之根本，也是文明之核心。从 1999 年国华电力成立之初 "建设控股型、经营型、现代化电力企业" 的战略构想和发展愿景，到各时期确定的管理方针和方法中都一以贯之，就是把创新创造价值当作事业，而我们实现创新的力量之源就是始终坚持以 "四个革命、一个合作" 能源安全新战略为引领，基本策略就是一以贯之的秉持想法与办法同频共振，这也是我们创新能够取得突破和成功的不二法门。国华电力坚持 "思想引领、遵循方略、创新实践"，坚持创新创造价值的正事哲学，从成立之初的一个新公司、小公司、亏损企业，成长为连续十八年盈利的新型现代能源企业，为国家创造利润和上缴税金 2360 多亿元，实现效率和效益全国第一，实现发电可靠性金牌数量全国第一，实现清洁煤电生态环保近零排放全国第一，并在印尼创造煤电机组连续运行 1438 天的世界纪录等等，率先走出一条 "产品卓越、品牌卓著、创新领先、治理现代" 的中国式现代化企业发展之路。

国华电力是一个在创新中追求真善美的团队，拥有探索广袤未知的勇气、美好人类生活的热忱、弘扬人文精神的情怀，能够觉于先、敏于行，实现创造性转化与创新性发展。秉持 "对党负责、对集团负责、对员工负责、对社会负责" 的责任感，提出 "资产保值增值、管理品质提升、员工身心愉悦" 的管理方针，通过不断地探索实践，逐步形成了 "放眼世界、创新自强，敬业乐群、敢于胜利，创造价值、奉献社会，身心愉悦、和谐共生" 的国华精神，国华精神既是一种自觉、一种力量、一种责任，也是一种劲头、一种追求、一种热爱，涵盖了厚重的忧患意识、奉献品格和人本文化。国华电力秉持员工与企业共同成长的价值观，建立管理学院对团队进行现代化系列培训，躬行国华精神、提升创新能力、实现全员发展。国华电力干了许许多多勇于担当、敢为人先的创新事，比如在安全生产上，2001 年学习国际先进的风险预控方法，率先开展职业卫生健康（NOSA）五星安健环管理体系贯标，2011 年起推行以"保障人的安全和健康"为核心的"安健环文化宣示系统"，由"生产安全"提升为"生命安全"，并形成"以人为本、生命至上，风险预控、守土有责，文化引领、主动安全"的安全文化理念。在经营绩效上，2001 年面向世界、赶超先进，与香港中华电力合资合作，2002 年企业经营目标设定、考核及企业绩效评价中引进经济增加值（EVA），加强对企业资产质量和价值创造能力的培育。在工程建设上，2000 年建设的"二十一世纪的示范电站"国华内蒙古准格尔发电工程中，孕育形成了"六更一创"的工程建设理念，2014 年国华浙江舟山电厂建设了全国首个"近零排放"清洁煤电工程，2015 年国华北京朝阳燃气电厂建设了被誉为全国"最智能"的燃气电站，2019 年与印尼国家电力公司合资合作打造"共生模式"的国华印尼爪哇 7 号两台百万千瓦发电工程，成为进军东盟和"一带一路"能源电力市场上的标杆示范工程，2020 年国华锦界电厂建设了世界首例高位布置空冷汽轮发电机组工程等等。经过二十多年建设发展，国华电力实现发电装机容量超过 5000 万千瓦，规划建设运营机组容量达到 9000 万千瓦。占据战略厂址资源的一批大容量、高参数的清洁煤电，为建设"百姓用得起、利用清洁化、供给有保障"的能源电力工程，实现国家能源主权、能源安全和可持续发展提供了新质生产力。能源电力技术创新关乎国计民生、关乎美好生活，国华电力坚持滴水穿石、久久为功、至诚无息、日新又新，建设的一系列基于国之所需、民之所盼的创新工程，荣获了省部级科技进步一等奖、国家优质工程金奖、鲁班奖和国际上的年度快发能源项目金奖、ESG（环境、社会和企业治理）金奖等电力大奖，打造了国华电力品牌卓著的经世之作和新时代生机盎然的创新工程"百花园"。

中华文明具有突出的创新性，创新是国之所需，是自古以来根植于中国文化深处的一种民族精神，决定了中华民族不惧新挑战，勇于接受新事物的无畏品格，所谓"天行健""作新民"。人类身处气候多变的地球家园，需要绿色植物的光合作用、需要七彩阳光构建的热力系统温暖呵护生命繁衍，人间烟火气是生活生产生命的创新突破，造就了"火热的心"。煤炭是"太阳石"，是人类创新活动的高品位能源资源，燃煤发电是将古代储存的太阳光重新释放利用。作为能源企业，止于至善的创新，要做到"上承天时，下合地利，善用资源，向日而生"，打造融合以化石能源为主的红色电力、以气候能源为主的绿色电力等多元组合的七彩电力，实现与时俱进的创新发展，这是中国人的智慧，也是东方人的智慧。创新的过程是斗争的过程、进化的过程，往往涉及对思维定式、传统技术、工程实践的突破，也必将面临诸多无法想象的困难和挑战，要一以贯之遵循"四个革命、一个合作"能源安全新战略，始终把握"珍惜当下、干事创业"的机遇，深刻领会"一切经济最后都归结为时间经济"，将认识论和方法论统一到"闹革命，而不是闹情绪"上来。感恩的是集团党组非常鼓励支持创新，2012

年时任神华集团总经理张玉卓再次亲临国华电力科技大会，要求国华电力科技创新要努力成为"代表神华电力板块的技术核心力量、代表中国发电方面若干领域的引领方向、代表世界低碳能源的发展方向"。正是在集团党组长期信任和鞭策下，国华电力至诚无息、日新又新，创新已经融入企业发展的使命、基因和血脉中。

工程是创新活动的主战场，创新工程是国家发展新质生产力最直接的体现，是真善美的集成体，是时代文明进步的标志。创新工程是企业"有筋骨、有道德、有温度"的产品，工程里的主角是员工，是建设者，是创新的卓越工程师，他们通过研发、安装、调试，建设并运维机械设备、厂房和保护环境，持续创造出生态环境和经济社会效益，延续着人世间的烟火气，诠释着"一枝一叶总关情"。工程建设有工程的社会观、系统观、生态观、伦理观、文化观，工程建设的哲学思想就是"天、地、人"的和谐统一，是员工、企业、社会、自然的和谐统一。创新工程中的真善美，来自于人、回馈于人，是美好生活的需要，是中国哲学、中国文化的绽放，也是设计建设运行工程之人的心灵美；创新工程中传承印记着工匠精神、劳模精神、科学家精神和企业家精神，融人性、物性、理性为一体，需要遵循客观规律之真、以人为本之善、美美与共之美；创新工程师用"心灵"创造工程的建设意境、技术路线和设计方案，在深刻理解和把握科学、技术、工程和创新的相互联系，深入分析工程的系统性、复杂性、交叉性、综合性的基础上，通过集成优化、科学组织和创新实践的构建过程，不断探究、追求、孕育、升华工程中的真善美，着力建设如天造地设般共育共生、创造价值的创新工程。创新工程也能融入员工的内心，灌溉心田，润"人"细无声，塑造人的真善美。

我们追求真。真理之光照耀着我们的内心，尽管在"明德至善"追求真理的道路上充满了艰辛，但在技术创新和实践中，我们始终坚信临事而惧、好谋而成，坚持把握规律、运用规律，坚持系统思维、为民所用。为保障能源安全与发展，红色的电力、绿色的电力、七彩的电力，这是人类解决能源问题的多元化选择。聚焦于对能源电力"安全性、可获得性、清洁性、灵活性、经济性、低碳性"的追求，我们与行业的条条框框斗争，大力发展新能源的同时，高品质发展清洁煤电这个能源电力的"基本口粮"，建设"百姓用得起、利用清洁化、供给有保障"的能源电力工程。我们处于工业文明和信息文明融合的时代，工业文明的特点就是解决一个问题会带来新的问题，从哲学上说，也就是"一个矛盾克服了，又一个矛盾产生了"，没有矛盾就没有创新，也就没有新方法新思路新突破，各类能源电力亦如此，要靠技术创新和多元化来解决能源发展过程中的新矛盾新问题。比如在工程建设目标定位上，致力于建设"低碳环保、技术领先、世界一流的数字化电站""一键启停、无人值守、全员值班的信息化电站"，实现"发电厂创造价值、建筑物传承文化，打造现代工业艺术品"的建设目标。在节约资源方面，按照简约、节约、集约的原则，坚持"节能环保做加法，系统冗余做减法"，切实做到节水、节地、节材、节能、降碳、降噪、减排。在设计优化上，我们在传统"四新"的基础上增加了"新布置"和"新结构"，这是运用规律的生动体现。基于锦界三期高位布置空冷汽轮发电机组工程技术开发与创新实践这一世界首例的重大创新课题，我们坚持谋定而动，在顶层设计过程中，先后组织了十五次创新领导小组设计协调会议，开展了14项专题及25项子课题研究，进行了主厂房结构数模、物模试验验证，解决了四大管道应力校核、主厂房结构偏摆控制以及弹簧隔振装置等相关重大技术难题，历经三十余次设计技术评审会议，并经中国工程院院士和工程设计大师组成的专家团队审定为"工程技术风险可控，可用于工程设计和建设"。我们依托国华电力研究院的核心设计，依靠国华锦界电厂历届领导班子的努力，以及设计、设备、施工、安装、调试、监理等"产学研用"参建各方求真务实的协同创新，最终在锦界三期工程中攻克了高位布置主厂房结构抗震（振）设计、汽轮发电机组稳定运行以及厂房、管道、设备间相互影响等关键核心技术，建成了世界首例示范工程，掌握了完整的自主知识产权，取得了系列原创性、系统性重大突破，形成了安全、可靠、经济、可持续、可复制的高位布置技术体系和工程实践成果，同时开发了数字厂房系统，提供了灵活智能清洁高效空冷机组的建设模式和发展方向，更推动未来700℃先进超超临界燃煤发电技术工程应用的伟大实践迈上了新台阶。在国华湖南永州电厂开发建设了中国最南端高温高湿环境区域百万千瓦机组"烟塔合一"技术创新工程和输煤系统垂直提升技术创新工程。在国华浙江舟山电厂开发建设了"正其义不谋其利"的近零排放清洁煤电技术创新工程，且其成为治理大气污染，解决百姓"心肺之患"的首例清洁煤电创新工程。这些都是国华电力作为能源央企，聚焦主要矛盾和矛盾的主要方面，在提升能源新质生产力上的创新实践，是老百姓和社会各界看得见摸得着的正事。

我们追求善。"至诚无息，立己达人"。人之性是向善，人之道是择善固执，将两者结合在一起的是明善及诚身，我们坚持善作善成，追求互善共善，以此为出发点，进而把人类与天地万物融合成一个整体来思考，形成了让人心向往之的精神境界和自由王国。我们恪守人是"有限"的，需要珍惜当下、敬业乐群，倡导"小业主、大咨询、大社会"的协同创新，这也是对中国文化、中国哲学的自我觉悟。我们知道从善如登，既包括我们对农业文明、工业文明、生态文明的发展演化进步过程中的持续创新，又包括全方位地关心关爱员工，致力于激发员工的内生动力，服务员工、赞美员工，形成人人讲奉献、负责任、洒汗水，最终实现企业与员工的和谐共赢全面发展。为此，我们在企业治理、工程建设、技术创新上都追求达到"至善"的境界，并在基建、生产、生活、生态等方面进行了系统设计和创新实践。比如，国华电力举办设计总工程师创新技术论坛，创立工程设计"蜜蜂奖"，借鉴蜜蜂巢房这令人惊叹的"神奇天然建筑物"，激发大家像蜜蜂一样成为善用资源的"天才的数学家兼设计师"。国华电力电厂的食堂都明示"勤俭持家，珍惜粮食，省煤节电，保护环境"的"家训"，进而节约社会成本，并在工程建设中不懈追求勤俭造价新水准，这些都体现了中华文化中善用之美德。国华电力创建工程建设和运行维护承包商的党建安全质量"三一行动"规范，落实全员安全质量责任，确定了"安全健康环保、质量工期优良、文明进步和谐"的"金牌班组"绩效目标。再比如，我们在国华陕西锦界三期工程，实施厂区声环境污染控制的创新设计并加大投入，汽机房、锅炉房、厂界噪声污染控制技术应用效果领先，高位布置汽轮机平台振动噪声控制，创造了声环境下的新水准、新境界。在国华蓟州盘山电厂植树造林，将灰场变绿洲。在国华山东寿光电厂小清河畔，建设"万顷芦苇，百舸争流，水鸟翔集，童叟心怡"的"国寿生态园"。在国华浙江宁海电厂建设"和谐宁电"。在国华湖南永州电厂建设深度融入幸福乡村"一带八景"的"永电新村"。在国华江西九江电厂推动工业文明、生态文明、农业文明融合发展，打造"长江沿岸现代工业艺术品"。在国华印尼爪哇电厂，"海岸卫士"红树林由几公顷向着几十公顷繁衍生长，宛如海上"中和绿岛"生机盎然、涵养生态、维持生物多样性、净化海水、防风消浪、固碳储碳，红树林生态工程也被印尼员工亲切地称为白鹭的天堂、生命的家园等。这也是国华人和身边社会百姓共享中国人的"温良"，都体现出君子怀德、以人为本，体现出润物细无声、人与自然和谐共生的境界。

我们追求美。美是"真"和"善"在生命情感中的升华，是和谐、是境界，是"发而皆中节"的进步过程。用美的态度对待世界，激发科学技术的创新创造，实现"各美其美，美人之美，美美与共，天下大同"的追求。工程是时间艺术、空间艺术，是形神兼备的大写意。工程之美源自心灵之美，体现在设计之美、工笔之美、创新之美、文化之美，通过追求建筑的意境，向社会呈现我们的内心世界，得到感情的共鸣和思维的启迪，如同八音和鸣沁人心脾，共建天地同和、美美与共的工业艺术品和创新百花园。在工程顶层设计中，坚持与所处生态环境相融合，与所在区域文化特色相映衬，比如国华电力的北京朝阳燃气电厂、陕西锦界电厂、内蒙古胜利电厂等工程中，我们将建筑物的内部色彩，适当选择为木色体现温暖亲切，外部主色调选择灰色体现宁静吉祥之意，比如广东清远电厂"水墨丹青"文化之美、广西北海电厂"莫比乌斯环"畅想未来之美的意境等。在印尼爪哇电厂规划设计中突出依山傍水，建筑构筑物和现场景观设计都体现出印尼文化特色，海边红树林中的鹭鸟享有着和平、自由的"欢唱"，仿佛为"一带一路"放歌……在太阳母亲的滋润下，蓝天、大地、海洋和栖息其中的生命，展示出一幅祥和的生命画卷，给世界带来爱和奋进的力量。我们在创新工程建设中追求美德共济，追求人生的道德境界、天地境界，实现天地万物融为一体之美。工程艺术家不做重复事、勇做创新事，创新工程中有国华人敢于创新、敢于斗争、敢于胜利的志气，有中国人吃苦耐劳、自力更生、艰苦奋斗的骨气，新时代百姓美好生活更需要创新创造价值的新质生产力。

创业创新真善美、和谐共生天地人。国华电力二十多年的建设发展，从"豆芽菜一样矮小的树苗苗"成长为生生不息、枝繁叶茂、欣欣向荣的参天大树，培育了一大批具有创新特质的新时代栋梁之材，为响应百姓民生之关切、国家发展之需要、能源电力供给之安全、生态文明之示范做出了有益探索。国华电力由正事，而致良知，而明明德，而止于至善，由其为社会一员"正其义而不谋其利"的"道德境界"，迈上成为宇宙一员而超越人间世的"天地境界"即达到了"哲学境界"。

这是国华人、能源人和同路人，在新时代构建的能源电力高质量发展新范式。

——根据 2023 年 2 月 19 日在锦界三期发电工程技术开发与创新实践座谈会上的讲话整理。

王树民

2024 年 3 月 11 日

甲辰年二月初二于北京

前　言

　　习近平总书记指出："当今世界，科技创新已经成为提高综合国力的关键支撑，成为社会生产方式和生活方式变革进步的强大引领"。为深入贯彻党的十八大以来习近平总书记关于科技创新的重要论述，践行国家创新驱动发展战略，推动煤电技术集成创新创效，推动电力装备制造和工程建设技术进步，在神华集团领导下，国华电力公司于2015年6月决定在国华锦界电厂三期工程中采用空冷汽轮发电机组高位布置技术方案，工程于2018年5月28日正式开工建设，2020年12月31日实现双机投产。作为火力发电厂"世界首例"高位布置2×660MW超超临界空冷汽轮发电机组工程，其顺利投产既是煤电领域的一项重大技术创新，也是我国发展更高参数、更高效率火电机组过程中具有攻克技术难关、独具开创示范意义的一件大事，为未来发展700℃先进超超临界火电机组提供了技术储备和设计、建设工程案例，得到了能源电力行业和地方政府的高度评价，是新时代煤电转型发展可复制、可推广的成功典范。

　　国华电力公司贯彻"四个革命、一个合作"能源安全新战略，秉持"思想引领、遵循方略、创新实践"，坚持充分发挥企业的科技创新主体地位，坚持走"产学研用"相结合的技术路线，注重科技创新体制机制和能力建设，统筹整合利用各种技术资源，持续加强同高等院校、科研机构、设计院所和设备制造厂家的战略合作，积极探索实践"加强科技创新、推进国产化和固化核心技术三者相结合"的科技创新思路，形成了"合作开发、风险共担、成果共享，有效提升科技研发成功率和成果转化率"的科技研发新模式。在国华锦界电厂三期工程的决策和建设中，国华电力公司联合电力规划总院、中国建研院、西北电力设计院、华北电力设计院、哈电集团、哈尔滨汽轮机厂、哈尔滨发电机厂、上海锅炉厂、青岛隔而固公司、西安交通大学、华北电力大学等合作单位，共同组建了专家技术团队，以西北电力设计院为主体设计院，对空冷汽轮发电机组高位布置方案共同开展理论研究、关键技术研发及工程应用，先后完成了十四项设计专题报告、二十五项子课题研究成果，并由中国工程院院士、工程设计大师等行业专家组成的技术专家团队，历经三十余次设计技术评审会议，确认"工程技术风险可控，可用于工程设计和建设"，取得了一系列原创性、系统性的重大突破，形成了技术可行、经济合理、安全可靠，拥有完整自主知识产权的高位布置技术体系。

　　回顾国华锦界电厂三期项目前期工作历程，项目于2008年10月启动可行性研究。2014年5月，国家能源局在"大气污染防治行动计划"12条重点输电通道规划中，包括了陕北神木至河北南网重点通道建设项目。2014 年 8 月，神华集团向国家能源局上报国华锦界电厂三期项目作为陕北神木至河北南网重点通道配套电源的请示。2015 年 6 月，陕西省发展改革委要求加快国华锦界电厂三期项目前期工作，全面推进电力外送。2016 年 1 月，国家能源局批复同意国华锦界电厂三期项目纳入陕西省重点规划建设项目。2016 年 2 月，神木县发展改革局向陕西省发展改革委上报国华锦界电厂三期项目核准的请示。2016 年 3 月，神华集团向陕西省发展改革委上报国华锦界电厂三期项目核准的请示。2016 年 3 月 14 日，陕西省发展改革委正式核准国华锦界电厂三期扩建项目。在国华锦界电厂三期项目立项、审批、核准过程中，得到国家发展改革委、国家能源局，陕西省委、省政府，陕西省发展改革委、能源局，榆林市、神木市委市政府及各有关部门，神府经济开发区管委会的大力指导、支持和帮助，这是项目能够成功落地的关键，在此致以最诚挚的谢意。

在国华锦界电厂三期工程为期 31 个月的建设过程中，始终秉承国华电力公司以"生态文明"为旗帜，以"美丽电站"为纲领，以"清洁高效"为路径的建设发展理念和"建设低碳环保、技术领先、世界一流的数字化电站；一键启动、无人值守、全员值班的信息化电站；发电厂创造价值，建筑物传承文化，打造现代工业艺术品"的基本建设目标，始终恪守国华电力公司"更安全、更可靠、更先进、更经济、更规范、更环保，创国际一流发电公司"的"六更一创"基本建设宗旨，依托"小业主、大咨询、大社会"的基建管理模式，多措并举保障了工程安全、优质、高效投产。工程建成投产以来，机组运行稳定可靠，各项指标均达到或优于设计值，取得了良好的环境效益、经济效益和社会效益。

"天地之功不可仓卒，艰难之业当累日月"，新时代的电力人勇于担当、敢于担当、善于担当。国华锦界电厂三期工程从项目谋划到建成投产，倾注了各级领导、专家和工程建设者的大量心血，汇聚了业内人士的智慧与汗水。在国家能源集团、神华集团、中国神华正确领导下，在国华电力公司统筹组织下，在国华电力研究院领导团队和专业技术人员的技术指导下，国能锦界公司全体基建、生产人员不惧险阻、迎难而上、勇攀科技创新高峰，电力规划总院、西北电力设计院、华北电力设计院、上海电力监理、哈电集团、哈尔滨汽轮机厂、哈尔滨电机厂、上海锅炉厂、中国能建集团、中国建研院、东电一公司、江苏电建一公司、西北电建四公司、浙江菲达、西安交大、华北电力大学、东南大学、同济大学、青岛隔而固公司、双良节能公司、国网河北能源技术公司、长沙水泵厂等各参建单位群策群力、通力合作，对项目建设全过程给予了全方位的技术支持和帮助。其中，在工程技术方案的决策和论证过程中，国家能源集团王树民、刘志江、肖创英，哈电集团吴伟章、吕智强，中国能建集团汪建平、张满平，电力规划总院谢秋野、孙锐、姜士宏，东北电力设计院郭晓克，华北电力设计院朱大宏，华北电力大学杨勇平、张永生，西安交通大学严俊杰，国华电力公司宋畅、陈寅彪、张翼、张艳亮、靳华峰、郝卫、余学海、顾永正等同志多次参与工程方案审查。西北电力设计院胡明、徐陆、高峰，中国建研院郝玮等对设计技术方案做了大量辛苦细致的设计、论证工作，为项目建成作出了重要贡献。在高位布置机组关键设备研发制造过程中，哈尔滨汽轮机厂张宏涛、苗雨、张志伟，上海锅炉厂姚丹花、陈朝辉、郭琴琴，双良节能公司刘国银，江苏博格东进管道设备公司钱永进、王素红等专家提出了精准精细的设备工艺方案，为工程成功实践奠定了坚实基础。在工程建设过程中，以国华锦界电厂历届党政班子、全体员工以及国网华北分部电力调控分中心江长明，国网河北能源技术服务公司李路江，上海电力监理曹栓海、王建勇、王伟文，华北电力设计院李京一，西北电力设计院雷双良、蒲建伟、李鹏飞、杨晓鹏，东电一公司蔡明、张明、许亮、白杰、宋川，江苏电建一公司胡文龙、阮建强、荣桂美、孙卫东，西北电建四公司李垅基，西安热工院刘振琪、杜文斌等为代表的各单位建设者，夙夜在公、奋勇拼搏，为机组优质高效投产付出了辛勤的汗水。正是工程参建各方不忘初心、精雕细琢、倾注匠心，让蓝图规划到机组发电的每一步完美兑现，推动中国火电建设达到新高度，实现新时代火电技术新跨越，成为火电建设者深入践行创新驱动发展战略的生动写照。在此，向所有参与工程建设的劳动者致以崇高的敬意！

本书共六篇二十一章，在编写过程中编委会顾问提出了很多有价值的意见和建议，全体编写人员精益求精、辛勤付出，中国电力出版社尤其是本书责任编辑娄雪芳同志对本书进行了严谨细致的编辑，在此一并表示诚挚的感谢！

限于编写者的学识水平，书中难免有不妥之处，恳请读者批评指正。

编者

2023 年 12 月

缩 略 语

1. 国家能源集团：国家能源投资集团有限责任公司
2. 神华集团：神华集团有限责任公司
3. 中国神华：中国神华能源股份有限公司
4. 国电电力：国电电力发展股份有限公司/北京国电电力有限公司
5. 国华电力公司：北京国华电力有限责任公司或中国神华能源股份有限公司国华电力分公司
6. 国华电力研究院：神华国华（北京）电力研究院有限公司或国能国华（北京）电力研究院有限公司
7. 国华锦能公司或国华锦界电厂：陕西国华锦界能源有限责任公司
8. 国能锦界公司：国能锦界能源有限责任公司
9. 锦界三期工程或锦界三期项目：国华锦界电厂三期 2×660MW 机组工程或陕西国华锦界电厂三期扩建项目
10. 中国能建集团：中国能源建设集团有限公司
11. 电力规划总院：电力规划设计总院或电力规划总院有限公司
12. 中国建研院：中国建筑科学研究院
13. 西北电力设计院：中国电力工程顾问集团西北电力设计院有限公司
14. 华北电力设计院：中国电力工程顾问集团华北电力设计院有限公司
15. 东北电力设计院：中国电力工程顾问集团东北电力设计院有限公司
16. 东电一公司：中国能源建设集团东北电力第一工程有限公司
17. 江苏电建一公司：中国能源建设集团江苏省电力建设第一工程有限公司
18. 西北电建四公司：中国能源建设集团西北城市建设有限公司
19. 哈电集团：哈尔滨电气集团有限公司
20. 哈尔滨汽轮机厂：哈尔滨汽轮机厂有限责任公司
21. 哈尔滨电机厂：哈尔滨电机厂有限责任公司
22. 浙江菲达：浙江菲达环保科技有限公司
23. 上海电气：上海电气电站设备有限公司
24. 上海锅炉厂：上海锅炉厂有限公司
25. 双良节能公司：双良节能系统股份有限公司
26. 青岛隔而固公司：隔而固（青岛）振动控制有限公司
27. 杭州和利时：杭州和利时自动化有限公司
28. 上海电力监理：上海电力监理咨询有限公司
29. 布连电厂：国电建投内蒙古能源有限公司布连电厂
30. 宁东电厂：国能宁东第一发电有限公司或宁夏国华宁东发电有限公司
31. 九江电厂：国能神华九江发电有限责任公司或神华国华九江发电有限责任公司
32. 鸳鸯湖电厂：国能宁夏鸳鸯湖第一发电有限公司或国神宁夏煤电有限公司

33. 北元化工：陕西北元化工集团股份有限公司

34. B-MCR：锅炉最大连续额定负荷

35. BSCS：锅炉顺序控制系统

36. CCUS：二氧化碳捕集、利用与封存

37. CWT：联合水处理方式

38. DEH：数字化电液控制系统

39. FSSS：炉膛安全监控系统

40. GHepc：国华电力公司基建总承包管理模式

41. MCS：模拟量控制系统

42. MEA：乙醇胺

43. MEH：给水泵汽轮机控制系统

44. MFT：主燃料跳闸

45. MGGH：烟气水媒式换热系统

46. MVR：节能蒸发器

47. OPC：机组超速保护系统

48. SVC：静态无功补偿装置

49. SVG：动态无功补偿装置

50. THA：热耗率验收工况或格外着力工况

51. TMCR：汽轮机最大连续工况

52. TSCS：汽轮机顺序控制系统

目 录

第三篇 工　程　建　设

第四篇 生 产 运 营

第五篇 创 新 成 果

第六篇　党　建　领　航

第一篇

企业概况

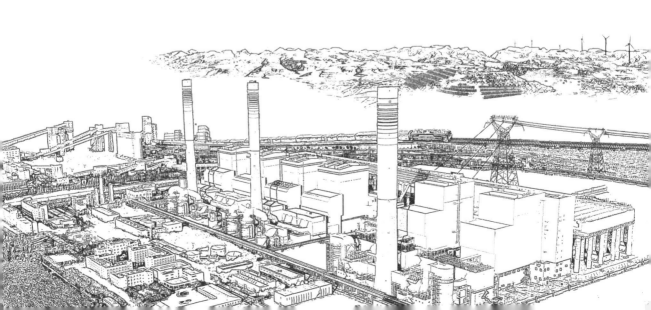

第一章

历 史 沿 革

国能锦界能源有限责任公司（简称国能锦界公司）成立于 2004 年 2 月，是中国神华能源股份有限公司的全资子公司。2021 年 12 月前，企业名称为陕西国华锦界能源有限责任公司（简称国华锦界公司或国华锦界电厂），由原神华集团所属国华电力公司管理。2021 年 4 月由国家能源集团所属国电电力发展股份有限公司管理，同年 12 月更名为国能锦界公司。负责经营管理锦界煤矿、电厂一二期及三期工程、新能源、铁路专用线、CCUS 及清洁能源发展项目。截至 2023 年 12 月底，公司注册资本金 38 亿元，管理运营总资产 181 亿元，在册职工 900 余人。

一、发展背景

（一）顺应西部大开发战略起步

1. 乘西部大开发战略之风

1999 年 9 月，中共十五届四中全会通过的《中共中央关于国有企业改革和发展若干重大问题的决定》明确提出，国家要实施西部大开发战略，目标是加快中西部地区发展，努力实现西部地区经济又好又快发展。同年 11 月，中共中央、国务院召开经济工作会议，部署 2000 年工作时把实施西部大开发战略作为一个重要的方面。

实施西部大开发战略是党中央、国务院总揽全局、面向新世纪作出的重大决策，目的是"把东部沿海地区的剩余经济发展能力，用以提高西部地区的经济和社会发展水平"，范围包括 12 个省、自治区、直辖市、三个单列地级行政区。2000 年 1 月，国务院成立西部地区开发领导小组并召开西部地区开发会议，研究加快西部地区发展的基本思路和战略任务，部署实施西部大开发的重点工作。2000 年 10 月，中共中央十五届五中全会通过《中共中央关于制定国民经济和社会发展第十个五年规划的建议》，强调"实施西部大开发战略、加快中西部地区发展，关系经济发展、民族团结、社会稳定，关系地区协调发展和最终实现共同富裕，是实现第三步战略目标的重大举措"。陕西省作为西部地区龙头省份，成为西部大开发的前沿阵地。

2. 顺能源化工基地之势

2002 年 3 月 26 日至 29 日，时任中共中央总书记、国家主席、中央军委主席江泽民视察榆林并考察煤电基地项目现场时指示："榆林资源这么丰富，一定要开发好"。2003 年 3 月，国家计委正式批准陕北能源化工基地在榆林启动建设。同月，陕西省委、省政府在榆林召开"推行三个转化、加快陕北能源重化工基地建设"工作会议，榆林能源化工基地建设进入大开发阶段。

榆林国家级能源化工基地作为全国唯一的国家级能源化工基地——陕北能源化工基地的一部分，目标是"建成规模实力强大、核心技术领先、资源高效利用、生态环境优美的世界级大型能源供应基地",建设过程坚持"三个转化"(即煤向电转化、煤电向载能工业品转化、煤油气盐向化工产品转化),以资源的高效利用和循环利用为核心,以"减量化、再利用、资源化"为基本原则,以"低消耗、低排放、高效率"为主要特征,大力发展循环经济,推动可持续发展。

2003 年,按照党中央、国务院的指示要求,神华集团党组决定在陕北神府煤田腹地控股投资建设当时国内最大规模的煤电一体化项目,"陕西神木电厂—锦界煤矿煤电一体化项目"应运而生,并纳入作为榆林能源化工基地重点建设项目,由神府经济开发区锦界工业园区引入立项,旨在利用陕北丰富的煤炭资源,落实好"西电东送"任务,将西部电力资源优势转化为经济优势,深刻调整东西部能源与经济不平衡结构,保障华北地区用电,实现"东西部协同发展,共同富裕、共同进退"战略目标。

3. 立煤电一体化发展之本

"陕西神木电厂—锦界煤矿煤电一体化项目"是神华集团和北京国华电力公司贯彻国家西部大开发战略和推进陕北大型煤电基地建设、实现更大范围内资源优化配置的重点建设项目。项目位于陕西省榆林市神府经济开发区锦界工业园区,在神木市西南约 35km、榆林市东北约 75km 处,地处我国重要的煤炭能源基地——陕北神府煤田腹地。项目区位如图 1-1 所示。

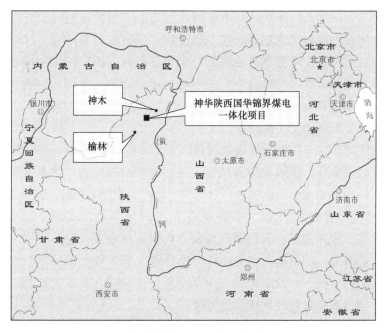

图 1-1 项目所处区位图

陕西神木电厂—锦界煤矿煤电一体化项目初期规划建设容量为 6×600MW 火电机组,配套锦界煤矿规划产能 1000 万 t/年。项目于 2004 年 4 月开工建设,至 2006 年 9 月,电厂一期 2×600MW 亚临界空冷火电机组及配套锦界煤矿顺利投产;2008 年 5 月,电厂二期 2×600MW 同类型机组投入商业运行。

作为国内首个真正意义的典型"煤电一体化"项目,陕西神木电厂—锦界煤矿煤电一体化项目是国家"西电东送"北通道项目的重要启动电源点，与三峡工程、山西阳城电厂同为国家电网公司直接调度电厂。电能通过 500kV 输电线路直送河北南网，输送距离为 435km。在发挥煤电一体联营优势、创造良好经济效益的同时，极大地缓解华北地区及京津唐电网电能紧张局面，对于推进西部大开发战略落地、加快地方经济发展、满足华北地区供电需求、合理配置资源、优化能源结构、改善环境质量和促进可持续发展都具有重要意义。2008 年 10 月 29 日，时任中共中央总书记、国家主席、中央军委主席胡锦涛到国华锦能公司视察，对煤电一体化模式和建设成就表示高度肯定。

（二）践行能源安全新战略壮大

"十三五"是我国全面建成小康社会的决胜期、深化改革的攻坚期，也是电力工业加快转型发展的重要机遇期。国家"十三五"规划明确提出了贯彻落实"创新、协调、绿色、开放、共享"的新发展理念，实施创新驱动战略，明确了建设现代能源体系、推动传统产业升级改造和能源结构优化升级等战略目标，突出了绿色低碳发展、生态文明建设的新要求，为本项目可持续发展指明了方向。

进入"十三五"以来，随着"双碳"目标的确立和能源转型发展的要求，国家发展改革委、国家能源局制定了《电力发展"十三五"规划》，提出了落实"四个革命、一个合作"能源安全新战略的新要求，明确了"清洁低碳、绿色发展、优化布局、安全发展、智能高效、创新发展"的基本原则，制定了"加快煤电转型升级、促进清洁有序发展，合理布局能源富集地区外送、建设特高压输电和常规输电技术的"西电东送"输电通道、应用推广超低排放新技术、大力发展新能源"等发展路径。同时，国务院印发的《大气污染防治行动计划》中明确提出"调整优化产业结构，推动产业转型升级、加快调整能源结构、增加清洁能源供应，优化产业空间布局"等具体要求，对传统能源转型发展明确了实施路径。

为贯彻落实"十三五"电力发展规划和国家"大气污染防治计划"，满足河北南网区域用电负荷发展需要、缓解京津冀地区大气污染和治霾压力，陕西省和神华集团报请国家核准"陕西国华锦界三期扩建项目"，2016 年 3 月获得核准。国华锦界电厂三期项目 2×660MW 超超临界空冷火力发电机组于 2018 年 5 月正式开工，2020 年底实现双机投运。三期工程采用了世界首例汽轮发电机组高位布置设计技术和"八机一控"、一键启停、生态排放、辅机单列布置、智能智慧电厂等多项创新集成技术，是新时期我国煤电能源结构转型、加快煤电技术创新集成、低碳减污发展的成功典范，也是集团煤电联营、清洁高效发展的创新示范工程。

在这一时期，为贯彻国企改革指导意见，解决下游电厂燃煤运输瓶颈，保障能源供应的稳定可靠，真正实现产、供、销一体化的"调节器、蓄水池、压舱石"能源保障功能，2016 年 9 月，国华锦能公司开展轻资产经营和混合所有制经营改革试点，联合当地民营企业成立陕西国华锦能煤炭运销有限公司，主要经营煤炭及其他工业产品运销及辅助服务、铁路专用线运营管理。

同时，为贯彻党的十九大"生态文明建设"要求，推动我国传统能源清洁化利用，并为煤电企业可持续发展开辟新的路径，国能锦界公司按照科技部部署，开展了国家重点研发计划"15 万 t/年燃烧后 CO_2 捕集和封存全流程示范项目",于 2021 年 6 月建成当时国内最大规模的燃煤电厂燃烧后 CO_2 捕集、利用与封存示范工程(以下简称 CCUS)。

(三)落实"双碳"目标转型升级

"十四五"时期是全面建成小康社会基础上,开启全面建设社会主义现代化国家新征程的第一个五年,推进供给侧结构性改革、发展壮大战略性新兴产业、加快发展方式绿色转型、实现高质量发展等成为新发展阶段的新要求。进入新时期,国能锦界公司紧跟国家战略导向,立足区位优势,坚持传承和弘扬延安精神,自力更生、艰苦奋斗,大力推动综合能源转型和新能源发展,企业规模不断壮大,高质量发展取得积极成效。

坚持传统产业转型升级。一方面,按照"技术领先、指标先进、灵活可调、智能智慧"的原则,大力推进 1、4 号机组通流改造、灵活性改造,推动 2、3 号机组升参数综合提效改造。另一方面,攻坚综合能源转型发展,立足园区拓展周边热、电、冷、汽、水市场,积极谋划粉煤灰固废综合利用,推进生物质掺烧工程实践。

大力发展新兴产业。全面落实国家能源集团"十四五"新能源新增 8000 万 kW 和两个"1500 万 kW＋"新能源发展目标,依托"点对网"外送通道和陕北丰富的风光资源优势,争取到国家首批"沙戈荒"大型风光基地神府至河北南网 300 万 kW 新能源项目开发建设主导权。已投产光伏项目 12.27 万 kW,在建新能源容量 160.31 万 kW,储备新能源开发指标超 150 万 kW。预计到"十四五"末,新能源装机容量将达到或超过火电装机容量水平,在新能源发展赛道中再造一个"新锦界"。同时规划利用四期 2×100 万 kW 超超临界机组扩建项目和周边区域丰富的风能及太阳能资源,结合当地煤矿采空区(塌陷区)、留采区生态综合治理方案,全力推动包括风电、光伏、储能电站与新型煤电在内的千万千瓦级综合能源基地一体化示范项目。

国能锦界公司坚持以习近平新时代中国特色社会主义思想为指导,积极响应"社会主义是干出来的"伟大号召,忠实践行"四个革命、一个合作"能源安全新战略和"清洁低碳、安全高效"发展要求,立足新发展阶段,完整、准确、全面贯彻新发展理念,围绕产业链部署创新链,围绕创新链布局产业链,奋力打造千万千瓦级"风光火储"综合能源基地,大力建设"多能互补"项目,并以"发电＋"能源多联供方式构建综合能源智慧供应中心,国家战略引领和煤电一体支撑保障作用在国能锦界公司得到全面实践应用。

二、产业现状

(一)在运规模

(1)火电机组容量:总装机容量 372 万 kW(一、二期 4×60 万 kW＋三期 2×66 万 kW)。

(2)配套煤矿产能:1800 万 t/年。

(3)铁路专用线运力:500 万 t/年。

（4）新能源装机容量：12.27 万 kW（定边 12 万 kW＋厂区 0.27 万 kW）光伏发电。

（5）CCUS（二氧化碳捕集、利用与封存）产能：15 万 t/年。

（二）在建规模

（1）光伏发电装机容量：120.31 万 kW（基地 100 万 kW＋黄龙 20 万 kW＋厂区 0.31 万 kW）。

（2）风电装机容量：40 万 kW（基地）。

经过二十年的不断发展，国能锦界公司初步建成一家大型煤电一体化联营综合能源公司，形成了火电、煤炭、新能源、铁路运输、CCUS"五位一体"产业发展新格局，产业体系基本成型，煤电联营效益显著，能源保供高效可靠，清洁发展势头迅猛，为促进京津冀地区大气污染防治、推动地方经济发展作出了积极贡献，并持续为国家实现"双碳"目标和国家能源集团建设世界一流清洁低碳能源科技领军企业贡献力量。

截至 2023 年 12 月底，国能锦界公司累计发电量 2608.34 亿 kWh，上网电量 2399.36 亿 kWh；生产商品煤 27412 万 t，一体化销售 6354.37 万 t；新能源发电 2.14 亿 kWh；铁路专用线发运 6638.33 万 t；向国家缴纳各类税费 297.37 亿元。煤电一体化优势凸显、经济效益显著，极大保障了网内用电需求和区域能化企业及系统内部保供单位的用能需求，有力促进了保供企业的效益协同，充分发挥了能源保供"稳定器、压舱石、主力军"的作用，为推进京津冀地区大气污染防治、助力陕西省及榆林地区经济发展作出了重大贡献。

第二章

建 设 历 程

第一节　一二期工程

（火电 4×600MW＋配套煤矿 1800 万 t/年）

国华锦能公司煤电一体项目规划容量 6×600MW 机组及配套 1800 万 t/年煤矿，按照一次规划、分期建设开展。

电厂一二期工程于 2004 年 4 月 23 日正式开工，同步建设脱硫装置，是国内首次成功在 600MW 级火电机组上采用和利时公司生产的国产分散控制系统（DCS）的发电项目，送出线路以 500kV 两回出线并加装串补装置接至华北电网河北南网，线路全长 435km，是国内少有的长距离跨省区点对网送电项目之一。

锦界煤矿是国华锦能公司煤电一体化项目的配套矿井，毗邻一二期电厂建设，矿井位于国家级能源基地——榆神矿区东北部，地处陕西省榆林市神木市锦界镇境内。锦界煤矿井田位置如图 2-1 所示。

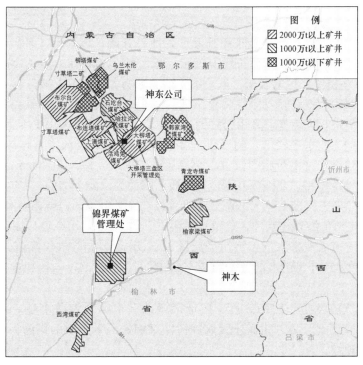

图 2-1　锦界煤矿井田位置

井田东西宽 12km，南北长 12.5km，面积约 141.8km²，地质储量 21.54 亿 t，可

7

开采储量 15.78 亿 t，核定能力 1800 万 t/年。井田煤质优良，具有低灰、低硫、低磷、高挥发分、中高发热量等特点，属于长焰不黏煤，是优质动力、化工和工业用煤。煤矿按照集团内部专业化管理模式，委托国家能源集团所属神东煤炭集团负责矿井的建设和生产。

一、建设规模

（1）电厂部分：一期建设规模 2×600MW 燃煤空冷机组，二期扩建 2×600MW 同类机组。设计按 4×600MW 机组一次设计完成，并留有再扩建 2×600MW 空冷机组的条件。

（2）煤矿部分：1800 万 t/年。

二、项目核准

2003 年 4 月，神华集团向国家发展改革委上报项目建设有关问题的请示，国家发展改革委以《印发国家发改委关于复议陕西神木电厂—锦界煤矿煤电一体化项目建议书的请示的通知》（发改委能源〔2003〕1522 号）向陕西省计委及神华集团公司发文批复锦界煤电一体化项目规划容量为 6×600MW、煤矿产能为 1000 万 t/年。此后国家发展改革委以"发改能源〔2004〕1557 号"核准了一期工程 2×600MW 机组，于 2006 年以"发改能源〔2006〕1782 号"核准了二期工程 2×600MW 机组及其配套煤矿产能。

三、建设情况

（一）厂址自然条件

（1）一、二期工程厂址地处荒漠丘陵区，地势开阔，地形不甚平坦，地面自然标高为 1166～1140m。厂区为东西长约 1500m，南北宽约 800～1200m 的场地，满足规划容量 6×600MW 机组厂区的要求。厂址不受洪水影响，厂址不压矿，地下无文物。

（2）厂址距榆神铁路开发区集装箱车站约 1.5km，大件设备由铁路运至锦界开发区集装箱车站后进行换装作业，由公路倒运至电厂，电厂燃煤采用皮带运输方式。

（3）当地的工业水平较低，物资供应条件差，但煤炭资源丰富。建筑材料欠缺，石料、水泥等建材来自山西和内蒙古。交通运输较便利，进厂道路从厂址北侧榆神公路引接，南靠神延铁路，北临 210 国道神榆段，路面为混凝土结构。

（4）一、二期工程按 4×600MW 亚临界直接空冷机组设计，年补给水量 830 万 m^3。电厂水源为秃尾河上游瑶镇水库，瑶镇水库距电厂约 15km，水库设计库容 1060 万 m^3。水库坝址断面河道天然来水量年平均径流量 9125 万 m^3，扣除农田灌溉、生态林用水，97% 保证率瑶镇水库年可供水量为 6000 万 m^3，满足 6×600MW 空冷机组年补水量 1245 万 m^3 的要求。

（5）厂址抗震设防烈度为 6 度。厂址区域地下水类型为潜水型，地下水为埋深 8.2～27.9m，场地地下水对混凝土无腐蚀性，对钢筋混凝土中的钢筋无腐蚀性，对钢结构具有弱腐蚀性。

（6）地质条件：厂址位于陕北黄土高原与毛乌素沙漠的过渡地带，属低山丘陵区，以黄土梁峁、沙漠滩地级剥蚀山丘为主，有风化岩开挖区，又有沙土回填区，黄土梁峁及低山区，河谷密布，地形破碎；建筑物基础下地质条件变化复杂，处理不当极易造成建筑物不均匀沉降。

（7）气象要素：该地区气候特点表现为冬季寒冷，时间长；夏季炎热，干燥多风，冬春干旱少雨雪，温差大。年内降水主要集中在7～9月。

（二）主要参建单位

建设单位：陕西国华锦界能源有限责任公司

设计单位：西北电力设计院、西安煤矿设计院

施工单位：北京电力建设公司（1、3号机组及部分公用系统）

　　　　　东北电业管理局第一工程公司（2、4号机组及部分公用系统）

　　　　　国华荏原环境工程有限责任公司（1～4号机组脱硫建筑安装）

调试单位：上海电力建设启动调整试验所

监理单位：四川省江电建设监理有限责任公司（设计、施工监理）

　　　　　陕西省电力建设总公司（调试监理）

（三）三大主机

（1）锅炉：上海锅炉有限公司生产的SG2093/17.5-M910亚临界循环汽包炉17.50MPa/541℃/541℃，额定蒸发量2093t/h，单炉膛，四角切圆燃烧，一次中间再热，平衡通风，紧身封闭，固态排渣，全钢架悬吊结构锅炉。

（2）汽轮机：上海汽轮机有限公司生产的N600－16.7/538/538型亚临界、一次中间再热、单轴、三缸四排汽、直接空冷凝汽式机组。

（3）发电机：上海汽轮机发电机有限公司生产的QFSN-600-2型三相交流同步发电机，水-氢-氢冷却方式，静态励磁，额定容量756MVA，最大连续输出功率663MW。

（四）常规（低位）布置主厂房结构

现浇钢筋混凝土框架结构，柱距10m，汽机间跨度27m，运转层标高13.7m，屋架下弦标高29.9m，吊车梁为焊接工字钢梁；除氧间跨度10.5m，设6.9m、13.7m、25m层；煤仓间跨度11m，在17～40.9m层设ϕ9m的钢煤斗；锅炉间距煤仓间6.5m，为钢结构，运转层标高17m。主厂房结构主要尺寸见表2-1。

表2-1　　　　　　　　　常规（低位）布置主厂房结构主要尺寸

名称	项目	数值（m）
汽机房	柱距	10
	挡数	35
	跨度	27
	双柱间柱距（2个双柱）	1.5
	本期总长度	354.5
	中间层标高	EL＋6.8
	运转层标高	EL＋13.7
	行车轨顶标高	EL＋26.4
	汽机房屋架下弦标高	EL＋29.9
除氧框架	柱距	10
	挡数	35
	跨度	10.5

续表

名称	项目	数值（m）
除氧框架	运转层标高	EL+13.7
	除氧器层标高	EL+25
	除氧器层屋面标高	EL+34.7
煤仓间	柱距	10
	挡数	35
	跨度	11
	总长度	354.5
	运转层（给煤机）标高	EL+17
	皮带层标高	EL+40.9
锅炉部分	运转层标高	EL+17
	炉前跨度	6.5
	锅炉宽度	45.2
	锅炉深度	48.15
炉K1柱中心线至烟囱中心线间距		91.89
汽机房A排柱中心线至烟囱中心线间距		195.04
烟囱高度		210

（五）投产情况

（1）电厂部分：一、二期工程于 2003 年 6 月开始"五通一平"现场施工，2004 年 4 月 23 日工程全面开工，1 号机组于 2006 年 9 月 30 日完成 168h 试运移交生产；2 号机组于 2007 年 5 月 1 日投运；3 号机组于 2007 年 12 月 22 日投运；4 号机组于 2008 年 5 月 16 日投运。

（2）煤矿部分：矿井于 2004 年先期开工建设，2006 年 9 月投产。采用斜井、立井联合开拓方式，主要大巷布置在煤层中，回采巷道采用条带式布置。考虑到电厂部分分期建设机组投产时间间隔较短的原因，矿井采用连续建设方式，2007 年底实现了 1000 万 t/年生产能力。

随着电厂三期工程 2×660MW 机组的前期启动，锦界煤矿同步于 2011 年 4 月启动了井下改扩建工作。根据井田地质储量、煤层特点及设备能力，装备了三综三连采掘设备及设施，同时配套建设选煤厂两套各 1000 万 t 的筛分系统，一套 500 万 t 的洗精煤系统。2013 年 12 月，数字矿山示范矿井上线运行；2015 年 6 月，国家煤矿安全监察局核定矿井生产能力为 1800 万 t/年；2018 年 8 月，世界首套煤矿纯水支架投入使用；2023 年 2 月，通过陕西省组织的煤矿智能化验收，属于 A 类达标矿。

（六）投资情况

（1）电厂部分：一、二期工程 4×600MW 机组批准概算 921837 万元（静态），执行概算 831325 万元（动态），竣工决算 787870 万元，比批准概算节约投资 133967 万元。其中，一期工程单位造价 3667 元/kWh，二期工程单位造价 2899 元/kWh，一、二期工程平均单位造价 3283 元/kWh。

（2）煤矿部分：采用分期建设。一期结算 18.86 亿元；二期结算 20.42 亿元。

四、项目特点

（1）一、二期工程是国内率先实现真正意义的"煤电一体化"项目，煤矿与电厂毗邻，采用同一法人治理结构。输煤系统简洁，电厂燃煤直接采用常规皮带输送机输送，输煤栈桥长度仅 300m。

（2）地质结构品种繁多，地基复杂多变。工程采用了灌注桩、振冲碎石桩、矿石垫层、砂砾石垫层、素混凝土垫层五种地基处理方案，克服了土方开挖、地基处理、排水等诸多施工困难。

（3）在西北高寒地区首次采用亚临界 600MW 机组直接空冷技术，发电综合水耗 0.467kg/kWh，仅为普通湿冷机组的 1/6，四台机组可节水 2000 万 t/年。

（4）在亚临界 600MW 空冷机组上首次成功应用了具有自主知识产权的和利时 DCS 控制技术，在"600MW 机组国产 DCS 的研发与应用"科研项目技术鉴定会议上被确认"达到国际先进水平，对我国自主知识产权 DCS 在大型发电机组上的广泛应用，具有重要的示范意义和推动作用"，并荣获 2007 年度中国电力科学技术进步一等奖。

（5）矿井废水综合利用。在井下建成 600m³/h 的矿井水处理厂，处理后的矿井疏干水全部排往电厂综合利用，既解决了矿井疏干水排放引起的环境污染问题，又节约了大量水资源，为水资源紧缺的陕北地区经济转型提供了有力帮助。

（6）送出线路加装抑制次同步谐振装置 SSR-DS 项目为国内首创，是世界唯一应用 SVC 设备抑制 SSR 的在运行装置，填补了国际空白，解决了机组远距离输电受限问题，节约投资 6.2 亿元。

（7）汽轮机采用上海汽轮机厂首台 600MW 三缸四排汽直接空冷机组，自投产以来运行稳定、振动优良，为推动我国火电机组装备制造业发展发挥了积极作用。

（8）率先采用锅炉等离子点火技术，实现机组启动试运零油耗；改进了锅炉炉膛设计，解决了燃煤结焦问题。

（9）煤仓间卸料车选用国产卸料小车，首次应用于 600MW 火电机组，具有示范意义。

（10）项目建设实现了高水平达标投产，指标先进，机组性能优良，是同时期国产 600MW 亚临界机组的典型代表。

第二节　电厂三期工程

三期工程是继一、二期工程建设基础上的扩建工程，是陕西省、神华集团落实"十三五"电力发展规划和《国家能源局关于加快推进大气污染防治计划 12 条重点输电通道建设的通知》（国能电力〔2014〕212 号）有关要求，为满足河北南网区域用电负荷需求、缓解京津冀地区大气污染和治霾压力的重点建设项目。项目规划 2×660MW 高效超超临界燃煤直接空冷发电机组，接入系统以 500kV 电压等级直送河北南网，输送距离 435km。

一、建设规模

三期工程建设 2×660MW 国产高效超超临界、直接空冷、纯凝式汽轮发电机组，同期建设烟气脱硫、脱硝装置，预留再扩建条件。

二、项目核准

三期项目于 2008 年 10 月启动可行性研究，至 2013 年 10 月先后完成了 2×600MW、4×1000MW、2×1000MW 机组的可行性研究工作，均通过了电力规划院主持召开的可行性研究报告审查。

2014 年 5 月，国家能源局以《关于加快推进大气污染物防治行动计划 12 条重点输电通道建设的通知》（国能电力〔2014〕212 号）文件，明确陕北神木至河北南网扩建工程直送华北南网 500kV 交流线路为落实大气污染物防治行动计划 12 条重点通道建设项目。

依照华北电网对接入系统的审查意见，三期项目确定新建机组容量为 2×660MW。2015 年 11 月，神华集团以《关于国华锦界电厂三期 2×660MW 机组工程可行性研究报告的批复》（中国神华规〔2015〕639 号），批复同意可研报告。

2016 年 3 月，神华集团向陕西省发展改革委上报了项目核准申请报告。同月国家能源局以《关于陕西陕北煤电基地神木至河北南网扩建工程配套电源建设规划有关事项的复函》（国能电力〔2016〕10 号），同意三期扩建项目纳入陕西省重点规划建设项目。陕西省发展改革委于 2016 年 3 月以《关于陕西国华锦界电厂三期项目核准的批复》（陕发改煤电函〔2016〕300 号）予以正式核准。

三、建设情况

（一）厂址自然条件
三期项目与一二期毗邻，自然条件相同。
（二）主要参建单位
建设单位：陕西国华锦界能源有限责任公司
设计单位：中国电力工程顾问集团西北电力设计院有限公司
总承包单位：中国电力工程顾问集团西北电力设计院有限公司
施工单位：中国能源建设集团东北电力第一工程有限公司
　　　　　中国能源建设集团江苏省电力建设第一工程有限公司
　　　　　中能建西北城市建设有限公司
　　　　　浙江菲达环保科技股份有限公司
调试单位：国网河北能源技术服务有限公司
性能试验单位：西安热工研究院有限公司
桩基施工单位：中铁十九局集团第一工程有限公司
桩基检测单位：河北双城建筑工程检测有限公司
设备监造单位：西安热工研究院有限公司
施工监理单位：上海电力监理咨询有限公司

设计监理单位：中国电力工程顾问集团华北电力设计院有限公司

（三）三大主机

（1）锅炉选用上海锅炉厂生产的 SG-2060/29.3-M6021，29.40MPa/605℃/623℃ 超超临界参数、单炉膛、一次再热、四角切圆燃烧、紧身封闭、固态排渣、钢结构、悬吊结构Ⅱ型锅炉，额定蒸发量 2060t/h。

（2）汽轮机选用哈尔滨汽轮机厂生产的 NZK660-28/600/620，28MPa/600℃/620℃ 超超临界、一次中间再热、三缸二排汽、单轴、直接空冷凝汽式汽轮机。

（3）发电机选用哈尔滨发电机厂生产的水氢氢、静态励磁发电机。

（四）高位布置主厂房结构

高位布置主厂房结构主要尺寸见表 2-2。

表 2-2　　　　　　　　　　　　　高位布置主厂房结构主要尺寸

名称	项目	数值（m）
汽机房	柱距	10/11/12
	挡数	16
	跨度	14
	总长度	167.5
	中间层标高	EL＋6.9/13.7/20.3/27/35.3/43
	运转层标高	EL＋65
煤仓间	柱距	10/11/12
	挡数	16
	跨度	12
	总长度	167.5
	运转层（给煤机）标高	13.7
	皮带层标高	35.3
锅炉部分	运转层标高	13.7
	炉前跨度	6.5
	锅炉宽度	44
	锅炉深度	78.6
	两炉中心间距	94.5
A 排至烟囱中心线间距		198.6

注　主厂房 A、B 跨度由常规（低位）27m 减少为 14m，但炉后布置增加脱硝烟道及防火间距，故总长度增加 3.56m。

（五）机组投产情况

三期工程于 2018 年 5 月 28 日正式开工建设，2020 年 12 月双机顺利通过 168h 试运行，移交并投入商业运营。

（六）投资情况

工程决算总投资 40.71 亿元，较批复概算 43.19 亿元降低 2.48 亿元，在同期、同类机组中投资控制处于先进水平。

四、工程特点

（1）工程采用了世界首例拥有完全自主知识产权、超超临界汽轮发电机组高位布置技术，将汽轮发电机组从常规（低位）的 13.7m 提升到 65m 高度，减少了主蒸汽、再热蒸汽管道布置的垂直高度，使其管道热膨胀得到合理的补偿，并减少了四大管道布置实际长度；降低了管道阻力，进一步提高了机组的热经济性。高位布置主厂房外形如图 2-2 所示。

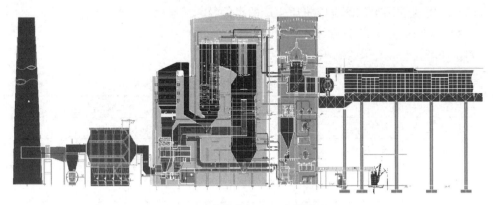

图 2-2　高位布置主厂房外形图

（2）高位布置汽轮发电机基础采用世界首例整体框架弹簧隔振联合布置方案，汽轮机基座采用弹簧隔振基础，通过弹簧隔振技术消除汽轮机振动，具有良好的抗震效果，在台板侧面布置高阻尼橡胶，保障基座在地震作用下的安全。

（3）主厂房采用高位竖向框排架新型结构布置方案，实现空间立体厂房首次工程应用。

（4）实现火电机组的"近零排放"，创建了主厂房噪声控制的新标杆。

（5）创新采用全厂"八机一控"的集中控制方式。"八机一控"建筑平面图如图 2-3 所示。

（6）采用世界首台 660MW 级高位布置汽轮发电机组长距离封闭母线连接设计方案，更有利于母线导体散热、结构支撑和垂直段布置方式应用，获得国家实用新型专利。

（7）主厂房通风采用分区域通风设计理念，扩展了干空气能技术应用，获得国家实用新型专利。

（8）采用单台 100％汽动给水泵并高位布置，减少投资和设备维护量及排汽阻力。

（9）基于全生命周期管理平台、智能厂区一体化管控平台、SIS/MIS 一体化等先进设计理念和方案应用，使三期工程成为高效安全节能的新型数字化智能电厂。

（10）三期工程输煤系统利用一二期改造后的输煤系统上煤，将一二期仓层带式输送机延长至三期扩建端，三期煤仓层另设带式输送机，最大限度降低工程投资和运行成本。各转运站均采用曲线落煤管技术，以减轻煤流对胶带的冲击，防止胶带跑偏和撒煤，防止煤尘飞扬。

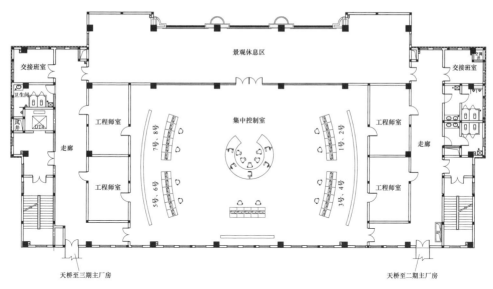

图 2-3 "八机一控"建筑平面图

五、高位布置的优势及意义

三期工程汽轮发电机组高位布置方案是火力发电厂布置方案的重大创新，也是效率更先进的一种全新设计方案，可以显著减少高温和排汽管道长度，降低工程造价，并可降低高温蒸汽管道压损和机组背压，提高机组热效率。三期工程的成功实践将推动行业技术进步，为后续更高参数高效超超临界机组的煤电创新技术发展奠定坚实基础。

（1）减少四大管道和排汽管道长度，降低初投资。四大管道总计减少长度约260m，其中，主蒸汽管道减少 144m；再热热段蒸汽管道减少 44m；再热冷段蒸汽管道减少 74m。四大管道减重 259.5t，节省率 30.93％，其中主蒸汽及高压旁路阀前管道81.5t，再热热段及低压旁路阀前蒸汽管道44t，再热冷段及高压旁路阀后管道71t，主给水管道63t。单台机组节约四大管道材料费用约 2000 万元。

（2）减小主蒸汽、再热蒸汽管道阻力，机组煤耗降低约 0.79g/kWh。

（3）改善空冷入口流体特性，减小排汽管道阻力，降低汽轮机背压，机组煤耗减少约 0.212g/kWh。

（4）减少四大管道长度，可减少蒸汽在传输过程中的热量散失。主蒸汽管道减少阻力损失约 0.56MPa，再热系统减少阻力损失约 0.088MPa，排汽管道减少阻力损失约 144Pa，节省供电煤耗约 1g/kWh，减少 CO_2 排放 2.6g/kWh。

（5）减少蒸汽在管道中的储存量，提高了汽轮发电机组的调节性能。

（6）与常规（低位）主厂房相比，节约主厂房用地面积49％。

（7）引领行业创新发展，为高效、高参数火电机组发展创造条件。按照当前的市场价格，700℃等级的耐热镍基合金的价格是 600℃等级的 5～6 倍。高位布置技术可有效减少四大管道长度，降低工程造价，为未来先进超超临界燃煤发电机组提供可行路径。

第三节　新能源工程

进入新时期，国能锦界公司立足新发展阶段，贯彻新发展理念，发力碳达峰碳中和目标，落实国家能源集团 2020 年 9 月与陕西省政府签订的"建设风光火储千万千瓦级综合能源基地纳入重点推动项目能源战略合作协议"，加快开发拓展公司远期发展规划目标。在陕西省和榆林市政府的大力支持下，将公司"建成风光火储千万千瓦级综合能源企业"的远景发展目标纳入榆林市综合能源总体规划，并于 2021 年获得了开发神府至河北南网输电通道配套 140 万 kW 新能源外送项目的建设指标。

国能锦界公司紧紧围绕新能源发展"三步走"战略目标，坚持"基地式、场站式与分布式开发并重，自主开发与合作并购共举"的工作思路，大力推进大型风电光伏基地建设，深入推动分布式能源和多能互补产业发展，积极开展抽水蓄能、储能、氢能等业务，基本形成了风电、光伏、战略投资等优势互补、协同共进的发展格局。2021 年 11 月 18 日经国电电力公司批准，组建成立了"国电电力陕西新能源开发有限公司"（简称新能源公司），新能源公司注册资本金 6 亿元人民币，由国电电力公司全额出资并管理，是国家能源集团国电电力发展股份有限公司在陕西地区设立的具有独立法人资格的全资子公司。新能源公司由国能锦界公司按照"车间制"模式进行管理，主要负责大型风电光伏基地、新能源场站、分布式能源、储能等相关产业的开发、投资、建设、生产、销售、经营和管理工作。

当前，新能源公司正在多措并举积极推进新能源基地项目开发，并结合神木市县域分布式光伏开发资源，致力于清洁低碳、高质量发展，于 2023 年 12 月建成投产光伏项目 12.27 万 kW（定边 12 万 kW 集中式光伏电站、厂区 0.27 万 kW 屋顶分布式光伏），在建项目 160.31 万 kW（神府基地项目 140 万 kW、延安黄龙光伏项目 20 万 kW、厂区光伏二期 0.31 万 kW）。

按照新能源"三步走"发展规划，2024 年底新能源装机容量突破 300 万 kW、2026 年底达到 500 万 kW、2030 年达到千万千瓦规模，助力国电电力打造"常规电力能源转型排头兵、新能源发展主力军、世界一流企业建设引领者"。

第四节　铁路运输工程

为贯彻神华集团国企改革指导意见，解决下游电厂燃煤运输瓶颈，保障能源供应稳定可靠，真正实现产、供、销一体化的"调节器、蓄水池、压舱石"能源保障功能，深化和拓展锦界"煤电一体化"项目，于 2015 年启动轻资产经营和混合所有制经营改革试点项目，该项目由国华锦能公司（以铁路专用线及附属设施出资）和神木高能亨运物流有限公司（以土地使用权及站台相关设施出资）按照 51%、49% 的比例共同出资建设，于 2016 年 9 月 2 日在陕西省神木市工商行政管理局注册成立陕西国华锦能煤炭运销有限公司（简称运销公司），注册资本人民币 17074.98 万元，经营期限 30 年。

运销公司经营范围包括煤炭及其他工业产品运销及辅助服务、煤炭生产辅助服务、铁路专用线运营管理。

运销公司铁路专用线接轨包西线锦界车站，按照 850 标准设计，设计运力 500 万 t/年，站场现有 5 股到发线，2 股装车线（配套 2 个混凝土筒仓），2 座高站台散装货场。截至目前，运销公司铁路专用线总长度约 11km，其中专用线到锦界火车站走行线 3.15km，锦界火车站内两股到发线 1.5km。

目前主要以发运锦能煤和北元化工 PVC 以及集装箱为主营业务。截至 2023 年底，公司资产规模共计 2.32 亿元。

第五节　二氧化碳捕集、利用与封存（CCUS）示范工程

国能锦界公司"低能耗 CO_2 吸收/吸附技术工业示范和验证"（简称 CCS 项目），是国家重点研发计划"用于 CO_2 捕集的高性能吸收剂/吸附材料及技术"中课题，包含"15 万 t/年碳捕集示范工程"及"千吨级二氧化碳吸附装置"，是当时国内已建成规模最大、技术领先的燃煤电厂烟气化学吸收法 CO_2 捕集全流程示范工程。项目烟气取自该公司 1 号燃煤发电机组脱硫后净烟气（在标准状态下，烟气量约 $1.0 \times 10^5 \text{ m}^3/\text{h}$），采用化学吸收法进行 CO_2 捕集，然后通过压缩、干燥、液化及储存后，得到纯度为 99.5%（V%）的 CO_2，运输至封存/驱油现场。

CCUS 示范工程于 2019 年 11 月开工建设，2021 年 6 月建成投运。该项目完成了新型低能耗、低腐蚀性、抗氧化降解吸收剂的开发、规模化制备与试验验证，首次创新形成了"级间冷却＋分级解吸＋MVR 闪蒸"等新型高效节能工艺，实现了燃煤电厂低浓度、大流量烟气 CO_2 捕集装置再生热耗小于 2.4GJ/t CO_2 的整体系统性重大创新与突破，主要指标达到国际领先水平，形成了我国完全自主知识产权的新一代烟气二氧化碳捕集技术。

该项目为推动我国传统能源实现清洁化利用、煤电企业实现可持续发展开辟了新路径，对推动传统能源实现"双碳"目标具有深远意义。目前，项目取得专利授权 6 项，申请中专利 9 项，完成 SCI 论文 5 篇，荣获中国化学工业"优质工程"奖，形成以锦界 CCUS 创新实践为代表的碳捕集-利用-封存技术与产业化集成示范基地（研发创新平台）。2023 年 5 月份"国家能源煤基能源碳捕集利用与封存技术研发中心"成功入选国家能源局"十四五"第一批"赛马争先"创新平台名单，后续公司将围绕国家创新平台深度布局碳捕集-利用-封存相关创新科技产业链。

第三章

发 展 规 划

第一节 规 划 背 景

一、国家"双碳"目标驱动

在碳达峰碳中和背景下，国家能源转型方向及布局发生深刻变化，中央和地方政府纷纷出台相关政策，坚持从国情实际出发，推进煤炭清洁高效利用，切实发挥煤炭兜底保障作用，火电行业担负着保供和降碳的双重使命。在当前新能源装机占比快速提升的同时，推进存量火电深度调峰实现多能互补、促进新能源项目完成规模化并网消纳，将成为新时期火电企业协调可持续发展的必然趋势。

二、能源转型升级要求

2021年12月，国家能源局发布《关于能源领域深化"放管服"改革优化营商环境的实施意见》。意见提出，支持煤炭、油气等企业利用现有资源建设光伏等清洁能源发电项目，促进化石能源与可再生能源协同发展。适应以新能源为主体的新型电力系统建设，促进煤电与新能源发展更好地协同。

2022年5月，国家发展改革委、国家能源局发布《关于促进新时代新能源高质量发展的实施方案》，旨在锚定到2030年我国风电、太阳能发电总装机容量达到12亿kW以上的目标，加快构建清洁低碳、安全高效的能源体系。《方案》指出，按照推动煤炭和新能源优化组合的要求，鼓励煤电企业与新能源企业开展实质性联营。加大煤电机组灵活性改造、水电扩机、抽水蓄能和太阳能热发电项目建设力度，推动新型储能快速发展。

当前，我国清洁能源产业快速发展，推动能源供给革命，立足国内多元供应保安全，形成以非化石能源为主增长、以煤油气为基础的多轮驱动的能源供应体系。推动能源技术革命，以绿色低碳为方向，推动技术创新、产业创新、商业模式创新，带动产业升级。发展清洁能源产业是推动能源结构调整，加快推进清洁低碳、安全高效能源体系建设的重要组成部分。大力促进清洁能源发展，不断提升清洁能源特别是非化石能源在一次能源消费的比重，是贯彻落实习近平总书记"四个革命、一个合作"能源安全新战略，实现我国能源结构战略性优化调整的必由之路，也是实现二氧化碳排放于2030年前达到峰值，争取2060年前实现碳中和的重要举措。

三、企业发展战略需要

国能锦界公司从2004年成立至今，始终以坚持科技创新和提质增效，实现安全生产和经济效益的稳步提高，在集团电力板块和电力行业中树立了良好声誉。为贯彻国家能源安全新战略及集团公司新的发展目标，深入落实国电电力综合能源转型工作要求，制定科学合理的公司中长期发展规划，高标准、高质量、高效率完成综合能源转型任务显得尤为重要。

第二节 "风光火储"千万千瓦级综合能源基地集群规划

2019 年 12 月 10 日，国家能源集团总经理刘国跃会见陕西省副省长赵刚时，提出在陕西榆林建设"煤电风光储综合电源基地"构想。2020 年 9 月 26 日，央企进陕推进大会上，国家能源集团与陕西省政府签订能源合作协议，将"风光火储"千万千瓦级综合能源基地纳入与陕西省重要合作项目。

为贯彻习近平总书记考察陕西重要讲话精神，响应国家发展改革委、国家能源局提出的源网荷储一体化和多能互补发展要求，推动榆林"风光火储"千万千瓦级综合能源基地一体化建设示范项目实施，根据陕西省政府与国家能源集团签署的合作协议，国家能源集团委托西北电力设计院等单位开展了榆林"风光火储"千万千瓦级综合能源基地规划研究，编制了《规划研究报告》，规划范围为榆林市煤电、风电、光伏及储能的规划开发区域，规划水平年为 2025 年。

《规划研究报告》分析了榆林市经济及能源发展现状、资源基础及发展条件、区域电网现状及受端电网需求，提出了综合能源建设的规划设想、电源布局和开发建设方案，对项目的上网电价进行了测算，主要成果包括：

（1）榆林市能源资源丰富，不仅拥有大量煤炭、石油、天然气等传统能源，其风能、太阳能等可再生能源资源在陕西省乃至全国也属于富集地区。

（2）规划目标是建设国际一流"风光火储"一体化示范项目，将在国家能源集团指导下，送、受端相关企业共同参与，按照一体化管理、一体化规划设计、一体化开发建设、一体化运维的思路进行"风光火储"一体化项目建设。

（3）榆林风光火储千万千瓦级综合能源基地规划建设陕北至安徽或河北输电通道，配套国能锦界 200 万 kW 和府谷庙沟门 200 万 kW 煤电一体化扩建项目，以及 1150 万 kW 的新能源发电项目和容量为 220 万 kW/440 万 kWh 储能电站。

《规划研究报告》依托榆林丰富的煤炭和风光资源，分析受端网架和需求空间，研究构建完整的配套电源方案，从新能源占比、调节能力、经济性、安全可靠性、生态环保等方面进行了全方位可行性分析。规划方案符合多能互补的发展要求，有利于推动煤炭清洁高效利用与新能源的优化组合，可增加新能源消纳能力，具有提高能源安全保障能力和促进送受电端省份经济社会发展需求的作用。《规划研究报告》提出的有关在榆林地区按照一体化管理、开发、建设、运维的思路，建设"风光火储"一体化示范项目的指导思想和基本原则基本符合国家相关政策要求，对国家制定能源电力规划具有较好的支撑和参考作用。

一、指导思想

以习近平新时代中国特色社会主义思想为指引，立足新发展阶段、贯彻新发展理念、构建新发展格局，贯彻国家能源集团"一个目标、三个作用、六个担当"总体发展战略（一个目标是指"全面建设世界一流清洁低碳能源科技领军企业和一流国有资本投资公司"，三个作用是指发挥科技创新、产业控制、安全支撑作用，六个担当是指担当能源基石、担当转型主力、担当创新先锋、担当经济标兵、担当改革中坚、担当党建示范）和国电电力"常规电力能源转型排头兵、新能源发展主力军、世界一流企业建设引领者"战略定位，以生态文明为旗帜、以美丽电站为纲领、以清洁高效为路径，坚持以煤电一体化为依托的"风光火储氢"综合能源基地集群发展方式，由传统煤电向综合高效、安全清洁、智能智慧的一站式综合能源供应体系转变，实现"规划布局科学合理、运营效益蓄能领航"的总体目标。

二、项目目标

按照 2021 年 3 月 1 日国家发展改革委、国家能源局印发的《关于推进电力源网荷储一体化和多能互补发展的指导意见》文件精神和指导思想，"风光火储"千万千瓦级综合能源基地一体化示范项目按照政府主导、国家能源集团统筹，创新中央企业与地方国企新型合作模式，联合送、受端省级国有企业参与合作共建。引入多元化投资机制，成立由国家能源集团控股的新型合作公司，结合基地丰富的煤炭和风光资源特性、受端网架条件和消纳空间，按照一体化管理、一体化规划设计、一体化开发建设、一体运维的思路开展"风光火储"一体化建设，打造由一个经济体全过程组织并实施的具有同组织、同部署、同设计、同建设、同运维、同调度"六同步"特点的国际一流"风光火储"综合一体化建设示范项目。

三、发展思路

综合能源基地"风光火储"一体化建设示范项目遵循陕西省"十四五"期间"加大电力外送""打造陕西清洁能源示范基地"的能源发展总体思路，全面贯彻落实国家能源集团"41663"总体工作方针，按照建设符合时代特征、展现集团特色、体现项目特点的思路，依托国家能源集团榆林项目所在区域已建成的煤电一体化项目电厂扩建条件和一体化项目周边区域丰富的风能及太阳能资源，结合当地煤炭采空区（塌陷区）综合治理及工业园区生态综合治理方案，规划建设风电、光伏、储能电站，与新型煤电打捆外送，实现地上地下资源综合利用、省内省外资源优势互补，促进国家能源集团在陕西的高质量发展。

四、建设规模

按照"风光火储一体化"建设理念，以锦界四期、府谷三期为依托，以电厂周边煤矿采空区、预留区，新能源规划可开发区域建设风电、光伏发电、储能电站与火电打捆外送，项目规划建设 3 台 1000MW 超超临界高效清洁空冷机组、2500MW 风电、9000MW 光伏电站和 4400MWh 储能电站（融入疏干水制氢、空气压缩发电、飞轮储能、液态阳光等多种技术路径），借助陕西省"十四五"电力外送规划通道，清洁能源占比 51%。项目总投资约 900 亿元。

该基地项目总体规划按照"三步走"战略实施，按照可持续发展模式，结合陕北地区"毛乌素沙漠"和"采煤沉陷区"采取"治理+"模式,并结合国能锦界公司"坑口电厂"特质,打造榆林"风光火储"千万千瓦级综合能源基地。力争 2024 年在建在运装机容量达到 800 万 kW(含新能源);2026 年在建在运装机容量达到 1000 万 kW;到 2030 年实现总装机容量 1500 万 kW 以上,把国能锦界公司建设成为极具竞争力的综合能源供应集群,可再生能源占比达到 50% 以上。

五、项目意义

项目通过推进煤矿塌陷区、复垦区的综合环境生态治理与风光开发互融,打造"绿色、环保、生态"示范。充分发挥当地"风光火储"区域一体化的"资源集约、成本领先、统筹规划"等优势,实现产能互补、多能绿色输出。项目建成后每年可输送清洁电量 204 亿 kWh 以上,相当于年可替代受端原煤 546.24 万 t,减排烟尘 455.3t、二氧化硫 1747.9t,氮氧化物 2458t,二氧化碳 1513.1 万 t。在实现经济发展的同时,为国家"2030 碳达峰、2060 碳中和"战略目标作出贡献。

第三节 电厂四期、五期扩建项目规划

国能锦界公司煤电一体化项目四期、五期扩建工程作为千万千瓦级集群打造的重要规划建设项目,是未来新能源基地项目的重要支撑点和公司由传统能源转型发展的重要保障,也是千万千瓦级综合能源基地集群打造不可或缺的重要组成部分,是新型电力系统构建的重要一环。

其中,四期扩建项目拟在锦界三期项目扩建端,建设 2×1000MW、650℃ 高效超超临界燃煤空冷发电示范机组。项目建设条件成熟,已完成初步可行性研究,并通过专业机构评审,计划在"十四五"期间建成投产。

五期扩建项目规划建设 1×1000MW、700℃ 高效超超临界燃煤直接空冷机组(高性能镍基材料)。规划 2030 年取得核准,开工建设。

一、项目背景及意义

(1) 2019 年国家发展改革委、国家能源局下发《关于加大政策支持力度进一步推进煤电联营工作的通知》(发改能源〔2019〕1556 号),要求优先支持煤电联营项目发展,重点发展"坑口煤电一体化"项目。

2022 年国家发展改革委、国家能源局召开"先立后破"加快规划内煤电建设投产工作电视电话会议,明确要求"加快煤电建设,推动煤电联营,要推动新增煤电能耗双控指标单列,确保新增煤电环境容量在规划期内平衡,要落实国家今明两年煤电机组 3 个'8000 万 kW'目标,确保电力供应不出现硬缺口。"国能锦界公司煤电一体项目是典型的"煤电一体化坑口"扩建项目,完全符合国家能源战略和产业发展政策,可有效促进陕北煤炭资源实现清洁利用、高品质发展,是煤炭资源利用转型升级的重要实践。项目建成后,煤炭就地转化利用率可达 90% 以上。

(2)"煤电一体化坑口"扩建项目在国家加快电源清洁绿色转型、构建新型电力系统中有突出的"能源保供,助力电网安全"保障作用。国能锦界公司"煤电一体化"

项目自投产以来，为缺电地区提供了稳定的电源供给，有效保障了区域各项重要保电任务，切实做到了能源供应"压舱石""稳定器"作用，减轻了负荷中心的环境压力，为负荷中心高质量发展奠定坚实基础。

（3）该扩建项目建设可充分发挥"煤电一体化"装机规模及集群化效应优势，在人力资源、资产运营、安全运行、可靠、经济调度、运行、节能环保等方面发挥综合资源集中优势，实现更大价值创造。

（4）项目建成后将产生良好的规模经济效益和大型煤电一体化项目煤炭高效清洁利用的环保示范效应，为推动世界火电行业发展和陕西能源化工基地建设发挥重要的窗口示范作用。

（5）项目规划与地方协调统一，可为周边工业园区提供"热、电、冷、汽、水"一体化综合能源解决方案，对实现周边地区的和谐融入与发展、加快地方经济建设、拉动当地人才流动与社会就业、提高群众生活水平、改善环境质量等有着重要意义。

二、四期、五期扩建项目优势

（1）符合国家产业政策，建设高效清洁煤电。四期规划建设 2 台 1000MW、650℃高效超超临界燃煤空冷发电示范机组，可有效促进陕北煤炭资源实现清洁利用，是高品质发展、煤炭资源利用转型升级的重要实践。

（2）建厂条件成熟，具备迅速开工条件。项目可共用已建成的煤源、水源、灰场、道路等公用系统；现有员工约 900 人，人才储备充足，可为项目建设提供人力支持，一旦项目列入规划，可迅速推进工程建设，为负荷中心地区提供稳定的电能保障。

（3）项目建设用地已预留，并留有扩建接口。已交纳用地费用，可有效降低基础设施及公用系统投资，满足本期项目的快速实施。

（4）项目已取得支持性文件。已完成初步可行性研究，通过专业机构评审，已取得地方政府有关土地、环保、取水、压覆矿、文物、军事、规划等前期相关支持性文件，具备纳规核准条件。

（5）股东方支持，建设资金有保障。四期扩建项目已列入国家能源集团、国电电力"十四五"期间的重点发展项目，且公司经营业绩优良，银行资信优质，一旦项目列入规划，可立即启动建设。

（6）煤电一体化突显能源保供作用。国能锦界公司为典型的煤电一体化坑口电站，项目配套年产 1800 万 t 煤矿，是切实履行区域内央企能源保供稳价主力军责任的强有力保障。在国家构建以新能源为主体的新型电力系统大背景下和承担重要能源供应责任的实践中，可充分发挥能源供应"稳定器"和"压舱石"作用。

（7）技术储备完善。四期、五期扩建项目将秉承三期工程依靠科技创新和技术攻关、建设引领示范工程的建设理念，坚持高质量发展清洁高效煤电项目，持续推进行业技术进步发挥积极的窗口示范作用。

一是在三期工程成功实践的基础上，拟对高位布置等创新技术接续研究，优化、固化并形成技术标准。

二是首创空冷二次再热提升节能降耗水平。拟采用更高参数的燃煤机组，耦合集成先进低温余热利用技术，构建高效能深度梯级利用系统，实现燃煤技术的更加高效清洁利用。

三是在现有 CCS 国家科技示范项目成功实践的基础上，同步配套建设二氧化碳捕集、利用装置，创新实践煤电机组二氧化碳捕集、利用及封存 CCUS 转化发展路径，助力国家"双碳"目标的顺利实现。

第四节 多能互补项目发展规划

遵循创新驱动发展，继续加大科技创新和技术攻关项目的研究，致力于依靠技术进步，挖掘燃煤机组调峰能力，积极开展国能锦界公司 4×600MW 在役机组参与深度调峰、机组灵活性改造、提质增效、供热供水供电多能供应等存量资源优化利用的项目改造，推进风光火储电源优化配比方案，致力于将国能锦界公司开发建设成为多能集成、优化互补的新的综合能源发展基地，争当国电电力"常规电力能源转型排头兵、新能源发展主力军、世界一流企业建设引领者"。

一、推进综合能源转型

深入研究国家、行业、地方综合能源转型相关政策，紧抓能源政策有利契机，依托现有资源禀赋和区位优势，以综合能源价值链最大化、指标更先进为目标，以市场和客户需求为导向，积极拓展"发电＋"产业路径，协同地方政府及园区企业，发掘自身综合能源潜力、结合机组改造，绘制综合能源顶层规划设计蓝图。

二、开展综合能源供应

全面拓展园区企业直供电、供汽供热、水资源（疏干水、工业废水）利用、固废综合利用和节能降耗、机组灵活性改造业务，形成新的利润增长点，将国能锦界公司建设成为综合能源服务与共享示范中心。

（一）煤矿直供电

第一期，2023 年进行"煤矿直供电项目—主井变电站改造"；第二期，2024 年进行"煤矿直供电项目—风井、青草界变电站改造"重大技改项目，项目计划于 2025 年全部完成，形成煤电一体化供电模式的新样板。

（二）水资源综合利用

（1）与神木市政府协调合作，跟进榆林区域内矿井疏干水、水库水及引黄工程水资源综合利用情况及后期规划，完成矿井疏干水总体利用规划方案，统筹疏干水结晶造粒净化改造项目和疏干水总体规划利用，2025 年前打造园区综合供水中心。

（2）与神木市水务集团签订矿井水综合利用框架协议，开展周边企业取用水情况、水质指标、水价、后续用水需求调研，寻求与周边企业相关方面的合作模式。

（三）园区供汽供热

调研锦界工业园区周边 50km 范围内 15 家重点企业、4 家居民供热公司及 3 家农业示范园，分析供热、供汽运营模式、价格、成本、市场等，绘制供汽供热规划示意图及综合能源开发影像图，制定供热、供汽近期、中期和远期规划，形成辐射园区企业供汽及锦界、大保当镇供热区域中心。

（四）固废综合利用

（1）利用固废综合利用前沿技术，通过合作生产、合理储存、科学填埋等方式，计划 2025 年前实现粉煤灰的资源化、规模化百分之百综合利用。目前已完成《锦界工业园区及周边大型火电企业固废综合利用情况调研报告》，制定《国能锦界公司固废综合利用整体规划》，为公司固废综合利用实施提供科学依据。

（2）与三家单位讨论固废 100% 综合利用合作模式，共同推进粉煤灰、炉渣、石膏综合利用合作项目，达成一致合作意向，筹备签订合作框架协议，并对国能锦界公司各类固废成分进行检测分析，研究固废填充的新工艺新技术。跟踪神东煤炭、布连电厂固废矿井回填项目实施情况，开展固废矿井回填技术研究，探讨固废下矿可行性。

（五）机组三改联动

加快企业低碳转型，2025 年底完成 1～6 号机通流、灵活性改造，实现节能降耗、升级提效，助力国家"3060"碳达峰和碳中和目标。

（六）10 万 t 级 CO_2 加绿氢制甲醇

通过 CO_2 与绿氢（即利用可再生能源发电制取的氢气）催化反应制成甲醇。设计核算规模甲醇产能约为 10 万 t/年，电解水制氢装置配套规划光伏电站 200MW，年制绿氢量约 3 万 t，余电上网。

面向未来，国能锦界公司将以习近平新时代中国特色社会主义思想为指引，深入贯彻落实国家能源集团全力推进绿色转型开新局、高标准实施"十四五"发展规划的战略工作部署，立足火电优势，加快对现有存量火电机组的调峰能力改造和规划新增四期 2×1000MW 高效超超临界二次再热燃煤发电机组的前期工作，制定更加积极的煤电风光储综合能源发展目标，推进各项目的纳规审批和落地实施工作，拓宽优质资源获取开发途径，大力推动综合能源大规模、高比例、高质量、市场化发展步伐，加快实施可再生能源替代行动，着力提升新能源消纳和存储能力，推进煤电风光储综合能源联动发展，切实提高清洁可再生能源比重，推动公司在能源领域的碳达峰行动成为集团公司的发展典范，为构建发展清洁低碳、安全高效的现代能源体系作出应有贡献。

第二篇

技术创新

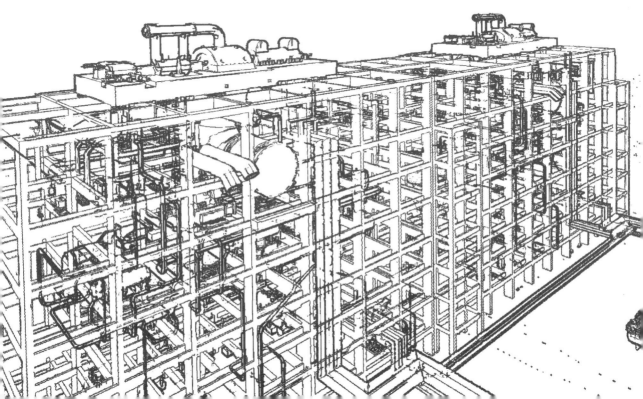

第四章

顶 层 设 计

第一节 技术路线前期策划

为了践行习近平总书记"四个革命，一个合作"能源安全新战略、落实神华集团"1245"清洁能源发展战略，在神华集团领导下，国华电力公司坚持"六更一创"（即更安全、更可靠、更先进、更经济、更规范、更环保，创国际一流发电公司）"四不一再"（即烟囱不冒烟、厂房不冒汽、废水不外排、噪声不扰民、灰渣再利用）的工程建设理念，以研究和应用国产化现代高效能源技术，注重学习、吸纳、消化和集成电力新技术及新工艺，在深入总结十多年来已建成投产了一批高参数、大容量、技术指标先进的发电机组建设经验的基础上，结合中国电机工程学会新技术十大发展方向，围绕"将锦界三期项目建设成为煤电一体化清洁高效利用、污染物近零排放、煤电节能减排示范电站"的建设目标，国华电力公司董事长、教授级高工王树民，总经理、教授级高工宋畅，总工程师、教授级高工陈寅彪于2014年先后两次与电力规划总院院长谢秋野、副院长孙锐、副院长姜士宏等共同对高效煤电清洁技术进行深入细致的交流研讨，在充分消化吸纳电力规划总院于2013年10月通过院士专家评审会议评审并成功申报国家实用新型专利《直接空冷汽轮发电机高位布置设计技术研究》（专利号：ZL 2011 20170471.9）的基础上，依托国华电力公司成熟的基建管理体系、丰富的基本建设管理经验和国华电力研究院优秀的创新技术研发团队，立足国华锦能公司煤电一体化长远发展规划和三期扩建项目良好的内、外部建厂条件，储备了全过程参与锦界一、二期四台机组基本建设的工程技术人员和生产运行维护技术力量，整体具备了将锦界三期工程建设成为以汽轮发电机组高位布置重大创新技术为主要技术路线的示范电站所需要的技术条件。

汽轮发电机组高位布置创新设计方案具有提高发电效率、降低投资的突出优势，具有节约四大管道和空冷排汽管道材料量，减少主蒸汽、再热蒸汽、排汽阻力，减少主厂房占地面积的显著特点。因此，国华电力公司组织国华电力研究院联合电力规划总院、中国能建集团以及国内三大动力公司，会同国华锦能公司和西北电力设计院，充分调研各单位对高位布置技术的前期技术储备及课题研发情况，组建项目技术创新研发团队，深入开展高位布置设计技术研究，列出需要开展专题研究的清单，并提出研究内容和工作计划，如四大管道、排汽管道对汽轮机本体安全性能影响等，全面确认所有技术风险可控。

2015年6月3日，国华电力公司董事长、教授级高工王树民主持召开锦界三期项目建设发展专题办公会，国华电力公司总经理、教授级高工宋畅，总工程师、教授级高工陈寅彪及有关单位人员参加会议。会议集思广益、研究讨论了锦界三期扩建项目可研设想、总平面布置等专题，确定了锦界三期项目采用汽轮发电机高位布置创新设计方案，正式开启了高位布置这一"世界首例"工程设计的系列研发研究工作。

高位布置和常规（低位）布置如图 4-1 和图 4-2 所示。

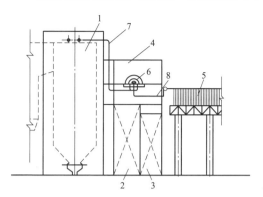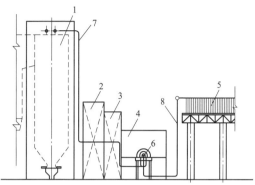

图 4-1　高位布置示意图
1—锅炉；2—煤仓间；3—除氧间；
4—汽轮机房；5—空冷凝汽器；6—汽轮发电机组；
7—高温蒸汽管道；8—排汽管道

图 4-2　常规（低位）布置示意图
1—锅炉；2—煤仓间；3—除氧间；
4—汽轮机房；5—空冷凝汽器；6—汽轮发电机组；
7—高温蒸汽管道；8—排汽管道

高位布置技术方案可为未来 700℃先进超超临界燃煤技术发展提供技术储备和工程设计、建设经验，对促进国内外燃煤电厂清洁高效、节能降碳发展具有十分重要的意义。按照 2015 年 6 月 3 日会议部署，国华电力公司组织国华电力研究院、电力规划总院、西北电力设计院、华北电力设计院、国华锦能公司及有关高校和科研机构多次进行锦界三期项目创新技术讨论，从组建高位布置研发团队、电力工程创新技术选择、项目建设标准、节能降碳技术攻关、各专业创新设计和研发课题等方面，进行了全方位、多角度系统深入的总体策划。

一、总体设计原则

（1）深入贯彻落实习近平总书记"四个革命、一个合作"能源安全新战略，自觉在思想上政治上行动上同党中央保持高度一致，充分依托神华煤炭资源，大力开展煤炭清洁高效利用，把习近平总书记关于能源发展的战略思想真正落实到锦界三期项目建设中。

（2）全面牢固树立创新、协调、绿色、开放、共享的新发展理念，切实贯彻落实神华集团公司"1245"清洁能源发展战略和国华电力公司确定的设计原则和建设目标，在保证国家煤电规划和省级规划有序衔接、协调统一的原则下，统筹安排好锦界三期工程建设进度，实现有序发展。

（3）锦界三期项目作为向京津冀远距离输电的大型煤电一体化项目，地处神府矿井腹地，其战略定位要与本地区的工业集聚区特色相协调，兼顾成本与市场，建设以提高电厂竞价上网能力为主体的、体现高度工业文明的"现代工业艺术品"。总的设计思路：工程设计应充分体现国华电力公司科学发展、可持续发展的原则，始终秉承国华电力公司"以生态文明为旗帜、以美丽电站为纲领、以清洁高效为路径"的基本建设宗旨，积极践行"建设低碳环保、技术领先、世界一流的数字化电站""建设一键启动、无人值守、全员值班的信息化电站"的基本建设目标，实现"发电厂创造价值，建筑物传承文化""建设有竞争力的世界一流电厂、人文和社会环境和谐统一的美丽电厂"。

（4）坚持"共享发展"理念和循环经济模式。切实结合锦界工业园区内的整体规划以及区域用能需求，立足长远，认真规划好水、电、汽、热等联储、联供接口条件，努力打造锦界煤电一体化的共享循环经济链，将锦界三期项目建设成为一座综合供给的大型能源示范工程。

（5）锦界三期工程采用汽轮发电机组高位布置方案，是推动煤电清洁高效利用的重大科技创新，为未来国家推进 650℃/700℃ 高效超超临界机组的研发和应用，在机组合理布置上打下良好的基础。空冷岛采用与汽轮机高位布置相匹配的直接空冷系统方案，具有明显的投资及技术创新优势，要充分利用汽机房各层建筑空间，深入研究全厂各建构筑物综合利用的可能性，节约基建投资。要充分考虑汽轮机高位布置方案的不确定因素，加大技术专题研究深度，必要时辅以数模试验研究，确保该方案的顺利实施。

（6）锦界三期项目建设的定位是为未来建设 700℃ 超超临界发电机组做技术储备，项目建设各方要以 2030 年、2050 年为中长期发展方向去开展创新和研究，结合材料材质的突破，不断提高机组初参数，力争最终建成一个 700℃ 的超超临界生态环保示范电站。

（7）锦界三期项目建设的目标是智能、生态、环保。要结合集团公司承担的国家重大专项科技项目，在燃煤电厂大气污染物治理、重金属脱除、碳捕捉和储存（CCS）等方面深入开展研究，努力实现煤炭的清洁高效利用。

（8）三期规划装机 2×660MW 世界首例高位布置高效超超临界燃煤空冷汽轮发电机组，同步建设烟气脱硫、脱硝装置。

（9）主厂房原则上采用混凝土框架结构形式，但采用汽轮发电机组高位布置，需结合主厂房、锅炉房、空冷岛结构的稳定性对主厂房结构偏摆、抗震设防以及对四大管道管系应力的综合考虑，辅以结构模型的数模、物模试验结论，提出优化推荐意见，经行业内专家共同审定。初设阶段应对主厂房结构采用钢筋混凝土框架—剪力墙结构体系及钢框架支持结构进行专题论证。

（10）总平面布置设计原则。

1）总平面布置要做到集约共享、以人为本，符合安全生产法和环保标准的要求，做到电厂与煤矿的资源共享，统筹考虑节水、节地、节材和水务中心、煤灰中心、能源中心建设等问题，做到生产厂区不见灰、不见煤。

2）三期工程尽量利用已有一二期原有系统及公用设施，核实现有的生产辅助、附属和厂前建筑等公用设施的现状，确定需要新增公用设施的规模。重新规划全厂厂前区建构筑物，原则上要求改善目前工作、生活环境，核增全厂材料库、检修库等。公用设施按照规划容量统一规划、集中布置，分期实施，充分利用建筑空间。

3）三期项目的总平面设计规划要与区域的建筑风格相协调，要全厂统筹考虑，在兼顾 1～4 号已投运机组绿色发电计划实施以及改善和提高全厂景观风貌等，做到系统规划，近期、远期分步实施、合理布局。统筹考虑电厂各职能中心的设置，采用联合、多层建筑，并注意和一二期功能建筑的联络和协调，厂前区建筑和生产设施留有一定的过渡空间，确保资源配置简单适用、返璞归真。

4）本着净污分区、客货分流的原则，石灰石浆液制备、灰渣、石膏等生产、储存设备布置在炉后货物运输通道一侧。空冷岛下部道路应取消，通行道路由升压站紧靠空冷岛侧的东西向道路代替。

5) 结合周边自然环境、防洪、排洪要求、土石方工程量等因素确定合理的竖向设计方案，竖向设计应和周边自然环境、二期工程竖向设计相协调。

6) 交通组织实现人车、客货、净污分流，避免相互交叉干扰。

7) 全厂地下管网尽可能采用综合管架布置，减少地下直埋管网。对现有综合管架应校核荷载，确定穿越管线的种类、数量及分层布置情况。

8) "八机一控"集控中心的布置应充分考虑建筑景观、方便运行、降噪防护等因素，并避免布置在输煤栈桥下方。

（11）立足科技创新，建设示范电站。

1) 要在神华集团协同创新的大平台上，加强各单位协同创新设计的组织与协调，建立起完善的领导协调机制，组织各参建单位做好高位布置创新设计课题和专利布局的策划工作，加强创新成果和知识产权的开发与管理，提出明确的成果目标并分解到各责任单位。

2) 做好高位布置各项创新设计方案的专家评审工作。创新是认识规律、把握规律、运用规律的过程，锦界三期项目高位布置、弹簧隔振基座、水务中心、能源中心、智能电站、智慧安全等设计创新要及时邀请行业内、外部专家进行评审论证，确保经得起时间的检验。

3) 总结宁东二期项目总承包建设经验，与设计院协同编制锦界三期项目EPC总承包工程建设作业手册，明确项目建设的各项标准和需要关注的重点，作为总承包项目建设指南，为在集团层面优化和推广国华电力公司的管理经验创造条件。

4) 各专业创新设计方案应本着"以人为本"的原则，对主厂房的人员安全疏散、应急逃生、检修孔、检修起吊设置等方面统筹考虑，深入进行专题研究，便于机组检修和紧急情况下运行、检修人员的快速疏散。

（12）按照机组年利用小时数5500h调研和分析直送河北南网运行小时数，结合接入系统设计，确定经济评价年利用小时数。按照《中国神华能源公司火电厂主要技术经济指标要求管理办法（试行）》（中国神华电〔2014〕476号）要求，实事求是地优化主要技术、经济和环保指标。

（13）煤源及煤质：按锦界煤矿煤质进行设计。煤质资料按国华电力公司已批复文件开展可研设计工作。

（14）工程设计应执行国家和行业的规程规范以及神华集团、国华电力公司的相关技术标准和要求，优先采用国华电力公司设计固化总结成果。

（15）积极采用"新技术、新工艺、新流程、新装备、新材料"，对创新的技术方案深入研究，进行技术经济分析和专题论证，并提出风险预控的措施和推荐意见。初步设计工作开始前，应提出工程创新的整体策划，包括创新技术应用的内容和工作计划，对所需要开展的实验和试验项目也应提出具体的内容和时间安排。

（16）结合工程具体条件，在安全可靠的基础上，优化系统设计、合理降低备用裕量，降低工程总投资，确保工程具有持续盈利能力和竞争力。

（17）全厂热效率、供电煤耗、厂用电率、水耗、污染物排放、噪声控制、占地面积、发电成本等各项技术经济指标，在国内同类机组中应处于领先地位。同时设计中应对进一步降低烟气污染物排放进行专题研究，提出比选方案和推荐意见。

（18）在深入分析一期、二期已有资源的基础上，对如何充分利用已有资源进行分析论证，并提出专题报告。初步设计应充分考虑利用一、二期原有设施，包括脱硫、除灰、化学和输煤等系统，并尽可能保持与一、二期系统的一致性，以满足全厂整体规划要求。其中，灰库利用一二期现有余量，不再新建。按照国华电力公司消防"一个规定三个标准"要求建设厂内一级消防站。

（19）初步设计中应按照本期工程建设合理利用一、二期工程粉煤灰以及附近粉煤灰制品公司的产品进行整体策划，节约资源和灰场容量。

（20）节约用水，充分利用煤矿疏干水，对水的分质利用、梯级利用进行深入研究，尽量减少废水处理量，编写节水专题报告。

二、过程设计要点

在锦界三期工程开展项目初步设计阶段，成立了以神华集团党组成员、副总经理、教授级高工王树民为锦界三期扩建项目高位布置创新设计领导小组组长、神华集团电力管理部总经理、教授级高工刘志江，国华电力公司党委书记、董事长、教授级高工宋畅，总经理、教授级高工李巍，总工程师、教授级高工陈寅彪，国华电力研究院党委书记、董事长、教授级高工张翼为副组长的创新领导小组，多次组织创新设计团队召开设计方案和设计专题、研发课题等的专题讨论会议，从设计技术资源配置、课题研发阶段性成果总结等多方面给予了高度关注，推动了高位布置创新设计取得一系列重大创新设计成果。

王树民副总经理在历次创新领导小组会议上反复强调：锦界三期工程采用的汽轮发电机组高位布置属于"世界首例"工程应用，要本着"质量第一、一次成功"的思路，以统筹项目的先进性为目标，国华电力公司要组织国华电力研究院、国华锦能公司、西北电力设计院深度总结锦界三期工程设计优化创新成果，并加强风险管控，持续创新，规划引领，共同开展设计技术创新审核把关，加强创新成果和知识产权的开发管理及保护。在开展项目初步设计阶段，要组织认真开展以下设计优化工作。

（1）统筹并集成锅炉尾部烟气系统，深入研究烟气余热利用和烟气提水技术、非金属柔性电极无水湿式电除尘器应用等技术专题，做到烟囱不冒烟，消除烟囱结露腐蚀和"白烟"视觉污染现象。

（2）环保排放标准执行《神华集团公司总经理办公会议纪要（2017年第34期）》规定的要求：烟尘小于 $1mg/m^3$、二氧化硫小于 $10mg/m^3$、氮氧化物小于 $20mg/m^3$（在标准状态下）。

（3）开展以锦界煤矿疏干水为水源的水资源综合利用工作，专题研究建设全厂水务中心向园区周边企业供水的可行性。

（4）结合地方电网要求，研究由锦界电厂向配套锦界煤矿供电的可能性，进一步降低煤炭生产成本。

（5）现有设计厂用电率5.12%偏高，要细分出若干个单项，找出若干个优化点，进一步优化降低厂用电率。

（6）烟气协同治理在布置上要进一步创新，要有突破性的思维，研究在空间布置上如何做到节约用地。

（7）针对等离子点火系统，西北电力设计院和国华电力公司要对胜利电厂采用的大功率等离子点火系统进行调研。

（8）编制噪声防治专篇，从源头上、设计上减少噪声的产生，所有变径、变向的管道都要考虑降噪，确保在汽机房 0m 能够实现无障碍对话。

（9）编制保温专篇，设备保温标准要高，要考虑未来二三十年损失的能量，保温材料和施工工艺要严格执行标准，确保施工质量。

（10）对磨煤机的选型和制粉系统的优化要做专题分析，综合考虑制粉单耗及制粉系统对环保排放的影响等因素，开展制粉系统性能优化，把安全、环保、效率等因素和磨煤机耦合起来，减少制粉系统中的冗余。

（11）对空气预热器漏风问题开展调研，通过技术和智能化手段，进一步降低空气预热器漏风率。

（12）开展电缆管理试点，从安全、质量和经济等方面进行严格把控；与胜利电厂开展电缆管理对标，在总承包过程中要建立电缆管理的奖惩机制，努力降低工程造价。

（13）广播呼叫系统一体化要有明确的定位，要明确实现的功能和目的，要与安全生产法的要求相一致，真正做到以人为本。

（14）石子煤系统要取消人工操作，同时要充分利用石子煤的热量，避免能量损失。

（15）调研尿素水解技术，减少尿素热解所造成的能量损失。

（16）统筹考虑锅炉风烟系统的严密性，减少锅炉漏风。

（17）认真分析计算给水泵汽轮机直排对主机热耗的影响，统筹考虑给水泵汽轮机直排的噪声问题。

（18）编制节水设计专篇，要与煤矿结合起来，考虑使用煤矿疏干水。

（19）对燃料水平输送、垂直提升方案进行专题调研和分析，论证采用水平输送、垂直提升方式的可能性，尽量减少或取消原煤斗。

（20）编制资源共享专篇，统筹考虑水、电、汽、热共享中心建设，实现煤矿和电厂的资源共享。

（21）厂区总平面布置上要考虑设计健身绿色通道；非生产建筑物要严格控制，除生产厂房外不再增加新的建筑物。

（22）锅炉房和汽机房要全封闭，不留窗；项目装修标准和色彩标准要按照集团公司要求执行。

（23）积极推进二氧化碳捕集装置的课题研究，可以选取开发兼容技术方案，并确保实现自主知识产权。

2017 年 12 月，锦界三期 2×660MW 扩建项目以汽轮发电机组高位布置为主要设计技术的初步设计报告，经电力规划总院组织审查完成，为三期工程开展 EPC 总承包招标、进一步开展高位布置重大研发课题的深入研究和论证，创造了极为有利的技术条件。

第二节　设计方案前期研究

2010 年国家能源局组建了我国 700℃ 超超临界燃煤发电技术创新联盟，并组织开展了相关课题研究工作。为此，课题组提出了汽轮发电机组高位布置设想，以达到减少高温管道用量的目的，将运转平台从常规 13.7m 提高至 65m 甚至更高。

一、电力规划总院、华北电力设计院等单位对高位布置技术的前期研究

（1）为了节省大型高参数火电机组高温蒸汽管道用量，同时减少排汽管道长度，降低机组背压，2013 年 7 月，由电力规划总院、华北电力设计院工程有限公司、东方汽轮机有限公司、隔而固（青岛）振动控制有限公司联合组成课题研究组，经过工程化设计研究，完成了将直接空冷汽轮发电机组布置于除氧间和煤仓间上部的工程方案，并对主厂房结构、汽轮发电机基座、高温蒸汽管道、排汽管道等进行了专题研究，形成了《直接空冷汽轮发电机高位布置设计技术研究》（专利号：ZL 2011 2 0170471.9）总报告和专题报告，并于 2013 年 10 月通过了院士专家评审会议组织的评审。评审意见为：

1）研究并完成了 660MW 超超临界空冷汽轮发电机组高位布置的工程化方案，方案较翔实。

2）研究了高温蒸汽管道的优化布置设计，显著地减少了高温蒸汽管道长度，对主蒸汽、再热热段蒸汽、再热冷段蒸汽管道进行了应力分析计算，结果表明：管道的应力合格，端口推力和力矩满足主机厂的接口允许荷载。

3）研究了汽轮机排汽管道优化布置设计方案。各点应力计算结果合格，接口推力、力矩在厂家确认的范围之内，减少了排汽管道的长度，降低机组的背压。

4）针对汽轮发电机组高位布置主厂房的荷载及结构特点，采用三种软件分别对钢结构方案和钢筋混凝土方案主厂房结构进行了风载、地震作用等多荷载工况作用下的受力分析，推荐钢筋混凝土框架—剪力墙结构方案。

5）对高位布置的汽轮发电机组采用弹簧隔振基座进行了研究。计算表明：在 40～60Hz 范围内，基础各轴承点的振动速度有效值 V_i、eff 均小于 3.8mm/s，满足 GB/T 6075.2—2012《机械振动　在非旋转部件上测量评价机器的振动　第 2 部分：50MW 以上，额定转速 1500r/min、1800r/min、3000r/min、3600r/min 陆地安装的汽轮机和发电机》（ISO 10816—2：2012）标准要求，可避免汽轮发电机组振动向主厂房的传递，保证汽轮发电机组的可靠运行要求。

6）采用汽轮机隔振基础与主厂房结构耦合作用的三维弹塑性有限元模型，在设防烈度 7 度（0.15g）条件下，进行了多遇地震和罕遇地震作用下的动力弹塑性时程分析。分析结果表明，主厂房结构最大层间位移角均满足《建筑抗震设计规范》（GB 50011—2010）要求。

7）通过对长垂直封闭母线的换热规律和温度分布的计算分析，提出了封闭母线垂直布置方案。

（2）课题组根据研究报告，与常规布置方案相比，汽轮发电机组高位布置方案具有以下优势：

1）高温蒸汽管道质量减少约 18%。

2）空冷排汽管道质量减少约 20%。

3）节省投资约 7000 万元。

4）发电标准煤耗可降低约 0.85g/kWh，降低了污染，具有较好的经济效益和社会效益。

评审委员会认为，汽轮发电机组高位布置方案安全可靠、技术先进，对于我国火电厂的进一步节能减排、降低工程造价作用明显。随着机组初参数和容量的进一步提高，高温蒸汽管道投资所占比重进一步加大，汽轮发电机组高位布置方案的优势会更加显著，可为未来 700℃超超临界机组的建设积累经验，研究成果可应用于工程示范，建议在下阶段工程实施中：①进一步进行主厂房结构和布置方案的优化。②有条件时进行主厂房抗震模型试验。

二、西北电力设计院对高位布置设计技术的前期研究

在电力规划总院组织进行高位布置设计技术开展专题研究的同时，西北电力设计院于 2013 年 1 月以科技创新立项并开展了《600MW 直接空冷汽轮机高位布置方案研究》的工作，此课题包括《汽水系统和空冷排汽系统的优化》《高位布置排汽管道的设计研究》《高位布置汽轮发电机组主厂房布置方案研究》《汽轮机高位布置的主厂房结构设计和汽轮机基座的隔振设计》《框架结构的弹塑性分析》等专题研究报告。

课题研究通过对 600MW 直接空冷汽轮机高位布置，配套合理的主厂房方案，可取消常规设计的排汽装置，缩短排汽管道长度，减小阻力，降低排汽背压，提高机组效率；缩短四大管道长度，降低投资；汽机房与除氧框架合并，极大减少了厂房占地面积；启动备用变压器、厂用高压变压器、储油箱等大部分设备均布置在厂房内，避免冬季防冻和挂露的问题；提出工艺布置改变后结构体系的改变和新的结构布置方案，尝试解决结构方面的可行性问题。课题经西北电力设计院技术专家委员会组织评审，结论意见如下。

（一）通过对混凝土结构或钢结构主厂房的结构设计分析得出的结论

（1）工艺汽轮机高位布置方案在结构上可行，采用钢筋混凝土结构方案相对较好。能够满足 8 度 II 场地及以下的抗震设防要求。

（2）对工艺汽轮机高位布置方案，主厂房联合布置＋基座弹簧隔振是唯一的选择。

（3）隔振弹簧水平与竖向刚度比对汽轮机基座谐响应的影响总体而言并不显著，台板阻尼比取 3% 并考虑弹簧阻尼的情况与台板阻尼比取 6.25%、不考虑弹簧阻尼的情况相比，各扰力点谐响应的幅值也随之增大，大约增大一倍；隔振弹簧的阻尼对基座的影响微小，可以忽略。

（4）对于钢筋混凝土结构方案，错层部位和底层是薄弱环节，设计中在抗震构造措施方面应予以加强。

（5）质量比、刚度比满足一定条件时，基座台板可采用解耦谐响应分析。

（6）钢筋混凝土主厂房在 7 度小震作用下，最大侧移为 13.5mm（Y 方向），其最大层间位移角为 1/861（1/733，$h=41.1$m，错层处），大震作用下，主厂房结构在 X 方向产生的最大侧移为 88.7mm，最大层间位移角为 1/186（1/181（1/2C）情况），均满足 GB 50011—2010《建筑抗震设计规范》的规定。

（7）弹簧水平/竖向刚度变化对主厂房结构的影响要大于弹簧阻尼的影响；随弹簧水

平/竖向刚度比增大，主厂房结构的位移响应也呈现增大趋势。

（8）基座周边增设弹簧后对钢筋混凝土主厂房结构整体反应影响不大，但却能有效地减小基座的扭转效应，显著降低台板相对周边厂房结构的位移（Y向最大降幅达62.7%），大幅降低纵梁的平面外（弱轴方向）的变形。

（9）同等条件下，钢筋混凝土结构的经济性更好，大致相当于钢结构厂房造价的40%～50%。

（二）通过比较汽轮机高位布置排汽管道方案和汽轮机高位布置排汽管道与传统的排汽管道高位布置方案可以得出以下结论

（1）汽轮机高位布置排汽管道和传统的排汽管道高位布置相比较，各个支管的流量分配均比较均匀，两者差别不大。汽轮机高位布置排汽管道各个支管的阻力均小于传统的排汽管道高位布置，THA工况减少管道阻力约为250.2Pa，低背压工况降低的幅度更明显。

（2）汽轮机高位布置排汽管道和排汽管道高位布置均能满足整体应力要求。汽轮机高位布置排汽管道与汽轮机低压缸接口的力与力矩比排汽管道高位布置时排汽装置的接口力与力矩要大，后续需要与汽轮机厂配合汽轮机高位布置的接口力与力矩是否满足厂家要求。两种布置方式支管的接口力与力矩变化不大。

（3）汽轮机高位布置排汽管道与传统的排汽管道高位布置方案对比，由于抬高了汽轮发电机高度，可以有效地减少排汽管道材料量。比传统600MW机组排汽管道高位布置能够节省钢材主管道约为50m，节省钢材约为170t。

（4）汽轮机高位布置排汽管道与传统的排汽管道高位布置方案对比，减少了排汽装置，THA工况减少管道阻力约为1214.09Pa。节省初排汽装置的设备初投资约为300万元。

（5）汽轮机高位布置THA各装置阻力共减少约1464.29Pa。背压越低降低得越明显。

（三）西北电力设计院在锦界三期工程可行性研究阶段以《直冷机组高位布置专题报告》推荐了高位布置设计方案

可行性研究报告通过对高位布置的直接空冷排汽管道采用U形、L形和一字形三种布置方式的比较和研究，确认U形、L形方案可用于工程实践，平面（侧排汽）型排汽管道目前尚未找到吸收轴向膨胀的解决方法，方案存在较大的不确定性。经比选，设计推荐采用排汽管道L形布置方案。

2015年6月3日，国华电力公司董事长、教授级高工王树民，总经理、教授级高工宋畅，总工程师、教授级高工陈寅彪主持召开锦界三期项目专题办公会议，听取了西北电力设计院完成的锦界三期项目可研报告，与会人员重点对总平布置、主机选型等方案进行了详细讨论，会议同时认为：高位布置颠覆了传统的设计方案及设计理念，是一个全新的设计思路和方案，具有创新性，但存在一定的创新技术风险，方案的确定应充分考虑设计、运行、安装各环节，还需对以下问题进一步深入研究。

（1）汽机房较常规主厂房高，此布置格局对空冷岛的流场会产生一定影响，需做模拟实验并请空冷厂家详细计算。

（2）高位布置的机组基座柱网与主厂房柱网需采用联合布置，需要进一步研究动力基座高位布置对基座柱网与主厂房柱网联合方案的影响，需借助对整个主厂房结构体系（含弹簧隔振基座）进行基础数值模型（有限元块体模型）和实物模型试验，为工程方案的结构及设计提供依据，最终实现设备运行和结构的安全可靠目标。

（3）本体疏水扩容器，凝结水箱（热井），三级减温减压器，7、8 号低压加热器的选型及布置安装位置需进一步设计考虑。

（4）主厂房高位布置为新型的布置构想，目前暂无实施的工程，结构专业还需对以下问题做进一步研究。

1）主厂房结构体系采用框架剪力墙结构，剪力墙的布置需要主机厂的详细配合后确定，结构布置原则尽量采用较长的剪力墙，两个方向均设置。剪力墙设计原则上尽量减少开孔数量及开孔尺寸。剪力墙的布置及开孔设计将是下一阶段关注的重点。

2）对于钢筋混凝土结构方案，错层部位和底层是薄弱环节，设计中在抗震构造措施方面应予以加强。

三、高位布置技术的合作研究

本着"优势互补、平等互利、风险共担"的原则，由国华电力公司组织，充分发挥国华电力研究院、电力规划总院、华北电力设计院、西北电力设计院在科研组织、工程设计、项目建设等方面的各自优势，在锦界电厂三期 2×660MW 扩建工程中应用"直接空冷汽轮发电机组高位布置设计技术研究"的成果，以积累工程设计、建设、运营经验，从而推进该项技术的推广应用。西北电力设计院于 2016 年 6 月与电力规划总院签订了《高位布置方案设计技术转让协议》，并确定由电力规划总院负责该设计方案的设计技术咨询，开始对锦界三期工程高位布置设计方案、课题研究成果进行全面系统优化。电力规划总院和华北电力设计院在锦界三期 2×660MW 扩建工程设计和实施阶段，向西北电力设计院提供技术咨询服务。

第三节　主机厂协同设计

锦界三期工程可行性研究阶段，经设计院"主机选型报告"比选，确认选择锅炉为超超临界压力、变压运行、单炉膛、一次中间再热、平衡通风、紧身封闭、固态排渣、全钢构架、全悬吊结构、Ⅱ型布置燃煤直流炉，炉侧参数为 29.40MPa/605℃/623℃。

汽轮机为超超临界、一次中间再热、三缸两排汽、单轴、直接空冷式机组，机侧参数为 28MPa/600℃/620℃ 的机组。

发电机为水-氢-氢型、定子绕组水冷，转子绕组及定子铁芯氢冷；发电机励磁采用静态自并励磁系统，额定容量：733.34MVA，额定功率 660MW，最大连续输出功率726MW。汽轮发电机组布置在运转层，运转层标高 65m。发电机定子冷却水集装置、密封油集装置布置在 54.5m。

2016 年 5～6 月完成三大主机招标，上海锅炉厂、哈尔滨汽轮机厂及哈尔滨电机厂分别中标，于 2016 年 12 月三大主机合同正式签订。为加快落实主机配合设计进展，由国华锦能公司组织西北电力设计院热机、结构主设人员与上海锅炉厂、哈尔滨汽轮机厂、哈尔滨电机厂，就高位布置方案配合设计及提资等事宜，进行了深入座谈、讨论。

一、上海锅炉厂的配合设计

针对汽轮发电机组高位布置所带来的偏摆、热位移过大等重要风险，详细考虑主体结构水平位移对于设备及管道连接的安全性影响。需对以下不同组合方案进行联合专题研究。

（1）机、炉独立布置，主厂房采用混凝土结构。

方案一：锅炉采用常规钢结构布置；

方案二：锅炉采用刚度加强型钢结构布置；

方案三：锅炉采用混凝土结构布置；

方案四：锅炉采用混凝土＋钢结构布置。

（2）机、炉联合布置，主厂房采用混凝土结构。

方案五：锅炉采用常规钢结构布置；

方案六：锅炉采用混凝土结构布置。

（3）讨论联合布置方案的可行性及可能遇到的技术问题；对于独立布置方案，需锅炉厂注意控制钢结构的水平位移，以满足锅炉房与汽机房间管道与设备的安全运行。

（4）四大管道接口力和力矩较常规方案相比较可能会增大，四大管道联箱接口处可能需要与过热器、再热器进行连算，需锅炉厂提供相关计算资料，包括四大管道与联箱接口处允许的附加力和力矩值，并确认讨论利用 CAESAR 计算软件联算，以准确核算锅炉接口推力及力矩。

（5）确认主蒸汽及再热蒸汽管道的设计及供货分界。

注：主蒸汽管道（ID292×83，P92）分两路从锅炉主汽联箱（标高 81.7m）到锅炉 K1 和 K2 之间下行至标高 57(56)m，从一侧双行至汽轮机高压缸。再热蒸汽管道（ID610×50，P92）分两路从锅炉主汽联箱（标高 79.15m）到锅炉 K1 和 K2 之间下行至标高 54(55)m，从一侧双行至汽轮机中压缸。

初步分界方案为：主蒸汽管道及热再蒸汽管道以主厂房 B 列墙为分界，锅炉出口到主厂房 B 列墙的主蒸汽管道、热再蒸汽管道及支吊架由锅炉厂进行设计并供货，锅炉厂应针对锅炉侧主蒸汽管道及再热蒸汽管道的推力吸收采取相应措施，并有专项方案；管道的设计必须满足设计院对四大管道的总体应力及推力要求。

从主厂房 B 列墙到汽轮机的主蒸汽管道、热再热蒸汽管道及支吊架由总包方进行设计并供货。但主蒸汽管道、热再蒸汽管道的整体设计及推力、应力计算由设计院负责归纳总结。

（6）提供锅炉钢架的加固极限，以确定锅炉钢结构水平位移的最大控制值，并提供锅炉钢架在风荷载、地震荷载工况下的水平位移。考虑锅炉基础荷载是否需要在现有地质地震烈度的基础上增加抗震设防需要，以解决基础打桩需要与专题研究在时间进度上的矛盾。

（7）按照西北电力设计院提资清单，包括锅炉外形布置尺寸图，落实配合设计资料。

（8）依照汽轮机厂提供的热平衡图，确定锅炉优化后的柱网尺寸并提资西北电力设计院。

（9）确定对四大管道在各组合工况下的应力吸收及分析等配合设计进展。

（10）针对高位布置方案要求，锅炉钢结构加固设计方案及措施。

（11）在标准状态下，氮氧化物（NO_x）排放浓度不大于 $20mg/m^3$ 的方案研究。

二、哈尔滨汽轮机厂的配合设计

（1）汽轮发电机采用整机高位布置后，对于汽轮机基座有何特殊要求；基座采用弹簧隔振基础，无专门的基座柱子，基座台板布置在框架横梁与楼层梁上，讨论基座台板上的开孔问题，基座台板下的设备、管道连接问题，是否与结构的梁、柱有碰撞，这些问题直接关系到主厂房柱网的布置方案。

（2）汽轮机基座采用弹簧隔振基础，基座的水平位移较常规（低位）布置方案大，需汽轮发电机厂特别采取相应措施，以保证机组的正常运行。

（3）汽轮机厂应深入开展高位布置主机方案（包括相关辅机设计）研究，汽机房偏摆对于汽轮机本体及性能的影响，以及主辅机选型相较于常规工程的不同之处。

（4）讨论取消排汽装置后的尾部设计（包括取消排汽装置对主汽轮机本体设计及运行的影响，取消排汽装置后的具体设计方案），完成比选方案后进一步讨论。

（5）凝结水箱和疏水扩容器单独布置，因此凝结水箱和扩容器水侧和汽侧与主机（或排汽管道）的连通管，需增加相应的热力系统图，以便进行系统设计及布置的相关讨论，并提供凝结水箱的除氧方案和结构说明。

（6）由于低压缸排汽口的截面较大，是否存在局部涡流影响，需进行流场模拟分析。

（7）直接空冷汽轮机高位布置方案将取消排汽装置，抽汽管道将穿过排汽管道，8号和9号低压加热器的布置方案和建议。排汽管道对于低压缸排汽口有较大的力和力矩，需考虑加固措施。

（8）汽轮机厂与发电机厂进行汽轮发电机组的总装图及基础荷载总图的配合，并提供配合后的总装图及基础荷载总图。

（9）需汽轮机厂提供各种阀门（包括主汽门、调节汽阀、中压联合汽阀等）的外形图、汽轮机本体附属设备（轴封冷却器、组合油箱、冷油器等）外形图及主要接口安装图、荷载图。

（10）需汽轮机厂提供排汽管道（包括凝结水箱、疏水扩容器、三级减温减压器）、低压加热器、疏水冷却器的外形图及主要接口安装图、荷载图。

（11）提供汽轮机本体各接口的定位尺寸、接口规格以及汽轮发电机组外形图、荷载图，落实配合设计资料。

（12）提供阀门计算技术要求（其中包括主汽阀、调节阀、中联阀简化计算模型及材质，导汽管材质，各种材质的许用应力、弹性模量、线胀系数）并对提供的资料进行讨论。

（13）提供汽轮机检修拆卸部件摆放图，以利于确认机组大修期间的场地面积需求。

（14）需哈尔滨汽轮机厂提交详细热平衡图，经西北电力设计院确认后提资锅炉厂，以确定锅炉柱网尺寸布置图，满足确定总图要求。

（15）需哈尔滨汽轮机厂尽快落实空冷排汽管道膨胀节的招标工作，提资并配合设计院进行详细设计。

三、高位布置设计方案的技术难点及需要配合研究的工作

汽轮发电机组高位布置，不仅能缩短锅炉过热器出口联箱、再热器出口联箱与汽轮机之间距离，同时也能缩短汽轮机排汽口与空冷平台配汽管之间的距离，达到减少主蒸汽管道、再热热段蒸汽管道、空冷排汽管道长度的目的。本期工程汽轮发电机组采用高位布置方式，将传统布置方案汽机房中的设备移至除氧间和煤仓间上部，将汽机房、除氧间和煤仓间集合成为一体厂房。主厂房布置方案不同于火力发电厂传统布置格局，为世界首例工程应用，国际上尚无成功经验可供借鉴参考。其主要技术难点及问题简述如下。

（1）汽轮发电机组布置在除氧间和煤仓间上方，在布置设计上，既要满足其安全运行和检修的需要，又要最大限度减少主厂房体积，降低初投资。

（2）如何设置主厂房各层楼面，并将辅助设备合理地分布在各层框架内，要保证连接管路系统流程顺畅，减少管道的长度。

（3）汽轮机布置在除氧间和煤仓间上方，缩短了锅炉与汽轮机之间的连接管道，但降低了管道的柔性，提高了管道的应力水平、增加了管道对锅炉及汽轮机接口推力。为使管道应力和主机端点推力满足相关标准和设备厂要求，在管道布置、支吊架等设计上应采取有效措施。

（4）汽轮机布置在除氧间和煤仓间上方，减少了排汽管道长度，但却不适于设置常规方案的排汽装置，取消排汽装置带来了一系列系统和布置问题需要研究解决。

（5）风荷载及地震荷载对管道应力及管道对设备推力的影响不可忽略，提高了汽轮发电机组高位布置后管道应力的计算难度。

为此，针对上述主要技术难点，所需开展的主要配合设计工作如下。

1. 偏摆风险

（1）需提供汽轮发电机组接口热位移、力和力矩允许值，并考虑对管系安全性的影响，配合开展四管应力分析计算。

（2）需开展系统优化设计，以配合管系安全、可靠性计算，如是否需突破常规设计调整阀门和联通管道的支撑形式等，便于开展机、炉联合校核计算（即管道应力与锅炉联箱及支管等的联合计算），模拟支吊架根部的偏摆状态。

（3）考虑主厂房偏摆对于汽轮机排汽接口热位移的影响程度，以及排汽管道与低压缸的连接方式（刚性连接或柔性连接），以减少大口径薄壁管对低压缸接口的影响。

（4）开展排汽管道的热位移补偿和选型研究，以确保排汽管系的稳定性。

2. 抗震风险

（1）考虑汽轮发电机组是否采用弹簧隔振基座，现有地震烈度为 6 度，则该基座与地震烈度的匹配性如何考虑，是否有必要局部或全部基础提高设防等级。

（2）与西北电力设计院、隔而固公司联合开展汽轮发电机组与基座的共振校核计算。

3. 布置风险

（1）按照主机招标文件所列高位布置研究专题的要求，开展四个专题（高位布置、除氧凝结水箱、末两级低压加热器、排汽管道及补偿装置选型）的深入研究，并经专家组审查通过。

（2）各类汽水管道与主厂房结构梁、柱等的配合设计，避免出现交叉、碰撞、阻隔等布置问题。

（3）排汽管道和末两级低压加热器（若布置在排汽管道中）在布置上的支撑方案研究。

第四节 高位布置设计研究大纲

对结构专业而言，由于汽轮发电机为振动设备，荷重大、转速高，最初传统的设计思路为汽轮机基座尽可能低位布置，且汽轮机基座与主厂房结构相互脱开。采用汽轮发电机组高位布置的主厂房设计时，结构方案同时要考虑抗震设计问题和设备振动问题，主厂房结构能否实现这一布置方式就成为关键问题。

2017 年 12 月 13 日，国家能源集团党组成员、副总经理、教授级高工王树民主持召开总经理办公会议，专题研究锦界三期项目汽轮发电机组高位布置设计方案优化相关事宜。要求继续深入开展专题研究，系统开展好高位布置消防设计优化、人员疏散设计优化、深度降噪设计优化、保温设计优化、主厂房布置设计优化、防范地（矿）震和塌陷等地质影响的研究、提高锅炉刚度降低偏摆值研究、四大管道及排汽、抽汽管道接口推力对汽轮机组整体稳定运行影响的研究等，尽快对专题研究报告进行深化和完善。

2017 年 12 月 14 日，国家能源集团党组成员、副总经理、教授级高工王树民参加了汽轮发电机组高位布置结构设计方案专家评审会，会议由中国工程院院士周福霖任主任委员，中国工程院院士陈政清和电力规划总院副院长设计大师孙锐任副主任委员，中国建筑设计研究院设计大师范重，东北电力设计院设计大师郭晓克，华能集团原副总经理、教授级高工那希志，电力规划总院教授级高工赵春莲，华北电力设计院教授级高工李智，周建军，华东电力设计院教授级高工林磊为委员，国华电力公司总工程师、教授级高工陈寅彪主持会议。与会专家评审提出了关键研究内容见表 4-1。

表 4-1　　　　　　　　　　　　　　　关键研究内容

序号	研究要点	工作内容
1	对汽轮发电机组高位布置下的主要技术瓶颈和技术风险进行全面综合性的梳理，并提出对应的解决方案	汽轮发电机组高位布置技术风险分析及预防对策报告
2	提出针对项目的厂房结构、汽轮机、管道等主要设备量化的抗震性能指标	汽轮发电机组高位布置主厂房结构抗震性能指标报告
		汽轮发电机组高位布置主要管道抗震性能指标报告（需要与结构的抗震等级一致）
		汽轮发电机组高位布置汽轮机抗震性能指标报告
3	进一步优化弹簧水平刚度的选取，进一步研究弹簧、设备、结构等的频率之间的相互影响，避免发生共振	高位布置隔振弹簧水平刚度优化报告
		高位布置弹簧、设备、结构的频率相互影响分析报告
4	进一步分析风振对管道疲劳的影响，并完善对各种不同运行工况的应力分析	风振对主要管道疲劳的影响分析报告
		汽轮机接口阀门计算模型
		主蒸汽、热段各种不同运行工况的应力分析
5	研究提高锅炉钢架结构刚度的必要性和合理性	锅炉钢架刚度 1/800、1/1000 风作用下的主要管道接口偏摆值；1/800、1/1000 刚度下地震作用下的主要管道接口偏摆值
		提高锅炉钢架结构刚度的必要性和合理性报告
		锅炉钢架刚度 1/800、1/1000 刚度下主蒸汽、热段各种不同运行工况的应力分析
6	考虑锅炉、汽轮机、管道、主厂房的相互影响	高位布置主厂房、锅炉房、主要管道相互影响分析报告
7	消防设计优化	补充完善消防设计报告
8	人员疏散设计优化	补充完善高位布置厂房人员疏散专题报告
9	深度降噪设计优化	补充完善降噪专题报告
10	防范地（矿）震和塌陷等地质影响的研究	防范地（矿）震和塌陷等地质影响的研究报告
11	四大管道及排汽、抽汽管道接口推力对汽轮机组整体稳定运行影响的计算研究	四大管道及排汽、抽汽管道接口推力对汽轮机组整体稳定运行影响的计算研究报告

第五章

主厂房结构设计方案研究

第一节　主厂房布置方案

锦界三期项目设计建立了三维立体高位布置的优化方案，提出了汽机房由平面布置转为立体布置的新理念，优化获得了锅炉—汽轮机—空冷岛三维协调布置方案，大幅减少了主厂房占地，提升了空冷岛抗环境风性能，降低了系统造价。设计了汽轮机基础整体式弹簧隔振方案、四大管道支吊架方案，突破了高位布置的关键技术瓶颈。

一、结构体系构建的基础性工作

将汽轮发电机组放置在高位，难点在于：结构刚度能否满足要求；在主厂房结构自身刚度不足的前提下是否需要和锅炉钢架连成整体；采用混凝土结构还是钢结构；汽轮发电机组能否正常运行；在各种极端工况下（地震、大风等）是否安全等。项目团队首先对这些基本问题进行了思考并开展了计算分析。

（一）独立布置和联合布置的对比分析

独立布置和联合布置的对比分析如图 5-1 所示。

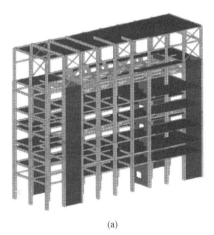
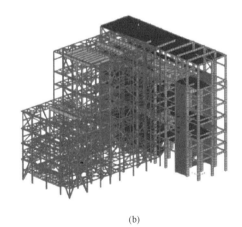

(a)　　　　　　　　　　　　　　　　(b)

图 5-1　独立布置和联合布置的对比分析
(a) 独立布置计算模型；(b) 联合布置计算模型

分别建立了主厂房独立布置和联合布置计算模型，主厂房采用混凝土结构，锅炉采用钢结构。主要结论如下：

（1）由于锅炉房和汽机房模型楼层高度和柱网均不对应，且材料特性差异较大，

41

联合布置后形成连体结构，无法形成有效的整体结构。对连体结构进行抗震设计时，由于地震反应的复杂性和不可预测性，一般要求两部分在地震作用下能够独立满足设计要求，以防作为薄弱部位的连体构件失效造成结构破坏。对于联合后内力增大的构件应进行加强，因此联合结构造价增加较多。

（2）两个材料特性及自振特性差异很大的结构连接后，结构的扭转效应增大，结构的受力情况复杂，抗震设计难度及工作量较大，且抗震性能不好保证。

（3）锅炉房采用钢结构，汽机房采用混凝土结构，仅采用局部连接的方式将两个独立结构联合，此时虽然减小结构之间的变形差并降低对管道的变形能力要求，但联合结构的造价提高，且设计过程复杂；如果汽机房与锅炉房独立布置时，也能满足管道工艺的要求，建议采用独立布置方案。

（二）钢筋混凝土结构和钢结构方案的对比分析

汽轮发电机组高位布置后，基座台板及汽轮机设备重达数千吨，且大荷载（如钢煤斗等）设备较多。从理论上讲需要尽可能降低重心，故宜采用混凝土结构。汽轮发电机是振动设备，高位布置后采用隔振技术成为必然的选择，无论隔振效率有多高，总会有少量的振动作用传递至其他楼层，所以宜采用整体质量和刚度较大的混凝土结构。尽管项目厂址抗震设防烈度不高，但在高位有大质量，地震作用的影响和效应仍不能忽视；管道应力与结构位移有较大的相关关系，应尽可能减小结构位移（偏摆）。所以在采用混凝土结构的基础上应尽可能增大结构的刚度，采用框架—剪力墙结构就成为最优的选择。

基于上述分析，解决了两个基本问题后，后续的研究工作将在框架—剪力墙结构的大框架下构建一体化的结构体系并开展相关试验研究。

二、主厂房结构布置方案简述

汽轮发电机采用高位布置方案，前煤仓＋主厂房顺列纵向布置；对结构专业而言，由于汽轮发电机为振动设备，荷重大、转速高；最初传统的设计思路为汽轮机基座尽可能低位布置，且汽轮机基座与主厂房结构相互脱开。随着弹簧隔振技术的发展和应用，以及寿光电厂汽轮机基座与汽轮机大平台框架整体联合布置主厂房的研究和应用，汽轮机基座与主厂房框架联合成为一种可能。对本期工程汽轮发电机高位布置方案特点而言，联合布置主厂房结构（即一体化结构）就成为唯一的选择。汽轮机台板和汽轮发电机设备质量大且布置在高位，结构能否实现这一布置方式就成为关键问题。结构方案同时要考虑抗震设计问题和设备振动问题，由于汽轮发电机布置在65m层，结构位移会较大，对于设备的运行及管道的连接等提出更高的要求，难度较大。

根据工艺资料，主厂房总高度为83.70m，超过了6度区现浇钢筋混凝土框架结构的最大高度60m限值，故应采用现浇钢筋混凝土框架—剪力墙结构，主要是考虑到混凝土结构方案刚度大、质量偏重的特点，可以尽量降低结构的整体重心。剪力墙的布置与工艺配合后确定，采用较长的剪力墙及相对较短的剪力墙相结合，两个方向均设置。剪力墙的设计原则在满足工艺要求的前提下尽量符合"均匀""分散""靠边"的原则，对于较长的剪力墙，工艺的小直径管道可不必绕过，通过在剪力墙上开孔的方式设计。

主厂房横向运转层 65m 以下由 A-B-C 列柱组成框架—剪力墙结构受力体系，运转层以上由主厂房屋面 AC 列柱组成排架＋支撑结构受力体系；主厂房纵向 A、B、C 列均为框架＋剪力墙结构。运转层以下各层框架梁与 A、B、C 列柱均为刚性连接，汽轮发电机基座台板采用弹簧隔振大板式结构，台板顶部周边与运转台之间设伸缩缝脱开，台板底部以下结构与主厂房整体联合形成钢筋混凝土框架—剪力墙结构。

经过与工艺专业的详细配合，在保证满足工艺布置的前提下，使得 B-C 列间的给煤机层与 A-B 列间的凝结水箱层布置在同一标高，B-C 列间的煤斗支撑层与 A-B 列间的除氧器层布置在同一标高，B-C 列间的皮带层与 A-B 列间的高低压加热器层布置在同一标高。既保证了结构布置上尽量不出现错层、短柱等不利因素，又保证了工艺荷载的布置及结构的刚度分布尽量均匀，使得整个结构体系更利于抗震设防要求。

结构三维布置图如图 5-2 所示。下部 65m 层以下为钢筋混凝土框架—剪力墙结构，上部为排架结构，汽轮机基座采用弹簧隔振基础。实际上构成了满足工艺要求的竖向框剪＋排架一体化结构。

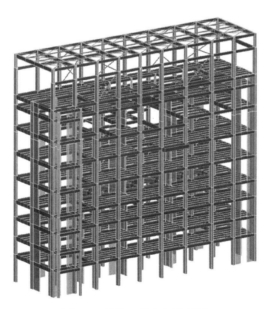

图 5-2　结构三维空间布置图

结构典型层的平面布置图和立面图如图 5-3 所示。

高位布置后的一体化主厂房结构完全不同于常规主厂房，结构内主要工艺设备的布置也有较大的差别，面临的结构问题更为突出。抗震、抗设备振动、抗风和设计控制指标的确定均需要进行研究和确定。

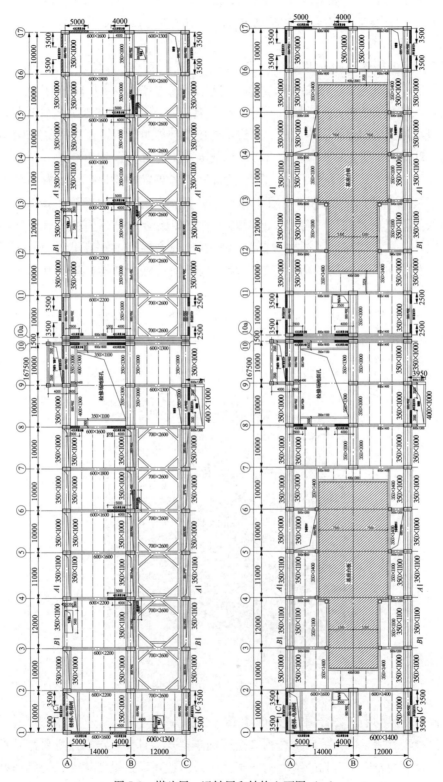

图 5-3 煤斗层、运转层和结构立面图（一）

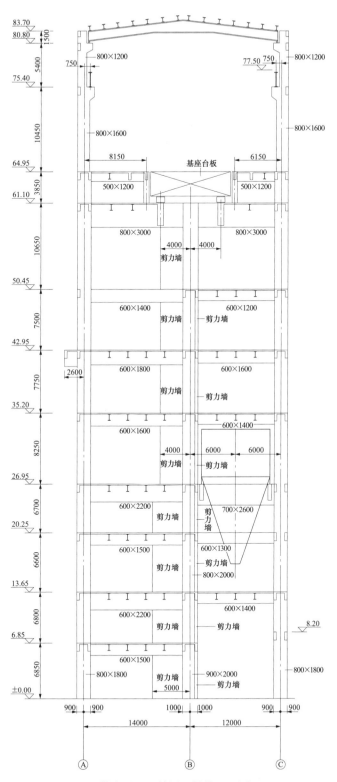

图 5-3　煤斗层、运转层和结构立面图（二）

第二节　弹簧隔振系统设计研究

锦界三期项目采用汽轮发电机组高位布置弹簧隔振基础，主厂房立柱与汽轮机基础下立柱合并共用成为一个整体结构，弹簧隔振基础支撑在一个结构层上，弹簧隔振器布置在框架横梁或楼层纵梁上，并不像常规做法可以放置到柱顶。高位布置厂房结构与基础下部支撑梁结构联合为整体的这种结构布置型式在国内为首创。本节内容包括高位布置弹簧隔振系统的选型与设计、弹簧隔振基础的动力特性研究以及基础变位研究。

一、高位布置弹簧隔振系统的选型与设计

弹簧隔振基础是通过在基础顶台板底部和基础立柱柱顶之间放置弹簧隔振器的方式，优化基础结构的动力性能，使得基础台板的振动与下部结构隔离，有效避免振动传递，并可在基础发生不均匀沉降时快速有效调整。汽轮发电机组弹簧隔振基础最早出现在德国，现已在世界范围内被广泛采用，与之配套使用的多为西门子、阿尔斯通等西欧型机组。近年来，弹簧隔振基础在我国火电厂和核电厂也开始被广泛应用。目前国内运行和在建的核电项目如岭澳二期、红沿河、宁德、阳江、防城港和台山核电等项目，以及火电项目如甘肃平凉电厂、山东寿光电厂百万机组等均采用弹簧隔振汽轮机基础。国内汽轮发电机组弹簧隔振基础，绝大多数采用的是汽轮发电机组低位独立岛式布置方式，而唯一例外的是山东寿光电厂采用将厂房立柱与汽轮机基础下立柱连接为整体结构的方案，但是汽轮机仍是低位布置。采用汽轮发电机组高位布置，基础采用弹簧隔振基础，厂房立柱与汽轮机基础下立柱合并共用成为一个整体结构，弹簧隔振基础支撑在一个结构层上，弹簧隔振器布置在框架横梁或楼层纵梁上。与常规独立岛式基础，甚至山东寿光电厂的低位布置厂房结构与汽轮机基础联合结构形式相比，汽轮发电机组高位布置后，厂房结构与基础下部支撑梁结构联合为整体的这种结构布置型式在国内为首创。

弹簧隔振系统设计是隔振基础设计的一个重要环节，因为它决定着基础的隔振性能、设备运行的安全性及工程的经济性等多方面要素，是基础设计的难点和重点。因此，对弹簧隔振系统的设计进行了相关研究并做出基本设计原则。隔振器的选型是一个复杂迭代的过程，要综合考虑隔振目的、隔振要求、设备类型及荷载参数、对基础有无特殊要求（如基础静变位）、经济性等多项因素，而且各因素之间还相互制约，互相影响。根据基本输入条件、相关规范及设备要求，依据基础外形和结构布置，对基础进行多种设计参数和设计分析模型比较，并考虑隔振器安装和释放的空间要求，优化了隔振器的布置位置，以保证其基础动力性能、基础台板静变位及抗震性能等诸多性能要求。最终优选方案的隔振系统共选用 46 件 TP(VM)-××-4420/32 型隔振器，其中包括 12 件带阻尼的隔振器，分别布置于下部支撑梁 12 个位置。

隔振系统总刚度 $K_v=1927kN/mm$；$K_h=1019kN/mm$

隔振系统阻尼系数 $D_v=7200kN \cdot s/m$；$D_h=14400kN \cdot s/m$

弹簧隔振器型号、参数及布置见表5-1。

表 5-1　　　　　　　　　　　　弹簧隔振器型号、参数及布置

立柱	隔振器型号	数量	弹簧刚度		总体弹簧刚度		总体阻尼系数	
		n	k_v	k_h	K_v	K_h	D_v	D_n
		—	(kN/mm)	(kN/mm)	(kN/mm)	(kN/mm)	(kNs/m)	(kNs/m)
C1	E-67194-8.8	1	39.5	19.5	101.1	52.9	600	1200
	E-67194-7.3	2	30.8	16.7				
C1′	E-67194-8.8	1	39.5	19.5	101.1	52.9	600	1200
	E-67194-7.3	2	30.8	16.7				
C2	E-67194-8.8	1	39.5	19.5	191.9	105.0	600	1200
	E-67194-12.3	3	50.8	28.5				
C2′	E-67194-8.8	1	39.5	19.5	191.9	105.0	600	1200
	E-67194-12.3	3	50.8	28.5				
C3	E-67194-8.8	1	39.5	19.5	223.0	116.0	600	1200
	E-67194-8.5	5	36.7	19.3				
C3′	E-67194-8.8	1	39.5	19.5	223.0	116.0	600	1200
	E-67194-8.5	5	36.7	19.3				
C4	E-67194-8.8	1	39.5	19.5	116.7	58.3	600	1200
	E-67194-8.7	2	38.6	19.4				
C4′	E-67194-8.8	1	39.5	19.5	116.7	58.3	600	1200
	E-67194-8.7	2	38.6	19.4				
C5	E-67194-8.8	1	39.5	19.5	203.3	106.2	600	1200
	E-67194-12.7	3	54.6	28.9				
C5′	E-67194-8.8	1	39.5	19.5	203.3	106.2	600	1200
	E-67194-12.7	3	54.6	28.9				
C6	E-67194-8.8	1	39.5	19.5	127.5	71.3	600	1200
	E-67194-11.0	2	44.0	25.9				
C6′	E-67194-8.8	1	39.5	19.5	127.5	71.3	600	1200
	E-67194-11.0	2	44.0	25.9				
总计		46			1927	1019	7200	1440

隔振器布置如图5-4所示。

隔振器选型过程分为四个步骤：

（1）建立计算模型：根据基础外形图纸、设备厂家图纸等资料建立台板模型。将常规基础顶台板底面与中间立柱分开，建立弹簧隔振器单元。设备质量以质量点单元模拟各种设备，包括管道自重。此外还要考虑冷凝器的质量、是否有真空吸力等。

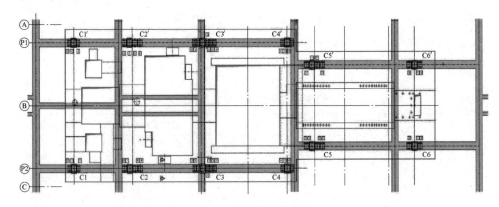

图 5-4 隔振器布置图

（2）利用建立的模型进行静力计算，得出各个柱头位置的竖向约束反力。

（3）根据不同的设备类型和实际工程情况，选择合理的隔振器压缩量。根据基本公式 $F=kx$，即可得出每个柱头的总刚度。

（4）隔振器的选择：每个柱头的总刚度确定以后，就可以根据隔振器的参数表，选择合适的隔振器（包括合适的隔振器数量）。

1）选择隔振器时，首先要选择刚度较大的隔振器，使每个柱头隔振器数量最少，利于柱头隔振器布置。

2）要保证隔振器有足够的安全储备，一般选择隔振器额定承载力的 80%。

3）各个柱头隔振器正常运行状态时压缩量应接近相等。

4）为了抑制设备在启动、停机、地震或其他偶然工况下台板的瞬时荷载，每个柱头布置一个带阻尼器的弹簧隔振器。

二、弹簧隔振基础动力特性研究

汽轮机基础动力特性分析是汽轮机基础设计中的重要内容。通过动力分析，可以直观地了解汽轮机基础结构的动力特性，包括结构的模态频率、振型以及结构在设备正常工作状态下的振动响应特性，并判断汽轮机基础结构是否满足设备使用要求或相关规范的要求。静动力分析使用的有限元软件为 Femap with NX Nastran，有限元分析模型包括基础台板、弹簧隔振器单元、模拟设备质量分布的质量单元等。模型的坐标 X 轴与转子轴向平行，Z 轴正向为竖向轴，与重力方向平行反向。Y 轴为基础水平横向，坐标轴方向满足右手方向法则，其动力分析模型图形显示如图 5-5～图 5-7 所示。

（一）基础动力响应结果评价

针对两种不同的计算及评判标准：ISO10816-2 和 GB 50040《动力机器基础设计标准》进行动力响应分析，以判断基础的动力特性。依据标准 ISO10816-

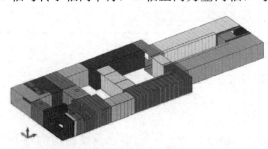

图 5-5 汽轮机基础台板计算模型-3D 显示

2，动扰力采用设备质量不平衡等级 G2.5，阻尼比取 2%，计算工作频率范围取 37.5～

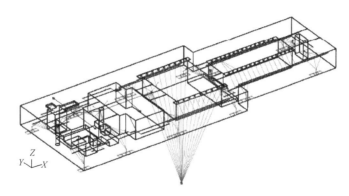

图 5-6　汽轮机基础台板计算模型—线框模式显示

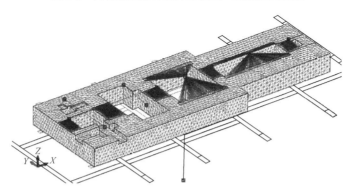

图 5-7　汽轮机基础台板实体模型

62.5Hz，振动速度有效值输出结果采用 SRSS 方法。根据计算结果，最大响应结果为 6 号轴承竖向 2.13mm/s—梁单元模型和 6 号轴承横向 3.50mm/s—实体单元模型，均小于标准限值 3.8mm/s，满足标准要求。依据《动力机器基础设计标准》（GB 50040），扰力采用 $0.2W_i$，阻尼比 6.25%，计算工作频率范围 $f_m \pm 25\%$ 的振动速度，输出结果采用 SRSS 方法。根据计算结果，输出的最大响应结果为 6 号轴承竖向 2.11mm/s—梁单元模型和 6 号轴承竖向 3.67mm/s—实体单元模型，均小于限值 4.45mm/s。$0 < f_m < 1.25f_m$ 范围内的振动位移最大结果为 6 号轴承竖向 7.98μm 和 6 号轴承竖向 13.2μm，均小于限值 20μm，满足标准要求。由此得出结论，汽轮机基础设计动力性能满足两种不同规范系统的要求。各轴承点不同模型不同分析标准下的详细计算结果见表 5-2 和表 5-3。

表 5-2		37.5～62.5Hz 范围内的振动速度最大值								mm/s
X 向		BRG-1	BRG-2	BRG-3	BRG-4	BRG-5	BRG-6	BRG-7	BRG-8	BRG-9
ISO10816	梁单元	1.74	0.76	0.76	1.10	1.10	2.04	0.92	0.70	1.59
	实体单元	1.27	0.71	0.71	0.33	0.33	2.06	0.50	0.50	1.57
GB 50040	梁单元	1.55	0.67	0.67	1.05	1.05	1.72	0.83	0.60	1.55
	实体单元	0.95	0.53	0.53	0.33	0.33	3.32	0.61	0.61	1.93
Y 向		BRG-1	BRG-2	BRG-3	BRG-4	BRG-5	BRG-6	BRG-7	BRG-8	BRG-9
ISO10816	梁单元	0.95	0.75	0.79	0.94	1.02	0.72	0.46	0.65	0.78
	实体单元	1.06	0.76	0.74	2.51	2.70	3.50	0.45	0.89	0.48

续表

Y 向		BRG-1	BRG-2	BRG-3	BRG-4	BRG-5	BRG-6	BRG-7	BRG-8	BRG-9
GB 50040	梁单元	0.78	0.64	0.68	1.18	1.36	0.90	1.02	0.80	0.72
	实体单元	0.99	0.72	0.82	2.21	2.36	3.05	0.55	0.88	0.52
Z 向		BRG-1	BRG-2	BRG-3	BRG-4	BRG-5	BRG-6	BRG-7	BRG-8	BRG-9
ISO10816	梁单元	0.92	0.41	0.40	1.18	0.85	2.13	1.41	1.16	0.51
	实体单元	1.04	0.80	0.56	1.19	0.89	2.24	1.42	1.98	0.98
GB 50040	梁单元	0.82	0.47	0.53	1.30	1.15	2.11	1.40	1.20	0.39
	实体单元	1.10	0.83	0.51	1.17	1.25	3.67	2.02	2.12	1.05

表 5-3 **0～62.5Hz 范围内的振动位移最大值** μm

X 向位移		BRG-1	BRG-2	BRG-3	BRG-4	BRG-5	BRG-6	BRG-7	BRG-8	BRG-9
GB 50040	梁单元	6.25	2.67	2.67	4.31	4.31	6.51	3.18	2.40	6.36
	实体单元	6.23	3.80	3.80	3.84	3.84	11.97	2.52	2.52	8.03
Y 向位移		BRG-1	BRG-2	BRG-3	BRG-4	BRG-5	BRG-6	BRG-7	BRG-8	BRG-9
GB 50040	梁单元	4.04	3.48	3.51	4.86	4.90	3.99	3.67	5.03	6.63
	实体单元	5.94	4.25	3.42	8.41	9.08	11.76	4.57	3.80	5.97
Z 向位移		BRG-1	BRG-2	BRG-3	BRG-4	BRG-5	BRG-6	BRG-7	BRG-8	BRG-9
GB 50040	梁单元	4.16	3.54	4.55	7.04	7.75	7.98	6.95	5.90	4.92
	实体单元	4.13	3.03	4.34	8.65	8.21	13.22	8.22	8.95	4.91

（二）不同模型结果对比分析

两种分析模型的模态频率分析结果见表 5-4。

表 5-4 **梁单元与实体单元模态频率对比**

阶数	频率		差值（%）	阶数	频率		差值（%）
	梁单元	实体单元			梁单元	实体单元	
1	2.19	2.15	−1.6	12	17.90	15.10	−15.6
2	2.25	2.24	−0.4	13	19.50	16.30	−16.4
3	2.45	2.45	0.0	14	20.90	18.80	−10.0
4	3.12	3.11	−0.3	15	22.80	20.60	−9.8
5	3.14	3.14	0.0	16	25.10	22.50	−10.4
6	3.58	3.65	2.0	17	25.60	22.90	−10.5
7	5.00	4.80	−4.0	18	26.90	24.10	−10.4
8	8.70	7.90	−9.2	19	28.90	25.50	−11.8
9	9.00	8.30	−7.8	20	29.70	28.80	−3.0
10	12.20	11.50	−5.7	21	30.50	29.50	−3.3
11	12.80	11.80	−7.8	22	33.70	31.10	−7.7

阶数	频率		差值（%）	阶数	频率		差值（%）
	梁单元	实体单元			梁单元	实体单元	
23	35.80	32.20	−10.1	37	68.50	58.00	−15.3
24	37.00	35.10	−5.1	38	68.80	61.30	−10.9
25	41.00	37.30	−9.0	39	71.40	63.60	−11.1
26	43.50	37.30	−14.3	40	72.20	63.90	−11.5
27	44.90	39.10	−12.9	41	74.70	69.20	−7.4
28	48.40	39.90	−14.0	42	79.50	69.50	−12.6
29	48.40	42.00	−13.2	43	81.90	71.70	−12.5
30	52.60	44.60	−15.2	44	83.40	73.00	−12.5
31	54.50	46.50	−14.7	45	84.30	76.40	−9.4
32	55.10	47.20	−14.3	46	90.20	77.10	−14.5
33	56.50	50.70	−10.3	47	92.50	82.00	−11.4
34	59.00	51.50	−12.7	48	95.20	84.00	−11.8
35	61.20	53.10	−13.2	49	96.50	84.40	−12.4
36	64.00	57.70	−9.8	50	96.70	85.70	−11.4

从模态频率结果看，整体上实体单元模型的频率比梁单元模型的频率低。在前 6 阶隔振系统固有频率，两种模型的差别极小，最大相差 2%，可以认为基础台板及设备分布引起的系统重心位置，两种模型下是近似相等的。但是在设备的工作频率范围内，两种模型的模态频率有接近 15% 的差值。此外，基础振动形式也不相同，由此可以看出在高阶频率时，基础的振动形态不同会对计算的动力响应结果造成不同的影响。两种模型计算的振动响应结果如下：

工作频率范围 $f_m \pm 25\%$，即 37.5～62.5Hz 内（评价标准 ISO10816）

实体单元模型：$\max . V_{eff.} = 3.5\text{mm/s} < 3.8\text{mm/s}$

梁单元模型 ：$\max . V_{eff.} = 2.13\text{mm/s} < 3.8\text{mm/s}$

工作频率范围 $f_m \pm 25\%$，即 37.5～62.5Hz 内（评价标准 GB 50040—2020）

实体单元模型：$\max . V_{eff.} = 3.67\text{mm/s} < 4.45\text{mm/s}$

梁单元模型：$\max . V_{eff.} = 2.11\text{mm/s} < 4.45\text{mm/s}$

产生不同分析结果的原因：

（1）梁单元截面属性的计算。在有限元软件中，不规则截面的主惯性矩与极惯性矩采用简化的计算方法，与实体单元计算产生的系统刚度不一致。

（2）梁单元采用 RBE3 刚性杆单元，将设备质量与基础台板相连接，刚性杆单元与梁单元均有 6 个自由度。而实体单元模型中的 RBE3 单元与实体单元连接，只有 3 个自由度。为保证实体单元中的质量单元与基础刚性连接，必须使用较多的 RBE 单元。此时 RBE 刚性杆单元参数的刚度与梁单元模型中使用 RBE 单元产生的附加刚度无法使二者完全相同。

（3）由于质量单元只作用于横梁局部，如果使用较多的 RBE 单元会使横梁的强轴刚度方向发生变化，即两种模型最大振动速度响应方向不一致。整体上由于实体单元模型的刚度更柔（模态频率小），因此在计算的频率范围内会产生较大的振动响应。但总体上看，两种模型的计算结果均满足规范要求。

针对厂房结构在机器动扰力作用下的响应，也进行了相关分析研究，以判断汽轮机基础在动扰力作用下的动力性能是否对厂房结构产生不利影响。同时考虑到厂房结构与基座下部支撑梁结构在设备正常运行作用下的耦合作用，基础台板与下部梁共振，可能产生较大的振动和偏移，在进行厂房结构与基座联合整体模型动力分析中已经对基座和厂房的结构相关位置进行了动力响应计算，所有位置的振动响应均满足规范要求，不存在共振现象。为了进一步阐述该问题，又采用新的两种模型进行动力响应计算对比分析，以说明弹簧隔振系统、设备、结构等之间的相互影响，避免发生共振。另外设备轴承位置的振动速度响应为 2.7mm/s，远小于厂家要求的标准 3.8mm/s。而且由支撑梁结构有无引起的振动速度响应差值为 0.01mm/s，进一步反映出三者之间不存在共振的可能性。

三、弹簧隔振基础变位研究

（一）静变位的要求

弹簧隔振基础水平和竖向变形需保证设备正常运行的要求，即基础静变位要求，各相邻轴承位置基础的梁和柱水平（包括横向和纵向）和垂直方向合成之后的偏差不允许超过 0.25mm。基础静变位计算示意如图 5-8 所示。

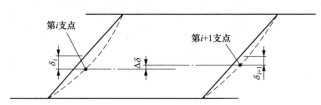

图 5-8 基础静变位计算示意图

（二）静变位计算分析

对基础静变位计算所考虑的荷载工况、组合、计算位置以及相关的计算方法包括：汽轮发电机组扭矩产生的载荷、由于热膨胀产生的横向载荷、垂直和横向的动载荷。汽轮发电机组正常运行时的工作力矩荷载见表 5-5 ，以节点集中力形式施加在相关位置。工作力矩工况如图 5-9 所示。

表 5-5　　　　　　　　　　　工作力矩荷载分布

装置	$f(Hz)$	$P(MW)$	$M_n(kN \cdot m)$	$e_y(m)$	$\pm F_z(kN)$
HPT	50	-204	-650		
IPT	50	-254	-810		
LPT	50	-201	-640	8.61	74
机组	50	660	2100	3.94	533

汽轮发电机组正常运行时的热膨胀横向荷载是以设备质量乘以摩擦系数 $u = 0.25$

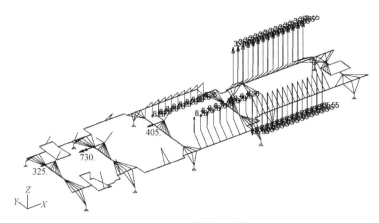

图 5-9　工作力矩工况

计算得出，且热膨胀荷载满足力的平衡，横向和纵向合力为零。摩擦力荷载分布见表 5-6。热膨胀摩擦力工况如图 5-10 所示。

表 5-6　　　　　　　　　　　　　　摩擦力荷载分布

装置	位置	$G+P$(kN)	节点数量	$\pm F_{xi}$(kN)	$\pm F_{yi}$(kN)
HP 轴承	CB 1	1000	1	−250	
HP/IP 轴承	CB 2	2900	1	−725	
IP/LP 轴承	CB 3	2400	1	975	
LP 套管	LB	1686	9	51	51
LP 套管	LB	1834	9	51	51
机组	LB	2913	15	50	50
机组	LB	1847	15	50	50

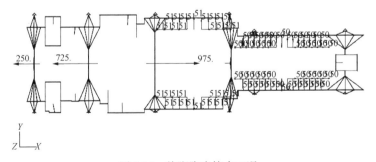

图 5-10　热膨胀摩擦力工况

对于设备正常运行时由机组产生的垂直和横向动荷载，依据动力分析结果的振动位移响应可以看出，振动位移最大值只有 $13\,\mu\mathrm{m}$，因此，基础的动荷载对基础静变位分析的影响可以忽略。静变位计算只考虑工作力矩和热膨胀摩擦力，以及正常运行时煤斗质量不同分布工况对基础静变位的影响，所考虑的工况为煤斗全满布置、间隔满空布置及左右各半侧满空工况下在支撑梁隔振器位置的初始位移。厂房内煤斗分布布置如图 5-11 所示。

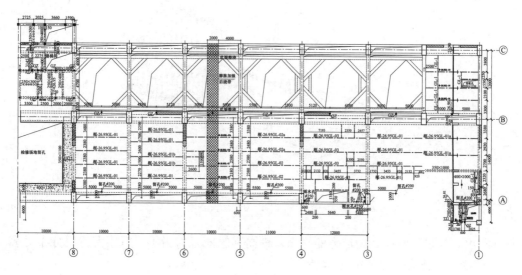

图 5-11　煤仓间煤斗分布示意图

对于煤斗质量分布不同工况引起的支撑梁变形见表 5-7。

表 5-7 隔振器底部支撑梁位移

煤斗荷载		总荷载下的位移 u_z(mm)				
节点	支点	1	2	3	4	5
		111111	121212	222111	111222	222222
4001	C1	7.31	7.11	6.68	7.35	6.90
4002	C1′	9.08	8.56	8.01	9.07	8.00
4003	C2	7.58	8.47	7.25	7.54	7.22
4004	C2′	9.00	8.47	8.10	8.83	7.92
4005	C3	11.75	11.45	11.49	11.46	11.20
4006	C3′	10.25	9.60	9.61	9.63	8.98
4007	C4	6.96	6.80	6.96	6.63	6.63
4008	C4′	8.31	7.79	8.21	7.37	7.26
4009	C5	6.38	6.13	6.39	5.88	5.89
4010	C5′	7.52	7.04	7.49	6.60	6.66
4011	C6	7.33	6.94	7.35	6.66	6.67
4012	C6′	7.03	6.42	7.01	5.98	5.97

　　其中：1 表示满载，2 表示空载，111111 表示 6 个煤斗全满，121212 表示煤斗间隔满空，222222 表示 6 个煤斗全空。由于煤斗自重恒载下的支撑梁变形通过隔振器可以调平，对基础静变位无影响，因此需要考虑的初始静变位工况需要扣除 222222 工况下的变形。隔振器位置下部支撑梁相对位移见表 5-8。

表 5-8　　　　　　　　　　　隔振器位置下部支撑梁相对位移

煤斗荷载		可变荷载下的位移 u_z(mm)			
节点	支点	1-5	2-5	3-5	4-5
4001	C1	0.42	0.22	−0.21	0.45
4002	C1′	1.08	0.56	0.01	1.07
4003	C2	0.36	1.25	0.04	0.33
4004	C2′	1.08	0.54	0.18	0.90
4005	C3	0.55	0.26	0.29	0.27
4006	C3′	1.26	0.62	0.63	0.65
4007	C4	0.33	0.17	0.33	0.00
4008	C4′	1.05	0.53	0.94	0.10
4009	C5	0.49	0.24	0.50	−0.01
4010	C5′	0.86	0.39	0.83	0.05
4011	C6	0.67	0.27	0.69	−0.01
4012	C6′	1.05	0.45	1.04	0.01

相应施加的工况—初始位移工况如图 5-12～图 5-15 所示。

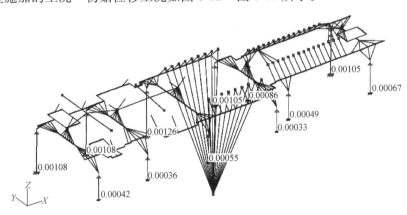

图 5-12　初始位移—工况（1-5）

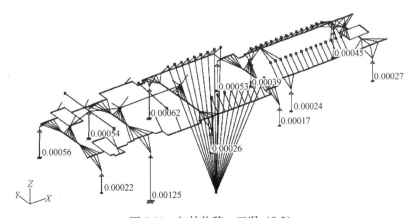

图 5-13　初始位移—工况（2-5）

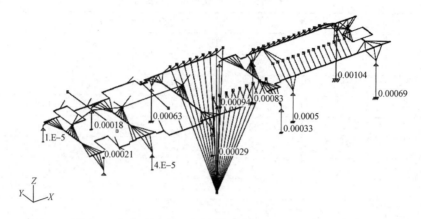

图 5-14 初始位移—工况（3-5）

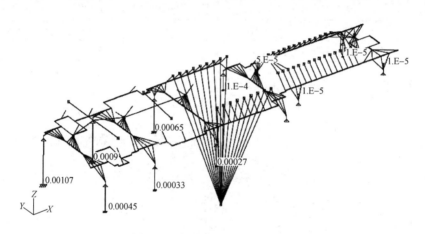

图 5-15 初始位移—工况（4-5）

基础三个方向的静变位计算结果见表 5-9。

表 5-9 **基础总静位移计算结果**

轴承		W1	W2	W3	W4	W5	W6	W7	W8	W9
		N. 3001	N. 3002	N. 3003	N. 3004	N. 3005	N. 3006	N. 3007	N. 3008	N. 3009
坐标系	x(m)	-20280	-15080	-12680	-6280	-4080	4080	6321	16721	19468
荷载工况	变形	W1	W2	W3	W4	W5	W6	W7	W8	W9
		N. 3001	N. 3002	N. 3003	N. 3004	N. 3005	N. 3006	N. 3007	N. 3008	N. 3009
扭矩	u_x(mm)	0.00	0.00	0.00	0.00	0.00	0.00	0.00	0.00	0.00
摩擦	u_x(mm)	-0.10	-0.10	-0.10	0.11	0.11	0.02	0.02	0.04	0.04
煤斗荷载 1	u_x(mm)	0.01	0.01	0.01	0.00	0.00	0.00	0.00	0.01	0.01
煤斗荷载 2	u_x(mm)	-0.03	-0.04	-0.04	-0.05	-0.05	-0.04	-0.04	-0.03	-0.03
煤斗荷载 3	u_x(mm)	0.12	0.12	0.12	0.11	0.11	0.10	0.10	0.09	0.09

荷载工况	变形	W1	W2	W3	W4	W5	W6	W7	W8	W9
		N. 3001	N. 3002	N. 3003	N. 3004	N. 3005	N. 3006	N. 3007	N. 3008	N. 3009
煤斗荷载 4	u_x(mm)	−0.10	−0.10	−0.10	−0.11	−0.11	−0.10	−0.09	−0.08	−0.08
扭矩	u_y(mm)	0.07	0.06	0.06	0.03	0.02	−0.06	−0.07	−0.13	−0.15
摩擦	u_y(mm)	0.00	0.00	0.00	0.00	0.00	0.00	0.00	0.00	0.00
煤斗荷载 1	u_y(mm)	0.25	0.25	0.25	0.24	0.24	0.24	0.24	0.24	0.24
煤斗荷载 2	u_y(mm)	0.01	0.01	0.01	0.03	0.03	0.04	0.04	0.05	0.05
煤斗荷载 3	u_y(mm)	0.11	0.11	0.11	0.12	0.12	0.14	0.14	0.14	0.15
煤斗荷载 4	u_y(mm)	0.14	0.14	0.14	0.12	0.12	0.11	0.10	0.09	0.09
扭矩	u_y(mm)	0.00	0.00	0.00	0.00	0.00	0.00	0.00	0.00	0.00
摩擦	u_z(mm)	−0.11	−0.01	0.04	0.12	0.07	0.07	0.06	−0.03	−0.07
煤斗荷载 1	u_z(mm)	−0.76	−0.77	−0.77	−0.78	−0.78	−0.77	−0.76	−0.78	−0.79
煤斗荷载 2	u_z(mm)	−0.67	−0.63	−0.60	−0.53	−0.50	−0.41	−0.39	−0.31	−0.29
煤斗荷载 3	u_z(mm)	0.04	−0.11	−0.18	−0.36	−0.41	−0.60	−0.64	−0.85	−0.90
煤斗荷载 4	u_z(mm)	−0.76	−0.63	−0.57	−0.41	−0.36	−0.16	−0.11	0.08	0.12

基础刚体位移计算结果（利用 MS Excel 的 TREND 函数计算）见表 5-10。

表 5-10　　　　　　　　　　基础刚体位移计算结果

荷载工况	刚体位移	W1	W2	W3	W4	W5	W6	W7	W8	W9
		N. 3001	N. 3002	N. 3003	N. 3004	N. 3005	N. 3006	N. 3007	N. 3008	N. 3009
扭矩	u_x(mm)	0.00	0.00	0.00	0.00	0.00	0.00	0.00	0.00	0.00
摩擦	u_x(mm)	−0.06	−0.04	−0.03	−0.01	0.00	0.02	0.03	0.07	0.08
煤斗荷载 1	u_x(mm)	0.00	0.00	0.00	0.00	0.00	0.00	0.00	0.00	0.00
煤斗荷载 2	u_x(mm)	−0.04	−0.04	−0.04	−0.04	−0.04	−0.04	−0.04	−0.04	−0.04
煤斗荷载 3	u_x(mm)	0.12	0.12	0.11	0.11	0.11	0.10	0.10	0.09	0.09
煤斗荷载 4	u_x(mm)	−0.11	−0.11	−0.10	−0.10	−0.10	−0.09	−0.09	−0.09	−0.08
扭矩	u_y(mm)	0.10	0.06	0.05	0.01	0.00	−0.05	−0.06	−0.13	−0.14
摩擦	u_y(mm)	0.00	0.00	0.00	0.00	0.00	0.00	0.00	0.00	0.00
煤斗荷载 1	u_y(mm)	0.25	0.25	0.24	0.24	0.24	0.24	0.24	0.24	0.24
煤斗荷载 2	u_y(mm)	0.01	0.01	0.02	0.02	0.03	0.04	0.04	0.05	0.06
煤斗荷载 3	u_y(mm)	0.11	0.11	0.12	0.12	0.12	0.13	0.13	0.14	0.15
煤斗荷载 4	u_y(mm)	0.14	0.14	0.13	0.12	0.12	0.11	0.11	0.09	0.09
扭矩	u_z(mm)	0.00	0.00	0.00	0.00	0.00	0.00	0.00	0.00	0.00
摩擦	u_z(mm)	0.02	0.01	0.01	0.01	0.01	0.01	0.01	0.01	0.01
煤斗荷载 1	u_z(mm)	−0.76	−0.77	−0.77	−0.77	−0.77	−0.77	0.78	0.78	0.78
煤斗荷载 2	u_z(mm)	−0.67	−0.62	−0.69	−0.53	−0.51	−0.43	−0.40	−0.30	−0.27
煤斗荷载 3	u_z(mm)	0.00	−0.13	−0.18	−0.33	−0.38	−0.57	−0.62	−0.87	−0.93
煤斗荷载 4	u_z(mm)	−0.74	−0.62	−0.57	−0.42	−0.37	−0.19	−0.14	0.09	0.15

用于评价转子轴承座的变形（基础的总位移减去基础刚体位移）见表 5-11。

表 5-11 　　　　　　　　　　　　　　　**基础静变位计算结果**

荷载工况	静变位移	W1 N.3001	W2 N.3002	W3 N.3003	W4 N.3004	W5 N.3005	W6 N.3006	W7 N.3007	W8 N.3008	W9 N.3009
扭矩	u_x(mm)	0.00	0.00	0.00	0.00	0.00	0.00	0.00	0.00	0.00
摩擦	u_x(mm)	−0.04	−0.06	−0.06	0.12	0.12	0.00	−0.01	−0.03	−0.04
煤斗荷载 1	u_x(mm)	0.00	0.00	0.00	0.00	0.00	0.00	0.00	0.00	0.00
煤斗荷载 2	u_x(mm)	0.01	0.00	0.00	−0.01	−0.01	0.00	0.00	0.00	0.00
煤斗荷载 3	u_x(mm)	0.00	0.00	0.00	0.00	0.00	0.00	0.00	0.00	0.00
煤斗荷载 4	u_x(mm)	0.01	0.00	0.00	0.00	−0.01	0.00	0.00	0.00	0.00
扭矩	u_y(mm)	−0.02	0.00	0.01	0.02	0.03	−0.01	−0.01	0.00	−0.01
摩擦	u_y(mm)	0.00	0.00	0.00	0.00	0.00	0.00	0.00	0.00	0.00
煤斗荷载 1	u_y(mm)	0.00	0.00	0.00	0.00	0.00	0.00	0.00	0.00	0.00
煤斗荷载 2	u_y(mm)	0.00	0.00	0.00	0.00	0.00	0.00	0.00	0.00	0.00
煤斗荷载 3	u_y(mm)	0.00	0.00	0.00	0.00	0.00	0.00	0.00	0.00	0.00
煤斗荷载 4	u_y(mm)	0.00	0.00	0.00	0.00	0.00	0.00	0.00	0.00	0.00
扭矩	u_z(mm)	0.00	0.00	0.00	0.00	0.00	0.00	0.00	0.00	0.00
摩擦	u_z(mm)	−0.13	−0.03	0.02	0.10	0.06	0.06	0.04	−0.04	−0.08
煤斗荷载 1	u_z(mm)	0.01	0.00	0.00	−0.01	−0.01	0.01	0.01	0.00	−0.01
煤斗荷载 2	u_z(mm)	0.00	−0.01	−0.01	0.00	0.01	0.02	0.02	−0.01	−0.02
煤斗荷载 3	u_z(mm)	0.04	0.01	0.00	−0.03	−0.03	−0.03	−0.02	0.02	0.03
煤斗荷载 4	u_z(mm)	−0.02	−0.01	−0.01	0.01	0.02	0.03	0.03	−0.01	−0.03

相邻轴承座间的相对变形见表 5-12。

表 5-12 　　　　　　　　　　　　　　　**轴承间基础相对静变位计算结果**

荷载工况	静变位移	W2-W1	W3-W2	W4-W3	W5-W4	W6-W5	W7-W6	W8-W7	W9-W8
扭矩	Δu_x(mm)	0.00	0.00	0.00	0.00	0.00	0.00	0.00	0.00
摩擦	Δu_x(mm)	−0.02	−0.01	0.19	−0.01	−0.12	−0.01	−0.01	−0.01
煤斗荷载 1	Δu_x(mm)	0.00	0.00	−0.01	0.00	0.00	0.00	0.01	0.00
煤斗荷载 2	Δu_x(mm)	−0.01	0.00	−0.01	0.00	0.00	0.00	0.01	0.00
煤斗荷载 3	Δu_x(mm)	0.00	0.00	0.00	0.00	0.00	0.00	0.00	0.00
煤斗荷载 4	Δu_x(mm)	0.00	0.00	−0.01	0.00	0.00	0.00	0.01	0.00
扭矩	Δu_y(mm)	0.02	0.01	0.01	0.01	−0.03	0.00	0.01	−0.01
摩擦	Δu_y(mm)	0.00	0.00	0.00	0.00	0.00	0.00	0.00	0.00
煤斗荷载 1	Δu_y(mm)	0.00	0.00	0.00	0.00	0.00	0.00	0.00	0.00
煤斗荷载 2	Δu_y(mm)	0.00	0.00	0.01	0.00	0.00	0.00	−0.01	0.00
煤斗荷载 3	Δu_y(mm)	0.00	0.00	0.00	0.00	0.00	0.00	0.00	0.00
煤斗荷载 4	Δu_y(mm)	0.00	0.00	0.00	0.00	−0.01	0.00	0.00	0.00

荷载工况	静变位移	W2-W1	W3-W2	W4-W3	W5-W4	W6-W5	W7-W6	W8-W7	W9-W8
扭矩	Δu_z(mm)	0.00	0.00	0.00	0.00	0.00	0.00	0.00	0.00
摩擦	Δu_z(mm)	0.10	0.05	0.08	−0.05	0.00	−0.01	−0.09	−0.04
煤斗荷载 1	Δu_z(mm)	−0.01	0.00	0.00	0.00	0.01	0.00	−0.01	−0.01
煤斗荷载 2	Δu_z(mm)	−0.01	0.00	0.01	0.01	0.01	0.00	−0.02	−0.01
煤斗荷载 3	Δu_z(mm)	−0.03	−0.01	−0.03	0.00	0.01	0.01	0.04	0.01
煤斗荷载 4	Δu_z(mm)	0.01	0.01	0.02	0.01	0.01	0.00	−0.04	−0.02

采用以下计算方式确定基础的静变位最大值：

$$max = max(\text{scuttle loads}) + max(\text{torque，0}) + abs(\text{friction})$$

$$min = min(\text{scuttle loads}) + min(\text{torque，0}) - abs(\text{friction})$$

因此，三个方向在相邻轴承间产生的最大静变位计算结果见表 5-13。

表 5-13　　　　　　　　　　　轴承间基础相对静变位最大值

荷载工况	静变位移	W2-W1	W3-W2	W4-W3	W5-W4	W6-W5	W7-W6	W8-W7	W9-W8
max	Δu_x(mm)	0.02	0.01	0.18	0.01	0.13	0.01	0.02	0.01
min	Δu_x(mm)	−0.02	−0.01	−0.20	−0.01	−0.12	−0.01	−0.01	−0.01
max	Δu_y(mm)	0.02	0.01	0.02	0.01	0.01	0.00	0.01	0.00
min	Δu_y(mm)	−0.01	0.00	−0.01	0.00	−0.04	0.00	−0.01	−0.01
max	Δu_z(mm)	0.11	0.06	0.10	0.05	0.02	0.02	0.12	0.06
min	Δu_z(mm)	−0.13	−006	−0.10	−0.05	0.00	−0.01	−0.13	−0.06

其中，各方向的基础变形最大值分别为：

max. $|Du_x| = 0.20$mm < 0.25mm；

max. $|Du_y| = 0.04$mm < 0.25mm；

max. $|Du_z| = 0.13$mm < 0.25mm；

因此，水平向与竖向的变形合成之后为：

$\Delta_{xyz} = \sqrt{0.20^2 + 0.04^2 + 0.13^2} = 0.24$mm < 0.25mm，满足要求。

静变位分析结果评价：依据计算结果可以得出，基础横梁的纵向变形为 0.20mm；基础横梁的横向变形为 0.04mm，竖向变形为 0.13mm，三个方向合成后的变形为 0.24mm，均小于厂家提出的限值 0.25mm，基础设计满足要求。

第六章

主厂房结构抗震设计研究

第一节　火力发电厂震害研究

2017 年 12 月 13 日，国家能源集团党组成员、副总经理、教授级高工王树民主持召开办公会议，专题研究锦界三期项目汽轮发电机组高位布置设计方案优化相关事宜。要求深入开展专题研究及其深度优化工作，系统开展好高位布置消防设计优化、人员疏散设计优化、深度降噪设计优化、保温设计优化、主厂房布置设计优化、运行检修人员心理影响研究，尤其要加大防范地（矿）震和塌陷等地质影响的研究、提高锅炉刚度降低偏摆值研究、四大管道及排汽、抽汽管道接口推力对汽轮机组整体稳定运行影响的研究等，尽快对专题研究报告进行深化和完善。

随后，设计团队开展了锦界三期工程主厂房结构抗震设防研究，并考虑到高位布置主厂房结构的特殊性和重要性，将主厂房抗震设防目标调整为"小震和中震不坏，大震可修"，分析模型中准确模拟结构构件、弹簧和阻尼器等装置的特性参数，合理评估各关键部件在工作状态下和地震作用下的性能。

自新中国成立以来，火力发电厂主厂房和发电设备遭受了较多的震害，主要有1966 年邢台地震、1967 年沧州地震、1975 年辽南地震、1976 年唐山地震和 2008 年汶川地震。

一、1966 年邢台地震和 1967 年沧州地震主要震害

邯郸电厂主厂房设计按 7 度设防，主厂房框架为现浇钢筋混凝土结构，汽机房和锅炉房均采用普通钢筋混凝土屋架及屋面板。厂房柱距为 6m、总长为 131.47m。地震中大量女儿墙倒塌，很多填充墙与梁底及柱边接触处有明显的缝隙及抹面脱落现象，个别墙变形很大，用人力即能摇动。汽机房和锅炉房天窗架及竖向剪刀撑系采用建工部标准设计（结 107），地震后一期工程锅炉房全部垂直支撑及汽机房部分垂直支撑受到破坏。破坏形式主要为锚筋拔出、锚筋与锚板之间的焊缝拉脱、支撑与埋件之间的焊缝拉脱、支撑斜杆压弯。二期工程锅炉房天窗垂直支撑预埋件有的松动，但无拔出、拉脱现象。第一跨屋面板系传递很大的水平地震作用，因连接强度不足而拉坏。伸缩（沉降）缝宽度原设计仅为 20mm，缝内填塞木板；在固定端，汽轮机、锅炉房山墙与除氧间框架填充墙在顶部因碰撞而损坏。

石家庄电厂分五期工程，一期为苏联设计，建于 1954 年，二至五期为国内设计，五期厂房建成于 1966 年。所有建（构）筑物均未考虑抗震设防。地震时，厂房内屋架晃动明显，伸缩缝内有填缝材料落下，煤仓间填充墙与栈桥相接处有几块砖被撞落。填充墙有几跨与梁柱间有轻微裂缝，最为严重的上端，向锅炉房错动约 10mm。汽机房

天窗侧挡板与天窗架连接处，有几处挡板埋铁被拉动，与混凝土脱开。地震时墙面竖缝普遍裂开，墙内抹灰开裂，部分掉落。三期与四期之间锅炉房顶部的伸缩缝两侧砖墙上下及左右均有错动，部分砖墙被撞碎。

二、1975 年辽南地震主要震害

鞍山发电厂一期为两台 110MW 氢冷机组。其中一台机组于 1974 年 10 月并网发电。地震发生时，厂房及管道等大幅度晃动，主控制室日光灯摇摆 45°，汽机房 A 列平台与加热器平台接缝受震后明显错开。汽机房固定端山墙靠 A 列一端，砖墙自 9～27m 标高有九道水平裂缝；靠 B 列一侧，山墙在 27m 标高上有掉砖及垂直、水平裂缝。除氧间固定端端部楼梯间的墙为支承在框架上的填充墙，上部受震较大因而出现水平及斜裂缝，墙与梁、柱均开裂，抹灰脱落。楼梯间顶上，高出除氧间顶面的屋顶房屋，地震时受力和摇摆很大，因而产生贯通全屋的水平、垂直、斜向裂缝，抹面脱落，有些裂缝较宽，约 1～2cm。

盘锦热电厂主厂房全部采用装配式钢筋混凝土结构，围护结构在 7.0m 标高以下为砖砌由此产生相应的构件裂缝损坏、装配式接头破坏和钢筋接头剖口焊缝断裂破坏，框架节点区剪切强度不足而脆性破坏。齿槽式梁柱接头在地震中遭到不同程度的破坏，已经灌浆并在梁上砌了砖墙的破坏较轻，未灌浆和未砌墙的破坏较重；受弯破坏较多，受剪破坏较少。接头处齿槽普遍开裂，裂缝系垂直受弯裂缝，多沿齿边接缝开展，也有梁端齿槽被剪坏。

三、1976 年唐山地震中陡河电站主要震害

唐山陡河电站是当时华北地区的大型电站之一，也是京津唐地区电网中的主力电站。电站于 1973 年开始兴建，一期工程安装两台 125MW 日本进口汽轮发电机组，两台武汉锅炉厂 400t/h 悬吊锅炉；二期工程安装两台 250MW 汽轮发电机组，两台 850t/h 悬吊锅炉，均为日本进口。

电站主厂房除氧、煤仓间采用多层钢筋混凝土框架结构，A 列为钢筋混凝土双肢柱，汽机房屋面采用气楼式天窗的预应力钢筋混凝土拱型屋架和大型屋面板。结构型式一期为现浇钢筋混凝土框架结构，二期为预制装配式钢筋混凝土框架结构。汽机房内设置有二台 75t 桥式吊车。

（1）现浇框架震害情况。

在 7 月 28 日凌晨第一次大震发生后，框架即倒塌大部分，仅局部残存。1 号框架倒塌占总建筑面积的 65%，倒塌数量占建筑总体积的 73%。残存框架上的纵梁折断部位不是在配筋薄弱的梁中部断面处，而是在纵梁根部的地方，梁的残留部分折断面多数是上大下小，朝倒塌方向呈 45°倾斜，拉出的钢筋具有同样的情况。中间部分跨的砖墙大部分产生裂缝，倒塌。标高 5.00、15.00m 层处，B 列框架纵梁的支座处有 1～2 条斜裂缝缝宽 11.5mm，部分支座有交叉斜裂缝。标高 10.00、14.00、16.00m 层处，C 列框架纵梁支座处有 1～2 条斜裂缝，缝宽 0.5～0.75mm，其余纵梁与楼面纵梁未见裂缝。

端部三跨框架全部倒塌；中间部分跨框架标高 30.00m 以上倒塌。靠近端部中间

跨框架由于端部框架的倒塌，受有较大的冲击力，破坏比其余中间跨更严重。中间标准跨框架在标高 10.00、19.50m 的框架节点区域，两侧均有 S 形、X 形、Y 形裂缝，缝宽最大达 30mm；裂缝起于柱的节点处，并延伸至框架梁的中部或楼面。在柱内的 S 形裂缝，从节点处往下柱延伸，伸长约 5.5～7.5m。C 柱标高 19.50m 和 B 柱标高 10.00m 处的节点破坏尤为严重，节点混凝土压碎、箍筋拉断或外鼓，主筋部分外露，柱外鼓 20～25mm。

屋架生根梁，只配置垂直钢箍，故生根梁混凝土压碎脱落。支承锅炉运转层平台的生根梁，外缘混凝土有局部压碎情况。

（2）装配式框架结构。

由于在地震时，装配式多层框架结构未形成框架体系，在强震下结构产生较大倾斜偏位，由此产生相应的构件裂缝损坏、装配式接头破坏和钢筋接头剖口焊缝断裂破坏，框架节点区剪切强度不足而脆性破坏。

齿槽式梁柱接头在地震中遭到不同程度的破坏，已经灌浆并在梁上砌了砖墙的破坏较轻，未灌浆和未砌墙的破坏较重：受弯破坏较多，受剪破坏较少。接头处齿槽普遍开裂，裂缝系垂直受弯裂缝，多沿齿边接缝开展，也有梁端齿槽被剪坏。

四、2008 年汶川地震江油电厂主要震害

2008 年 5 月 12 日，四川汶川发生了 8.0 级特大地震（震中烈度达 11 度）。地震发生时，江油电厂厂区建构筑物剧烈摇晃持续 2min 以上，集中控制楼吊顶天花板不停掉落。地震中，江油电厂 2×330MW 机组及其主厂房均不同程度受损，33 号机汽机房屋面网架垮塌，虽未发生人员伤亡事故，但由于修复加固费用高、时间长，电厂发电机组长时间停机，经济损失巨大。

2×330MW 机组主厂房震害情况：

分析 2×330MW 机组主厂房按汽机房、煤仓间、锅炉房三列顺列式布置。主厂房采用现浇钢筋混凝土框排架结构，汽机房屋面为钢屋架＋大型屋面板，汽机房平台为现浇钢筋混凝土结构，汽机房各层平台和煤仓间各层楼屋面均为现浇钢筋混凝土梁板。地震后 2×330MW 机组主厂房主体结构基本完好，仅有局部破坏。

主厂房 B 列柱上部分用于支承汽机房平台钢筋混凝土梁的生根梁出现混凝土压碎现象，经查压碎处生根梁顶面钢筋至梁底约 150mm 厚的素混凝土层。

在汽机房运转层平台处，B 列部分框架柱出现根部混凝土脱落。经查破坏处框架柱混凝土保护层厚度达 130mm，框架柱箍筋间距较大，为 200～350mm。

《工业与民用建筑抗震设计规范》（TJ11-78）未对框架梁筋加密作明确规定，设计的框架柱箍筋间距为 200mm。汽机房运转层以上净空高度大、跨度大，在汽机房运转层平台落于汽机房平台上，造成汽机房平台钢格栅和局部钢筋混凝土板被砸坏。

第二节　高位布置主厂房抗震设防研究

锦界三期工程厂址区域地质构造属华北地台鄂尔多斯台向斜东翼，陕北斜坡。历次构造运动在区内主要以垂向运动为主，形成了一系列假整合面，局部地段发育着大

小不等的波状及宽缓褶曲，但未发现较大断层，亦无岩浆活动，含煤地层及煤层构造都很简单。总体来看，锦界三期工程拟建场地处于区域地质构造稳定部位。

一、地震地质

从地震活动现象来看，陕北块体继承早期构造运动的特征，继续保持着十分稳定状态，虽然第四纪间歇性升降活动在不同地域有所差异，其整体间平衡关系并未发生剧烈变化，和鄂尔多斯块体四周构造运动强烈地带相比，差异运动十分微弱，结合相邻地区地震活动和地壳形变资料来看，这种稳定状态还将继续保持。

由于区域地壳活动相对微弱，地震基本烈度为 6 度，据史料记载，自公元 1448 年、1621 年府谷、榆林、横山发生过 5 级地震以后再未发生过 5 级以上地震。相邻省区发生的其他一些较大的地震影响到本区仅为感应区，如 1996 年 5 月 3 日，距本区 350km 的包头发生的 6.4 级地震在本区也仅有震感而已，所以本区属地震相对稳定地区。

二、地震效应评价

（一）场地土类型及建筑场地类别

建设场地上部为前期场平的回填土，而且基岩面起伏、埋深都相对较大，可研阶段该场地进行了 4 个钻孔检层法波速测试，地表下 20m 以上各孔的等效剪切波速计算结果为 238～268m/s。根据测试结果，上部填土的剪切波速一般在 163～219m/s，填土厚度对等效剪切波速影响较大，当填土厚度小于 6m 时，其等效剪切波速值一般都大于 250m/s。

根据场地地层结构，特别是填土厚度、性能及基岩埋深等，根据《建筑抗震设计规范》（GB 50011—2010）判定，建筑场地类别按Ⅱ类考虑，属对建筑抗震不利地段，在地基和结构设计中需采取相应的抗震措施。

（二）地震动参数

根据《陕西神木电厂—锦界煤矿煤电一体化项目三期（4×1000MW）工程场地地震安全性评价工作报告》（陕西大地地震工程勘察中心，2009 年 2 月）的结论，拟建场地 50 年超越概率 63%、10%、2% 的地面峰值加速度值及反应谱特征周期分别为 0.024g、0.37s、0.065g、0.43s、0.108g、0.56s，其对应的地震基本烈度为 6 度。

根据最新颁布的《中国地震动参数区划图》（GB 18306—2015）及厂址所在的地理位置，厂址基于Ⅱ类场地的基本地震动峰值加速度为 0.05g，基本地震动峰值加速度反应谱特征周期值为 0.35s，相应的地震基本烈度为 6 度。

（三）地震液化评价

依据《建筑抗震设计规范》（GB 50011—2010）有关规定，对饱和砂土和饱和粉土的液化判别和地基处理，6 度时，一般情况可不进行判别和处理。但对液化沉陷敏感的乙类建（构）筑物可按 7 度的要求进行判别和处理。

勘察对厂区地面下 20m 深度范围内的饱和砂土、饱和粉土进行了液化判别计算，根据计算结果，所有钻孔其实测标贯击数值均大于液化判别标贯击数临界值，表明场地饱和砂土、饱和粉土在 7 度地震条件下不液化，与场地前期液化判别结论一致，综合分析，本期场地的液化问题可不予考虑。

（四）地基震陷

依据《岩土工程勘察规范》（GB 50021—2009）中规定，"抗震设防烈度大于或等于 7 度的厚层软土分布区，宜判断软土震陷的可能性和估算震陷量""软土包括淤泥、淤泥质土、泥炭、泥炭土等"。工程场址不存在上述地层，各类建筑地基不涉及震陷问题，故抗震设计时可不考虑地基震陷问题。

（五）断裂

根据《陕西神木电厂—锦界煤矿煤电一体化项目三期（4×1000MW）工程场地地震安全性评价工作报告》（陕西大地地震工程勘察中心，2009 年 2 月）的结论，场地电法勘探和岩土工程勘察结果表明，工程场地内无活动断裂存在，因此，可不考虑断裂活动对工程场地的影响。

三、抗震设计

（一）地震动参数的选取

根据 2016 年 12 月 20 日锦界三期工程初步设计审查会纪要，按最新颁布的《中国地震动参数区划图》（GB 18306—2015）及厂址所在的地理位置，锦界三期工程厂址基于Ⅱ类场地的基本地震动峰值加速度为 0.05g，基本地震动峰值加速度反应谱特征周期值为 0.35s，相应的地震基本烈度为 6 度，各建（构）筑物按上述地震动参数进行抗震设计即可。

根据 2017 年 3 月 1 日国务院令第 676 号公布的《国务院关于修改和废止部分行政法规的决定》修正的地震安全性评价管理条例（2017 年修正本）的规定，火力发电厂不再必须进行地震安全性评价的范围。结合 2009 年完成的工程场址地震安全性评价，考虑到主厂房汽轮机高位布置的特殊性和重要性，以及地震安评报告中地震动参数比《建筑抗震设计规范》（GB 50011—2010）略大的事实，主厂房考虑采用安评的地震动参数对整体结构进行分析。

主厂房结构抗震设防类别及水平地震影响系数特征参数见表 6-1 和表 6-2。

表 6-1 主厂房结构抗震设防类别

抗震设防类别	抗震设防烈度	设计基本地震加速度值	设计地震分组	场地类别	场地特征周期
乙类	6 度	0.05g	第一组	Ⅱ类	0.35s

表 6-2 水平地震影响系数特征参数

类别	50 年设计基准期超越概率（％）	场地特征周期 T_g(s)		地面最大加速度（gal）		水平地震影响系数最大值（α_{max}）	
		抗规	安评	抗规	安评	抗规	安评
多遇	63	0.35	0.37	18	23.5	0.04	0.058
设防	10	0.35	0.43	50	63.7	0.12	0.156
罕遇	2	0.4	0.56	125	105.8	0.28	0.265

综合安评报告和抗震规范参数对比，计算时小震的参数取值为：地表的水平地震

峰值取 23.5gal，场地特征周期为 0.37s，阻尼比取 5％。

大震水平地震参数依据抗震规范参数取值，并按照 23.5/18＝1.3（即安评报告与 GB 50011《建筑抗震设计规范》多遇地震地面最大加速度比值为 1.3）放大。调整后大震的参数取值为：地表的水平地震峰值取 125×1.3＝162.5gal，场地特征周期为 0.4s，阻尼比取 0.05。

采用汽轮机高位布置，汽轮机及基座质量较大，且采用了弹簧支座基础，通过调整弹簧支座刚度和阻尼器参数，实现汽轮机工作时隔绝设备振动对下部结构的影响，同时也减小地震作用下汽轮机的地震响应。根据专家建议，为了保证工程安全，补充计算了极罕遇地震下结构的变形情况，要求达到"极罕遇地震不倒"的要求。

极罕遇地震所用地震波与罕遇地震相同，地震波加速度峰值同样依据安评报告进行调整，调整后为 160gal×1.3＝208gal。

（二）抗震设计原则

根据《火力发电厂土建结构设计技术规程》（DL 5022—2012）的规定，抗震设防烈度为 6 度和 6 度以上地区的发电厂建（构）筑物，必须进行抗震设计。

按照国家设计标准和电力行业设计标准的相关规定，对厂区建（构）筑物进行抗震设计原则的确定。厂区各建（构）筑物的设计使用年限为 50 年，结构安全等级、地基基础的设计等级、建筑抗震设防类别、抗震设防烈度和抗震措施设防烈度、结构抗震等级等详见表 6-3。

表 6-3　　　　厂区主要建（构）筑物安全等级及抗震措施设防烈度表

建（构）筑物名称	建筑结构安全等级	地基基础设计等级	抗震设计				备注
			抗震设防烈度	抗震设防类别	抗震措施设防烈度	结构抗震等级	
主厂房	二	甲	6	乙	7	二	
锅炉房	二	甲	6	乙	7	三	钢结构
电控楼	二	乙	6	乙	7	三	
空冷架构	二	乙	6	乙	7	三	
钢烟道支架	二	乙	6	乙	7	三	
引风机室	二	乙	6	丙	6	四	钢结构
电除尘支架	二	乙	6	丙	6	—	钢结构
石膏脱水及废水处理楼	二	丙	6	丙	6	四	
脱硫烟道支架	二	丙	6	丙	7	四	钢结构
室外配电装置架构、支架	二	乙	6	丙	6	—	钢结构
继电器室	二	乙	6	丙	6	四	
集中控制中心	二	乙	6	乙	7	三	
石灰石浆液泵房	二	丙	6	丙	6	四	
石灰石浆液制备车间	二	丙	6	丙	6	四	

续表

建（构）筑物名称	建筑结构安全等级	地基基础设计等级	抗震设计				备注
			抗震设防烈度	抗震设防类别	抗震措施设防烈度	结构抗震等级	
厂外二级输送空压机房	二	丙	6	丙	6	四	
综合管架	二	丙	6	丙	6	四	钢结构
超滤反渗透间尿素储存间	二	丙	6	丙	6	四	
输煤栈桥	二	乙	6	乙	7	二	
检修间	二	丙	6	丙	6	四	
材料库危废暂存间	二	丙	6	丙	6	四	
消防站	二	乙	6	乙	7	三	
科技展示中心	二	丙	6	丙	6	三	

（三）主厂房结构抗震体系及抗震措施

在平面布置中将主厂房分成两个独立单元，单元间设置伸缩缝，采用双柱、双屋面梁；汽轮机基座采用弹簧隔振整体联合布置方案，基座台板与运转层平台设变形缝完全脱开，在汽轮机基座台板侧面布置高阻尼橡胶，保障基座在地震或不可预见的工况作用下安全。

主厂房横向由汽机房 A 排柱-汽机房屋面-B、C 列柱组成框架—剪力墙结构受力体系，纵向 A、B、C 列为框架＋剪力墙结构。43.0m 层以下 A-B 轴间为汽机房部分，43.0m 层以下 B-C 轴间为煤仓间部分，43.0m 层以上 A-C 轴间为汽机房部分，65.0m 运转层以上框架＋支撑结构。65m 运转层以下各层框架梁与主厂房 A、B、C 轴柱为刚性连接。主厂房结构抗震体系满足《建筑抗震设计规范》（GB 50011—2010）宜有多道抗震防线的要求。

经过与工艺专业的详细配合，在保证满足工艺布置的前提下，使得 B-C 列间的给煤机层与 A-B 列间的凝结水箱层布置在同一标高 13.0m 层，B-C 列间的煤斗支撑层与 A-B 列间的除氧器层布置在同一标高 27.0m 层，B-C 列间的皮带层与 A-B 列间的高低加热器层布置在同一标高 35.30m 层。既保证了结构布置上不出现错层、短柱等不利因素，又保证了工艺荷载的布置及结构的刚度分布尽量均匀，使得整个结构体系更有利于抗震要求。

主厂房各层楼板主要采用现浇结构体系，以增加其整体刚度。

汽机房屋盖采用加设水平支撑的实腹钢梁及型钢檩条组成的有檩屋面系统。煤斗采用支承式钢结构，既减轻了结构自重，又降低了质量中心。

上主厂房的输煤栈桥与主厂房框架采用滑动连接，以有效提高其抗震性能。

非结构构件和大型工艺设备与主体结构设置可靠地连接，结构设计所受的地震作用均考虑明确合理的传递途径。

框架—剪力墙结构节点的设计将完全按照抗震规范的要求采取必要的抗震措施，达到整个建筑物的抗震设防要求。主厂房结构弹性和弹塑性分析采用了安评报告的地震动参数，考虑了极罕遇地震的情况，又提高了结构的抗震性能目标，与常规项目相比主厂房结构安全度有了极大的提高。

（四）其他建（构）筑物结构抗震体系及抗震措施

综合考虑工艺系统的布置条件、结构方案的合理性及与一二期工程保持协调统一等因素，厂区主要附属及辅助建（构）筑物采用钢筋混凝土框架结构或钢结构，这两种结构型式均是良好的结构抗震体系。对于抗震设防类别为乙类的建（构）筑物，按抗震设防烈度6度进行地震作用计算，按提高一度7度采用抗震构造措施。对于抗震设防类别为丙类的建（构）筑物，按抗震设防烈度6度进行地震作用计算，按6度采用抗震构造措施。

（五）地基和基础抗震措施

由于本期工程场地上部为前期施工整平的回填土，厚度一般在0.9～9.6m，其密实度、工程性能等极不均匀，而且基岩面起伏较大，根据《建筑抗震设计规范》（GB 50011—2010）有关标准判定，属对建筑抗震不利地段，在地基和结构设计中需采取相应的抗震措施。

对于处在厚填土区域的主厂房、烟囱、空冷支架等重要建（构）筑物，采用了具有较好抗震性能的桩基础方案，在桩基础的设计过程中根据《建筑抗震设计规范》（GB 50011—2010）及《建筑桩基技术规范》（JGJ 94—2008）进行桩基的抗震承载力验算，并采用相应的抗震措施，如考虑地震作用下，建筑物的各桩基承台所承受的地震剪力和弯矩是不确定的，因此在设计中桩基承台的纵横两个方向设置连系梁，增加基础的整体刚度，有利于桩基的受力性能，并有利于减小各承台之间沉降差的产生。在施工过程中，工程桩基承台周围采用级配砂石回填，并分层夯实，确保承台的外侧土抗力能分担水平地震作用。

四、矿震和塌陷的影响

根据榆林市《关于对神华陕西国华锦界煤电一体化项目三期4×1000MW机组工程建设用地压覆矿产资源情况的说明》（榆政国土资函〔2010〕84号），锦界三期扩建项目建设用地位于神府矿区3-1煤火烧区内，不压覆煤炭资源。三期工程拟建场地不在采空区范围，没有塌陷的可能性。

三期工程的《地质灾害危险性评估报告》（2009年2月）的结论：

（1）评估区的地质环境复杂程度为简单—中等类型。

（2）评估区内已建成运行的一二期工程和三期工程拟建场地，未发现滑坡、崩塌、泥石流、地面塌陷等地质灾害。

（3）三期工程厂区建设可遭受、加剧风蚀沙埋灾害，其危害小，危险性小。三期工程厂区建设引发地质灾害的可能性小，危险性小。

（4）地质灾害危险性综合评估表明三期工程厂区预测危险性小，属地质灾害危险性小的区。

（5）建设场地适宜评价：三期工程厂区建设场地是适宜的。

塌陷地震也叫矿震，是采矿诱发的矿井地震，是矿井的一大自然灾害。据不完全统计，2004年至今，陕北侏罗纪煤田矿区发生2.0级以上矿震近百次，2004年10月14日在府谷县高家崖联办煤矿发生的4.2级矿震是该地区已记录的最大地震，震级大于等于3级、小于4.5级的地震属于小震，或称有感地震。煤矿开采到一定程度后必然形成采空区域，当采空区域达一定范围后，预留煤柱难以支撑覆岩压力或采空区覆岩压力超过其自身的抗压强度后岩石断裂，导致煤矿采空区塌陷，形成采空区域的矿山地震，所以矿震仅在矿区附近发生，震源较浅，因此，矿震很难聚集较大的能量，矿震震级一般都比较小。距离锦界电厂最近的矿区就是与之配套的锦界煤矿，该煤矿自 2006 年投产以来，并未发生过矿震，仅出现过小范围的地面塌陷现象，由于塌陷位置距离电厂很远，对电厂并未造成影响；而且锦界煤矿的开采面是朝远离电厂方向拓展，地面塌陷对电厂的影响可能性很小。矿震是由地下采空区的空洞突然塌陷引起的，只要把采空区空洞充填（或部分充填），即可防止（或减少）矿震灾害的发生。

五、主厂房设计地震动参数选择

结构抗震设防类别及水平地震影响系数特征参数见表 6-4 和表 6-5。

表 6-4　　　　　　　　　　　　　　　结构抗震设防类别

抗震设防类别	抗震设防烈度	设计基本地震加速度值	设计地震分组	场地类别	场地特征周期
乙类	6 度	$0.05g$	第一组	Ⅱ类	0.35s

表 6-5　　　　　　　　　　　　　水平地震影响系数特征参数

程度	50 年设计基准期超越概率（%）	场地特征周期 T_g(s)		地面最大加速度（gal）		水平地震影响系数最大值（α_{max}）	
		抗规	安评	抗规	安评	抗规	安评
多遇	63	0.35	0.37	18	23.5	0.04	0.058
设防	10	0.35	0.43	50	63.7	0.12	0.156
罕遇	2	0.4	0.56	125	105.8	0.28	0.265

综合安评报告和规范参数，计算时小震的参数取值为：地表的水平地震峰值取 24gal，场地特征周期为 0.37s，阻尼比取 5。

大震水平地震参数依据规范参数取值，并按照 23.5/18＝1.3（即安评报告与 GB 50011《建筑抗震设计规范》多遇地震地面最大加速度比值为 1.3）放大。调整后大震的参数取值为：地表的水平地震峰值取 162.5gal，场地特征周期为 0.4s，阻尼比取 5％。

在 2018 年 4 月 9 日召开的《锦界三期工程主厂房结构抗震性能（中震）数模分析研究报告》评审会议上，院士专家组认为：采用汽轮发电机组高位布置，汽轮机及基座质量较大，且采用了弹簧支座基础，通过调整弹簧支座刚度和阻尼器参数，实现汽轮机工作时隔绝设备振动对下部结构的影响，同时也减小地震作用下汽轮机的地震响应。根据专家建议，为了保证工程安全，补充计算极罕遇地震下结构的变形情况，要求达到"极罕遇地震不倒"的要求。

极罕遇地震所用地震波与罕遇地震相同，地震波加速度峰值同样依据安评报告进行调整，调整后为 160cm/s×1.3＝208cm/s。

综上所述，设计所选用的地震动参数考虑了项目的重要性和安评的数据，参数均大于《建筑抗震设计规范》（GB 50011—2010）所规定的数值，有力保障了项目安全。

第三节　主厂房结构有限元分析及试验研究

汽轮机基础抗震性能分析是汽轮机基础设计中的重要内容。通过基础的抗震性能分析，可以直接了解汽轮机基础结构和厂房结构在地震作用下的地震响应，并可以评价设备在地震作用下是否可以满足正常使用要求和对管道布置的影响。本部分研究内容主要包括整体联合结构模态分析—模态频率及振型研究、地震时程响应分析。另外还对隔振系统与下部支撑结构的耦联性能以及隔振系统抗震优化进行研究，以防止地震作用下产生 TMD 效应使基础台板的位移共振放大。

一、弹簧隔振基础抗震性能模型及地震响应分析

（一）弹簧隔振基础抗震性能模型

采用汽轮发电机组高位布置方案，使得主厂房结构布置完全不同。因此对此类结构进行整体结构抗震性能的研究很有必要，要清楚高位布置的汽轮发电机对主厂房整体结构（包括弹簧隔振基础）的整体结构抗震性能的影响，以及高位布置的汽轮发电机组在地震作用下的地震加速度响应是否满足要求，基础台板的位移是否对设备管道布置产生影响，基础台板的地震响应是否对厂房结构设计有较大影响等，从而针对不同的结构采取相应的应对措施，以保证高位布置的汽轮发电机组隔振方案的顺利实施，最终达到设备稳定运行和结构安全可靠的目标。项目设计中采用了 SAP 2000 软件进行抗震整体模型分析。厂房结构与基础台板联合整体模型如图 6-1 所示。SAP 2000 基础台板模型如图 6-2 所示。SAP 2000 基础台板模型平面如图 6-3 所示。

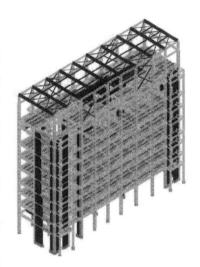

图 6-1　厂房结构与基础台板联合整体模型

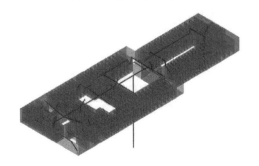

图 6-2　SAP 2000 基础台板模型

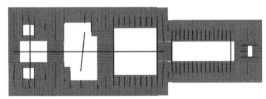

图 6-3　SAP 2000 基础台板模型平面

（二）弹簧隔振基础地震响应分析

地震响应计算分析所计算的节点位置分别有转子轴承点、隔振器顶部以及隔振器底部。在以上位置的地震响应加速度和位移的最大值汇总见表 6-6。

表 6-6   **地震响应结果汇总表**

节点 单位	$U_1=U_X$ (mm)	$U_2=U_Y$ (mm)	$U_3=U_Z$ (mm)	$A_1=A_X$ (mm/s²)	$A_2=A_Y$ (mm/s²)	$A_3=A_I$ (mm/s²)
水平轴	53	44	1	751	1006	281
弹簧顶面	54	42	2	751	903	296
弹簧底面	51	40	2	596 -	759	118

根据计算结果，设备轴承座位置地震加速度响应与地面加速度输入的地震放大倍率：X 向 $0.075g/0.065＝1.16$，Y 向 $0.1006g/0.065＝1.55$。隔振器顶部和底部的相对位移最大值分别为：水平纵向 $\max.u_x＝3.86mm$；水平横向 $\max.u_y＝6.01mm$；竖直方向 $\max.u_z＝1.25mm$。隔振器水平变形限值曲线如图 6-4 所示。

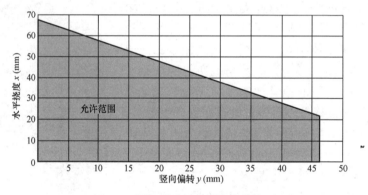

图 6-4　隔振器水平变形限值曲线

根据所选隔振器的变形曲线可以看出，隔振器的位移满足隔振器的最大水平变形限值要求。设备厂对设备轴承点位置加速度限值要求为：汽轮机本体在地震基本烈度（中震）下加速度的限值 $0.25g$。设计计算三个方向的地震加速度响应分别为 $0.075g$、$0.1g$ 和 $0.028g$，都显著小于厂家对设备地震加速度响应的限值。

二、厂房结构与隔振系统耦联抗震分析

在隔振系统研究设计过程中，还考虑了厂房结构与隔振系统在地震作用下的耦合作用导致基础可能产生较大的振动和偏移，对隔振系统进行了调整，以判断目前的隔振系统设计是否会引起共振效应，产生放大的地震位移和响应，隔振系统是否存在优化的可能性。

（一）隔振系统调整

根据目前的隔振器选型，隔振系统第一阶水平振动频率约为 2.2Hz，而厂房结构的第一阶水平振动频率为 0.48Hz，二者之间的比率约为 4.6 倍，一般可以认为，二者之间的频率差异是显著的，不会存在地震作用下共振的可能性。但为了进一步

研究隔振系统是否存在抗震性能优化的可能性，增加了隔振系统的水平刚度，提高了隔振系统一阶水平频率，以再次加大隔振系统与厂房结构基频之间的差异。根据目前隔振器选型的水平刚度，选用具有更大水平刚度的 4402/24 系列隔振器，各处的隔振器选型及布置见表 6-7。由表 6-7 可以看出，修改后的隔振系统总刚度竖向 K_v＝2579kN/mm，K_h＝2017kN/mm。竖向和水平刚度分别为修改前的 1.34 倍和 1.99 倍。刚度调整后隔振器选型见表 6-7。

表 6-7 刚度调整后隔振器选型

立柱/支点	隔振器型号	数量	弹簧刚度		总体弹簧刚度		总体阻尼系数	
		n	k_v	k_h	K_v	K_h	D_v	D_h
		—	kN/mm	kN/mm	kN/mm	kN/mm	kNs/mm	kNs/mm
C1	TPVM-8.8-4420/24	1	53.0	39.5	135.4	105.7	600	1200
	TP-7.3-4420/24	2	41.2	33.1				
C1′	TPVM-8.8-4420/24	1	53.0	39.5	135.4	105.7	600	1200
	TP-7.3-4420/24	2	41.2	33.1				
C2	TPVM-8.8-4420/24	1	53.0	39.5	256.7	207.2	600	1200
	TP-12.3-4420/24	3	67.9	55.9				
C2′	TPVM-8.8-4420/24	1	53.0	39.5	256.7	207.2	600	1200
	TP-12.3-4420/24	3	67.9	55.9				
C3	TPVM-8.8-4420/24	1	53.0	39.5	298.5	231.5	600	1200
	TP-8.5-4420/24	5	49.1	38.4				
C3′	TPVM-8.8-4420/24	1	53.0	39.5	298.5	231.5	600	1200
	TP-8.5-4420/24	5	49.1	38.4				
C4	TPVM-8.8-4420/24	1	53.0	39.5	156.4	117.7	600	1200
	TP-8.7-4420/24	2	51.7	39.1				
C4′	TPVM-8.8-4420/24	1	53.0	39.5	156.4	117.7	600	1200
	TP-8.7-4420/24	2	51.7	39.1				
C5	TPVM-8.8-4420/24	1	53.0	39.5	272.3	211.4	600	1200
	TP-12.7-4420/24	3	73.1	57.3				
C5′	TPVM-8.8-4420/24	1	53.0	39.5	272.3	211.4	600	1200
	TP-12.7-4420/24	3	73.1	57.3				
C6	TPVM-8.8-4420/24	1	53.0	39.5	170.2	139.9	600	1200
	TPVM-11.0-4420/24	2	58.6	50.2				
C6′	TPVM-8.8-4420/24	1	53.0	39.5	170.2	139.9	600	1200
	TP-11.0-4420/24	2	58.6	50.2				
总计		46			2579	2027	7200	14400

（二）响应结果分析

（1）对修改后的隔振系统进行响应谱分析和时程响应分析可以得出新隔振系统地

震作用下各相关位置的地震响应，并对修改前的计算结果如下：

（2）隔振系统水平刚度调整前一阶频率为2.1Hz，调整后频率提高到3.1Hz，可以看出，隔振系统水平频率变化明显，达到了提高水平频率的目的。但厂房结构的前2阶水平模态仍为0.48Hz和0.56Hz。修改隔振系统水平刚度对厂房结构的基频无影响。

（3）根据整体模型的模态分析结果，两种模型下，前20阶振型时，参与质量系数已经大于90%，前50阶模态振型时质量参与系数已经到达95%。因此对比前50阶模态频率看出，采用水平刚度大的隔振器后，系统频率确实略有提高，但两者之间的频率差值非常小。与隔振系统相关的频率有约0.15Hz的提高。模态频率的对比见表6-8。

表6-8　　　　　　　　　　　　　　　　模态频率对比

阶数	调整前	调整后	差值	阶数	调整前	调整后	差值
modal 1	0.484	0.484	0.000	modal 26	2.870	2.984	0.114
modal 2	0.559	0.560	0.001	modal 27	2.895	3.015	0.120
modal 3	0.706	0.707	0.001	modal 28	2.915	3.060	0.145
modal 4	1.465	1.482	0.017	modal 29	2.946	3.061	0.115
modal 5	1.499	1.500	0.001	modal 30	3.015	3.099	0.084
modal 6	1.697	1.750	0.053	modal 31	3.060	3.113	0.053
modal 7	1.760	1.808	0.048	modal 32	3.061	3.232	0.171
modal 8	1.882	1.884	0.002	modal 33	3.111	3.255	0.144
modal 9	1.924	1.939	0.015	modal 34	3.187	3.268	0.081
modal 10	2.130	2.212	0.082	modal 35	3.255	3.347	0.092
modal 11	2.216	2.224	0.008	modal 36	3.346	3.429	0.083
modal 12	2.225	2.310	0.085	modal 37	3.389	3.461	0.072
modal 13	2.281	2.373	0.092	modal 38	3.430	3.532	0.102
modal 14	2.321	2.456	0.135	modal 39	3.532	3.602	0.070
modal 15	2.477	2.627	0.150	modal 40	3.544	3.679	0.135
modal 16	2.530	2.666	0.136	modal 41	3.590	3.696	0.106
modal 17	2.567	2.683	0.116	modal 42	3.680	3.719	0.039
modal 18	2.659	2.688	0.029	modal 43	3.709	3.762	0.053
modal 19	2.688	2.756	0.068	modal 44	3.713	3.772	0.059
modal 20	2.700	2.789	0.089	modal 45	3.730	3.798	0.068
modal 21	2.783	2.827	0.044	modal 46	3.761	3.918	0.157
modal 22	2.813	2.843	0.030	modal 47	3.769	3.933	0.164
modal 23	2.841	2.855	0.014	modal 48	3.805	3.967	0.162
modal 24	2.847	2.871	0.024	modal 49	3.914	4.014	0.100
modal 25	2.862	2.914	0.052	modal 50	3.955	4.076	0.121

　　两种模型的地震输入相同，计算基础台板和厂房结构位置的地震加速度响应，列表对比见表6-9～表6-11。

表 6-9   **修改前的地震响应**

节点位移						
节点	$U_1=U_X$ (mm)	$U_2=U_Y$ (mm)	$U_3=U_Z$ (mm)	$A_1=A_X$ (mm/s²)	$A_2=A_Y$ (mm/s²)	$A_3=A_Z$ (mm/s²)
轴水平面	53	44	1	751	1006	281
弹簧顶端	54	42	2	751	903	296
弹簧地面	51	40	2	596	759	118

表 6-10   **调整后的地震响应**

节点位移						
节点	$U_1=U_X$ (mm)	$U_2=U_Y$ (mm)	$U_3=U_Z$ (mm)	$A_1=A_X$ (mm/s²)	$A_2=A_Y$ (mm/s²)	$A_3=A_Z$ (mm/s²)
轴水平面	52	42	1	789	996	441
弹簧顶端	52	41	2	771	919	468
弹簧地面	51	40	2	588	761	142

表 6-11   **隔振器最大水平变形比较**

隔振器水平变形			
连接节点	$U_1=U_z$ (mm)	$U_2=U_x$ (mm)	$U_3=U_y$ (mm)
修改刚度前	1.25	3.86	6.01
修改刚度后	1.06	1.99	3.30

从地震响应加速度结果看，当采用更高水平刚度的隔振器后，设备轴承座位置加速度响应略有提高，水平 X 向有 5% 增大，Y 向加速度降低约 1.0%。而 Z 向加速度却从 $0.028g$ 增大到 $0.044g$，增大约 60%，变化非常明显。对于隔振器的最大水平变形量由 6mm 降低为 3.30mm，对于地震响应位移来说，3mm 的变化量可以忽略。

当隔振器水平刚度增大后，竖向刚度也调高了 1.34 倍，相应的隔振器压缩量降低。设备和基础台板质量保持不变的情况下，隔振系统竖向频率也相应提高，系统频率由 3.2Hz 增加到 3.6Hz，这就会使系统调谐比降低，会使隔振系统的隔振效率略有降低，由 99.6% 降低到 99.5%。因此，增大系统的水平刚度和竖向刚度对隔振效率来说也是不利的。

综合来看，使用更高刚度的隔振器轴承座位置的地震加速度响应略有增大，影响幅度在 5% 以内，在工程上是可以接受的，但是属于不利因素。因此，从地震响应分析和动力响应分析看，增大隔振器水平刚度存在不利因素，是没有必要性。

三、基座动力特性模型试验研究

为保证机组的振动对主厂房结构不产生过大影响，考察汽轮机隔振基础与主厂房结构设计是否满足标准规范要求，对汽轮机基础进行了 1∶20 的物模试验研究工作。

（一）隔振器模型力学性能试验

进行模型试验的隔振器刚度相似比为 1∶60，阻尼系数的相似比为 1∶285，与以往模型试验相比，相似比提高很多，加大了隔振器与阻尼器的设计、制作难度，特别是阻尼器经过反复的设计、制作加工及测试，才得到试验所需的阻尼系数。

（二）动力特性试验研究的方法

1. 动力特性的试验方法

所建研究模型采用几何相似比 1∶20 的砂浆制作，隔振器分别采用了 1∶60 刚度相似比、1∶285 阻尼系数相似比进行制作。此次动力特性试验方法采用三点空间激振、多点空间测量的方法，即选三个点作为激振点，激振方向分别为垂直（Z）向、水平纵（X）向、水平横（Y）向，测试中响应的拾振点根据测点布置原则布置了多个测点，并在空间激振的状况下同时进行垂直（Z）向、水平横向（Y）向、水平纵向（X）的测试。理论上说一个激振点就能得到所有的模态，但单个激振点对较大体系的试验物来说，不易激发出各个方向的空间振型，而且能量分布不均。多点多方向的激振既可以激发出试验物的空间振型，不遗漏模态，又可通过不同部位布置激振点使激振力的能量在试验模型上分布均匀，避免能量集中引起的试验误差，表明试验方法完全能够满足研究项目及其工程的需要。机组模型如图 6-5～图 6-7 所示。

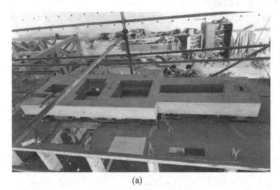

(a)　　　　　　　　　　　　　　　　(b)

图 6-5　机组模型

（a）汽轮机基础台板模型；（b）厂房与汽轮机基础整体模型

图 6-6　隔振器和阻尼器模型

激振信号为猝发随机（或暂态随机）激振信号，由动态信号分析仪输出猝发随机激振信号，通过功率放大器传递到激振器，由激振器进行激振，激振力作用在被测试验模型上，其力信号及响应信号分别由力传感器及加速度传感器传输到动态信号分析仪，得到用来后续分析的传递函数。

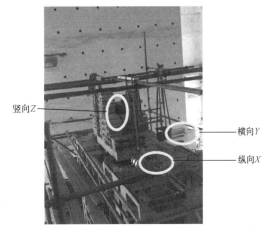

图 6-7　空间三向激振器布置

此次模型试验是主厂房与汽轮机基础联合整体结构的试验，但由于汽轮机基础动力特性试验在主厂房模型施工完成后无法实施。因此，这部分的试验工况是汽轮机基础结构施工全部完成、厂房部分施工到 65m 标高处，主厂房屋顶尚未施工的情况。

2. 试验所用的硬件及软件

表 6-12 是此次动力特性试验所使用的仪器及其性能指标。

表 6-12　　　　　　　　　　　　　试验仪器的硬件及软件

力传感器				
厂家	型号	量程（kN）	频率范围（kHz）	灵敏度（mV/N）
美国 PCB 公司	208C03	2.224	0.0003～36	2.248
加速度传感器				
厂家	型号	量程（g）	频率范围（kHz）	灵敏度（vm/g）
美国 PCB 公司	356A16	±50	0.5～5	100
激振器				
厂家	型号	量程（N）	频率范围（Hz）	行程（mm）
北京测振仪器厂	JZ-20	200	5～5000	3
北京测振仪器厂	JZ-50	500	5～3000	3
功率放大器				
厂家	型号	额定功率（W）		
北京测振仪器厂	GF500W	500		
动态信号分析仪				
厂家	型号			
比利时 LMS 国际公司	LMS SCADASⅢ			
数据采集及模态分析软件				
厂家	名称			
比利时 LMS 国际公司	LMS Test 9A			
力锤				
厂家	型号	量程（N）	频率范围（kHz）	灵敏度（vm/g）
美国 PCB 公司	086D20	22.000	0～12	0.24

3. 测点布置

（1）扰力点的布置原则。哈尔滨汽轮机厂提供的不平衡荷载位置图为依据，在混凝土结构表面层上布置了 9 个扰力点，包括汽轮机部分（W1～W6）的 6 个扰力点，发电机部分（W7、W8）的 2 个扰力点。其中 W8 转子是通过设备刚性连接传递到纵梁两侧，所以实际测试是分为 2 个测点（W81、W82），励磁机（W9）1 个扰力点。

（2）台板关键点布置原则。除了布置台板扰力点之外，还在较长的纵梁中部布置了 2 个测点，对于横梁，在扰力点两侧各布置了 1 个测点，隔振器对应的位置均布置了测点。

（3）支撑隔振器下部结构的布置原则。隔振器是支撑在标高为 61.1m 的纵梁上，为了检测其支撑结构的振动特性，在纵梁以及与之相连的横梁分别布置了 16 个测点。包括支撑隔振器的位置、横梁梁中。最终在台板上布置了 48 个测点（包括扰力点 10 个），下部结构布置了 16 个测点，共计布置了 64 个测点。测点布置如图 6-8～图 6-10 所示，其中方向的定义为：X——水平纵向；Y——水平横向；Z——竖向。

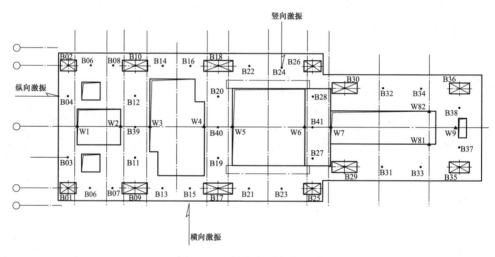

图 6-8 基础台座测点布置图

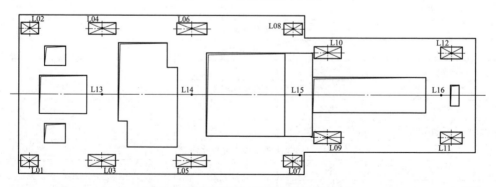

图 6-9 支撑隔振器下部结构测点布置图

（4）激振点的选择。激振点的选择原则上不能是振动的节点，且激振的能量应尽可能使整个基础均等。

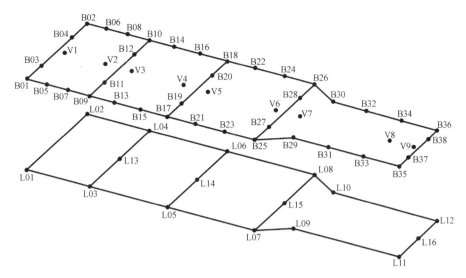

图 6-10　测点布置示意图

4. 试验及分析内容

（1）自振特性的振动试验，通过试验得到基础的自振频率、振型和模态阻尼比。

（2）由自振特性试验结果，运用试验模态分析软件对基础在启动过程、稳定运行各阶段的响应进行预测。

（3）对扰力点进行水平横向、竖向动刚度的测试。

（4）对汽轮机隔振基础进行竖向（Z 向）隔振效率的试验。

（5）汽轮机台板上扰力作用下的振动在主厂房结构的传递。

（三）基础动力特性的综合评价

通过模型试验的研究，对汽轮发电机组高位布置、主厂房框架与汽轮机弹簧隔振基础整体联合设计得出如下综合评价。

（1）试验结果证明：通过弹簧隔振系统的设计，基础的竖向平动的自振频率远离机组工作频率 50Hz；基础自振频率在 40Hz 以后的高阶频率区域内分布稀疏；在弹簧基础中前几阶的振型主要为台板的整体振动，如整体平动、扭转、摇摆，这类振型无疑对轴系的影响比弯曲或局部振动的振型要小。通过自振特性试验结果表明弹簧隔振基础提高了机组轴系的运行环境。

（2）此次结构设计是首次将汽轮机基础布置在 65m 的主厂房结构之上，同时也是首次进行这种联合结构的模型试验。通过试验证明了汽轮机基础在振动中前几阶的主振型，主要表现为与厂房整体结构同步振动的刚体振型；而随着频率的提高，逐步呈现出自身子结构的独立振型；由于汽轮机基础扰力的工作频率属于高阶频率，在该区域内厂房结构对汽轮机基础的影响逐渐减弱，因而在基础的动力响应计算时，只取台板独立计算模型进行振动分析是可以满足工程设计要求的。

（3）运用我国 GB 50040—2020《动力机器基础设计标准》标准的衡量方法分析得到：扰力点（轴承位置）的振动，在启动和超速过程中的最大振动线位移：水平纵向（X 向）为 $5.84\mu m$，在 W2 轴承；水平横向（Y 向）为 $9.92\mu m$，在 W4 轴承；竖向（Z 向）为 $9.31\mu m$，在 W7 轴承。在工作转速范围内（$37.5\sim62.5Hz$）的最大振动线位移：水平纵向（X 向）为 $5.60\mu m$，在 W2 轴承；水平横向（Y 向）为 $9.40\mu m$，在 W4 轴承；竖向（Z 向）为 $7.28\mu m$，在 W1 轴承。均满足我国 GB 50040 要求。

（4）运用 ISO10816 标准衡量该基础，全部扰力点的振动速度均方根值：水平纵向（X 向）为 $1.50mm/s$，在 W2 轴承；水平横向（Y 向）为 $1.73mm/s$，在 W4 轴承；竖向（Z 向）为 $1.86mm/s$，在 W1 轴承，均达到了该标准中的 A 级。

（5）轴承座位置的动刚度均大于横向：$1\times10^6 kN/m$，竖向：$2\times10^6 kN/m$ 参考值要求。

（6）试验结果表明隔振基础在隔振器上下的竖向隔振效率达到 94% 以上；尽管汽轮机基础与主厂房结构相连，但在机组运行中的振动与主厂房周边结构的振动响应比值均小于 0.1，振动衰减为 90% 以上。

通过试验表明：汽轮发电机组高位布置、主厂房框架与汽轮机弹簧隔振基础整体联合设计是可行的，汽轮机基础在运行时自身的振动及其对主厂房的振动影响均满足了设计要求。

四、一体化厂房模拟地震振动台试验

（一）模型设计

模型缩尺比例选为 1/20。振动台台面尺寸 $6m\times6m$，最大承载力 60t，可以满足试验比例要求。模型采用微粒混凝土模拟混凝土，细钢丝模拟钢筋，用薄钢板模拟钢结构中的钢材，微粒混凝土的弹性模量及强度可做到原型 $1/2.5\sim1/3$，钢丝的面积可根据强度等效进行换算。

汽轮机基础顶板与楼面之间由弹簧支座层连接。共设置有 12 组弹簧，每组弹簧包含若干个弹簧支座，完全按照相似比缩尺后制作每个支座数目多、尺寸小，加工精度和参数难以保证。因此，试验模型中对弹簧支座进行归并，将每个弹簧支座组等效成一个弹簧支座，共计 12 个弹簧支座；原结构中支座阻尼按照阻尼力大小及合力作用中心等效的原则，归并为 4 个黏滞阻尼支座，支座布置参数按照如下方法确定。

假设原型结构中某区域中有 n 个弹簧支座，其中第 i 个水平刚度为 k_i，竖向刚度为 k_{vi}，屈服力为 F_{yi}。将这 n 个弹簧支座归并为 1 个支座，新支座的水平等效刚度为 $K=\sum_{i=1}^{n}k_i$，竖向刚度为 $K_v=\sum_{i=1}^{n}k_{vi}$，承载力为 $F_y=\sum_{i=1}^{n}F_{yi}$，然后按照相似比计算模型中支座的参数，见表 6-13 和表 6-14。

表 6-13　　　　　　　　　　　弹簧支座参数相似比（原型：模型）

刚度	力	阻尼系数	变形能力
60：1	1200：1	285：1	20：1

表 6-14 模型弹簧支座参数表（理论值）

支座组	竖向		水平向	
	刚度（kN/mm）	阻尼系数（kN·s/m）	刚度（kN/mm）	阻尼系数（kN·s/m）
C1/C1'	1.59	1.79	0.88	3.51
C2/C2'	3.06	1.79	1.74	3.51
C3/C3'	3.56	1.79	1.92	3.51
C4/C4'	1.91	1.79	0.97	3.51
C5/C5'	3.25	1.79	1.76	3.51
C6/C6'	2.02	1.79	1.11	3.51

弹簧支座上下设置连接板，在上连接板与汽轮机基础顶板下表面间、下连接板与支承楼面间放置摩擦垫。测试汽轮机基础顶板自振特性和进行整体结构的振动台试验时，仅靠摩擦垫传递水平力，与实际工程保持一致。建立的试验模型如图 6-11 所示。

（二）试验过程

试验过程中，由 6 度多遇地震开始，逐渐加大台面输入地震波幅值，历经 6 度设防地震和 6 度罕遇地震，直至 6 度极罕遇地震。多遇及设防地震工况除进行单向地震输入外，还进行三向地震输入（X、Y、Z 地震），罕遇和极罕遇地震工况只进行一次三向地震输入。

图 6-11 试验模型

试验模型结构经历了相当于 6 度多遇地震到 6 度极罕遇地震的地震波输入过程，峰值加速度从 26cm/s² 开始，逐渐增大直到 233cm/s²。各级地震动输入下结构的动力响应简述如下。

（1）6 度多遇地震，输入加速度峰值为 26cm/s²。本级输入共包括 9 次地震动输入，分别为 3 组地震波 X 向、Y 向的单向输入以及三向输入。试验过程中，在输入水平向及三向地震动时，S0047 作用下结构 X 向有轻微的振动反应，其余工况模型主体结构未出现肉眼可见的振动反应。输入结束后，结构未见明显损坏，整体完好。

（2）6 度设防地震，输入加速度峰值为 73cm/s²。本级输入共包括 9 次地震动输入，分别为 3 组地震波 X 向、Y 向的单向输入以及三向输入。试验过程中，在输入水平向及三向地震动时，结构振动反应增强，振幅明显。三向输入时，结构反应大于单向输入。人工波输入时结构反应最大，顶部排架 Y 向变形明显大于下部框架结构。汽轮机基础顶板与运转层楼面有轻微的相对运动。输入结束后，结构 1 轴和 2 轴之间的楼梯间框架梁出现裂缝，C 轴下部个别框架梁端出现裂缝，结构其余位置未见损伤，整体完好。

（3）6 度罕遇地震，输入加速度峰值为 182cm/s^2。本级输入为 1 次三向地震动输入。试验过程中，模型整体动力反应剧烈，伴随有混凝土开裂声，X 向有明显的高阶振型，Y 向振动主要表现为一阶振型。汽轮机基础顶板振动强烈，与运转层楼面有小幅的相对位移。输入结束后，1 轴和 C 轴剪力墙大部分连梁端部出现裂缝，C 轴中下部框架梁端部及跨中出现裂缝，顶部柱间支撑对应框架梁出现损伤。楼梯间的框架梁损伤加大。汽轮机基础下方转换梁跨中出现裂缝。厂房主体结构保持直立。

（4）6 度极罕遇地震，输入加速度峰值为 233cm/s^2。本级输入为 1 次三向地震动输入。试验过程中，模型整体动力反应十分剧烈，伴随有较大响声。结构顶部反应明显大于结构下部；汽轮机基础顶板振动强烈，与运转层楼面相对运动幅度较大。输入结束后，A 轴、C 轴及 1 轴剪力墙连梁及洞口角部全高范围均有损伤，所有 X 向墙肢底部均有斜向裂缝，顶部纵向柱间支撑节点区边缘均有损伤，支撑范围内框梁中部有竖向裂缝，楼梯间框架梁损伤加剧。A 轴及 C 轴框架梁新增裂缝较多，分布范围较均匀，汽轮机基础下方转换梁出现新增裂缝，但原裂缝未见扩展。厂房主体结构仍保持直立。典型裂缝分布情况如图 6-12 所示。

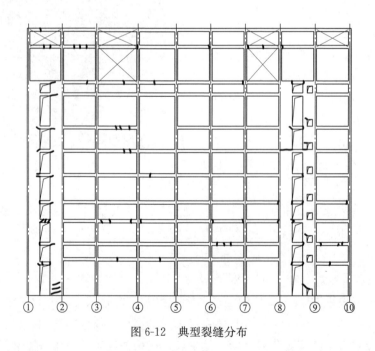

图 6-12　典型裂缝分布

（三）试验结果

1. 动力特性

模型经历了相当于 6 度多遇地震作用后，厂房主体结构 X 向和 Y 向的频率与试验前的频率几乎相同，说明结构在经历 6 度多遇地震后仍为弹性；汽轮机基础顶板 X 向、

Y 向和 Z 向的频率与厂房主体结构一致，基座顶板实测阻尼也与厂房结构接近。

　　模型经历了相当于 6 度设防地震作用后，厂房主体结构 X 向的一阶频率仍未有变化，Y 向的一阶频率下降为试验前的 94.2%，刚度下降为试验前的 88.7%，同时阻尼也有所增大，说明厂房主体结构出现一定的损伤。汽轮机基础平台仍与厂房主体的频率保持一致，Y 向的水平频率也有所降低。

　　模型经历了相当于 6 度罕遇地震作用后，厂房主体结构 X 向和 Y 向的一阶频率分别下降为试验前的 90.8% 和 93.2%，刚度下降为试验前的 82.4% 和 86.8%，同时阻尼进一步增大，说明厂房主体结构损伤有所增大，但结构仍保持直立，说明结构抗震性能良好。汽轮机基础平台的频率也随着厂房主体的频率进一步降低。

　　模型经历了相当于 6 度极罕遇地震作用后，厂房主体结构 X 向和 Y 向的一阶频率分别下降为试验前的 83.4% 和 82.2%，刚度下降为试验前的 69.6% 和 67.6%，说明厂房主体结构损伤进一步加大，但结构仍保持直立，还有一定的承载力储备。汽轮机基础平台频率仍与厂房主体频率同步变化。

　　2. 位移反应（以 X 向为例）

　　图 6-13 为各参考点在各级地震作用下 X 向楼层位移情况，其中 6 度多遇地震结果和 6 度设防地震结果为各级地震下 3 组地震波单向及三向输入时结构 X 向位移反应的包络值。总体上随着地震作用增强，楼层的侧向位移增大，多遇地震结果与设防地震结果接近，主要是由于 S0047 波反应较大，使得多遇地震位移结果包络值较大。

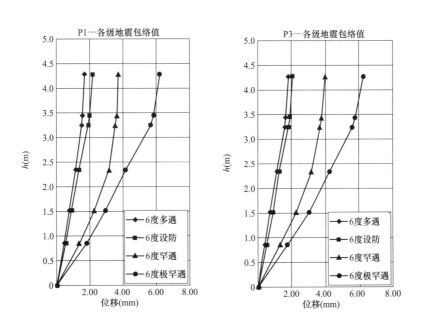

图 6-13　各级地震作用时 X 向楼层位移

　　表 6-15 为各测点在不同地震波作用下框架部分层间位移角情况，表 6-16 为排架部分层间位移角情况，其中多遇地震各波结果为单向和三向输入时层间位移角的包络值。

从各参考点的情况来看，结构 P1 和 P3 位置的层间位移角基本一致。

表 6-15　　　　　各地震波作用下结构框架部分 X 向层间位移角汇总

工况		P1	P3	包络值
6 度多遇地震	S0032 波	0.00028	0.00028	0.00028
		(1/3532)	(1/3622)	(1/3532)
	S0047 波	0.00057	0.00059	0.00059
		(1/1754)	(1/1706)	(1/1706)
	S6008 波	0.00035	0.00037	0.00037
		(1/2827)	(1/2675)	(1/2675)
6 度罕遇地震	L6506 波	0.00155	0.00151	0.00155
		(1/645)	(1/662)	(1/645)

表 6-16　　　　　各地震波作用下结构排架部分 X 向层间位移角汇总

工况		P1	P3	包络值
6 度多遇地震	S0032 波	0.00016	0.00010	0.00016
		(1/6359)	(1/9850)	(1/6359)
	S0047 波	0.00014	0.00022	0.00022
		(1/6993)	(1/4478)	(1/4478)
	S6008 波	0.00014	0.00017	0.00017
		(1/6947)	(1/5970)	(1/5970)
6 度罕遇地震	L6506 波	0.00063	0.00070	0.00070
		(1/1598)	(1/1429)	(1/1429)

多遇地震时，框架 X 向层间位移角最大值为 1/1706，小于限值 1/1200；

排架 X 向层间位移角最大值为 1/4478；

罕遇地震时，框架 X 向层间位移角最大值为 1/645，小于限值 1/100；

排架 X 向层间位移角最大值为 1/1429。

图 6-14 为各级地震作用下，各参考点层间位移角包络值沿高度的变化，可以看出结构 X 向层间位移角最大值位于框架中部，说明顶部排架在 X 向设有纵向梁及竖向斜撑，具有较好的刚度。

表 6-17 为弹簧支座 X 向变形时程结果的包络值，表 6-18 汽轮机基础顶板与运转层楼面 X 向相对位移时程结果的包络值。结果表明 X 向相对位移较小，能满足净空要求。

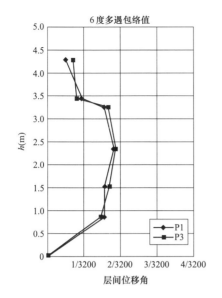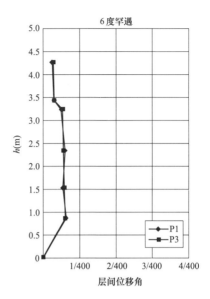

图 6-14 各级地震作用下结构 X 向层间位移角包络值

表 6-17   弹簧支座变形   mm

工况			参考点		
			R1	R3	R6
6 度多遇地震	X 向	工况 02	0.04	0.04	0.05
		工况 03	0.05	0.05	0.07
		工况 04	0.05	0.04	0.05
	三向	工况 08	0.14	0.07	0.15
		工况 09	0.12	0.06	0.13
		工况 10	0.15	0.07	0.15
6 度设防地震	X 向	工况 12	0.09	0.09	0.10
		工况 13	0.09	0.07	0.15
		工况 14	0.08	0.08	0.10
	三向	工况 18	0.22	0.10	0.22
		工况 19	0.17	0.09	0.19
		工况 20	0.29	0.13	0.28
6 度罕遇地震	三向	工况 22	0.51	0.25	0.55
6 度极罕遇地震	三向	工况 24	0.75	0.32	0.89

表 6-18   汽轮机基础顶板与运转层楼面相对位移   mm

工况			参考点	
			R1	R3
6 度多遇地震	X 向	工况 02	0.042	0.040
		工况 03	0.059	0.053
		工况 04	0.047	0.038

续表

工况			参考点	
			R1	R3
6度多遇地震	三向	工况08	0.113	0.062
		工况09	0.082	0.062
		工况10	0.109	0.082
6度设防地震	X向	工况12	0.071	0.061
		工况13	0.092	0.056
		工况14	0.077	0.061
	三向	工况18	0.133	0.106
		工况19	0.117	0.077
		工况20	0.186	0.141
6度罕遇地震	三向	工况22	0.363	0.240
6度极罕遇地震	三向	工况24	0.583	0.381

（四）试验结果与计算结果对比

1. 动力特性

X向实测频率约为计算值的95.6%，Y向实测频率约为计算值的105.3%，说明模型刚度及质量与原型结构相符较好，模型试验可较好地反映真实结构的动力响应。

2. 位移结果对比

在数模分析后，根据分析结果对结构薄弱部位进行了加强，增加了部分墙肢厚度。该加强措施对结构整体刚度影响不大，但是对局部构件承载力有较大提高。在罕遇地震作用下，由于构件抗震性能有明显改善，试验时主体结构进入非线性的程度较轻，因此罕遇地震下结构位移及层间位移角的计算值远大于实测值，因此本节仅进行多遇地震作用下的位移结构实测值与计算值的对比。

图6-15给出6度多遇地震作用下，结构X向位移及层间位移角试验结果与计算结

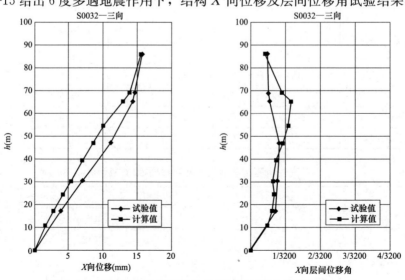

图6-15　多遇地震作用下结构位移试验结果与计算结果对比

果的对比情况。X 向位移结果计算值与试验值基本符合，计算值略大。

3. 损伤对比

试验结果表明剪力墙损伤主要出现在连梁及底部墙肢，框架损伤主要出现在楼梯间及 A、C 轴框架梁，损伤部位与数模分析结果吻合，但从应变结果和裂缝破坏情况来看，试验模型损伤程度较轻，剪力墙损伤对比情况如图 6-16 和图 6-17 所示。总体上可表明数模分析与物模试验所得出的结构薄弱部位一致。

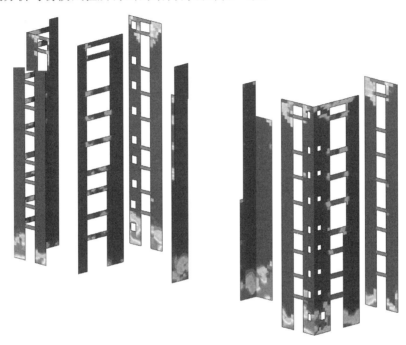

图 6-16　弹塑性分析模型损伤情况

图 6-17　结构损伤分布情况对比

85

（五）结论

（1）经过计算分析，一体化结构的弹簧隔振基座能降低基座整体的固有频率，基座的固有频率均远离正常工作下的频率50Hz，为机组长期稳定运行提供了保障。基座的强迫振动响应分析结果表明，弹簧隔振基座的动力特性优良。

（2）通过考虑下部支撑梁结构的模型和梁单元模型结果对比可以看出，两者结果差异很小，均能较好地满足ISO10816标准和GB 50040—2020《动力机器基础设计标准》的要求。

（3）通过考虑下部支撑梁结构的模型计算分析可以看出，支撑梁位置的竖向振动频率在8.7Hz以上，水平振动频率在9.35Hz以上；与弹簧隔振基座的频率2.19～3.14Hz相差很远，两者不会发生共振，从而确保弹簧隔振基座有较高的隔振效率，对下部结构的没有影响。

（4）试验结果证明：通过弹簧隔振系统的设计，基础的竖向平动的自振频率远离机组工作频率50Hz；在弹簧基础中前几阶的振型主要为台板的整体振动，通过自振特性试验结果表明了弹簧隔振基础提高了机组轴系的运行环境。

（5）隔振基础在隔振器上下的竖向隔振效率达到94％以上；尽管汽轮机基础与主厂房结构相连，但在机组运行中的振动与主厂房周边结构的振动响应比值均小于0.1，振动衰减为90％以上。

（6）在弹性时程分析下，结构层间位移角均未超过GB 50011《建筑抗震设计规范》1/800的限值要求。其中：X为输入主方向，结构最大层间位移角包络值为1/2092（结构42.95m标高处）；Y为输入主方向，结构最大层间位移角包络值为1/1404（结构81.8m标高处）。

（7）在设防地震作用下，转子轴承位置地震响应加速度值，三个方向的地震加速度响应分别为0.075g、0.1g和0.028g，都显著小于厂家对设备地震加速度响应的限值0.25g，满足要求。

（8）隔振器顶部和底部的相对位移最大值分别为：水平纵向max.u_x＝3.86mm；水平横向max.u_y＝6.01mm；竖直方向max.u_z＝1.25mm；隔振器的相对位移均满足隔振器的最大水平变形限值要求。

（9）在弹塑性时程分析下，结构层间位移角均未超过GB 50011《建筑抗震设计规范》1/100的限值要求，满足规范"大震不倒"的要求。其中：X为输入主方向，结构最大层间位移角包络值为1/152（结构6.85m标高处）；Y为输入主方向，结构最大层间位移角包络值为1/118（结构81.8m标高处）。

（10）分析表明，大部分连梁破坏，其受压损伤因子均超过0.97，说明在罕遇地震作用下，连梁形成了铰机制，符合屈服耗能的抗震工程学概念。

（11）在极罕遇地震作用下，结构层间位移角可满足"极罕遇地震不倒"的要求。其中：X为输入主方向，结构框架部分最大层间位移角包络值为1/120（结构6.85m标高处），顶部排架最大层间位移角包络值为1/651。Y为输入主方向，结构框架部分最大层间位移角包络值为1/204（结构20.45m标高处），顶部排架最大层间位移角包络值为1/96。

（12）试验结果表明，各构件抗震性能可达到设定的性能目标，具体评价见表 6-19。

表 6-19　　　　　　　各构件试验结果及性能评价汇总

地震烈度		多遇地震	设防地震	罕遇地震	极罕遇地震	评价
整体试验结果		无损坏	轻微损坏	轻度损坏	中度损坏	均满足
层间位移角		框架X向：1/1706 Y向：1/2955 排架X向：1/4478 Y向：1/785	——	框架X向：1/645 Y向：1/1173 排架X向：1/1429 Y向：1/280	——	均满足
关键构件	底部加强区及汽轮机基座下方剪力墙	无损坏	无损坏	无损坏	X向剪力墙底部均有斜向裂缝 Y向剪力墙有水平裂缝	均满足
	汽轮机基座下方柱	无损坏	无损坏	无损坏	柱底有水平裂缝	均满足
	转换梁及支撑煤斗梁	无损坏	无损坏	转换梁出现较小裂缝	有新增裂缝，裂缝宽度较小	均满足
普通竖向构件	一般部位剪力墙	无损坏	无损坏	无损坏	中上部个别墙肢有裂缝	均满足
	框架柱	无损坏	无损坏	无损坏	排架柱变截面处有水平裂缝	均满足
耗能构件	连梁	无损坏	无损坏	1轴和C轴剪力墙大部分连梁端部出现裂缝	A轴、C轴及1轴剪力墙连梁及洞口角部全高范围均有损伤	均满足
	框架梁	无损坏	个别梁端出现裂缝	楼梯间及C轴中下部框架梁出现裂缝	框架梁新增裂缝较多，分布范围较均匀	均满足
	斜撑	无损坏	无损坏	柱间支撑节点区边缘出现裂缝	顶部纵向柱间支撑节点区边缘均有损伤	均满足
主要设备件	弹簧隔振器	弹性	弹性	弹性	无损坏	均满足

（13）除考虑多遇地震、设防地震和罕遇地震外，还进行了极罕遇地震工况下的计算分析，并进行了相应的指标分析，为重大电力工程项目的抗震设计提供了新思路。

（14）结合工艺对偏摆的要求，以及为满足工艺管道的设计，将结构位移指标从规范规定的 1/800 调整为 1/1200。在抗震计算和分析时，不仅考察了结构的损伤情况，还规定了重要设备连接件，如弹簧隔振器的性能要求，有效地保障了项目在正常运行情况下的安全，以及极端工况下的安全，也丰富了基于性能的抗震设计方法的内涵。

第七章

主机厂设计专题研究

第一节　汽轮机厂设计专题研究

一、汽轮机地震强度计算报告

（一）地震载荷考核说明

汽轮机设计中需要考虑地震载荷的部件包括 4 个部分：推力盘、推力轴承和推力轴承座、基础支撑定位结构（锚固板）、推拉结构（定中心梁或猫爪）。考核地震载荷的准则有两个：一为安全停机准则，一为可再启动准则。前者在机组的运行寿命中只允许发生一次。

安全停机准则（safe shutdown earthquake，SSE）：当地震载荷作用到机组上时，机组在安全停机后应保证结构完整且各部件无明显破坏，应能杜绝任何可能工作人员受伤的隐患。核算时许用应力等于部件材料的屈服强度。

可再启动准则（operating basis earthquake，OBE）：当地震载荷作用到机组上时，机组的所有部件应能按照正常运行或地震后可重新启动运行。核算时许用应力等于部件材料的屈服强度的一半，按照西屋资料要求。

等效静态载荷（加速度)g 与三个因素有关：除上述准则外，还包括地震加速度的方向（水平或垂直）和部件刚柔性。机组中需要考核地震载荷的 4 个部件：推力盘、推力轴承和推力轴承座、基础支撑定位结构（锚固板）、推拉结构（定中心梁或猫爪），只需考虑水平方向的载荷。在地震载荷考核时还应考虑的因素为部件系统的柔刚性，部件系统的柔刚性通过计算部件的固有频率得出。

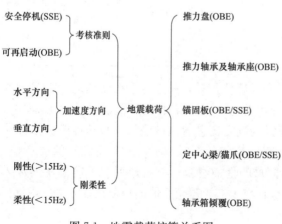

图 7-1　地震载荷核算关系图

对定中心梁需按照 OBE 与 SSE 准则；锚固板为静止部件与基础的连接部件，需考核 OBE 与 SSE 准则；其他动静推拉部件以 OBE 准则设计。推力轴承位置作为机组的转子与定子的相对死点，地震时承受整个轴系冲击，所以按照 OBE 准则考核；在推拉结构（定中心梁或猫爪）与锚固板的地震载荷考核中，OBE 与 SSE 准则均需考核。地震载荷核算关系如图 7-1 所示。

（二）受力分析

锦界三期 660MW 超超临界机组滑销系统如图 7-2 所示。

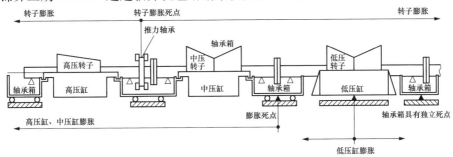

图 7-2　锦界三期 660MW 机组滑销系统

锦界三期 660MW 机组将 3 号轴承箱、低压缸中心线设为绝对死点。在机组抗震性能核算中，各部件地震载荷（按照承担部套质量）见表 7-1。

表 7-1　　　　　　　　　　各部件地震下需考虑的部套质量

核算考虑的部件质量	锦界机组
推力轴承	轴系转子
推力轴承座	轴系转子
1 号箱锚固板	自由滑动
2 号箱锚固板	自由滑动
3 号箱锚固板	1、2、3 号箱，高、中压缸，轴系转子
高压定中心梁	高压缸，1 号箱
中压定中心梁	1、2 号箱，高、中压缸，轴系转子

（三）推力盘计算

推力轴承简图如图 7-3 所示。

计算准则：可再启动准则（OBE）。

承重部件：轴系所有转子质量之和。

计算过程：地震载荷下推力盘、推力轴承及推力轴承座等承受推力为地震加速度乘以高、中、低压和电机转子质量之和。

推力轴承应力计算见表 7-2。

推力盘计算结果见表 7-2，推力盘屈

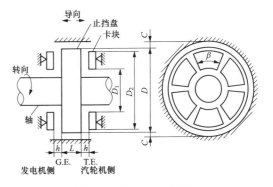

图 7-3　推力轴承示意图

服强度 685MPa。由于按照可再启动准则考核，推力盘可承受超过 10g 的地震加速度。

表 7-2　　　　　　　　　　推力轴承部分应力计算

转子总质量（N）	2189248
等效静态载荷（加速度，g）	10.8
计算应力（MPa）	331.8
许用应力（MPa）	342.5

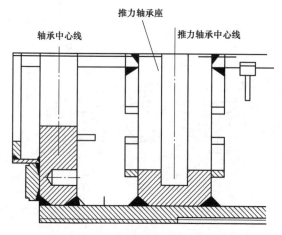

图 7-4　推力轴承座示意图

同推力盘压力，计算数据见表 7-3。

（四）推力轴承座设计

推力轴承座 U 型槽支撑固定在轴承箱上，结构示意见图 7-4。推力轴承座承受的地震载荷与推力盘承受地震载荷相同，根据推力轴承座的结构分析，计算地震载荷时需考虑的各危险截面。

计算准则：可再启动准则（OBE）。

承重部件：轴系所有转子质量之和。

计算过程：按照可再启动准则核算，地震载荷下推力轴承座所受压力

表 7-3　　　　　　　　　　　　　　推力轴承座应力计算

转子总质量（N）	2189248
等效静态载荷（加速度，g）	2.76
最大合应力（MPa）	115
许用应力（MPa）	115

推力轴承座计算结果见表 7-3，推力轴承座屈服强度 235MPa。由于按照可再启动准则考核，在 2.76g 地震加速度情况下，推力轴承座应力远小于许用应力，本机组推力轴承座抗震设计合格。

（五）锚固板计算

在锚固板地震强度计算中，承受的地震载荷和摩擦力没有关系，因为地震的震动行为消除摩擦力。

计算准则：可再启动（OBE）/安全停机（SSE）；承重部件：不同位置的锚固板承受不同的载荷，如图 7-5 所示。

锚固板地震工况强度计算时，在各位置和各方向上承受的部套质量见表 7-4。

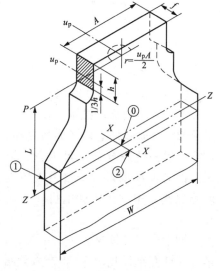

图 7-5　锚固板负荷图

表 7-4　　　　　　　　　　　部件质量

位置	地震时锚固板承担的质量
2 号轴承箱横向	中压缸总重/2+高压缸总重/2+2 号箱质量+2 号轴承支反力+3 号轴承支反力
3 号轴承箱轴向	中压缸总重+高压缸总重+1 号箱质量+2 号箱质量+3 号箱质量+转子总重

续表

位置	地震时锚固板承担的质量
3 号轴承箱横向	中压缸总重/2+3 号箱质量+4 号轴承支反力+5 号轴承支反力
4 号轴承箱轴向	4 号箱质量+6 号轴承支反力+7 号轴承支反力
4 号轴承箱横向	4 号箱质量+6 号轴承支反力+7 号轴承支反力
低压轴向	低压缸总重

经锚固板计算程序核算，可以承受的地震载荷存在大于可再启动和安全停机准则要求的情况，根据材料性能计算各锚固板可承受加速度，取最小值作为锚固板可承受的地震加速度，结果见表 7-5。

表 7-5 　　　　　　　　　　锦界机组锚固板可承受地震加速度

锚固板位置	OBE	SSE
低压缸	0.90g	2.96g
4 号轴承箱	2.41g	3.77g
3 号轴承箱	0.80g	1.26g
2 号轴承箱	1.12g	1.99g
锚固板可承受	0.80g	1.26g

根据表 7-5 计算结果可知，就锚固板来说：

按照可再启动准则，该机组可承受 0.80g 地震加速度；

按照安全停机准则，该机组可承受 1.26g 地震加速度。

（六）支撑座倾覆计算

汽轮机组中经定中心梁推拉而滑动的轴承箱受垂直向的地震载荷可能导致支撑座倾覆。从轴承箱的结构图中可以发现，轴承箱在其轴向的两侧安装有压板，压板与轴承箱螺栓连接，故倾覆计算是针对压板进行的。压板简图（2 号轴承箱压板图纸编号 CCH02A.162.004-2）如图 7-6 和图 7-7 所示。

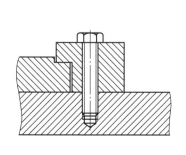

图 7-6 压板装配图

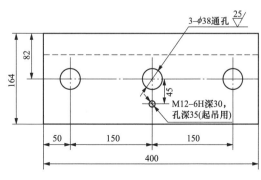

图 7-7 压板简图

锦界三期项目3号轴承箱是绝对死点，2号轴承箱是滑动的，对2号轴承箱压板倾覆计算。按照垂直方向上的分量为$1.2g$。有效质量$W=619445$N，推力轴承在中轴承箱中，有效质量为两个轴承支反力之和加箱体质量。

轴向的地震载荷$P=5203373$N。倾覆力矩$=P\times L=1.22e9$N·mm。其中L为转子中心线与推拉部件中心的垂直高度。

压板倒角处合成应力：$\sigma_C=\sqrt{\sigma_b^2+3\times\tau^2}=137.5$MPa

其中压板材料屈服强度为275MPa，OPE许用应力为137.5MPa。因此轴承箱倾覆满足要求。按照安全停机准则考核，在$1.2g+1.0g=2.2g$地震加速度情况下，压板应力远小于许用应力，本机组轴承箱倾覆满足地震要求。

（七）定中心梁（推拉结构）计算

定中心梁应力计算时假设梁为导向悬臂梁、定中心梁温度比连接缸壁的蒸汽温度低38℃。分别考核SSE和OPE两种准则下的定中心梁强度。

地震引起的定中心梁的轴向力：高压定中心梁（电端）推动前轴承箱（包括轴承箱内轴承支反力）和高压缸质量；中压定中心梁（电端）推动前箱、2号轴承箱（整根转子质量）、高压缸、中压缸质量。考核内容如下。

（1）轴向力引起的定中心梁拉应力。

（2）轴向力引起的法兰弯应力。

（3）杆系压缩失稳载荷。

（4）杆系的螺栓应力。

高、中压定中心梁计算结果见表7-6～表7-8。

表7-6　　　　　　　　　锦界三期机组高压定中心梁应力计算结果

高压定中心梁	SSE		OBE	
	计算应力（MPa）	许用应力（MPa）	计算应力（MPa）	许用应力（MPa）
定中心梁拉应力	384	690	192	345
法兰弯应力	404	690	202	345
螺栓应力	383	735	192	368

表7-7　　　　　　　　　锦界三期机组中压定中心梁应力计算结果

中压定中心梁	SSE		OBE	
	计算加速度（g）	许用应力（MPa）	计算加速度（g）	许用应力（MPa）
定中心梁拉应力	2.60	690	1.30	345
法兰弯应力	2.30	690	1.15	345
螺栓应力	2.60	735	1.30	368

表 7-8 锦界三期机组杆系压缩失稳计算结果

SSE 工况	计算加速度（g）	许用载荷（N）
高压杆系压缩失稳	>10	2297686
中压杆系压缩失稳	4.42	24028977

通过表 7-6～表 7-8 计算结果可知，按照可承受的最小加速度选取机组可承受的地震加速度为 $1.15g$（OPE）和 $2.30g$（SSE）。

按照可再启动准则，该机组可承受 $1.15g$ 地震加速度。

按照安全停机准则，该机组可承受 $2.29g$ 地震加速度。

（八）结论

通过以上核算，锦界三期 660MW 机组可承受的地震载荷主要取决于 3 号轴承箱锚固板，具体数值如下：按照可再启动准则，机组理论上可承受地震加速度为 $0.8g$。考虑机组在计算、加工及安装过程中各方面影响因素，通常机组允许的地震加速度取以上计算值的一半即 $0.4g$。

二、高位布置汽轮机低压缸设计报告

针对世界首例高位布置 2×660MW 超超临界燃煤发电机组工程，汽轮发电机布置于 65m 的弹性隔振基础之上。所谓弹性基础就是汽轮发电机组坐落于基础顶板上，当汽轮发电机基础的顶板和基座柱之间安装弹簧隔振器形成的弹簧隔振式基础（即顶板与柱分开），简称弹性基础。弹性基础汽轮机相比刚性基础汽轮机设计区别如下。

（1）弹性基础和刚性基础轴承支座处的支承刚度存在差异，需要重新核算轴系稳定性。

（2）弹性基础低压缸无真空力的作用，需要进行低压缸稳定性分析，当采用弹性基础时，基座刚度相对较小，若排汽管道与低压缸依然采用弹性连接，在机组运行时将会对低压缸的基础产生真空力，且真空吸力随着负荷的变化而变化，从而导致低压部分的基座变形较大而影响轴系的对中和稳定。因此为了取消真空吸力对基座的影响，排汽管道与低压缸采用刚性连接，使其成为整体，从而上下抵消真空吸力的影响，如图 7-8 所示。

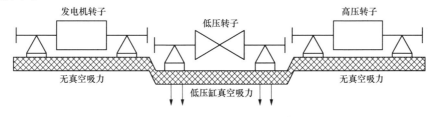

图 7-8 弹性基础汽轮机设计

如何设计低压缸，使其满足一定的真空刚度要求，同时确保机组热膨胀合格，满足排汽管道的推力要求，这是高位布置汽轮机设计研究的重要课题。为此，2017 年 2 月到 2019 年 6 月，哈尔滨汽轮机厂、西北电力设计院、国华电力研究院、电力规划总院、双良公司等单位多次召开方案设计联络会，经多种方案讨论对比、计算机模拟及专家评审确认，形成低压缸设计方案，最终确保低压缸各方面推力及力矩满足要求。

低压缸及排汽管道支撑与限位布置如图 7-9 所示。排汽管道计算模型及结果如图 7-10 所示。低压缸稳定性分析如图 7-11 所示。

■ 低压缸及排汽管道支撑与限位布置

为了保证汽轮机在运行过程中，排汽管道的膨胀与低压缸一致，因此将排汽管道的死点位置与低压的死点设置在同一位置（高度不同）。

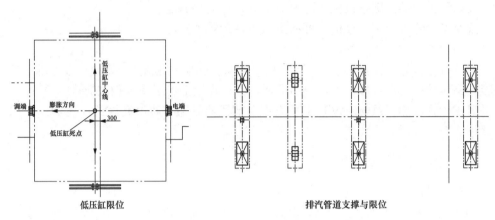

图 7-9　低压缸及排汽管道支撑与限位布置

空冷岛相对于汽机房沉降情况下排汽管道与汽轮机排汽接口（大汽轮机）载荷

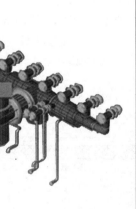

工况	F_x (N)	F_y (N)	F_z (N)	M_x (N·m)	M_y (N·m)	M_z (N·m)
制造厂允许值要求	$\pm10\times10^4$	-100×10^4 387×10^4	$\pm10\times10^4$	$\pm10\times10^4$	$\pm100\times10^4$	$\pm10\times10^4$
3（OPE）	102741	−1076091	703	13614	1373	25308
4（OPE）	187819	−728333	2681	7490	2803	36889
5（OPE）	17248	−1356269	−40	18081	−471	17019
6（OPE）	10046	−1356219	−43	18083	−518	10429
7（SUS）	1959	−1354034	214	17873	−605	3753
8（SUS）	−5278	−1353984	213	17874	−650	−2871
9（OPE）	196104	−1093745	5625	14297	5540	149996
10（OPE）	−37341	−1092678	5773	13116	4908	−134626
11（OPE）	105594	−952799	3383	13066	6490	23155
12（OPE）	102813	−1320499	8720	15211	4325	23391
13（OPE）	103599	−1093313	109269	−167515	5605	23934
14（OPE）	104251	−1093313	−97089	186886	5200	23909
15（OPE）	196376	−952976	2999	12821	6621	149949
16（OPE）	195319	−1320933	8386	15596	4668	149575
17（OPE）	−26733	−9528989	3234	11720	6196	−125230
18（OPE）	−28889	−1319915	8715	14618	3933	−126608
19（OPE）	103837	−952889	106576	−168836	6685	23910
20（OPE）	103454	−1320499	111903	−166154	4538	23999
21（OPE）	104217	−952804	−99795	185574	6283	24266
22（OPE）	102693	−1320505	−94438	188226	4156	23684

图 7-10　排汽管道计算模型及结果

■ 低压缸稳定性分析

　　根据弹性基础的特点以及双良公司提供的低压缸接口数据，对低压进行稳定性分析。

实体模型

主要考虑因素：

（1）汽缸总重（全缸）；

（2）功率翻转力矩（冷态不考虑此项）；

（3）管道接口载荷；

由于低压外缸结构复杂且需考虑缸体刚度，所以采用有限元软件进行分析。

■ 低压缸稳定性分析

　　以 CASE67（OPE）工况计算结果为例，低压外缸与基础的接触应力：

· 将基础 5 段台板受力计算结果：

分段（mm）		2312.5	825	1855	825	2312.5
工况		载荷分布（×10⁵N）				
CASE67（OPE）	$F_x=1.9\times10^5$	4.1	5.1	2.7	5.1	3.8
	$F_x=1.6\times10^5$	4.1	5.1	2.7	5.1	3.8
重力		2.11	4.67	3.0	4.67	2.11

· 由计算结果，CASE67 工况下的各台板受力与重力载荷下支反力的比值最小为 2.7/3.0＝90.0％，其他工况下台板受力均大于自重载荷 90％。

■ 低压缸稳定性分析

结论：根据双良公司 2018 年 11 月 15 日提供的低压缸排汽接口数据核算，汽缸稳定性满足要求，接口力和力矩合格；2019 年 1 月 12 日提供的数据，新增地震工况种类较多，目前经初步计算，接口力和力矩合格。

图 7-11　低压缸稳定性分析

三、汽轮发电机组轴系稳定性报告

　　针对世界首例锦界三期高位布置 2×660MW 超超临界燃煤发电机组工程，汽轮发电机组轴系的稳定性直接影响机组能否启动，能否正常运行，由于目前超超临界机组均采用汽门与汽缸直接对接的方式，高压蒸汽管道膨胀会给汽缸附加一个巨大的推力，影响汽轮机组的正常膨胀，故要控制管道的推力；同时采用高位布置方式，汽轮机组轴系布置于 65m 层的隔振弹簧之上，且要克服振动与厂房偏摆等问题，整个轴系的设计相比常规布置成了一个非常关键的问题。

　　哈尔滨汽轮机厂、西北电力设计院及国华电力研究院等单位从 2017 年 2 月到 2019 年 6

月，多次召开方案设计联络会，经多种方案讨论对比、计算机模拟及专家评审确认，形成一最终方案，确保汽缸及发电机轴系的稳定性合格。表 7-9～表 7-16 是部分计算结果确认。

表 7-9　　　　　　　　　　　　高压缸稳定性结果

高压缸热态稳定性				
各猫爪反力（N）	R_1	R_2	R_3	R_4
管道引起	−100361	−63969	−32628	−69020
自重引起	−362908	−362908	−362908	−362908
功率引起	161126	−161126	−161126	−161126
受力汇总	−302144	−588004	−556663	−270803
剩余比重（%）	83.3	162.0	153.4	74.6
高压缸冷态稳定性				
各猫爪反力（N）	R_1	R_2	R_3	R_4
管道引起	−77305	−19649	−3873	−61528
自重引起	−116666	−116666	−116666	−116666
功率引起	0	0	0	0
受力汇总	−193971	−136315	−120539	−178195
剩余比重（%）	166.3	116.8	103.3	152.7

注　高压缸冷态及热态下，猫爪处剩余载荷汽缸重量之比均大于 30%，稳定性均满足要求。

表 7-10　　　　　　　　　高压缸在地震工况下计算结果

地震工况（热态）	R_1 猫爪剩余（%）	R_2 猫爪剩余（%）	R_3 猫爪剩余（%）	R_4 猫爪剩余（%）
地震+X	88.8	162.8	149.6	75.6
地震−X	87.0	157.7	151.2	80.5
地震+Y	72.8	143.2	132.0	61.5
地震−Y	82.3	168.7	153.7	67.3
地震+Z	71.7	158.9	145.4	58.2
地震−Z	98.1	168.6	140.4	69.8
地震工况（冷态）	R_1 猫爪剩余（%）	R_2 猫爪剩余（%）	R_3 猫爪剩余（%）	R_4 猫爪剩余（%）
地震+X	111.5	97.8	95.9	109.5
地震−X	113.7	107.3	93.2	99.6
地震+Y	114.7	100.2	92.2	106.6
地震−Y	111.2	105.2	96.7	102.7
地震+Z	95.2	103.2	101.5	93.6
地震−Z	129.2	101.6	88.1	115.7

注　高压缸冷态及热态地震工况下，猫爪处剩余载荷汽缸重量之比均大于 30%，稳定性均满足要求。

表 7-11　　　　　　　　　　　　　　　　中压缸稳定性结果

中压缸热态稳定性

各猫爪反力	R_1	R_2	R_3	R_4
管道引起的	−75474	−67241	−42536	−50769
自重引起的	−480416	−480416	−480416	−480416
功率引起的	174646	−174646	−174646	174646
汇总	−381244	−722303	−697598	−356540
比例（％）	79.4	150.3	145.2	74.2

中压缸冷态稳定性

各猫爪反力	R_1	R_2	R_3	R_4
管道引起的	−75517	−71653	−81875	−85740
自重引起的	−142940	−142940	−142940	−142940
功率引起的	0	0	0	0
汇总	−218457	−214593	−224815	−228680
比例（％）	152.8	150.1	157.3	160.0

注　中压缸冷态及热态下，猫爪处剩余载荷汽缸重量之比均大于 30％，稳定性均满足要求。

表 7-12　　　　　　　　　　　中压缸在各偏摆工况下计算结果

偏摆工况	R_1 猫爪剩余（％）	R_2 猫爪剩余（％）	R_3 猫爪剩余（％）	R_4 猫爪剩余（％）
炉＋x 机−x	92.6	138.6	126.0	80.0
炉−x 机＋x	76.3	137.1	139.4	78.6
炉−y 机＋y	70.7	169.1	162.5	64.1
炉＋y 机−y	88.2	131.0	126.6	83.2

注　中压缸在各偏摆工况下，猫爪处剩余载荷汽缸重量之比均大于 30％，稳定性均满足要求。

表 7-13　　　　　　　　　　　　　　　　轴系弹性临界转速

临界转速（刚性基础）	高压	中压	低压	电机
一阶（r/min）	1742	1535	1168	784
二阶（r/min）	4200	3528	3484	2105
临界转速（弹性基础）	高压	中压	低压	电机
一阶（r/min）	1736	1525	1160	780
二阶（r/min）	4184	3501	3451	2091

注　临界转速避开额定转速−10％～＋15％。

表 7-14 Q 因子响应计算

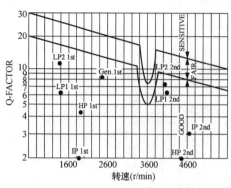

转子 Q 因子

Q 因子		转速（r/min）	Q 因子	许用值
高压	一阶	2140	3.15	12.2
	二阶	4712	1.61	5.3
中压	一阶	1810	4.39	13.5
	二阶	4157	1.11	6.8
低压	一阶	1186	13.89	15.8
	二阶	3579	3.82	8.5

注 各转子 Q 因子均小于许用值，符合要求。

表 7-15 扭振频率

f_1	13.1789
f_2	22.357
f_3	25.9297
f_4	43.147
f_5	83.9064
f_6	85.6528
f_7	108.371
f_8	108.4005
f_9	109.769

频率考核标准：

工频：f 计算≤45Hz 或 f 计算≥55Hz

倍频：f 计算≤93Hz 或 f 计算≥108Hz

机组扭振频率满足要求。

表 7-16 轴颈及联轴器计算

轴承号	轴承直径（mm）	稳态（MPa）		短路工况（MPa）	
		轴颈应力	许用应力	轴颈应力	许用应力
3 号	506.98	60.8	152.0	143.6	433.0
4 号	506.98	85.0	152.0	205.4	433.0
5 号	506.98	85.0	152.0	205.2	433.0
6 号	506.98	111.5	152.0	315.4	433.0

轴颈在稳态与短路工况下应力均小于许用应力，轴径强度合格。

联轴器螺栓	稳态（MPa）		短路工况（MPa）	
	计算应力	许用应力	计算应力	许用应力
中-低	44.9	112	107.1	280
低-低	58.2	112	150.4	280
低-电	71.5	112	227.6	280

联轴器螺栓在稳态与短路工况下应力均小于许用应力，联轴器螺栓强度合格。

第二节 锅炉厂设计专题研究

一、提高锅炉钢结构刚度及四大管道设计优化

汽轮发电机组采用全新的高位布置方案，锅炉钢架和四大管道设计时，需考虑该布置形式的影响。由于四大管道走向与常规项目相比更简洁，总长度缩短，管道刚度明显增大，对汽轮机侧和锅炉侧的接口推力和力矩有所增加。根据西北电力设计院的管道计算对比分析显示，四大管道对主厂房和锅炉钢结构的刚度要求也比常规项目更高。在侧力工况下，四大管道的响应对主厂房的刚度和对锅炉钢结构的刚度均比较敏感。提高锅炉钢结构的刚度可以帮助减小管道偏摆、管道应力水平和在锅炉侧的接口推力。

理论上，锅炉钢结构的刚度越大越有利于汽轮机高位布置的实现，但钢结构刚度的增大与用钢量密切相关，并且锅炉钢结构刚度增大对四大管道的影响效果也将随着刚度的增加而趋缓。因此，锅炉钢结构的刚度提高到何种程度合适，需考虑刚度提高对四大管道响应的影响效果和经济性。

（一）锅炉钢结构刚度提高对四大管道响应的影响

为便于说明，用柱顶位移来衡量锅炉钢结构的刚度，相同的荷载作用下，柱顶位移越小，表示钢结构的刚度越大。常规钢结构的柱顶位移控制在 1/250，钢结构控制在 1/500。据 2016 年 7 月 28 日北京召开的锦界三期第一次设计配合协调会要求，各设计单位按照不同刚度的柱顶位移开展设计对比和分析，其中设计院对不同的柱顶位移下的四大管道的应力和接口推力进行对比分析。2016 年 8 月 25 日北京召开的锦界三期第二次设计配合协调会上，设计院提供了不同的柱顶位移下管道计算结果：锅炉钢架的柱顶位移对四大管道汽轮机侧接口推力影响有限，锅炉钢结构刚度提高到 1/800 时，管道自身的应力计算可通过，锅炉侧接口推力比允许值高，但偏差不大。当锅炉钢结构刚度提高到 1/1000 时，结论相差不大。为此，锅炉钢结构刚度按照提高到 1/800 进行设计。

（二）锅炉钢结构刚度提高对用钢量的影响

为对比不同的刚度对用钢量的影响，需建立结构三维计算模型，对结构进行不同柱顶位移下的对比分析。

1. 结构概况

基本设计参数为：50 年一遇设计风压 $W50 = 0.55 \text{kN/m}^2$，地面粗糙度类别为 B 类；抗震设防烈度为 6 度，场地类别为 Ⅱ 类；50 年一遇设计基本雪压 $S50 = 0.25 \text{kN/m}^2$。

锅炉钢结构采用空间桁架结构，结构宽为 43m、深度为 49.6m、高度约为 88.5m。锅炉钢结构由刚性平面和抗侧力垂直立面组成，刚性平面和抗侧立面是维持结构稳定、承受垂直荷载和传递水平力的主要组成部分。锅炉空气预热器外拉，其上设置脱硝钢架，脱硝钢架与锅炉钢架为整体钢架。三维计算模型如图 7-12 所示。

2. 用钢量对比

提高结构刚度，可通过增加构件刚度、增设抗侧力构件、调整局部结构布置或改

变结构形式等四种方式，设计中采用前三种方式。最终结构静力分析结果如图 7-13 所示，结构的动力分析前三阶振型如图 7-14 所示。

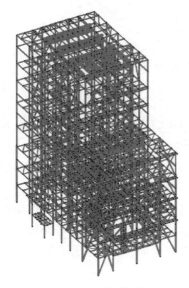
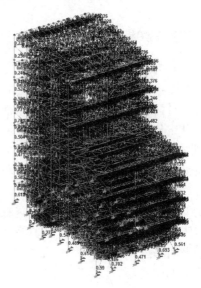

图 7-12　三维计算模型　　　　　　　图 7-13　静力计算结果

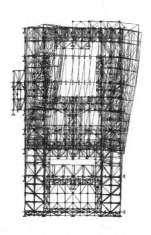
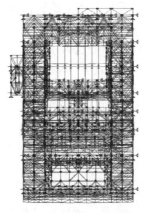
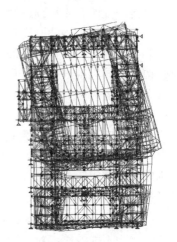

图 7-14　结构前三阶振型

取锅炉钢结构的柱顶位移控制在 1/500 时的计算模型统计用钢量 S 作为基准，柱顶位移在 1/800，1/1000 时计算模型的统计用钢量见表 7-17。

表 7-17　　　　　锅炉钢架柱顶位移与计算模型统计用钢量的对比

柱顶位移比	相对于 1/500 柱顶位移减少比率（%）	用钢量	相对于 1/500 的增加用钢量（t）
1/500	0	S	0
1/800	38	$S+300$	300
1/1000	50	$S+660$	660

根据以上分析对比，可得锅炉钢结构的柱顶位移从 1/500 到 1/800 时增加的用钢量为 300t，锅炉钢结构的柱顶位移从 1/800 到 1/1000 时增加的用钢量为 360t。

3. 结论

采用汽轮发电机高位布置，对主厂房和锅炉钢架的刚度要求比常规项目更高，锅炉钢结构刚度由常规项目的 1/500 提高到 1/800，在设计中采取增加构件刚度、增设抗侧力构件、调整局部结构布置等设计创新措施，严格控制锅炉钢结构刚度，满足汽轮机高位布置四大管道对锅炉钢结构的刚度要求。

二、锅炉本体集箱拉杆结构优化

汽轮机高位布置对锅炉本体集箱带来的影响之一是高温出口集箱的接口推力力矩有所增加，导致出口集箱及连接管系应力增大。由于汽轮发电机采用高位布置，外管道计算需额外考虑钢架和汽机房的偏摆，导致再热热段和主蒸汽出口的接口推力和推力矩较常规项目有较大增幅；为增加锅炉集箱对外管道接口推力和推力矩的抵抗能力，在设计过程中开展了如下创新设计：在高温再热器和高温过热器出口集箱上分别与相邻集箱之间做拉杆装置，把两个集箱连成一个整体，从而大幅度提高集箱及管系的整体刚度；同时，采用铰接形式，不会因为两者热膨胀不一致而产生较大的热应力。

上海锅炉厂在拉杆结构上进行技术创新，发明一项实用新型专利，适用于 II 型炉高温出口集箱，具体结构为采用一种拉杆装置连接相邻的两个集箱，增加集箱整体刚性，从而使集箱抵抗外管道接口推力的能力大幅增强。拉杆装置主要用于高温过热器出口集箱和高温再热器出口集箱。

集箱拉杆结构分析：以下对比了两出口集箱在带拉杆和不带拉杆两种情况下的应力对比情况。方向定义为：$+X$ 指向炉右，$+Y$ 指向炉后，$+Z$ 向上。

（一）高温过热器出口集箱

（1）拉杆装置结构：高温过热器出口集箱拉杆结构示意如图 7-15 所示，高温过热器出口集箱拉杆位置示意如图 7-16 所示。

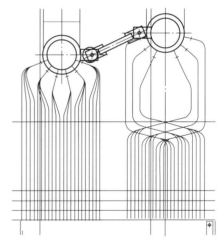

图 7-15 高温过热器出口集箱拉杆结构示意图

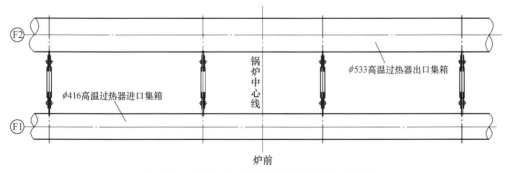

图 7-16 高温过热器出口集箱拉杆位置示意图

（2）应力分析对比。针对出口集箱不带拉杆装置和带拉杆装置（包括两相邻集箱及连接管）分别建模进行应力分析。采用有限元分析软件 ANSYS，单元模型如图 7-17 和图 7-18 所示。

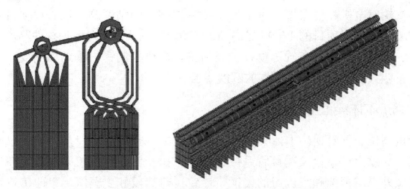

图 7-17　高温过热器出口（带拉杆）分析模型示意

图 7-18　高温过热器出口（不带拉杆）分析模型示意

分别对无拉杆装置单个集箱模型和采用拉杆装置的双集箱模型施加外管道接口推力，见表 7-18。

表 7-18　　　　　　　　　　　高温过热器出口集箱接口推力力矩

主蒸汽左侧						
工况	$F_x(\text{N})$	$F_y(\text{N})$	$F_z(\text{N})$	$M_x(\text{N}\cdot\text{m})$	$M_y(\text{N}\cdot\text{m})$	$M_z(\text{N}\cdot\text{m})$
冷态	153	4	−27077	1524	1768	2014
热态	11570	31092	−31495	−127788	−12556	33854
炉$+x$ 机$-x$	19403	50057	−53852	−122134	−27957	24017
炉$-x$ 机$+x$	11895	26922	−48932	−55175	−63873	20745
炉$-y$ 机$+y$	4524	−25910	−37682	119654	−50204	108741
炉$+y$ 机$-y$	14917	45337	−43432	−114734	−29300	20826
地震$+X$	7077	−2666	−30702	23511	15603	3174
地震$-X$	−3762	5458	−31405	−3784	−8332	4318
地震$+Y$	208	5347	−30699	853	−9206	5122

主蒸汽左侧						
工况	F_x(N)	F_y(N)	F_z(N)	M_x(N·m)	M_y(N·m)	M_z(N·m)
地震$-Y$	5941	-478	-28926	6983	24079	5317
地震$+Z$	160	-1221	-22835	12748	647	4445
地震$-Z$	1836	2056	-37400	8121	-7679	3676

主蒸汽右侧						
工况	F_x(N)	F_y(N)	F_z(N)	M_x(N·m)	M_y(N·m)	M_z(N·m)
冷态	120	193	-26769	475	-786	2458
热态	-2178	20131	-32654	-71971	-36547	50001
炉$+x$ 机$-x$	-1752	22589	-40224	-62166	-23527	52226
炉$-x$ 机$+x$	-19504	57718	-49438	-162774	-82187	44905
炉$-y$ 机$+y$	12061	-42597	-39715	194733	40469	-20467
炉$+y$ 机$-y$	-8011	39019	-46736	-69514	-23027	63125
地震$+X$	7520	3401	-30428	367	33261	2113
地震$-X$	-7795	288	-31135	14853	-11547	1732
地震$+Y$	-1012	9156	-33315	-6747	14043	777
地震$-Y$	-1232	-3071	-29363	16038	1632	2504
地震$+Z$	-1295	2301	-23618	3743	-2472	599
地震$-Z$	-2068	4870	-38882	2014	12314	2051

计算所得的管系应力汇总见表 7-19。

表 7-19　　　　　　　　　　　　　　**计算后应力对比**

计算工况	无拉杆装置集箱管系 应力（MPa）	采用拉杆装置后集箱管系 应力（MPa）	备注
冷态	8.6	7.5	一次应力
热态	146	58.7	一次+二次应力
炉$+x$ 机$-x$	167.5	67.5	一次+二次应力
炉$-x$ 机$+x$	205.2	92.7	一次+二次应力
炉$-y$ 机$+y$	203.2	104.2	一次+二次应力
炉$+y$ 机$-y$	154.1	58.7	一次+二次应力
地震$+X$	27.1	17	一次偶然应力
地震$-X$	17.8	11.9	一次偶然应力
地震$+Y$	11.9	9.2	一次偶然应力
地震$-Y$	14	11.7	一次偶然应力
地震$+Z$	17	11.6	一次偶然应力
地震$-Z$	11.9	10.3	一次偶然应力

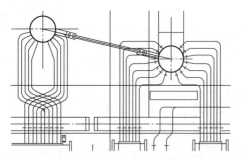

图 7-19 高温再热器出口集箱拉杆结构示意

（3）结论。经对比，在承受相同接口推力力矩的情况下，高温过热器出口集箱采用拉杆装置后能显著降低集箱管系应力，能有效保障锅炉安全运行。

（二）高温再热器出口集箱

（1）高温再热器拉杆装置结构如图 7-19 所示。高温再热器出口集箱拉杆位置示意如图 7-20 所示。

（2）应力分析对比。针对高温再热器出口集箱不带拉杆装置和带拉杆装置（包括两相邻集箱及连接管）分别建模进行应力分析。同样采用有限元分析软件 ANSYS，单元模型如图 7-21 和图 7-22 所示。

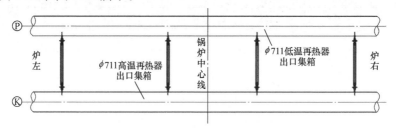

图 7-20 高温再热器出口集箱拉杆位置示意

图 7-21 高温再热器出口（带拉杆）分析模型示意

图 7-22 高温再热器出口（不带拉杆）分析模型示意

分别对无拉杆装置单个集箱模型和采用拉杆装置的双集箱模型施加外管道接口推力见表 7-20。

表 7-20　　　　　　　　　　　高温再热器出口集箱接口推力力矩

热段左侧					
工况	F_x(N)	F_y(N)	F_z(N)	M_x(N·m)	M_y(N·m)	M_z(N·m)
冷态	−504	−4606	−6033	34208	3624	16082
热态	−2619	9099	4193	−46556	1292	−15083
炉+x 机−x	−6331	6520	21660	−120497	173801	−13757
炉−x 机+x	−1504	10904	−13031	24756	−170577	−26035
炉−y 机+y	1481	21687	5024	−84281	−3396	−90854
炉+y 机−y	−6701	−709	3497	−10159	5715	39144
地震+X	29093	14004	−6988	35211	508	−46255
地震−X	−30109	−22768	−5007	31853	10599	76884
地震+Y	−6453	−6678	−6130	32279	1617	31550
地震−Y	1979	−7224	−5527	33887	9689	16330
地震+Z	−1513	−5692	726	41085	30379	19837
地震−Z	673	−3293	−12094	25468	−16772	11536

热段右侧					
工况	F_x(N)	F_y(N)	F_z(N)	M_x(N·m)	M_y(N·m)	M_z(N·m)
冷态	303	−473	−7665	13656	−36718	−1783
热态	9948	7111	10915	−38824	−1435	8383
炉+x 机−x	12188	4727	−3974	28330	174947	5338
炉−x 机+x	8035	11824	26259	−106831	−176400	31448
炉−y 机+y	6475	19429	18743	−106399	−61238	83752
炉+y 机−y	3641	10896	3820	27017	61545	−685
地震+X	28334	−16041	−7102	12285	−42072	−53881
地震−X	−28052	15541	−7568	13674	−36462	51834
地震+Y	9805	−7346	−6717	14048	−49204	−33422
地震−Y	−9522	6846	−7952	11909	−29324	31373
地震+Z	494	−751	673	19478	−68962	−2816
地震−Z	−214	253	−15342	6482	−9574	776

计算所得的管系应力汇总见表 7-21。

表 7-21　　　　　　　　　　　计算后应力对比

计算工况	无拉杆装置集箱管系应力（MPa）	采用拉杆装置后集箱管系应力（MPa）	备注
冷态	24.8	16.2	一次应力
热态	60.6	47.2	一次+二次应力

计算工况	无拉杆装置集箱管系应力（MPa）	采用拉杆装置后集箱管系应力（MPa）	备注
炉＋x 机－x	69.2	52.0	一次＋二次应力
炉－x 机＋x	80.5	60.0	一次＋二次应力
炉－y 机＋y	99.6	50.4	一次＋二次应力
炉＋y 机－y	49.7	49.9	一次＋二次应力
地震＋X	40.3	28.5	一次偶然应力
地震－X	49.4	31.5	一次偶然应力
地震＋Y	43.1	20.3	一次偶然应力
地震－Y	27.9	21.7	一次偶然应力
地震＋Z	33.9	23.9	一次偶然应力
地震－Z	15.8	11.1	一次偶然应力

经对比，在承受相同接口推力力矩的情况下，高温再热器出口集箱采用拉杆装置后能显著降低集箱管系应力，能有效保障锅炉安全运行。高温出口集箱采用拉杆装置后，集箱及管系的整体刚性增加，集箱接口推力力矩作用下的管系应力显著降低，锅炉安全性能提高。

第八章

管道应力分析研究

第一节　四大管道应力分析研究

一、管道应力计算理论和方法

（一）管道应力计算理论和内容

火力发电厂管道应力计算的主要工作是验算管道在内压、自重和其他外载作用下所产生的一次应力和在热胀、冷缩及位移受约束时所产生的二次应力；判断计算管道的安全性、经济性、合理性，以及管道对设备产生的推力和力矩应在设备所能安全承受的范围内。

管道应力分析都是以结构的弹性理论为基础的，同时也采纳了塑性理论。目前采用比较广泛的应力分析有弹性分析、极限分析、安定分析和疲劳分析。通常管道应力计算的材料强度理论采用第三强度理论——最大剪应力理论，该理论认为引起材料破坏或失效的主要因素是最大剪应力，即无论材料处于何种应力状态，只要最大剪应力达到材料屈服极限值，材料即发生屈服破坏。

国内火力发电厂工程的管道应力验算均按照《发电厂汽水管道应力计算技术规程》（DL/T 5366—2014）的规定。管道应力分析方法分为静力分析和动力分析。对于静荷载，如管道内压、自重和其他外载以及热胀、冷缩和其他位移荷载作用的应力计算，采用静力分析法。对于动载荷，如往复脉冲载荷、强迫振动载荷、流动瞬态冲击载荷和地震载荷作用的应力计算采用动力分析法。管道应力计算主要考虑的荷载有重力荷载、压力荷载、位移荷载（包括管道热胀冷缩位移、端点附加位移、支承沉降等）、风荷载、地震荷载、瞬变流动冲击荷载。管道应力计算的主要工作目的是验算管道在冷态、热态工况下的热胀应力，验算冷态和工作状态下管道对设备的推力和力矩可能出现的最大值。

（二）管道应力的验算

管道应力验算需要考虑正常运行工况和各种偶然工况，至少应考虑以下内容。

（1）管道在工作状态下，由内压产生的折算应力不得大于钢材在设计温度下的许用应力。

（2）管道在正常运行工况下允许的变动范围。如果所计算的压力产生的环向应力未超过相应温度下最大许用应力的百分比值，压力和（或）温度波动在一定条件下可以超过设计值。

（3）管道在持续荷载下的应力验算。管道在工作状态下，由持续荷载即内压、自重和其他持续外载产生的轴向应力之和必须满足要求。

（4）管道在有偶然荷载作用时的应力验算。管道在工作状态下受到的荷载作用，即由内压、自重、其他持续外载和偶然荷载，包括地震等所产生应力之和必须满足要求。

（5）管系热胀应力范围的验算。管系热胀应力范围必须满足要求。

（6）如果温度变化的幅度有变动，需计算当量全温度交变次数。

二、风振对管道疲劳的影响研究

锦界三期工程采用了汽轮发电机组高位布置创新方案，汽轮机运转层标高为65m，有必要考虑在风荷载工况下，运转层结构的纵向和横向水平偏摆对于汽轮机和管道设计的影响。风荷载存在方向性和大小的变化，对主蒸汽、再热蒸汽管道存在交变负荷，会对管道材料产生一定的疲劳，因此对风荷载的变化对于主要管道的影响进行了研究。

（一）材料疲劳的研究

材料在循环荷载作用下的破坏形式主要表现为疲劳破坏。疲劳破坏是指在循环荷载的作用下，发生在构件某点处局部的、永久性的损伤积累过程，经过足够多的应力或应变循环后，损伤积累可使材料产生裂纹或使裂纹进一步扩展至完全断裂。疲劳损伤一般发生在应力集中处。通常按破坏循环次数的高低将疲劳分为两类：高循环疲劳（高周疲劳）和低循环疲劳（低周疲劳）。高周疲劳作用于零件、构件的应力水平较低，破坏循环次数一般高于 $10^4 \sim 10^5$ 的疲劳，弹簧、传动轴等的疲劳属此类。高周疲劳材料中的应力始终在弹性范围之内，材料到达破坏的应力循环将大于 $10^4 \sim 10^5$ 且无明显的塑性变形。低周疲劳作用于零件、构件的应力水平较高，破坏循环次数一般低于 $10^4 \sim 10^5$ 的疲劳。

当应力变化幅度降低到某一临界值时，材料可以经过多次应力循环而不发生疲劳破坏，这一临界值称为材料的疲劳持久极限或疲劳极限。对于一般钢材，当应力循环次数达到百万次后，材料仍未破坏，则可以认为再增加循环次数，材料也不会破坏。

对于电厂大多数管道通常仅考虑由温度变化引起的热应力循环作用而产生的热疲劳，在电厂的预期寿命内，热循环的次数都比较低且管道的热胀变形较大，在管道应力计算中已对热循环的低周疲劳进行了考虑。一般对于由于风荷载产生的高周疲劳不进行考虑。

（二）风荷载的研究

电站管道受到的荷载可根据作用时间长短分为持续荷载和偶然荷载，其中偶然荷载包括风荷载、冰雪荷载、地震荷载、水锤力和排汽反力等。

对于管道而言，风速在大气层中受到各种因素的影响而呈现随机脉动性，由脉动风引起的管道振动随管道自振周期的增加而增强。脉动风产生的结构动效应的求解过程对于工程设计过于复杂，一般将风致动力效应用风致静力效应来等效表达。工程上将平均风与脉动风共同作用的总响应与平均风产生的相应之比称为风振系数。在国内电厂设计的管道规范，如《电厂动力管道设计规范》（GB 50764）等中未考虑风振系数。在《压力管道规范 工业管道 第3部分：设计和计算》（GB/T 20801.3）将风振系数分解为脉动增加系数和为脉动影响系数，再分别根据基本风压与自振周期，以及高度与地面粗糙度查表求得。应值得注意在各国风荷载规范中风振系数的研究均以竖向悬臂型结构为对象，是否适用于与附近结构紧密耦合的电站管道还需深入研究。

有文献指出，对于跨距大于30m的管道，其物体在风压侧移附近左右振动不可忽略，不大于30m风振系数影响微乎其微，所以风振系数在风荷载分析中可以忽略。通常在管道上支吊架的间距通常不会大于30m，因此在电厂管道设计中不考虑风振的影响。

（三）风荷载的应力计算研究

1. 风荷载的应力计算

管道应力分析程序采用美国INTERGRAPH公司的CAESAR Ⅱ应力分析软件。CAESAR Ⅱ是以材料力学、结构力学、弹塑性力学、有限元、管道应力分析与计算等为基础，专门用于管道分析的专业软件，其计算的准确性得到了普遍的认同。

本研究风载荷工况与多遇地震工况不同时考虑。风载荷引起的厂房偏摆会作用到管道的设备接口与管道支吊架根部，在进行应力验算时，将根据设备接口与支吊架根部的标高计算出偏摆值并带入计算中进行应力分析。

锅炉房与汽机房的风荷载引起的偏摆采用极端情况进行分析，即只考虑锅炉房与汽机房在水平方向偏摆方向相反时的工况，在此工况下的应力值应为理论最大值，当这一数值满足要求时，管道在其他偏摆工况下也一定满足要求。

2. 风荷载对于管道应力的影响

严格地说，风荷载会反复加载作用于管道或设备接口，属于动力荷载，应该用动力学方法进行分析。但由于动力分析方法过于复杂，难以应用于实际工程设计，所以一般在工程中对于风荷载均采用等效静力法。该方法将风荷载的作用转化为等效静力荷载，然后采用静力方法，按持续作用于管道的荷载考虑，引起的作用力是一次应力。

风荷载所产生的应力属于一次应力，作用的时间很短，按规范的规定，验算应力时可以适当提高许用应力，即当荷载作用时间每次不超过1h，且连续12个月累计不超过800h时，可提高15%；当荷载作用时间每次不超过1h，且连续12个月累计不超过80h时，可提高20%。

在基本风压较高的工程中，风荷载相比管道的自重不应被忽略，但相对于支吊架可承受的荷载仍然很小，由于计算中各参数的选择均按较保守的情况考虑，因此只要适当设置导向支架、限位支架或固定支架，并保证持续荷载作用下的一次应力满足要求，风荷载作用下的管道一次应力通常都能够满足要求。

所研究的主要管道均布置在主厂房内，风荷载的影响主要是造成建筑物的偏摆，使得设备接口产生附加位移，以及生根与构筑物的支吊架根部发生偏移。在常规设计中均不考虑建筑物偏摆对于管道设计的影响，即使如高度很高的塔式锅炉在计算主蒸汽和再热蒸汽时也未考虑偏摆的因素。

考虑到管道风荷载最终是为了合理地进行支吊架设计，这与建筑物设计中还需要考虑风荷载对于整栋建筑物的基础有所区别。管道支吊架上的风荷载包括以集中力形式承受的管道风荷载，以及支吊架根部结构本身所受的风荷载，在主蒸汽和再热蒸汽管道应力计算中，已根据设备接口与支吊架根部的标高计算出偏摆值并带入计算中进行应力分析，实际是考虑了二次应力对于管系的影响，已有足够的安全裕量。

3. 风荷载交变性的影响

管道二次应力的校核条件来源于结构安定性条件。结构安定性是指当荷载在一定范围内反复变化时，结构内不发生连续的塑性变形循环。结构安定性条件是弹性应力范围不大于屈服极限的 2 倍。

当管道二次应力仅仅满足安定性条件，只能防止低周疲劳。风荷载的循环次数较高，会产生高周疲劳，需要引入应力范围减小系数 f，进一步减小允许的二次应力变化范围，从而使最终的二次应力校核条件不但能防止低周疲劳，而且还能够防止高周疲劳。

目前在应力计算中考虑的应力范围减小系数 f 通常仅与电厂运行寿命周期内的全温度应力交变次数有关。在国内相关电厂管道应力计算规范中均有规定需要考虑应力范围减小系数，一般都取用交变次数为 $N=2500$ 次，也就是应力范围减小系数为 $f=1$。也有文献认为对于四大管道，按设计寿命 40 年考虑，有可能带变动负荷，其设计交变次数应按 $N=7000$ 次考虑，应力范围减小系数按 $f=4.78N^{-0.2}$ 计算确定。但由于电厂在实际运行过程中四大管道带变动负荷的情况比较少，四大管道和其他管道均可按 $N=2500$ 次考虑。应力交变次数的提高势必会造成管道材质性能的要求提高，从而造成投资成本的增加。

风荷载造成的应变不是由于温度变化产生的，不能按应力范围减小系数公式进行计算。交变次数 N 按照位移的变化，也可以理解为管系预计使用寿命下全位移，即从最低温度到最高温度的位移值循环当量数。显然风荷载的作用不能使管道达到全位移值，经过计算最不利风荷载对于管道应力的增加也在允许范围内，影响较小。

本研究的四大管道交变次数按 $N=2500$ 次考虑。

三、地震对管道应力计算的影响研究

由于火力发电厂的主蒸汽、再热蒸汽、高压给水等管道的压力和温度均很高，在地震时需要保证管道系统的完整性，管道不能破裂，否则对人的生命造成威胁。汽轮发电机组高位布置的管道抗震分析是管道设计的重要方面，而且还要与热应力分析、瞬态分析等结合起来，既要满足管道热状态下的自由碰撞也要满足地震时管系有足够的刚度以抵抗地震的冲击荷载。

（一）地震荷载的计算方法

地震荷载的计算可以分为等效静力法和动力分析法。

1. 等效静力法

地震时地面的水平及垂直运动是同时存在的，但一般认为水平地震力对结构的破坏起决定性的作用，因此静力法计算一般只校验水平地震力的影响。静力法忽略了地震中管道支吊装置对不同频率的响应的影响。

按等效静力法进行地震荷载计算时，应校核以下内容：地震作用下管道强度计算；管道与设备的连接处和其他危险断面处，由地震作用及其他荷载所产生的反力计算。

2. 动力分析法

地震荷载是由于地面的随机运动（加速度、速度和位移）产生的，并符合惯性载荷的特性，通过地面与结构之间的连接传递给结构。管道地震动力法的计算一般情况

用反应谱法，只有在必要时采用时程法。

按动力设计法进行抗震计算时，应包括下列内容：管道自振频率和振型的计算；在地震作用下，各质点的位移、加速度和各断面的弯矩、反力等动力反应值计算；地震作用下管道强度计算；地震震动的三个分量引起的反应值，当采用反应谱法时，可取每个分量在管道同一方向引起振动的最大反应值按均方根法进行组合。

（二）火力发电厂地震荷载的计算方法

火力发电厂管道设计和计算中，通常当抗震设防烈度为 8 度及以上时需考虑地震荷载，管道地震荷载采用静力法进行近似计算。并根据需要及工程约定，计入偶然荷载的作用。除有特殊要求外地震烈度大于 8 度的地区应计入地震荷载的作用，但不必计入地震荷载与风荷载同时出现的工况。

静力法忽略了地震中管道支承结构的各部分响应的不同频率和阻尼，在地震运动的振动方向上使用单一的静力加速度值计算管道的受力和位移。这个加速度由地震时地面的最大水平加速度得到。

（三）火力发电厂管道抗震设计要求研究

目前国内还没有规范规定火力发电厂设备和管道抗震设计应达到的要求。通过研究核电等规范并结合火力发电厂主要管道高温高压的特点，主要管道抗震设计应达到下列要求：

（1）当遭受低于本地区抗震设防烈度的多遇地震影响时，主要管道及支吊架不受损坏。

（2）当遭受相当于本地区抗震设防烈度的地震影响时，主要管道不受损坏，支吊架经一般修理或不需修理仍可继续运行。

（3）当遭受高于本地区抗震设防烈度的罕遇地震影响时，主要管道不发生破裂和垮塌，支吊架不至于严重损坏，危及生命。

（四）管道应力计算具体要求

虽然锦界三期工程所在地区的抗震设防烈度没有达到 8 度，但在主要管道（主蒸汽、再热蒸汽等）应力计算中考虑地震荷载的作用，按本地区抗震设防烈度考虑。同时，针对本地区罕遇地震的地震烈度进行主要管道（主蒸汽、再热蒸汽等）应力计算，校核应力安全性的许用应力系数取 1.4。

高温管道材料的许用应力通常是材料在设计温度下 100000h 持久强度平均值除以 1.5 得到的。对于偶然荷载还通常增加许用应力，当荷载作用时间在连续 24h 内少于 1％的概率进行考虑时，作为校核应力安全性的许用应力系数，一般取 1.20；当荷载作用时间在连续 24h 内超过 1％，并且小于 10％的情况下，可以取用 1.15。考虑到罕遇地震出现的概率极低，可以适当校核应力安全性的许用应力系数，取 1.4，即使这样许用应力也没有达到设计温度下 100000h 持久强度平均值，可以满足管道安全要求。

四、高位布置高温管道应力体系研究

主厂房采用了高位布置方案，因此在风荷载、地震荷载的作用下，汽轮机、锅炉和辅机设备会随主厂房结构产生偏摆，设备接口会在偏摆发生时对管道产生额外作用力，故在进行管道应力分析时应考虑主厂房结构偏摆带来的对管道应力分布和设备接口推力、推力矩的影响。除了风载的影响，管道应力分析还应充分考虑地震工况对管系应力分布的影响，通过优化管道布置及支吊架设置，将管系应力分布及管道对设备接口力和力矩控制在适当范围内。

进行模型的建立及计算工作，得出主厂房结构水平位移的初步计算结果。由于不同时考虑风载荷工况与多遇地震工况，风载荷引起的厂房偏摆会作用到管道的设备接口与管道支吊架根部。在进行应力验算时，根据设备接口与支吊架根部的标高计算出偏摆值并带入计算中进行应力分析。锅炉房与汽机房的偏摆采用极端情况进行分析，即只考虑锅炉房与汽机房在水平方向偏摆方向相反时的工况，在此工况下的应力值应为理论最大值，当这一数值满足要求时，管道在其他偏摆工况下也一定满足要求。该项应力分析工况研究除常规管道设计的工况外，增加了如下工况：

（1）持续工况加上偏摆工况。

（2）持续工况加上偶然工况（地震荷载）。

（3）持续工况加上偶然工况（安全阀反力）。

（4）持续工况加上偶然工况（汽/水锤）。

针对主厂房高位布置方案，对高温管道进行应力分析增加的一些工况，包括设计状态、工作状态、选弹簧、水压、偏摆、地震、安全阀、松冷工况共计98种组合的应力计算工况组合。

五、偏摆作用下支吊架设计研究

（一）偏摆情况下支吊架根部设计方法研究

因管道支吊架与主厂房结构相连，在主厂房发生偏摆时，支吊架根部也会随着发生移动，因此，在进行管道应力分析时，应将主厂房偏摆时的边界条件代入到支吊架计算内，否则支吊架根部会对管道产生附加力，影响分析结果。

对于支吊架而言，受偏摆作用影响最为明显的是限位支架，不论是限位支架还是限位拉杆，管部与根部都为刚性连接，且都最少有一个方向无法移动，当厂房结构偏摆方向与限位支吊架的限制方向一致时，根部结构会对管道产生额外的附加力。所以在计算时，应将根部的偏移值代入计算，从而得到主厂房发生偏移时管道的真实应力分布与设备接口的真实推力。

主蒸汽管道、再热蒸汽管道在设计中增加了偏摆工况，主要考虑了汽机房和锅炉房水平偏摆方向的差异以及在高度方向上偏摆幅度的不同对于管道应力计算的影响。

主蒸汽管道、热再热蒸汽管道、冷再热蒸汽管道在主管立管处设置了刚性吊架，此设计是为了保证管道在正常运行工况下，当如遇到个别支吊架失效时，失效点荷载不会转移到其他支吊架上而出现连续失效的情况，因此，主管立管上的刚性吊架在设计时，应该考虑其周围部分支吊架失效后的转移荷载，以保证管道安全运行。

（二）高温蒸汽管道支吊架的设计优化方案

高位布置方案中主蒸汽管道、热再热蒸汽管道、冷再热蒸汽管道与设备接口的力与力矩，在锅炉一侧接口需满足锅炉厂接口要求，汽轮机一侧接口的力和力矩略大于汽轮机厂要求。汽轮机一侧主蒸汽管道、热再热蒸汽管道的汽轮机接口的 Z 向力较大，同时 X 向力矩与 Y 向力矩偏大，产生这一情况主要是由于高、中压阀自身质量较大，而汽轮机厂在阀门处设计的弹簧支架数量较少、位置离接口偏远，导致阀门质量的一半作用在汽轮机接口处，而当调节阀门弹簧载荷减给水泵汽轮机 Z 向力时，就会引起接口 X 向力矩的变化。主蒸汽管道、热再热蒸汽管道的接口方式为侧向水平接入，这样会使得管道在接口处第一个弹簧支架对汽轮机接口产生一个 Y 向的力矩，这一弹簧由于也要承受一部分阀门质量，所以这个 Y 向力矩无法消除，通过研究优化并平衡冷、热态力的分布来降低，满足设计要求。

六、高位布置管道应力计算及结果

（一）应力分析计算

本研究采用 CAESAR Ⅱ 应力分析软件对高位布置主蒸汽管道、热再热管道、冷再热管道进行了应力分析计算，其结果表明：高温管道布置方案整体应力水平符合设计要求，管道与设备接口的推力与推力矩满足要求。

管道应力计算首先明确了汽机房、锅炉房在风载作用下的偏摆位移值，将偏摆位移作为应力分析边界条件之一进行计算，并针对以下工况进行了计算。

（1）持续工况加上偏摆工况。

（2）持续工况加上偶然工况（地震荷载）。

（3）持续工况加上偶然工况（安全阀反力）。

（4）持续工况加上偶然工况（汽/水锤）。

（5）地震工况边界条件。

（6）偶然工况（排汽反力）。

（二）高位布置管道应力计算结果

1. 四大管道不考虑偏摆工况

（1）应力水平分析结果。不考虑偏摆工况主蒸汽、冷段、高压旁路的最大一次应力为 46.6%，最大二次应力为 58.2%；热段、低压旁路最大一次应力为 45.9%，最大二次应力为 58.8%，应力水平均满足规范要求。

（2）位移结果分析结果。管道位移的热膨胀方向合理，水平位移不超过 250mm，竖直位移不超过 250mm，弹簧选型经济。

（3）管道对设备接口的力与力矩结果。未考虑偏摆时，各管道锅炉接口的力和力矩与常规布置水平相当，汽轮机接口的力和力矩较常规布置大。

2. 四大管道考虑偏摆工况

工况计算边界条件为在无偏摆工况下加入偏摆位移值，其中汽轮机 X 向偏摆值按 1/3450，汽轮机 Y 向偏摆值按 1/1970，锅炉偏摆值按 1/800。

（1）应力水平分析结果。因锅炉本体与汽轮机本体间管道柔性较大，当锅炉房与汽机房在水平两个方向发生反向偏摆时，整个管系的应力依然可以满足规范要求。最大应力点集中在锅炉房与汽机房间的立管处。

（2）位移结果分析结果。当锅炉房与汽机房在水平两个方向发生反向偏摆时，管道会随着发生偏摆的方向产生额外的位移，额外位移会使管道产生震荡，所以需要在长直的水平管道与立管上增加水平限位，减少管道震荡现象。

（3）管道对设备接口的力与力矩结果。考虑偏摆时，当炉－y 机＋y 情况出现时各设备接口的力和力矩与常规布置水平均有较大范围提高，一般在 30％范围内波动。其余偏摆工况与常规布置水平相比不超过 20％波动范围。

（4）高位布置管道地震工况分析。采用地面峰值最大加速度 0.108g 进行计算。地震工况水平与垂直方向叠加应力水平均未超过允许应力值，管道中应力水平最大值为 91.5％。

第二节　新型排汽管道方案研究

一、新型排汽管道方案的研究

国内常规直接空冷的排汽系统通常设置有排汽装置，具有收集疏水、对凝结水回水进行加热和除氧等作用，多功能集于一体，有利有弊，排汽装置主要问题之一是阻力大。直接空冷机组排汽管道的阻力直接影响机组排汽压力。本研究高位布置空冷机组取消了排汽装置，并设计了新型排汽管道，一定程度上减少阻力损失，使机组的效率得到提高。

新型排汽管道设计方案研究主要解决高位布置空冷发电机组中的新型排汽管道结构和补偿支撑体系的问题。本研究汽轮发电机组布置在 65.0m，高位汽轮机采用下排汽方式将乏汽排至空冷岛。空冷岛管道接口布置在高位，排汽管道直接水平接入空冷岛，排汽阻力较小。新型排汽管道为钢制排汽管道，包括过渡段、延长段、曲管压力平衡补偿器、支座、死点支座、空冷岛管道接口。

图 8-1　与汽轮机接口部分
排汽管道示意图

排汽管道过渡段与汽轮机组低压缸排汽口连接，排汽管道在延长段上布置末级低压加热器，节约了运行平台的空间。排汽管道在汽轮机侧排汽口下方布置曲管压力平衡补偿器，进行热位移补偿。与汽轮机接口部分排汽管道示意如图 8-1 所示。

排汽口经方圆节变径为一根 DN8500 的主管，接曲管压力平衡型补偿器，经三通后在水平管段上分成八根 DN3000 的分支管，各分支上也均采用一个曲管压力平衡型补偿器后，水平接至空冷凝汽器分配管入口。

新型排汽管道与低压缸刚性连接，采用弹性支撑，具备自平衡补偿功能。末级低压加热器与设备之间采取柔性连接，满足布置需要。

对于高位布置汽轮机空冷排汽系统，主厂房各层层高设置更为合理，能适应全厂疏水及凝结水的收集，同时也解决了排汽装置及排汽管道阻力大的问题，也解决了汽轮机真空吸力不平衡、低压缸接口推力大、偏摆后位移大的问题。

二、高位布置排汽管道与低压缸排汽口的链接与支撑结构研究

常规（低位）布置中低压外缸与排汽管道的连接采用膨胀节连接，相比刚性基础，弹性基础的刚度要小一些。当汽轮机采用高位布置之后，若排汽管道与低压缸仍然采用弹性连接，在机组运行时将会对低压缸的基础产生真空力，且真空吸力随着负荷的变化而变化，从而导致低压部分的基座变形较大而影响轴系的对中和稳定。因此为了保证机组安全稳定地运行，消除真空力对基座的影响，排汽管道与低压缸采用刚性连接，同时排汽管道支撑采用弹性支撑，使低压缸和排汽管道成为整体，从而上下抵消真空吸力的影响。

当机组运行时，由于排汽管道和低压缸受热而产生向上的热膨胀力，从而影响低压缸的稳定性。为了保证低压缸的稳定性，需要将部分排汽管道运行质量预先加载到低压缸排汽口上，从而抵消热膨胀对低压缸产生的顶起力，使低压缸一直受到向下的拉力而稳定。

排汽管道下部设置恒力弹簧支架，保证机组在运行过程中对低压缸的力和力矩处于合理的范围。低压外缸与排汽管道采用刚性连接，低压缸排汽通过排汽管道与空冷岛连接，排汽口下方通过曲管压力平衡补偿器连接到水平管道，排入空冷岛的蒸汽管道。排汽管道是主厂房与空冷岛两个不同建筑单元相连接的设备，不仅要克服自身的热膨胀问题，更要克服两个建筑物之间的空间偏摆问题，且不能将力由位移转移到低压缸上，影响到机组的运行，故需要对低压缸与排汽管道的连接方式、载荷分配、低压缸稳定性进行研究。

（一）排汽管道与低压缸排汽口的连接

对于高位布置方案，如采用常规的刚性基础不仅会使成本加大，而且汽轮发电机组的振动、地震加速度放大倍数等对基座的安全性都有很大的影响，因此采用更为合理且符合工程所需的弹性基础。当采用弹性基础时，基座刚度相对较小，若排汽管道与低压缸依然采用弹性连接，在机组运行时将会对低压缸的基础产生真空力，且真空吸力随着负荷的变化而变化，从而导致低压部分的基座变形较大而影响轴系的对中和稳定。因此为了取消真空吸力对基座的影响，排汽管道与低压缸采用刚性连接同时排汽管道支撑采用弹性支撑，使低压缸和排汽管道成为整体，从而上下抵消真空吸力的影响。弹性基础汽轮机设计如图 8-2 所示。

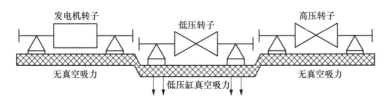

图 8-2　弹性基础汽轮机设计示意图

（二）排汽口下方管道的弹簧载荷配比

由于采用弹性基础，低压缸排汽管道的固定方式产生变化，而引起膨胀的变化。主要体现在当受热或受拉力时，采用刚性基础时，排汽管道和低压缸均固定，接口为柔性连接，热膨胀被膨胀节吸收；采用弹性基础时，排汽管道与低压缸焊接为一体，排汽管道部分质量预加载给低压缸，其余质量由弹簧支撑，热膨胀被排汽管道的支撑弹簧吸收。因此与低压缸排汽相连的管系热位移将发生改变，需要对排汽管道进行分析计算。

由于凝汽器（排汽管道）与低压缸采用刚性连接，当机组运行时，会使排汽管道和低压缸受热而产生向上的热膨胀力，从而影响低压缸的稳定性。因此需要将部分排汽管道运行质量预先加载到低压缸排汽口上，从而抵消热膨胀对低压缸产生的顶起力，低压缸一直受到向下的拉力而稳定，根据目前双良提供的数据，预加载在低压缸的载荷为 135.4t。

（三）低压缸稳定性分析

1. 有限元模型

根据稳定性分析计算需要，去除设计模型中不必要的几何特征，建立有限元简化分析模型如图 8-3 所示。

图 8-3　有限元简化分析模型图

2. 输入数据

（1）功率引起的力矩；

（2）各接口推力和力矩：设计院提供；

（3）重力载荷：包括各内部套重力和低压外缸自身重力。

3. 分析结果

对低压外缸自重下的支反力分布进行计算，参考 CHK01A.000.6Z 中载荷分布，基础支反力如图 8-4 所示。

计算结果表明：

（1）空冷岛相对于主厂房沉降情况和主厂房相对于空冷岛沉降情况，支反力数值和分布相同。

（2）工况 CASE67 下的支反力与重力载荷下支反力的比值最小，约为 90.0%，稳定性合格。

根据 2019 年 1 月设计院提供数据文件"两根低压减温减压旁路接入排汽管道—排

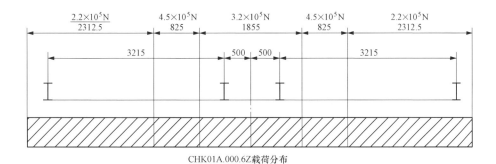

CHK01A.000.6Z载荷分布

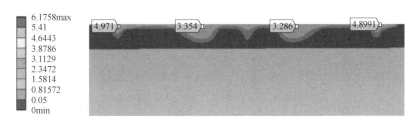

图 8-4　锦界项目基础支反力示意图

汽管口荷载"中载荷进行分析，基础接触压力分布如图 8-5 所示。

图 8-5　基础接触压力分布示意图

（四）实际应用效果

从机组调试、运行到目前，机组启动停机数十次，两台机组低压缸膨胀正常，受力均匀，其恒力支持系统运行正常，各汽缸、轴承箱膨胀非常顺畅，机组轴系振动优良。轴承金属温度、振动监视如图 8-6 所示。

三、高位布置排汽管道补偿及支撑设计研究

高位布置排汽管道方案中，排汽主管上设置曲管压力平衡型补偿器吸收管道的接口热位移、轴向膨胀及管系的不均匀沉降，八根支管上也各设置一组曲管压力平衡型补偿器吸收蒸汽分配管接口的位移及沉降等。高位排汽管道合理地设置了约束及支撑，如图 8-7 所示。

117

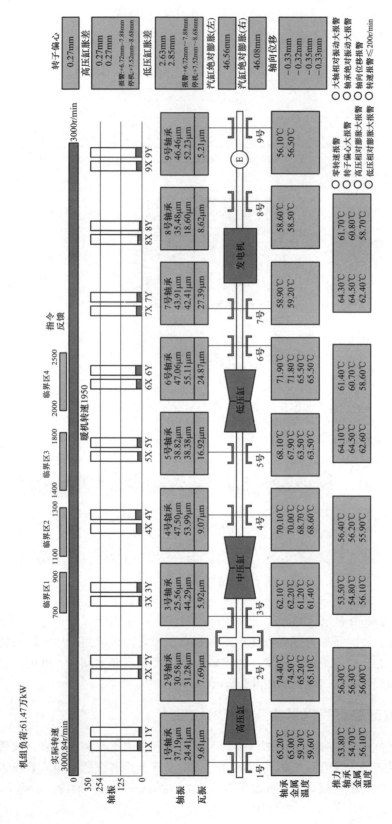

图 8-6　轴承金属温度、振动监视示意图

高位排汽管道约束及支撑具体设计如下：主管下部设置三组弹簧支架 P_1、P_3、P_4 生根在汽机房，P_1、P_3 弹簧支撑两支点中间附近分别设置 Y 向阻尼器 P_{101}、P_{104}；汽轮机排汽口正下方三通下部设置起稳定性作用的水平约束 P_2，其两侧分别设置 X 向阻尼器 $P102$、$P103$；约束 P2A 在汽机房 A 排处，设置水平 X 和 Y 向的双向约束，管道上下和汽轮机死点同心位置设置水平 X 向约束，管道左右设置水平 Y 向约束；P_4 为弹簧支撑；支撑 P_5～P_{11} 生根在空冷岛悬挑平台，其中水平分支管段中部三通处设置有刚性支架 P_5，支撑型式；支撑 P_6、P_8、P_9、P_{11} 为弹簧支撑型；P_7、P_{10} 弹簧支撑中间 Y 向设置为间隙水平约束，支撑型式；空冷凝汽器蒸汽分配管入口各分支上设置弹簧支架 P_{12}～P_{19}，弹簧支撑型式，生根于空冷岛上部的悬挑平台。

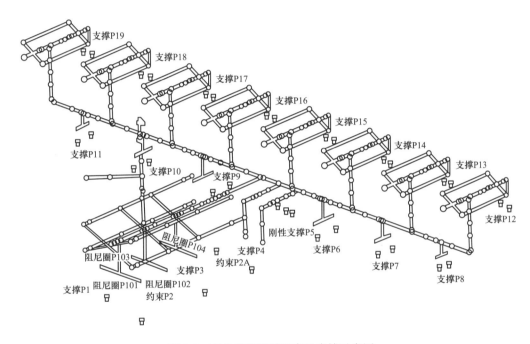

图 8-7　高位排汽管道约束及支撑示意图

四、排汽管道流动特性分析研究

（一）数学模型的建立

采用 Fluent 软件进行计算，研究排汽管道流量分配和管道压降。由于排汽通道中蒸汽的流动属于具有复杂流动区域的高雷诺数湍流运动问题，因此需要对其流场进行简化分析，做合理的假设以忽略次要因素简化进行计算。对管内流场进行物理简化之后，需要从数学的角度建立控制方程组，并将其离散化、线性化以进行迭代求解。

（二）流动特性计算分析结果

经计算，排汽管道流量分配情况和总压降见表 8-1。

表 8-1 流量分配情况和总压降

工况	流量分配								总压降 (Pa)
	支管 1	支管 2	支管 3	支管 4	支管 5	支管 6	支管 7	支管 8	
TMCR	13.24%	12.28%	12.50%	11.98%	11.98%	12.50%	12.28%	13.24%	321.13
TRL	13.26%	12.24%	12.49%	12.01%	12.01%	12.49%	12.24%	13.26%	145.77
VWO	13.25%	12.24%	12.50%	12.01%	12.01%	12.50%	12.24%	13.25%	352.45
75%TMCR	13.26%	12.27%	12.45%	12.02%	12.02%	12.45%	12.27%	13.26%	

从表 8-1 中可以看到，在管系两端的分支 1 和分支 8 流量分配相对较多，靠近中部的分支 4 和分支 5 流量相对较多。其中，流量分配最大差异均小于 1.5%，满足流量分配要求。而在实际运行过程中，排汽管道各列支管末端的背压受各列空冷凝汽器冷却能力的影响，使各列支管末端的背压趋于接近，将会发生流量再分配的现象，流量分配差异将趋向减少。

五、排汽管道整体应力计算分析

利用 CAESAR Ⅱ 软件对空冷排汽管道进行整体计算分析，研究排汽管道的柔性计算，包括管道应力分析、接口推力、支吊架位置及型式选择、补偿器位置及形式选择等。应力计算考虑不同的工况条件，包括自重、风荷载、地震荷载、沉降和偏摆以及排汽管道在正常运行、极限运行和冬季运行下对应的内压和温度等工况，对不同工况进行不同的组合，并进行了排汽管道的应力分析，其中技术难点在于计算边界条件确定、支吊架约束模拟、补偿器的位置及型式选择。

排汽管道布置和整体分析模型如图 8-8 所示。

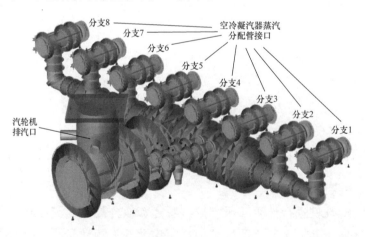

图 8-8 高位排汽管道剖面图

排汽管道整体应力计算主要用以对设计正压和设计真空的设计工况进行校验管系应力，采用的计算软件 CAESAR Ⅱ 对非杆单元的大口径薄壁空冷排汽管道无法进行应力水平校验，应力水平应采用有限元分析进行核算。

根据管道应力分析程序 CAESAR Ⅱ 的整体计算结果可得如下结论：

（1）排汽管道与汽轮机排汽接口载荷能够满足要求。

（2）管道系统应力能够满足相关规范的要求。

六、排汽管道有限元分析

排汽管道布置形式为世界首例工程应用，尚无经验可供借鉴参考，因此，在完成整体应力计算分析确定管系布置形式之后，还进行了有限元分析，以确保排汽管道整体以及各部件的强度满足设计要求。使用的有限元分析软件是 ANSYS。

在 ANSYS 中建立排汽管道有限元模型，按照不同的工况条件，对不同工况进行不同的组合，并进行了排汽管道的有限元模拟分析，得到了排汽管道在不同工况组合下的位移云图和应力云图。结果表明空冷排汽管道稳定性、强度和刚度均满足要求。对空冷排汽管道的关键部位进行了强度校核，并将计算结果与设计标准中的强度极限相比较，可以得出所有分析工况中的评定结果均满足要求。同时，由 ANSYS 计算得到的管道接口推力和力矩也均满足要求。

第九章

创新设计方案论证

第一节　高位布置设计课题研究及论证

2016 年 6 月，在神华集团领导下，国华电力公司组建了由国华电力研究院、国华锦能公司、电力规划总院、西北电力设计院、三大主机厂、青岛隔而固有限公司等单位共同参与的锦界三期汽轮机发电机组高位布置研究团队，成立设计领导小组、专家组及工作组，开始着手锦界三期汽轮机发电机组高位布置的深入研究工作。

一、高位布置设计方案研究及评审情况

（一）2016 年 7 月 1 日，国华电力公司总工程师、教授级高工陈寅彪，在西北电力设计院主持召开了锦界三期高位布置方案设计技术咨询会议，电力规划总院副院长设计大师孙锐带领的专家组从安全、可靠、经济性等多方面对锦界三期项目的整体设计创新策划和直接空冷汽轮发电机组高位布置方案进行了咨询论证，并就编制《高位布置设计研究大纲》所应明确的重点技术方案进行了讨论，待与主机厂就方案配合设计事宜讨论后，报请电力规划总院评审，开展专题设计。此外，会议还详细安排了设计院下阶段需要开展的专题研究工作，明确了推进该设计创新方案的主要工作方向。

（二）2016 年 7 月 28 日，在国华电力研究院组织召开了高位布置第一次配合设计协调会议。会议主要审议了西北电力设计院提出的《高位布置设计研究大纲》，重点对各单位下阶段具体研究课题进行了整体策划安排。研究大纲主要确定了以下十一项主要研究专题。

1. 专题研究一：主厂房高位布置研究专题报告

（1）根据主机资料，进一步研究主厂房尺寸、层高、设备摆放、四大管道布置等，通过与主机厂配合，确定适合的方案。

（2）对每个设备的安装和检修都做充分的考虑，在充分利用汽机房空间后，留出足够的检修通道，确定汽机房的宽度。在设备招标时充分考虑汽机房安装条件，对于设备外形尺寸和安装方式、检修方式提出相关要求。

2. 专题研究二：四大管道阻力计算及应力计算专题报告

（1）研究汽轮机和锅炉的主蒸汽、再热蒸汽管道接口的热位移值，需要考虑摆偏对其影响；研究摆偏量和热位移值如何合理合成。

（2）优化研究管道布置和支吊架设置，以满足管系的应力和载荷以及汽轮机制造厂的要求。

（3）锅炉厂和汽轮机厂需要进行相关的设计优化，配合管道计算，锅炉厂可以考虑适当调整过热器、再热器及水冷壁管道的固定设置，必要时，管道应力计算与锅炉

的联箱及支管联合计算。汽轮机需论证是否可以调整阀门和联通管道的支撑。

3. 专题研究三：排汽管道阻力计算及应力计算专题报告

（1）和四大管道类似，需要研究确定摆偏对设备接口的影响。

（2）研究补偿器选型和设置的适应性，比如补偿器的偏转角是否过大，能否控制在补偿器自身的补偿范围或者说已有补偿器是否还能满足管系的补偿要求等问题。

（3）研究排汽管道管系的支吊架等相关设置是否能够满足管系稳定性的要求。

4. 专题研究四：主厂房结构选型及布置专题报告

为了有效地减小主体结构水平位移，保证管道及设备连接的安全性，拟研究主厂房区域的总体结构布置。主厂房区域包括高位布置的主厂房与锅炉房两部分，从两者的相对布置关系和建筑材料的不同组合，有以下六种方案。

方案一：两者独立布置，主厂房采用混凝土结构，锅炉房采用常规钢结构。

方案二：两者独立布置，主厂房采用钢筋混凝土结构，锅炉房采用刚度加强型钢结构，则需要以下三个专题的深入研究。

（1）四大管道及排汽管道在机组偏摆的情况中各种工况下的应力及排力计算专题。

（2）主厂房结构选型及布置专题。

（3）弹簧隔振基座与主厂房联合布置整体结构研究专题。

方案三：两者独立布置，主厂房和锅炉房均采用混凝土结构。

方案四：两者独立布置，主厂房采用混凝土结构，锅炉房采用混凝土＋钢结构混合结构。

方案五：两者联合布置，主厂房采用混凝土结构，锅炉房采用钢结构。

方案六：两者联合布置，主厂房和锅炉房均采用混凝土结构。

5. 专题研究五：弹簧隔振基座与主厂房联合布置整体结构研究专题报告

（1）在弹簧隔振基座设计中采用西北电力设计院专利，在台板侧面布置弹簧和阻尼，保障基座在地震作用下的安全。

（2）有针对性地对整个结构、结构的局部部位或关键部位、结构的关键部件、重要构件等制定相应的性能目标。

（3）在完成初步设计后，启动弹簧隔振基座与主厂房联合布置整体结构动力特性及抗震性能的数模及物模试验，与中国建筑科学研究院及青岛隔而固公司共同研究，保证高位布置方案的顺利实施。

6. 专题研究六：高位布置下发电机出线布置及设备选型的研究专题报告

借鉴国内较大的封闭母线厂在水电厂长距离垂直布置封闭母线的经验，结合本次汽轮发电机组高位布置实际情况，确定母线的结构、绝缘子固定方式等。通过向制造厂调研，对发电机高位布置的离相母线设计进行系统深入的分析研究。

7. 专题研究七：主厂房高位布置方案的设备安装及检修专题报告

设备安装及检修时，常规（低位）布置在厂房外通过一些手段可以安装的设备，在高位布置中，存在较大的困难。需要联合电建单位，结合目前设备就位及安装手段，结合施工组织安排进行研究。

8. 专题研究八：主厂房高位布置方案的采暖及通风研究专题报告

高位布置中，主厂房层数多，且采用了框剪结构，在宽度方向设置了一些剪力墙，这样使得本来就不宽的汽机房显得更加狭窄。高位布置的汽机房采暖系统和通风系统都需要单独考虑，需要根据高位布置厂房方案论述采暖及通风方面的措施。

9. 专题研究九：主厂房高位布置方案的人员疏散研究专题报告

汽轮机高位布置之后，安全疏散较常规布置有所不同。依据相关规范，设置消防电梯、封闭楼梯间及防烟楼梯间等解决安全疏散问题。

10. 专题研究十：空冷排汽管道流场分析专题报告

（1）确定机组各种工况下排汽管道压降，并且要求此压降尽量接近实际的排汽管道压降数值，为设计提供降低压降的合理建议。

（2）确定排汽管道的管系结构，要求各分支管道在各工况下实现流量分配均匀。

11. 专题研究十一：给水泵汽轮机冷却方式专题报告

（1）主要研究直排和湿冷给水泵汽轮机系统的初投资和运行经济分析。

（2）三期给水泵汽轮机采用湿冷后，三期主厂房需要扩大放置给水泵汽轮机凝汽器。一二期辅机需新建干湿联合冷却塔、辅机循环水管道、闭式水泵房、一二期需停机改造。

（三）2016 年 8 月 25 日，国华电力研究院在北京组织召开了高位布置第二次配合设计协调会议。

会议主要由中国建筑科学研究院汇报了《高位布置主厂房与锅炉房联合或独立布置的可行性分析计算》专题报告，西北电力设计院重点汇报了《高位布置四大管道及排汽管道应力计算分析报告》，上海锅炉厂汇报了《柱顶位移对锅炉用钢量的对比研究报告》，哈尔滨汽轮机厂汇报了《汽轮机低压缸排汽口结构形式研究》，会议同时重点就四大管道及排汽管道应力分析进行了详细讨论。

《高位布置主厂房与锅炉房联合或独立布置的可行性分析计算》专题报告结论为：若将锅炉房与汽机房两个材料特性及自振特性差异很大的结构连接后，结构的扭转效应增大，结构的受力情况复杂，抗震设计难度及工作量较大，且抗震性能不易保证。如果将采用钢结构的锅炉房与采用钢筋混凝土结构的汽机房独立布置，能够满足管道工艺的设计布置要求。鉴于汽机房与锅炉房混凝土、钢结构两种结构体系联合后振动周期不一致，对减少框架结构水平位移的效果不明显，且工程造价、设计周期相应增加，应在四大管道工艺布置及应力计算能够满足要求的条件下，采用汽机房与锅炉房独立布置方案。

会议形成如下意见。

（1）主蒸汽和再热蒸汽管道经管线调整后，在考虑建筑物偏摆的情况下，应力计算结果满足要求且有一定的裕量；对锅炉、汽轮机接口的力和力矩在部分工况不能满足目前制造厂提出的要求，需双方在下阶段继续进行设计配合。

（2）排汽管道根据 CAESAR Ⅱ 软件计算后，管道应力合格，但 CAESAR Ⅱ 软件不能对管件应力进行有效的判断，下阶段应针对排汽管道的部分管件进行有限元分析，确保管件应力合格。

（3）排汽管道对汽轮机、空冷岛个别接口的力和力矩偏大，需进一步对管道的约束和支撑结构进行优化，以降低力和力矩。

（4）为保证汽轮机主设备安全性，避免低压外缸受到排汽管道过大的翻转力和力矩，在汽轮机低压缸排汽口下方设置 X、Y 方向的限位装置，限制排汽管道轴向位移和横向位移，设计院与汽轮机厂在此条件下继续进行接口推力、力矩的设计配合。

（5）汽轮机低压缸侧向排汽方案分析报告表明：低压内缸排汽侧无法支撑在基础上，只能支撑在低压外缸的横梁上，低压外缸变形将会影响动静部套的对中；低压外缸产生的较大真空推力会导致低压外缸下部的导向键会承受更大的力；低压缸改为侧向排汽后汽轮机基础及厂房布置需要进行更改；侧向排汽方案挤占原 8、9 号低压加热器布置位置。

（6）低压缸侧向排汽方案尚无相关业绩经验，解决上述问题需要较长的设计周期，因此在现有条件下不建议采用。

（7）目前国内平衡压力型补偿器不能满足排汽管道所需的补偿量，应进一步与补偿器厂家配合进行设备选型优化。

（8）在主机高位布置条件下，为提高锅炉钢架各个方向的刚度，建议锅炉钢结构的柱顶位移按 1/800 进行控制。

（四）2016 年 9 月 19 日，国华电力公司基建项目部组织、国华电力研究院主持召开了主机设计配合第三次协调会，重点就各单位开展的创新研究专题所需技术配合事宜进行了相互提资和讨论。电力规划总院、国华电力公司工程建设部、基建项目部、科技信息部、国华电力研究院、西北电力设计院、哈尔滨汽轮机厂、上海锅炉厂、哈尔滨电机厂、国华锦能公司等单位的领导和技术人员参加了会议，国华电力公司总经理、教授级高工李巍，总工程师、教授级高工陈寅彪出席会议并听取了汇报。

会议对西北电力设计院提交的主厂房高位布置研究、四大管道和排汽管道应力计算、主厂房结构选型及布置、弹簧隔振基座等 11 项相关专题报告，哈尔滨汽轮机厂、上海锅炉厂提供的汽轮机低压缸排汽口设计专题、柱顶位移对锅炉钢结构影响专题报告进行了审议和讨论，同时对下阶段工作做出了计划安排，形成会议纪要如下。

（1）经会议讨论确定主厂房高位布置推荐汽机房、锅炉房采用独立结构，主厂房采用钢筋混凝土结构、锅炉房采用全钢悬吊结构，汽轮机辅机框架和煤仓框架合并布置，汽轮机排汽管道选用 L 型布置方案，主厂房运转层标高为 69m，汽轮发电机组顺列布置。

（2）四大管道应力计算结果有部分汽轮机侧接口推力和力矩大于主机厂要求值，由汽轮机厂在再热调节阀处增设一个支吊点，减少阀门自重对接口产生的作用，双方在下阶段继续进行具体设计调整配合工作。

（3）排汽管道应力计算结果表明管道膨胀体系在正常运行工况基本满足要求，有部分推力和力矩未完全满足主机厂的初步限值，下阶段请设计院、主机厂就汽轮机排汽口过渡段、主管三通下部的弹簧支架刚度选择、具体支撑部件的形式、管道补强、整体稳定性等问题继续进行设计配合。

（4）哈尔滨汽轮机厂与西北电力设计院进行设计配合，优化 8、9 号低压加热器的支撑方案。

（5）弹簧基座设计方案中汽轮机基座顶板下的弹簧和排汽管道支撑弹簧之间刚度匹配牵涉排汽管道荷载分配，以及抗震分析计算中地震加速度限值的问题，需要和主机厂、弹簧隔振厂家进行设计配合，请国华锦能公司组织联系弹簧隔振厂家青岛隔而固公司正式进入三方技术配合工作。

（6）给水泵汽轮机排汽冷却方式采用直接排入主机凝汽器方案，节水效果明显，初期投资较小，综合经济性好，且建设期间不影响一二期的正常运行，下阶段可按给水泵汽轮机直排、辅机采用干湿联合的大闭式辅机冷却水系统的方案开展工作。

（7）西北电力设计院下阶段进行降低汽机房运转层标高的可行性研究工作，以降低主厂房土建造价。

（8）西北电力设计院对给水系统是否设置启动电动给水泵进行专题研究，列入初步设计阶段专题研究内容。

（9）西北电力设计院下阶段与主机厂、弹簧基座厂家开展技术配合，进行主厂房结构动力计算，根据配合情况召开三方技术协调会。

（10）西北电力设计院与主机厂开展技术配合工作，召开排汽管道、四大管道应力计算设计联络会。

（11）本次设计协调会后，原则上只安排各项专题技术配合会，要求各相关单位密切协作，继续进行高位布置方案相关的各项研究工作，重点关注汽轮机弹簧基座技术配合、低压加热器的支撑技术方案、主蒸汽及热段接口推力的计算调整等问题，为工程推进及创新创优工作提供技术保障。

（五）2016年9月20日，中国神华能源股份有限公司副总裁、教授级高工王树民主持召开锦界三期项目创新领导小组第一次会议，专题研究锦界三期汽轮发电机组高位布置设计方案。神华集团电力管理部总经理、教授级高工刘志江、科技发展部副总经理徐会军，国华电力公司总工程师、教授级高工陈寅彪，电力规划总院副院长设计大师孙锐、教授级高工赵春莲，西北电力设计院董事长张满平、总经理胡明、副总经理徐陆，哈尔滨汽轮机厂董事长吕智强以及哈尔滨电机厂、上海锅炉厂、国华电力研究院、国华锦能公司等单位负责人和相关技术人员参加会议。会议主要议定事项如下。

（1）锦界三期采用的汽轮发电机组高位布置方案，是落实神华集团公司"1245"清洁能源发展战略，推动煤电清洁化高效利用的重大科技创新，为未来国家推进700℃高效机组的研发和应用，在机组合理布置上打下良好的基础。

（2）自开展锦界三期汽轮发电机组高位布置设计方案研究以来，国华电力公司、电力规划总院、西北电力设计院及主机厂开展了深入细致的专题研究工作，成果显著，各方工作值得肯定。从目前的研究结论来看，该方案技术风险可控，已基本具备了工程设计条件。

（3）西北电力设计院继续发挥好设计牵头单位的作用，本着"协同创新、成果共享"的宗旨，积极开展更加深入细致的设计优化和创新工作，务必使"高温高压管道更省、各项经济技术指标更优"成为该设计方案的显著亮点，为后期开发更高参数的火电机组高位布置设计方案发挥积极的工程示范作用。西北电力设计院要结合高位布置方案，分别按新建、扩建工程，提出两套完整的高位布置设计方案。

（4）上海锅炉厂要继续深入开展锅炉柱顶位移对锅炉钢结构用钢量的对比研究，哈尔滨汽轮机厂继续进行接口推力、力矩的设计配合和优化工作，并与西北电力设计院协同配合，以充分降低四大管道投资为目标，确保四大管道应力及推力控制在更安全、更合理的范围内。

（5）在确保机组清洁高效、经济运行的前提下，设计单位、各主机厂共同配合，围绕主厂房结构布置优化成果，认真做好热力系统的设计优化工作，使能量的传递、补偿与平衡更加科学合理。

（六）2016年10月13日，由国华锦能公司组织三大主机厂、西北电力设计院、青岛隔而固公司以及国华电力公司基建项目部、国华电力研究院等在西安召开了第四次高位布置配合设计协调会议，重点审议了各单位所开展的创新专题研究成果，并进一步审议确认了主机配合参数及铭牌工况，为下一步正式签订主机技术协议、开展初步设计落实了相关技术条件。

会议形成的主要讨论意见如下。

（1）四大管道的推力计算基本满足，设备接口力与力矩计算结果分析。①热段已满足要求。②冷段在炉架内绕 II 型弯后可满足锅炉制造厂要求。增加冷段管道 60m（主管 20m，支管 40m，两台机组），增加投资 155 万元。③冷段在炉$-y$机$+y$工况下，汽轮机接口的力矩较大，不能满足制造厂的要求，通过调整弹簧支架的附值可以解决。④主蒸汽汽轮机靠 B 接口的个别力和力矩稍大，不能满足制造厂的要求，通过调整弹簧支架的附值可以解决。⑤主蒸汽在锅炉侧接口的个别力矩稍大，不能满足制造厂的要求，通过调整推拉杆位置可以解决。

（2）排汽管道推力计算基本满足，计算结果分析。①对包括夏季工况、冬季工况、设计正压及负压工况、沉降工况、汽轮机高位布置建筑物影响造成的摆偏工况共 80 种工况进行了计算。②目前汽轮机厂已完成近 40 种工况的核算，从已经核算完成的数据看，低压排汽管的接口力和力矩能够满足使用要求。

（3）弹簧隔振基座与主厂房联合布置研究，并进行了初步的弹性计算分析，完成了初步的静力、动力分析。

（4）通过研究，认为取消启动电动给水泵，存在空冷防冻等问题，同意两机配置一台电动给水泵。

（5）同意锦界三期采用独立的闭式辅机冷却水系统。会议认为：影响高位布置的主要技术问题已研究解决，确认高位布置方案"技术风险基本可控、已具备了工程设计条件"，同意组织开展初步设计内审及主机技术协议的谈判签订工作。

国华锦能公司于 2016 年 12 月完成了三大主机技术协议签订工作，联合西北电力设计院结合工程技术条件，委托中国建筑科学研究院开展了高位布置主厂房与弹簧隔振基座联合布置的整体结构动力特性及抗震性能数模、物模试验，以确保高位布置这一重大创新技术在锦界三期实践中的成功应用。2016 年 12 月 19～21 日，电力规划总院主持，在榆林市审查通过了锦界电厂三期 2×660MW 工程初步设计（详见电规发电〔2017〕2 号《关于印发神华陕西国华锦界电厂三期工程初步设计审查会议纪要》）；会议同步组织审查了三期试桩报告（详见电规发电〔2016〕466 号关于神华陕西国华锦界电厂三期试桩报告的审查意见）。

（七）2017 年 2 月 16 日，中国神华能源股份有限公司副总裁、教授级高工王树民，神华集团电力管理部总经理、教授级高工刘志江一行在西北电力设计院组织召开了锦界三期高位布置创新领导小组第二次会议，主要听取了锦界三期工程初步设计成果的汇报。要求设计院继续加大高位布置创新方案的深入研究。

（八）2017 年 4 月 14 日，中国神华能源股份有限公司副总裁、教授级高工王树民主持召开创新领导小组第三次会议，专题研究锦界三期 2×660MW 机组工程招标工作相关事宜。集团公司战略规划部、财务部、工程管理部、电力管理部、内控审计部和国华电力公司相关负责人参加了会议，议定事项如下：

（1）坚持"共享发展"理念和循环经济模式。锦界三期工程地处陕北能源基地腹地，要切实结合锦界工业园区内的整体规划以及区域用能需求，立足长远，认真规划好水、电、汽、热等联储、联供接口条件，努力打造锦界煤电一体化的共享循环经济链，将锦界三期建设成为一座综合供给的大型能源示范项目。

（2）持续创新，规划引领。由国华电力公司协调组织参建各方，在锦界三期工程现有初步设计优化成果的基础上，补充完善并认真做好以下工作：①统筹并集成锅炉尾部烟气系统，深入研究烟气余热利用和烟气提水技术、非金属柔性电极无水湿式电除尘器应用等技术专题，做到烟囱不冒烟，消除烟囱结露腐蚀和"白烟"视觉污染现象。②锦界三期要严格执行《神华集团公司总经理办公会议纪要（2017 年第 34 期）》规定的环保排放新标准要求，实现在标准状态下烟尘 $1mg/m^3$、二氧化硫 $10mg/m^3$、氮氧化物 $20mg/m^3$ 的超低排放标准，坚持在二氧化碳提取技术、汽机房降噪技术研究等方面创新驱动，向更好更优的近零排放目标迈进。③开展以锦界煤矿疏干水为水源的水资源综合利用工作，专题研究建设全厂水务中心向园区周边企业供水的可行性。④结合地方电网要求，研究由锦界电厂向配套锦界煤矿供电的可能性，进一步降低煤炭生产成本。

（3）锦界三期工程采用的汽轮发电机组高位布置属于"世界首例"工程应用，国华电力公司要本着"千年大计、质量第一、一次成功"的思路，以统筹项目的先进性为目标，组织国华锦能公司深度总结三期工程设计优化创新成果，并加强风险管控，及早组建独立第三方外部专家团队，共同开展设计技术创新审核把关，加强创新成果和知识产权的开发管理及保护，争取多出成果。

（4）国华电力公司要组织参建各方，务必加强工程建设各环节的监督力度，强调一切按规章制度办事的原则，严格执行中国神华的招投标管理规定。各级领导干部更要以身作则，切实履行好安全第一责任，依法合规建设好锦界三期工程。

（九）2017 年 5 月 25 日，完成了锦界三期项目初步设计收口审查。

（十）2017 年 6 月 21 日，神华集团党组成员、副总经理、教授级高工王树民主持召开了创新领导小组第四次会议。神华集团电力管理部总经理、教授级高工刘志江，国华电力公司总工程师、教授级高工陈寅彪参加会议，会议要求国华电力公司作为项目主体责任单位，负责组织西北电力设计院、三大主机厂等项目参建单位成立相应科技攻关小组，明确职责和分工，组织外部专家开展设计研究方案论证，对系统成熟度进行评价，保证项目顺利实现。

（十一）2017 年 8 月 2 日，神华集团党组成员、副总经理、教授级高工王树民在国华锦能公司组织召开锦界三期高位布置创新领导小组第五次会议，听取了锦界三期工程设计成果汇报，专题研究锦界电厂三期项目设计创新优化有关事宜。神华集团电力管理部总经理、教授级高工刘志江以及赵岫华、陈云峰、顾永正、孟海洋，国华电力公司党委副书记、总经理、教授级高工李巍，西北电力设计院党委书记、董事长张满平等有关人员参加会议。会议主要议定事项如下：

（1）项目工期要按照2018年内开工、2020年底双投的目标，进一步优化施工顺序和施工组织设计。

（2）四大管道已纳入主机制造厂采购范围，国华电力公司要组织对四大管道不同采购方式进行对比分析，并拿出分析报告。

（3）国华电力公司要组织认真落实历次创新领导小组会议纪要要求，确保会议布置的工作落到实处。锦界三期项目要围绕建设生态文明示范电站、未来的700℃超超临界发电机组，以只争朝夕的精神开展各项工作。

（4）国华锦能公司要积极推进CCS研究课题，可以选取开发兼容技术方案，并确保实现自主知识产权。

（5）编制资源共享专篇，统筹考虑水电汽热共享中心建设，实现煤矿和电厂的资源共享。编制节水专篇，要和煤矿结合起来，考虑使用煤矿疏干水。编制保温设计专篇，设备保温标准要高，要考虑未来20、30年损失的能量，保温材料和施工工艺要严格执行标准，确保施工质量。编制噪声防治专篇，从源头上、设计上减少噪声的产生，所有变径、变向的管道都要考虑降噪，确保在汽机房0m能够实现近距离交流。

（6）高度关注汽轮机高位布置的防火问题，统筹考虑消防车配置、应急逃生等问题。要邀请行业内外专家进行认真论证评估，充分借鉴其他行业的标准。

（7）脱硫废水零排放要做专题分析，分析废水喷入烟道对粉煤灰的影响。同时，脱硫废水处理不应制造新的危险废弃物。石子煤系统要取消人工操作，同时要充分利用石子煤的热量，避免能量损失。

（8）锦界三期现有设计厂用电率5.12%偏高，要细分出若干个单项，找出若干个优化点，进一步优化降低厂用电率。

（9）智能电站建设要做专题分析。智能电站建设的关键在管理手段的信息化、智能化，国华锦能公司要按照智能电站的标准来建设，在人财物管理、运行维护资源配置管理、智慧安全管理等方面实现信息化、智能化，做到智能控制、智慧管理、智慧安全，为智能电站建设树立标杆。

（十二）2017年8月22日，神华集团党组成员、副总经理、教授级高工王树民组织召开创新领导小组第六次会议，在《研究与哈电集团〈高效发电技术协同创新课题研究技术合作备忘录〉进展事宜》的具体讨论中，要求哈电集团要围绕锦界三期汽轮发电机高位布置创新设计，在轴系布置、系统设计等方面进一步优化设计，提升振动等性能指标，研究振动值控制在50μm内的可行性。神华集团电力管理部总经理、教授级高工刘志江，国华电力公司总工程师、教授级高工陈寅彪以及哈尔滨电气集团相关领导参加会议。

（十三）2017年10月30日，电力规划总院组织召开了锦界三期工程主厂房抗震性能数模分析研究报告、振动台试验大纲评审会议，形成了《锦界电厂三期扩建工程汽轮机高位布置主厂房结构抗震性能数模分析研究报告》及《振动台试验大纲》的评审意见。中国建筑设计研究院设计大师范重、中国建筑科学研究院建筑设计院肖从真、建筑院工程咨询设计院副总工程师陈小华以及电力规划总院、西北电力设计院、青岛隔而固公司、中国建筑科学研究院、国华电力研究院、国华锦能公司等单位的相关人员共同参加了会议，确认主厂房数模试验报告"技术资料齐全、内容翔实、满足验收要求"；对汽轮机高位布置主厂房结构和基座顶板进行了多遇地震下弹性、罕遇地震下弹塑性的抗震分析，计算结果表明该结构抗震性能指标满足有关规范的要求；主厂房结构振动台试验方案研究方法科学、技术路线合理，符合预期试验目的。会议同时要求后续设计及研究工作需要对汽轮机基座隔离缝宽度及防撞构造应进一步细化研究。

（十四）2017年12月13日，国家能源集团党组成员、副总经理、教授级高工王树民主持召开锦界三期项目高位布置创新领导小组第七次会议，专题研究锦界三期项目汽轮发电机组高位布置设计方案优化相关事宜。要求继续深入开展专题研究，系统开展好高位布置消防设计、人员疏散、深度降噪、保温设计、主厂房设计布置、防范地（矿）震和塌陷等地质影响的设计优化研究、提高锅炉刚度降低偏摆值研究、四大管道及排汽、抽汽管道接口推力对汽轮机组整体稳定运行影响的研究等，尽快对专题研究报告进行深化和完善。集团电力管理部总经理、教授级高工刘志江，国华电力公司总工程师、教授级高工陈寅彪，电力规划总院副院长设计大师孙锐等参加会议。

（十五）2017年12月14日，国家能源集团党组成员、副总经理、教授级高工王树民参加了汽轮发电机组高位布置结构设计方案专家评审会，专家委员会由中国工程院院士周福霖任主任委员，中国工程院院士陈政清和电力规划总院副院长设计大师孙锐任副主任委员，中国建筑设计研究院设计大师范重，东北电力设计院设计大师郭晓克，华能集团原副总经理、教授级高工那希志，电力规划总院教授级高工赵春莲，华北电力设计院教授级高工李智，周建军，华东电力设计院教授级高工林磊为委员，会议由创新领导小组副组长、国华电力公司总工程师、教授级高工陈寅彪主持。会议审议确定了高位布置汽机房采用钢筋混凝土框架-剪力墙结构、锅炉房采用钢结构，两者独立脱开布置。

（十六）2018年1月15日，国家能源集团党组成员、副总经理、教授级高工王树民主持召开了创新领导小组第九次会议，专题听取了锦界三期项目高位布置深入设计研究工作的落实情况，并就相关创新设计推进事宜进行了详细讨论。集团电力管理部总经理、教授级高工刘志江，国华电力公司总工程师、教授级高工陈寅彪，电力规划总院副院长设计大师孙锐、教授级高工赵春莲，东北电力设计院设计大师郭晓克，西北电力设计院党委书记、董事长张满平、总经理胡明、副总工程师严志坚、设总高峰，上海锅炉厂副总经理姚丹花以及哈尔滨汽轮机厂、青岛隔而固公司、国华锦能公司相关人员参加会议，主要议定事项如下：

（1）深化顶层设计。深入学习贯彻党的十九大会议精神和习近平新时代中国特色社会主义思想，深刻认识我国经济由高速增长阶段转向高质量发展阶段的新常态，坚持"创新是引领发展的第一动力"，按照总揽全局、协调各方的原则开展顶层设计，制定汽轮机高位布置为主的项目系统创新大纲，落实组织保障措施，加强专利成果保护，把锦界三期项目建设成为现代工业艺术品。

（2）闭环技术方案。要深度落实创新领导小组历次会议纪要要求。各有关单位要以对国家负责、对行业负责的态度，做好锦界三期创新方案论证闭环工作，在目前取得阶段性成果的基础上，进一步做好保温、噪声、色标、空间利用、吊装等设计方案、施工组织方案和施工工艺设计优化，实现工厂化加工、模块化安装、信息化施工组织；

借鉴国外和国华孟津电厂保温经验，提高保温效果和机组效率；优化主要辅机油站布置，探索集中布置减少渗漏，提高现场文明生产水平；优化输煤系统设计，减少落差以降低能耗；创新方案最终要落实到主设人和图纸上，落实到安装人员和设备上，西北电力设计院要对项目参与单位进行充分的技术交底培训，各参与单位都要在创新过程中获益，实现同频共振。

（3）密切协调配合。国华电力公司要积极组织各单位开展创新方案论证工作，组织开展地震对电厂（例如江油电厂、陡河电厂）的破坏情况调研；暂定春节前后召开会议，对各专题收口审查；集团电力管理部帮助协调项目单位委托电力规划总院承担汽轮机高位布置技术咨询工作和锦界煤场封闭改造项目立项相关事宜。

（十七）2018 年 2 月 12 日，国家能源集团党组成员、副总经理、教授级高工王树民在西北电力设计院主持召开了创新领导小组第十次会议，就高位布置深入研究工作落实情况再次听取过程设计成果汇报。集团电力管理部总经理、教授级高工刘志江，国华电力公司总工程师、教授级高工陈寅彪，西北电力设计院董事长张满平及相关人员参加会议。会议主要议定事项如下：

（1）对标美好生活。深入学习贯彻党的十九大会议精神和习近平新时代中国特色社会主义思想，把习近平总书记关于"高质量发展"的根本要求落实到在锦界三期项目建设中，为集团公司建设世界一流综合能源企业贡献力量。

（2）创新永无止境。在目前创新取得的研究成果基础上，解放思想，主动革命，持续创新，进一步做好通风、采光、保温、噪声、步道、护栏、色彩、卫生等设计方案、施工组织方案和施工工艺设计优化。

（3）质量第一，智慧建设。千年大计，质量第一，选取的各类设备、部件、系统都必须把质量放在第一位，这是实现"高质量发展"的必然要求；创新推进项目的建设，施工组织全过程要采用信息化手段，工程总承包建设要全部实现智能化，实现智慧安全，确保工程质量全优。

（十八）2018 年 3 月 15 日，在电力规划总院组织召开了高位布置深入研究专题评审会议，对西北电力设计院提交的高位布置 14 项设计专题报告、25 项子课题研究成果进行了闭环评审。2018 年 3 月 16 日，国家能源集团党组成员、副总经理、教授级高工王树民主持召开创新领导小组第十一次会议，评审组进行了专题汇报。集团电力管理部总经理、教授级高工刘志江，国华电力公司总工程师、教授级高工陈寅彪，电力规划总院副院长设计大师孙锐、副院长姜士宏、华北电力设计院副总工程师李京一、西北电力设计院总经理胡明以及三大主机厂、青岛隔而固公司相关领导和专家参加会议。会议主要议定事项如下。

（1）创新引领发展。深入学习贯彻党的十九大精神，落实新发展理念、按照高质量发展要求，坚持安全第一、质量第一，集合系统内外专家智慧，项目参建各方联合开展协同创新，努力把锦界三期项目建设成为生态文明的环保示范电站，近两年创新优化论证取得的成果值得肯定。

（2）国华锦能公司作为主体责任单位，要抓好会议提出的各项工作任务的落实闭环，组织做好以下工作：①继续深入开展降噪设计优化研究，在满足噪声国家标准（不高于 85dB）的基础上，努力使汽轮机侧等区域噪声接近于 75dB 左右。②继续深入开展保温优化设计研究，主要管道按外表面温度 35℃ 考虑，进一步优化温度限值。③坚持"以人为本、客货分离、检运分开"的原则，开展客货电梯设计，充分满足应急疏散、事故抢修、现场参观等实际需要。严格落实公司消防"一规三标"要求，以"安全、简单、可靠"为原则，做好消防设计优化。④高度重视智能智慧电站建设，提前谋划数字化平台建设，研究制定技术规范，形成工艺包，做到设备、设计数据可追溯，做好数字化移交生产。大力开展施工组织智能化、信息化研究，提高施工精度和智能化水平。⑤组织召开汽轮机创新方案专题会议，研究汽轮机本体设备安全可靠性提升措施。组织主厂房结构物模现场调研。⑥研究完善燃烧在线优化方案，燃烧控制系统与国产 DCS 集成应用，进一步提高锅炉效率超过 95%，同时降低污染物排放。

（十九）2018 年 4 月 9 日，电力规划总院组织召开了汽轮机高位布置弹簧隔振基础动力特性数模分析研究报告及主厂房结构抗震性能（中震）数模分析研究报告评审会议，形成了《锦界电厂三期扩建工程汽轮机高位布置弹簧隔振基础动力特性数模分析研究报告》及《主厂房结构抗震性能（中震）数模分析研究报告》的评审意见。特邀专家华北电力设计院周建军、电力规划总院赵春莲、华东电力设计院陈飞、东北电力设计院李炳益、山东电力工程咨询院徐俊详以及国华电力公司、中国建筑科学研究院、西北电力设计院、哈尔滨汽轮机厂、青岛隔而固公司、东北电建一公司、江苏电建一公司、国华锦能公司相关单位人员参加了会议。专家组认为：基础动力性能和抗震性能满足相关标准和厂家技术要求，可以应用于依托工程进一步开展物模试验研究，并建议补充分析煤斗载荷的变化对弹簧隔振基础静变位的影响。

（二十）2018 年 4 月 16 日，国家能源集团党组成员、副总经理、教授级高工王树民在西北电力设计院主持召开了创新领导小组第十二次会议，专题研究锦界三期工程安全质量相关事宜。集团电力管理部总经理、教授级高工刘志江，科技部处长袁明，国华电力公司总工程师、教授级高工陈寅彪，国华电力研究院副总经理郝卫，电力规划设计总院副院长设计大师孙锐、副院长姜士宏，华能集团原副总经理、教授级高工那希志，华北电力设计院副总经理朱大宏，西北电力设计院董事长张满平、副总经理徐陆，上海锅炉厂副总经理姚丹花，哈尔滨汽轮机厂副总经理张宏涛，哈尔滨电机厂副总经理陶星明，上海电力监理公司副总经理曹栓海以及东电一公司总经理蔡明，江苏电建一公司总经理胡文龙，西北电建四公司总经理艾爱国以及相关人员参加会议。会议主要议定事项如下：

（1）贯彻新发展理念，筑牢安全质量基础。深入学习贯彻习近平新时代中国特色社会主义思想和党的十九大精神，落实新发展理念，落实党中央要求和集团党组工作部署，在项目开工前统一思想、统一步调、统一行动，坚持安全质量第一、主动技术创新，建设既能提供高品质能源又能实现"绿水青山"以及人与自然和谐统一目标的美丽电厂，把锦界三期工程建设成为现代工业艺术品。

（2）建设"六大"工程，实现高质量发展。一要坚持党的领导，凝心聚力建美丽工程。始终讲政治、明方向，认真落实基建"三一行动"（即一个基建现场只有一个党委、一个安健环委员会，执行一套安全行动和质量管理体系）。二要坚持安全为天、以人为本建设和谐工程。完善基建体制机制，强化过程控制，落实安全责任和安全监督，培育全员践行的安健环文化。三要坚持质量第一，精雕细琢建精品工程。牢固树立质量意识，完善质量标准体系，通过加强设备质量和工程质量过程管控，狠抓工程设计、招标、设备、监造、施工及调试等关键环节，实现优质质量控制目标。四要坚持集约共享，提高效率建智慧工程。以 EPC 管理模式为平台，充分依托社会优秀资源，建设专业的、开放的、智慧的、共享的、人文的项目管理平台，形成"工程共同体"，实现全天候、全过程、全方位、全数据、全要素的"可视化互联互通"。五要加强班组建设，强基固本建责任工程。通过加强班组党建，建设金牌班组，强化班组成员的"主体责任、主人地位、主动行为"。六要加强组织领导，增强本领建世界一流工程。项目各参建单位要通过加强人员组织、施工组织、能力建设等方式，打造优秀团队，增强发展本领，建设世界一流工程。

（3）抓好具体措施落地，实现工程建设目标。认真落实历次创新领导小组会议要求，抓好以下具体工作：①体系建设方面，组织相关单位开展"三一行动"的学习讨论，细化"三一行动"体系，制定实施计划；所有承包商纳入基建安全管理"一岗一网一中心"体系，实现安全网络全覆盖，监理单位要履行好职责，配足监理人员，按标准开展好监理工作。②责任制落实方面，明确参建单位的安全责任，项目单位和总包单位责任一体化；加强溯源质量管理，建立机制，强化过程控制，严格验收环节，确保质量可控。③环保管理方面，在近零排放基础上，使烟尘、二氧化硫、氮氧化物和汞的排放浓度实现"1123"的生态环境新目标，严格执行"环保一规三标"，建设生态文明的美丽电厂。④智慧平台建设方面，高度重视智能电站建设管理，通过施工组织智能化、信息化的研究和实践，加强工程建设过程的智慧化；通过电站数字化设计、建设、移交，实现电站运行的数字化；强化基建 MIS 的应用，通过智慧建设，实现对工程建设设计、安全、质量、工期、采购、投资等方面的"可视化、表单化"的信息管控和动态资源配置；完善身份识别系统，全面覆盖基建现场，实现出入人员的身份识别和区域准入；积极应用工业视频监控系统，通过全天候、全过程、全方位的安全监控，使所有员工作业行为都受到安全"硬约束"；总包单位要通过内部报刊或视频节目等，及时做好政府部门、集团党组、业主单位、参建单位管理要求的传达落实和宣传报道。

（4）尽快完成保温、噪声、废水和智能智慧建设的专题研究工作；高度重视脱硫吸收塔防火安全管理，对送出线路抑制次同步谐振问题要专题深入研究。

（5）组织相关单位针对智慧工地建设和总包管理进行调研和交流；继续开展与近期投产的先进机组对标；在项目建设过程中，加强创新管理、投资管理和信息管理，提前布局专利技术和科技创新成果。

（二十一）2018 年 5 月 4 日，国家能源集团党组成员、副总经理、教授级高工王树民在中国建筑科学研究院听取锦界三期工程高位布置主厂房结构物模试验/动力特性试验结果汇报，期间观摩了建研院高位布置主厂房结构震动试验全过程，国华电力公司党委书记、董事长肖创英等参加会议。

（二十二）2018 年 7 月 4 日，电力规划总院组织主厂房结构抗震性能物模分析研究报告、弹簧隔振基础动力特性物模分析研究报告专家评审会议，形成了《锦界电厂三期扩建工程汽轮机高位布置主厂房抗震性能物模分析研究报告》及《锦界电厂三期扩建工程汽轮机高位布置弹簧隔振基础动力特性物模分析研究报告》的评审意见。中国建筑设计研究院设计大师范重、中国建筑科学研究院建筑设计院肖从真、电力规划总院赵春莲、华北电力设计院周建军、华东电力设计院陈飞、东北电力设计院李炳益组成专家组进行了详细审核把关，认为：高位布置主厂房结构抗震性能模型试验的研究工作全面深入，具有一定创新性；动力特性模型试验研究工作全面深入，隔振效果显著。两项研究成果可作为锦界三期工程的设计依据，同意通过验收。

（二十三）2018年10月15日，国家能源集团党组成员、副总经理、教授级高工王树民在西北电力设计院主持召开了创新领导小组第十三次会议，会议邀请电力规划总院副院长设计大师孙锐、东北电力设计院郭晓克设计大师以及电力规划总院赵春莲等技术专家，对锦界三期"八机一控"模式全厂中央集控中心、双智工程以及高位布置设计成果进行了详细讨论。国华电力公司董事长、教授级高工宋畅，总工程师、教授级高工陈寅彪等参加了会议。

（二十四）2018年11月15日，国家能源集团党组成员、副总经理、教授级高工王树民在西北电力设计院主持召开了创新领导小组第十四次会议，专题研究锦界三期项目工程科技创新推进相关事宜。电力规划总院副院长设计大师孙锐、教授级高工赵春莲，东北电力设计院设计大师郭晓克，中国建研院技术专家郝玮，国神集团党委书记、董事长、教授级高工刘志江，国华电力公司董事长、教授级高工宋畅，总工程师、教授级高工陈寅彪，国华电力研究院副总经理郝卫以及电力规划总院、西北电力设计院、华北电力设计院、三大主机厂、东电一公司、江苏电建一公司、国华锦能公司相关人员参加了会议，重点就高位布置相关专题完成情况、智能智慧电站建设、设备创新质量管控情况以及全厂建筑设计、锦界三期全厂集控中心、创新设计专利申报等情况进行了座谈讨论。

（二十五）2019年7月12日，国家能源集团党组成员、副总经理、教授级高工王树民在西北电力设计院主持召开国华锦界三期科技创新领导小组第十五次工作会议，专题研究锦界三期项目工程科技创新推进相关事宜。国华电力公司总工程师、教授级高工陈寅彪、国华电力研究院副总经理郝卫、西北电力设计院董事长胡明、总经理徐陆、副总工程师严志坚、设总高峰及国华锦能公司董事长刘建海、总工程师李凤军等相关人员参加会议。会议议定事项如下：

（1）要牢记初心使命，建设精品示范工程。按照"不忘初心，牢记使命"主题教育要求，守初心、担使命、找差距、抓落实，尤其要抓好责任落实，秉承"质量第一、效益优先"原则，将历次专题研究成果安全、优质地落实到工程建设中，把锦界三期项目建设成高位布置的示范项目，并为未来建设700℃超超临界火力发电机组积累设计、建设和运行经验。①国华电力公司要加强对锦界三期工程的组织和管理，发挥总指挥、总协调的作用，积极协调解决工程建设资源，精心组织施工图纸会审，严格落实高位布置各项专题研究成果和历次专业会议的要求，确保创新设计方案可靠落地、成功实践。②西北电力设计院作为项目建设总承包单位，要加强与各施工单位、各设备制造厂的沟通协调工作，积极配置各类施工资源，严格落实国华电力公司基本建设标准和管控要求，确保施工现场安全、质量、进度协同推进，有序建设。③国华锦能公司作为锦界三期工程建设的主体责任单位，要发挥总负责、总调度的作用，精心组织，严格管控，加强全方位、全过程的基建管理，不仅要确保工程建设目标和计划如期顺利实现，更要确保将高位布置这一重大创新设计项目建设成为引领行业技术进步的精品示范工程。

（2）要坚持党建领航，抓好三期工程安全质量管控。要以党建、安全、质量"三一行动"为抓手，做到电厂基建现场"一个党委、一个安健环委员会、一个质量管理体系"全覆盖，同时要系统抓好"金牌班组"建设，构建起基建现场安全、质量联动共建的工作格局，确保工程建设目标顺利实现。

（3）要做到统筹兼顾，实现创新驱动发展。技术创新无止境，锦界三期项目既要确保高位布置这一重大创新设计方案顺利、成功实践，也要全厂统筹兼顾，在坚持三期工程安全、质量、造价、进度既定目标不变的前提下，从设计源头上总揽全局，切实带动一、二期开展技术升级改造，组织各参建单位积极开展创新技术方案研究，提高锦界电厂生产运营的先进性和安全可靠性。

（4）要加强专题研究，建设智能智慧电站。国华电力要组织国华电力研究院、国华锦能公司、西北电力设计院、杭州和利时公司成立智能电站建设工作组，由国华电力总工程师、教授级高工陈寅彪任组长，积极开展各应用模块的专题研究，确保方案的可操作性，围绕安全可靠、质量第一和效益优先的原则开展智能智慧电站建设，提高锦界三期工程的技术先进性，实现创新驱动高质量发展。

二、形成的高位布置设计研究专题及主要结论

（1）汽轮发电机组高位布置技术风险分析及预防对策报告：对各专业存在的技术风险及其防范措施进行了详细论述。

（2）汽轮发电机组高位布置主厂房结构抗震性能指标报告：主厂房结构弹性和弹塑性分析采用了安评的地震动参数，考虑了极罕遇地震的情况，又提高了结构的性能目标，与常规项目相比结构安全度有了极大的提高。

（3）汽轮发电机组高位布置主要管道抗震性能指标报告：

1）虽然锦界三期工程所在地区的抗震设防烈度没有达到 8 度，但在主要管道（主蒸汽、再热蒸汽等）应力计算中考虑地震荷载的作用，按本地区抗震设防烈度考虑。

2）针对本地区罕遇地震的地震烈度进行主要管道（主蒸汽、再热蒸汽等）应力计算，校核应力安全性的许用应力系数取 1.4。

3）高温管道材料的许用应力通常是材料在设计温度下 100000h 持久强度平均值除以 1.5 计算得出。对于偶然荷载还通常增加许用应力，当荷载作用时间在连续 24h 内少于 1% 的概率进行考虑时，作为校核应力安全性的许用应力系数，一般取 1.20；当荷载作用时间在连续 24h 内超过 1%，并且小于 10% 的情况下，可以取用 1.15。考虑到罕遇地震出现的概率极低，可以适当校核应力安全性的许用应力系数，取 1.4，即使这样许用应力也没有达到设计温度下 100000h 持久强度平均值，可以满足管道安全要求。

（4）汽轮发电机组高位布置弹簧-设备-结构频率相互影响分析报告：根据汽轮发电

机厂设备资料及隔而固现有的弹簧刚度参数，经过计算分析，设备、弹簧隔振基座及下部支承结构三者之间频率能够避开，不会发生结构共振等不利影响。汽轮发电机设备正常运行时频率为 50Hz，弹簧隔振基座基本频率为 2.19～3.14Hz，均远小于 50Hz，两者之间不会发生共振。隔振基座支承层结构水平向频率为 9.35～10.78Hz，远大于隔振基座水平频率 2.19Hz 和 2.26Hz；竖向振动频率 8.70～10.10Hz，远大于弹簧隔振基座竖向频率 3.12Hz。由此可见，隔振基座与下部支承结构之间频率能够避开，两者间也不会发生共振。

（5）风振对主要管道疲劳的影响分析报告。

1）在常规应力计算中直接承受风荷载的管道采用静力分析方法，风荷载的作用力属于一次应力。通过合理设置支吊架，并保证持续荷载作用下的一次应力满足要求，风荷载作用下的管道一次应力均能够满足要求。

2）风荷载对于管道的循环荷载属于高周疲劳，产生的应力和应变水平低，在常规应力计算中对于由于风荷载产生的高周疲劳不进行考虑。

3）设计计算中已根据设备接口与支吊架根部的标高计算出偏摆值并带入计算中进行应力分析，是按最不利的情况考虑了二次应力对于管系的影响，对于风荷载的处理有较大的安全裕度。

4）主要管道交变次数按 $N=2500$ 次考虑，符合设计规程，满足安全设计要求，没有考虑风荷载增加交变次数。因此在应力计算中对于风荷载的处理是合适的，有足够的安全裕量。

（6）主蒸汽、热段、冷段应力计算分析专题报告。

1）应力分析结果：在正常工况下，主蒸汽系统管道最大应力均控制在许用应力的 50% 左右，管道应力分布合理，安全性高。在两种偏摆边界条件下，主蒸汽系统管道最大应力均略大于正常工况，可以看出，整体管系在主厂房发生偏摆时处于安全状态。在地震工况下，主蒸汽系统管道最大应力均控制在许用应力的 60%～80%，对于地震这类偶然工况，管系整体应力较小，能够满足安全运行要求。

2）设备接口推力分析结果：在正常工况下，主蒸汽管道、热再热蒸汽管道、冷再热蒸汽管道对汽轮机本体及锅炉本体接口的推力及推力矩均在合理范围之内，满足安全运行要求。在两种偏摆边界条件下，当汽机房与锅炉房出现相反偏摆时，管道对设备接口的推力矩变化明显，但经主机厂核算，均能满足主机设备安全运行要求。

3）高位布置方案对主蒸汽系统管道应力分布以及设备接口推力、推力矩的影响均在可控的合理范围内，满足安全产生的需要。

（7）排汽管道阻力及应力计算专题报告。

1）L 型布置方案排汽管道各个支管的流量分配均比较均匀，与常规方案差别不大。

2）L 型布置方案排汽管道比常规布置方案排汽管道长度减少，排汽管道阻力相应减少，TMCR 工况减少管道阻力约为 144Pa，可以减少煤耗 0.212g/kWh，两台机组每年节约燃料费用 30.2 万元（发电利用小时 5000h，标准煤价 216 元/t）。

3）L 型布置方案排汽管道 DN8500 和 DN3000 上布置的大补偿量的曲管压力平衡

型补偿器加工制造已有可行的方案。

4）与空冷岛管道的接口力和力矩根据以往经验初步认为可以满足要求。

5）空冷排汽管道与汽轮机排汽口接口处计算的边界条件较复杂，就目前计算结果，汽轮机排汽口各运行工况的推力和力矩均已得到制造厂同意确认。风和地震偶然工况的接口推力和力矩均已发制造厂，待制造厂结合资料更新进一步计算调整后核对校验。

6）下阶段需要继续进行的工作：①汽轮机排汽口过渡段、主管三通下部的弹簧支架刚度选择、补偿器设置等，还需根据汽轮机制造厂的下一步设计要求进行调整和配合。②空冷岛的接口位移、支撑的选取、补偿器设置等，还需根据空冷岛制造厂的下一步设计要求进行调整和配合。③排汽管道对汽轮机排汽口的推力和力矩值，对汽轮机会产生较大的影响，需要制造厂对此数据进行设备的整体分析，因此下阶段资料完善后，制造厂仍需做进一步的计算和调整。④对于管系的应力水平校验、具体支撑部件的形式、管道补强、整体稳定性等问题，也需制造厂采用有限元分析的方法作进一步的研究和调整。

（8）主厂房结构选型及布置专题报告。

经不同方案比选，推荐采用方案为汽轮发电机组高位纵向顺列布置、前煤仓，汽轮机辅机框架和煤仓框架合并布置，排汽管道和汽轮发电机组布置在合并框架上方，简称 L 型布置方案。主厂房高位布置和常规布置方案相比，四大管道、排气管道材料量大大减少，主厂房结构投资增加，但四大管道、排汽管道阻力大大降低，既节约了成本，又减小了管道阻力，减少热耗，提高机组的发电效率，运行经济性好，工程总体初投资降低约 1100 万元，煤耗降低 1.01g/kWh。主厂房采用混凝土结构，与锅炉房独立布置，研究结论为：

1）从工程直接投资看，主厂房采用钢筋混凝土结构投资低（本期工程 2×660MW 钢筋混凝土厂房比钢结构厂房低 2738 万元），布置安全可靠，方案比较理想。

2）从施工角度来看，虽然钢筋混凝土结构土建现场施工工期较钢结构长，但是钢结构方案中，楼板的施工要在主体结构吊装完后才可进行，而混凝土结构方案则可同时进行，另外设计上再考虑采取比如楼板次梁用钢梁、楼板采用压型钢板底模、外墙板用复合压型钢板等加快工期的手段，并配合良好的现场施工管理以及使用商品混凝土，都将使主厂房的建设工期缩短，且制约电厂投产的主要因素是锅炉的安装进度，因此主厂房采用钢筋混凝土结构可以满足工程进度投产发电要求。

3）采用钢结构可以减轻结构自重，减少了基础荷载，可降低基础费用，但对于降低总费用作用不大。而钢筋混凝土结构方案无论设计计算还是构造措施都成熟可靠，就其两者经济性比较来看，钢筋混凝土结构较钢结构具有较强的优势。

4）从抗震的角度考虑，钢结构厂房的抗震性能要比钢筋混凝土结构厂房的抗震性能要好，尤其在高地震区，其优势更为明显。由于本期工程所处 6 度地震区，主厂房采用钢筋混凝土框架—剪力墙结构，运转层以下各层框架梁与 A、B、C 列柱刚接，构成框架—剪力墙结构，运转层以上为排架结构，体系相对简单，运转层以上纵向 A、C 列按单层厂房要求设柱间垂直支撑，汽轮发电机基座台板采用弹簧隔振大板式结构，台板周边顶部与运转台之间设伸缩缝脱开，台板底部以下结构与主厂房整体联合形成钢筋混凝土框架—剪力墙结构，极大地增强了主厂房整体抗震性能，可以满足电厂的安全性要求。

5）从控制主厂房结构水平位移的角度考虑，按照规范要求，主厂房采用现浇钢筋混凝土框架—剪力墙结构方案，在风荷载或多遇地震标准值作用下的最大弹性层间位移限值为 $h/800$，即主厂房运转层允许水平位移限值为 81mm；主厂房采用钢结构方案，在风荷载或多遇地震标准值作用下的最大弹性层间位移限值为 $h/250$，即主厂房运转层允许水平位移限值为 260mm；通过上述对比可以看出，由于混凝土结构的整体刚度远大于钢结构，混凝土结构在控制水平位移上有很强的优势。混凝土结构的初步计算结果表明，风荷载工况下，运转层（65m）结构的纵向水平位移最大值为 20mm，横向水平位移最大值为 35mm；多遇地震工况下，运转层（65m）结构的纵向水平位移最大值为 28.6mm，横向水平位移最大值为 28mm；以上计算结果表明，本期工程混凝土结构布置方案的水平位移远小于规范限值，可以满足工艺专业设备及管道对结构位移的要求。特别对于高位布置的主厂房与锅炉房采用相互独立脱开布置方案，在保证设备及管道的安全运行方面，混凝土结构较钢结构方案更有保障。

通过以上对主厂房与锅炉房独立布置方案、联合布置方案及独立布置方案中主厂房两种结构选型的技术经济比较，结合本期工程的具体实际情况，主厂房布置推荐采用与锅炉房相互独立布置的方案，主厂房结构选型推荐采用现浇钢筋混凝土框架—剪力墙结构方案。

（9）主厂房高位布置方案的设备安装及检修专题报告。

满足高位布置的设备安装和检修要求。本期工程采用的汽轮发电机组高位布置方案可以满足汽轮发电机及各辅助设备的安装和检修要求的。与常规布置不同之处或难点总结如下：

1）高位布置后汽轮发电机组运转层为 65m，机组最重的起吊部件发电机定子的吊装，经过对比分析综合考虑，本期工程推荐利用汽机房行车并车方案进行起吊。

2）高位布置的运转层平台可以满足汽轮发电机组安装和检修期间零部件的摆放要求。

3）加热器最大尺寸小于两机中间的检修起吊孔，可通过汽机房行车进行安装和检修。

4）检修孔最终采用占用两档柱距的方案，中间横梁取消，土建采用剪力墙的方式保证结构的稳定性。检修场长 17m，宽 10m，可以满足高位布置的设备安装和检修要求。

（10）防范地（矿）震和塌陷等地质影响的研究报告。

明确地基和基础抗震措施为：本期工程场地上部为前期施工整平的回填土，厚度一般在 0.9～9.6m，其密实度、工程性能等极不均匀，而且基岩面起伏较大，根据《建筑抗震设计规范》（GB 50011—2010）有关标准判定，属对建筑抗震不利地段，在地基和结构设计中需采取相应的抗震措施。对于处在厚填土区域的主厂房、烟囱、空冷支架等重要建（构）筑物，采用了具有较好抗震性能的桩基础方案，在桩基础的设计过程中根据《建筑抗震设计规范》（GB 50011—2010）及《建筑桩基技术规范》（JGJ

94—2008）进行桩基的抗震承载力验算，并采用相应的抗震措施，如考虑地震作用下，建筑物的各桩基承台所承受的地震剪力和弯矩是不确定的，因此在设计中桩基承台的纵横两个方向设置连系梁，增加基础的整体刚度，有利于桩基的受力性能，并有利于减小各承台之间沉降差的产生。在施工过程中，工程桩基承台周围采用级配砂石回填，并分层夯实，确保承台的外侧土抗力能分担水平地震作用。

（11）主厂房高位布置方案的人员疏散研究专题报告。

主厂房高位布置设计满足安全疏散要求。人员行动速度按 60m/min 计算，各层人员用 0.83min 便可疏散进入楼梯间内。下楼速度按 15m/min 计算，工作人员在楼梯内疏散的时间约为 4.6min 到达楼梯口。最远的楼梯口距通向室外的出口不超过 50m，再需 0.83min。因此，主厂房内人员最多可通过 6min 时间从最高楼层处疏散到 0m 出口处，完全能够满足安全疏散要求。

（12）锅炉钢架刚度 1/800、1/1000 刚度下主蒸汽、热段各种不同运行工况的应力分析报告。

从锅炉钢架刚度 1/800、1/1000 管道对设备接口的力与力矩对比分析可以看出当锅炉刚度提高到 1/1000 时管道的应力水平，对锅炉和汽轮机接口的推力和力矩没有明显减小，个别设备接口的推力和力矩在 1/1000 时还增大了，当锅炉钢架刚度提高到 1/1000 时对四大管道的应力水平没有明显的改善，且锅炉钢结构的柱顶位移从 1/800 到 1/1000 时增加的用钢量为 360t，故锅炉钢架刚度推荐采用 1/800。

（13）管道与设备保温方案优化专题报告。

保温材料选择：

1）介质温度在 400℃及以上的设备，采用硅酸镁制品做单层保温。

2）介质温度在 400℃及以上的管道，采用硅酸镁制品做内层保温；高温玻璃棉制品做外层保温的复合保温设计方案。

3）介质温度在 400℃以下的设备及管道，采用高温玻璃棉做单层保温的设计方案。

4）对于用于导热用的盐、油管道，可考虑在其保温层中可设置反射膜（金属箔反射膜及纳米气囊反射膜）减少辐射热损，反射膜材料为玻璃纤维铝箔制品，从而减小系统的散热损失。

5）阀门采用可拆卸式阀门保温罩壳。阀门等需要检修的部件保温需考虑检修方便。可采用可拆卸式无机玻璃钢阀门保温罩壳，其外壳是用玻璃钢一次成型的，外形与阀门的外形相似，同时具内衬保温材料。可根据需要保温部位量身定做，加工非标产品。阀门保温罩壳应具有安装、拆卸方便、便于阀门检修、可多次重复使用、质量轻、外观光滑、平整、耐用、耐冲击、抗老化、无渗漏、露天防雨等众多特点。

6）外径小于 $\phi38$mm 的管道保温宜采用壳类或绳类制品；外径大于或等于 $\phi38$mm 的管道保温宜采用毡类制品。

（14）高位布置主厂房、锅炉房、主要管道相互影响分析专题报告。

1）应力分析结果：在正常工况下，主蒸汽管道最大应力均控制在许用应力的 50% 左右，管道应力分布合理，安全性高。在两种偏摆边界条件下，主蒸汽系统管道最大应力均略大于正常工况，可以看出，整体管系在主厂房发生偏摆时处于安全状态。在地震工况下，主蒸汽系统管道最大应力均控制在许用应力的 60%～80%，对于地震这类偶然工况，管系整体应力较小，能满足安全运行要求。

2）设备接口推力分析结果：在正常工况下，主蒸汽管道、热再热蒸汽管道、冷再热蒸汽管道对汽轮机本体及锅炉本体接口的推力及推力矩均在合理范围之内，满足安全运行要求。在两种偏摆边界条件下，当汽机房与锅炉房出现相反偏摆时，管道对设备接口的推力矩变化明显，但经主机厂核算，均能满足主机设备安全运行要求。

3）主厂房对管道影响分析：在主厂房产生偏摆位移时，对主蒸汽系统管道的应力影响较小，在汽机房与锅炉房异向偏摆时，汽轮机本体与锅炉本体的力矩会增加，但也在合理范围之内，完全能满足安全生产需要。

4）主厂房高位布置方案对主蒸汽系统管道应力分布以及设备接口推力、推力矩的影响均在可控的合理范围内，满足安全产生的需要。

（15）弹簧隔振基座与主厂房联合布置研究专题报告。确定采用弹簧隔振基座方案。根据目前汽轮发电机厂的初步设计资料并结合主厂房结构布置方案，对本期工程弹簧基座进行了初步分析计算。但由于本方案为国内首次采用，下阶段需要和设备制造厂、弹簧隔振厂家及相关科研单位的共同合作，详细分析计算，进一步确定安全适用、技术先进、经济合理的弹簧隔振基座方案。

（16）离相母线高位布置研究专题报告。

确认长垂直段离相封闭母线的选择和布置是可行的，可得出以下主要结论。

1）本专题的长垂直段封闭母线布置方案是可行的，满足现行规范要求。

2）根据对长垂直封闭母线的换热规律和温度分布进行模型试验和分析研究，垂直段不存在显著的"烟囱效应"。

3）部分国内水电厂水平段离相封闭母线和垂直段也采用相同的尺寸，垂直段导体、外壳最大温度分别不超过 85、65℃；还有部分水电厂垂直段母线采用较大尺寸，以便垂直段母线能有较低的温度，接近水平段母线温度；国外水电厂水平段离相封闭母线和垂直段采用相同的尺寸，垂直段温度差为 5～8K，但导体和外壳的温升均满足有关规定；通过调研可知，国内外水电厂长垂直段离相封闭母线运行是安全的。

4）目前长垂直段离相封闭母线温度分布计算还没有一个实用的、统一的计算准则。外壳的温度是在底部随着高度的增加而逐渐上升，到达了一定高度后，外壳的温度基本维持不变；导体温升曲线近似于中间比较平缓的纺锤形，即导体的温度是随其高度的变化而变化的，但并非最高点的温度为最高，其温度是在底部随着高度的增加而逐渐上升，到达一定高度后，则随着高度的增加逐渐减小，但变化不大，不超过 2～5℃。

5）选择离相封闭母线结构尺寸见表 9-1。

表 9-1　　　　　　　　　　　　　选择离相封闭母线结构

离相封闭母线	水平段		垂直段	
结构尺寸	外壳（mm）	导体（mm）	外壳（mm）	导体（mm）
	$\phi 1450 \times 10$	$\phi 900 \times 15$	$\phi 1450 \times 11$	$\phi 900 \times 16$

发电机出口离相封闭母线的较长垂直段布置方案是可行的，母线制造厂有设计、制造经验，但母线的受力、结构、绝缘子固定方式、温度校验等均与常规母线不同，在招标、订货时应重点考虑。

（17）主厂房高位布置方案的采暖及通风研究专题报告。采暖及通风满足要求。结合高位布置特点，主厂房采暖采用高低分区的方案，高区的汽机房和煤仓间采用一个采暖系统，低区的锅炉房和设备层采用一个采暖系统。主厂房通风针对不同区域采用不同的通风方式，高位布置的汽机房采用自然进风和机械进风相结合，屋顶风机机械排风的方式，A-B 排设备层采用外窗自然进风，轴流风机机械排风的方式，煤仓间采用外窗自然进风，排风机箱集中过滤排风的通风方式，锅炉房采用外窗自然进风，屋顶通风器和高密闭排风窗自然排风的方式，均能够满足主厂房采暖和通风要求。

（18）空冷排汽管道流场分析专题报告。

进一步确定了排汽管道的结构设计。通过之前数值模拟研究，可以得到如下结论：

1）排汽管道布置方案流场分配较为稳定。

2）在三通处加装导流片的方案分配性变差，但总压降比未优化时的排汽管道的总压降小。

3）优化后模型的阻力系数减小，排汽管道中三通、直管和弯头是主要的阻力构件，变径处的阻力系数较小。

（19）给水泵汽轮机排汽冷却方式比较专题报告。

确定了给水泵汽轮机的冷却方式。给水泵汽轮机直排方案节水效果明显，初期投资较小，综合经济性好，且本期建设期间不影响一二期的正常运行，厂区地下管道方便布置，因此，本期工程给水泵汽轮机排汽冷却方式推荐采用给水泵汽轮机直排方案，即本期给水泵汽轮机排汽直接排入主机排汽管道冷却，本期辅机采用干湿联合的大闭式辅机冷却水系统，一二期辅机沿用原有机械通风湿式冷却系统。

第二节 高位布置设计成果的校核验证

一、设计方案复核及历次审查会议

为进一步确认西北电力设计院以及三大主机、空冷岛等设备厂家对于高位布置设计方案的研究成果，满足"更安全、更可靠"的原则，在上述研究成果确认的基础上，组织开展了以下设计方案相互复核的技术研讨工作。

（1）2018 年 12 月 20 日，在上海锅炉厂组织召开了锦界三期高位布置方案四大管道应力复核会议，国华电力公司总工程师、教授级高工陈寅彪，电力规划总院副院长设计大师孙锐，东北电力设计院设计大师郭晓克以及电力规划总院赵春莲等技术专家等参加了会议，重点对三大主机、空冷岛排汽管道、隔而固弹簧隔振装置以及西北电力设计院对于高位布置各管道受力情况、设计工况选择等进行了设计结果确认。主要确认事项如下：

1）上海锅炉厂、哈尔滨汽轮机厂、西北电力设计院的四大管道持续工况、偶然工况、偏摆工况等计算工况与边界条件一致，各工况满足锅炉、汽轮机的设备接口推力、力矩要求。

2）空冷排汽管道接口推力、力矩得到汽轮机厂和给水泵汽轮机厂家确认，管系应力分析满足规程规范要求，强度可满足各计算工况要求。

3）双良公司按照地震加速度 0.065g 复核排汽管道计算结果。

与会专家对哈尔滨汽轮机厂的高、中、低压缸稳定性分析，滑销系统优化，低压模块设计优化，油系统安全性分析专项研究成果进行了确认。会议还对下阶段工作进行了安排：补充四大管道松冷、松热工况下的应力计算；对垂直管段弹簧吊架失效时转移荷载及锅炉钢结构承载能力进行复核；针对高位布置的特殊性，编制主厂房结构偏摆监测及四大管道位移监测措施和方案。

（2）2018 年 12 月 27～28 日，由电力规划总院在西北电力设计院组织召开了锦界三期工程高位布置技术咨询会议，讨论了高位布置空冷系统方案和主厂房消防系统方案。

（3）2018 年 12 月至 2019 年 7 月，电力规划总院在西北电力设计院先后多次开展高位布置结构专业相关技术咨询，主要讨论了施工图阶段主厂房结构、楼层及屋面设计以及供暖、通风等问题。

（4）2019 年 1 月 22 日，在哈尔滨汽轮机厂组织召开了由电力规划总院相关专家以及行业内专家参加的技术研讨会，重点对锦界三期项目的主厂房建筑结构健康监测及四大管道位移监测方案，四大管道、排汽管道、抽汽管道对汽轮机受力情况以及弹簧隔振基座汽轮机设计特点和可靠性分析进行了评估，主要讨论事项如下：

1）上海锅炉厂、哈尔滨汽轮机厂、双良公司、西北电力设计院四大管道、空冷排汽管道、高压缸抽汽管道接口推力、力矩的计算及确认工作，满足设计要求。

2）讨论了哈尔滨汽轮机组质量创新改进方案的研究成果以及"42＋6"项质量改进措施，并组织进行了专业评审。

3）落实哈尔滨汽轮机厂对汽轮机滑销系统由猫爪推拉结构更改为定中心梁推拉结构；对轴承座结构进行优化，并提交强度分析报告；对汽轮机的油系统进行改进，提高油泵出口压力，增加交流油泵电机容量，增加了出厂前油泵在线切换试验项目；主汽阀、调阀杆及衬套采用新的抗氧化技术（超音速火焰喷涂及补焊司太立合金），制定质量控制措施并严格执行；对"42＋6"项质量改进措施逐项提出闭环落实要求，做好过程监督控制。

（5）2019 年 2 月 26 日，在西北电力设计院就进一步复核并确认四大管道及支吊架设计的安全可靠性，开展了以下主要工作：

1）由国华锦能公司委托设计监理华北电力设计院对西北电力设计院提交的四大管道管系应力计算重新建模，提交校核报告，并增加四大管道各种工况组合的应力计算。

2）落实西北电力设计院对双良空冷岛设计文件进行独立建模复核，提交复核报告，并对空冷岛整岛性能负责。

3）落实哈尔滨汽轮机厂对西北电力设计院提供的三大蒸汽管道对汽轮机的力矩及应力分布情况进行校核计算，确认对汽轮机的安全可靠性，并提交校核计算报告。

（6）设计方案复核设计期间，特别对经西北电力设计院复核双良公司提交的空冷排汽管道设计成果，由锦能公司联合西北电力设计院、双良公司、哈尔滨汽轮机厂先后 3 次组织召开空冷排汽管道设计方案优化讨论会议，对原设计的排汽管道膨胀死点进行优化调整，模型计算结果满足安全要求，并联合电力规划总院组织对上述排汽管道优化设计进行评审确认。国华电力公司总工程师、教授级高工陈寅彪，电力规划总院副院长设计大师孙锐，东北电力设计院设计大师郭晓克，西北电力设计院副院长徐陆、设总高峰，哈尔滨汽轮机厂副总经理张宏涛，双良环保集团公司副总裁刘国银，江苏博格东进公司副总经理王素红，国华锦能公司党委书记、董事长刘建海，筹建处副主任焦林生以及相关单位的工程技术人员参加了历次讨论会议。

1）2019年5月19日，电力规划总院副院长设计大师孙锐在北京组织召开了空冷排汽管道专题评审会，对双良公司按调整设计方案编制的《排汽管道应力分析报告》、西北电力设计院《复核排汽管道应力计算专题报告》、哈尔滨汽轮机厂的接口配合情况以及疏水方案设计情况进行评审，确认了优化后的排汽管道可以满足安全要求。

2）2019年5月31日，由电力规划总院副院长设计大师孙锐在西北电力设计院组织召开了本期工程排汽管道专题会议，重点就西北电力设计院及双良公司提交的空冷排汽管道设计调整方案进行了深入讨论，并就哈尔滨汽轮机厂与西北电力设计院就低压缸排汽管道接口的推力合力矩、排汽管道的补偿及限位等配合设计事宜进行了详细讨论。

3）2019年6月27日，针对上述各项复核报告，由电力设计规划总院副院长设计大师孙锐组织召开管系复核设计优化方案审查会议，对四大管道的管系应力计算分析，设计工况组合、支吊架的设置、管道应力计算对比分析、锅炉与汽轮机的接口推力等问题进行评审。最终确认四大管道设计方案可以满足机组各工况下的安全稳定运行要求。

（7）2019年7月12日，国家能源集团党组成员、副总经理、教授级高工王树民在西北电力设计院主持召开锦界三期科技创新领导小组第十五次会议。会议对锦界三期汽轮发电机组高位布置设计方案研究以来，国华电力公司、电力规划总院、西北电力设计院、华北电力设计院及三大主机厂开展的深入细致、卓有成效的专题研究工作表示肯定，并对下一步工作作出安排。

1）要牢记初心使命，建设精品示范工程。按照"不忘初心、牢记使命"主题教育要求，守初心、担使命、找差距、抓落实，尤其要抓好责任落实，将历次专题研究成果安全、优质地落实到工程建设中，把锦界三期项目建设成为高位布置的创新示范项目，并为未来建设700℃超超临界火力发电机组积累设计、建设和运行经验。①国华电力公司要加强对锦界三期工程的组织和管理，发挥总指挥、总协调的作用，积极协调解决工程建设资源，精心组织施工图纸会审，严格落实高位布置各项专题研究成果和历次专业会议的要求，确保创新设计方案可靠落地、成功实践。②西北电力设计院作为项目建设总承包单位，要加强与各施工单位、各设备制造厂的沟通协调工作，积极配置各类施工资源，严格落实国华电力公司的基本建设标准和管控要求，确保施工现场安全、质量、进度协同推进，有序建设。③国华锦能公司作为三期工程建设的主体责任单位，要发挥总负责、总调度的作用，精心组织，严格管控，加强全方位、全过程的基建管理，不仅要确保工程建设目标和计划如期顺利实现，更要确保将高位布置这一重大创新设计项目建设成为引领行业技术进步的精品示范工程。

2）要坚持党建领航，抓好三期工程安全质量管控。要以党建、安全、质量"三一行动"为抓手，做到电厂基建现场"一个党委、一个安健环委员会、一个质量管理体系"全覆盖，同时要系统抓好"金牌班组"建设，构建起基建现场安全、质量联动共建的工作格局，确保工程建设目标顺利实现。

3）要做到统筹兼顾，实现创新驱动发展。技术创新无止境，锦界三期项目既要确保高位布置这一重大创新设计方案顺利、成功实践，也要全厂统筹兼顾，在坚持三期工程安全、质量、造价、进度既定目标不变的前提下，从设计源头上总揽全局，切实带动一二期开展技术升级改造，组织各参建单位积极开展创新技术方案研究，提高锦界电厂生产运营的先进性和安全可靠性。

4）要加强专题研究，建设智能智慧电站。国华电力公司要组织国华电力研究院、国华锦能公司、西北电力设计院、杭州和利时公司成立智能电站建设工作组，由国华电力总工程师陈寅彪任组长，积极开展各应用模块的专题研究，确保方案的可操作性，围绕安全可靠、质量第一和效益优先的原则开展智能智慧电站建设，提高锦界三期工程的技术先进性，实现创新驱动高质量发展目标。

至此，高位布置各项相关专题设计审核、设备接口力矩确认、管道应力复核计算等设计研究工作已全部完成，主厂房结构施工图已全部按需交付施工现场，满足了现场施工进度的需要。

二、高位布置设计方案的复核成果

1. 华北电力设计院（设计监理）对四大管道设计成果的校核结果

（1）校核工作的主要内容。

由华北电力设计院对西北电力设计院完成的四大管道应力计算进行校核，提出校核修改意见，并进行"背靠背"的应力分析计算，主要工作包括以下内容。

1）校核西北电力设计院四大管道第一版计算书，提出校核意见。

2）按照西北电力设计院提供的修改后的计算书及原始边界条件、厂家资料等，重新建模，进行四大管道"背靠背"的应力计算；计算同时，对西北电力设计院的新版应力计算书进行了再次校核。

3）在西北电力设计院最新版计算书的基础上，进行了部分组合工况的修改和补充。

4）与哈尔滨汽轮机厂应力计算结果进行对比。

本次"背靠背"校核计算的基本原则是先核对西北电力设计院所有原始数据的正确性，并修正不足，然后对照管道布置，进行模型搭建；搭建完成后，进行第一步的应力分析计算，其中计算的工况组合尽量保持与西北电力设计院一致（除非必须调整的工况），以便于与西北电力设计院计算结果进行对比，相互校核正确性；在此基础上，调整部分工况组合方式，并增加更多的计算工况，进行进一步的分析计算，以确保管系在各种运行工况的安全性。若计算过程中发现西北电力设计院计算书个别数据与布置图尺寸矛盾时，除特殊说明外，均按西北电力设计院提供的最终计算书为准。

（2）校核过程增加新的工况组合。

对于主蒸汽、再热冷段计算书、再热热段计算书：与西北电力设计院工况条件一致，但地震方向组合方式不同。增加地震工况与偏摆工况组合。增加冷态工况与地震偏摆组合，以便于校核该工况应力。高压给水管道，增加地震工况计算。

（3）四大管道的校核结论。

1）地震工况不考虑偏摆时，华北电力设计院与西北电力设计院所有工况应力均合格。若地震工况考虑偏摆，经华北电力设计院校核计算，地震偶然工况应力不合格，华北电力设计院通过调整管道上部分限位装置的设置，最终应力可满足要求。

2）设备接口推力、力矩由于输入条件、工况组合不同，结果有差别，由主机厂同时确认两院的接口推力、力矩值。另外，由于西北电力设计院地震工况未叠加偏摆工况，即地震工况未考虑偏摆值，只考虑了风载引起的偏摆值，建议将华北电力设计院的地震＋偏摆工况的接口推力和力矩计算结果提交锅炉厂和汽轮机厂进行确认，以涵盖各种运行工况。

3）支吊架、阻尼器荷载，华北电力设计院考虑了汽锤工况与安全阀工况的组合；另外，安全阀静态工况输入反力时华北电力设计院考虑了2倍反力值，结果表明，部分限位、刚吊、阻尼器荷载超过西北电力设计院荷载值，西北电力设计院支吊架设计时，结构荷载考虑汽锤和安全阀排放偶然工况增加的荷载。

4）西北电力设计院高压给水未考虑地震工况，华北电力设计院补充了地震工况组合，结果表明地震工况应力合格。

5）华北电力设计院与哈尔滨汽轮机厂的三大蒸汽管道应力复核报告结果进行对比计算，所有工况应力合格；对于设备接口的推力、力矩值，热态、冷态正常运行工况下，主蒸汽、热段汽轮机接口推力、力矩值有较大差别，其他接口推力、力矩值基本一致。由于运行工况为基础工况，计算结果有较大差别，故不再对地震、风载等叠加工况进行对比。校核成果由华北电力设计院提交了《四大管道"背靠背"应力计算对比分析报告》。

2. 哈尔滨汽轮机厂对机侧管道推力的校核结果

（1）高压缸稳定性计算结果。

高中压缸稳定性计算的主要内容。

1）冷态工况主要考虑因素：汽缸总重（下半外缸）；管道接口载荷。

2）热态工况主要考虑因素：汽缸总重（全缸）；功率翻转力矩；管道接口载荷；侧向进汽产生的附加载荷，其主要复核计算见表9-2。

表 9-2 主要复核计算

(1) 高压缸热态稳定性				
各猫爪反力（N）	R_1	R_2	R_3	R_4
管道引起	−100361	−63969	−32628	−69020
自重引起	−362908	−362908	−362908	−362908
功率引起	161126	−161126	−161126	161126
受力汇总	−302144	−588004	−556663	−270803
剩余比重（%）	83.30	162.00	153.40	74.60
(2) 高压缸在各偏摆工况下的复核计算结果				
偏摆工况	R_1 猫爪剩余（%）	R_2 猫爪剩余（%）	R_3 猫爪剩余（%）	R_4 猫爪剩余（%）
炉＋x 机−x	74.0	156.8	162.5	79.7
炉−x 机＋x	96.5	167.6	143.5	72.5
炉−y 机＋y	78.3	164.7	160.4	74.1
炉＋y 机−y	93.3	154.5	143.8	82.6

复核结果表明：高压缸冷态及热态下，猫爪处剩余载荷汽缸质量之比均大于30%，稳定性均满足要求。

高压缸在各偏摆工况下，猫爪处剩余载荷汽缸质量之比均大于30%，稳定性均满足要求。

(3) 高压缸在地震工况下的冷态、热态复核计算结果				
地震工况（冷态）	R_1 猫爪剩余（%）	R_2 猫爪剩余（%）	R_3 猫爪剩余（%）	R_4 猫爪剩余（%）
地震+X	111.5	97.8	95.9	109.5
地震−X	113.7	107.3	93.2	99.6
地震+Y	114.7	100.2	92.2	106.6
地震−Y	111.2	105.2	96.7	102.7
地震+Z	95.2	103.2	101.5	93.6
地震−Z	129.2	101.6	88.1	115.7
地震工况（热态）	R_1 猫爪剩余（%）	R_2 猫爪剩余（%）	R_3 猫爪剩余（%）	R_4 猫爪剩余（%）
地震+X	88.8	162.8	149.6	75.6
地震−X	87.0	157.7	151.2	80.5
地震+Y	72.8	143.2	132.0	61.5
地震−Y	82.3	168.7	153.7	67.3
地震+Z	71.7	158.9	145.4	58.2
地震−Z	98.1	168.6	140.4	69.8

复核结果表明：高压缸冷态及热态地震工况下，猫爪处剩余载荷汽缸质量之比均大于30%，稳定性均满足要求。

（2）中压缸稳定性计算结果。

中压缸稳定性计算结果见表9-3。

表9-3 中压缸稳定性计算结果

(1) 中压缸冷态稳定性				
各猫爪反力	R_1	R_2	R_3	R_4
管道引起	−75517	−71653	−81875	−85740
自重引起	−142940	−142940	−142940	−142940
功率引起	0	0	0	0
汇总	−218457	−214593	−224815	−228680
比例（%）	152.8	150.1	157.3	160.0
(2) 中压缸热态稳定性				
各猫爪反力	R_1	R_2	R_3	R_4
管道引起	−75474	−67241	−42536	−50769
自重引起	−480416	−480416	−480416	−480416
功率引起	174646	−174646	−174646	174646
汇总	−381244	−722303	−697598	−356540
比例（%）	79.4	150.3	145.2	74.2

复核结果表明：中压缸冷态及热态下，猫爪处剩余载荷汽缸质量之比均大于30%，稳定性均满足要求。

（3）中压缸在各偏摆工况下计算结果

偏摆工况	R_1 猫爪剩余（%）	R_2 猫爪剩余（%）	R_3 猫爪剩余（%）	R_4 猫爪剩余（%）
炉$+x$ 机$-x$	92.6	138.6	126.0	80.0
炉$-x$ 机$+x$	76.3	137.1	139.4	78.6
炉$-y$ 机$+y$	70.7	169.1	162.5	64.1
炉$+y$ 机$-y$	88.2	131.5	126.6	83.2

复核结果表明：中压缸在各偏摆工况下，猫爪处剩余载荷汽缸重量之比均大于30%，稳定性均满足要求。

（3）低压缸稳定性计算结果。

对低压缸稳定性复核计算主要考虑：汽缸总重（全缸）；功率翻转力矩（冷态不考虑此项）；管道接口载荷。由于低压外缸结构复杂且需考虑缸体刚度，所以采用有限元软件进行分析。多块基础台板如图 9-1 所示。

低压外缸落在如图 9-1 所示的多块基础台板上，通过加载功率与接口载荷，确保各台板均处于受压状态，以保证机组低压缸稳定性。

针对双良公司在空冷排汽管道整体分析计算中所考虑的各种运行工况组合，这些工况组合主要包括：

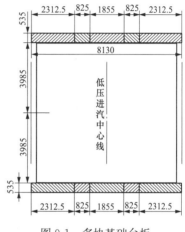

图 9-1 多块基础台板

1）在额定运行工况 63.11℃＋地震工况下，即按照汽机房与空冷岛反向偏摆的组合工况。

2）排汽缸在设计最高运行温度 88℃及其与偏摆、地震等组合工况。

3）排汽缸分别在 95、105、115℃（不与偏摆、地震工况组合）的高温设计工况。

哈尔滨汽轮机厂针对上述不同工况组合下，分别复核计算了低压缸排汽接口的力和力矩情况，并提供了详细计算数据表。复核计算结果表明：各组合工况下，低压缸稳定性合格，均可满足汽轮机设计要求。

（4）高位布置后地震加速度对汽轮机影响研究。

汽轮机采用高位布置，为减少地震对汽轮发电机组的损害，对汽轮机关键部件的抗震能力进行了分析。整台机组中需要考虑地震载荷的部件包括：推力盘、推力轴承和推力轴承座、基础支撑定位结构（锚固板）、推拉结构（定中心梁或猫爪）4 个部分。考核地震载荷的准则有两个：一为安全停机准则；二为可再启动准则。前者在机组的运行寿命中只允许发生一次。按照可再启动准则考核，复核计算结果表明：

1）在 $1.25g$ 地震加速度情况下，推力盘应力远小于许用应力，本机组推力盘抗震设计余量充足。

2）在 $1.25g$ 地震加速度情况下，推力轴承座应力远小于许用应力，本机组推力轴承座抗震设计余量充足。

3）在 $0.8g$ 地震加速度情况下，锚固板应力远小于许用应力，本机组锚固板满足抗震设防要求。

4）在 $1.25g$ 地震加速度情况下，压板应力远小于许用应力，本机组轴承箱倾覆满足地震要求。

5）在 $1.25g$ 地震加速度情况下，定中心梁应力远小于许用应力，本机组定中心梁抗震设计余量充足。

通过核算，锦界三期汽轮机可承受的地震载荷主要取决于锚固板；按照可再启动准则，轴承箱锚固板可承受地震加速度为 $0.8g$，满足使用要求。

（5）四大管道及抽汽接口应力及力矩复核结果。

根据设计院提供的四大管道接口数据和抽汽管道接口数据，经哈尔滨汽轮机厂复核计算，表明：高中压缸稳定性满足要求，接口力和力矩复核汽轮机设计要求。

3. 上海锅炉厂对炉侧蒸汽管道推力的校核结果

锦界三期汽轮发电机组采用高位布置创新设计方案，与锅炉设计相关的主要是锅炉钢结构设计和炉侧四大管道对高温集箱的接口推力应力两个方面。

（1）锅炉钢结构设计。

锦界三期工程汽轮发电机组高位布置的四大管道走向与常规项目相比更简洁，总长度缩短，四大管道的刚度增大明显，对汽轮机侧和锅炉侧的接口的推力和力矩有所增加。根据西北电力设计院提供的管道计算对比分析显示，四大管道对主厂房和锅炉钢结构的刚度要求也比常规项目更高。在侧力工况下，四大管道的响应对主厂房的刚度非常敏感，对锅炉钢结构的刚度比较敏感。提高主厂房的刚度可大为减小四大管道的偏摆、管道应力水平以及管道在汽轮机侧和锅炉侧的接口推力；提高锅炉钢结构的刚度可以帮助减小管道偏摆、管道应力水平和在锅炉侧的接口推力。因此提高锅炉钢架的刚度是实现汽轮发电机组高位布置、四大管道的简洁优化布置的条件之一，有必要提高锅炉钢结构的刚度。

采用锅炉钢结构的柱顶位移衡量锅炉钢结构刚度，在相同的荷载作用下，柱顶位移越小，表示钢结构的刚度越大。锅炉钢架的柱顶位移对四大管道汽轮机侧接口推力影响有限，当锅炉钢结构刚度提高到 $1/800$ 时，管道自身的应力计算可通过，虽然锅炉侧接口推力比允许值高，但偏差不大。为此，在与西北电力设计院的配合设计协调会议中确定锅炉钢结构按刚度提高到 $1/800$ 进行设计。

（2）集箱拉杆结构设计。

机组采用高位布置后，外管道计算需额外考虑钢架和汽机房的偏摆，导致再热热段和主蒸汽出口的接口推力和推力矩较常规项目有较大增幅；为增加锅炉集箱对外管道接口推力和推力矩的抵抗能力，采用了如下创新设计：在高温再热器和高温过热器出口集箱上分别与相邻集箱之间做拉杆装置，把两个集箱连成一个整体，从而大幅度提高集箱及管系的整体刚度；同时，采用铰接形式，不会因为两者热膨胀不一致而产生较大的热应力。拉杆装置具体结构如图 9-2 所示。

采用拉杆装置后，在承受同样的接口推力和推力矩下，集箱及管系的应力水平有大幅改善，详见表 9-4 和表 9-5。

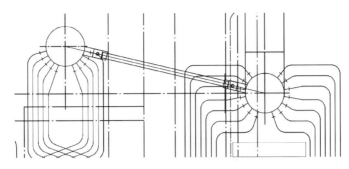

图 9-2　集箱拉杆结构示意图

表 9-4　　　　　　　　　　**过热器出口集箱有无拉杆装置应力水平对比表**

计算工况	无拉杆装置集箱管系应力（MPa）	采用拉杆装置后集箱管系应力（MPa）	备注
冷态	8.6	7.5	一次应力
热态	146.0	58.7	一次+二次应力
炉+x 机$-x$	167.5	67.5	一次+二次应力
炉$-x$ 机+x	205.2	92.7	一次+二次应力
炉$-y$ 机+y	203.2	104.2	一次+二次应力
炉+y 机$-y$	154.1	58.7	一次+二次应力
地震+X	27.1	17.0	一次偶然应力
地震$-X$	17.8	11.9	一次偶然应力
地震+Y	11.9	9.2	一次偶然应力
地震$-Y$	14.0	11.7	一次偶然应力
地震+Z	17.0	11.6	一次偶然应力
地震$-Z$	11.9	10.3	一次偶然应力

表 9-5　　　　　　　　　　**再热器出口集箱有无拉杆装置应力水平对比表**

计算工况	无拉杆装置集箱管系应力（MPa）	采用拉杆装置后集箱管系应力（MPa）	备注
冷态	24.8	16.2	一次应力
热态	60.6	47.2	一次+二次应力
炉+x 机$-x$	69.2	52.0	一次+二次应力
炉$-x$ 机+x	80.5	60.0	一次+二次应力
炉$-y$ 机+y	99.6	50.4	一次+二次应力
炉+y 机$-y$	49.7	49.9	一次+二次应力
地震+X	40.3	28.5	一次偶然应力
地震$-X$	49.4	31.5	一次偶然应力
地震+Y	43.1	20.2	一次偶然应力
地震$-Y$	27.9	21.7	一次偶然应力
地震+Z	33.9	23.9	一次偶然应力
地震$-Z$	15.8	11.1	一次偶然应力

计算结果表明：在承受相同接口推力力矩的情况下，在高温过热器出口集箱、高

温再热器出口集箱分别采用拉杆装置后均能显著降低集箱管系应力，能有效保障锅炉安全运行，且高温出口集箱采用拉杆装置后，集箱及管系的整体刚性增加，集箱接口推力力矩作用下的管系应力显著降低，锅炉安全性能提高。

（3）炉侧管道接口推力及力矩复核情况。

工程采用了汽轮发电机高位布置方案，四大管道的刚度高，管道自身应力水平及管道对两端接口的推力大，对集箱及管子承受推力的要求也比常规项目更高。确定采用锅炉钢架刚度 1/800 风载及地震作用下的主要管道接口偏摆值。

依照西北电力设计院提供的四大管道设计方案，锅炉厂经过对低温再热器进口集箱（冷段）、省煤器进口集箱（给水）、高温再热器出口集箱（热段）、高温过热器出口集箱（主蒸汽）的接口推力应力分别进行核算，校核工况采用了设计工况、运行工况、设计加偏摆、设计加地震工况。核算结果表明：炉侧管道接口推力及力矩均满足锅炉设计要求。

为增加整体结构对集箱接口推力的承受能力，在锦界三期的两台锅炉设计过程中分别做了如下措施：针对冷段和给水管道推力，低温再热器进口集箱和分级省煤器进口集箱两端增加了导向设计，并对相关辅助结构进行了加强。针对热段和主蒸汽管道推力，在高温再热器和高温过热器集箱上与相邻集箱之间做拉板设计，增加了集箱及管系整体刚度。

4. 西北电力设计院对空冷岛设计成果的校核结果

（1）西北电力设计院复核空冷排汽管道应力提出的设计调整方案。

依照双良公司完成的空冷岛排汽管道设计方案，西北电力设计院重新建模并完成了核排汽管道应力计算复核，提交了《排汽管道计算分析专题报告》。2019 年 5 月 31日，电力规划总院组织在西北电力设计院专题召开了"锦界三期工程汽轮发电机组高位布置空冷排汽管道调整设计方案讨论会议"。西北电力设计院在专题报告中针对空冷排汽管道提出的调整设计方案为：

1）取消汽轮机低压缸出口的垂直段排汽管道底部的限位支架，在 A 排柱中心线，设置 X、Y 双向限位，原空冷岛侧 DN8500 三通处的 X 和 Z 向组合限位支架松开 X 向约束（X 向为主厂房纵向方向，Y 向为主厂房横向方向，Z 向为垂直方向）。

2）汽轮机侧的曲管平衡补偿器的长度缩短。

3）修正汽轮机低压缸排汽管道接口处的偏摆值与限位支架生根层（43m 层）之间的层间偏摆，层间位移差按有害位移带入排汽管道计算的边界条件。

4）空冷平台与主厂房之间的沉降差取值为 10mm，作为排汽管道计算的边界条件。

（2）双良公司提出的空冷排汽管道的调整设计方案。

在西北电力设计院复核空冷排汽管道应力计算期间，双良公司也同步提出空冷排汽管道的调整设计方案为：

1）将汽轮机低压缸出口的处置段排汽管道底部的水平双向限位支架修改为弹性限位。

2）将生根在 43m 层的限位支架改为生根在 61m 层，排汽管道应力计算不考虑与汽轮机低压缸排汽管道接口处的风荷载因素引起的层间偏摆值位移差。

3）按照西北电力设计院的调整设计方案进行了相关复核计算，在与西北电力设计院相同的设计工况条件下，计算结果与西北电力设计院的复核计算结果相近。同时，计算中增加了低温工况（室外管道温度为−29℃）和120℃的高温设计工况，待计算结果确认后，将提供哈尔滨汽轮机厂复核与排汽管道相连接的汽轮机低压缸的稳定性。

4）按照西北电力设计院的调整设计方案，空冷岛蒸汽分配管道入口的补偿器选型设计条件发生了较大变化。

（3）空冷排汽管道设计调整方案的专家审核结论。

为最终审定空冷岛排汽管道设计调整方案，于2019年6月27日，由电力规划总院在北京组织召开了锦界电厂三期汽轮发电机组高位布置排汽管道设计方案讨论会。会议听取了双良公司按调整设计方案编制的《排汽管道系统应力分析报告》、西北电力设计院复核排汽管道应力计算编制的《排汽管道计算分析专题报告》、哈尔滨汽轮机厂的低压缸接口配合情况以及疏水方案设计情况的汇报，并进行了详细讨论，审定最终设计结论如下。

1）在低压缸出口的垂直段排汽管道底部设置三组弹簧支架P1、P3、P4，P1、P3支点中间附近设置有Y向阻尼器；在低压缸出口的垂直段排汽管道三通下方设置有X、Y向水平间隙限位支架P2，在两侧设置有X向阻尼器；在A排柱中心线，设置X、Y双向限位；水平分支管的中间部位设置一组X向间隙约束的滑动支架（X轴正向由主厂房扩建端指向固定端，Y轴正向由空冷岛指向汽机房，Z轴正向竖直向上）。

2）双良公司计算了汽轮机跳机背压65kPa对应的温度88℃的正常工况，计算结果为：哈尔滨汽轮机厂核算汽轮机的稳定性在允许范围内；120℃的高温设计正常工况的计算结果为：哈尔滨汽轮机厂核算汽轮机的稳定性超出允许范围。

3）同意西北电力设计院提出的排汽管道的偏摆值、沉降量等计算边界条件，作为双良公司修改排汽管道设计的输入条件。

4）双良公司按照调整后的设计方案，复核空冷岛蒸汽分配管道入口的补偿器选型设计，膨胀节的轴向线位移和横向线位移增加。膨胀节选型提出两个新方案，方案1是膨胀节波数不变，波高变化，疲劳次数为2115次；方案2是膨胀节波数增加，疲劳次数为3800次。会议讨论并同意按方案2进行膨胀节选型。

5）哈尔滨汽轮机厂在低压缸出口垂直段排汽管道导向叶片的底部设置疏水集水箱。

6）排汽管道支座及约束设置经多次调整后，管道应力及端点推力满足要求，同意经双良公司设计、西北电力设计院复核后的支座及约束设置最终方案。

（4）双良公司对调整后的空冷排汽管道进行的有限元分析软件计算结果。

为准确核算调整设计方案后的空冷排汽管道在各种组合工况下的安全可靠性，由双良节能公司于2019年11月委托山东大学土建与水利学院完成了《空冷排汽管道计算分析报告》。报告采用ANSYS有限元软件对正常运行、极限运行和冬季运行工况（包括自重、风荷载、地震荷载、沉降和偏摆组合）的分析，得到了排汽管道位移云图和应力云图。可以看出，空冷排汽管道在各组合工况下均处于弹性状态，其稳定性、强度和刚度均满足要求。按照《钢制压力容器分析设计标准》（JB 4732—1995），对空冷排汽管道的多处关键部位进行了强度校核，各组合工况中的评定结果全部通过；由ANSYS计算得到的管道接口推力和力矩均小于CAESAR Ⅱ计算的数据。

至此，空冷排汽管道的复核计算结果得到了各方最终确认，并完全满足汽轮机低压缸接口的安全可靠性要求。

第十章

次同步扭振抑制技术研究

第一节 研究背景及内容

一、研究背景

针对国华锦能公司全厂 6 台机组串补送出系统存在的次同步谐振问题，研制应用了基于 SVC 导纳调制方法的次同步谐振动态稳定装置（SSR-DSⅡ），解决了抑制机理、控制策略、参数设计、装置调试等一系列技术难题。在投入抑制装置后，相同工况下模态振型明显收敛，电厂投入抑制装置后失稳振荡得到了有效的抑制。出版专著《机网次同步（轴系）扭振抑制机理与工程实践》。

电力系统中通常采用交流高压串补或高压直流技术实现远距离输电，容易引发汽轮发电机组轴系与电网电气量相互作用的次同步谐振（SSR）现象，影响机组轴系安全。针对电厂 4×600MW＋2×660MW 共 6 台机组串补送出系统存在的次同步谐振问题，经多次技术方案论证和现场试验，历经 2 年产学研用联合攻关，研究解决了抑制机理、控制策略、参数设计、装置调试等一系列技术难题，2020 年研制出基于 SVC 导纳调制方法的次同步谐振动态稳定装置（SSR-DSⅡ），通过降压变压器接入 500kV侧（即网侧接入方式），实现了多机型多模态下各机组轴系的次同步扭振综合抑制，消除了机组轴系扭振风险。该方案运行可靠性更高、维护更方便、设备造价较低，且对厂用电系统无影响。锦界三期抑制次同步谐振项目有效、良好解决了锦府交流串补送出系统锦界电厂 6 台汽轮发电机组的次同步谐振问题，保证了锦界机组满负荷安全、稳定送出，创造性提出了非同型多机组并联、多模态控制的次同步谐振抑制技术，采用主动型措施，使用作动器构成控制系统，以汽轮发电机组轴系转速作为抑制装置的反馈输入信号，通过模态调制、解耦控制方法，经比例放大与移相环节，输出与机组模态频率互补的电流，使抑制效果最大化。SSR-DSⅡ的传统接入方式为机端接入方式，本方案为网侧接入方式。对比 SSR-DSⅡ机端接入方式，网侧接入方式不额外增加机组母线安装费用，其工程实施过程中也不需要停机处理，对已运行机组经济评估，停机接入抑制装置所产生电量损失远超该设备的投资费用。与附加励磁抑制措施（SEDC）相比，SSR-DSⅡ抑制能力不受发电机组运行状态限制，响应速度快；采用全控型器件的电压源型换流技术，不受系统电压波动影响，波形调制能力更强，抑制效果更明显。

经过无抑制措施下的转速偏差和暂态转矩的仿真模型对比可知，无抑制措施下的转速偏差和暂态转矩，几种模态均出现发散和等幅振荡，在投入抑制装置后，相同工况下模态振型明显收敛，锦界电厂投入抑制装置后失稳振荡得到了有效的抑制。因此基于 STATCOM 系统控制策略下的抑制次同步谐振策略可在行业内普遍推广，具有很高的经济效益与社会效益。超高压、远距离输电线路和大容量发电机组的投入运行后，为了提高电力系统稳定性和输电能力而采取的线路串联电容补偿措施后，会引起电力系统次同步谐振。一种用于抑制发电机次同步振荡装置（SSR-DS）的抑制措施和控制策略，通过变压器并联接到发电机出口的母线上或发电机升压变压器的高压侧，获取包含发电机全部扭振模态的转速偏差信号，从而获得较好的抑制效果。

二、主要研究内容

为提高大容量发电机接入电力系统后的系统稳定性，一般输电线路会加装串补设备。但是，这种措施易导致引起系统发生次同步谐振。因此，必须采取抑制措施防止设备损坏。

次同步谐振，是指电网串补电容量与线路电感组成的固有频率与汽轮发电机固有频率在某种工况下形成振荡，从而在发电机气隙中产生一个与电网同步频率偏差量，随着交变的扭振频率不断放大，会引起发电机转子负序电流增大，严重时会造成转子损坏的事故发生。

次同步谐振需要解决的问题是交变扭转应力对轴系损坏。汽轮发电机次同步谐振抑制装置（SSR-DS）是将降压变与发电机出口的母线高压侧并接，将发电机全部扭振模态的转速偏差信号，通过 PWM 调制出抑制次同步振荡值，使汽轮发电机转子产生反向的阻尼电磁转矩从而降低谐波对电力系统的影响。

超高压、远距离输电线路和大容量发电机组投入运行后，为提高电力系统稳定性和输电能力而采取的线路串联电容补偿措施，会引起电力系统次同步谐振。用于抑制发电机次同步振荡装置（SSR-DS）的抑制措施和控制策略，通过变压器并联接到发电机出口的母线上或发电机升压变压器的高压侧，以便获取包含发电机全部扭振模态的转速偏差信号，从而获得较好的抑制效果。

第二节　基于 STATCOM 控制系统的抑制次同步谐振装置

一、抑制次同步谐振的一般措施

抑制次同步谐振装置是由晶闸管和电抗器组成的调节装置，当系统发生次同步谐振时，将发电机转速作为控制信号，改变晶闸管导通角从而使抑制装置接入系统的阻抗发生改变，TCR 回路的电流大小随之发生变化，发电机输出功率得到调整，通过负阻尼转矩，达到次同步谐振抑制目的，从而使发电机轴系安全运行。

当系统输入发电机转速偏差信号时，TCR 支路中的无功电流与发电机转子速度偏差反相偏差 $180°$。当发电机转速减小时，TCR 吸收无功功率将增加，使发电机机端电压降低，输出功率减小，最终使发电机转速增加。同样，当发电机转速增加时，通过降低 TCR 无功吸收，增加发电机输出功率，当汽轮机输入功率一定时，发电机输出功率增加势必会造成发电机转子动能相对减少，使发电机转速降低。通过 TCR 的导通角调节无功功率，最终起到次同步谐振抑制效果。

二、基于 STATCOM 控制系统的次同步谐振控制策略

（一）单机控制策略

以发电机轴系转速为次同步谐振控制器的输入信号，滤波、放大后产生一个与其成比例的信号，通过相位补偿，TCR 支路中的无功电流反相于转速信号，最终实现抑制次同步谐振。单机控制策略框图如图 10-1 所示。

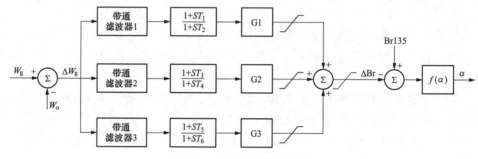

图 10-1 单机控制策略框图

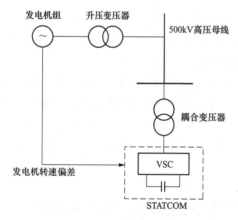

图 10-2 次同步谐振抑制一次系统图

基于 STATCOM 控制系统下的次同步谐振抑制装置通过对接收到的发电机 TSR 系统扭振模态转速偏差信号进行运算，通过耦合变压器接入 500kV 高压母线，如图 10-2 所示。

（二）基于 STATCOM 型的抑制次同步谐振装置

基于 STATCOM 型的次同步谐振抑制装置是通过输入发电机扭振模态频率信号，PWM 调制次同步分量使系统次同步电流发生改变，使发电机产生负阻尼电磁转矩。

STATCOM 型次同步谐振抑制装置包括转速检测装置、控制调节装置、电抗器、功率单元、电源和冷却装置组成。电抗器通过与功率单元连接可对系统谐波起到抑制作用，控制调节系统是汽轮发电机组轴系扭振频率信号和系统电压电流参数的处理装置，通过补偿电流将 PWM 调制功率单元输出。STATCOM 型的次同步谐振抑制装置一次接线示意如图 10-3 所示。

新型抑制次同步谐振装置采用 dq 双环解耦控制，在 q 轴内环电流指令值上叠加由发电机转速反馈抑制控制器产生的附加电流值即可通过 PWM 调制抑制装置输出电流，使不同模态下的发电机组次同步谐振现象得到抑制。较传统抑制次同步谐振装置相比，STATCOM 型的抑制次同步谐振装置可舍弃其传统的无功支撑功能，即不需要其发出基频无功功率，或者仅需发出很小的无功功率，由此，在系统稳态运行时 STATCOM

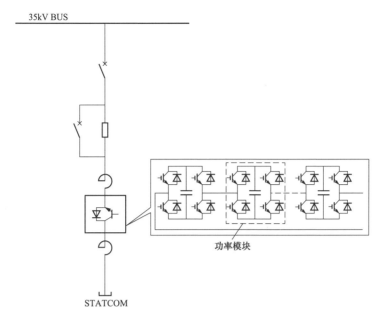

图 10-3　STATCOM 型的次同步谐振抑制装置一次接线示意图

没有无功输出。这样极大降低了自身损耗。

新型抑制次同步谐振装置由脉冲系统和控制系统组成。控制系统检测发电机转速偏差信，以转速偏差信号分析结果触发脉冲，通过滤波、移相、比例放大、运算处理后，产生功率单元变流控制信号模拟调制电流，实现系统次同步谐振抑制效果。脉冲系统将脉冲信号实现触发脉冲转换，监测晶闸管状态，实现精准触发。

功率单元由管式散热器、状态检测装置、晶闸管、阻容装置等四部分组成，将功率单元与电抗器串接，当脉冲信号控制晶闸管通断时，电抗器将产生预期的补偿电流，其基本结构框图示意如图 10-4 所示。

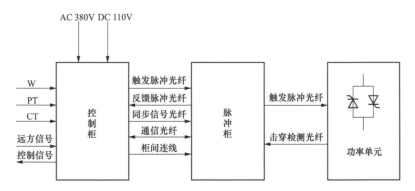

图 10-4　抑制次同步谐振装置控制系统基本组成示意图

（三）基于时域仿真模型及系统参数的研究

在多台发电机组同时投运后存在轴系各次同步模态频率大致相同，使机电耦合次同步谐振扩大化的风险，一般新（扩）建机组需通过时域仿真模型的方式对多工况多参数系统进行分析研究。通过数值计算对系统微秒至数秒之间的时域进行数字仿真可得到较为真实的电磁暂态模拟过程。由加拿大 Manitoba 直流研究中开发的 EMTDC 具有离线仿真的电磁暂态计算工具，可以精准分析电力电子元件模型，并对数据进行分析，输入方式快捷高效。PSCAD 图形以完全集合图形功能下建立仿真电路、运行、分析结果和处理数据。

电力系统线路和机组数量较多，工况数量巨大。以国能锦界电厂三期扩建工程为例，三期工程投运后其送出系统中有 9 条串补线路、10 套机组，经 EMTDC 仿真，选择出一些具有典型的机电耦合次同步谐振严重工况进行比较，如图 10-5～图 10-8 所示。

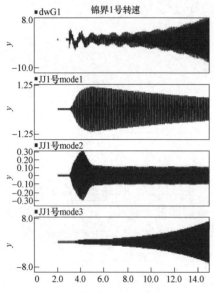

图 10-5　无抑制措施下的转速偏差（rad/s）

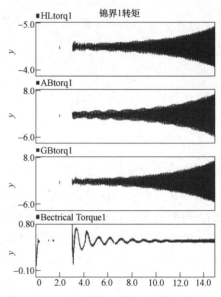

图 10-6　无抑制措施下的暂态转矩（p.u.）

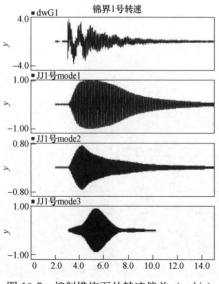

图 10-7　抑制措施下的转速偏差（rad/s）

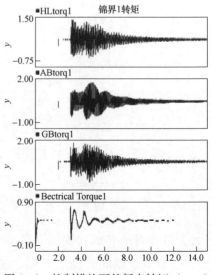

图 10-8　抑制措施下的暂态转矩（p.u.）

　　经过无抑制措施下的转速偏差和暂态转矩的仿真模型对比可知，无抑制措施下的转速偏差和暂态转矩，几种模态均出现发散和等幅振荡，在投入抑制装置后，相同工况下模态振型明显收敛，由仿真计算结果可见，锦界电厂投入抑制装置后失稳振荡得到了有效的抑制。

第三节　抑制效果与技术创新点

一、锦界三期工程 SVG 抑制效果

以 EMTDC 仿真模型支持下的新型抑制次同步谐振装置的特点。

（1）新型抑制次同步谐振装置在稳态运行时不会产生基波无功，损耗更小；输出的模态互补次同步电流含量多；设备容量利用率更高；高频 PWM 调制方法不会产生明显的高次特征谐波分量。

（2）抑制装置可输出与机组轴系固有频率模态互补的模态电流，工频分量很小可以忽略，而输出的模态互补电流分量相比于电网正常运行时的基频电流而言，其数值是很小的，而且抑制装置的容量比起电厂各机组的容量及系统的短路容量而言也极小，不会对电厂和电网产生不利影响。

（3）各种工况下抑制装置在抑制 SSR 时，流入降压变压器的电流均远小于降压变压器母线短路时可能流过降压变压器的电流，不会因瞬时电流过大而造成变压器损伤，且持续时间很短，不会引起降压变压器过热或过负荷保护。

（4）在发电机空载、半载、满载以及停机的情况下进行电磁暂态仿真，研究发电机出力或停机对次同步振荡的影响。通过数据证明，在系统接线不变而仅仅机组出力变化对机组轴系的次同步稳定性基本没有影响，但若同时改变接线，如将该机组退出运行，则可能会改变系统次同步稳定性。因此，在选择确定危险工况时，发电机只考虑半载与不接入两种情况，实际上机组半载即代表机组投入，也即考虑了机组投入和不投入两种接线拓扑的情况是合理的。可不必考虑复杂的各种出力组合方式。

　　建议：在通过 PSCAD/EMDTC 仿真计算与频率扫描基础上，可以对多种工况进行预设方案抑制 SSR 效果进行仿真检验。检验结果表明基于 STATCOM 控制下的抑制次同步谐振工况适应能力和高可靠性。

（1）从新（扩）建工程实用角度出发，将各发电机组（半载或停运）、各输电线路（运行或停运）以及各串联补偿装置（投入或退出）按 N-2 原则排列组合，需多种独立运行工况进行考核。

（2）在 PSCAD/EMDTC 仿真平台上，分别利用扫频法和电磁暂态仿真分析上述工况。扫频和仿真结果表明，系统会在互补频率点发生次同步振荡，且电抗跌落率越大，次同步振荡幅值越大。

（3）利用扫频和电磁暂态仿真分析了新扩建机组在新旧机组过渡时期可能工况下机组轴系的 SSR 振荡情况可存在较为严重的 SSR 工况，需加抑制措施。

（4）采用经每台机组 20kV 母线接入抑制装置方式时，需每台机组配两套抑制装置才能保证热备用与安全运行，经济性较低。

（5）汽轮发电机轴系多质块机械模型参数需由制造厂家提供，作为仿真计算建模依据，在实际运行当中可根据抑制效果予以校核。

二、技术创新点

（1）优化设计控制器增益移相环节，提高模态阻尼，控制参数能适应所有运行方式，保证各个扭振模态在各种扰动下快速收敛。

（2）区别于其他电厂抑制装置安装于发电机机端，锦界电厂在降压变压器低压侧接入 2 套互为备用的 SSR-DS Ⅱ，不额外配置变压器，一套 SSR-DS Ⅱ装置即可抑制全厂六台汽轮发电机组的次同步谐振，大大降低了设备造价和后期维护成本，提高了发电机、封闭母线、发电机-变压器组差动保护等设备的运行可靠性，性价比在目前国内抑制次同步领域是最高的。

（3）利用一套 SSR-DS Ⅱ激发产生次同步振荡信号，用以调试、检验另一套 SSR-DS Ⅱ抑制效果，调试期间对电厂及电网运行方式无特殊要求，可实现装置提前调试、投运。

第三篇

工程建设

第十一章
工程设计优化

第一节　设计优化原则

一、土建结构专业

（1）两台机组合用一座烟囱，对单、双内筒进行技术经济性比较。

（2）汽轮机高位布置的电厂外形及色彩进行渲染设计，满足《神华集团色彩及标志管理办法》要求并报国华电力公司审定。建筑装修标准、门窗选型按国华电力公司标准执行。

（3）主厂房结构件耐火极限应严格按照《火力发电厂与变电站设计防火标准》（GB 50229—2019）执行，并根据消防标准从严的趋势，及时跟踪新标准的升级。

（4）汽机房结构设计为框架式，外护与锅炉房保持一致，采用工厂复合保温彩色镀铝锌金属平面压型板。汽机房屋面采用钢管桁架结构体系，设带型采光天窗，并对材料的抗老化性能、通风方式进行比较论证。

（5）主厂房通风方式应详细比选论证，但要减少 A、C 列上部通风窗设计，满足防尘、防寒及文明生产要求。

（6）连接 4、5 号机组之间的跨越现有生产办公楼的输煤栈桥采用钢结构；汽机房运转层采用橡胶地板；其余采用耐磨砂浆＋彩色通道，全厂永久道路采用沥青混凝土路面。

（7）新建一座全厂"八机一控"的集中控制楼，一楼设科技展示厅，二三楼满足生产运行及管理人员办公需要，四楼设集中控制室，五楼设大型会议室，满足生产人员举办集中培训需要。集控楼整体需简约大方，严格控制投资水平，既要体现赓续艰苦奋斗、传承红色老区为代表的延安精神，又能很好地展示现代工业艺术和智能智慧电站的建设需要。工程实施方案需结合现代建筑艺术成就，进行多方案比选论证后确定。

二、热机专业

（1）工程可研阶段推荐采用高效超超临界空冷机组，选择汽轮机进汽参数为 28MPa/600℃/620℃ 的高效超超临界一次再热机组，但要经过主机选型论证。主机招标时要深入研究空冷机组的设计优化技术，确保机组技术经济高效合理。

（2）采用汽轮发电机组高位布置的直接空冷系统，要加强新技术的研究与应用，并按此方案完善可研报告，在报电力规划总院预收口后，上报神华集团。要认真研究汽轮机侧排汽方案的可行性，进一步优化系统设计。

（3）给水系统采用 1×100％ 汽动给水泵，但对给水泵汽轮机排汽的冷却方式要进行多方案比选论证，包括直排主机空冷装置方案、机力通风冷却方案和自然通风冷却方案等。如采用给水泵汽轮机排汽直排主机空冷装置方案，每台机组设置一台启动电动给水泵，满足机组冬季启动需要。

（4）采用九级回热系统，设三号高压加热器外置式冷却器，对设置零号高压加热器、1号高压加热器给水旁路进行专题论证。

（5）凝结水系统推荐采用 $2 \times 100\%$ 凝结水泵配置，配备高压变频装置与变频发电中心需要综合研究后。

（6）对高位布置的主厂房，各加热器的布置应采用多层布置，以减少给水管道长度及阻力。

（7）对直接空冷岛的布置及其系统进行专题优化研究，并考虑环境降噪要求，提交初设专题报告。空冷岛设远距离全自动智能冲洗系统，实现冲洗小车对污染区域选择性精确冲洗，有利于降低背压和风机单耗，降低耗煤，减少碳排放。

（8）全厂主辅机冷却器设计宜考虑锦界三期工程厂址位置的极端气候条件。

（9）锅炉风机选型以 BRL 工况作为设计基准，设计裕量按规程规定的下限选取，设备阻力不再重复计入裕量。三大风机均采用动叶调节轴流式风机。

（10）专题论证三大风机采用单系列的可行性，引风机与增压风机合并设置，以及是否采用引风机汽动驱动。

（11）锅炉空气预热器宜采用目前技术性能相对先进的四分仓回转式空气预热器，但要严格控制空气预热器漏风率，投产当年空气预热器漏风率性能试验值控制在 3.5% 之内，确保锅炉效率达到性能保证值。主机招标时需严格落实招标技术要求。

（12）锅炉启动系统设置邻机加热系统。锅炉不设油系统，采用二层等离子点火装置。

（13）按设置低低温电除尘＋脱硫系统＋高效除雾器的技术路线控制烟尘排放，最终在标准状态下，粉尘排放浓度 $\leqslant 1\mathrm{mg/m^3}$。

（14）考虑设置一级省煤器，对第二级省煤器设置进行必要性论证。除尘器前烟道布置进行流场优化数值模拟计算，除尘器前烟道建议采用圆烟道。

（15）对烟气余热利用系统进行多方案比选论证，并提出推荐意见，比选方案应包括除尘器前设一级低温省煤器分段加热凝结水及冷风的方案。结合烟气余热利用系统确定设置二次风暖风器的方案。

（16）汽轮发电机组、锅炉一次风机、送风机、密封风机、火检等离子冷却风机等实施深度降噪，有效降低锅炉房风机区域噪声，汽轮机平台噪声值要低于 75dB（A），可实现现场无障碍对话交流，刷新行业纪录。

（17）初步设计阶段要编制保温设计专篇，主要设备和管道外表面温度均优于国家标准 5℃ 以上，达到设计要求。汽轮机各级抽汽管道保温不大于 45℃，三大蒸汽管道外表面温度不大于 40℃，创建电力行业新标杆。

（18）采用国华电力公司成熟应用的气—气换热器和智能喷氨节能技术。脱硝尿素热解采用气-气换热器＋辅助电加热工艺和智能网格化喷氨控制技术，通过跟踪炉膛燃烧变化对喷氨量提前干预，对 SCR 中 NO_x 的实际浓度场精准测量、精准喷氨，达到最大限度减少喷氨量，减少氨逃逸、延长催化剂寿命、减缓空气预热器堵塞、节约引风机电耗。初步设计时要专题论证。

三、电气专业

（1）主接线采用与一二期相同的 3/2 接线，厂内设一级电压 500kV。

（2）升压站配电装置综合进线方向及二期接引等因素，结合总平面布置方案进行 GIS、AIS 方案比较，可研期间确定。

（3）启动备用变压器从 500kV 和一二期 35kV 配电装置两种方案引接论证后确定。

（4）全厂 10kV 段、PC 段采用直流控制，厂用电源监控建议采用 ECS 监控。10kV 工作段考虑预留加装次同步谐振装置的电源，如抑制次同步谐振装置从 10kV 系统接入，考虑"SSR-DS 小间"是否可布置在汽机房内。对 10kV 厂用系统断路器、FC 采用弹簧操作机构和永磁操作机构进行专题论证，优先采用新技术方案。

（5）全厂电缆桥架材质分区域设计，重要参观通道等处采用成型较好的铝合金材料。

（6）采用汽轮发电机组高位布置后，出口封闭母线落差较大，考虑发电机出口封闭母线高落差垂直段支撑、防止高温等措施。通过编制离相封闭母线垂直支持结构和离相封闭母线垂直段温升及散热专题报告，邀请行业专家对报告进行评审，并实验见证在高落差下母线垂直段的支撑结构、过热等问题，确保设备及系统安全可靠。

（7）借鉴一二期工程主变压器布置于空冷岛下方的维护经验，对三期工程变压器的布置进行多方案比选论证，包括：主变压器和厂用变压器一字型布置，布置位置在汽机房 A 排和空冷柱之间；主变压器和厂用变压器布置在空冷平台下，变压器上方考虑防水、防落物的措施；主变压器布置在空冷柱外，升压站侧。三个方案在总平面布置图审核时确定。但主变压器采用单相或三相变压器需要结合大件运输报告进行专题比较论证。

（8）对电除尘器采用高频电源、高频＋脉冲电源进行专题论证。

（9）电气电子间、励磁小间和热控电子间等房间的采用空调制冷、制热。

（10）全厂设 1 套 GPS 时钟系统，1 套北斗定时系统。

（11）输煤系统电源取自一二期系统。

（12）等离子装置电源按两路独立电源设计。

（13）主厂房照明灯具选用 LED 光源。进行常规照明与光伏照明技术指标及经济性专题对比，在合理造价的基础上优先选用光伏照明（可考虑充分利用各屋顶及外墙布置光伏设施。不同区域的照明采用光控、时间控制、声控、手动控制相结合的控制方式）。

（14）针对全厂 6 台机组串补送出系统将会存在的次同步谐振问题开展专项专题研究，选择技术性能、应用业绩先进的次同步谐振动态稳定装置，从抑制机理、控制策略、参数设计、装置调试等方面进行深入研究，保障投入抑制装置后，相同工况下模态振型明显收敛，失稳振荡能够得到有效抑制。

四、热控专业

（1）三期工程应带动一二期改造，使全厂机、炉、电、网、辅助车间集中控制，对集中控制室的布置进行多方案比选论证，提出推荐意见。初步设计时应对一二期工程已有系统（如工业废水系统、输煤等）的控制方案进行说明。

（2）采用常规 DCS＋智能 DCS 一体化嵌入式平台，实现最优真空调节、燃烧优化及试验、性能计算及耗差分析、智能报警、AGC 优化等高级 DCS 控制功能，实时分析性能指标，并有效解决系统外挂。

（3）设置振动与故障诊断系统 TDM 系统，包括汽轮机本体和风机、给水泵、磨煤机等。

（4）考虑到可靠性、维护便利性和备品备件的统一性，锅炉金属壁温等测点密集区采用远程 I/O 方案布置在就地，接入 DCS。

（5）对采用单系列辅机的热控测点、控制系统配置、逻辑优化设计等方面应采取的技术措施要进行初设专题说明。

（6）全厂闭路电视系统监视根据国华电力公司《视频监控系统监视范围配置导则》（GHDJ-05-08T）进行设计。

（7）针对汽轮发电机组高位布置特点，实施主厂房结构健康监测和主蒸汽、再热蒸汽管道及空冷排汽装置位移监测，实现主厂房结构以及高温高压蒸汽管道的实时动态监视，也为后续工程应用积累工程经验。

（8）本期信息化系统 IT 按国华电力公司示范电站进行规划设计。

（9）初步设计阶段要深入研究智能智慧电站的建设方案，通过全生命周期数字管理，集成数字化、智能化、可视化技术，努力将锦界三期项目打造成为行业领先的可靠、可知、可控的智能智慧电站。

五、运煤专业

（1）三期工程无新建贮煤设施，但国华锦能公司要结合当前环保政策要求，对现有露天煤场实施封闭改造，改造项目可单独列项，报请上级公司批准。封闭改造方案要结合全厂 6 台机组上煤系统，进行混凝土筒仓、干煤棚、圆形网架结构等方案的设计比选论证后确定。

（2）初步设计中统一考虑现有输煤系统提速改造方案的施工过渡措施，并对储煤系统改造与现输煤系统接口方案进行充分分析和说明，对一二期卸料小车性能及落料筒截面进行重新核算。

六、除灰专业

（1）除灰系统采用正压浓相气力输送系统集中至一二期灰库卸灰后，再经气力输送或管状带方案输送至厂外粉煤灰砖厂已建成投运的 $4 \times 5t$ 钢板仓，实现粉煤灰外销，减少现有储灰场的压力。

（2）除渣系统要综合论证干式和湿式除渣系统。

（3）利用一二期已建成灰场，不新建储灰场。

七、脱硫、脱硝及环保专业

（1）烟气脱硫采用全烟气石灰石-石膏湿法脱硫，脱硫系统不设增压风机和烟气旁路。

（2）脱硫综合楼及石灰石贮存卸料场地的布置，与一二期集中布置，利用原浆液制备间与脱水间道路进行改建或扩建，在充分利用原场地的条件下，对方案进行技术经济比较。同时石灰石储存卸料场与一二期合并，并采用封闭设计。

（3）对脱硫废水的处理和综合利用进行专题论证，要投入足够的技术力量进行脱硫废水设计技术方案的调研论证，选择具有前沿技术且具有稳定运行业绩的废水处理工艺，确保实现脱硫废水稳定零排放。

（4）采用双室五电场低低温干式静电除尘器＋新型高效脱硫吸收塔高效除雾器方案，具备高效除尘功能。对采用 MGGH 进行了专题论证。

（5）烟气脱硝采用 SCR 脱硝工艺，还原剂采用尿素。

（6）尿素制备区与一二期合并设计，采用"老厂制备、新厂缓冲储存"的原则，充分利用一二期原有设施，核实现有系统容量，确定改造增容方案，并充分考虑利旧过渡措施。

（7）环保设计要满足国华电力公司"一规三标"要求，采用烟气污染物控制集成技术，实现超低排放。

八、水工及化学专业

（1）辅机冷却水论证干冷、湿冷、混合冷却各种方案，并比选确定。

（2）在水量平衡设计中，应执行"一水多用、节约用水、清污分流"的原则，并积极采取废水重复利用措施。初设阶段要进行全厂废水零排放专题论证，确保电厂耗水指标处于国内领先水平。

（3）全厂生产用水必须全部采用锦界煤矿的矿井疏干水，为干旱少雨、环境脆弱、水资源严重短缺的陕北地区节约宝贵的水资源。

（4）实施全厂化水系统利旧升级改造，在原有离子交换制水系统上新增超滤、反渗透装置，进一步提高除盐水水质。要调研、收集矿井疏干水水质数据，为选择原水预处理工艺方案提供依据，并详细了解和论证煤矿疏干水水源的可靠性。

（5）每台机组设置 1 套全容量凝结水精处理系统，两台机组共用 1 套精处理再生装置。

（6）初设阶段要详细调研、论证采用全保护自动加氧处理技术，对高压加热器汽侧、除氧器下降管及凝结水泵入口实现加氧保护，以减缓过热器和再热器奥氏体钢氧化皮脱落，降低系统腐蚀、结垢及氧化皮脱落导致管道堵塞风险。

（7）根据一二期制氢站的出力论证是否设置制氢站。

（8）新建一座综合水泵房，预留四期扩建位置。

（9）新建的生活污水处理设备采用地上构筑物＋地下水池方案。

（10）新建二级消防站要符合国华电力公司的企业消防标准。

（11）除脱硫废水外的其他高盐水应考虑近零排放原则，经高盐水回用系统浓缩减量后，与脱硫废水进入湿式除渣系统。

（12）实现全厂雨、污水分离，污水系统和雨水系统完全分开设计，防止地下相互串通污染水质，发生废水外排的环保事件。

第二节　土　建　专　业

一、主厂房结构优化布置

（一）主厂房结构优化布置思路

（1）主厂房布置采用模块化设计，优化模块组合方案，尽最大可能减少主厂房建筑体积，充分利用建筑空间，优化设备和系统布置，缩短各类路径。

（2）主厂房在满足工艺和运行维护要求的条件下，采用紧凑型主厂房布置。

（3）重点考虑汽轮机高位布置对主厂房的影响。

（4）集中检修场地，在满足现场检修条件的情况下，合理减少主厂房检修面积。

（5）采用主厂房管道、桥架的三维设计，优化布置。

（二）主厂房主要结构尺寸的确定

主厂房主要结构尺寸的确定原则是在考虑到设备检修维护、主厂房的关键通道等因素的前提下，尽最大可能减少主厂房建筑体积，优化设备和系统布置。

1. 汽机房跨度及长度

主厂房采用钢筋混凝土结构设计，确定汽机房跨度时，需充分考虑汽机房行车主钩能起吊主要设备部件、大机的基座宽度，柱侧有必要的通道，辅助设备的摆放及汽轮机检修时的大件摆放。

汽轮机运转层和排汽管道层利用煤仓间上部空间，故汽机房宽度在这两层实际上是加上了煤仓间的宽度，下面各层的汽机房宽度仅需考虑辅机安装、检修，以及摆放位置、检修场地尺寸要求等。经详细核算，确定汽机房跨度为 14m。汽轮机中心线与 B 排重合，即汽轮机中心线距离 A 排 14m，距离 C 排 12m。

汽轮发电机组纵向顺列布置，汽机房运转层为大平台结构。主厂房长度主要由汽轮机长度确定，同时考虑检修场地的需要。因汽机房跨度仅 14m，故两台机组合设一个 0m 检修场（占用两档），且主厂房长度需要与空冷排汽管道的单元数匹配，故确定汽机房纵向档数为 16 档（两台机），汽机房长度 167.5m。

2. 煤仓间尺寸的确定

煤仓间柱网布置的几个影响因素：磨煤机的尺寸（基础、外形和检修空间）、原煤仓的外形尺寸、给煤机的尺寸（外形和检修空间）、汽轮机辅机框架尺寸、煤仓框架的合理跨度。煤仓间跨度主要决定于底层磨煤机布置及其检修空间。

3. 主厂房各层标高的确定

汽机房跨度和总长度确定后，运转层标高直接影响汽机房屋顶标高，进而影响主厂房建筑总体积、单位千瓦主厂房容积。因主厂房宽度方向较窄，和煤仓间连成一体后有利于土建结构，故采用前煤仓方案，利用煤仓间上部空间，可进一步缩小水泵汽机房跨度。

汽机房各层标高，是通过综合考虑煤仓间（皮带层、煤斗大梁）及空冷岛的标高来确定的，见图 11-1。排汽管道层标高与空冷岛支架标高一致，确定为 43m，运转层标高由排汽管道的布置决定，定为 65m，加热器层标高与皮带层保持一致为 35.3m，除氧器层与煤斗大梁层一致为 27m，凝结水箱层与给煤机层标高一致为 13.7m。主厂房分层充分考虑到各设备特点以及系统要求，辅机分层布置，非常合理，充分考虑到防空蚀以及汽轮机防进水。

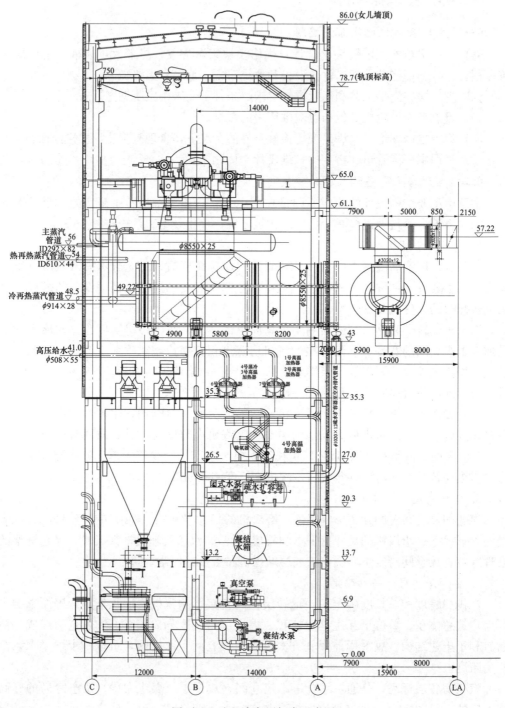

图 11-1　汽机房各层标高示意图

（1）汽机房行车轨顶标高。汽机房屋顶下弦标高直接影响其容积，有效降低汽机房屋顶下弦标高，可以降低厂房容积，节省投资。而汽机房屋顶下弦标高与汽轮机本体设备的所需的最大起吊高度、桥式起重机（行车）的结构型式有关。

行车轨顶标高由汽轮机主要部件最大起吊高度确定，根据汽轮机厂资料，汽轮机最大部件带横担时，距汽轮机运转层的最大起吊高度为 12.5m。轨顶标高与行车结构型式有关，根据最新的行车资料，轨顶标高定为 78.7m。

在行车轨顶标高确定以后，行车本身的结构尺寸决定汽机房屋架下弦的标高。由于行车本身结构的要求，行车轨顶上方至少要预留 3.6m 的空间，由此确定汽机房屋架下弦标高为 82.3m。

（2）煤仓间运转层标高：优化为 13.7m。

（3）输煤皮带层标高：是根据原煤仓几何容积及落煤管道的布置要求确定，按汽机房布置要求，皮带层定为 35.3m。

（三）主厂房结构优化布置特点

（1）高位布置前置煤仓优化后汽机房长度 167.5m，汽机房跨距 14m，与传统主厂房相比，缩小了常规电厂布置的汽机房跨度，大大减小了主厂房容积。

（2）由于汽轮机抬高布置，四大管道大幅缩短，既节约了成本，又减小了管道阻力，有利于发电效率的提高。

（3）低压旁路管道阀后经三级减温器连至排汽管道，可避免低压缸超温，对于机组安全运行非常有利。疏水扩容器与水箱分离，可以避免汽缸超温的问题。

（4）由于排汽管道抬高布置，空冷排汽管道大大缩短，成本大大降低，而且振动也会减小，对于空冷排汽系统非常有利。空冷凝结水回水管道也相应缩短，减少了导致管道冲击振动的因素。

（5）空冷排汽系统取消以前集装布置，改为分散布置后，可取消排汽装置坑，减少土建初投资，并可减少阻力，减少热耗。

（6）真空泵抬高布置，更有效地保证凝结水箱和空冷排汽管道的真空度。

（7）凝结水箱布置在 13.7m 层，有一定高差，凝结水泵可选用卧式泵，不需要凝结水泵坑，减少初投资。且采用卧式泵之后，可采用多种调速方式，非常灵活。

（8）加热器全部布置在主机下部各层，对于汽轮机防进水比较有利。

（9）主机基座、给水泵汽轮机基座均采用弹簧隔振。

（10）汽动给水泵汽轮机排汽采用直排大机的方案，且与前置泵不同轴布置。

（11）楼梯电梯的布置，考虑主厂房和煤仓间共用，以及主厂房和空冷岛共用。

（12）工艺系统、设备相对集中布置，减少了系统阻力，节约了厂用电；主要运行维护通道合理，系统流程顺畅，容易集中管理，主厂房高位布置，节省了主要管材用量。

（四）汽机房布置优化

结合主机技术参数，汽轮发电机组基座因标高比常规布置抬高很多，不适宜采用常规基座布置，故采用弹簧隔振型式。为了结构上与煤仓间连成一体，运转层标高优化为 65m，排汽管道层为 43m，凝结水箱层为 13.7m。根据主要设备、管道及电气出线等布置需要，汽机房排汽管道层和凝结水箱层间设置三个中间层平台，标高分别为 35.3、27、20.3m；凝结水箱层和零米层间也设置一个中间层平台，标高为 6.9m。

（五）煤仓间布置优化

制粉系统采用中速磨煤机正压直吹式制粉系统，每炉 6 台中速磨煤机横向布置，共占 6 档。煤仓框架分 0m 底层、13.7m 层、35.3m 层共三层。底层布置 6 台中速磨煤机，设有过轨吊可对磨煤机进行检修。

13.7m 运转层布置有给煤机，每台机组 6 台给煤机。另外此层主要是送粉管道布置层，在固定端设有吊物孔。13.7m 层至 35.3m 层间布置有 6 台钢煤斗，每台煤斗设一台给煤机，以利于原煤疏松。35.3m 层为输煤皮带层。

煤仓框架至锅炉炉前钢架之间零米为炉前通道。至磨煤机的冷、热风母管布置在锅炉钢架内。

（六）锅炉布置优化

1. 锅炉布置

锅炉为四角切圆燃烧的 Ⅱ 型锅炉图纸设计，脱硝同步建设。采用锅炉钢架与脱硝钢架联合设计的整体结构。一次风机、送风机、空气预热器和引风机均采用单列配置。

锅炉为紧身封闭布置，锅炉钢架范围内运转层平台（13.7m 层）为钢筋混凝土板面，各层平台根据设备运行维护的需要设置。每炉设 1 部客货两用电梯，在锅炉本体主要平台层设停靠层。设炉前低封，炉顶设轻型钢屋盖。

锅炉 0m 布置有两台磨煤机密封风机、刮板捞渣机等。单台送风机及单台一次风机对称布置在炉侧送风机室内。5 号炉固定端侧及 6 号炉扩建端侧各布置有两个渣仓，锅炉启动系统设备分别布置在 5 号炉固定端和 6 号炉扩建端。

脱硝装置布置在锅炉尾部烟道省煤器出口和空气预热器的入口之间。

2. 炉后布置

引风机纵向布置，烟囱和吸收塔布置在同中心线上。炉后布置有电除尘器、电动引风机、脱硫吸收塔、湿式除尘器（按脱硫塔外侧布置）、MGGH 烟气加热器和烟囱。

电除尘器前烟道支架内设有电除尘配电室。

单台 100% 容量电动引风机纵向布置在引风机室内。脱硫吸收塔、湿式除尘器（脱硫塔外侧布置），MGGH 烟气加热器和烟囱布置在同一纵向中心线上。吸收塔出口烟道不拐弯直接进入烟囱。

（七）主厂房结构优化成果

1. 主要尺寸（见表 11-1）

表 11-1 　　　　　　　　　　主厂房结构主要尺寸

名称	项目	数值（m）
汽机房	柱距	10/11/12
	挡数	16
	A/B 列跨度	14（运转层跨度 26m）
	总长度	167.5
	中间层标高	EL＋6.9/13.7/20.3/27/35.3/43
	运转层标高	EL＋65

名称	项目	数值（m）
煤仓间	柱距	10/11/12
	挡数	16
	B/C 列跨度	12
煤仓间	总长度	167.5
	运转层（给煤机）标高	13.7
	皮带层标高	35.3
锅炉部分	运转层标高	13.7
	炉前跨度	6.5
	锅炉宽度	44
	锅炉深度	78.6
	两炉中心间距	94.5
A 列至烟囱中心线间距		198.6

2. 优化结论

主厂房高位布置和常规布置方案相比，四大管道减少约 260m（约 193t），排汽管道大大减少，两台机组初投资减少约 1100 万元。四大管道长度减少，系统阻力降低，影响机组煤耗减少约 0.79g/kWh；排汽管道长度减少，系统阻力降低，影响机组煤耗减少约 0.212g/kWh。各辅机设备布置在汽轮机下部，有利于汽轮机防进水、四大管道及排汽管道热补偿等。

通过对主厂房结构布置优化，采用汽轮发电机组高位纵向顺列布置、前煤仓，汽轮机辅机框架和煤仓框架合并布置，排汽管道和汽轮发电机组布置在合并框架上方（L 形布置方案）。主厂房占地面积、体积、主要管材耗量等指标都处于领先水平。主厂房占地少，空间利用率高，功能分区明确，检修、维护条件较好，主要管材用量少，机组经济性相对较好。

二、设备检修起吊设施及检修场地布置

对于主厂房布置方案，设备检修起吊设施及检修场地是必不可少的。因此，设备检修起吊设施的设置及检修场地的规划对各个方案均具有通用性。

汽机房设两台电动双梁桥式起重机。起吊质量为主钩 170t，副钩 35t。

（一）汽机房检修起吊设施

（1）主要设备检修：主汽轮发电机组的零部件可以利用行车就近放在汽轮机周围平台上，运转层按 4t/m² 的均布荷载考虑。

（2）设有一个大件起吊孔，在其零米层设有大件检修场地。

（3）为利用汽机房行车起吊底层或夹层的设备，在夹层和运转层楼板相应的位置设有活动钢格栅，以便于主汽阀、励磁变压器、主油箱上各油泵和控制油单元设备的检修起吊。

（4）6、7 号低压加热器检修抽壳体时，检修时加活动工字钢轨，利用卷扬机拉出加热器壳体，布置中已经预留相应的抽壳空间和通道。

（5）8、9 号低压加热器检修时，朝 A 排方向抽管束，布置中已经预留相应的抽壳空间和吊耳。

（6）关于高压加热器的检修，根据调查和工程回访，就地抽芯的可能性很小，许多电厂整个寿命期都未进行上述检修操作。主要原因是有两方面：一是设备的可靠性已大大提高；二是电厂不具备大修抽芯后复原焊接的能力，如有必要需要返厂大修。因此，高压加热器不考虑现场解体检修，但相应预留拖运通道和空间。

（7）凝结水泵、真空泵、闭式水泵、汽动给水泵前置泵上方均设单轨吊，以满足上述设备的检修。

（8）主厂房内每台机组设有电动液压升降移动平台1套，以便检修布置在高位而未专设固定式平台的阀门、管件等。

（9）因主厂房抬高，汽机房行车需考虑起吊发电机定子。

（二）煤仓间、锅炉房及炉后检修起吊设施

为了满足设备的检修，设置了必要的起吊设施：每台炉设一套2×16t的电动双梁过轨起重机，满足磨煤机检修起吊用。送风机、一次风机、引风机的转子及其电动机上方设置电动起吊装置，其设计原则为满足起吊相应的叶轮、电动机等高度和质量的要求。每台锅炉设置一台1.6t的客货两用电梯，作为运行检修人员上下和运输检修工具及材料用。每台锅炉各设置一台5t的炉顶吊。两台锅炉配备一台可拆卸式炉内检修平台，以满足炉内检修维护的需要。在电气除尘器的顶部设置起吊设施，以满足整流变压器等设备起吊用。

（三）检修场地

汽机房内均设有零米检修场地。运转层大平台为汽轮发电机组等部件的检修场地。

第三节　锅　炉　专　业

一、锅炉受热面优化布置

（一）再热器受热面布置优化

锦界三期工程汽水参数为29.3MPa/605/623℃，为高效超超临界一次再热锅炉，由于再热蒸汽温度相比常规超超临界锅炉提升20℃，再热蒸汽吸热比例及吸热量提升，为满足蒸汽的吸热需求，再热器受热面布置相比常规超超临界锅炉需要优化布置。

锦界三期工程相比常规超超临界锅炉增加了低温再热器的受热面积，适当提高了低温再热器所占的吸热比例，提高了低负荷下挡板调温对再热器汽温的影响的敏感性，具体如图11-2所示。

通过设计优化，很好地解决了低负荷下再热蒸汽温度调节的需求。可保证再热汽温在50%～100%B-MCR负荷范围时，保持稳定在额定值，偏差不超过±5℃。

在高负荷时，通过烟气挡板的反向调节，减小再热器侧烟道烟气份额，可保证高负荷下再热器减温水不需投入，保证全负荷下的高经济性。

（二）省煤器设计优化

锅炉给水温度提高到310℃，加之宽负荷脱硝要求，对整个省煤器的设计及布置需要重点加以考虑。

综合以上两点需求，通过增加省煤器受热面来满足给水温度提高，锅炉保证效率不变，

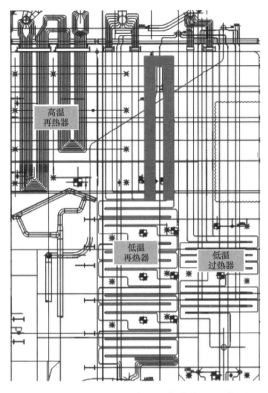

图 11-2　低温再热器受热面优化布置示意图

通过省煤器分级设置来满足 SCR 系统在 30％～100％B-MCR 宽负荷范围内的投运烟温需求。

省煤器系统分为三级串联布置，按工质流程依次为分级省煤器、低温再热器侧省煤器及低温过热器侧省煤器，由于省煤器受热面增加，尾部竖井及脱硝下部布置空间有限，为满足性能及布置需求，低温再热器侧省煤器采用光管，低温过热器侧省煤器及分级省煤器采用 H 型鳍片管。

此外，在保证锅炉效率不变的前提下，省煤器进口水温的提高也会带来省煤器出口水温的提高，需要校核各负荷下省煤器出口过冷度以验证省煤器系统设计的合理性，省煤器系统的设计参数见表 11-2。

表 11-2　　　　　　　　　　　省煤器系统的设计参数

项目	单位	设计煤种					
		B-MCR	BRL	THA	75％THA	50％THA	30％B-MCR
省煤器入口压力	MPa	33.30	30.84	30.71	23.25	15.40	10.44
省煤器出口压力	MPa	33.10	30.65	30.52	23.10	15.30	10.38
省煤器入口工质温度	℃	310	305	304	301	275	252
省煤器工质出口温度	℃	345	340	339	330	311	298
省煤器出口压力对应的饱和温度	℃	374	374	374	374	344	314
省煤器出口工质过冷度	℃	29	34	35	44	33	16
脱硝入口烟温	℃	378	372	371	362	348	333

由表 11-2 可看出，在不同负荷下，省煤器出口的工质均具有足够的过冷度，可保证省煤器系统安全，同时脱硝入口烟温满足 30%~100%B-MCR 工况下脱硝投运的要求（310~420℃）。

二、超大直径四分仓空气预热器设计及安装

锦界三期空气预热器采用单列布置空气预热器，空气预热器采用单列布置，转子直径 20.88m，总重 1397t，相同机组如采用双列布置，直径为 14.95m，两台空气预热器总重约 1579t，采用本技术方案可节省质量约 182t，降低了空气预热器的建设成本，同时节省了布置空间。空气预热器直径越大，漏风率越低，性能试验结果：空气预热器漏风率为 3.4%，如采用双列布置，漏风率在 4.5% 以上，降低约 1%，经测算，每年因此降低的运行成本在 50 万元以上。

在工程建设初期，与上海锅炉厂召开多次回转式空气预热器设计方案联络会，锅炉厂对单列布置空气预热器设计方案进行优化，根据锅炉烟风数据和现场布置空间，经过选型计算，转子直径 20.88m，为世界最大直径回转式空气预热器。为降低漏风率，优化了扇形板结构，空气预热器转子设计四分仓 60 隔仓，减少了大型预热器扇形板因自重和压差力引起的变形，有利于减少运行中的摩擦阻力，降低电机运行电流，减少预热器漏风。采用四分仓式空气预热器，传统三分仓预热器 60% 以上为一次风漏风，原因在于其和烟气的压差为二次风与烟气压差的 3~5 倍，采用四分仓预热器，将一次风布置在两个二次风中间，与烟气相邻的都是二次风，明显降低了漏风压差，从而有效降低了总漏风率。为解决转子最内侧仓格尺寸较小无法焊接施工的情况，采用最内侧 A 仓格采用三十分仓，并与后续仓格之间设置环向密封片，这种环向密封在国内属于首创。同时采用三道密封设计，采用多重密封减小漏风的形式原理在于降低烟空气漏风压差。使得密封板可以覆盖三个转子仓格，保证密封区始终有不少于三道密封，进一步降低漏风压差。根据漏风计算式，相对于传统的双道密封设计，采用三道密封设计可以进一步降低约 13% 的直接漏风。主要设计创新点如下。

（一）采用单列四分仓布置

对比常规空气预热器的双列布置，采用单列布置可节省空间，节约材料，同时，单列空气预热器转子直径比双列大，锦界三期工程空气预热器直径 20.88m，是目前直径最大的空气预热器，大直径空气预热器漏风控制效果好，可有效降低漏风率。另外，采用四分仓空气预热器可降低烟空气压差，减少烟空气及一次风侧漏风，对比三分仓、四分仓漏风率降低 1%~1.5%，一次风漏风率降低 5% 以上。四分仓回转式空气预热器如图 11-3 所示。

（二）选择围带驱动方式

空气预热器采用围带驱动，对比中心驱动，围带驱动传动力非常小（只有中心驱动的 1/8~1/10），对运行阻力变化不敏感，可有效保证预

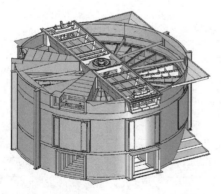

图 11-3 四分仓回转式空气预热器

热器转动，避免停转。到目前为止，围带驱动可靠性在98％以上（中心驱动一般为80％），最长工作寿命达25年，围带和减速机构寿命全部在15年以上。根据两种结构的不同点，围带驱动和中心驱动的优缺点比较见表11-3。

表 11-3　　　　　　　　　　　围带驱动与中心驱动优缺点比较

序号	比较项目	围带驱动	中心驱动	说明
1	工作环境和检修	预热器外围，环境温度较低，检修独立，但围带圆度调整要求较高	预热器热端梁中间，环境温度较高，检修场地较小，但安装简单	中心传动如检修导向轴承，必须先拆除传动装置
2	常见故障	(1) 减速机进轴漏油；(2) 超越离合器跟转	(1) 减速机进轴漏油；(2) 超越离合器跟转；(3) 大联轴器损坏；(4) 减速机内部断齿端轴；(5) 变频器烧毁	中心驱动故障等级较高；预热器进口烟温升高，容易造成锅炉停机
3	减速机更换成本	较低	减速机价格为围带驱动的2倍以上，受力大，寿命不如围带驱动	中心驱动减速箱更换成本高
4	漏风率增加	0.05％～0.06％	0	围带处漏风极小
5	危险部位	(1) 传动齿轮；(2) 液力偶合器或磁力耦合器	(1) 端轴螺栓；(2) 联轴器；(3) 减速机；(4) 变频器	
6	传动扭矩/功耗	克服轴承摩擦扭矩和三向密封摩擦扭矩	克服轴承摩擦扭矩和三向密封摩擦扭矩	二者相同，变频对恒转速的预热器没有节能作用
7	运行油温	50～80℃	60～90℃	
8	启动保护方式	液力耦合器、磁力耦合器或变频器，小型预热器不考虑启动保护	变频器，必须配置	中心驱动必须配变频
9	出轴受力	外周传动力矩长，作用在围带销上力仅为1～1.5t	传动力矩为减速机出轴半径，出轴承受很大受力（是围带传动的几十倍）	围带方式传动机构受力微小
10	主减速机；减速比	1/90～1/125	1/750～1/1000	中心驱动减速箱速比高

序号	比较项目	围带驱动	中心驱动	说明
11	输入电动机数	2台或3台主电机、辅电机、盘车气电动机	一般为2台主辅电机互为备用，依靠变频器实现转速切换	围带驱动电动机选择较灵活
12	减速机传动级数（以小机组为例）	3级（齿轮传动）	5级（齿轮传动）；4级（串联蜗轮蜗杆传动）	围带驱动减速机体积较小
13	导向端轴承受扭矩	导向轴承摩擦扭矩	全部转动阻力矩	相差数十倍
14	耐烟气温度变化幅度	+60℃以上	+20℃左右	中心驱动对密封摩擦阻力很敏感
15	制造总成本	较高（围带＋传动系统）	较低（只有传动系统）	

从表 11-3 可以看出，围带驱动的特点是系统受力小，因而使用寿命长、耐预热器进口烟气温度升高幅度大、启动灵活，缺点是结构复杂、安装要求较高。中心驱动的优点是结构简单，安装快，但系统受力很大，启动依赖变频器，对预热器进口烟温变化敏感，故障等较围带驱动为高，故采用围带传动更具优势。

（三）全面改进传动装置

空气预热器减速箱采用双速电机驱动，主电机功率 55kW，备用电机功率 55/40kW。主、备电机采用永磁联轴器，并配有气动马达。相比其他空气预热器而言，空气预热器采用永磁联轴器替换液力耦合器，基本实现免维护；使用双速电机调速，可有效满足运行、检修和冲洗需要，无须变频器；此外，减速箱采取强制润滑方式，运行更可靠。传动装置如图 11-4 所示。

（四）优化传热元件配置

上海锅炉厂有限公司在选择传热元件时，会考虑到用户的实际情况，从设备长期安全稳定运行的角度出发，适应煤种在一定范围内的变化，确保在使用过程中不堵灰不腐蚀，保持较低的排烟温度，保证在长时间的运行过程中，锅炉的效率保持在较高水平。

上海锅炉厂在进行空气预热器选型时，应计算预热器转子中金属和流体温度场，根据温度场和硫酸、硫酸氢氨的露点温度来确定各层传热元件的高度，并留有一定余量，以适应煤种变化。传热元件配置为热端（600＋1000）mm 高，波型 DU3，冷端 1100mm 高，波型 TC-4。

（五）控制漏风措施

（1）三道密封设计。采用三道密封减小漏风的原理在于降低烟空气漏风压差。使得密封板可以覆盖三个转子仓格，保证密封区始终有不少于三道密封。根据漏风率计

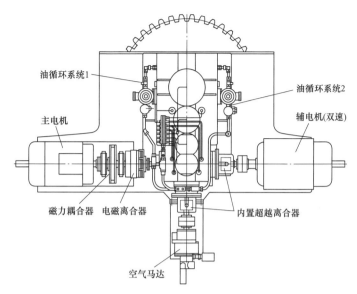

油循环系统1

主电机

油循环系统2

辅电机(双速)

磁力耦合器 电磁离合器

内置超越离合器

空气马达

图 11-4 空气预热器减速箱传动装置示意图

算公式，相较于传统的双道密封设计，采用三道密封设计可以降低约 13% 的直接漏风。考虑到不增加空气阻力需要，一般只在空气和烟气之间的密封区采用三道密封。

（2）设置软密封。为了减少漏风间隙，预热器设有密封片，但随着工况的变化，转子的热变形量也会相应改变，为防止密封片与密封板摩擦加剧，卡塞转子，通常密封副会预留一定间隙，这会导致直接漏风量偏大。设置软密封就是设置一些和密封板接触的薄密封片，其本身较软并有弹性，在接触到密封板时会弯曲，在转子最大变形阶段能基本贴紧密封板，达到减小漏风间隙的目的。软密封也称为柔性密封，与常规预热器转子密封片同时采用。

（3）二道环向密封。由于空气预热器转子直径超大，考虑到制造、运输及安装需要，转子设计为 60 隔仓，而最内侧仓格由于焊接需要为 30 隔仓，在最内侧和第二道元件包之间设置有环向密封用以控制。

（4）采用焊接型静密封。对可调设计扇形板机构，扇形板两侧的静密封设置为两片钢板滑移模式，存在的间隙势必会造成一定的漏风。在密封板和预热器壳体之间设置波纹节，保证密封板在运行阶段可调节的同时，消除这部分漏风。

（5）采用新型扇形板自动跟踪装置。空气预热器的转子变形很大，如没有配置扇形板自动跟踪装置，热端径向漏风将超过直接漏风的一半。常规空气预热器的扇形板自动跟踪装置通常采用微动触发传感器，虽然故障率较低，长期投运率较高，但是由于传感器长期暴露于高温烟气之中，仍然存在较高的损坏风险，且不容易在线更换，并且测量精度不高，易磨损。为此，改进为激光传感器，可在线更换，且具备响应快、精确性高、实时性好、测量范围广、抗干扰能力强、可靠性高、维护量小等优点，避免了上述传感器的缺点。扇形板自动跟踪装置还可以采用烟气入口温度控制扇形板位置作为备用系统的设计方案，保证了该系统的投运率达到 100%。

后期的设备监造过程中派专人进行驻厂全过程监造，落实负面清单闭环，对重点部件如冷端梁、热端梁及扇形板等严把出厂验收关，确保加工误差在标准范围内。在设备安装前邀请上海锅炉厂技术人员到现场组织监理、总包及施工单位技术人员对监装要素进行培训，开工前对工程负责人进行技术交底熟悉图纸、施工工艺、施工方案，过程中严格执行工程质量验收标准及制度，对影响漏风率的密封片与扇形板安装间隙严格把关，误差控制在标准以下，安装工艺达到优良标准。顺利完成设备单体调试和分系统试运，保障机组安全顺利地完成整套启动并移交生产。

锦界三期空气预热器投运后运行正常，电流无明显波动，排烟温度和烟空气阻力均达到设计要求。运行以来的各项数据表明，空气预热器漏风率等各项性能指标达到了设计水平，为机组的经济、安全、稳定运行提供了可靠保障，也为今后同类工程建设积累了宝贵经验。

三、锅炉辅机单系列设计优化

为提高设备运行经济性，节省投资，各大发电集团提出了机组辅机单列配置的构想。随着技术及辅机制造水平的提高，辅机的可用率越来越高，为机组采用辅机单列布置提供了技术支撑。

目前国内在运行的火电机组配置情况，除了布连电厂一期 $2 \times 660MW$ 超超临界燃煤空冷机组采用了辅机单列配置之外尚无 $600MW$ 等级机组采用送风机、引风机、一次风机，空气预热器单列配置运行业绩。因此，需要重视锅炉辅机单列配置的安全性和可靠性问题。从国外火电机组发展情况看，日本早在 1996 年矶子电厂就已经开始推行锅炉主要辅机单列配置方案，而德国更是为了追求机组的最佳性价比，大力推广锅炉辅机单列配置，并做了大量旨在提高发电厂效率的创新优化工作。在国际上采用单列配置已经有比较成熟的经验。

（一）三大风机选型

烟风系统一次风机、送风机、引风机按单系列配置，设一台 100%容量的动叶可调轴流式一次风机；设一台 100%容量的动叶可调轴流式送风机；引风机与脱硫增压风机合并设置，设一台 100%容量的电动动叶可调轴流风机。在风机选型方面，首先保证风机选型设计参数合理，为响应国家节能减排政策，一次风机、送风机、引风机流量、压头选型参数按 BRL 工况为基准点选取，避免风机选型过大，尽可能降低冗余，进一步降低厂用电率。其次考虑风机失速安全系数和第一临界转速的选择，并且采用先进的调节方式，保证风机不失速。

（二）单系列风机热工控制及保护措施

为了进一步提高风机单列配置系统运行的可靠性，仪控系统设计必须以提高系统安全可靠性为原则，采取有效措施，尽量减小或消除因仪控设备及逻辑的误动、拒动而引起的机组可靠性降低的问题。为此，本项目将从仪表与控制设备的选型、配置及逻辑组态等方面全面优化，整体提高仪控系统的安全性和可靠性。

1. 仪表系统设计方案

（1）提高热控设备及检测点的可靠性。采用技术成熟、可靠的热控测量元件对提高 DCS 整体可靠性。风机润滑油站及液压油站均不设计就地电控箱，所有仪表信号直接接入 DCS，油站内电动机直接由电气 MCC 控制，减少中间环节，提高信号可靠性。

（2）在一次检测仪表的配置上适当增加冗余度。

（3）适当增加辅助测点和设备，作为保护和监视的辅助手段。

2. 控制系统的配置

（1）合理配置控制系统，并从逻辑组态上完善控制系统、提高 MCS 的调节品质、提高控制逻辑的合理性，并加强控制系统监视。

（2）遵循热工保护系统"独立性"原则。

（3）分散控制系统 DCS 的配置。主要考虑三大风机能稳定运行、可靠停机，其配套油站及附属设备等（润滑、冷却等）能可靠启动并安全运行，烟风通道的单列辅机能可靠联锁。

（4）DCS 逻辑设计及组态优化。

（三）经济性分析

1. 一次风机采用单列布置经济性分析（见表 11-4）

表 11-4　　　　　　　　　　风机每年的成本统计（2 台炉）

项目	单列布置（万元）	双列布置（万元）
风道费用（差额）	基准	$+48\times2$
基础费用（差额）	基准	$+6.9\times2$
设备价格（差额）	基准	$+210$
初投资差额	基准	$+319.8$
设备检修年费用差（差额）	基准	$+12$

一次风机采用单列设置比双列设置初投资减少约 319.8 万元，全厂年检修费用节约 12 万元。

2. 送风机采用单列布置经济性分析（见表 11-5）

表 11-5　　　　　　　　　　风机每年的成本统计（2 台炉）

项目	单列布置（万元）	双列布置（万元）
风道费用（差额）	基准	$+57.6\times2$
基础费用（差额）	基准	$+1.2\times2$
设备价格（差额）	基准	$+22$
初投资差额	基准	$+139.6$
设备检修年费用差（差额）	基准	$+12$

送风机采用单列设置比双列设置全厂初投资减少 139.6 万元，全厂年检修费用节约 12 万元。

3. 引风机采用单列布置经济性分析（见表 11-6）

表 11-6 风机每年的成本统计（2 台炉）

项目	单列布置（万元）	双列布置（万元）
烟道费用（差额）	基准	$+59\times2$
基础费用（差额）	基准	$+12.2\times2$
设备价格（差额）	基准	$+268$
建筑物费用（差额）	基准	$+83\times2$
初投资差额	基准	$+576.4$
设备检修年费用差（差额）	基准	$+20$

引风机采用单列设置比双列设置全厂初投资减少 576.4 万元，全厂年检修费用节约 20 万元。

4. 空气预热器采用单列布置经济性分析（2 台炉，见表 11-7）

表 11-7 空气预热器初投资和年维护成本统计

项目	单列布置（万元）	双列布置（万元）
设备价格（差额）	基准	$+1420$
设备检修年费用（差额）	基准	$+8$

（四）辅机运行可靠性的分析

1. 辅机运行可靠性的分析

通过对历年辅机可靠性指标及故障原因等整理分析，风机非计划停运的首要技术原因是引风机动叶片、本体叶片断裂。主要责任原因为产品质量不良和检修质量不良，占所有非停小时的 52.35%、30.85%。

从停运的整体分析中，可以看出：送风机断裂、震动大和漏油，引风机部件的断绝缘不良和温度高等是引起辅助设备非计划停运的主要技术原因。这些问题一直是影响辅助设备健康状况的主要因素，其中既有设备老化、产品材质不良、规划设计不周等问题，也有运行操作不当、煤质和检修质量不良的问题。要提高辅助设备运行的可靠性，就要从设备管理的细节入手，预防为主，加强设备的前期管理，找出故障发生的规律和周期，做到预防性维修，让设备薄弱点、危险点始终处于可控、在控状态，使辅助设备的可靠性实现可控在控。

造成辅助设备非计划停运的主要责任原因为产品制造质量不良和检修质量不良，产品质量不良主要是材质不良和制造工艺不良。

从国产、进口辅助设备的可靠性指标上看，国产送风机和引风机的可用系数分别为 94.61% 和 94.58%，比进口的送风机和引风机的可用系数分别降低 0.79% 和 0.21%；国产送风机和引风机的非计划停运率分别为 0.02% 和 0.03%，比进口的送风机和引风机的非计划停运率分别高 0.02% 和 0.01%。

送风机和引风机的可用系数国产设备均高于进口设备。随着技术的不断创新和引进，该容量等级机组的国产辅助设备质量在逐年提高，制造水平也在不断提高。

从以上分析可以看出，600MW 等级机组双列引风机设备国内制造水平已经超过国际先进水平；进口设备中由于对国外技术掌握不够精准造成检修质量不良或者备品备件供货周期影响检修进度造成了进口设备可用率低于国产设备的局面。从三大风机的非计划停运影响原因分析，尽管对三大风机的关键部件已经足够重视，在运行中确实减少了其对设备的可用率的影响，但是三大风机的附属设备，如轴承断裂、轴瓦温度过高、润滑方式、振动、油泵，甚至油箱的加热器等都成了制约三大风机安全运行关键因素。

2. 提高单列辅机可靠性的主要措施

（1）选择优良设备是关键。

（2）提高安装、调试质量。

（3）加强温度、振动的实时监测。

（4）防止误动、误跳。

（5）选择可靠的仪表。

（6）提高润滑和液压油等辅助系统的可靠性。

从系统配置看，单列风机需要操作控制的设备少，不存在切换及联络，简化了系统，优化了风门配置，减少了控制元件。当风机采用双系列设置时，若停运 1 台风机，则当负荷上升后，停运的风机再次启动时，需降低第一台风机的出力，使其运行点的压力低于风机失速界限的最低点压力后再启动第二台风机进行并联。否则不仅不能实现两台风机并联运行增加总出力的目的，还可能造成两风机发生"抢风"的不稳定运行状况，甚至发生喘振，损坏风机。根据现场运行调研，很多电厂由于风机启停程序复杂，当锅炉负荷降低至 50%B-MCR 左右时，为了安全起见，仍维持两台风机运行。

从运行经济性看，据调试单位对风机运行的研究成果表明：当采用动叶可调轴流风机（双列风机）时，低负荷允许工况下，两台风机运行时，由于风机的工作线基本上是与风机等效率线长轴方向一致，因此机组负荷降低时，风机开度虽然较小，但效率的降低比较平缓，而单台风机（停一台风机）运行时，流量大压头小，风机效率下降较明显，运行中仍然是两台风机运行风机总的轴功率较小。即使是配双列动调风机，在低负荷下仍然是两台风机运行较为经济。因此，当配单列风机时，即使在低负荷工况，也不会降低风机的运行经济性，且单列风机没有两台风机抢风、运行不均衡而带来的风机实际效率下降的问题。配单列风机不会降低风机在各运行工况下的运行经济性。

单列配置的三大风机效率不低于双列配置，各工况下运行经济性单列配置较好。空气预热器的漏风率单列配置低于双列配置。

（五）结论

单列辅机的配置设备简洁，布置方便，流程顺畅，系统简单，控制部件少，运行操作简单。经初步估算，两台机组单列辅机配置（单台一次风机、送风机、引风机和空气预热器）可以节约初投资约 2400 万元。从设计角度，单列配置的烟气系统流程简化，对降低风机的电耗有利，而且实际运行时，由于不存在风机抢风、运行不均衡带来不利因素，总的运行费用两台机组节约为 52 万元，为此，锅炉辅机空气预热器及一次风机、送风机、引风机采用单列布置。

投产后通过对机组运行情况分析，锅炉辅机运行安全可靠，未发生因辅机单系列布置的设备故障而导致的机组降出力或非停事件，采用辅机单列布置设计成熟可靠。

四、智能喷氨技术优化

（一）总体方案

脱硝系统智能喷氨优化控制思路为对烟道进行合理分区，通过脱硝 NO_x 分区多点同步测量及主回路的前馈预测控制等技术对喷氨量进行精准控制，从而实现氮氧化物的高效脱除。脱硝优化整体方案示意如图 11-5 所示。

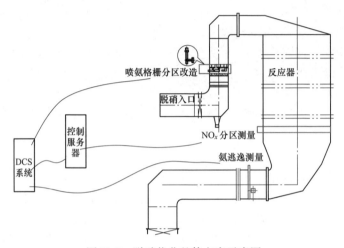

图 11-5　脱硝优化整体方案示意图

（二）主要技术路线

锦界三期项目脱硝采用智能精细化喷氨技术，从控制上可分为喷氨总量控制和分区喷氨控制（如图 11-6 所示），主要涉及脱硝进出口 NO_x 总浓度测量（混合采样测量）、烟气流量测量、NO_x 浓度分布式巡测、分区氨氮摩尔比调平以及总量控制等，通过喷氨总量自动控制阀＋分区喷氨自动调节阀＋支管调节手阀三级阀门的串联控制和调节，使 SCR 性能适应 NO_x 超低排放要求，减少氨逃逸，实现经济、智能化脱硝运行。

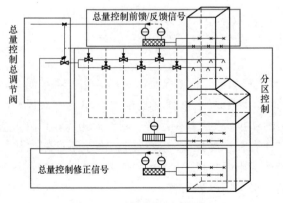

图 11-6　总量控制和分区控制

（三）主要软件和硬件

1. 脱硝入口取样装置

脱硝入口采用多点混合式取样格栅。多点混合式取样装置适用于烟道 NO_x 总浓度测量。混合取样示意如图 11-7 所示。多点烟气混合取样系统三维布置如图 11-8 所示。

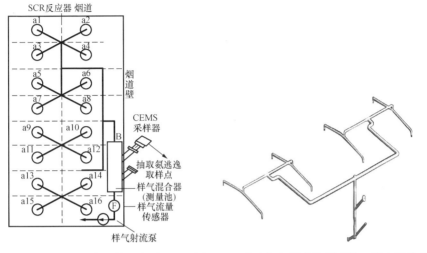

图 11-7　混合取样示意图　　　图 11-8　多点烟气混合取样系统三维布置示意图

2. 脱硝出口取样装置

脱硝出口采用智能一体化多点式取样装置。智能一体化多点式取样装置是将分区取样装置和混合取样装置合二为一的技术，安装空间小、成本低、检修维护工作量小。智能一体化多点式混合器三维示意如图 11-9 所示。

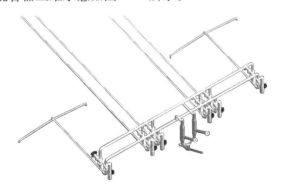

图 11-9　智能一体化多点式混合器三维示意图

3. 分析仪配置

脱硝入口和出口采用原位式测量仪表，在响应速度上，原位式测量仪表（响应时间小于 3s、稳定性小于 $1.5mg/m^3$、数据精度 $\pm2.5\%$）完全能够满足机组运行变化带来的 NO_x 变化；数据实时性强、精度高。

4. 分区设计

分区设计需与脱硝 CFD 模拟紧密联系，以喷氨和烟气速度场及浓度场为依据，科学划分，同时结合大量的工程设计经验和优化后的喷氨格栅设计，细化分区，实现最优分区设计。

5. 建立前馈预测模型

燃煤电厂锅炉燃烧产物中的 NO_x 排放的形成机理极其复杂，提供对影响 NO_x 浓度时变的敏感性因素，对机组运行参数历史数据进行敏感性分析，建立影响 NO_x 浓度时变的动力学模型，进而有针对性地实施控制算法模型。最终实现 SCR 系统的智能、精细化控制，如图 11-10 所示。

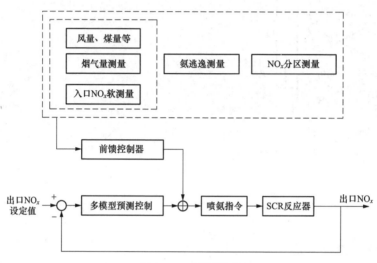

图 11-10 控制模型

（四）技术优点

效率预测：通过脱硝效率的正确及时预测，实现总喷氨的精确控制，大幅减少出口 NO_x 的波动，避免过喷情况。

均匀喷氨：通过脱硝更准确的流场模拟设计非均匀喷氨格栅设计，使出口 NO_x 分布均匀，防止局部区域氨逃逸偏大，产生硫酸氢铵在下游引起空气预热器腐蚀和堵塞。

催化剂寿命预测：通过氨逃逸数值的多点测量，实时监测氨逃逸的变化趋势及绝对值，预测催化剂活性的损耗状态，结合定期的催化剂活性监测报告，管控催化剂的性能分布。

喷氨量累计计算：通过对喷氨流量的实时累计，辅助判断催化剂的整体平均性能，同时帮助业主及时预判成本的耗量。

催化剂差压监测：通过对催化剂差压的实时监测，判断催化剂孔板堵塞情况，及时调整吹灰控制策略。

通过以上智能控制算法的结合，保证脱硝效率、减少喷氨量、降低氨逃逸量、消除与烟囱 NO_x 的倒挂现象、提高催化剂使用寿命、减少空气预热器检修成本和降低引风机功耗。

（五）成果推广前景描述

经过精细化智能喷氨优化控制系统的应用，在机组控制系统的喷氨总量控制水平得以大幅度提高，自动投入率达到 95% 以上，SCR 出口 NO_x 不均匀性方面得到了有效的改善，催化剂区域活性得到平衡和充分利用，保证在相同脱硝效率情况下氨逃逸降到最低，同时也降低了操作人员的工作强度，提升了SCR控制调节的精度。脱硝优化控制技术的应用与推广，更好地实现了电厂智能化控制的总体思路，此项技术已开始在国内同类型火电机组上陆续推广应用，取得了突出的经济、环境效益。

第四节　汽 轮 机 专 业

一、滑销系统（推拉结构）优化专题报告

针对世界首例高位布置2×660MW超超临界燃煤发电机组工程，主蒸汽及再热汽管道相比常规设计更短，故管道推力更大，对汽轮机的滑销系统提出了更高的要求。哈尔滨汽轮机厂对660MW等级超超临界汽轮机的3号轴承箱刚度问题和汽轮机膨胀容易受阻的问题进行了专项研究。考虑到锦界项目采用高位布置的特殊性以及当前汽轮机高中压缸和轴承箱的生产状态，哈尔滨汽轮机厂决定将锦界项目的滑销系统由原设计的猫爪推拉结构更改为定中心梁结构，如图11-11所示。

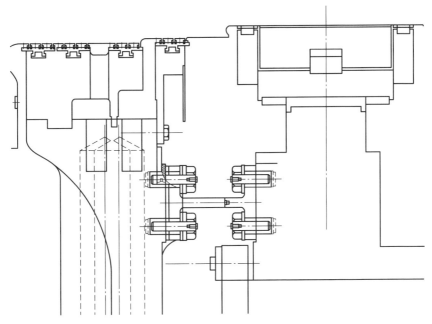

图11-11　中压缸中心梁结构示意图

（一）定中心梁结构方案说明

重新设计1、2、3号轴承箱以适应定中心梁的结构和安装要求。更改后的定中心梁结构和汽缸、轴承箱接配形式如图11-12所示。经过核算，定中心梁的强度满足汽轮机各种工况使用要求。

更改后，汽缸的前后端通过定中心梁与相邻的轴承箱进行连接，定中心梁与汽缸及相邻轴承箱间通过螺栓及定位销进行固定。定中心梁能够保证汽缸与轴承箱之间的轴向和横向定位。同时每个汽缸猫爪与轴承箱之间用双头螺栓以及压板进行连接，以

防止汽缸与轴承箱之间产生脱空。压板与猫爪之间留有适当的间隙，当汽缸温度发生变化时，汽缸猫爪能够在支撑面上进行轴向和横向胀缩移动。

猫爪与轴承箱之间的支撑和连接结构如图 11-12 和表 11-8 所示。

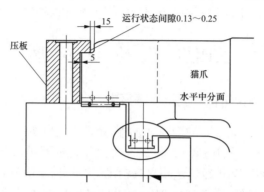

图 11-12　猫爪的支撑和连接结构示意图

表 11-8　　　　　　　　　　猫爪推拉结构与定中心梁推拉结构对比

序号	对比情况	猫爪推拉结构	定中心梁结构
1	推拉装置	猫爪推拉	定中心梁推拉
2	推拉位置	轴承箱两侧，靠近中分面	汽缸中部，靠近轴承箱底板处
3	猫爪作用	支撑以及推拉作用	仅起到支撑作用
4	轴承箱受力情况	支撑汽缸重量，启动和停机时受到轴向的推拉力，存在翻转力矩	支撑汽缸重量，启动和停机时受到轴向的推拉力，无翻转力矩

通过以上对比可以看出，更改为定中心梁结构之后，由于轴承箱受力位置的改变，能够有效地避免由于猫爪推拉引起的轴承箱翻转力矩，且轴承箱与汽缸之间膨胀力的转递集中在汽轮机中心线下方，不会出现由于汽缸左右两侧温度不一致或两侧猫爪受力不一致导致所引起的轴承箱偏斜问题，由于受力点靠近轴承箱底板，彻底解决了轴承箱刚度不足的问题。

（二）定中心梁的强度分析

1. 中心梁强度计算的边界条件

定中心梁的受力情况是汽轮机膨胀或收缩时克服轴承箱由于摩擦力产生的阻力和外部管系作用在汽缸和阀门上的轴向推力，计算时考虑到安全余量，将高、中压汽缸定中心梁推动部件与基础间的摩擦系数取 1.5。对于高压定中心梁，需推动 1 号轴承箱（包括轴承箱内轴承支反力）和高压缸质量的一半；对于中压定中心梁，推动 1 号和 2 号轴承箱（包括轴承箱内轴承支反力）、高压缸、中压缸质量的一半。

2. 定中心梁强度计算的考核项

（1）定中心梁竖直方向的热膨胀引起的杆系的弯应力。

（2）轴向力引起的定中心梁拉应力。

（3）轴向力引起的法兰弯应力。

（4）杆系压缩失稳载荷。

（5）杆系的螺栓应力。

3. 结论

经核算，以上各项应力及载荷结果均满足要求。

（三）总结

哈尔滨汽轮机厂将锦界项目的推拉结构选型为定中心梁结构，经过分析论证，定中心梁的强度和地震载荷满足使用要求。采用定中心梁结构后，能够有效地避免轴承箱刚度不足问题及膨胀不畅问题的发生。为保证汽轮机安全运行，应严格控制与汽缸相连接的各管道的安装质量，保证管系对汽缸的推力和力矩值符合设计要求。

（四）实际应用效果

从机组调试、运行至今，机组启动停机数十次，两台机组滑销系统运行正常，各汽缸、轴承箱膨胀非常顺畅，机组轴系振动优良，如图 11-13 所示。

二、高压阀阀芯表面处理工艺改进专题报告

锦界三期高压主汽调节联合阀对称布置在高压缸两侧，一侧阀门相对机组中心高位布置，一侧阀门低位布置，并采用弹性支架浮动支撑。调节阀通过大型法兰和进汽插管与汽缸相连。调节阀与高压缸之间的管段很短，这样设计使结构紧凑、蒸汽压力损失小，并减少主汽阀关闭时的转子超速量。主汽阀是一个内部带有预启阀的单阀座式提升阀，调节阀为单阀座平衡阀。主汽阀和调节阀的设计尽量减小了阀门的压损。蒸汽进入装有永久滤网的阀壳内，当主汽阀关闭时，蒸汽充满在阀体内，并停留在阀碟外。主汽阀打开时，阀杆带动预启阀先行开启，从而减小打开主汽门阀碟所需要的提升力，以便使主汽阀的阀碟可以顺利打开。主汽阀设计成阀门的后座限位形式，即在阀碟背面与阀杆套筒相接处的区域有一层对焊层，阀门全开时形成自密封。主汽阀通过油动机开启，由弹簧力关闭。调节阀在阀碟上设有平衡孔，以减小机组运行时打开阀门所需的提升力。调节阀也设计成阀门的后座限位形式，在阀门全开时也形成自密封。同样，调节阀也由油动机开启，由弹簧力关闭，这样在系统或汽轮机发生故障时，主汽阀和调节阀能够快速关闭，确保机组安全运行。

（一）原设计存在的缺陷

通过调研该机型配汽系统高压阀均出现不同程度的阀门内部卡涩现象，阀芯表面有大量氧化层剥落，阀芯表面有明显的划痕，具体如图 11-14 所示。

从图 11-14 所示分别为左侧主阀碟与套筒间脱落物（油石打磨下来的部分）、右侧高调门阀碟与套筒间脱落物、右侧主阀蝶与套筒间脱落物的微观形貌和能谱测试波形图。

由图 11-14 可见，右侧高调门阀碟与套筒间脱落物微观形貌上呈棱角尖锐颗粒状，右侧主阀蝶与套筒间脱落物呈较大片状。左侧主阀蝶与套筒间脱落物（油石打磨下来的部分）、右侧高调门阀碟与套筒间脱落物、右侧主阀蝶与套筒间脱落物的能谱结果显

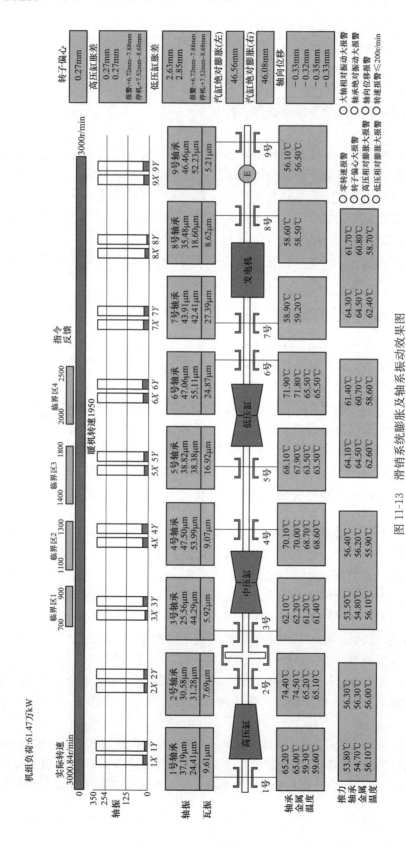

图 11-13 滑销系统膨胀及轴系振动效果图

图 11-14　阀内部套氧化形貌

示：左侧主阀蝶与套筒间脱落物中较大块状物主要元素为 Si 和 C，细小颗粒物为 Fe 和 O 元素，并含有 S 及少量杂质元素。

结合形貌特征和能谱测试结果，分析得到细小颗粒状脱落物主要成分为阀部件表面的氧化物及一些杂质元素，大块状可能为使用油石打磨时掉落的油石碎屑；右侧高调门阀碟与套筒间脱落物和右侧主阀碟与套筒间脱落物主要元素都为 Fe 和 O，均应为部件表面的氧化物。即左侧主阀蝶与套筒间脱落物主要为铁的氧化物、杂质和打磨时掉落的油石碎屑。右侧高调门阀碟与套筒间脱落物、右侧主阀蝶与套筒间脱落物为铁的氧化物，导致阀杆卡涩，严重影响机组安全运行。

（二）抗氧化表面处理优化方案

经会同哈尔滨汽轮机厂多次调研、开会讨论解决该问题，具体措施如下。

（1）使用等离子喷焊技术。鉴于同类型机组的阀门内部件高温氧化情况，哈尔滨汽轮机厂专业人员进行了大量的分析论证，同时引进先进设备对衬套等部套进行了大量的等离子喷焊（PTA）试验，等离子喷焊是一种利用等离子作为高温热源，采用粉末状合金作为填充金属的一种熔焊工艺，将合金粉末熔敷在工件表面以提高材料表面的耐磨性能和抗腐蚀性能，具有易实现自动化、生产效率高、焊缝稀释率低等优点，目前是阀门类产品耐磨面、密封面通常采用的一种堆焊方式。

采用等离子喷焊司太立合金方式，具有较高的硬度、良好的耐蚀性和耐磨性、抗氧化性，通过调整工艺参数，可对稀释率进行调控，同时采用不同堆焊层数和工艺，可实现硬度从 HV300-470 范围内调整。通过对试验解剖，等离子喷焊焊缝与基材形成良好的冶金结合，且熔合线平直，如图 11-15 所示。

图 11-15　等离子喷焊司太立合金

等离子喷焊设备（卡斯特林电源、库卡机械手、联动变位机，喷焊内径 $\phi 660mm$，长度 1000mm 套筒）及喷焊效果，如图 11-16 所示。

（2）使用超音速火焰喷涂技术。根据汽轮机技术发展的需要引进了超音速火焰喷涂的设备并进行了技术研发。经过试验论证，超音速火焰喷涂耐磨涂层技术能够减缓高温工况下阀杆等零件的氧化速率，能够有效地降低因氧化发生卡涩的概率，同时起到与渗氮相当的耐磨效果。

筒内孔 ϕ45mm司太立合金喷焊，端面司太立合金喷焊，TV探伤无任何缺陷 　　　　　　斜面、端面司太立合金喷焊

图 11-16　等离子喷焊效果

通过大量试验研究得出满足各方性能要求的最佳喷涂工艺，各方面性能都能达到氮化处理的要求。对 1Cr11MoNiW1VNbN 基材及超音速火焰喷涂耐磨涂层在 600℃ 下进行了氧化性对比试验，试验结果来看，超音速火焰喷涂耐磨涂层抗氧化性优于基材，抗氧化级别很高，可大大提高材质表面的抗氧化性能，防止氧化过程产生氧化皮发生卡涩，提高防腐和耐磨性能。

（3）阀门内部件处理方法见表 11-9。

表 11-9　　　　　　　　　　　　阀门内部件处理方法

部件名称	原表面处理工艺	改进后的处理工艺
主汽阀阀杆	渗氮	超音速火焰喷涂
主汽阀阀碟	渗氮	堆焊司太立合金
主汽阀衬套	渗氮	等离子喷焊
调节阀阀杆（含阀碟）	渗氮	超音速火焰喷涂
调节阀衬套	渗氮	等离子喷焊

（三）实际应用效果

阀杆、阀碟、衬套表面处理工艺优化升级后，其抗氧化能力大大提升，能够有效地减缓阀门零件氧化皮的产生；有效避免阀门卡涩现象，实现了阀门开、关灵活自如和快速调峰需求，在实际应用中取得了良好的效果，确保机组安全、经济、可靠运行。

（四）成果推广前景

目前同类型机组的高压阀杆、阀碟、衬套采用渗氮的工艺较多，故每次检修均发现有不同程度的损坏，需要更换备件，造成检修费用增加，也影响机组的安全运行。锦界三期使用的新技术、新工艺值得同行业借鉴，以解决多年未解的顽症。

三、汽轮机端汽封设计优化

汽轮机在运行时，转子处于高速旋转状态，而定子部分如汽缸、隔板等固定不动，因此转子与定子间留有适当的间隙，以避免相互碰磨。然而间隙两侧存在压差时会导致蒸汽泄漏。汽缸轴端间隙漏汽（气），不仅降低效率，还会影响安全运行。对于高中压汽缸，汽缸内压力大于外界的环境压力，部分蒸汽由轴端处的汽封间隙漏出，造成能量损失，且可能进入轴承箱，影响润滑油的质量和轴承支持正常工作；对于低压汽缸两端，由于汽缸内蒸汽压力小于外界的大气压力，在汽封间隙处空气会漏入汽缸，最终引起凝汽器真空下降，导致蒸汽做功能力下降，冷源损失增大，循环效率降低。为减少汽轮机内动静间隙处蒸汽泄漏和防止空气漏入，汽轮机各部位需要选择密封效果优秀的汽封结构，以达到最小的漏汽损失。

（一）端汽封优化

针对高、中、低压端汽封根据各自的结构特点，进行端部汽封进行设计优化。

1. 高压端汽封

（1）增加两处刷子汽封，有效地减少漏汽量。

（2）更改汽封型式降低泄漏系数。

（3）汽封齿数量由 4 个增加到 7 个。高压电端汽封对比示意如图 11-17 所示。

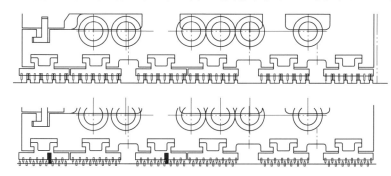

图 11-17　高压电端汽封对比示意图

2. 中压端汽封

（1）更改汽封型式，汽封齿数量不受胀差限制。

（2）汽封齿数量增加，有效减少漏汽。中压电端汽封对比示意如图 11-18 所示。

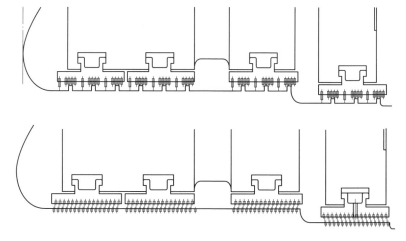

图 11-18　中压电端汽封对比示意图

3. 低压端汽封

将靠近低压排汽测的汽封更改为刷子汽封，有效减少漏汽量；低压端汽封对比示意如图 11-19 所示。

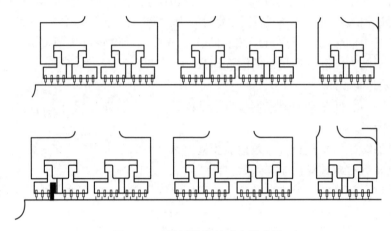

图 11-19　低压端汽封对比示意图

（二）实际应用效果

通过设置刷子汽封、改变了汽封型式降低泄漏系数、增加汽封齿数量，有效地降低了端部汽封的漏汽量。从机组调试、运行的实际情况来看，未发现汽封漏气现象，有效地提高汽轮机的效率，达到预期目标，取得了良好的效果。

四、汽轮机润滑油系统优化

针对世界首例高位布置 2×660MW 超超临界燃煤发电机组工程，汽轮发电机组的油系统设计应用了国产新型超超临界汽轮发电机组集装式全电泵润滑油站，尤其是为了满足三期工程汽轮机高位布置需求，润滑油站采用的快速启动全电泵供油模式、进行了大量的油泵性能测试、电机及油泵启动时间、油泵启动方式、交直流油泵切换等试验，并配合蓄能器、油系统管路优化等个性化的方案，不仅满足高位布置汽轮机组稳态供油性能，且在各种事故工况模拟时均未发生压力降低、流量减少的情况，满足汽轮机运行油压变化需求。润滑油站中各部件在运行期间质量稳定，未发生异常工作情况。该润滑油站设计合理、工作安全可靠，使用寿命长，产品的稳定性和可靠性让人信赖，为汽轮机组的安全稳定运行提供了有力保障。

集装式全电泵润滑油站与同轴主油泵技术方案相比较，系统效率比同轴主油泵系统高 4～5 倍，使得供油系统整体功耗降低，效率提升，可带来持续的运行收益。本工程同轴主油泵耗功约 640kW，按发电机效率按 99% 换算，同轴主油泵耗电量约为633kW；采用成果产品，电动主油泵电机功率约为 160kW，则每小时可多发电473kWh。按年运行 7200h 计算，每年可多发电 473kW×7200h=3405600kWh；燃煤电厂上网电价按 0.42 元/kWh 计算，仅供油方式的改变即可让电厂每年增加收益约 143万元。按投资 500 万计算，静态回收期约为 3.5 年，具有较好的经济效益。汽轮机润滑油系统示意如图 11-20 所示。

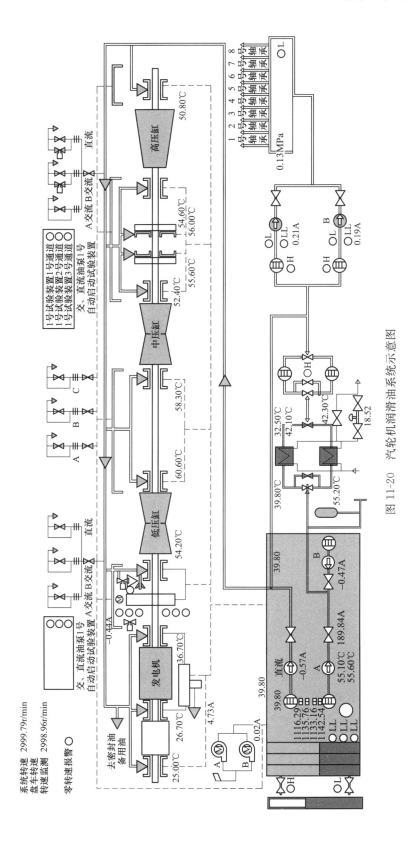

图 11-20　汽轮机润滑油系统示意图

五、中压主汽调节联合阀门严密性优化

锦界三期汽轮机中压主汽调节联合阀门是引进东芝百万机型的模化设计而来的，机组设计有两个再热主汽调节联合阀，用以控制进入中压缸的再热蒸汽流量。再热主汽调节联合阀包括两个阀，再热调节阀（ICV）和再热主汽阀（RSV），两阀安装于同一阀体之内，但是起着完全不同的作用。再热调节阀（ICV）的基本作用是在将要发生突发事故时起保护作用，在汽轮机保护系统动作时进行关闭。第二个作用是在汽轮机启动和升负荷时，控制再热蒸汽流量。再热主汽阀（RSV）的作用是在紧急情况下快速地关闭以便切断进入中压缸的再热蒸汽。该阀门为立式结构，其上部为再热主汽调节阀，下部为再热主汽阀，两阀合用一个壳体和同一腔室、同一阀座，而且两者的阀碟呈上、下串联布置。调节阀碟上开设有平衡孔，能够降低蝶阀前后的压差，有利于阀门的开启。导向套筒与阀蝶环绕部分形成了一个压力平衡腔室。为保证调节阀的稳定性，平衡腔室的直径稍小于调节阀的配合直径，因此在阀蝶上形成一个很小的阀门关闭力。平衡腔室还能够使阀门在最大再热蒸汽压力下开启，能减小执行机构的提升力。

再热主汽阀的作用是作为再热调节阀的备用保险设备，当超速跳闸机构动作，汽轮机跳闸时，万一调节阀失灵，则再热主汽阀关闭。该阀包含一个主汽阀和一个预启阀，主汽阀和预启阀共享一个主汽阀杆。预启阀通过安装在阀杆内部的弹簧弹性压紧在主阀上，关闭时能与主汽阀内部的阀座同心。阀杆移动并打开主汽阀时，预启阀首先开启。预启阀从关闭至安全开启油动机行程约 20mm，然后开启主阀。主阀全开时，预启阀顶在再热调节阀碟端面上，油动机行程约为 254mm。再热调节阀安装在汽轮机的每个再热进汽管道上，甩负荷后用以截断再热器去中、低压汽轮机的蒸汽。启动期间，当汽轮机蒸汽旁路系统投入运行时，这些阀门也具有调节蒸汽去中压和低压汽轮机的控制能力。再热调节阀为活塞式结构，每一个阀门都有自己独立的执行机构。

（一）原设计存在的问题描述

通过调研同类型超超临界机组，在 50％额定参数下（主蒸汽参数为 14.16MPa/437℃，再热蒸汽参数为 1.5MPa/437℃，高压缸排汽蒸汽参数为 0.01MPa/215℃，低压排汽参数为 15.51kPa/51.15℃）再热阀调节阀严密性试验时，在高压调节阀和再热调节阀关闭的情况下，汽轮发电机转速降低至 1307r/min 后不再下降，同时 50％和 100％甩负荷试验飞升最大转速偏高，不符合电力行业标准（标准为 1000r/min 以下）。

（二）优化改进

再热调阀套筒与密封环间隙过大是导致试验转速偏高的主要原因。为降低温再热器热调节阀严密性试验时的转速，保证 50％和 100％甩负荷试验的安全性，故对再热调阀结构进行优化，减少漏汽量。在保证再热调阀套筒与密封环之间不出现卡涩的前提下，综合考虑以下几个方面，以确定冷态安装间隙。

（1）套筒与密封环材料不同，线膨胀系数不同，两者相对胀差。

（2）启机过程中，两者受热不均导致间隙变化。

（3）运行过程中，表面氧化皮导致的间隙变化。

（4）两者不对中、安装、加工制造等其他因素导致的安全裕度。优化间隙见表 11-10。

表 11-10 优化间隙

名称	优化前	优化后
中压调阀间隙	2.58~2.655mm	1.58~1.655mm

（三）优化后效果

从表 11-10 可以看出，优化后套筒与密封环间隙由 2.58~2.655mm 变为 1.58~1.655mm，大大减小了再热调阀在关闭的情况下蒸汽通过平衡孔进入汽缸的能量，达到预期目标，优点如下。

再热调阀间隙优化可减少再热调阀漏汽量，降低调节阀严密性试验转速，阀门严密性试验转速均在 1000r/min 以下，既提高机组安全性，同时也符合国家标准和行业标准。

间隙优化后，50%甩负荷下估算飞升最大转速为 3112r/min，100%甩负荷下估算飞升最大转速为 3167r/min，优化后飞升转速满足标准电力行业标准。

六、轴承箱优化

锦界三期汽轮机为哈尔滨汽轮机厂研制的一次中间再热，单轴、三缸、两排汽、超超临界直接空冷反动式汽轮机。高、中压缸通过外缸上半伸出的猫爪支撑在轴承箱的支座上，低压外缸利用外缸下半的"裙板"坐落在基础台板上。低压内缸为落地结构，由 2 组撑脚支撑在低压外缸的"裙板"上，这种支撑方式是与本机的滑销系统相匹配。从调速器端向发电机端依次为前轴承箱、高压缸、2 号轴承箱、中压缸、3 号轴承箱、低压缸、4 号轴承箱。机组设有 2 个绝对死点，分别在 3 号轴承箱和低压缸中部。3、4 号轴承箱、低压缸分别由预埋在基础中的两块横向定位键和两块轴向定位键限制其中心的移动，形成机组的绝对死点。运行中低压缸以绝对死点为中心沿轴向和横向自由膨胀。高、中压缸分别由四只猫爪支托，猫爪搭在轴承箱上，猫爪与轴承箱之间通过键配合，猫爪在键上可以自由滑动，保证膨胀、收缩自如。

（一）原设计存在的问题描述

原设计为猫爪推拉结构、未设计定中心梁，通过调研同类型汽轮机组，得知这种设计滑销系统会发生的重大缺陷，机组无法运行。具体现象为汽缸膨胀不畅、收缩受阻，台板翘起。经过多次与哈尔滨汽轮机厂的技术联络进行讨论、研究，论证，认为导致该缺陷原因是未设计中心梁装置、轴承箱刚度不足和阻力过大所致，故必须从这三方面入手进行重新设计。

（二）优化改进

（1）3 号轴承箱台板厚度由 100mm 增加至 150mm，有效提高抗变形能力。

（2）3 号轴承箱底板增加一对 M48 的地脚螺栓，优化前后的轴承箱下半俯视图对比如图 11-21 和图 11-22 所示。

（3）优化了 1、2 号轴承箱台板与轴承箱的注油槽位置，基架滑动面的材由原来的碳钢更换为球墨铸铁，如图 11-23 所示。

（4）3 号轴承箱内部补强措施，如图 11-24 所示。

1）轴承箱下部增加轴向拉筋，调电两端各增加 3 个，增加轴承箱强度。

2）为了增加轴承箱在推力作用下的刚度，将原加强筋板加长300mm。

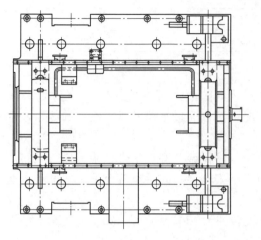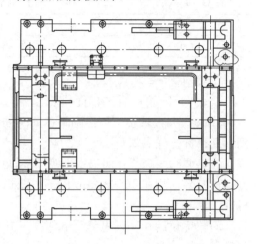

图 11-21　优化前的下半俯视图　　　　　图 11-22　优化后的下半俯视图

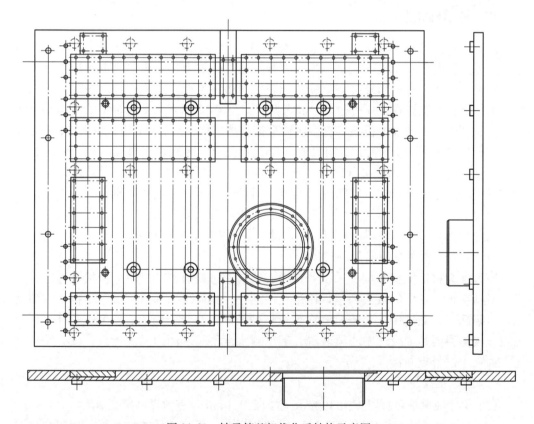

图 11-23　轴承箱基架优化后结构示意图

3）轴承箱猫爪支撑座的材质由碳钢变更为合金钢。

4）将轴承箱支撑座加厚，消除悬空结构，以减少轴承箱支撑座的变形量。

5）由推拉结构改为定中心梁结构，加强抵抗外力干扰能力，降低膨胀受阻的风险。

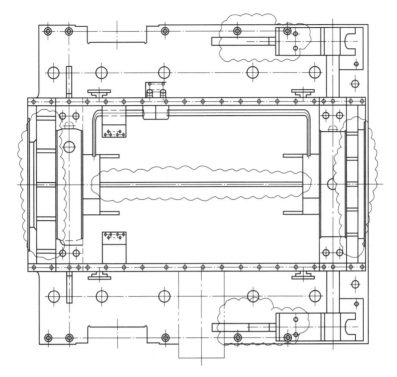

图 11-24 轴承箱加强筋优化后结构示意图

（三）优化后效果

设备按照以上措施进行重新加工，并在施工现场实施后，轴承箱自身的强度得到了提高。同时改为定中心梁结构之后，由推拉结构受力改为定中心梁装置受力，使轴承箱受力位置的改变，有效地避免由于猫爪推拉引起的轴承箱翻转力矩，变为且轴承箱与汽缸之间膨胀力的传递集中在汽轮机中心线下方，不会出现由于汽缸左右两侧温度不一致或两侧猫爪受力不一致所引起的轴承箱偏斜问题，由于受力点靠近轴承箱底板，彻底解决了轴承箱刚度不足的问题。机组启、停、运行时膨胀、收缩灵活自如，保证了机组的安全运行。图 11-25 为汽轮机绝对膨胀趋势图。

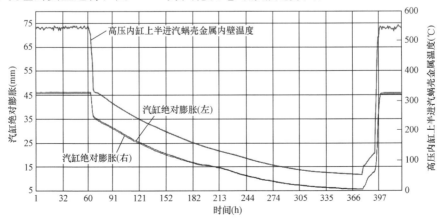

图 11-25 汽轮机绝对膨胀趋势图

七、空冷岛全自动智能冲洗装置

(一)原空冷冲洗装置存在的问题

根据锦界一二期空冷系统的运行情况来看,在夏季工况下,机组背压高,空冷系统散热器片污浊严重,高温时段会产生高背压、高能耗,换热性能差,严重影响经济性;清洗完全是靠人工或半自动化设备清洗,清洗效率低,因工作环境温度经常高达70℃,人员劳动强度大,存在人身安全隐患。

(二)全自动冲洗装置方案

整个全自动冲洗系统主要由全自动远程控制水泵系统,高压冲洗水泵采用变频调节;全自动闭环冲洗滑梯(含水平驱动机构)、全自动闭环冲洗小车(含上下行走装置)高压水胶管和电缆的水平、上下方向实现全自动运行;高压水管路采用控制电磁阀实现可远方开、关操作;远程集中总线控制系统、全自动柔性管路,拖链系统等组成;接入空冷岛测温系统和机组背压等参数,根据所测温度和机组背压可实现空冷岛局部冲洗、智能冲洗功能;增加视频监视系统,岛面的情况可以实时监控;所有的水路压力,清洗小车的移动速度可实时调整,并入DCS,实现一键启动或停止功能。

八、创新设计末级抽汽管道及末级低压加热器设备的设计、连接及支撑

锦界三期 2×660MW 汽轮发电机组取消了常规布置的排汽装置,增加排汽管道和凝结水箱,且分开布置,这给排汽管道的各附件末级抽汽管道及末级低压加热器设备(7、8号低压加热器)的设计提出了新的要求。

低压缸与排汽管道直接连接,其所有载荷全部由汽轮机低压缸来承担,与排汽管道相连接的各设备,特别是7、8号低压加热器(总长19m,直径2.3m,运行载荷为101t)的载荷的变化对汽轮发电机组中心的影响极大,故采用常规布置的方式,将加热器直接固定在排汽管道上,在高位布置机组中是不可行的。如果将加热器布置在排汽管道外侧,则末三级抽汽管道(共6根DN500)均需要从排汽管道中引出,抽汽管道的布置将变得更加复杂,抽汽管道的布置将带来相对更大的排汽压力损失。同时,末级抽汽的压力参数较低,过长的抽汽管道会带来更大的抽汽压力损失,对于给水加热器的性能以及疏水安全造成不利影响。

图 11-26　加热器的布置

为此,西北电力设计院、哈尔滨汽轮机厂及国华研究院多次讨论,最终确定了7、8号低压加热器的横穿排汽管道独立布置方案,在排汽管道两侧专门设计一混凝土横梁作为加热器的支撑,确保加热器荷载作用于外部基础,另外加热器与排汽管道之间采用桶形隔离,单侧间隙为100mm,回热各抽汽管道和排汽管道之间采用补偿器连接,补偿排汽管道与加热器之间的热位移。加热器的布置如图 11-26 所示。

现经过三年的运行及多次的机组启停证明,此加热器的设计是非常成功的,机组的中心不受影响,此创新设计为高位布置机组的末级加热器的布置方式开创了全新的

思路，具有良好的示范作用。

九、创新设计三级减温减压器及排汽装置补水、真空破坏系统

（一）排汽管道补水装置

为了降低凝结水的溶氧，在汽轮机机排汽管道设置补水，补水（除盐水）通过环形管经 100 个喷头喷入排汽管道与排汽混合，经充分混合加热，除盐水中的氧气析出，通过真空泵入口管道抽出，从而降低机组补水的溶氧。为了防止补水雾化不良或补水量过多造成汽轮机进水。采取设计如图 11-27 所示。

（1）在水平排汽管道增加一根疏水管道，疏水管道接入凝结水箱。如有积水，积水会迅速通过疏水管道流入凝结水箱（热井），不会对汽轮机或空冷岛造成影响。

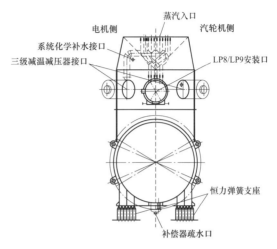

图 11-27　排汽管道补水装置示意图

（2）设计最大补水量不超过 30t/h，在源头限制了补水过量。

（二）真空破坏阀

由于水平排汽管道布置在 7~8 层，排汽管道设置一个真空破坏阀，安装于排汽装置连接段，出口通大气，真空破坏阀补水来源于凝补水，如图 11-28 所示。

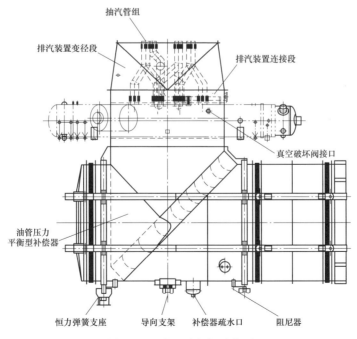

图 11-28　真空破坏阀示意图

（三）减温减压器

本装置采用二级减压一级减温的结构型式。减温减压器呈圆筒形结构，装焊于排汽装置连接段位置，每台排汽装置上布置有 2 台减温减压器。本设备在排汽装置上的布置如图 11-29 所示。

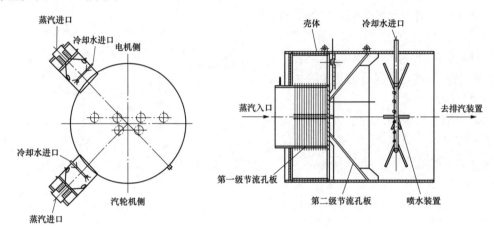

图 11-29　减温减压器布置、外形示意图

低压旁路来的蒸汽通过进汽管道进入减温减压器的第一级，第一级的节流孔直接布置在进汽管上，蒸汽经过第一级节流孔后的压力降为 0.32MPa，再经过第二级节流孔板进行减压，压力降为 0.02MPa，为进入排汽装置所允许的压力。经过节流的蒸汽压力降为 0.02MPa，但蒸汽的焓值不变，此时汽温很高，为使蒸汽的温度降低。喷水装置与第二级来的蒸汽相混合而降温，蒸汽的温度可降低到小于 80℃ 然后进入排汽装置从而完成了快速的减温减压功能。当低压旁路阀动作时接于减温减压器喷水管上的喷水阀门要同时动作，向减温减压器内喷入冷却水。减温减压器设计参数见表 11-11。

表 11-11　　　　　　　　　　减温减压器设计参数

减温减压前蒸汽的压力	MPa	0.6
减温减压前蒸汽的温度	℃	160
减温减压后蒸汽的压力	MPa	0.02
减温减压后蒸汽的温度	℃	<80
蒸汽的流量	t/h	675
喷水量	t/h	32

十、创新设计热井及本体疏水扩容器

（一）本体疏水扩容器概述

汽轮机疏水扩容器是将压力疏水管道中的疏水进行扩容降压，防止凝汽器超压，常规机组一般采用两个内置式疏水扩容器，分别置于排汽装置汽轮机侧和电机侧壳体内侧，为方便布置疏水扩容器的形式为矩形，一端接纳汽轮机本体及管道疏水，另一端主要接纳高压加热器事故疏水、除氧器溢流疏水等。疏水进入扩容器后经消能装置，并在扩容器巨大的空间内闪蒸扩容、喷水减温，使其能级降至凝汽器允许值，消能后的蒸汽和水分别排入凝汽器候补和热井内，既保证了机组及管道疏水畅通，又确保凝汽器的内部零件不被损坏，还能回收汽轮机工质。

（二）本体疏水扩容器设计优化

工程创新采用（凝结水箱）热井与疏水扩容器分层、分离布置，即凝结水箱布置在13.7m 层、疏水扩容器布置在 20.5m 层，同时疏水扩容器采用罐式疏扩，分别为 SK-26-5 型和 SK-26-6 型疏水扩容器，疏水扩容器的顶部各通过一根管道连接至 43m 层的主机排汽管道。疏扩主要接收超高、高、中、低压主蒸汽疏水，这些疏水在疏水扩容器内混合扩容后，将闪蒸出的蒸汽向上排往排汽管道，同时将凝结水排往凝结水除氧装置，从而使各路疏水得到了回收。扩容器内设有凝结水喷水管，使扩容后的蒸汽焓值降低，然后进入排汽装置。

由于高能量的疏水经过了二次扩容并减温后，使得进入排汽装置的蒸汽参数近汽轮机排汽系统设备内的参数，从而保证了排汽系统构件不至于受到过高热负荷的冲击，保证了排汽系统设备的安全运行。SK-26-5 型和 SK-26-6 型疏水扩容器的结构如图 11-30 所示，其主要技术参数见表 11-12。

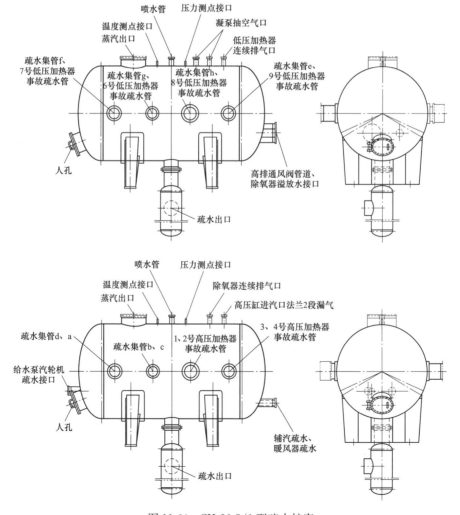

图 11-30　SK-26-5/6 型疏水扩容

表 11-12　　　　　　　　　　　　　　　主要技术参数

SK-26-5 型		SK-26-6 型	
设计压力（MPa）	0.3	设计压力（MPa）	0.3
工作压力（MPa）	$-0.10\sim0.198$	工作压力（MPa）	$-0.10\sim0.198$
设计温度（℃）	300	设计温度（℃）	300
工作温度（℃）	130	工作温度（℃）	130
喷水量（t/h）	80	喷水量（t/h）	80
有效容积（m³）	26	有效容积（m³）	26
最大充介质质量（t）	26	最大充介质质量（t）	26

由于热井、疏水扩容器分层、分离布置，疏水扩容器汽液分离更快，同时疏扩的局部高温完全不影响凝结水泵入口的汽化，疏水扩容器压力变化时对热井水位的影响较小，运行更可靠。

（三）本体疏水扩容器设计优化

（1）原设计两个疏水扩容器用户按照管道布置方便接取，即疏水扩容器未按照高、低压力等级设计，由于给水泵汽轮机采用上排汽，容易造成疏水不畅造成汽缸疏水失效，从而影响给水泵汽轮机的安全。经过优化设计调整部分用户的接取。其中给水泵汽轮机疏水母管由 A 疏水扩容器调整到 B 疏水扩容器，辅汽疏水由 B 疏水扩容器调整到 A 疏水扩容器，高排通风阀由 B 疏水扩容器调整到 A 疏水扩容器。

（2）由于减温水从顶部进入疏水扩容器，减温水管道最高点距离疏水扩容器不足1000mm，取消减温水管道排空管道，减少机组漏真空的概率。

（3）原设计凝结水泵的抽空气管道进入疏水扩容器，经计算凝结水泵入口不会出现负压，故取消凝结水泵抽空气管道，疏水扩容器预留接口封堵。

十一、创新设计闭式水系统

（一）闭式水系统设计

辅机冷却水来自辅机干冷塔，该系统采用闭式循环，水质为除盐水。原设计为分级配置两套辅机冷却系统。即每台机组高、低压辅机冷却系统各设置 2 台 100% 容量的辅机冷却水泵、1 台 10m³ 的稳压用膨胀水箱。高压辅机冷却水泵布置在主厂房 20.5m 层，主厂房 35.3m 层及以上布置的设备均采用高压辅机冷却水系统冷却，水量 2100t/h（每台机组）。高位膨胀水箱布置在约 68m 处。低压辅机冷却水泵布置在主厂房 0m 层，主厂房 35.3m 层以下布置的设备均采用低压辅机冷却水系统冷却，水量 1100t/h（每台机组）。

低位膨胀水箱布置在约 35.3m 处。厂区每台机有 4 根辅机冷却水管道，2 根管径为 D630×7.0，长度约为 1100m，2 根管径为 D478×6.0，长度约为 1170m，全厂辅机冷却水管道共 8 根。辅机干冷塔采用两套设计压力，其中高区为 0.7MPa，低区为 0.5MPa，试验压力为设计压力的 1.25 倍。一台机包含 5 段冷却塔，其中 3 段为高区服务，2 段为低区服务。

（二）闭式水系统设计优化

原设计方案系统复杂，厂区占地面积大，同时汽轮机侧用户均集中在高位管道阻力大，两套运行厂用电高，经设计优化采用一套辅机冷却水系统，即每台机组辅机冷却系统设置 2 台 100％容量的辅机冷却水泵、1 台 10m³ 的稳压用膨胀水箱。辅机冷却水泵布置在主厂房 0m 层，膨胀水箱布置在约 68m 处，主厂房所有设备采用此系统冷却。厂区辅机冷却水管道管径为 DN800，材质为 Q235B，每台机两根管道，一根从汽机房至辅机干冷塔，另一根由辅机干冷塔回汽机房，厂区共设 4 根管道，总长度约为 1100m。辅机干冷塔采用一套设计压力，为 0.7MPa，试验压力为设计压力的 1.25 倍。两个方案对比见表 11-13。

优化后方案节约投资 94.25 万元，减少厂用电率，减少厂房占地面积，系统简洁，运行简单，且统一采用高压力系统，对炉后远端的辅机冷却水压力的稳定有更好的保障。

表 11-13　　　　　　　　　　　　　两个方案对比

项目	单位	原设计方案	优化方案
冷却系统设备投资	万元	基本相当	
电气投资	万元	基准	−10
热控投资	万元	基准	−4
土建投资	万元	基准	−40
循环水管道投资	万元	基准	−40.25
全厂总投资	万元	基准	−94.25
年分摊费用（年利率 4.9％，还款 15 年）	万元／年	基准	−8.88
设备维护	万元／年	基准	−5
用电费用（年运行小时 5500h，含税电价 304.4 元／MWh）	万元／年	基准	＋13.4
全厂年支出总费用	万元／年	基准	−0.48

（三）保障闭式水系统措施

（1）所有冷却器、电机等闭式水用户均按辅机冷却水特殊的压力进行设计，部分冷却器要提高设计压力，低层布置的冷却器设计压力提高至 1.6MPa。

（2）辅机干冷塔空冷散热器管道壁厚按设计压力相应增加，壁厚由 0.8mm 增加至 1.0mm 以上。

（3）提高膨胀水箱高度至 76m，保证氢冷器压力，避免聚集空气。技术人员按照 1：500 的比例制作了辅机冷却水系统模型，通过模型试验验证了辅机冷却水系统满足高位汽轮发电机组可行性。在最高点布置了膨胀水箱，最低点布置了小型水泵，按照高中低压三个等级布置了三组换热系统。深度还原了辅机冷却水系统实际的运行状况，通过各种工况的试验和计算，得出了膨胀水箱放于锅炉 75m 平台的必要性，如图 11-31 所示。

（4）为减少设备承压，闭式水采用出口定压的方式，泵入口压力降低，膨胀水箱

的高度位差即为系统最大压力，膨胀水箱具
有定压、稳压功能。辅机高位水箱（膨胀水
箱）布置在主厂房内 76m，系统静压非常高，
为降低系统运行压力，膨胀水箱与循环母管
连接处位于循环水泵出口处。这种连接方式，
当辅机循环水泵未投运（机组未投运）时，
因高位水箱静压控制，空冷管束处基本压力
为 76mH₂O（1mmH₂O＝9.8Pa）；当辅机循
环水泵投运后，空冷管束处静压下降至
43mH₂O，如图 11-32 所示。

图 11-31　出口定压高位辅机冷却水系统模型

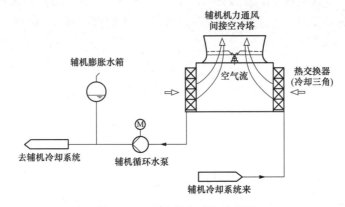

图 11-32　空冷管束系统示意图

十二、优化正常补水和启动补水

（一）补水系统设计

原机组补水系统设计两台凝补水泵、一台凝结水输送泵，凝结水补水泵设计额定
流量为 35m³/h，设计时按照机组补水率 1.5％选取（锅炉最大连续蒸发量 2060t/h），
设计参数见表 11-14。

表 11-14　　　　　　　　　　　　设计参数

项目	单位	凝结水补水泵	凝结水输送泵
进水温度	℃	25	25
进水压力	MPa	0.1	0.1
额定流量（保证效率点）	m³/h	35	600
最大流量	m³/h	39	660
额定流量点泵的扬程	mH₂O	60	80
最大流量点泵的扬程	mH₂O	65	

（二）补水系统优化

凝补水用户包括定子冷却水箱补水（标高 54m）、膨胀水箱补水（标高 76m）、锅

炉脱硝尿素冲洗水,设计扬程很难满足系统补水。

根据同类超超临界 660MW 机组实际补水情况,直接空冷机组由于空冷岛排汽面积大,蒸汽冷凝滞后,机组加减负荷时容易发生汽水不平衡现象,补水泵的流量必须满足短时调节热井水位稳定的要求,因此应对凝结水补水泵进行优化设计。

(1)增加扬程和流量,额定流量增加到 $100m^3/h$,扬程增加至 110m,满足了所有用户补水要求。

(2)凝结水补水泵采用永磁调速,根据用户需求可以调整泵的转速,达到节能的目的。

(3)保留原排汽管道正常补水,增加补水管道、补水调节阀及前后手动阀接至凝结水箱,新增容量按新泵容量设计,凝结水箱补水优先排汽管道补水,补水量大时新增补水阀门开启进行补水,如图 11-33 所示。

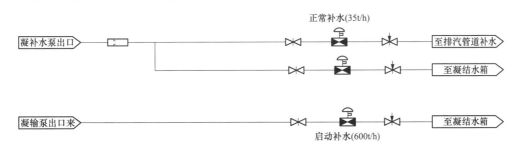

图 11-33 凝补水系统示意图

十三、给水泵采用汽动给水泵排汽直排大机空冷系统

汽动给水泵直排大机方案节水效果明显,初期投资较小,综合经济性好,且本期建设期间不影响一二期的正常运行,厂区地下管道方便布置,因此,本期工程给水泵汽轮机排汽冷却方式推荐采用给水泵汽轮机直排方案,即本期给水泵汽轮机排汽直接排入主机排汽管道冷却。

(1)方案优点。厂用占地面积较少,投资最省、系统单一。对耗水指标无影响,本期建设期间不会影响一二期四台机组正常运行,不涉及一二期主厂房辅机系统及地下管网改造。

(2)方案缺点:

1)给水泵汽轮机制造、选型、相关系统设计、控制系统设置及运行方式需特别考虑。

2)由于给水泵汽轮机运行背压较高,机组热耗会增大。

3)冬季汽轮发电机组启动时,给水泵汽轮机排汽进入主机空冷岛因流量小带来的防冻难题,可采用两机设置一台启动电动给水泵予以解决。

第五节 电 气 专 业

一、国内首次应用高落差、长距离离相封闭母线

采用汽轮发电机组布置于 65m 运转平台的高位布置方案后,发电机出口至主变压

器采用了高垂度、长距离封闭母线，该母线自汽机房 65m 发电机引出后，水平布置经励磁变压器、电压互感器及避雷器柜，再向下通过落差达到 50m 高度的垂直离相封闭母线经 A 列墙引出户外与主变压器低压侧相连。鉴于垂直高度达 50m 的离相封闭母线在国内火力发电机组尚属首次应用，由此带来的封母辐射散热、应力受力等诸多领域的技术问题需在设计安装阶段进行分析研究，找出影响此类布置后设备安全运行的薄弱点，制定应对措施，避免产生设备异常。

（一）长距离母线结构

锦界三期工程安装 2 台 660MW 汽轮发电机组，工程采用发电机-变压器组单元接线，高压厂用工作变压器、励磁变压器、发电机出口电压互感器柜等从发电机与主变压器之间的主回路封闭母线上 T 接。汽轮机发电机采用高位布置，主回路离相封闭母线有一段长达 50m 的垂直安装段，整段离相封闭母线长度达 181m，离相封闭母线为全连式、自然冷却、微正压充气离相封闭母线，额定电压 20kV，额定电流 25000A，动稳定电流 400kA，2s 热稳定电流 160kA，泄漏比距≥31.8mm/kV，外壳直径及厚度 $\phi1450\times11$mm，导体形式：$\phi900\times16$mm，导体及外壳为铝材质。

1. 高垂长距离离相母线整体结构

锦界三期项目离相母线布置距离较长，包括水平布置离相封闭母线及长垂直布置离相封闭母线。其中离相封闭母线从发电机引出来，水平布置经励磁变压器，电压互感器及避雷器柜，向下通过 6 个楼层，落差达到 50m 高度的垂直离相封闭母线，再经 A 列墙引出户外，经过长距离水平布置离相封闭母线连接到主变压器低压侧，且在主变压器低压侧附件安装 3 个避雷器起保护作用。因锦界三期离相母线距离较长，且有长垂直布置离相母线，通过设置两套微正压充气装置使母线压力值保持在 300～2500Pa 的额定压力区间。

常规的 600MW 级机组配套的离相封闭母线均采用三绝缘子支持方案，三个绝缘子在空间以彼此相差 120°角，并呈水平 Y 字形布置，这种布置方式会造成垂直段绝缘子支撑受到剪切力的作用，尤其在高垂直度母线上更为明显。为避免垂直段离相母线所用绝缘子受剪切力的作用，锦界三期项目将垂直离相母线设计为 T 接分支支持形式，每个母线单元为一个 T 接支持形式加一个常规三绝缘子布置形式，现场安装时再焊接为整体。

2. 水平段母线导体支持结构

常规离相母线绝缘子支撑形式为在同一断面上用三个支持绝缘子支撑，每个绝缘子之间相差 120°角（如图 11-34 所示）。导体向下的重力荷载，分布在底部两个绝缘子上。单个绝缘子抗弯强度大于 15kN；三绝缘子支持足够满足受力要求。绝缘子与导体之间靠弹性块支撑，绝缘子固定在底板上，检修维护时，可以通过打开底板，将绝缘子抽出。并且当温度变化产生伸缩时，由于导体与绝缘子之间不是固定形式，导体为可以滑动状态，很好地避免了绝缘子的剪切受力。

3. 垂直段母线导体支持结构

锦界三期长垂直离相母线采用绝缘子垂直受力形式固定，避免绝缘子剪切受力。在垂直方向母线安装 T 接分支母线，将母线重力均匀分担在两边 T 接分支母线的绝缘子支持结构上（如图 11-35 所示）；外壳采用槽钢抱箍通过横担钢梁与土建固定。4 个绝缘子同时受力（下部绝缘子受压力，上部绝缘子受拉力，都不受剪切力），保证绝缘子受力均匀；当检修需拆换绝缘子时，都可由相对应的绝缘子固定导体，也为后续检修更换绝缘子提供极大的方便。

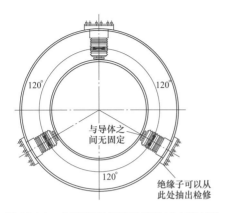

图 11-34　水平段离相母线绝缘子支撑结构　　图 11-35　垂直段离相母线绝缘子支撑结构

（二）主要技术措施

垂直段绝缘子受力形式研究，绝缘子易受剪切力造成断裂、外壳受力强度不够造成断裂。

（1）应力受力：常规的 600MW 级机组配套的离相封闭母线均采用三绝缘子支持方案，三个绝缘子在空间以彼此相差 120°角，并成水平 Y 字形布置。支撑绝缘子受导体向下的垂直力，支撑绝缘子底座受向上的反作用力，两个力大小相等方向相反。这种布置方式会造成垂直段绝缘子支撑座长期受到剪切力作用，造成底座螺栓断裂失效，易发生导体下垂事故。

（2）应对措施：分析针对锦界三期长垂直距离离相母线，经模拟受力分析，将导体中间开孔安装横担钢梁，钢梁垂直压在两侧布置在水泥基础的绝缘子上，此结构可满足母线承受重力，为确保安全，锦界三期工程每个楼层加一组垂直支持结构，受力完全可以满足。导体未受力状态和受力分布模拟如图 11-36 所示。

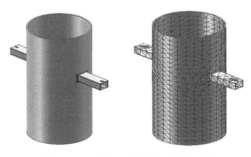

图 11-36　母线导体受力分布模拟

从图 11-35 可以看出，垂直母线支撑结构受力分布均匀，变形微小，在不受力状态下，母线长垂直支持结构位移变形（1×10^{-30}）mm，微乎其微，基本不发生变形；经过力学建模可得出结果，锦界三期 50m 长垂直母线受力变形很小。

导体对外壳的对流散热不佳，造成过热，高垂直段易产生"烟囱效应"，造成冷热温差效应明显，增大凝露。

（1）热力分析：全连式离相母线当导体通电时，外壳上将产生一个方向相反而其数值几乎与母线导体上流过的电流相等的感应电流。由于铝制的导体和外壳存在电阻，母线通过电流时将产生电能损耗而引起发热。在锦界三期项目中，垂直段封闭母线达50m，若不采取应对措施封母底部的热量易与顶部产生对流效应，造成封母垂直段顶部热量集中，封母内外温差过大引起凝露，对设备绝缘带来隐患。

（2）应对措施。

1）对母线导体外表面和外壳内表面的黑度，增大其散热辐射面积，导体对外壳的对流散热按封闭夹层的自然对流散热；经过热平衡计算分析及验证，长距离垂直封闭母线导体与外壳之间散热主要决定于辐射散热，封母各部分外壳的温度基本维持不变，不会发生形变；同时母线产生的热量通过辐射和自然对流散热传递给周围环境，最终在某个温度时达到热平衡，只要平衡温度满足规定要求，则离相封闭母线运行就是安全的。

2）在垂直段底部和顶部各安装一套封母微正压装置，保证垂直段封母底部和顶部压力一致，消除"烟囱效应"。

（3）离相封闭母线损耗计算。

锦界三期项目为垂直高度50m左右的自冷式离相封闭母线，结构成熟，运行可靠，维护方便。根据计算结果（表11-15和表11-16），当环温40℃时导体通过母线额定电流25000A和导体通过发电机额定电流21170A，垂直段每相单位长度外壳和导体的功率损耗、运行温度均满足表11-15和表11-16要求。

表11-15　　　　　　　　金属封闭母线最热点的温度和温升允许值

金属封闭母线的部件		最高允许温度（℃）	最高允许温升（K）
导体		90	50
螺栓紧固的导体或外壳的接触面	镀银	105	65
	不镀	70	30
外壳		70	30

表11-16　　母线额定电流（25000A）垂直段外壳和导体的功率损耗计算结果

部位	结构尺寸（mm）	截面积（mm²）	损耗（W/m）	总损耗（W/m）	发热温度（℃）	散热温度（℃）
外壳	φ1450×11	49703	395	978	65.5	65.59
导体	φ900×16	44412	583		87.3	86.8

（三）主要设计创新点

（1）为避免垂直段离相母线所用绝缘子受剪切力的作用，锦界三期项目将垂直离相母线设计为T接分支支持形式，每个母线单元为一个T接支持形式加一个常规三绝缘子布置形式，现场安装时再焊接为整体。对母线导体外表面和外壳内表面的黑度，增大其散热辐射面积。经过热平衡计算分析及验证，长距离垂直封闭母线导体与外壳之间散热主要决定于辐射散热，封母各部分外壳的温度基本维持不变，不会发生形变；

同时母线产生的热量通过辐射和自然对流散热传递给周围环境，最终在某个温度时达到热平衡，只要平衡温度满足规定要求，则离相封闭母线运行就是安全的。

（2）高垂直段离相母线易产生"烟囱效应"，造成冷热温差效应明显，增大凝露。因此在垂直段底部和顶部各安装一套封母微正压装置，保证垂直段封母底部和顶部压力一致，消除"烟囱效应"。

（3）提出并建立了长距离高垂封母应用受力建模方法，在 CAD/CAM 技术的基础上，利用先进的三维可视化技术发展了高垂封母设计概念，采用全自动建模方法，节约了大量人力成本，降低了高垂封母设计与验证过程中的错误率，极大提升了设备的安全与可靠性。

（4）革新了高垂度封母不同应力受力下的绝缘子支撑方式的设计研发流程，可在高垂封母设计阶段检验支撑绝缘子与外壳方案设计之间平衡耦合的自洽性，并提供修正方案，能够有效防止在工程设计与施工建造阶段由于外壳与绝缘子耦合失效导致的重大损失。

（5）创建了先进的高垂封母条件下系统精准高效的计算与测试方法体系，实现了三维数据实时精准仿真，并开发了基于热力系统平衡运算方式下的散热平衡计算方法，解决了高垂度下大电流封母的偏摆、应力受力及空间散热不均的难题。

（四）对比国内外同类技术

（1）将垂直离相母线设计为 T 接分支支持形式，每个母线单元为一个 T 接支持形式加一个常规三绝缘子布置形式，现场安装时再焊接为整体。

（2）对母线导体外表面和外壳内表面的黑度，增大其散热辐射面积，导体对外壳的对流散热按封闭夹层的自然对流散热，在垂直段底部和顶部各安装一套封母微正压装置，保证垂直段封母底部和顶部压力一致，消除"烟囱效应"。

（五）优化结论

（1）采用垂直离相母线 T 接分支，绝缘子受抗压抗拉支持形式，绝缘子受力形式及受力效果良好，铝导体及外壳拉伸强度、焊缝强度均满足要求，符合标准。

（2）经过对锦界三期项目离相封闭母线计算分析及验证，外壳的温度是在底部随着高度的增加而逐渐上升，到达了一定高度后，外壳的温度基本维持不变；导体温度随高度的增加而逐渐上升，但整体温度变化不大，不超过 $2\sim5℃$。长垂直封闭母线导体与外壳之间是有限空间的空气自然对流，其对流换热系数与空气间隙高宽比相关，但其空气自然对流相对微弱，散热主要决定于辐射散热，对流散热的准确性对导体总的热平衡影响不大，垂直段封闭母线不存在显著的"烟囱效应"。

（3）锦界三期项目的垂直段母线安装在主厂房内，应根据不同高度的楼层，将各层的母线分段运到不同的楼层，将各母线分段从不同的楼层进行从上而下的顺序安装。同时沿垂直母线设置检修爬梯，方便检修。

（4）离相封闭母线按照先户内后户外安装顺序原则安装，户内为先里后外，即按照母线总装配图安装就位，并进行尺寸调整，最后进行断口处连接。

（5）外壳加强环及托板在厂内焊接好，现场直接安装，减少现场安装的工作量。外壳固定部位应满足整体受力、外观美观、结构简单、安装方便、运行安全。

二、全厂照明采用绿色照明

（一）厂区道路照明

1. 设计方案

厂区道路照明设计采用 LED 光源：路灯采用大功率 LED 光源（90W），路灯高度 8m，灯杆之间距离约为 27m，项目装设 95 套路灯。路灯电源由厂区各区域的道路照明箱引接，电缆采用直埋。

2. 控制方式及灯具布置

针对厂区道路照明，推荐采用时控加光控的控制方式，配合灯具的合理布置，达到节能省电的效果。对一条道路上的照明灯具，有两种布置方式：双回路交叉布置和双回路连续布置，并配合时控和光控可以实现多种多样的运行方式，进而更合理地利用能源，节约能源。

（二）主厂房照明设计

主厂房内两台机的汽机房均为横向布置，两台机汽机房长 167.5m、宽 14m，煤仓按前煤仓布置，汽机房运转层为 65m。电气厂用配电室主要集中于汽机房 6.9m、13.9m 层和锅炉房 K1、K2 排的 0m 层。集控室布置在集控楼，电子设备间布置在汽机房 20m 层、锅炉房 K1、K2 排的 6.3m 层。锅炉房运转层为 13.9m，锅炉本体为紧身封闭。主厂房拟采用照明与动力分开供电的方式。每台机组设一段正常照明动力配电中心，每台机组设一台照明变压器，两台照明变压器互为暗备用。在动力配电中心装设电压自动分级补偿装置，使电压保持在额定范围内，从而保持灯具照度的稳定，保障其使用寿命。

主厂房的应急照明采用交流事故照明，交流应急照明由保安电源动力中心供电，交流应急照明参与电厂的正常照明。在集控室、柴油发电机室设直流常明灯。在出口、走廊、楼梯间，主要通道按消防要求设置应急灯和应急标志灯。在汽机房 0m、汽机房 6.9m 及其他各层、均装设投光灯（或块板灯），在锅炉房 0m 和 13.9m 层装设三防灯，光源采用金属卤化物灯或节能灯。由于安装高度有限，为抑制眩光水平，汽机房光源功率应不大于 150W，锅炉房光源功率应不大于 250W。汽机房运转层采用大功率吸顶安装的块板灯。光源采用 400W 的金属卤化物灯。在煤仓框架各层采用三防灯，光源采用 250W 的金属卤化物灯。汽机房中不采用线槽加荧光灯的原因是，荧光灯数量大，后期维护工作量太大。

在电气厂用配电装置室、各办公室、楼梯间等场所均推荐采用三基色荧光灯光源，灯具采用型体荧光灯灯具或吸顶灯。在主厂房照明设计中考虑充分利用自然光，如汽机房运转层照明，主厂房靠窗各排的照明在控制回路设计时，考虑到当自然光满足照明要求时能够自动或手动关闭该处照明，故此处灯具单独构成照明回路，并设置开关。

（三）集控室照明设计

全厂"八机一控"集中控制室布置在生产综合楼，控制室尺寸约为 16.50m×15.60m。集控室照明质量要求高，按照明技规要求其照度应大于 300Lx，一般显色指数应大于80，统一眩光值为19。采用 LED 光源照明方案，在 16.50m×15.6m 的集控室天花板上均匀布置 7 排 5 列 35 套 40WLED 格栅灯，每列格栅灯组成一条灯带，表面覆盖亚克力板。40WLED 格栅灯采用两根 20WLED 灯管，一般显色指数大于 80，色温为 6000K，灯管 LED 在灯管内集成贴片，不同于有的用大功率 LED 点光源简单线性排列的荧光灯，光线柔和，照明质量高，效果好，能满足防眩光的要求。采用计算机程序模拟计算，集控室中间最大值 392Lx，边上最小值 261Lx，工作面平均照度 338Lx，该方案照度满足要求。集控室常明灯采用 LED 筒灯，数量 7 套，布置在监视操作台上方。

第六节 热 控 专 业

一、采用"八机一控"的集中控制方式

锦界三期设置有单独的集控楼，规划全厂八台机组在集控楼四层的集控中心统一监控，包括一二期四台机组集中控制在内，并预留四期再扩建两台机组的集中监控设施，实现全厂"八机一控"的集中控制目的。其中，一二期 4 台机组每台机组布置 3 台操作员站，实现在集控楼对 4 台机组的远程操作。实施方案仅移动操作员岗，工程师站依然保留在原来的工程师站电子间，同时原来操作员站保留不变，依然可以执行机组的操作工作（两地操作应设置闭锁功能）。

采用"八机一控"方式，八台机组合设一个集中控制室，炉、机、电、网及辅助车间集中监控，可以减少建筑面积、降低造价，同时兼顾布置的美观和办公舒适度，能够在最大程度上实现电厂减员增效，有效整合和合理配置整个电厂的人力资源，统一指挥、协调生产，大大提高了整体技术水平及劳动生产率，具有很好的新型燃煤电站示范作用。

二、国内首创四大管道监控和位移监测系统

锅炉是火电机组中最重要的部件之一，过热器、再热器、蒸汽管道、联箱等是锅炉汽水管道系统中承受蒸汽温度和压力参数最高的部件。蒸汽管道位移异常对管道本身以及连接设备的安全性都有着重要的影响，生产运行中需要密切监视。锦界三期工程采用了异于常规电厂的蒸汽管道布置方式，在全世界范围内都缺乏相应的运行经验，更应该严密监视蒸汽管道的位移情况，对管道位移持续增大趋势进行预警，对超限位移进行告警，及时消除安全隐患，避免影响到连接设备尤其是汽轮机的安全运行，造成严重的安全事故，影响电厂的安全经济运行。

蒸汽管道在运行过程中由于支撑框架的晃动、管道蒸汽量的脉动变化、管道走向不合理、固定支架不牢、热胀冷缩、自身重力以及高空风吹摆动等原因会产生位移。蒸汽管的位移既包括长周期的位移也包括短周期的振动。蒸汽管道加速度的监测主要对象为短周期的振动。长周期位移范围较大，局部区域位移甚至可达 500mm，蒸汽管位移监测的主要对象正是长周期的宏观位移。

目前，国内对电厂蒸汽管道的安全监测主要方法是人工定时巡查及支吊架检查、

调整等传统手段，并没有实现对管道加速度的在线监测，无法实时地反映管道的运作情况。蒸汽管位移监测的传统方法是用针扎坐标格网。将坐标格网固定在蒸汽管附近较稳定的物体上，针固定在蒸汽管道上，蒸汽管的位移会使针在坐标格网上扎出一定的轨迹。电厂工作人员每隔一定时间会查看坐标格网，并在上面标注日期，通过读取坐标得到两观测时间之间蒸汽管的位移情况。该方法的缺点在于危险系数高，蒸汽管道一般架设在高处，周围防护措施较少，工作人员必须实地查看、标注坐标格网，十分危险；监测效率低，工作量大，不可能实现高频率位移监测；数据精度不高且实时性差，无法实时得到蒸汽管道的位移情况。所以，迫切地需要一套远程自动化的蒸汽管位移监测系统来对蒸汽管的位移进行实时监测，及时预警和告警，消除安全隐患。

常用的蒸汽管道位移监测自动化方法有位移传感器、激光测距仪、深度相机、近景摄影测量等。本工程结合了深度相机及摄影测量原理，并使用先进的深度神经网络方法进行了提升和改进。使用两台或多台相机从各方向对蒸汽管道上的同一观测目标进行拍摄，基于深度神经网络进行图像处理，可实现蒸汽管道三维位移的精准监测，测量精度可以达到 0.5mm 以下，能够满足蒸汽管道位移监测的精度要求。如果使用高分辨率的相机，可以进一步提高测量精度。该方法原理简单、安装使用方便，标定过程可以实现全程自动化，标定方法优于现有的标定方法，实验室标定之后即可以用于现场实际环境的测量。同时，多台摄像机可为电厂监控系统服务器提供高分辨率的视频信息，对现场环境进行实时监控，为蒸汽管道及其周围设备安全运行提供图像依据。

立体视觉的原理与人眼相似，人眼能够感知物体的远近，是由于两只眼睛对同一个物体呈现的图像存在差异，也称"视差"。物体距离越远，视差越小；反之，视差越大。对同一目标不同角度的两幅图像进行视差计算，用几何方法就可以计算出观测目标到相机的距离。

（1）安全性：项目实施后，通过实时在线监测管道应力集中点的位移变化，对位移大小持续增大趋势进行预警，对超限位移进行告警，及时消除安全隐患，避免影响到连接设备尤其是汽轮机的安全运行，造成严重的安全事故，影响电厂安全经济运行。

（2）创新性：首次提出将基于深度学习的智能立体视觉系统应用于蒸汽管道位移检测，属于世界首创。检测精度可小于 0.5mm，能够满足锦界三期工程蒸汽管道位移监测精度的要求。

（3）推广性：本技术可推广应用到存在各种位移测量需求的场景，仅需对相机和标志物进行标定，即可实现高精度位移测量，安装调试方便，可广泛推广应用。

三、汽轮机高位布置主厂房结构健康监测系统研究与应用

主厂房平面尺寸 167.5m×26.0m，屋顶标高 86.2m。主厂房由汽机房和煤仓间组成，其结构体系为框架—剪力墙和排架组成的混合结构体系。汽轮机布置在主厂房65m。考虑到汽轮机基座基础自身的动力特性以及对主厂房结构的影响，开展汽轮机高位布置主厂房结构健康监测系统研究与应用，在主厂房结构上布置健康监测系统，对主厂房结构的主要荷载和风环境作用以及汽轮机基座弹簧、基座台板、基座大梁、基座大梁下剪力墙、排汽管道支撑梁、煤斗支撑大梁等关键构件/部位的应力、应变状态、整体结构的受力状态等，建立结构监测数据库，可方便查询和调用相关数据，结

合监测数据的分析结果，形成结构服役安全状态的历史档案；对监测数据在线分析，设置关键参数的预警水平；对监测的数据进行离线分析；监测运营阶段结构典型受力部位的受力变化规律，研究结构的内力分布以及厂房在各种载荷下的响应，为结构应变损伤识别和结构状态评估提供依据。检测系统的主要功能包括：

（1）对结构可能的损伤和破坏及时提前预警。

（2）对设备可能的损伤和破坏及时提前预警。

（3）准确评估设计是否达到预期。

（4）提出合理的运营维护建议。

（5）可与国华电力公司大数据对接，积累工程大数据。

（6）在任何时间和地点可随时了解结构与设备的工作状态，从而全面保障该重大工程项目的安全。

（一）主要创新点

通过建立主厂房结构数字化的位移、应变、振动监测系统，实现对汽轮发电机基座的台板、支座、设备层楼面、关键承重构件进行实时监测，对超出阈值的监测值进行标记和预警，让检测人员能够及时发现异常；通过建立可视化的集成结构健康监测系统，对测点实现全覆盖，可随时观察各测点的运营情况。

在主厂房结构和主厂房结构的关键部件上布置专用传感器，并将各类数据集成在同一个健康监测系统中，在健康监测系统中对这些参数进行实时跟踪，实现对异常值的自动预警，完成结构损坏或退化的早期预警。同时实现结构的虚拟可视化，将结构的监测信息与虚拟模型相结合，完成主厂房结构各项重要指标的实时监测，使监测结果更直观，保证主厂房结构的安全。

监测系统研究与应用平台主要由以下子系统组成：用户管理系统、传感配置系统、三维地图系统、数据展示系统、数据存储系统、数据导出查阅系统、数据分析及应急报警系统。监测系统研究与应用平台配合前端数据传感器，实现实时或间歇性状态数据采集，在此基础上通过大量模型进行知识集成，应用智能识别、数据融合、分析诊断、优化预测等技术，完整实现整体结构的在线监测、预警和管理。主要创新技术如下。

（1）传感器优化布置方案。通过优化算法优化传感器的分布，合理布置有限数量的传感器，获得更完备和精确的结构数据，提升健康监测系统的准确度、时效性和经济性。

（2）位移倾角数据的偏摆测量方法。在各层中间放置一个倾角计，分别计算各层的位移，然后将各层位移相加，算出结构的位移倾角。在各层间设置倾角计的测量方法更加准确，可准确地计算出结构的位移倾角。

（3）集成化的结构健康监测系统。利用现场的无损传感技术，通过信号分析，达到监测结构运行状态的目的。建立连续监测结构的传感器系统，提供结构损坏或退化的早期预警。建立结构运行的健康监测系统，对结构的振动、应变、位移等数据进行实时监测，并实现对异常值的预警，决策人员在平台上实时获取电厂运行数据，及时掌控发电厂关键信息，做出相关决策危机发生时，通过平台快速定位问题根本原因，快速跟踪问题处理进度，及时做出调整。

（二）推广应用

"汽轮机高位布置主厂房结构健康监测系统"已在锦界三期主厂房结构中应用，通过主厂房健康监测系统的应用，满足了企业标准化、规范化、精益化管理的要求，提升了电厂智能化水平，主要体现在如下三个方面：

（1）健康监测系统集成了位移、应变、振动监测和预警功能，对汽轮发电机基座的台板、支座、设备层楼面、关键承重构件进行实时监测，对超出阈值的监测值进行标记和预警，让检测人员能够及时发现异常。

（2）通过建立可视化的集成健康监测系统，对前端传感器测点实现全覆盖，可随时观察各测点的运营情况，确保主厂房结构的主要构件在高负荷情况下安全运转，提升了智能化企业建设水平，加快了一流数字化电站建设步伐。

（3）该健康监测系统配合前端的数据传感器采集的大量数据，可实现：

1）可提前预警结构或设备可能的损伤和破坏；

2）准确评估设计是否达到预期；

3）提出合理的运营维护建议；

4）完成大数据对接，积累工程大数据，为以后类似项目的成功运行和推广积累数据和经验；

5）在任何时间和地点可随时了解结构与设备的工作状态，从而全面保障该重大工程项目的安全。

四、采用一键启停（APS）各设置 3 个断点

机组自启停控制系统 APS（automatic power plant start up and shutdown）是机组自动启动和停运的信息控制中心，按规定好的程序发出各个设备/系统的启动或停运命令，并由以下系统协调完成：模拟量自动调节控制系统（MCS）、协调控制系统（CCS）、锅炉炉膛安全监视系统（FSSS）、汽轮机数字电液调节系统（DEH）、锅炉汽轮机顺序控制系统（SCS）、给水全程控制系统、燃烧器负荷程控系统及其他控制系统（如 ECS 电气控制系统、AVR 电压自动调节系统等），最终实现整套机组自动启动或自动停运。

APS 启动过程分为三个阶段，停止过程分为三个阶段。只有在上一阶段启动完成后（阶段完成根据现场设备的实际运行状态来判断，具有较高的可靠性和灵活性），运行人员才能通过按钮确认启动下一阶段。APS 启动前必须投入相关的外围系统，包括工业水系统、灰处理系统、污水处理系统等公用和外围系统能够具备投入条件，发电机充氢等已准备好，这些作为管理提示，不纳入 APS 范围。

具体启动、停止过程。

1. 启动过程 3 个阶段

（1）机组启动阶段一：机组辅助系统准备。

（2）机组启动阶段二：锅炉上水、点火、升温。

2. 停止过程 3 个阶段

（1）机组停运阶段一：降负荷。

（2）机组停运阶段二：机组解列。

（3）机组停运阶段三：机组停运。

五、宽负荷深度调峰技术应用

随着河北南网新能源电源比重的逐步增加，电网对火电机组的调峰能力要求越来越高，为了满足电网宽负荷深度调峰要求，适应当前电力市场需求，锦界三期工程设计之初就对宽负荷深度调峰技术进行了研究并应用。当前，制约火力发电厂深度调峰能力的关键问题，一是锅炉低负荷稳燃如何控制，二是脱硝 SCR 入口烟温在低负荷无法满足催化剂的要求，氮氧化物排放超标问题。锦界三期工程针对此这些技术难题，逐个进行了技术研究和突破，并在工程中得到了实际应用。目前，锅炉带基本负荷，并有 $30\% \sim 100\%$B-MCR 负荷调峰运行的能力，经济效果和社会效益良好。

（一）低负荷稳燃技术

燃烧设备采用中速磨煤机一次风正压直吹式制粉系统，每炉配 6 台磨煤机；设计煤粉细度 $R90 = 20\%$，煤粉均匀系数 $n = 1.2$。设计煤种磨煤机出口一次风温为 $75℃$。

工程设计采用两层等离子点火装置，分别布置在 A/B 磨煤机。燃烧方式采用高级复合空气分级低 NO_x 切向燃烧技术和炉膛布置的匹配来满足要求的 NO_x 排放小于 $150mg/m^3$（标况下，$6\% O_2$）的指标。通过分析煤粉燃烧时 NO_x 的生成机理，低 NO_x 煤粉燃烧系统设计的主要任务是减少挥发分氮转化成 NO_x，其主要方法是建立早期着火和使用控制氧量的燃料/空气分级燃烧技术。该低 NO_x 燃烧系统的主要组件为：四角切圆燃烧系统，整组的燃烧器风箱，快速着火煤粉喷嘴，预置水平偏角的辅助风喷嘴。低位燃尽风（BAGP）和墙式高位燃尽风（UAGP）结合的低 NO_x 燃烧技术。高级复合空气分级低 NO_x 切向燃烧系统在降低 NO_x 排放的同时，着重考虑提高锅炉不投油低负荷稳燃能力和燃烧效率。通过技术的不断更新，低 NO_x 切向燃烧系统在防止炉内结渣、高温腐蚀和降低炉膛出口烟温偏差等方面，同样具有独特的效果。

设计特点：

（1）高级复合空气分级低 NO_x 切向燃烧系统技术特点：高级复合空气分级低 NO_x 切向燃烧系统在降低 NO_x 排放的同时，着重考虑提高锅炉不投油低负荷稳燃能力和燃烧效率。

高级复合空气分级低 NO_x 燃烧系统具有优异的不投油低负荷稳燃能力。高级复合空气分级低 NO_x 燃烧系统设计的理念之一是建立煤粉早期着火，设计采用了快速着火煤粉喷嘴，这样就能大大提高锅炉的低负荷稳燃能力，同时具有很强的煤种适应性。根据设计、校核煤种的着火特性，选用快速着火煤粉喷嘴，在煤种允许的变化范围内可以确保煤粉及时着火、稳燃、燃烧器状态良好，并不被烧坏。

高级复合空气分级低 NO_x 燃烧系统具有良好的煤粉燃尽特性。煤粉的早期着火提高了燃烧效率。高级复合空气分级低 NO_x 燃烧系统通过在炉膛的不同高度布置 BAGP 和 UAGP，将炉膛分成三个相对独立的部分：初始燃烧区、NO_x 还原区和燃料燃尽区。在每个区域的过量空气系数由三个因素控制：总的 AGP 风量、BAGP 和 UAGP 风量的分配以及总的过量空气系数。这种改进的空气分级方法通过优化每个区域的过量空气系数，在有效降低 NO_x 排放的同时能最大限度地提高燃烧效率。

采用中间以及侧面布置，并可水平摆动的墙式高位燃尽风设计，能有效调整高位燃尽风的空气与烟气的混合过程，降低飞灰含碳量和一氧化碳含量。另外在主燃烧器最下部采用比较大的风量的端部风喷嘴设计，通入部分空气，以降低大渣含碳量。这样的设计对 NO_x 的控制没有不利影响。

高级复合空气分级低 NO_x 燃烧系统能有效防止炉内结渣和高温腐蚀。高级复合空气分级低 NO_x 燃烧系统采用预置水平偏角的辅助风喷嘴设计，把火球裹在炉膛中心区域，而燃烧区域上部及四周的水冷壁附近形成富空气区，能有效防止炉内沾污、结渣和高温腐蚀。上一次风口中心线距屏底有足够的距离，降低炉膛出口烟气温度，防止炉膛上部受热面结焦；下一次风口中心线距锅炉冷灰斗拐点有足够距离，防止炉膛下部结焦。

（2）快速着火煤粉喷嘴设计。

与常规煤粉喷嘴设计比较，快速着火煤粉喷嘴能使火焰稳定在喷嘴出口一定距离内，使挥发分在富燃料的气氛下快速着火，保持火焰稳定，从而有效降低 NO_x 的生成，延长焦炭的燃烧时间。快速着火煤粉喷嘴示意如图 11-37 所示。

（3）四角切圆燃烧系统设计所有的一次风/煤粉喷嘴在炉膛中心形成切圆，与炉膛对角线成 2°夹角；二次风中的所有偏置辅助风采用一个顺时针的偏角，这些偏置辅助风就是启旋二次风；而低位燃尽风（BAGP）和高位燃尽风（UAGP）需要通过水平摆动调整实验确定一个逆时针的偏角，这些二次风就是消旋二次风；以上共同构成了圆燃烧系统。四角切圆燃烧系统示意如图 11-38 所示。

图 11-37　快速着火煤粉喷嘴

图 11-38　四角切圆燃烧系统示意

采用四角切圆燃烧系统，部分二次风气流在水平方向分级，在始燃烧阶段推迟了空气和煤粉的混合，NO_x 形成量少。由于一次风煤粉气流被偏转的二次风气流裹在炉膛中央，形成富燃料区，在燃烧区域及上部四周水冷壁附近则形成富空气区，这样的空气动力场组成减少了灰渣在水冷壁上的沉积，并使灰渣疏松，减少了墙式吹灰器的使用频率，提高了下部炉膛的吸热量。水冷壁附近氧量的提高也降低了水冷壁的高温腐蚀倾向。

（4）端部风喷嘴设计。在主燃烧器上部和下部均设计有端部二次风，端部二次风可以保证主燃烧器自成一个完整的整体，有效地调整主燃烧器的燃烧配风，同时尽量地包裹相邻层的煤粉火焰，使煤粉快速点燃的同时，防止煤粉火焰刷墙，以及由此引起的结焦和高温腐蚀。

（5）等离子点火和稳燃技术。锦界三期工程在采用 A/B 磨煤机双层等离子无油点火，不设置燃油系统，在点火阶段具备锅炉点火功能，在低负荷阶段具备稳燃功能。

等离子体点火器是等离子体的发生装置，又被称为等离子体发生器，通常采用直流电弧放电的方式产生温度高达数千度的等离子体，高速射入等离子体燃烧器，使得燃烧器内的煤粉迅速点燃。

等离子体燃烧器是将等离子体点燃的煤粉火焰放大并形成稳定燃烧的装置。来自等离子体点火器产生的高温、高焓等离子体进入燃烧器的中心燃烧室，其高温使煤粉颗粒快速升温并产生爆裂，释放大量煤粉挥发分后被迅速点燃，火焰经多级燃烧放大喷入锅炉炉膛。一般情况下，等离子体燃烧器是在锅炉的喷燃器基础上设计而成。停止点火期间，不影响其正常使用，满足锅炉燃烧器的设计出力要求，不影响锅炉的使用效率。等离子体点火原理示意如图 11-39 所示。

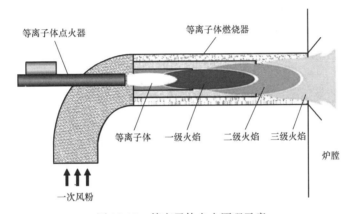

图 11-39　等离子体点火原理示意

（二）低负荷 SCR 应用

本期工程 SCR 反应器布置在锅炉构架内尾部空气预热器的上方，不设置脱硝旁路。脱硝装置满足锅炉 30%～100%B-MCR 工况之间的任何负荷的运行要求，并适应机组的负荷变化和机组启停次数的要求。

SCR 脱硝系统分为 SCR 反应器系统和尿素贮存供应系统两大部分，SCR 反应器系统主要包括 SCR 反应器、烟道、催化剂、氨喷射系统、吹灰器、稀释风；尿素储存供应系统主要包括尿素储存间、尿素溶解罐、搅拌器、尿素溶液输送泵、尿素储存罐、尿素溶液供液泵、废水池、废水泵。

设计特点：

（1）SCR 反应器。反应器是安装催化剂的容器，为全封闭的钢结构设备。脱硝装置支撑钢构架与锅炉钢构架整体设计。一台锅炉布置一个反应器。反应器催化剂布置采用 2+1 层模式，即初装 2 层运行层，预留 1 层附加层。

（2）催化剂。催化剂型式为蜂窝式，催化剂能满足烟气温度不高于 420℃的情况下长期运行，同时催化剂能承受运行温度 430℃不低于 5h。最低连续运行烟温为 305℃，最高连续运行烟温 420℃。

（3）氨喷射系统。氨喷射系统的作用是保证氨气和烟气混合均匀，喷射系统应设置流量调节阀，能根据烟气不同的工况进行调节。喷射系统应具有良好的热膨胀性、抗热变形性和抗振性。在氨喷射点设置必要的操作平台。同时布置了智能喷氨系统，实现精准喷氨，达到实现氮氧化物均匀，节约能源，减少设备故障的目的。

（4）多种措施降低 NO_x 的排放浓度。保证标准状态、干烟气、含氧量 6%、以 NO_2 计，排放浓度不超过 $150mg/m^3$，措施如下：

1）四角切圆燃烧系统的设计；

2）采用两级燃尽风实现对燃烧区域过量空气系数的多级控制；

3）偏置辅助风和两级燃尽风形成的燃烧区域水平方向的空气分级；

4）快速着火煤粉喷嘴的设计。

（5）省煤器分级布置。常规的省煤器均布置在 SCR 催化剂的入口，此项工程中，为了提升低负荷 SCR 入口烟温，将一部分省煤器布置在 SCR 催化剂的出口，实现了省煤器换热不变，但是能较大提高 SCR 入口烟温的目的。实现了在低负荷时脱硝系统的正常运行，保证了环保参数稳定。

（三）零号高压加热器应用

采用零号高压加热器技术，在设计中直接命名为1号高压加热器。1号高压加热器在80%及以下负荷投运的运行方式。不论1号高压加热器是否投运，给水均100%流量通过1号高压加热器。蒸汽侧投运时不节流，1号高压加热器长期退出，频繁启停工况下汽侧通入小流量蒸汽，使1号高压加热器处于热备用状态。

零号（1号）高压加热器技术，利用高压缸抽汽或补汽通过零号（1号）加热器加热给水，在低负荷时提高给水温度，提高循环效率，同时因为给水温度的提高使得烟温提高，增加脱硝装置运行范围，使得机组在低负荷下可以安全、环保运行。

据运行试验：1号高压加热器投运后，100%～50%工况省煤器出口工质温度较不投1号高压加热器升高 8～15℃。全面提升深度调峰脱硝的安全性和机组经济性。

（四）应用效果

经过各个难题的各个突破，三期工程实现了宽负荷深度调峰技术的应用，取得了良好的效果。锅炉正常运行、调峰时，过热蒸汽温度达到额定值 605±5℃，再热蒸汽温度达到额定值 623±5℃，各级受热面金属管壁温度均未出现超温现象，锅炉运行稳定，各辅机均能够满足锅炉最大连续出力运行的要求。

（1）100%额定负荷，锅炉效率为 95.28%，修正后锅炉效率为 95.25%；高于保证值（94.80%）。

（2）75%额定负荷，实测锅炉效率为 94.70%，修正后锅炉效率为 94.67%。

（3）50%额定负荷，实测锅炉效率为 94.28%，修正后锅炉效率为 94.17%。

（4）锅炉最大连续出力为 2061.5t/h，达到保证值（2060t/h）。

（5）空气预热器漏风率为 3.36%，低于保证值（3.50%）。

（6）不论高压加热器全部投运，还是高压加热器全部切除，机组电负荷、过热蒸汽流量、温度、压力及再热蒸汽温度均能达到设计值，各级受热面金属管壁温度无超温现象，锅炉能够达到额定出力。改变磨煤机运行式后，机组电负荷、过热蒸汽流量、温度、压力及再热蒸汽温度均能达到设计值，各级受热面金属管壁温度无超温现象，锅炉能够达到额定出力。

（7）锅炉无等离子助燃最低稳燃负荷为 612.7t/h，低于保证值（618.0t/h）。锅炉在此出力下燃烧稳定，未见异常。脱硝进口 NO_x 排放浓度为 147mg/m^3（标态，干基，6％O_2），低于保证值 150mg/m^3（标态，干基，6％O_2）。

第七节　生　态　环　保

一、充分利旧，减少系统冗余

（一）输煤系统利旧

煤场改造方案为：在目前南煤场及汽车衡位置建单排 2 个 3 万 t 筒仓，仓上来煤接自汽车售煤仓顶部落煤筒三通，为单路皮带，参数为 $Q=3200t/h$，$v=3.15m/s$，$B=1800mm$；仓下为三路皮带，参数为 $Q=2200t/h$，$v=3.15m/s$，$B=1600mm$，仓下皮带接至四号转运站，需要对四号转运站进行改造。每座筒仓直径 30m、高 60.7m、单仓容量为 3×10^4t，总储煤量 6×10^4t，按电厂一、二、三期原煤需求计算，可储存 2 天电厂的原煤需求。

经过 2009 年对煤矿筛分车间改扩建，筛分车间出力由原 $Q=2800t/h$，扩建为目前 $Q=4500t/h$，但因原煤仓至筛分破碎车间 201 号带式输送机出力为 $Q=3500t/h$，所以筛分破碎系统正常运行 $Q=3500t/h$，满足一、二、三期工程的出力要求。电厂原规划容量为 $6\times600MW$ 机组，一二期工程建设规模为 $4\times600MW$ 机组。输煤系统按 $6\times600MW$ 机组规划容量一次建成。

（二）输煤利旧系统改造

输煤系统按 $2\times660MW$ 机组设置一套系统，利用一二期改造后的输煤系统上煤。拟按前期建设的预留方案，将一二期煤仓层带式输送机延长至二期扩建端，三期煤仓层另设带式输送机，采用电动犁式卸料器向本期煤仓间原煤斗配煤。

（三）除灰系统利旧

三期工程厂区除灰不新建灰库，粉煤灰排到一期的 3 号细灰库和二期的 6 号细灰库储存。5 号炉的 3 根灰管输送至一期的 3 号细灰库，在库顶还设有切换阀事故时可切换到一期的 1、2 号粗灰库；6 号炉的 3 根灰管输送至二期的 6 号细灰库，在库顶还设有切换阀事故时可切换到二期的 4、5 号粗灰库。3、6 号细灰库每座灰库有效容积均为 1200m^3，2 座灰库可储存三期工程 2 台锅炉设计煤种 37.6h 的灰量，校核煤种 28.03h 的灰量。

（四）氢站系统利旧

一期工程已设有 2 套产氢量 10m^3/h 的中压水电解制氢装置，6 台 $V=13.9m^3$、$p=3.2MPa$ 的氢气储存罐及 1 台 8m^3 压缩空气储存罐。原有系统储氢能力总计约 2500m^3 氢气。经测算三期工程投运后总用氢量 1220m^3。一期制氢系统制氢能力以及储氢量能够满足包括本期机组在内全厂用氢量，本期不再新建制氢设备。

（五）水源系统利旧

三期工程生产水源为锦界煤矿疏干水，生活水源为瑶镇水库水，疏干水的备用水源为瑶镇水库水。经煤矿处理后的矿井疏干水，水质满足工业用水需要。

三期工程建设 2×660MW 超超临界机组，根据《火力发电机组及蒸汽动力设备水汽质量》（GB/T 12145—2016）要求，对超临界机组增加了对汽水系统中 TOC 的监测，规定给水 TOC 含量≤200μg/L。为此，建设单位曾对电厂一二期工程锅炉补给水处理系统的出水（除盐水）进行了取样送检，化验结果除盐水 TOC 含量为 440μg/L。根据目前收集的疏干水水质资料，原水 TOC 波动较大，最高值达到 3.89mg/L，因此，一二期原有纯离子交换系统出水水质难以满足本期工程超超临界机组的水汽品质要求。为保证三期机组安全运行，锅炉补给水预处理系统需考虑采用膜处理方式。

（六）化水系统系统利旧

二期原有纯离子交换系统出水水质难以满足三期工程超超临界机组的水汽品质要求。为保证本期机组安全运行，锅炉补给水预处理系统需考虑采用膜处理方式。

综合考虑统一运行管理、减少占地等因素，三期与一二期锅炉补给水处理系统在原有设计上统一规划改造。新建超滤反渗透预处理预脱盐系统设计处理综合考虑一、二、三期用水量。

（七）废水处理系统利旧

三期工程有如下废水：锅炉补给水处理系统的细砂过滤器反洗排水、超滤反洗排水、反渗透浓水排水、离子交换器再生废水、超滤及反渗透装置清洗排水；凝结水处理系统除铁过滤器反洗排水、高速混床冲洗排水、体外再生系统再生废水；空气预热器冲洗排水；脱硫废水；锅炉酸洗排水等。

对于锅炉清洗废水，一二期原有化学废水处理系统已设计有 5×1000m³ 废水储存池以及相应的处理设施，处理能力已能够满足全厂机组（包括本期）的处理量。故本期工程不再新建化学废水处理设施。

（八）汽水化验室、热工试验室、电气试验室

水质化验室台柜及仪器利用一二期已有设备，但三期机组为超超临界机组，三期化验室主要仪器设备按照现行行业标准《火力发电厂试验、修配设备及建筑面积配置导则》（DL/T 5004—2010）的规定设计相应增加即可，原有汽水、热工及电气试验室可继续使用。

（九）脱硫利旧系统改造

根据国华锦能公司的要求，三期工程脱硫综合楼及石灰石储存卸料制浆场地的布置，应尽量远离生活、办公区。作为扩建工程，在深入分析一二期脱硫装置已建公用设施的基础上，尽可能在原石灰石制浆、石膏脱水公用区域扩建公用系统，以实现公用区集中建设，便于集中管理，还有利于公用设备的共享。防止石灰石制浆、石膏脱水产生的废渣泄漏，对全厂清洁生产，全厂整体环境美化不利影响。

一二期工程按 4 台炉一次设计，四台炉设置一套真空皮带脱水系统，设两台真空皮带脱水机，每台脱水机处理量按 4×600MW 机组 B-MCR 工况下燃用设计煤时 75% 的石膏浆液量考虑，并满足校核煤要求。脱水楼下设石膏库容积为 2000m³，可满足一二期 FGD 装置满负荷运行时 3 天的石膏储存量。

一二期石膏脱水系统采用两台额定出力为 19t/h 真空皮带脱水机,经过 10 多年运行,目前单台皮带机运行基本可满足四台机组脱硫满负荷运行需求。

三期脱硫综合楼考虑与一二期集中布置,污染相对集中统一,利用原浆液制备间与脱水间道路进行改建或扩建。原公用系统按 4 台脱硫装置设计,未考虑预留三期扩建,公用系统场地较为紧张。在原一二期场地扩建一台大容量磨机及脱水机。

原一台斗式提升机,出力 65t/h;电动给料机,出力 80~100t/h;每天运行 8h 可满足 6 台机组要求。三期工程新增加一套斗式提升机,TB400 型 $B=400mm$,$Q=65t/h$,提升高度 $H=34.31m$。$N=18.5kW$。同时利用一二期卸料斗,将振动式给料机改造为双路给料,斗式提升机实现一用一备。

原 2 座钢制 820m³ 石灰石块仓,可满足四台机组 B-MCR 工况 7 天石灰石耗量。经核算,满足六台机组 B-MCR 工况 4.4 天石灰石耗量。可利用原储仓,不用扩建。

在石灰石储仓底部增设置一台出力较大磨煤机,出力按 6 台机组 B-MCR 工况下燃用设计煤质 100% 的石灰石浆液量考虑,设置 1 台出力 20t/h 湿磨机。磨煤机总出力为 34t/h,是 6 台机组设计煤种石灰石耗量的 156%,磨煤机检修时,可利用已有的石灰石粉仓制浆系统来弥补。

二、全厂"近零排放"设计优化

根据《研究国华锦界电厂三期 2×660MW 机组工程招标工作相关事宜》[中国神华能源公司总裁办公会议纪要(2017 年第 48 期)]的要求,本期工程将采取更为严格的环境污染治理措施,最终实现在标准状态下,烟尘 1mg/m³,二氧化硫 10mg/m³,氮氧化物 20mg/m³ 近零排放。

三期工程除尘系统采用双室五电场低低温干式静电除尘器、具有高效除尘效果的脱硫吸收塔和湿式除尘器,干式静电除尘器、脱硫吸收塔和湿式除尘器除尘效率分别按不低于 99.92%、70%、80% 设计;实现氮氧化物 20mg/m³ 超低排放标准,SCR 脱硝效率按不低于 87% 设计;二氧化硫 10mg/m³ 近零排放标准,建设全烟气脱硫装置,采用石灰石-石膏湿法烟气脱硫工艺,设置烟气—烟气换热器(MGGH),设计脱硫效率暂定不低于 99.2%,按 1 炉 1 塔 5 喷淋吸收层方案设计。设计过程中,采用前瞻性的、科学的、先进的设计理念,经过反复地论证,最终确定锦界电厂三期工程执行了全球最严格的燃煤火电机组"近零排放"的环保工艺路线。

(一)脱硝系统

三期工程烟气脱硝装置与发电厂主体工程同步建设及投运,烟气脱硝装置采用选择性催化剂还原法烟气脱硝(SCR)技术方案进行设计。在设计煤种及校核煤种、锅炉最大工况(B-MCR)、处理 100% 烟气量条件下,脱硝效率不小于 90%,氨的逃逸浓度不大于 3μL/L,SO_2/SO_3 转化率小于 1%,反应器出口 NO_x 浓度 ≤20mg/m³(6% 氧含量、标态、干烟气)。

SCR 反应器直接布置在省煤器之后空气预热器之间的烟道上,不设置 SCR 烟气旁路,脱硝反应剂为尿素。催化剂层数按"2+1"配置。

SCR 烟气脱硝处理技术是先进、成熟而可靠的技术,在世界范围内已大量应用。

国内已有 SCR 脱硝技术的制造企业，并已全面掌握了 SCR 脱硝技术，完全具有成套装置供应 SCR 脱硝装置的能力。而且国内 300、600MW 机组的 SCR 脱硝装置已有投运的，国内制造企业可提供性能优异的电站烟气脱硝成套装置。

SCR 脱硝工艺原理：一定温度下的氨/空气混合物注射入烟气通道中，与一定温度下的锅炉烟气充分混合。充分混合后的烟气、空气及氨混合物通过 SCR 的催化剂层。在催化剂的作用下，烟气中的 NO_x 与氨在催化剂的表面发生充分的化学还原反应，生成 N_2 和 H_2O。

SCR 脱硝工艺具有如下特点：脱硝效率可达到 90% 以上；NH_3/NO_x 摩尔比 0.85～0.90；NH_3 逃逸率低于 $3\mu L/L(6\%O_2)$；SO_2/SO_3 转化率小于 1%；催化剂的化学寿命为 24000h；对锅炉性能基本无影响。

机组尿素耗量：三期工程采用炉内低氮燃烧技术加选择性催化还原法（SCR）控制 NO_x 排放。按照锅炉省煤器出口 NO_x 排放浓度（以干基 $6\%O_2$ 计，标准状态下）不大于 $200mg/m^3$ 计算。在 B-MCR 工况下，脱硝效率不小于 90%。三期工程两台 660MW 机组，锅炉最大连续蒸发量 B-MCR 工况的尿素耗量（设计煤种）见表 11-17。

表 11-17　　　　　　　　锅炉最大连续蒸发量 B-MCR 工况的尿素耗量

煤种	小时尿素耗量（t/h）	日尿素耗量（t/d）	年尿素耗量（t/a）
1 台机组	0.290	5.80	1595
2 台机组	0.580	11.60	3190

注　反应器进口 NO_x 浓度按 $200mg/m^3$（锅炉保证值）、90% 脱硝效率计算，日利用小时数为 20h，年利用小时数为 5500h。

（二）脱硫系统

三期工程采用石灰石-石膏湿法脱硫，按两台锅炉 B-MCR 工况全烟气量脱硫。环保排放标准按照神华集团对新建机组的近零排放精神要求，在标准状态下，脱硫装置效率不低于 99.2%，SO_2 排放浓度不超过 $10mg/m^3$，烟尘小于 $1mg/m^3$。

脱硫工程采用"三同时"与主体工程同步建设。二氧化硫吸收系统采用单元配置，即每台炉设 1 套吸收塔系统。吸收塔单座逆流喷雾空塔，每座吸收塔设置 5 台浆液循环浆泵，对应 5 层喷淋层。采用新型高效三级屋脊式除雾器，每台炉配置 2 台高效离心式氧化风机，一运一备。

通过最终性能试验测试，锦界三期环保指标均达到并优于设计值，见表 11-18。

表 11-18　　　　　　　　三期环保指标（标况下）

分类	名称	单位	国标值	近零排放	设计值	5 号机组性能试验值	6 号机组性能试验值
环保排放指标	烟尘排放浓度	mg/m³	20	5	1	0.41	0.38
	二氧化硫排放浓度	mg/m³	50	35	10	2.54	3.5
	氮氧化物排放浓度	mg/m³	100	50	20	11.17	10.88

根据性能试验报告结论，污染物排放远优于燃气轮机组的排放限值，在火电机组"超低排放"限值的基础上，实现了又一次的飞跃，向"零"排放迈进了坚实的一大步，实现了真正意义上的燃煤机组近零排放。该设计标准远低于美日欧，是当之无愧的全世界最严格环保标准，真正实现了燃煤机组大气污染物的近零排放。

三、脱硫废水零排放系统优化

三期工程 $2 \times 660MW$ 超超临界机组脱硫系统采用石灰石-石膏湿法脱硫工艺，为了保证脱硫系统的正常运行和脱硫副产物石膏的品质，维持脱硫系统中氯离子和其他元素的平衡，需要定期从脱硫吸收塔排出废水。

脱硫废水的杂质来源于烟气和脱硫用的石灰石，由于燃煤中富含多种重金属元素，这些元素在炉内高温下进行了一系列的化学反应，生成了多种不同的化合物，一部分随炉渣排出炉膛，另一部分随烟气进入风烟系统，后部分化合物中的绝大部分将被除尘器捕捉进入干灰中，极少部分逃逸过除尘器烟气进入脱硫吸收塔，被石灰石浆液吸收溶于浆液中。

煤中含有的元素包括 Cl、F、Cd、Hg、Pb、Ni、As、Se、Cr 等，这些元素都能够随烟气溶解进入脱硫浆液中，在浆液循环使用中富集，最终形成浓度超过排放标准的废水。脱硫废水中含有的杂质主要是悬浮物、氯盐、过饱和的亚硫酸盐、硫酸盐以及各类重金属，其中很多是国家环保标准中要求控制的一类污染物。

由于脱硫废水的水质不同于其他的工业废水，处理难度较大，因此，必须对脱硫废水进行单独处理。2015 年 4 月国务院印发《水污染防治行动计划》，强调全面控制污染物排放，着力保护水资源和水环境。落实国家环境保护政策。满足脱硫废水零排放要求，必须寻求切实有效的脱硫废水"零排放"处理工艺，实现脱硫废水处理后无废水、无废气、无废弃固体物产生的目标。

（一）设计优化与应用研究的主要内容

通过对烟气余热低温闪蒸浓缩和浓液干燥技术设计方案的优化研究，实现脱硫废水零排放的技术研发与工程应用，脱硫废水处理后无废水、废气及废弃固体物产生。系统产生冷凝水回用于脱硫工艺水系统，浓缩液在干燥塔内蒸发，随烟气回到电除尘。细小固态颗粒随烟气进入电除尘和灰一起排出，同时保证系统简单可靠、维护量小、自动化程度高及全工艺过程中的节能降耗。

系统拟定：脱硫废水经管道送至脱硫废水中和箱，加注石灰乳将废水的 pH 值调至 $9 \sim 10$，进入沉降箱，在箱中加注有机硫或 Na_2S 使离子态的重金属与硫化物进行化学反应生成细小的络合物，然后进入凝聚箱。在凝聚箱中加入混凝剂，在凝聚箱出口加入助凝剂，最后进入一体化澄清器。在澄清器中，絮凝体靠重力与水分离，借此除去重金属及有害物质。一体化澄清器底部的污泥大部分经脱水机处理后在厂内按危废收集、暂存，可根据鉴定结果确定其最终处置方式。另有小部分泥浆则经泥渣循环泵返回至中和箱，作为下一批处理的"晶种"。澄清水由一体化澄清器的溢流口流至清水箱。在清水箱中加硫酸调其 pH 至 $6 \sim 9$ 之后，回用于捞渣机和灰场喷洒用水。

为确保脱硫废水处理系统能够稳定连续投运，方案设计期间，国华锦能公司组织基建、生产人员先后进行五次外出实地调研，总结出国内电厂设计采用的脱硫废水 27

种处理技术方案，经多次论证研究，提炼出四种符合三期工程条件的脱硫废水处理工艺技术。通过技术方案公开招标，采用了"烟气余热低温多效闪蒸＋浓液高温干燥"技术方案。系统设计低温多效闪蒸部分处理能力为 15t/h；干燥塔处理能力为 2.5t/h。脱硫废水无须预处理直接进入低温三效闪蒸系统进行蒸发浓缩，闪蒸设备选用 2205 不锈钢，干燥塔选用钛材，喷嘴选用合金钢三流体方式，以增强关键设备材质具有较强的耐腐蚀。脱硫废水的 80%～90% 蒸发回收利用，剩余 10%～20% 变为浓缩液进入干燥塔与高温烟气接触进行蒸发干燥，最终进入电除尘器，实现废水零排放目的。

（二）解决的关键技术问题及创新点

脱硫废水零排系统采用烟气余热低温闪蒸浓缩＋浓液干燥脱硫废水零排放技术，实现脱硫废水处理后无废水、无废气、无废弃固体物产生的真正零排放。废水回收率高、回收水质优，产生的冷凝水回用于脱硫工艺水系统；系统闪蒸热源采用烟气余热，采用三效能源阶梯利用三次。达到节能降耗的目的；系统自动化程度高，可实现远程监控、一键启动、无人值守；浓液干燥速度快，无其他添加物产生；彻底解决系统设备结垢问题，运行可靠，维护量小。系统具有以下优点：

（1）利用烟道尾部余热，节能降耗。闪蒸热源采用烟气余热，采用三效能源阶梯利用三次，达到节能降耗的目的。

（2）废水回收率高、回收水质优。闪蒸浓缩回收率最大可达 90%，回收水为蒸馏水，水质好可以作为各系统的补水。

（3）实现脱硫废水处理后无废水、无废气、无废弃固体物产生的真正零排放。系统产生冷凝水回用于脱硫工艺水系统，浓缩液在干燥塔内蒸发，随烟气回到电除尘。细小固态颗粒随烟气进入电除尘和灰一起排出。

（4）充分考虑可利用烟温的问题，从空气预热器前端接引烟气，且烟气流速可控，增大了蒸发能效；有效克服了主烟道可利用的有效蒸发长度不足，蒸发不彻底的缺点。

（5）系统简单，维护量小，自动化程度高。通过系统控制泵与阀门的开关运行，可实现远程监控、一键启动、无人值守。

（6）整套系统不会结垢，不需要设置烦琐的冲洗及清洗装置，运行可靠。

（7）浓液干燥快，无须调质及澄清装置，干燥速度快，无其他添加物产生。

（三）推广及应用情况

锦界三期工程脱硫废水零排放系统使用效果良好，项目建设过程中获得专利两项，投运后荣获：2022 年中国安装协会科学技术进步三等奖及 2021 年国电电力科技进步三等奖。所取得的科技成果值得在行业内全面推广运用。

四、汽轮机本体降噪

依据中国神华总裁办公会议纪要（2018 年第 20 期）和国华电力公司 2018 年 8 月 12 日锦界三期六项专题评审会纪要要求，"锦界三期项目开展降噪设计优化研究，在满足原主机技术协议要求、噪声国家标准（不高于 85dB）基础上，努力使汽轮机侧等区域噪声接近于 75dB 左右"。为进一步在降噪方面能有所突破，使厂房噪声能达到一个较高的标准，国华锦能公司针对汽轮发电机组降噪进行大量调研工作。成立了汽轮发电机组降噪创新小组，从 2018～2020 年，召开四次汽轮发电机组降噪讨论会，最终形成完善的降噪方案。

（一）降噪设计

（1）加大汽轮机组原隔声罩壳的隔声性能；接缝处做好密封，保证不漏声。

（2）隔声罩（化妆板）整体包围高中压部分，并压接在低压隔声罩壳 600mm 处，高压部分（长×宽×高＝16m×9.5m×4m），中压部分（长×宽×高＝12m×10.5m×5m）。

设计隔声罩采用隔声吸声为主，通风消声为辅的整体设计。隔声罩采用自然通风散热，底部设置进风消声器，顶部设置排风消声器。隔声罩整体采用"等隔声量设计原则"，对罩壳板、进排风消声器、隔声门、隔声窗进行优化设计，在保证总体噪声指标的前提下，尽量降低隔声罩设备质量。

隔声罩壳体的所有构件不与设备相抵触，其内部方便工作人员在隔声罩壳内巡视检查。隔声罩内设计防爆照明灯，布置合理，满足照明需要。照明装置及其布线能方便跟随隔声罩壳一起拆装，各开关、插座活动接头经久耐用。隔声罩壳的设计考虑空气流通，其下部设有进风消声通道，上部有自然排风消声通道，隔声罩内空气流通良好，罩内部温度≤45℃。

隔声罩结构强度能满足起吊及堆放不变形的要求，充分考虑机组大、小修的需要，尽量减少机组大修时隔声罩壳拆装工作量，前箱、汽轮机本体部分、发电机部分均可独立分体和整体拆装。隔声罩整体钢结构现场螺栓连接定位安装，隔声板内外表面喷塑处理。

根据现场实际位置，隔声罩留有方便运行巡视及人员检修的大、小隔声门（数量根据后续详细设计确定），同时便于内部仪表观察，隔声门自带隔声观察窗。

（3）据调研情况，汽轮机噪声较大的部分包括高压汽阀、高中压缸、低压缸本体、发电机两侧轴承处、发电机励磁机吸风口。结合其他汽轮机组厂房降噪的工程经验，汽轮机机组降噪主要从机组外壳的阻尼处理、盘车装置单独设置隔声罩、在机组外围设置化妆板三个方面入手。

汽轮机组低压缸外壳和裙边的降噪处理：汽轮机低压缸保温层外侧粘贴阻尼贴片及金属外护板，裙边内侧粘贴阻尼贴片。

低压缸隔声罩壳外增加外包钢板 4mm，内部喷涂 4mm 阻尼涂层及 50mm 玻璃棉，内设骨架支撑。裙边从内到外的结构为：1mm 孔板＋80mm 玻璃丝棉（包布）＋3mm 阻尼图层＋4mm 钢板，内含槽钢支架，保证上部站人检修。裙边最大外形尺寸（长×宽×高＝9.83m×3.83m×1.06m），如图 11-40 所示。

对蒸汽管路进行隔声包扎：汽轮机组蒸汽管路中的气体流速很高，产生极强的宽频带气流噪声，因此采用在原保温层的基础上增加 100mm 岩棉＋耐高温阻尼涂层＋1.5mm 外包波纹钢板结构，进行隔声处理。

连通管直径 2000mm，外包 250mm 保温层＋钢板＋100mm 玻璃丝棉＋2mm 阻尼图层＋外包 1.5mm 钢板。

盘车装置单独设置隔声罩：盘车装置单独设置隔声罩，降低盘车装置工作时齿轮啮合发出的噪声。隔声罩尺寸（长×宽×高＝4.7m×3.14m×3m）隔声罩夹层结构，总厚度 150mm，外板为 3mm 的碳钢板＋3mm 阻尼图层＋60kg/m³ 超细玻璃丝棉＋

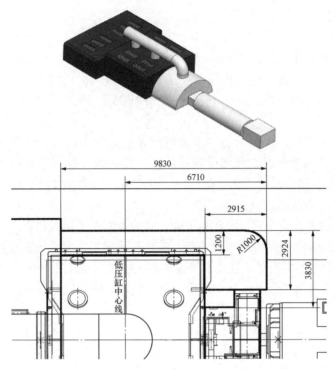

图 11-40　低压缸隔声罩壳及设计尺寸

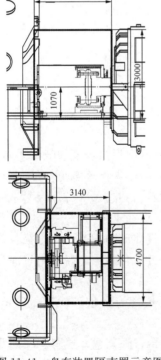

图 11-41　盘车装置隔声罩示意图

1.0mm 的孔板，超细玻璃丝棉用无纺布包裹。盘车装置隔声罩示意如图 11-41 所示。

　　因盘车装置两边交接处相连设备结构复杂，需要重点对隔声密封进行考虑，防止漏声。

　　（4）机组外围设置化妆板示意如图 11-42 所示。

　　隔声罩壁板和顶板采用金属吸隔声板，金属吸隔声板的结构为 2.5mm 冷轧镀锌钢板＋3mm 阻尼材料＋60kg/m³ 超细玻璃丝棉＋玻璃丝布包裹＋1mm 镀锌穿孔钢板等的复合组成。

　　壁板罩体厚度 150mm，顶板罩体厚度 120mm，顶部采用 14 个折板式消声器（长×宽×高＝3m×1m×0.6m，消声量≥28dB），间隔排布，便于自然通风散热。阻尼和吸声棉均使用耐热防火材料，孔穿孔率≥25%，隔声罩整体设计隔声量≥35dB。

　　隔声罩整体为模块组合式结构。主要由吸隔声板及钢支架组成，在现场连接组成隔声罩本体，安装拆卸方便、简单。隔声罩内壁距离设备主体 1000mm 以上，与设备无刚性连接，避免声桥传声。

　　隔声罩左右两侧共安装 7 樘隔声检修门，正面设置一樘双开隔声门（1500mm×2000mm），隔声门向外开启，双开隔声门两侧设置 2 个检修门尺寸 900mm×2000mm；化妆板两侧各设置一樘检修门（尺寸 900mm×2000mm）。隔声门设计隔声量≥33dB。隔声罩内部两侧对角安装 16 盏防爆照明灯（数量根据实际情况调整），并设置接线开关，并统一配置防爆配电箱。

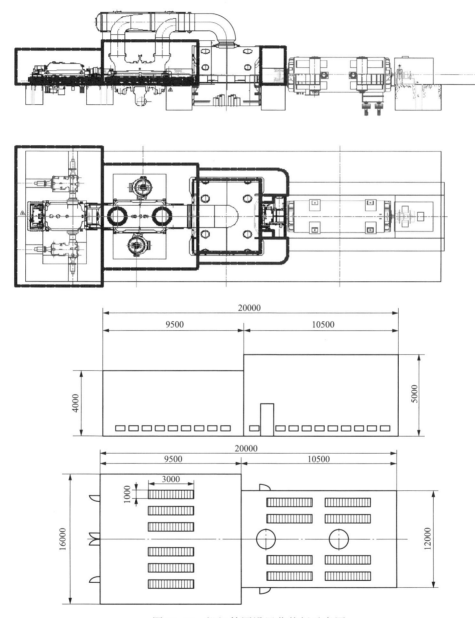

图 11-42　机组外围设置化妆板示意图

隔声罩各部分间采用拼板与螺钉连接固定，框架底部采用角钢定位。

（5）为方便检修汽轮机设备，在钢结构上安装吊耳，便于使用航车拆卸隔声房。检修不同部分的设备时，松开各部分连接件，利用航车吊起相应部位的隔声罩，完成局部拆卸。隔声罩壳顶部按照 3 人（70kg/人）承重进行设计，保证检修拆卸。

（二）推广及应用情况

机组投运后，汽轮发电机组的噪声经过多次测量，最大为 77.24dB，远低于国家标准 85dB。汽轮机平台噪声值低于国家标准 5～8dB(A)，现场对话交流无障碍，成功打造电力行业新标杆，《汽轮机深度降噪研究和应用》获得中国安装协会科技进步奖。

本项目的实施极大地改变汽轮机运行平台的噪声水平，为生产人员提供了良好的工作环境，具有良好的示范作用。

五、锅炉风机降噪

锦界三期项目锅炉风机成功实施深度降噪，噪声控制刷新了行业新纪录，风机噪声值低于 78dB，均低于国家标准 5～8dB(A)，现场对话交流无障碍，成功打造电力行业新标杆，获得中国安装协会科技进步奖。

风机的主要噪声源有：风道噪声、风机本体噪声、联轴器及电机噪声、风机入口及密封风机，均远超于国家规定 85dB，最高达 115dB。风机本体的噪声主要是风机叶片高速旋转与气流碰撞所产生，风道的噪声主要是气体湍流和紊流引起的管壁振动和气体再生噪声，风道内风速较高，而风道壁厚一般只有 4mm，且风道直接与支撑结构刚性连接，因此导致风道管壁振动并产生噪声。通过测风机噪声频谱噪声主要为中低频噪声。因此在对风机降噪时应选择中低频降噪声材料效果好的产品。

对风机主要噪声源根据频谱、噪声值等分析结果采取针对性降噪措施，局部采用型材补强，同时通过厂家试验台测试结果确定吸隔声包覆材料及厚度，吸声材料为相对密度为 48kg/m³ 厚度为 100mm 的玻璃棉卷毡，隔声材料为厚度为 2mm 的阻尼隔声毡。风机本体的外壳先贴进口阻尼材料，材料为 2mm 厚的阻尼减振贴片，以降低外壳的振动所产生的中低频噪声，再包覆隔声夹克三层，每层均为吸声材料和隔声材料相组合，通过一吸一隔层层进行噪声衰减，最终实现有效降噪。

针对风道部分，外壳先贴进口阻尼材料，降低外壳的振动及噪声，在阻尼层外再做三层吸声材料与三层隔声材料间隔包扎，通过一吸一隔层层进行噪声衰减，最终实现有效降噪。风机的电机部分做隔声房，并把机械噪声较大的联轴器包覆在隔声房内，而且隔声房内层采用新型降噪材料微孔岩板，实现降噪同时增加电机房的透气通风，内层中间再加进口隔声垫来有效隔声，并在室内做进出通风设备与照明设施，保证通风散热和日常设备巡检。噪声治理方案见表 11-19。

表 11-19 噪声治理方案

噪声源	治理措施
电机联轴器	隔声房
轴流（离心式）风机	可拆式隔声夹克
进出风口	消声百叶
风道	声学包扎多层包扎
电机	隔声房
检修孔、风门挡板和膨胀节	可拆式隔声夹克

（1）一次风机、送风机的电机部分：按电机平台大小做隔声房，联轴器做隔声罩，

把电机和联轴器包覆在隔声房内。隔声房采用微孔岩隔声板和进口隔声垫组合来有效隔声，在隔声房内安装进出通风、消声设备与照明设施，保证通风散热和日常设备巡检。

（2）一次风机与送风机的风机本体部分：风机本体的外壳先贴进口阻尼材料，降低外壳的振动所产生的中低频噪声，再包覆隔声夹克三层，夹克内外都是防火布，里面有二层吸声层和二层隔声层，缝制的线也是耐高温的防火线，最后隔声夹克也用不锈钢保温钉固定，防止隔声材料脱落。隔声夹克检修时可重复使用，最外层使用外护板作为保护层，并增加美观性。

（3）一次风机与送风机的风道部分：在风道外壳上先贴进口阻尼材料，降低外壳的振动及噪声，在阻尼层外再做三层吸声材料与三层隔声材料包扎，外设外护板作为保护层。

（4）检修孔、风门挡板和膨胀节部分：因检修孔、风门挡板和膨胀节需要经常拆装检修，所以在这些部位采用隔声夹克，方便日常拆装检修。

（5）外护板与钢结构的固定方式：为预防钢结构与外护板的振动产生新的噪声，所以在钢结构体上粘贴吸振材料防止外护板与钢结构的撞击与摩擦噪声。

（6）联通管道：在联通管道与风道间的弯头、变径段均会产生摩擦系数较大的混流噪声，降噪方案拟采用与主管道一样的阻尼层和六层吸隔声包扎。

（7）两台密封风机与电机，分别做两间隔声房，让噪声封在隔声房内，隔声房采用微孔岩隔声板和进口隔声垫组合来有效隔声，在隔声房内安装进出通风、消声设备与照明设施，保证通风散热和日常设备巡检。管道与一次风机及送风机风道一样做吸隔声包扎。

（8）一次风机和送风机共同布置在风机房内，风机房内墙面为彩钢板，彩钢板壁面反射后会使噪声有叠加效应，厂房内的混响声加剧，在墙壁做吸声体，能降低噪声叠加效应。具体分项治理方案如下：

1）电机噪声治理方案。

由于风机电机启动时，设备噪声值高达 110dB（A）左右，电机做隔声房设计，使用高性能微孔岩板，隔声板采用两层微孔岩板：25mm 微孔岩板＋隔声材料＋25mm 厚微孔岩板，并把联轴器包覆在隔声房内。为方便设备日常维护，隔声房设计有隔声门。为保证设备运行时的散热需要，在隔声房上设计进、出风消声器，并在排风消声器处设计强排风。

风机电机采用隔声房后，内部设计有照明系统，保证隔声罩内部有充足的光源，便于日常设备维护。为方便电机检修，隔声房设计为可拆式。隔声房三视图如图 11-43 所示。

2）风机本体治理方案。

轴流风机采用声学材料制作成吸声隔声降噪夹克，可拆式隔声夹克采用 300mm 厚的复合隔声减振材料，外表采用铁氟龙布缝制而成。计算得到的设备 1m 外噪声预测值均控制在 85dBA 以下（无其他噪声源干扰情况）。对于轴流风机噪声治理措施采用阻尼吸声构件和声学材料制作成吸声隔声降噪夹克装表面的方法，包括轴流风机的入口管

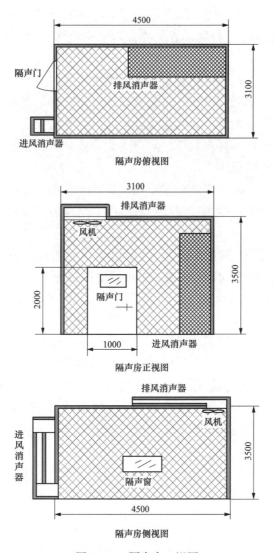

图 11-43　隔声房三视图

图 11-44　轴流风机采用声学材料制
作成吸声隔声降噪夹克

道和出口管道软连接处都需要加装吸声隔声降噪夹克，吸声隔声降噪夹克材料采用进口优质声学材料弹性隔声材料制作成，加装在轴流风机外壳上。图 11-44 轴流风机采用声学材料制作成吸声隔声降噪夹克。

3）风道噪声治理方案。

冷一次、冷二次风道及冷一次调温风道采用声学材料包扎治理。风道包扎采用复合式材料：2mm 厚低频阻尼隔声垫＋100mm 多孔隙率吸声棉＋2mm 隔声垫＋100mm 多孔隙率吸声棉＋2mm 隔声垫＋100mm 多孔隙率吸声棉＋2mm隔声垫。外表采用彩钢板。

最终通过对不同部位、不同频谱、不同噪声值做出的针对性复合深度降噪，实现风机噪声有效控制，打造电力行业新标杆，成果做到可复制、可推广。

六、国内火力发电厂首次采用全封闭主厂房及新型分区域通风设计

主厂房是火力发电厂的主要生产建筑，其室内布置有汽轮发电机组及其辅机、锅炉本体及其辅机和汽水及烟、煤、风管道等，这些设备及管道散热量巨大。同时，本期工程主厂房建筑跨度大、建筑高度较高，属于典型的高大空间工业建筑，自然状态下具有明显的烟囱效应。这一现象对厂房室内环境产生不利影响，热压作用会致使主厂房室内上部热量积聚，从而使厂房上部环境温度过高，因此，确定合理的通风方案对于满足室内所需要的卫生标准，改善运行中的设备周围的环境，提高设备的使用寿命有着举足轻重的作用。

（一）主厂房通风方式

1. 自然进风、自然排风的通风方式

在通常情况下，如气象条件许可，主厂房应优先采用自然通风。当由于其他条件影响，自然通风达不到室内的卫生标准和生产要求时，可考虑采用机械通风或自然与机械相结合的通风方式。通常主厂房通风四种方式，各有其优缺点，现通过比较选择适合本期工程的通风方式。

自然进风、自然排风的通风方式是一种较为全面的通风方式。自然通风是靠室内外的空气温度差而产生的热压来诱导空气流动，因主厂房属于高温热车间，厂房内散出大量热量，底层冷空气被加热成热空气往上流动，导致厂房产生负压，在厂房内形成与室外的压力差。室外空气从厂房底部进入室内，被室内余热加热成热空气，然后从上部排风口排到室外。从以上通风机理可以看出，室外空气的温度和状态对通风效果起着决定性的影响。

该通风方式是由厂房底部的进风窗或进风百叶窗自然进风，厂房顶部屋面上的通风天窗或屋顶通风器自然排风。其主要优点如下：

（1）充分利用自然能源，几乎不用电力，运行成本低。

（2）通风系统简单，投资少。

（3）运动部件少，运行方便，维护简单。

（4）符合并满足国家和业主提倡的节能要求。

缺点：

（1）因通风量大，为保证通风效果，必须选择较低的进风、排风速度，由此导致进、排风面积加大，并引起建筑开窗面积加大。

（2）厂房内气流组织不易控制，易产生气流死角，局部地方可能产生过热。针对上述问题，可通过在汽机房运转层以下设置射流风机来改善气流组织。

（3）夏季室外空气温度的高低，对通风效果影响很大。针对本地区夏季室外通风计算空气温度为28℃的情况，使用自然通风有是否能满足设计要求，需进行多方比较。

2. 自然进风、机械排风的通风方式

自然进风、机械排风的通风方式是一种负压通风系统，适用于室外夏季通风温度

较高或沿海地区的主厂房，对于主厂房外设有空冷岛的电厂，通常也采用这种方式。这种通风方式是靠厂房屋面上的动力设备机械排除厂房内的热空气，并自然地使其外空气通过厂房底层、运转层外窗进入车间内。其主要优点：

（1）通风系统简单，动力大，只要开启屋顶通风机和进风窗就能运行。

（2）通风效果不受室外风速、风向及状态的影响。

（3）随着季节的变化可调节排风设备的运行台数。

缺点：

（1）消耗电力大，运行费用较高。

（2）相比自然通风方式维护管理工作量较大。

（3）相比自然通风方式能耗较大。

（4）风机运行的噪声较大。

3. 机械进风、自然排风的通风方式

机械进风、自然排风的通风方式是一种微正压的通风系统，夏季将室外空气经过进风装置过滤处理后直接送入厂房内的工作地带，消除余热后的热空气经过厂房屋面上的排风装置排至室外。过渡季节进风装置可以调节运行台数，排风装置可调节阀板的启闭，控制排风量。

该通风方式：是由空气处理机组将室外空气（新风）过滤后通过送风管道和送风口送入厂房内，再由厂房顶部屋面上的屋顶通风器自然地排风。其主要优点是：通风效果较好、气流分配比较均匀。由于空气经过预处理，所以进风空气品质相对以上两种方式较好。

缺点：

（1）设备、送风管道占地面积大，布置麻烦，与其他专业管道易发生碰撞。

（2）设备初投资较大；运行和安装费用高；检修维护工作量大。

4. 机械进风、机械排风的通风方式

机械进风、机械排风的通风方式是一种全面机械通风系统，夏季将室外空气经过进风装置过滤处理后直接送入厂房内的工作地带，消除余热后的热空气经过厂房屋面上的机械排风装置排至室外的方式。该通风系统适用于夏季特别炎热地区。这种通风系统能提高进、排风能力，更有效地排除厂房内的热空气，改善通风气流组织。因此，这种通风系统是最理想的通风方式。

该通风方式：是由空气处理机组将室外空气（新风）过滤后通过送风管道和送风口送入厂房内，再由厂房顶部屋面上的屋顶通风机机械排风。优点：

（1）通风效果在 4 种方式中最理想。

（2）能有效降低被污染的空气侵入。

（3）方便控制和调节。

缺点：

（1）设备初投资在 4 种方式中最大。

（2）运行和安装费用在 4 种方式最高。

（3）检修维护工作量在 4 种方式最大。

（4）对运行管理人员的素质要求最高。

（二）主厂房通风方式的选择

通过上述几种通风方式的比较和分析，结合三期工程的具体气候和项目特点，主厂房的通风区域分为高位布置的汽机房区域、A-B排各设备层区域、煤仓间区域和锅炉房区域。各区域通风方式确定及分析如下。

（1）汽机房采用自然进风＋机械进风、机械排风的通风方式。由于三期工程采用高效超超临界、直接空冷、高位布置纯凝式汽轮发电机组，直接空冷平台布置在汽机房A排外，并且低于汽机房高度，经过空冷平台和排气管道换热，汽机房A排外室外温度较高，因此汽机房要尽量避免从A排进风。这样一来，汽机房自然进风所需要的开窗面积就难以保证。在这种情况下，在汽机房靠C排处设置蒸发冷却机组，通过蒸发冷却机组和建筑外窗同时进风，由布置在屋面上的屋顶风机排风，可以满足通风量要求，同时降低进风温度，达到降低高位布置的汽机房室内温度的效果。

蒸发冷却是有效利用干空气能的技术手段，以水为降温工质，利用它在不饱和状态的空气中的蒸发，达到冷却空气的目的。其中水吸收空气的热量蒸发为水蒸气，空气失掉显热量，温度降低，水蒸气到空气中使含湿量增加，潜热量也增加。由于空气失掉显热，得到潜热，因而空气焓值基本不变，所以称此过程为等焓加湿过程。此过程与外界没有热量交换，故又称为绝热加湿过程。最终循环水温将稳定在空气的湿球温度上。蒸发冷却空调技术的特点是：室外温度越高、空气越干燥，制冷能力越强，特别适合在夏季气候炎热干燥及空调湿球温度较低的地区使用。在空气干燥的地区使用蒸发冷却技术，有效利用干空气能是一种环保高效且经济的冷却方式，不但能大幅降低用电量，节能效果显著，并能减少温室气体和CFCs的排放量。

由于本期工程位于陕北榆林地区，气候干燥，夏季通风室外计算干球温度为28℃，相对湿度为45％，特别适宜采用蒸发冷却降温通风方式。

（2）A-B排各设备层采用外窗自然进风，在除氧器层和高低压加热器层设置轴流风机机械排风，同时在B排各层双梁间设置通风格栅，使得进风在热压作用下，带走各层设备排热量，最终由轴流风机排出室外。

（3）为了排除室内余热和含尘气体，煤仓间采用外窗自然进风、带过滤的排风机箱机械排风的通风方式。这样可以避免将含尘气体排放至室外，再进入上部汽机房。为了减小单台排风机箱的设备外形尺寸，煤仓间设置3台集中排风机箱，1台布置在1轴处，1台布置在9轴处，1台布置在17轴处，排风机箱由离心排风机和初效过滤器组成，排风经过滤后排至室外。

（4）锅炉房采用外窗自然进风、屋顶通风器自然排风的通风方式。锅炉房属于高大厂房，由于空气密度差形成的热压非常大，在热压作用下，自然进风和自然排风就可以满足室内温度的要求。热压大在冬季也带来了一些弊端，由于主厂房压型钢板往往封闭不严，冬季漏风现象特别严重，特别是锅炉房上部区域。因此要兼顾夏季通风和冬季保暖，在锅炉房上部设置高密闭排风装置，在夏季增大了排风面积，并形成对流穿堂风，可以有效改善锅炉房上部温度。相对于夏季同样作用的通风窗来说，在冬季又可以很好地起到密闭作用，减少漏风量，从而保证锅炉房下部工作区域的温度。

（三）主厂房通风方式的实施

通风量分配见表11-20。

表 11-20   主厂房通风风量分配表

项目	汽机房（单台机组）
进风温度（℃）	28
排风温度（℃）	38
设备散热量（kW）	3000
排风量（m³/h）	93000

（1）屋顶风机布置。在单台汽机房屋面上共计布置屋顶风机 12 台，每台屋顶风机主要参数如下：风量 80000m³/h，全压 127Pa，转速 720r/min，功率 7.5kW。

（2）进风布置。在汽机房 C 排 43.00m 层及运转层设置推拉窗进风，进风窗同时兼顾采光作用，同时在 C 排 50.50m 层设置夹层，布置蒸发冷却机组 7 台，单台进风量 50000m³/h。

（3）A-B 排设备层通风方式的实施。在 A 排设置推拉窗进风，同时在除氧间外墙上布置轴流风机 12 台，单台排风量 17426m³/h，在高低压加热器设备层外墙上布置轴流风机 12 台，单台排风量 8712m³/h。并在 A、B 排双梁间设置通风格栅，保证合理的通风气流组织。

（4）煤仓间通风方式的实施。在 C 排设置推拉窗进风，同时在煤仓间设置 3 台集中排风机箱，1 台布置在 1 轴处，1 台布置在 9 轴处，1 台布置在 17 轴处，排风机箱由离心排风机和初效过滤器组成，单台排风量 26000m³/h。

（5）锅炉房通风方式的实施。通过锅炉房 0m 层和运转层推拉窗进风，在锅炉房屋面上设置屋顶通风器 2 台，单台参数如下：喉口宽度 4m，长 30m。同时在锅炉房外墙 3/4 高度处两侧设置高密闭排风装置，排风装置高 1.5m，单台机组长度 110m。

（四）主厂房采暖通风方案结论

针对高位布置的特点，主厂房采暖采用高低分区的方案，高区的汽机房和煤仓间采用一个采暖系统，低区的锅炉房和设备层采用一个采暖系统。主厂房通风针对不同区域采用不同的通风方式，高位布置的汽机房采用自然进风和机械进风相结合，屋顶风机机械排风的方式，A-B 排设备层采用外窗自然进风，轴流风机机械排风的方式，煤仓间采用外窗自然进风，排风机箱集中过滤排风的通风方式，锅炉房采用外窗自然进风，屋顶通风器和高密闭排风窗自然排风的方式，均能够满足主厂房采暖和通风要求。

七、运煤系统煤尘综合治理方案选型

火力发电厂运煤系统环境恶劣，煤尘飞扬，制约火力发电厂文明生产达标验收，给安全生产造成隐患。火电厂输煤系统接卸、存储、转运、破碎、筛分和上仓等工作过程中不可避免地会产生大量的粉尘，尤其是在燃煤转运和破碎过程中，粉尘浓度尤为严重。

（一）粉尘产生的原因

1. 常规除尘设备效果不理想

目前国内在火力发电厂运煤系统除尘中应用最为普遍的主要有湿式除尘器、布袋过滤式除尘器和高压静电除尘器等三大类。

湿式除尘器在目前火力发电厂运煤系统除尘中应用较为广泛，具有运行稳定、除尘效率高、设备管理方便、维护简单等优点。但该种除尘器采用长流水的煤泥污水排放方式耗水量较大。湿式除尘器应用中存在的另外一个问题是煤泥污水的二次污染，需要对煤泥污水进行二次治理。

布袋过滤式除尘器，具有结构简单、除尘效率高、排放浓度低、运行管理方便等特点。布袋过滤式除尘器存在的通病是滤袋结块和过滤下来的煤尘处理问题。由于煤尘具有一定的亲水性，尤其是经过加湿后的煤尘很容易黏结在除尘器的布袋上，给清灰工作带来了一定的困难，严重时滤袋结块，过滤阻力大幅度增加，造成除尘风量减小，影响除尘器的正常使用。

高压静电除尘器在火力发电厂中使用较多的是单电场圆筒式高压静电除尘器，除尘效率高。但设备对环境的要求较高，维护工作量大，同时由于煤尘的亲水性，容易黏附在除尘器的电晕极上，依靠重力清灰方式效果不理想，影响除尘器的使用。

布袋过滤式除尘器和高压静电除尘器存在的一个共同问题是过滤下来的煤尘处理。经除尘器过滤下来的煤粉，粒径很小，目前比较理想的处理方式是直接排放到运煤系统的皮带上回收利用，但是由于工艺布置等各方面的原因，很多时候除尘器清除下来的煤尘没有条件回收到皮带上，需要人工处理，增加运行人员的维护管理工作量和劳动强度。

2. 煤流速度不可控

在高落差的转运站，传统的落煤管结构造成物料运行过程中多次发生撞击，使物料分散造成物料间冲击挤压，造成粉尘的大量扬起。物料高速下落产生强烈的诱导风，诱导风进入导料槽后受到空间的限制，粉尘从导料槽出口吹出，或从两侧封闭不严处卸出，造成作业场所污染。

3. 设备密封性能差

粉尘在诱导风产生的正压作用下，向导料槽四周扩散，导料槽无法建立起负压状态，粉尘四处扩散。

4. 干雾抑尘设备抑尘能力差，对水质要求高

目前普遍适用的喷雾抑尘设备抑尘能力差，尤其是对 $10\,\mu m$ 以下可吸入粉尘无抑制能力。另外由于含煤废水处理系统效果较差，目前普遍采用的微孔过滤砖处理系统，不能满足多管水冲击式除尘器带来的二次泥浆污染，造成处理后废水含煤粉量较大，悬浊物含量超标，从而导致喷雾抑尘设备的喷嘴由于水质的影响经常堵塞，影响喷雾抑尘系统的正常投用。

（二）运煤系统煤尘治理方案综述

1. 抑尘技术

目前火电厂普遍采用的抑尘方式有以下几种：

（1）无动力除尘抑尘技术。无动力除尘抑尘技术主要利用负压消尘的原理，当物料经落管下落时产生冲击气流，在结构条件限制下，气流沿皮带运行正反两个方向扩散，含尘气流在阻尼胶帘的前方受到阻滞而反弹，大部分回弹进入主循环通道，到达负压区又被压入阻尘密封帘原经路径而产生持续循环。由于整个过程不需要任何动力，只靠落煤产生的气流挠动、自然沉积脱落而使粉尘净化，达到自动除尘的目的，故此称为无动力除尘。

无动力除尘装置主要组成包括滑板式全封闭导料槽、物理沉降回流装置、气尘分离减压室、阻尘密封帘、雾化装置等五大部分，如图 11-45 所示。

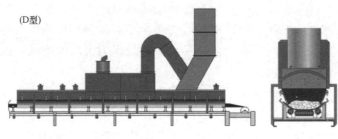

图 11-45　无动力除尘装置

（2）微动力除尘抑尘技术。微动力除尘抑尘顾名思义就是有动力参与除尘，它与无动力除尘的最大区别是在除尘时有除尘器或风机参与，针对解决的问题是高落差无动力除尘技术不能有效除尘的场合。微动力除尘装置一般组成包括滑板式全封闭导料槽、物理沉降回流装置、阻尘密封帘、脉冲式除尘器、雾化装置等部分。

（3）微米级干雾抑尘技术。与传统除尘装置对比，微米级干雾抑尘是针对起尘点（产尘源头）进行治理，其原理是利用干雾喷雾器产生的 10 μm 以下的微细水雾颗粒（直径10 μm 以下的雾称干雾），使粉尘颗粒相互黏结、聚结增大，并在自身重力作用下沉降。

微米级干雾抑尘系统由微米级干雾机、万向节、水管线、压缩空气管线、螺杆式空气压缩机、储气罐、自动控制系统等组成。干雾抑尘机将气、水过滤后，以设定的气压、水压、气流量、水流量按开关程序控制阀打开或关闭，经管道输送到万向节中去，实现喷雾抑尘。

（4）3-DEM 分散物料集流抑尘技术。所谓 3-DEM 分散物料集流抑尘技术研究是基于松散体理论，利用离散学（DEM）原理，对物料及空气二相流的状态进行详细分析，研究物料粒子的弹性、黏性、塑性、形变等级、滑动、膨胀和流动性，在此分析基础上建立数学模型，结合计算机仿真技术，将原来的煤流跌落过程转变为煤流滑落过程；控制煤流在滑落过程中的动势能大小和方向的转变，使其严格按照最佳切向角度和速度滑落，从而彻底消除落煤管堵煤现象。

2. 运煤系统煤尘综合治理方案选型

运煤系统煤尘防治不是通过简单或单一手段就能够解决的，而是要根据物料的不同性质、工艺系统的不同特点、转运站的布置方式，采取多种组合方案来解决问题。在实际设计过程中针对不同的电厂，具体有以下几种组合方案。

（1）常规落煤管＋无动力除尘＋微米级干雾抑尘方案。

该方案主要针对燃煤挥发分不高、表水适中、转运点落差不大的点，通过促使粉尘气流密闭循环，辅以自动化的雾化水降尘，达到降、除尘的目的。该方案的特点是：与导料槽同时设计制作，直接坐于输送机桥架上，无占地；无须电力驱动设备，节能环保，无二次排放危害；独特的除尘原理，使其基本免维护，极大地降低了员工的劳动强度；无须动力驱动的粉尘气流的密闭循环，为雾化水降尘创造了条件，避免了大流量喷水降尘造成的原煤湿、粘，给生产工艺增添的困难；自动化检测、控制，可根据物料干、湿，调整设定值。

（2）常规落煤管＋微动力除尘方案。

当燃煤挥发分不高、表水达到 10％以上、转运点落差较大时可考虑微动力除尘。微动力除尘比起无动力增加了除尘器，会增加部分投资、耗费电力，其他基本相同。采用常规落煤管必须采取有效的缓冲手段，如缓冲锁气器或缓冲叉使料流出口流速降至合理数值。微动力除尘不适应与干雾抑尘方案（或普通喷雾抑尘）除尘共同使用，因为干雾抑尘喷洒量和布点布置在导料槽内，微动力除尘器吸尘时会把雾水和粉尘同时吸附到除尘袋上，造成黏结或打湿布袋，后果是堵塞除尘袋孔，脉冲喷吹较难处理，除尘器除尘效率会降低，影响除尘效果。为避免带式输送机在输送过程中由于胶带的振动致使表面粒径细的煤重新起尘，考虑导料槽前后采用干雾抑尘装置（或普通喷雾抑尘）。

（3）曲线落煤管＋微动力除尘方案。

当燃煤挥发分不高、表水达到 10％以上，对于大落差转运点如果采用常规落煤管不能将落料点出口流速有效降低应采用曲线形落煤管，曲线形落煤管可以最大限度地减少落煤管出口诱导风速。一般情况下，在设计曲线落煤管时，应将出口风速控制在带速的 1.4～1.5 倍，煤以这样的速度下落到导料槽内，通过微动力设备内的阻尼帘的阻滞、回流平衡管对尘压的分流，再经除尘器吸尘，最终彻底将粉尘除掉。为避免带式输送机在输送过程中由于胶带的振动致使表面粒径细的煤重新起尘，考虑导料槽前后采用干雾抑尘装置（或普通喷雾抑尘）。

（4）曲线落煤管/常规落煤管＋干雾除尘方案。

在一些工程中，单单采用干雾抑尘＋密封导料槽的除尘方式已在实际中得到很多应用，效果不错。对于是采用常规落煤管还是曲线落煤管应视转运高度和煤种而定。在一些没用导料槽的落料点，如翻车机室、装车站，在翻车机翻卸时或装车时采用干雾抑尘可以有效抑止粉尘的飘移，提高环境质量。

（三）除尘抑尘方案选择

1. 除尘方案

为满足前述规范及标准要求，结合燃煤煤质特性，锦界电厂输煤系统除尘设计采用综合治理方式，即对筒仓、转运站（点）等煤尘飞扬严重处，在运煤专业设有缓冲器的同时各产尘点均设有输煤综合控尘系统，本系统由以下三部分组成：惯性降尘装置，采用惯性降尘原理和双层密封裙边，落煤时惯性降尘装置能沉降大部分颗粒较大的粉尘，双层密封裙边保证裙边和运煤皮带间的贴合严密，避免含尘气体从侧板处外溢。装置内设折返式挡尘帘，增加气流的流程，满足能将导料槽内含尘气流中的煤尘进行遮挡的作用，以最大限度减少煤尘的外溢。

微雾抑尘系统：导料槽内设喷嘴加湿含尘空气，使煤尘易于附着在煤、挡尘帘或导料槽侧壁。当附着煤尘达到一定厚度后在自重作用和振动作用下落于皮带内被运走。单个喷嘴的耗水量不宜大于 35kg/h，雾滴粒径不宜大于 15μm。水过滤系统和压缩空气过滤系统按一运一备配置，交替使用。

除尘器系统：筒仓及转运站导料槽出口处设置干式除尘器。综合控尘系统与运煤皮带驱动装置联锁，与运煤皮带同时启动，在运煤皮带关闭后 3min 关闭。综合控尘装置的运行信号应送至运煤控制室。综合控尘装置考虑了严格的防爆及消防措施。

常规落煤管：各带式输送机转载点高度相对较低，同时转载处设置了前述各除尘设备设施，基本可以有效控制转载点产生的粉尘。另外，可以在落差相对较大的落煤管内适当设置缓冲台，有效控制煤流速度，降低诱导风速。

2. 除尘设备配置

（1）筒仓除尘。

为使煤仓内形成负压，防止卸煤口处煤尘外逸，设计除尘装置。在每个筒仓上设置 1 台环隙脉冲布袋除尘器（干式）。选择设备额定处理风量为 10000m³/h。环隙脉冲布袋除尘均布置在靠近皮带的位置，除尘器与水平皮带的运煤犁煤器联锁。在筒仓落料口处，均设置微雾抑尘装置，亦与运煤犁煤器联锁。

（2）皮带头部转运站除尘。

汽车仓皮带头部转运点、筒仓皮带头部转运点按规定均设计了综合控尘装置。每条皮带落煤点各设 1 台环隙脉冲布袋除尘器，共 2 台，汽车仓皮带头部转运点选择设备额定处理风量为 7000m³/h，筒仓皮带头部转运点选择设备额定处理风量为 10000m³/h，除尘器与皮带输送机、刮板输送机联锁。在落料口和导煤槽出口处，设置微雾抑尘装置，亦与皮带输送机联锁。

（3）筒仓下部落料点、4 号转运站扩建部分除尘。

筒仓下部落料点设置微雾抑尘装置，与皮带输送机联锁。4 号转运站扩建部分和 4 号转运站保持一致，落料点采用水喷淋除尘。

八、输煤筒仓大型环式给煤机装置

（一）储煤方式比较

目前国内外电厂储煤的常见形式有筒仓、条形煤场、圆形煤场等形式。几种储煤形式在项目建设初期进行了充分研究和比较，见表 11-21。

表 11-21   几种储煤形式研究和比较

项目内容	3 个 36m 直径筒仓方案	采用条形煤场（全门架式取料机）	圆形煤场
储煤设施	新建 3 座 36m 直径筒仓，高度 45m，可储煤 9 万 t	新建 1 座左右对称的跨度为 60m×180m 的条形煤场，储量 9 万 t	新建 1 座直径为 110m 的圆形煤场。储量为 9 万 t
储煤量	9 万 t	9 万 t	9 万 t
给卸料设备	环式给煤机，采用变频调速装置。给卸料设备均国产化，成熟可靠，互为备用	堆料机、耙料机取料设备目前国内完全可以生产	圆形煤场堆取料机国产设备运行还是存在一定问题，考虑关键部件进口
占地面积及容积利用率	最小	较大	大
混煤配煤条件	可实现精确配煤、混煤	好	不能配煤
系统自动化程度	很好，完全自动化	需要人工操作	需要人工操作
环保和辅助作业	全密封，不需要辅助作业，环保很好	煤场辅助作业量较小，工人劳动强度大，煤尘飞扬大，进入操作需要戴简单防护设备	煤场辅助作业量较小，工人劳动强度大，煤尘飞扬大，进入操作需要带简单防护设备
运行条件及功能	筒仓在系统中起缓冲作用。3 个筒仓下给煤设备互为备用，可精确配煤、混煤，适应的煤源广	能实现互为备用	存在瓶颈，由于圆形煤场的进料、出料均为一条皮带机
检修条件	煤场内部空间大，检修环境比较好	圆形煤场内部空间大，检修环境比较好	
对恶劣工况适应能力	基本不受天气条件影响，系统运行较为安全可靠	以台塑热电厂运行近十年的经验来看，基本不受天气条件影响，系统运行较为安全可靠	基本不受天气条件影响，系统运行较为安全可靠
防自燃能力	有惰化保护系统，放自然能力强	系统内部空间大，且直接与大气相通，煤场堆取料很难做到先进先出，长期储存燃煤发生自燃的概率较高，会产生一定的热值损失。为了防止煤的自燃，煤场进出燃煤调度要求执行先进先出原则，管理要求很高	系统内部空间大，且直接与大气相通，圆形煤场堆取料很难做到先进先出，长期储存燃煤发生自燃的概率较高，会产生一定的热值损失。为了防止煤的自燃，煤场进出燃煤调度要求执行先进先出原则，管理要求很高
运行业绩	很成熟	已经有良好运行业绩	业绩较多

综上所述，根据以上的比较，条形煤场占地长度较大，受场地因素影响，不采用条形煤场形式。着重比较筒仓及圆形煤场两种储煤形式。

（二）筒仓特点

煤炭作为电厂运行的主要原料，煤炭成分的变化对电厂的运行有着至关重要的影响，煤炭成本也是构成电厂盈利多少的因素之一。筒仓与其他形式的煤场相比具有如下优势。

（1）环保效益明显。筒仓的封闭性和采用完善的保护系统后，相比其他煤场的原煤自然排气、扬尘与噪声的环境影响，其煤尘、噪声外扬得到进一步降低，对周围环境影响更小；可避免大量降雨形成的煤场污水处理，环保效果十分明显。同时电厂处于大气污染防治的重点地区，环境保护要求高，对电厂的节能和低排放限值要求较高。方仓煤场的优异混煤能力与环保性能，将有助于提高混煤质量，有利于调控入炉煤含硫量，提高挥发分均匀度，根据烟气在线监测系统反馈数据，通过调节脱硫、脱硝系统运行方式，降低厂用电和脱硫剂、脱硝剂等物料的投入量，降低脱硫、脱硝系统的运行成本，并可做到煤场内无运行人员值守。

（2）减少原煤无功损耗，节约煤炭资源。我国的煤炭因氧化、自燃等因素造成热值损耗很大。据统计资料，如果采用封闭煤场配惰性气体保护系统，可以有效降低原煤 0.5%～2% 的热值损失。以年消耗煤炭 400 万 t 计，相当于能节约 2 万～8 万 t 煤。由此可见，从减少原煤无功损耗，节约煤炭资源，降低能源消耗，减少废物、废气排放等角度来看，对煤炭采取适当的措施以减少热值损失是必要的。

（3）自动化控制程度高。筒仓内部运行轨迹为绕轨道环形运行，其运行简单，运行位置容易监测，煤堆形状规整，煤位容易监测，原煤回取率为 100%，设备性能先进可靠、自动化程度较高，煤仓装料、卸料作业由程序自动控制，有利于电厂减员增效。人工干预堆取作业少，有利于实现自动化控制，运行人员仅需在煤控楼内监控煤场设备运行。正常运行时可以减少运行人员接触大量粉尘概率，提高职工的身体健康，降低职业病发生率。

（4）节约燃油消耗，减少废气排放。筒仓的原煤回取率为 100%，其内部无推煤机、装载机等煤场机械辅助作业，经统计，每年可节约燃油费用约 60 万元，并且减少推煤机、装载机的停放、检修设施等，减少废气排放，社会效益明显。

（5）建筑造型美观，符合生态型国家级示范电厂要求。筒仓外形漂亮，外立面平整。提高占地利用率，节约土地资源。

（三）筒仓出料设备选择

筒仓出料形式有 11 种，项目建设时对 11 种卸煤形式进行了比较分析，选择最佳的出料方案。

在众多筒仓出料方案中，颚式板阀、夹带给煤机、螺旋给煤机、中心给煤机等多用于 20m 以下小筒仓，或为老旧技术，故不予采用，着重对振动给煤机、活化给煤机、刮刀给煤机、圆盘给煤机、环式给煤机等进行分析比较，见表 11-22。

表 11-22   **筒仓出料设备选择**

项目	环式给煤机	其他给煤机
安全可靠性	设备简单，运行可靠	设备运行可靠，故障率低。在煤湿的情况下，易堵煤，出现运行不可靠。另外，设备出力受煤的粒度影响比较大
环保条件	全密封，粉尘少	全密封，漏煤很少，粉尘少
土建要求	缝式出料口由接筒仓内壁的倒锥台与中央蘑菇锥组合而成，其断面为 W 字形。筒仓整体受力比较合理	筒仓需要建设满足流动的锥角，设备开口尺寸小
系统布置	简单	系统布置较烦琐，落料点多，转运设备多，出料不连续，非整体流动，有可能产生仓壁侧压不均匀现象
技术性能（流动性、容积率、配煤）	具有出料口面积大，贮煤整体流动性好，出料连续、均匀，煤对仓壁的侧压均衡等特点。容积率高。配煤效果好	物料流动性差，易出现堵煤、蓬煤情况，尤其是煤湿时，更为严重。筒仓内煤的下落依靠煤的重力，筒仓需要设计很多锥角满足煤的自由流动，因此造成筒仓容积率低
检修维护	设备磨损少，寿命长，维修量小	设备运行部位设置在内部，在外部不能看到内部设备运行的情况，给设备维修带来了很大的难度，不易检修和维修。同时如果出现故障，设备在一定高度设置，维修难度也较大
给料机数量	少	多
单仓总投资	小	大
技术的成熟度	从 20 世纪 80 年代引进后，技术发展成熟。未出现滞煤、蓬煤、挂煤、残存料等现象	目前在国内钢铁、焦化、煤炭、化工、物流等采用。在电力系统采用较少
后期运行备品备件的情况	基本没有备品备件，主要是行走轮轴承。后期备品备件费用很少，基本没有	结构较多，检修不便。传动部分容易损坏，更换不便
对整个输煤系统投资的影响	筒仓容积率高，从而建设高度低，因此上筒仓皮带机栈桥费用低，上筒仓皮带机功率低。降低了输煤系统的造价	筒仓容积率低，从而建设高度高，因此上筒仓皮带机栈桥费用高，上筒仓皮带机功率高。输煤系统的造价高

（四）方案选择

综合以上的分析，同时根据国内电力、化工、煤炭等系统筒仓卸煤设备使用的情况，目前筒仓环式给煤机使用得比较多，也比较成熟，运行得也比较好。因此，筒仓采用环式给煤机进行卸煤。环式给煤机筒仓布置如图11-46所示。

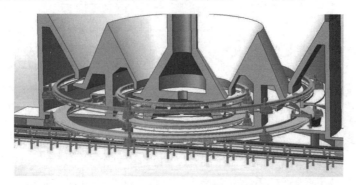

图11-46　36m以上直径筒仓环式给煤机布置图（双环结构）

环式给煤机是华电郑州机械设计研究院有限公司于1990年开发的电厂输煤设备，与筒仓配套使用。主要由犁煤车、卸煤车、水平定位轮、落料斗、密封罩、驱动装置、电控系统组成。犁煤车和卸煤车回转体为环形箱式结构，二者均由水平轮定位；驱动装置对称布置；采用销齿传动；犁煤器根据出力的要求均布。卸煤器安装在卸煤车上方横梁上，卸料犁支架绕固定轴转动，由电动推杆牵引；沿卸煤车密封罩圆周均匀布置弹簧式导流器，阻止卸煤车上的煤向密封罩外溢。

筒仓下口设环形缝隙式煤槽，并须设置犁煤层、卸煤层和带式输送机层。犁煤车和卸煤车均由电机减速机拖动，两车运行速度不同，方向相反。当犁煤车运转时，位于筒仓底部的犁煤器把煤从筒仓环式缝隙中犁下，落到运行着的卸煤车上，继而卸煤器把卸煤车上的煤犁到落煤斗中，直落到下层带式输送机上。卸料器分别与下层带式输送机相对应。根据需要，通过变频器调节犁煤车转速，实现连续调节环式给煤机的出力。

环式给煤机采用的环形缝隙式下口给料，筒仓的环缝式出料口由接筒仓内壁的倒锥台与中央蘑菇锥组合而成，其断面为W字形。环形缝隙长度比圆盘给料机的单口卸料的缝隙大，具有出料口面积大，储煤整体流动性好，出料连续、均匀，煤对仓壁的侧压均衡等特点。同时与之配套的环式给煤机运行可靠，管理简便。这种单环缝出料形式不仅使筒仓具有良好的工艺性，而且具有一定的安全性，因而是筒仓的理想出料形式。

第八节　智　能　智　慧

一、遵循全生命周期智能管理理念设计的新型智慧电厂

（一）建设思路

随着大数据、人工智能技术的发展和面对激烈的市场竞争产生的经济、安全需求，火电厂进入了智能化深度建设阶段，传统的设计及管理理念在我国火电建设发展中已经延续近30年，其应对复杂的逻辑和智能算法、大数据的处理以及第三方专业算法的

应用部署在性能、部署的灵活性、复杂算法的适应性等方面已经显示其短板。

锦界三期智能电厂建设总体战略为创建"世界一流"的煤电一体化能源企业，实现生产数字化、运营智能化、管理信息化。建设智能集约的生产体系和精益高效的管理体系，坚持统筹规划、分步实施、业务驱动、持续改进四个建设原则，打造完善控制大区级 CPS 边缘计算平台和电厂级工业互联网平台两个生态圈。

建设思路：坚持系统性创新，"新技术应用＋管理创新"双轮驱动，以"降低作业量和作业风险、减人增效"为目标，以新技术应用促生产组织优化，以生产组织优化促生产效率提高，分步实施，形成闭环良性循环。

（二）建设内容

锦界三期按照"智能＋安全""智能＋管理""智能＋运行""智能＋设施"四方面，共实施了 18 个模块，分别为锅炉三维可视化防磨防爆、汽轮机轴系监测与故障诊断、主要辅机诊断系统、主厂房健康监测系统、四大管道监控和位移监测系统、可视化"四检合一"智能设备管理系统、智能在线水务系统、三维数字化移交系统、基于 CPS 工业边缘计算平台、燃烧智能优化、AGC 优化及深度调峰、智能报警、最优真空（背压）系统、耗差分析与性能计算、空冷岛全自动智能冲洗、脱硝系统智能喷氨、锅炉智能吹灰、智能巡检机器人。

（三）实施效果

实现了自动化、信息化与智能化技术在发电生产领域的深度融合，将大数据、物联网、可视化、专家系统、先进测量与智能控制等技术实现了系统化应用，促进发电生产更安全、更高效、更清洁、更低碳、更灵活。主要解决大型燃煤电站的 IT 和 OT 深度融合后的数据安全性、实时性、可靠性和稳定性。

通过将多维智能平台与专用数据架构为基础的分布式大规模数据库系统进行深度融合，基于全生命周期智能管理的新型智慧电厂在处理生产运行过程中产生的海量数据的稳定性、安全性和高效性的同时，在生产控制层面引入全生命周期安全管理的理念，将智能燃料系统与发电生产过程中的各项智能优化技术进行交叉融合，形成了一套依托于全生命周期安全管理的全域能耗智能管控系统。帮助电厂从原料采集运输到生产能耗优化再到电力输送出厂进行全域多维度的能耗管控，提高电厂生产运行的智慧化、高效化、节能化和效益最大化。

二、三维应用深度属国内领先、全面实现三维数字化移交

锦界三期三维数字化移交数字孪生技术的应用，作为锦界电厂实现物理世界工厂和信息世界工厂交互融合的潜在有效途径，通过物理工厂与虚拟工厂的双向真实映射与实时交互，实现物理工厂、虚拟工厂、应用服务系统的全要素、全流程、全业务数据的集成和融合，在数字孪生数据的驱动下，实现生产要素管理、生产活动计划、生产过程控制等在物理工厂、虚拟工厂、应用服务系统间的迭代运行，从而在满足特定目标和约束的前提下，达到生产和管控最优，全面推进企业高效率、高效益的发展跃升，有效提升企业自动化、数字化、集成化、可视化、智能化水平。以数据为驱动，实现数据贯通化。

以技术为支撑，用数据说话，全面实现精细化管理。实现信息标准化、资源集中

化、全局可视化，促进管理卓越、促进生产高效为目标，打造高端智慧电厂，提升企业核心竞争能力。建设一个从"设计、施工、运行到运维"的全生命周期可视化、数字化企业，以工程管理为基点、以生产经营为核心，实现工程、生产、运营、设备、后勤、安防的一体化管理，从而达到控制成本、增加效益的目标。智能化应用，实现IT与OT的有机融合，即实现从自动化到实时优化的转变。业务人员能够随时获取与流程相关的信息，企业将大幅降低因缺乏对问题的可视性而造成的停工期。

通过数字化设计，对一二期四台机组及公用设施进行三维模型重建，完成整体数字化建设，将存量机组纳入全厂智能化建设中，形成数字孪生基础。

通过可视化运行，利用前期数字化移交成果，实现三维模型与已有DCS、MIS、SIS等运行系统数据的深度融合，将原各监测系统由单一工作向协同提升，调度监控由故障（事故）被动跟踪向自动采集运行数据、集成多个系统信息等方式加强设备安全管控，降低劳动成本，为企业降本增效提供数据支撑。

通过智能化运维，减少作业现场人员数量，降低作业现场人员的劳动强度，对设备数据的统一管理，并形成企业知识库，提升企业整体管理水平和生产效率；利用方差算法和第一数据建立精准的预测模型后，能够将预测模型部署到实际的生产系统中运行，适用于任何预测性维护应用的场景和需求。预测性维护根据预测模型发现了故障隐患，可以自动触发报警或修理命令，可用于优化生产操作，带来20%～30%的效率增益。采用方差算法进行数学建模能够提供预测模型的准确性，利用方差算法和第一数据建立预测模型，能够为设备维护提供数据支持，实现实际意义上的设备预测性维护，降低维护成本，减少停机时间，避免设备故障造成的生产损失和材料浪费。

通过智能化安全，将安全管理由事后响应向事前防控提升，为安全高效生产提供保障；进一步挖掘生产运行数据价值，加强设备安全管控，为企业降本增效提供数据支撑。

通过三维技术手段，将传统数据进行可视化、数字化，形成有效数据基础，充分利用数据驱动业务，数据服务生产，解决员工日常数据查询难、资料保存难问题。

三、智能巡检机器人

轮式智能巡检机器人在高位布置汽机房（0～65m）平台成功投入使用，利用智能巡检机器人系统、智能电梯对接等技术综合运用图像识别、无线通信、激光自主导航算法、视觉识别等多种技术，通过搭建数字化、可视化、智能化的操作及远程诊断交互平台，将AI技术运用于电力生产过程，实现智能巡检在主厂房区的应用，以高科技推进智慧电厂建设。

本套智能巡检系统集成了机器人系统可靠性技术、图像/热像采集与智能分析技术、机器深度学习技术、危险预测告警技术、故障诊断与设备联动控制技术、多传感器信息融合技术等先进技术，能够满足锦界三期高位布置汽轮机主厂房全天候、全方位、全自主的智能化巡检管理的需求。

（一）技术创新点

（1）本技术使用智能电梯对接等技术实现了机器人自主乘坐电梯跨楼层巡检，巡检跨度大，有效提高项目性价比，在工业智能巡检机器人领域极为少见，具有很大的创新意义。

（2）本技术通过深度学习技术实现了对汽机房各类指针表计、数字表计、液位计等的精确识别与异常报警巡检，相关算法具备应用上的通用性和借鉴性，也是本技术的重大创新。

（3）本技术其他创新点还包括激光 SLAM 自主导航与精确定位算法、无线通信漫游与无缝切换算法、大功率无线充电系统在机器人应用等，免除了高昂的维护费用。

（4）分布式无线充电技术。机器人充电室采用无线充电系统对机器人进行充电，电量不足时，机器人自动返回机器人室。巡检任务结束后，回到机器人室；机器人联动充电房门禁系统，机器人可全自主进出机器人室；机器人室配备恒温系统，保障机器人安全储存；机器人采用联动报警系统，保障充电房设备财产安全。

（5）大数据分析技术。本技术所运用的大数据分析平台能支持列表、柱状图、日历、设备地图等多元化的形式对历史巡检数据统计分析的结果进行显示。其中包括设备统计地图、在线监测、环境监测、设备缺陷、巡检任务、统计数据、任务日历、运行统计等。

（二）成果与应用

该方案开发的轮式智能巡检机器人系统，可实现汽机房 0～65m 的工作现场无人化巡检、智能告警、可视化管理，降低了人工巡检的劳动强度，提升了生产运维的安全性和运维效率。

在全面数字化的基础上，通过人工巡检升级到人工智能机器人巡检，系统能够不断迭代优化系统并开发应用，积累专家指导建议的同时引进机器学习等相关技术，在异常分析时能够对关联因素及历史经验实现辅助推荐。后期可融合现有运行管理数据，提升电厂针对复杂系统的状态感知和辅助决策能力；可在行业内普遍推广，具有很高的经济效益与社会效益，并取得软件著作权一项和发表论文两篇。

（三）经济效益和社会效益

经济效益：

（1）人员配置方面：代替常规运行汽机房巡检 1 人、汽轮机辅机班点检 1 人、汽轮机本体班点检 1 人、机控班点检 1 人、化检班点检 1 人等 5 个人的人力成本。

（2）机器人可以按照预定巡检任务及特定缺陷跟踪任务，实时对设备的全天候全时段跟踪监测，并结合数据曲线跟踪发展趋势，提示维修人员预先合理地安排维修与保养，确保了电厂连续正常生产，减少了机组非停损失。

（3）利用智能巡检机器人系统、智能电梯对接等技术，综合运用图像识别、人工智能、物联网、无线通信、激光自主导航算法、视觉识别等多种技术，实现了机器人自主乘坐电梯跨楼层巡检。

社会效益：系统自投运以来运行稳定，有效提高了机组的自动化、智能化水平。整套系统支持多机器人、多传感器联动，实现整个厂区的少人化、无人化巡检运维，可应用于对高危场景的巡检维护管理，具有广泛的推广应用价值。

第十二章

工程管控要点

第一节 工 程 概 述

一、主要参建单位

建设单位：国能锦界能源有限责任公司

设计单位：中国电力工程顾问集团西北电力设计院有限公司

总承包单位：中国电力工程顾问集团西北电力设计院有限公司

施工单位：中国能源建设集团东北电力第一工程有限公司

中国能源建设集团江苏省电力建设第一工程有限公司

中能建西北城市建设有限公司

浙江菲达环保科技股份有限公司

调试单位：国网河北能源技术服务有限公司

性能试验单位：西安热工研究院有限公司

桩基施工单位：中铁十九局集团第一工程有限公司

桩基检测单位：河北双城建筑工程检测有限公司

设备监造单位：西安热工研究院有限公司

施工监理单位：上海电力监理咨询有限公司

设计监理单位：中国电力工程顾问集团华北电力设计院有限公司

二、主要设备制造厂

（1）三大主机厂：上海锅炉厂有限公司，哈尔滨汽轮机厂有限责任公司、哈尔滨电机厂有限责任公司。

（2）给水泵汽轮机：杭州汽轮机股份有限公司。

（3）空冷岛：双良节能系统股份有限公司。

（4）空冷排汽管道及膨胀节：江苏博格东进管道设备有限公司。

（5）控制系统（DCS）：杭州和利时自动化有限公司。

（6）磨煤机：北京电力设备总厂有限公司。

（7）给煤机：沈阳华电电站工程有限公司。

（8）送、引、一次风机：中国电建集团透平科技有限公司（成都电力机械厂）。

（9）主变压器：保定天威保变电气股份有限公司。

（10）低低温电除尘器：福建龙净环保股份有限公司。

（11）湿式电除尘器：福建龙净环保股份有限公司。

（12）除氧器：武汉大方机电有限公司。

（13）高压加热器：哈尔滨电气股份有限公司。

（14）锅炉给水泵：苏州苏尔寿泵业有限公司。

（15）凝结水泵：湖南湘电长沙水泵有限公司。

（16）吊钩桥式起重机：河南卫华重型机械股份有限责任公司。

（17）四大管道管材、管件及配管：上海锅炉厂有限责任公司。

（18）汽轮发电机组弹簧隔振装置：隔而固（青岛）振动控制有限公司。

三、工程总体建设目标

（1）建设低碳环保、技术领先、世界一流的数字化电站。

（2）建设一键启动、无人值守、全员值班的信息化电站。

（3）体现"发电厂创造价值、建筑物传承文化"的理念，打造具有塞上高原现代工业艺术品特色的大型煤电联营示范电站。

（4）建设性能指标先进、安全质量受控、工期造价合理、发电厂寿命周期效益最大化的"安全、清洁、高效、智能"环保型美丽电站。

四、机组投产目标

（1）创 660MW 高效超超临界直接空冷机组高位布置国际先进示范工程。

（2）创中国电力行业优质工程，争创国家优质工程金奖。

（3）实现"四个第一"：达到全国同类机组供电煤耗最低、耗水指标最小、环保水平最好、用地指标最优目标。

（4）确保三期工程每台机组均实现机组 168h 移交后一年内稳定运行无非停。

五、工期目标及里程碑节点计划

项目建设总工期 31 个月（含开工当年第一个冬歇期 4 个月）。

主厂房基础垫层浇筑第一方混凝土时间——2018 年 5 月。

两台机组 168h 试运结束时间——2020 年 12 月。

里程碑节点计划见表 12-1。

表 12-1　　　　　　　　　　　　　里程碑节点计划

序号	里程碑节点项目	5 号机组	6 号机组
1	主厂房基础浇筑第一罐混凝土	2018 年 5 月 28 日	
2	主厂房基础出零米	2018 年 8 月 15 日	
3	锅炉钢架开始吊装	2018 年 7 月 15 日	2018 年 9 月 15 日
4	锅炉受热面开始安装	2019 年 5 月 1 日	2019 年 7 月 7 日
5	烟囱筒身结顶	2019 年 6 月 13 日	
6	主厂房框架到顶	2019 年 9 月 30 日	2019 年 12 月 30 日
7	汽轮机低压下缸就位	2020 年 4 月 5 日	2020 年 4 月 13 日
8	化学制取合格除盐水	2019 年 12 月 26 日	
9	机组 DCS 复原调试	2020 年 4 月 24 日	
10	锅炉水压试验完	2020 年 4 月 26 日	2020 年 5 月 20 日

序号	里程碑节点项目	5 号机组	6 号机组
11	汽轮机扣缸完成	2020 年 8 月 9 日	2020 年 8 月 14 日
12	厂用电受电完成	2020 年 6 月 12 日	
13	汽轮机油循环开始	2020 年 7 月 20 日	2020 年 10 月 18 日
14	脱硫装置冷态通风试验	2020 年 9 月 7 日	2020 年 9 月 15 日
15	锅炉化学酸洗完成	2020 年 9 月 28 日	2020 年 10 月 16 日
16	锅炉点火	2020 年 11 月 2 日	2020 年 11 月 12 日
17	空冷系统热态冲洗完成	2020 年 10 月 14 日	2020 年 12 月 15 日
18	机组开始整套启动	2020 年 11 月 28 日	2020 年 12 月 12 日
19	机组首次并网	2020 年 12 月 3 日	2020 年 12 月 16 日
20	机组通过 168h 试运移交生产	2020 年 12 月 23 日	2020 年 12 月 31 日

第二节　工程安全管理

锦界三期扩建工程自 2018 年 5 月开工至 2020 年 12 月完成机组 168h 试运，基建现场安全受控，未发生人身伤害、环保、火情、交通及设备损坏等事件，连续安全施工 940 天。

工程开工建设以来，围绕高位布置的主厂房结构增高、AB 列跨度（14m）大幅减少的特点，超高超大型施工脚手架分段分层五次搭设及拆除、大型施工机械布置更加密集、主厂房 A 列与空冷岛混凝土结构柱以及空冷岛钢结构同步施工、主厂房封闭施工层间上下交叉，均给现场安全管控带来了极大的难度，各阶段的安全施工考验殊为不易。

一、安健环管理策划

为确保国能锦界三期工程建设过程安健环管理满足国华电力公司基建本安体系的各项要求，实现安全管理数字化、安全设施标准化、施工现场定置化、施工区域封闭化、绿色施工规范化，不出现一般及以上安全、质量、环保事件，本着高起点、高标准、严要求的原则，对工程各阶段的安健环管理策略、现场安健环设施等均进行了系统的全面策划，该策划同时可用于设计及总承包、施工、监理等的招标文件附件。主要策划内容简述如下：

（一）安健环管理方针及安全、职业健康、环境卫生、文明施工管理目标

安健环政策在项目开工前经安委会主任签发，与"六牌三图"一同张贴宣贯。年度安健环目标则通过年度责任状的签订分级下达各参建单位。各参建单位内部可根据年度安健环目标进一步分解细化，单位与部门、班组与员工逐级签订安健环目标责任书，并宣贯、执行、控制。年度安全目标需与年度安健环工作计划任务相适应。每月按照国华电力公司《GHDJ-BA-01-01M 安健环目标管理规定》的附表《月度安健环指

标报表》定期报送，形成管理台账；每季度安委会需通报目标控制情况。

（二）组织机构及管理职责

组建了由建设单位、总承包、施工、监理等在内的安健环管理委员会，安委会是工程建设安健环管理的最高权力机构，对工程建设安健环、安健环目标的实现负责。安委会下属各层级、各部门、各参建单位均设定了具体的管理职责，并由建设单位签发正式文件下发执行。

（三）安健环管理策略

主要从安全工作总体思路、安全管理体系的运作方式、抓好设计及设备质量的源头控制、现场开工安全文明施工条件、各类安全设施标准、大型施工机械管控、智慧工地的可视化要求以及治安、保卫、消防等的安健环管理提出了明确要求，也适用于各参建单位在投标阶段针对工程安全管控措施做出相应的投标报价，确保策划要求能够落地落实。

（四）安全文明施工标准化工地实施规划

除上述安健环管理策划外，为确保锦界三期工程真正实现国华电力公司"创建安全文明施工标准化工地"的管理目标，依照国华电力公司《基本建设本质安全管理体系》《国华电力标准化工地现场文明施工过程管控管理办法》及其检查、评价表、标准图集等的各项管理规定，对现场施工及生活区域封闭、智能安保视频监控系统、安健环宣示系统、"五牌三图"及施工作业区标示标志统一、安健环文化走廊设置、安全文明施工设施等的布置要求、高处作业防护设施、应急告知系统、区域绿化以及现场投入的必要的安健环设施等，均进行了详细策划。

标准化工地建设工作要纳入施工组织总设计统筹管理，全过程执行，且必须在项目设计、招标及合同签订过程中进一步落实。

（五）工程各阶段应具备的安健环条件及管控要点

主要依据《国华基建项目标准化工地现场文明施工过程管控管理办法（试行）》要求，结合锦界三期工程实际情况，对以下各阶段应具备的安全文明施工条件进行了明确。

（1）五通一平阶段的主要设计工作、现场应具备的安全文明基础条件；

（2）工程正式开工前必须具备的安全文明施工基础条件；

（3）基坑开挖至主厂房出零米阶段现场标准及管控要点；

（4）主厂房出零米至土建交安（土建地上部分施工阶段）现场安全文明施工标准及管控要点；

（5）汽机房及辅助车间厂房土建交付安装必须具备的现场条件；

（6）配电室、集控室、电子间等电气电子设备间土建交付安装必须具备的现场条件；

（7）土建交安至安装交调试（设备安装阶段）管控要点。

二、施工过程安全管理措施

紧紧围绕贯彻国家能源局《关于推进电力安全生产领域改革发展的实施意见》（发

改能源规〔2017〕1986 号）精神，落实国家能源集团《关于做好 2018 年安全生产环保工作的决定》（国家能源办〔2018〕1 号）、《国华电力公司 2018 年安全生产环保重点工作要求》（国华电安〔2018〕1 号）及公司安全生产 1 号文的要求，结合三期工程总体规划要求，进一步提升现场安健环管控力度，确保三期工程安全优质高效建设，如期高水平投运。

（一）以创建本质安全型施工现场为目标，深入落实安全生产责任制，进一步规范参建单位各级人员的安全生产管理职责

（1）健全安全管理体系，从严落实各级"一把手"安全管理责任制。

依照总包全面负责、分包属地管理、监理全程督导、业主重点监管的四级安全管理体系，进一步落实总包及各施工单位的安全主体责任，规范并量化项目经理、工地主任以及班组长等各级"一把手"的安全管理工作重点，作为周安全检查的必查和通报项目，以避免各级管理职责阶段性地分散和失衡现象，从严、深度落实安全生产管理责任。

（2）突显政治引领，夯实安全生产主体责任制。

致力于积极探索"党建＋安全"管理模式，将党建工作融入安全生产管理，突显政治引领，以充分发挥党组织政治优势和组织优势，夯实并保障安全生产责任制的有效落实。国华锦能公司党委针对不同阶段的安全管理特点与施工单位开展安全专项约谈，促进安全决策体系、监督体系、安全技术保障体系高效运作。编制"安全微党课"课件，收集典型事故案例，党员领导干部深入一线班组开展安全警示教育，从严落实"一岗双责"，形成常态化监管机制。

（3）配齐配强专职安全管理人员，保障安全监察力量。

三期工程主厂房层高面广，各施工作业面安全防护措施、风险管控措施的监护要求极高。在承包合同中要求安监人员按照不低于 3％的配置比例基础上（实际施工高峰期安监人员配备比例达到 4.7％，主要以各作业面均需配置专职持证安监人员），结合施工不同阶段，依据风险评估实际，每月对各单位安全人员到位情况和履职履责情况进行检查评估，配齐配强专职安检人员。施工过程中要求业主、监理、总包安全管理人员与现场施工人员同步上下班，做到全时段、全覆盖监督到位。

（4）推行安全专项整治分级管理责任制，逐月开展专项整治活动。

划分现场各分级管控人员的管辖区域，遵循"谁主管、谁负责"和"区域负责制"要求，全面加大监督问责力度，从严落实安全生产主体责任制，在问题纠偏上坚持"即查、即改"原则，保持安全督查工作的常态化机制。由监理负责督查、协调自查自纠情况，逐月形成自查总结报告，在月度安全例会上总结经验和不足。

（5）扎实推进网格化管理，构建联防共管安全管理机制。

深化安监人员分区负责制，推行安全"数字化"管理模式。制订网格化管理实施方案及其评价标准、定期工作规定，分区域明确业主、总包、监理和施工单位"格主"和网格专责，以统计数据分析、指导安监重点，加大考核考评力度，保障责任落实到位，使区域安监工作具体化、定量化，更趋直观、有效，实现夯基固本、持续改进提升的目的，构建起规范科学的联防共管安全管理机制。

（6）以"创建金牌班组"为抓手，夯基固本，深度落实安全生产责任制。

为促进承包商把各施工班组建设成为"安全健康环保、质量工期优良、文明进步和谐"的基层组织，组织下发锦界三期工程金牌班组实施细则，通过在各班组中开展"一学、两做、两查、四确保"活动（一学：学习安全生产法律法规、制度标准；两做：做好安全风险预控，做好安全生产应急演练；两查：开展隐患排查治理和安全生产互查；四确保：确保人身、设备、消防、交通安全），抓班组"三基"（基础、基层、基本功）建设，厚植安全管理基础，实现"三个目标"（风险预控体系落地，标准化工地、绿色施工）。每月组织"金牌班组"评选并授牌。

（二）高度重视分项开工条件审核关，为施工安全创造必要条件

（1）坚持绿色施工，严格落实国华电力公司基建安全文明施工"九化"管理。

通过深化施工组织专业设计的安全文明施工策划，重点是各类安全文明施工标准化设施布置、施工区域封闭与隔离以及模块定置化设置、必要的施工力能配置等，以安全文明施工"四个统一"（统一规划、统一组织、统一协调、统一管理），实现"工地管理标准化、安全组织网格化、隐患治理流程化、体系运行系统化、风险预控本地化、总平布置定置化、开工条件表单化、安全设施专业化、安全监管信息化"的九化目标。

（2）推行开工项目安健环审批计划。

将安监人员资质审查、人员培训、模块定置化、作业项目风险评估等安排前移至开工前，进行源头控制，严把"六不开工关"（危险源辨识不清，不开工；未制定完善的安全技术防范措施，不开工；安全技术防范措施准备执行不到位，不开工；安全技术措施交底不清，不开工；应到位人员未到位，不开工；未编制应急预案并进行培训、演练，不开工）。项目开工后再次组织检查其落实情况并评估剩余风险的接受程度。

（3）严把施工方案安全措施审核关、施工过程安全措施执行情况检查关。

要确保所制定的施工安全技术措施、风险预控措施是有针对性的、可靠的，并在施工前对所有施工人员交底。施工过程中，各级安监人员、专业技术人员必须对上述各类安全预控措施进行过程监督检查，确保措施执行到位、控制有效。

（4）对于重大起重作业、高空作业、带电作业等危险作业项目建立安全施工作业票制度，并组织安全措施、安全技术条件现场复核和签字确认，方可正式施工作业，保障现场安全管理状态持续受控。

（三）抓设计、设备的源头控制，为工程建设本质安全提供技术支持

（1）严格图纸会审制度，从设计源头保障施工作业的安全性、可靠性，并从严落实设计技术交底和施工技术交底；遵照"基建生产一体化"的原则，组织生产人员参加图纸会审工作，提前熟悉系统，并从安全稳定运行及检修维护方面提出审核意见。

（2）严把设计、设备质量关，控制和减少基建缺陷。组织收集同类型项目设备事故经验和设备缺陷，制定需要在设计阶段落实的清单和计划，定期核查落实情况，明确工程建设不同阶段的控制事项，切实消除"系统设计不合理、设备选型不当、制造工艺不良"所导致的同类型事故和缺陷，保障设备和系统安全。

（四）加大安全标准化设施的投入，高标准创建安全文明施工标准化工地

（1）依照《神华国华电力标准化工地设施·标志·标示图集》以及《火电工程施工安全设施规定》的17项安全设施标准的要求，加大各类标准化设施投入，并确保规

范、有效。对不合格设施坚决清退出场，限期整改到位。《安全文明施工管理、标准》作为总承包合同的附件，在安措费用支付中确保专款专用，并建立专项费用台账，确保专款投用现场、用到实处、起到作用。

（2）严格执行《国华基建项目标准化工地建设管理办法》及其检查评价标准，定期开展季节性、阶段性的具备条件检查、评比活动，扎实推进国华标准化工地的创建与达标工作。

（五）强化风险预控管理，安全隐患分级控制

（1）依据工程建设项目验评划分表，分级辨识各类控制风险，建立国华电力公司、项目公司、总承包、监理及施工单位分级控制数据库，制定有针对性的防范措施，项目开工前逐级审批。各类风险评估建立专项管理台账，坚持"月盘查、周布控、日核查"的管理机制，开展风险及隐患排查，按"五定原则"分类分级控制，及时闭环并消除各类安全隐患和风险。

（2）切实建立工程风险管控的"常态化"管理机制，避免阶段性的管控失衡、失效。除实施重大施工作业施工监理、安监人员旁站机制外，结合年度施工任务，有目的、有计划地组织开展应急演练活动，查找和分析演练活动中的各项应急预案、应急启动程序、应急保障措施等的到位情况，及时总结需固化、提升、改进的措施，建立起风险预控的长效保持机制。

（3）建立每月定期安健环状态趋势分析机制，推行安全"数字化"统计管理模式，分析工程建设安健环管理和控制的薄弱和风险环节，指导安监重点，量化安监工作，制订相应对策。

（4）常态化开展专项督察，抓实重大风险管控。组成"安全总监＋党员＋专业人员"7个安全专项督察组，针对施工吊篮、电动工器具、脚手架、受限空间等特殊施工作业，滚动式开展安全专项督察，排查整改问题。

（5）扎实推进风险分级管控和隐患排查治理双重预防机制。一是每月结合施工作业安排开展风险评估和辨识，根据风险等级分业主、总包、参建单位和网格专责、格长、网格负责领导两个层面进行管控；二是依据风险评估结果，分级开展隐患排查治理；三是针对重大风险组织开展应急演练。

（六）建立大型施工机械专职管理机制

（1）严格落实三期工程大型施工机械安全管理规定专项制度要求，明确各级安全管理职责，以及大型施工机械进/退场报验审核、安装与拆卸、使用与管理、检查与维修保养等管理规定、日常检查评价标准，实现对大型施工机械的有效控制，确保安全使用。

（2）适时邀请行业专家开展大型施工机械安全管理专项培训、专项检查；落实总承包及施工监理必须配置一名具有从事三年及以上大型施工机械安全管理经验的安全监理人员，实施专职监理。

（3）安监体系对大型施工机械安全管理形成定期安监工作制，建立健全现场大型施工机械安全管理台账，收集、整理、分析使用过程中存在的各类整改问题，坚决杜绝一切"以包代管"的思想和做法，从严管理，形成机制。

（七）打造高度信息化的基建安全管控新模式

（1）依照国华电力公司基建信息化管理、封闭式施工的管理规定，依托基建 MIS 管理平台，与门禁系统、安保系统、巡回点检系统进行全面对接和整合成基建生产一体化的基建信息管理系统。其中，在基建安健环管理模块中系统整合各类安全管理台账，并能够实现安健环信息自动归档功能，做到有据可查，记录真实。

（2）实现全口径人员、各类施工机械机具、货运物资等的统计和状态追索功能，新进厂施工人员、各类施工机械、物资等入场信息（如人员工种、作业范围、进退场时间等）数据录入基建 MIS 系统，并能够实现归类统计分析和图表输出功能，进一步提高安健环管理效率。

冬季施工环境作业条件变差，恶劣天气变化频繁，施工安全风险显著升高，给工程建设安全带来严峻挑战，对施工安全管理提出更高的要求。一是落实冬季施工作业方案；二是做好冬季防火措施；三及时发布天气变化预警，落实极端恶劣天气停工和停止作业管理要求。

（3）强化现场全时段、全过程实时监控施工过程，实现施工作业行为可视化。施工现场视频监控系统与基建 MIS 系统相连，以监管现场人员违章行为，可采集、保存重要施工项目的旁站监督 DV 声像资料，便于定期抽样回放影像资料，制订持续改进措施，实现工程建设状态的可控、在控管理目标。每天安排专人在视频监控室值班，对重点区域进行全程监控，及时发现并纠正人员违章行为，全员开展"抓责任、惩三违、保落实"专项活动；安检体系每周组织开展一次三违专项检查，对违章人员实行"看视频、写检讨、考安规"方式进行管控。始终把反习惯性违章放在首位，狠抓三违整治，规范人员作业行为。

三、三期工程高位布置特殊施工安全措施

（一）严控大型机械作业风险

主厂房大型施工机械布置密集，高峰阶段现场布置 35 台大型机械，仅主厂房与锅炉区域密集布置 11 台。如何有效管控超高超大脚手架和大型机械安全是安全管理的重点和核心，在管理中形成"权威把脉、专家把关、专业夯基"的"金字塔"专业管理模式。严把施工机械"五关""一控制"（机械进场准入关；机械队伍、人员准入关；机械方案审查关；机械安全检查整改关；机械使用队伍管理关；重要机械作业的过程安全控制——重要吊装、关键安拆过程、负荷试验等），落实各塔吊安装防碰撞装置，做到技术安保；作业过程加大隐患自主排查，聘请国内行业知名专家多次开展大型机械专项检查，排查整改隐患。

（二）严控超高超大脚手架作业风险

高位布置主厂房结构施工均为超高超大型脚手架，是安全管控的重中之重。一是严把搭、拆方案审查关，共组织外部专家对脚手架作业方案进行 6 次审查。二是搭、拆作业全过程安全监护，及时消除安全隐患。如在监督过程中发现脚手管厚度不符合"专项选材"标准、立杆间距与方案不符等，组织开展脚手架专项检查，及时整改隐患。三是搭、拆全过程设置水平环网，并搭设上下双层木板的人员进出通道，保障上下作业安全。四是为严防脚手架高空落物，悬挑脚手架底部铺设一层安全网，并在安

全网上部满铺脚手板，在悬挑位置处向外悬挑 2m 设置安全防护网，有效控制落物风险。

（三）严控交叉作业风险

在交叉作业管控风险管控上采取错峰施工，各单位之间签订交叉施工协议，明确各自施工时间段。在作业监护上采取安监人员轮班全过程专职监护，安监分部组织对监护情况不定期抽查，保证各项安全措施严格落实到位。

汽轮机大屋顶封闭施工，制定了 65m 运转平台监护值班规定，落实监理、总包、施工单位联合监护，严管违章，严控交叉，确保施工作业安全。

（四）高度重视汽机房吊物孔安全管理

根据高位布置主厂房物料输送施工组织设计要求动态检查落实各项安全防护措施，两台行车实行统一调度作业；增设一名专职安全监理负责吊物孔安全管理；装设吊装孔摄像头，保证每层都能监控覆盖到位。

（1）组织成立汽机房吊物孔专项协调管理机构。为实现现场管理高效便捷，成立由总包 A、B 标段项目部管理人员组成的专项协调管理机构，由总包方主管副总经理任组长、各标段主管生产副总经理任副组长，负责统一调度两台行车以及两标段的吊装作业时间和安全管理。主厂房内 5 号机组行车由 A 标段负责，6 号机组行车由 B 标段负责，双方各成立起重作业安全管理机构，制定吊装计划，合理利用吊物孔起重作业时间，加强沟通交流，发布吊装计划，相互协调好吊物孔起重作业时间。施工高峰期时，进行错峰安排，避免因吊装计划或吊物孔起重作业时间冲突发生协调矛盾，并本着互帮互助、共赢互利的原则，友好协商解决遇到的问题，最终应服从汽机房吊物孔管理组织机构协调结果。

（2）吊物孔起重作业协调管理规定。

1）对吊物孔吊装作业进行分级管理，详见表 12-2。

表 12-2　　　　　　　　　　　　吊装作业分级管理

作业分级	作业分类	吊装质量（G）	情况说明	备注
A 级	大型吊装作业	$G>80t$	隔离整个吊物孔区域 吊物孔起重作业时间 4h 以上	办理安全条件确认卡
B 级	中型吊装作业	$40t \leqslant G \leqslant 80t$	隔离一半以上吊物孔区域 吊物孔起重作业时间 2～4h	
C 级	小型吊装作业	$20t \leqslant G < 40t$	分区隔离吊物孔 吊物孔起重作业时间 1～2h	
D 级	一般吊装作业	$G<20t$	小范围隔离吊物孔 吊物孔起重作业时间小于 1h	

2）对 A 级和 B 级大、中型吊装作业提前一周盘点，做好吊装周计划，每周五 18：30 前提交下周吊装周计划至指挥组，由指挥组形成统一的书面起吊计划，并直接通过总包档案室快速下发至各单位，各单位根据吊装计划及时安排安全监督人员到岗到位。

对 C 级小型吊装作业，提前一天盘点，做好吊装日计划，每天 18：30 前提交第二天吊装日计划至现场调度组；D 级一般吊装作业，A、B 两标段可根据周计划、日计划，自行协商安排。

3）吊装计划出现冲突时，根据施工进度要求，遵循 A 标段优先，B 标段次之的原则；同时根据作业分级，遵循 A 级优先，B 级、C 级次之，D 级最后，逐级让步原则。

4）主厂房内 5、6 号机组行车管理权限分别由 A、B 标段汽轮机工地主任负责管理和调度，如因施工需要使用行车时，联系现场负责或行车负责，由现场负责或行车负责根据行车使用情况进行协调安排。

（3）吊物孔协调运作措施。

1）为提高主厂房行车使用效率，A 标段土建及管道工地和电气工地分别在主厂房布置卷扬机，与主厂房行车协调运作。布置卷扬机时，应对建筑结构进行保护，防止造成损伤。B 标段采用施工电梯和吊车与主厂房行车相协调的方式进行运作。主厂房 3 部客运电梯严禁运送施工物料，只作为人员通行使用。

2）A 标段土建及管道工地将在 50.5m 吊装孔区域 B8 柱布置卷扬机一台，同时在 65m 层、B 排吊装孔区域（靠近 B8 柱）布置一根长 2m，规格为 36 号的工字钢（用于系挂滑轮组）。卷扬机共需布置 4 个 5t 的单滑轮组，其中第一个底滑轮组布置到卷扬机出绳处，第二个滑轮组布置 50.5m 吊装孔区域 B8 柱，第三个滑轮组布置到 65m 层 36 号工字钢下方，第四个滑轮组布置到 0m 吊装孔区域 B8 柱附近。

3）A 标段电气工地将在主厂房 55m 平台（发电机正下方）布置卷扬机一台，钢丝绳滑轮组沿 A 排 3~4 轴间的封闭母线口顺下至 6.9m 层，对封闭母线进行吊装预存及安装。

4）B 标段土建物料运输主要采用施工电梯负责土建物料运输（瓷砖、水泥、沙子等）。A 标段采用卷扬机和 B 标段施工电梯相协调的方式。

5）为提高主厂房吊物孔利用效率，根据周计划提前申请，在主厂房 5、6 号行车不使用吊物孔时间段，利用汽车吊对主厂房 6.9m 层、13.7m 层、20.3m 层及 27.0m 层进行辅助起重作业，起重作业过程中，对各层平台增加成品保护措施。

（五）严控分部分项危大工程风险

将分部分项危大工程管控作为风险管控重点。一是严格作业方案审查；二是推行重大作业二级技术交底制度；三是严格作业过程监督，分部分项危大工程全部实施监理旁站，形成旁站记录。开展隐患排查和安全文明施工专项检查，实施分级控制并整改闭环。

四、新冠疫情管控

2020 年 3 月份，在扎实落实国华锦能公司疫情防控，确保零疫情的前提下，积极组织开展复工复产，3 月 20 日工程建设全面复工。复工以来，主厂房封闭、大件起吊、高处作业、大型施工机械布置密集、脱硫防腐等高风险作业相对密集，均给现场安全管控带来了极大的难度，各阶段的安全施工考验殊为不易。

为深入贯彻执行习近平总书记关于新冠疫情防控重要讲话及批示精神，全面贯彻落实国家能源集团、国华电力公司防控决策部署，依照"预防为主、群防群控、防消结合、综合保障"的原则，国华锦能公司各级领导靠前指挥，与各参建单位凝心聚力，积极开展"一防三保""复工复产""抢抓补欠"等行动，组织动员各级党员干部发挥先锋模范带头作用，积极制定并检查、落实各项防控措施，国华锦能公司及三期施工现场疫情防控工作平稳有序，未出现疑似或确诊病例。

（1）提高政治站位，强化组织领导。组织成立了以筹建处主任为组长的疫情防控领导小组，与地方政府建立组织联络、信息联络机制，系统开展疫情防控工作。推行"一网格一支部、一网点一党员"工作制，实现管控全覆盖。

（2）落实主体责任，作好应急措施。制定并下发了《锦界三期工程疫情防控预案》，组织召开了疫情防控5次专题会议，传达并严格落实集团及国华电力公司疫情防控通知要求，贯彻执行上级公司领导的指示和讲话精神，指导和部署具体防控工作有序开展。

（3）组织开展返岗返工人员建档信息安全评估。在个人信息筛查、汇总的基础上，组织成立疫情评估小组，利用网络平台发布的大数据对计划首批急需返工的4500余人所在的16省、62个市的疫情状况、人员健康、交通工具选择进行分批、分区、分级评估，依据评估小组意见，方可确定具体返工人员，正式通知返工。对于疫情不稳定区域的施工人员经区域评估，逐一通知人员暂不进厂。

（4）落实信息筛查并全员建档。按照地方政府联防联控文件要求的"十个清"原则（自然清、状态清、源头清、身边人员清、地点清、轨迹清、地点清、措施清、措施清、方式清、节点清），对首批急需返工的部分施工人员进行了实情摸底筛查后，逐一填报个人及所在项目部承诺书、个人健康信息登记表。

（5）严格门卫进出厂管理。关闭所有门禁系统，对每一位入厂人员进行体温检测，防护情况检查合格后方可准许进入；采用各分管领导分区域管控原则，定点分包检查，严格控制人员外出管理，所有人员外出必须执行请、销假制度，避免人员流动性带来的交叉感染。

（6）工程建设留守人员纳入锦能公司疫情防控一体化范畴。建立了留守人员信息备案登记；发放了口罩、红外测温仪、体温计、消毒液等疫情应急物资；所有留守人员都有自己的"一人一卡"健康台账；对厂区外租住人员一律搬迁至各自的生活区，每日组织上报体温检测记录。

（7）落实返工人员到厂隔离措施。落实各施工单位分别划出一栋住宿楼用于返工人员专用隔离区，保障首批返岗人员每人一间隔离到位，各生活区保持相对独立，组建专项检查小组，严格落实各项疫情防控措施。

（8）提前编制发生病例应急预案。考虑到随着地方交通管制逐步解除，返岗、返工人员陆续增加，疫情防控风险将会进一步加大。为此，编制了发生病例现象的应急预案，确保风险控制在最小范围内。

五、机组试运期间的安全管控措施

（1）健全试运指挥体系，明确各方安全管控职责。

1）健全试运组织管理体系，明确各参建单位的试运安全管理职责，要求调试试运在调总的统一指挥下开展工作，单体调试由施工单位负责操作，涉及系统的、带介质的操作指令必须由值长下达，由生产人员操作，调试人员指挥，严禁施工单位人员操作。

2）主要设备调试试运由试运指挥部统一组织安监、生产准备人员联合开展安全条件检查验收，确认试运条件。

3）落实各区域安监人员、专业技术人员全过程监督调试试运作业。

（2）严格落实机组试运安全措施，把好试运安全关。

1）明确调试各阶段安全管控重点，落实调试反事故措施，确保应急组织、应急人员、应急措施到位。

2）严格审查调试方案安全措施，按照调试、运行双向调试技术交底到位。

3）制订并严格落实试运设备挂牌及安全标志投入计划，严控误操作。

4）严格控制单体和分系统试运应具备的安全文明施工条件关，严格工序交接质量，研究落实调试品质与调试深度。特别是电气保护及热控装置的传动校验、逻辑组态复核、自动调节系统投入等，需要基建与生产人员齐抓共管，双向延伸，切实提高调试品质，使各主辅参数的品质达到或超过 DL/T 5175《火力发电厂热工开关量和模拟量控制系统设计规程》规定的各项要求。

5）严格调试前安全条件检查及验收签证，确保消防、保卫、防护、照明及停送电操作等保障措施到位。

6）严格工作票办理，规范试运"三票三制"管理，专项落实机组酸洗、蒸汽系统吹洗、整套启动及 168h 试运现场安全管理。

（3）强化落实国华电力公司试运机组调试深度策划书，提高调试品质，实现试运机组 168h 后长周期无非停目标。

1）依照国华电力公司试运机组调试深度策划书要求，形成试运机组的调试控制要点与考核标准，在整套启动期间严格执行，反复进行系统带负荷扰动试验和辅机设备出力试验。分系统试运期间，以节点具备条件检查为主线，加强试运文件包管理，进行试运安全质量条件检查签证，强化调试过程管控，落实照明、消防、保卫、隔离等措施，使调试工作更加安全、可靠。

2）依据运行规程进行逻辑回路的验收，严格把关调试项目验收签字。

3）在设备系统防泄漏、锅炉受热面焊口检验、电气热控保护装置可靠正确动作、轴承振动、辅机设备满足最大出力需要方面，把握基建过程质量，提高设备及系统试运的可靠性，努力减少机组试运非停，节约调试工期，为机组安全顺利一次通过 168h 满负荷试运提供可靠保障。

4）强化贯彻基建生产一体化的理念，持续跟踪好设备及系统安装过程中发生的缺陷、建筑装修中存在的问题以及试运过程中出现的设备及系统安全隐患，专业互补，协同配合，切实提高试运机组的整体移交水平。

5）坚决抵制为减少一次非停而强行保持设备带病运行的一切违章指挥、违章操作行为，绝不可降低安全管理标准，保持安全管理的底线不放松，确保零缺陷进入 168h 试运。

第三节 工程质量管理

锦界三期工程始终坚持"体系推进保安全、工匠精神创精品、科学统筹抓进度、顶层设计控造价、优化创新提指标、调试深度促稳定"的国华电力基建管控基本原则，秉承"追求卓越、铸就经典"的国优精神，工程建设全过程坚持"超前策划、样板引路、过程控制、一次成优"的质量管控措施，坚持创新驱动，深化顶层设计，推进技术创新、节能减排设计优化，围绕工程设计质量、施工质量，设备制造、安装、调试、运行维护全过程质量管控链，着力打造"三同两优一稳定"优质项目，确保工程建设质量达到国内同类机组领先水平。

一、工程建设质量目标

1. 工程建设质量总目标

以"生态文明"为旗帜、以"美丽电站"为纲领、以"清洁高效"为路径，以建设"有追求、负责任"的环保企业为目标，打造煤电联营的电力典范，建成"直冷机组高位布置"的现代工业艺术品，创建世界一流的清洁、高效、环保电站。

不出现因勘察设计、施工、调试造成的一般及以上质量事故，实现高标准达标投产。

2. 设计质量目标

（1）创国家优秀工程勘察设计奖或中施企协设计一等奖。

（2）树立全过程精品意识，对设计方案进行优化比选，各项设计指标达到同期同类工程领先水平，主要设计指标见表 12-3。

表 12-3　　　　　　　　　　　　主要设计指标

序号	指标名称	设计指标值
1	建设用地	$19.2hm^2$
2	机组发电煤耗	$273.8g/kWh$
3	机组供电煤耗	$287.71g/kWh$
4	综合厂用电率	4.84%
5	全厂热效率	44.92%
6	发电水耗	$0.052m^3/(s \cdot GW)$
7	烟尘排放浓度（标况下）	$1mg/m^3$
8	SO_2 排放浓度（标况下）	$10mg/m^3$
9	NO_x 排放浓度（标况下）	$20mg/m^3$

二、工程设计质量管控要点

创新设计管理联动机制，持续开展设计优化是电力工程设计管理重要的内容，开展好设计优化工作，必须具备整合各类资源同步推进的能力以及体现系统性思维的能力，即建盈利企业而非建设能移交的电厂、设计优化是系统性优化而非单纯的局部优化。

1. 创建设计管理有效的管控联动新机制

（1）鉴于三期工程采用了"世界首例"汽轮发电机组高位布置创新设计方案，组建了由神华集团党组成员、副总经理、教授级高工王树民任组长，业内设计大师、国华电力公司及各参建单位主管领导任副组长的"科技创新领导小组"，统筹组织相应科技攻关和内、外部专家论证，定期听取项目进展情况，协调推进项目实施，综合评价系统设计的成熟度，确保项目安全可靠实施。

（2）由于高位布置为国家专利技术，为确保设计方案得到专家团队的充分设计论证，需与电力规划总院签订高位布置技术咨询合同，与中国建筑科学研究院、青岛隔而固振动有限公司以及相关科研院所签订数模、物模试验、有限元流场测试等技术协议，确保《高位布置设计大纲》所确定的各项设计专题、子课题设计研究成果能够成功可靠应用于锦界三期工程。

（3）对主体设计单位内部，组织成立以主管副院长或总工程师挂帅的"锦界三期工程设计资源协调领导小组"，建立起快捷、顺畅、高效的沟通、协调机制，并从设计技术力量的组织与配置上，高度重视，切实保障，一抓到底。

（4）对建设单位内部，依照国华电力公司"基建生产一体化"的原则，组织成立由基建、生产共同参与的"设计优化技术网络体系"，制定设计优化工作规划，明确设计管控要点；选择各专业技术优化的重点项目，落实技术和组织措施，专题研究，重点优化；参加专项课题调研并组织专题方案讨论；定期对优化专题工作进行中间检查与评审，提交改进性建议和优化结论意见。

（5）初步设计工作启动前，在审定初设原则的基础上，组织召开设计优化动员会议，部署锦界三期工程设计管控及优化创新的目标和要求，统一思想，明确重点，理顺思路。

2. 严格合同管理，加大全过程的设计优化管控

（1）加强设计合同管理、重视合同的约束作用。在与设计单位签订合同时，应充分考虑各种不利因素，在合同中明文约定各自的权利义务、处理问题的方式方法，以及 EPC 模式下实现设计优化管理的途径；落实设计招标文件对项目设总、专业主设人的资质条件；对设计质量、工程投资、设计进度的承诺；主要系统的设计要求以及对国华电力公司设计管理规定的落实要求等。

（2）从设计进度管理方面：重视设计前的设计资源及条件的落实，组织成立设备监造管控组，组织各专业主管务须落实设备资料按计划交付，保证设计输入，减少差错；落实翔实的图纸交付进度计划。

（3）从设计质量管理方面：严格设计过程质量的关键要素——设计人、校核人；卷册任务书质量、卷册完成的保证时间及校核深度；设备招标文件与评标技术报告的提交要求；设计监理的人员选择与集中监理审核次数等。

（4）严格执行设计工作程序，重视设计单位对工程现场的技术支持作用，保证设计团队主要负责人及经验丰富的工程师或设计工代能第一时间出现在解决相关问题的

现场，从而保证工程建设的顺利进行。

（5）坚持对标设计管理，共享同类工程的设计优化成果：对比其他设计院对同类型工程的设计优化经验与成果，以及同类设计缺陷的动态跟踪与反馈，这是通过借鉴不同设计风格、不同设计思想下的对标设计，也是衡量主体设计院对锦界三期工程设计优化重视程度的切实体现。

3. 依托社会咨询服务力量，严把设计优化关，控制投资造价

（1）严格设计评审过程：在主体设计院设计的基础上，从完成主体设计、组织内外部审查以及设计监理全过程的设计质量监督与评估各环节中，构建全过程的闭环管控体系，切实把好设计优化的源头关口，将投资计划优化至最优水平。

（2）引入专业化的社会资源，实施设计过程的专业化管理：聘请1～2名有设计管理经验的设计人员作为甲方代表（业主工程师），帮助业主专职负责设计及优化管理；在EPC招标前，提前引入第三方技经服务单位，并行推进"限额设计"，模拟仿真投资造价控制目标在预控范围内；在工程主要设备材料招标完成后，由第三方设计单位（设计监理或第三方技经咨询单位）帮助编制执行概算，把执行概算作为控制投资的刚性指标。

（3）在工程前期工作计划推进上，及早确定基建调试单位，签订基建期技术监督和服务合同，以充分发挥"专家库"的科技资源优势，同时选择有业内经验的资深专家或外部机构定期对系统设计进行过程审核把关。

4. 针对工程特征，精细设计，创新驱动与经济效益并重

（1）在工程计划的整体推进方面：三期工程既需加快初步设计及审查，以推动EPC招标和地基处理工程的实施进程，加快创造正式开工条件；又需充分考虑主厂房联合柱网结构设计必要的物模试验结果对完善高位布置设计方案的指导作用，工程特征十分明显。这就要求主体设计单位必须科学合理地规划好各设计阶段的设计深度和设计进度的完整匹配。因此，在满足EPC招标设计依据的同时，必须投入足够的设计技术力量，开展集中设计优化，精细设计，保证设计效率，以高效完成高位布置方案的详图设计工作，时间进度上也不允许重复劳动、过程反复、游移不定等现象的出现。

（2）从生产技改反观设计优化的延续性方面，三期工程属于扩建工程，部分附属设施在原一、二期建设期间尚有一定预留，加之四台机组已投运多年，部分设备及系统有待设计改进的方面已有一定积累，从生产技改反观设计优化的延续性以及设计优化的空间均相对明显，基建与生产同时介入研究，整理汇总运营维护中的改进提升建议，为设计优化提供重要依据，指明方向，实现项目建设长期可盈利、综合效益最大化的建设目标。

三、高位布置工程质量的特殊管控措施及其管理效果

锦界三期工程是落实国家大气污染物防治计划的重要项目，也是为满足河北南网区域用电负荷发展需要、缓解京津冀地区大气污染和治霾压力的重点建设项目，秉承打造"低碳环保、技术领先、世界一流的数字化电站"的建设理念，以生态文明为旗帜、以美丽电站为纲领、以清洁高效为路径，项目建设过程中的质量创新特色十分显著。

（一）严把设计方案审查关，深度落实初设条件、施工图设计条件

1. 高位布置课题成果确认

主要包括确认课题研究技术风险可控、课题研究成果经专家组审查确认和课题成果互为校核确认三个阶段

（1）确认课题研究技术风险可控：从 2016 年 6 月至 2016 年 11 月，围绕《高位布置设计研究工作大纲》所确定的研究专题和子课题，先后组织了两次工作大纲审查会议、四次主机厂配合设计协调会议、九次技术研讨及协调会议、两次向创新领导小组的汇报会议，重点审查确认了"高位布置各课题研究结论可行、技术风险基本可控、四大管道及大直接空冷排汽管道的应力及力矩配合计算结果完全可以满足工程设计条件"的设计方案审查目标。在此基础上，签订三大主机技术协议及采购合同条件具备、初步设计相关技术条件全部落实，具备了开展工程初步设计条件。

（2）课题研究成果经专家组审查确认：从 2017 年 1 月至 2018 年 11 月，先后召开高位布置创新领导小组会议 12 次、联合各参建单位开展专题技术研讨会议 22 次，以及空冷岛数模试验、主厂房结构动力特性数模/物模试验（与中国建筑科学研究院合作对高位布置主厂房及弹簧隔振系统按照 20∶1 的比例进行数模及振动台物模试验），共完成高位布置设计方案 14 项专题报告、25 项子课题研究成果，并经电力规划院组织、邀请中国科学院院士专家、火电工程多位设计大师等共同参与的专家组评审会议确认，解决了主厂房结构偏摆、抗震设防；主机接口力矩确认以及生产人员运行、巡检通道、消防疏散通道布置等技术难题，其中，2018 年 3 月 15 日在电力规划组织召开了"高位布置深入研究专题评审会议"，确认各项课题研究成果可运用于工程设计，为工程高标准开工、高质量建设、高水平投产筑牢基础。

2. 高位布置课题设计研究成果的反校核及确认

为进一步确认西北电力设计院及上海锅炉厂、哈尔滨汽轮机厂、空冷岛等设备厂家对于高位布置设计方案的研究成果，满足"更安全、更可靠"的原则，在上述研究成果确认的基础上，委托华北电力设计院对四大管道管系应力计算重新建模，提交校核报告，并增加四大管道各种工况组合的应力计算；落实西北电力设计院对空冷岛设计文件进行独立建模复核，提交复核报告，并对空冷岛整岛性能负责；落实哈尔滨汽轮机厂、上海锅炉厂就西北电力设计院提供的三大蒸汽管道分别对机侧、炉侧的力矩及应力分布情况进行校核计算，确认对汽轮机、锅炉高温集箱等的安全可靠性，并提交校核计算报告。

从 2018 年 12 月至 2019 年 6 月，先后组织召开了由规划院、三大主机厂、双良公司、西北电力设计院及国华电力公司参加的高位布置设计方案深度优化、数模/物模试验结果鉴定、院士专家闭环审查等 9 次专项技术评审会议。于 2019 年 6 月 27 日经电力规划总院组织，结合上述华北电力设计院、哈尔滨汽轮机厂、上海锅炉厂、西北电力设计院及双良公司提交的校核报告，重点对四大管道管系应力计算及对比分析、设计工况组合、支吊架限位设置、锅炉与汽轮机的接口推力、直接空冷排汽管道与汽轮机低压缸接口应力力矩等进行技术评审，最终确认四大管道及空冷排汽管道设计方案"可以满足机组各工况下的安全稳定运行要求"，主厂房结构及管道施工图设计条件得以全部落实，施工图纸陆续交付并满足了现场施工需要。

（二）高标准、严要求控制主厂房土建结构施工质量，为高位布置创新设计成果的成功实践奠定坚实基础

锦界三期工程将汽轮发电机布置在 65m 层，汽机房顶标高 83.7m，土建结构增高、AB 列跨度（14m）大幅减少，主厂房结构施工时超高、超大型施工脚手架分段、分层五次搭设及拆除、大型施工机械布置密集、主厂房 A 列与空冷岛混凝土结构柱同步施工、主厂房紧身封闭施工层间上下交叉，施工组织与常规布置工程均存在较大差异。主厂房地基处理工程及其上部结构高支模施工方案确定、高标号大体积清水混凝土施工工艺质量控制、汽轮发电机基座混凝土台板施工模板支护等土建结构的施工难度相对提高，各工程方案的编制、讨论、技术审核把关，均属于首次组织。从地基处理工程施工至主厂房土建结构顺利结顶，标志着高位布置土建结构工程得以安全顺利完成，为高位布置设计成果的成功实践奠定了坚实基础。

（1）高度重视主厂房地基工程，确保汽轮发电机高位布置的主厂房沉降均匀，满足设计抗震性能要求。三期工程建设场地地处陕北黄土高原北侧、毛乌素沙漠南缘，为典型的沙丘草滩地貌，厂区地形开阔，三期场地属于一、二期施工时填方区，地质勘探报告显示粉土层厚度达到 32m，厚度变化大，密实度、工程性能等极不均匀，持力层中风化砂岩层埋深在 8.2～36.0m，岩土工程地质条件极差。同时三期工程汽轮发电机高位布置不同于常规布置工程，抗震等级要求高，故主厂房、锅炉房、烟囱以及其他辅助建筑物区域桩基工程采用 $\phi 800mm$ 机械成孔灌注桩，平均长约 28m，入⑤层粉土、⑦-1 中风化泥岩、⑦-2 中风化砂岩，桩基总数为 3126 根。

在施工期间建立强有力的质保体系，按质量体系文件要求开展全面质量管理，严格执行国家和电力行业的法规、文件。桩基工程施工过程中按隐蔽工程进行验收、记录全部数据。桩基质量管理控制要点包括桩位、桩径、桩斜、桩长、桩底沉渣厚度、桩顶浮渣厚度、桩的结构、混凝土强度和匀质性、钢筋笼等内容，通过采取有效的质量控制措施，确保灌注桩质量完全满足设计要求。

在桩基检测期间，扩大工程桩的检测比例，各种检测比例分别为单桩竖向抗压静载试验 1.4%、单桩水平静载试验率 1.0%、高应变检测率 8.0%、低应变检测率 50.9%，均高于国标规范要求。所检测 1595 根桩基中，Ⅰ类桩占所测总桩数 99.2%，Ⅱ类桩占所测总桩数 0.8%，无Ⅲ、Ⅳ类桩，单桩竖向抗压、水平承载力满足设计要求。

（2）高位布置主厂房框架剪力墙施工采用新型高支模脚手架支撑加固体系。主厂房现浇钢筋混凝土楼板共九层，层间标高不同，脚手架及其混凝土模板支撑高度分别为 8.25、11、12、15.15、18.15m，均属于危险性较大的超高超大型混凝土模板支撑工程。搭设时需确保同跨内立杆纵、横间距一致、水平杆步距一致，以增大支撑体系的刚度和稳定性。框架结构混凝土浇筑按梁柱、楼板次序由中间向两边分层浇筑，保障支撑体系受力均匀，避免高大模板支撑体系失稳倾倒。高支模施工难度远高于常规大模板支撑加固措施，是大体积工业厂房清水混凝土施工可复制、可推广的新型模板支撑体系。

（3）大体积、清水混凝土施工工艺质量控制效果显著。

1）严格执行已编制的清水混凝土施工工艺控制办法，采用实体样板引路。主厂房

基础短柱及墙板以及空冷岛零米以下柱子挂牌混凝土实体样板 13 个，烟囱浇筑样板 3 个。主厂房结构高度 83.7m，框架剪力墙结构设计采用 C50 混凝土，比常规（低位）布置的厂房 C40 强度等级提升两级。

2）施工过程严格按照审定的施工方案以及相关规程规范，严格控制模板原材质量、模板定位、模板支撑体系、脱模剂的涂刷，保障模板接缝严密、模板内无杂物、内表面平整清洁以及满足清水混凝土相应要求。

3）混凝土浇筑前对钢筋进行隐蔽验收，使用经检验合格后的钢筋，严格控制钢筋规格、数量、间距、接头质量、箍筋弯钩角度及平直段长度。

4）使用经过检验合格后的混凝土原材以及经过验证后的配合比，现场制作实体样板为工程引路，严格控制混凝土浇筑过程中振捣工艺以及细部工艺处理，为创建优质工程奠定坚实基础。

管理效果：历次工程质量监督检查中，得到了陕西省电力质检中心站的高度评价；高质量通过"整体工程质量评价检查"，综合得分（95.02＋5）分，达到高质量等级优良工程条件。

（4）首次成功采用 HN700 重型工字型钢梁作为高位布置汽轮发电机组弹簧隔震基座顶板混凝土浇筑的加固体系。基座顶板结构长 44.256m、宽 15.0m、厚度 3.0m、重 3000t，布置在 61.1m 的框架剪力墙上，底部以下结构与汽轮机大平台整体联合形成钢筋混凝土框架剪力墙结构，混凝土浇筑质量及顶板平整度控制严格。

（三）严控焊接质量，实现锅炉无爆管、无腐蚀、无磨损质量目标

（1）焊前规定：严格执行三期工程金属焊接检验管理规定和金属焊接精细化管理策划，焊接工艺要求 P91、P92 材质必须使用 $\phi 3.2$ 焊条，以控制焊接电流、焊缝厚度和焊缝宽度，减少焊接热输入量。大直径厚壁管焊后必须使用中频加热进行热处理，不得使用远红外加热方法进行热处理，保证热处理后每道焊缝的硬度值控制在优良范围内，且周向硬度差控制在 10HB 硬度范围内，焊缝与母材的硬度差值控制在 50HB 硬度范围内。落实焊接专业组实施焊接全过程旁站监控并验收。

（2）焊后检验：除施工单位安排的第三方 100％检验外，落实金属技术监督单位西安热工院对现场安装焊口第三方检测比例调增：主蒸汽、再热及高压旁路 P91/P92 材质焊接接头以及其他管道弯头、三通、阀门等不等壁厚的对接焊接接头均再次进行 100％检测；对受热面小管焊口采用先进的相控阵检查方法抽检 5％。对空冷排汽三通丁字焊口进行 100％超声监测复检。焊后热处理采用中频加热进行热处理，金属检测采用相控阵等不同检测手段综合评定的方法，保证了工程焊接质量。

（3）防控锅炉受热面爆管。

1）膜式壁及蛇形管管排：T91 材质制造厂焊口及现场安装焊口两侧各 200mm 范围内，做 100％的着色检验。12Cr1MoV 钢按 50％、15CrMo 钢按 25％，20g 钢按 10％比例做着色检验，以将管端可能出现的裂纹（厂家涡流探伤盲区）消除在投运前。

2）过热器、再热器、省煤器等蛇形管排的 $R \leqslant 1.8D$ 弯头：进行 100％的厚度检验，减薄不合格的，必须联系制造厂家予以更换。

3）受热面合金材质的联箱：必须在制造厂进行 100％的水压超压试验。碳钢材质的，应与制造厂商议，尽可能地在厂内进行水压试验，无法实施的，要有相应的补救

措施，以避免管座处角焊缝裂纹漏检。

4）严格锅炉受热面洁净化管控，锅炉所有集箱封闭前后均进行内窥镜检查；蒸汽系统吹洗后有针对性地选取部分集箱进行割管内窥镜检查，确保内壁光滑、无杂质。

5）严把受热面焊接质量关，落实冬施方案；扩大化学清洗范围（增加 6、7 号低压加热器汽侧、外置蒸汽冷却器及高压加热器汽侧、过热及再热器减温水管路等辅助管道，酸洗范围增加高压加热器水侧），提高汽水品质；两台机组蒸汽系统吹洗过程，均安排两次不少于 12h 的大冷却；第三阶段连续 2 次靶板板面上没有大于 0.8mm 的斑痕，蒸汽系统吹洗优良。

管理效果：两台锅炉从点火试运至今，锅炉受热面未发生 1 例超温、爆管、磨损、腐蚀等现象，运行安全稳定。工程焊接质量控制获国家专利 2 项，省部级 QC 成果 2 项，科技进步奖 1 项，两台机组均获得全国优秀焊接工程奖。

（四）重设计，控质量，实现机组"振动不超标，瓦温不超限"质量目标

（1）汽轮发电机组基座采用整体框架＋弹簧隔振装置，在汽轮发电机基座台板与主厂房结构之间设置弹簧隔振器，弹簧隔振器放置在框架柱和框架梁上，汽轮机基座台板的侧向与主厂房结构之间设置缓冲限位装置。弹簧隔振器的选型通过数值模拟和物模试验，以满足振动限值和设备制造厂的要求。

基座弹簧隔振装置数模试验结论以及研究专题《锦界电厂三期扩建工程汽轮机高位布置弹簧隔振基础动力特性数模分析研究报告》《锦界电厂三期扩建工程汽轮机高位布置弹簧隔振基础动力特性物模分析研究报告》均经专家组评审通过，确认弹簧基础支座的设计应充分考虑汽轮发电机运行、风、地震等因素影响产生的耦合作用以及振动和偏移，确保汽轮发电机组的安全稳定运行。

（2）开发出了完全适应高位布置的汽轮发电机组：与哈尔滨汽轮机厂深度研讨机组高位布置的特点，对汽轮机进行以下九个方面的质量创新改进，为中国制造作出新贡献。

1）高位布置的汽轮发电机组采用弹性基础后，低压缸排汽管道的固定方式发生改变，排汽管道与低压缸焊接为一体，排汽管道部分质量预加载给低压缸，其余质量由弹簧支撑，热膨胀被排汽管道的支撑弹簧吸收，引起排汽管道管系热位移发生改变，且低压缸的稳定性以及低压外缸自重下的支反力分布均发生了改变，需要改进原有刚性基础下的低压缸与排汽管道的连接方式。即取消原设计低压缸出口垂直段排汽管道底部的限位支架，并在其适当位置增加水平方向间隙限位；在排汽管道下部增设阻尼器（其 x 向、y 向水平刚度由西北电力设计院通过计算确定两种选型参数、数量及位置）；在排汽管道下部增加一疏水装置以减小排汽湿蒸汽产生的激振。

2）将汽轮机滑销系统由原设计的猫爪推拉结构更改为定中心梁结构，高中压缸下半导向键更改为定中心梁，并重新设计 1、2、3 号轴承箱以适应定中心梁的结构和安装要求，确保其强度和地震载荷满足机组安全稳定运行要求。

3）对汽轮机高压主汽阀、调节汽阀的阀杆、阀碟、衬套原设计表面渗氮处理工艺优化升级为超音速火焰喷涂耐磨涂层、堆焊司太立合金、等离子喷焊等先进的处理工艺，提高阀门高温部件抗氧化能力，有效减缓氧化皮的产生。

4）机组采用高位布置＋弹簧隔振基础，由于各轴承座的支撑刚度存在差异，需要对机组轴系临界转速重新核算，确保高、中、低压转子临界转速均能避开工作转速

±15％，且轴系连接合理，振动特性良好。汽轮机厂要完成锦界三期高位布置汽轮机地震强度计算报告，并经专家组技术评审通过。

5）为减少机组轴端汽封间隙漏气损失，确保汽轮机性能试验热耗率优于汽轮机保证热耗率，汽轮机厂进行了端汽封优化改进：对高压端汽封增加两处刷子汽封、更改汽封形式、增加汽封齿数量；对中压端汽封增加汽封齿数量；对低压端汽封更改为刷子汽封。改进后的汽封漏气损失明显得到了改善。

6）汽轮发电机组高位布置后，汽轮机主油箱布置在48m层，储油箱则布置在零米主厂房外侧，输油管路较长，需提高输油泵扬程、增大储油箱容积。此外，为防止交、直流润滑油泵在启停切换过程中的汽轮机轴承润滑油母管油压不足以维持机组安全可靠运行，对原设计润滑油系统进行优化改进，增设稳压蓄能器组，确保润滑油系统油压稳定，且交、直流润滑油泵选型时充分考虑一台运行、另一台在线检修的方便性。改进后的系统可以适应不同运行情况下的油泵切换，系统油压均可维持在安全运行油压范围，保障了机组的运行安全可靠。

7）对哈尔滨汽轮机厂新型超超临界机组中压主蒸汽联合调节阀在保证再热调阀套筒与密封环不出现卡涩的前提下，对密封环间隙进行优化改进，减少再热调阀间隙漏汽量，降低调阀严密性试验转速，也确保机组在50％、100％甩负荷下的最大飞升转速、机组停机堕走时间在最优控制水平内。

8）为切实改进超超临界机组3号轴承箱（其中心线设置为绝对膨胀死点）易产生强度不足、汽轮机膨胀受阻的问题，对3号轴承箱强度进行优化增强：轴承箱台板厚度由100mm增加至150mm，有效提高抗变形能力；在3号轴承箱底板增加一对M48的地脚螺栓，限制其膨胀不均产生的有害位移；优化1、2号轴承箱台板与轴承箱的注油槽位置，基架滑动面材质选用球墨铸铁，增大润滑效果；对3号轴承箱内部补强（在轴承箱下部电调两端各增加3个轴向拉筋；将原设计的轴承箱筋板加长300mm；将轴承箱猫爪支撑座的材质由碳钢变更为合金钢；将轴承箱支撑座加厚以消除悬空隐患，减少轴承箱支撑座的变形量）。上述优化改进后，可确保轴承箱与汽缸之间膨胀力的传递集中在汽轮机中心线下方，不会出现由于汽缸左右两侧温度不一致或两侧猫爪受力不一致所引起的轴承箱偏斜问题。机组自投运以来，启停机膨胀顺畅，运行状态良好。

9）汽轮发电机组采用高位布置后，地震载荷对汽轮发电机组的推力盘、推力轴承、推力轴承座、基础支撑定位结构（锚固板）、推拉结构（定中心梁或猫爪）的影响是考虑机组安全可靠运行的首要因素。与常规（低位）布置的机组考虑地震载荷作用不同的是，除考虑地震水平载荷对上述各部件的影响外，还必须通过计算在地震载荷作用下各部件的固有频率，以确认机组在安全停机准则（当地震载荷作用到机组上时，机组在安全停机后应保证结构的完整且各部件无明显破坏、人员无受伤隐患）和机组可再启动准则（当地震载荷作用到机组上时，机组的所有部件应能按照正常运行或地震后可重新启动运行）下可能承受的地震加速度，以确保汽轮机基础及轴承系统的固有频率不仅能够避开汽轮机各转动部件的固有频率，还能够避开地震波的频率，不致产生共振现象。

哈尔滨汽轮机厂积极开展设计优化和质量创新，整合技术资源深度研究，高质量完成了高位布置汽轮机低压缸设计报告、高位布置汽轮发电机组轴系稳定性报告、高位布置汽轮机地震强度计算报告等九项设计制造质量优化改进报告，并经技术专家评审会议审查通过。开发了适用于高位布置的汽轮发电机组，提出了汽轮机大部套之间的连接件和定位件的增强结构设计方法，整机抗震性能大幅高于常规机组，保证了各类型极端工况的运行安全性。

管理效果：两台汽轮发电机组自第一次冲转、定速、带负荷后，机组各轴承振动均在 $50\mu m$ 之内，各轴承瓦温均低于 $72℃$。

（3）汽轮机安装轴系找中、汽缸负荷分配工序严谨、质量优良，创新了汽轮发电机组更加严格的安装工序。

1）外引值精细复测：汽轮机高压缸模块为哈尔滨汽轮机厂内组装后出厂，复测其轴向外引值和轴串数据与质量证明书纪录保持一致；复测高压模块最外侧汽封圈间隙数据以及定位块轴向、径向外引值数据作为后续电厂检修依据，确保两台机组高压模块动静间隙满足运行要求。

2）按规定工序完成高、中、低压缸负荷分配：为保障汽轮机在管道连接后的受力情况符合更安全、更可靠的原则，并专题明确汽轮机轴系找中、汽缸负荷分配的监测调整方法，通过召开汽轮机安装技术研讨会议，确定负荷分配方案如下。

高压缸在冷再热管道连接后进行负荷分配，依照安装说明书，如发现超标不得调整猫爪垫片，而通过调整冷再热管道的支吊架进行精细调整，但支吊架调整数据需设计院核算确认，以确保管道连接后预加载给高压缸的负荷分配符合安装说明书要求；高压缸的所有管道连接完成（主汽门弹簧、隔振弹簧均调整合格），蒸汽系统吹洗前再次进行高压缸负荷分配，如发现超标不得调整猫爪垫片，通过调整冷再热、主蒸汽管道的支吊架进行调整（设计院核算确认），确保高压缸的负荷分配符合安装要求：（猫爪载荷-平均载荷）/平均载荷在 10% 以内。

中压缸 4、5、6 级抽汽管道及热再热管道连接完成后，半实缸下做一次中压缸的负荷分配，只做过程记录；中压缸的所有管道连接完成，包括隔振弹簧调整合格，蒸汽系统吹洗前再次进行中压缸的全实缸负荷分配，如发现超标不得调整猫爪垫片，通过调整热再热管道的支吊架来调整（设计院确认），确保中压缸的负荷分配符合安装要求。

进行低压外缸与空冷排汽管道连接，确保接口受力均匀。先将底部 4 处刚性支撑位置找平，调整排汽管道整体纵横中心线偏差在允许范围内，采用 4 台 200t 带称重液压千斤顶专用工具进行低压缸负荷分配。排汽管道采用临时液压千斤顶支撑，焊口采取堆焊方式，保证与低压缸的接口间隙为 $2\sim3mm$。优先连接低压缸与排汽管道水平焊口，焊接过程中使用百分表保证低压缸撑脚位移不大于 $0.10mm$，喉部连接完成后连接与空冷排汽三通焊口。待上述施工完成后，低压缸通流间隙精调前完成恒力弹簧释放，同步缓慢释放千斤顶，监视弹簧冷态标尺在允许载荷 $\pm10\%$ 范围内。

3）为科学合理地安排汽轮机扣盖工序，降低隔振弹簧释放对汽轮机中心的影响，邀请哈尔滨汽轮机厂、青岛隔而固厂家，分析讨论了隔振弹簧、主汽门弹簧及各抽汽管道支吊架弹簧、空冷排汽管道支撑弹簧释放的条件及相关工作程序，确保汽轮机本体安装质量有序可靠。为此，制定了汽轮发电机基座弹簧释放顺序并严格监督执行：

汽轮机扣盖→加载负荷→二次灌浆（复测中心）→释放主汽门弹簧（自由状态拆除锁定销）（复测中心）→释放与汽轮机相连各抽汽管道支吊架弹簧（自由状态拆除锁定销）（冷段除外）（复测中心，做好记录，中心数据 0.03mm 超差内不做调整）→中低压连通管安装→隔而固弹簧释放［5、6 号机组同时进行弹簧释放；每组弹簧释放同时监测中心数据（外圆数据架表监测及张口数据测量），保证轴系中心符合哈尔滨汽轮机厂规定］→联轴器连接。

管理效果：隔振弹簧释放前后汽轮机台板标高变化小于 0.22mm，完成汽轮机重要安装验收项目 48 个，对 196 个质量见证点严格把关，全部一次成优，保障了机组启停顺利。

4）提出了空冷汽轮机新型排汽管道的设计新方法。成功设计了汽轮机乏汽从低压缸直接排入空冷岛冷却的结构，大幅度减小了排汽阻力，提升了汽轮机组运行的经济性；首次在汽轮机排汽口下方的大口径薄壁排汽管道中布置末级低压加热器，耦合新型曲管压力平衡补偿器，创新性地提出采用多边多侧平衡支撑约束方式，并采取弹性支承布置有效吸收管道接口热位移、轴向膨胀及控制管系的不均匀沉降等，确保了高位布置汽轮机排汽管道的安全可靠。

（五）四大管道设计、安装质量务求精细可靠

（1）为保证机组高位布置后的四大管道应力、偏摆、设备接口推力满足机组安全稳定运行，落实华北电力设计院在原设计的冷热态、地震、偏摆、安全阀排汽、松冷工况等多种工况组合基础上，新增 16 种工况组合，重新建模进行应力校核计算；组织西北电力设计院、华北电力设计院、哈尔滨汽轮机厂对四大管道"背靠背"应力分析计算，以确认各种工况下设备接口推力、推力矩满足安全运行要求。根据计算结果，在原设计基础上增设 10 套阻尼器加强保护措施，4 套单拉杆限位装置变更为双拉杆。

（2）四大管道工厂化加工招标时要求设计需优化疏放水、排气、仪表等接管座与母管之间的接口型式、接管座布置，降低接管座出厂焊缝的应力集中，且接管座设计必须与母材保持一致。

（3）四大管道及其支吊架安装前在工程部专设一名四大管道专工，专项负责安装质量控制：专项编制高位布置四大管道安装专篇，对设备验收、管道及支吊架安装调整、洁净化施工等制定专项措施；制定焊接过程工艺卡严控焊接工艺，要求 P91、P92 材质必须使用 ϕ3.2mm 焊条，焊层厚度不超过焊条直径。

（4）选择具有相应管理资质及经验的第三方合作单位，签订支吊架预防性检查及调整专项服务合同，全程跟踪并验收支吊架设计及安装质量，包括各类支吊架设计选型、三向承力核算以及支吊架的原始安装、蒸汽系统吹洗前后、水压试验前后、试运过程中冷热态等 9 个阶段全面监管，对照设计值逐一复核。

管理效果：投产后四大管道热态膨胀完全符合设计要求，机组试运期间启停顺利；所有支吊架无一变形断裂、载荷超限现象。

（六）突显基建生产一体化，强化设计建造与生产运营的无缝链接

（1）建立了基建生产一体化的管控模式。围绕"基建为生产、生产为经营"的建设宗旨和"三同两优一稳定"的建设目标，明确基建期的质量就是生产期的安全，以加强各级基建与生产准备人员在管理、技术、技能等方面的资源整合，促进基建和生

产在安全性、经济性、节能减排等方面的互补和融合，保障工程建设在安全、优质、高速、低耗之间找到最佳的平衡点，确保提升基本建设水平、机组投产后能够迅速进入稳定运行，并做到基建技术标准和生产技术标准的协调统一，真正做到基建与生产无缝连接。国华锦能公司调整生产准备组织机构，抽调97人成立了运行、维护两个分部，直属于筹建处独立管理，专职负责，从管理机构的设置上形成了基建生产一体化的管理模式，并在规划设计、技术管理、设备监造、安装施工、调整试运、基建与生产的衔接等各个环节进行全方位控制，发挥最佳合力。

（2）明确生产准备各分部的基建管理职责。运行分部对三期工程各类经济、技术指标，系统设计的可靠性、合理性负责；维护分部对设备的监造、验收、安装质量负责，设备责任到人，完善检修管理体系，建立设备技术管理档案。

（3）生产人员深度参与工程建设的各个环节。从工程设计审查、专题优化、主辅设备招评标、合同谈判、技术联络会、制造验收、各阶段的验评等，生产准备人员参与到工程各专业技术管理小组，全过程参与。在基建的安装调试期间，生产人员到施工单位的班组参加设备的安装和调试，在基建期明确设备专责人，确保了生产人员在基建期对设备的关注和熟知，做好安装期基础数据的收集整理，在严格监督设备安装质量并参与工序质量验收的同时，熟练掌握安装工艺流程和技术参数，从基建期就为机组全寿命期的安全稳定运行打好坚实基础。

管理效果：机组至进入整套启动以来，设备及系统运行稳定可靠，基本实现无缺陷试运，为机组连续试运、保障机组试运质量创造了极为有利的条件。

（七）坚持过程成优，高标准、细要求，内在指标创优良、细部工艺精细化，全力打造国家级优质工程

工程秉承"追求卓越、铸就经典"的国优精神，坚持"绿色建造、过程成优"理念，围绕工程设计质量、施工质量，设备制造质量、安装质量、调试质量、运行维护质量的全过程质量链，注重小精品样板工程的引领示范作用，发挥工匠精神，坚持以高品质基建保障高品质投产，以高品质投产保障高品质运营。

（1）注重质量管理体系建设，工程开工前即建立了达标创优组织机构，编制了达标创优规划、达标创优实施细则、细部工艺图集、质量管控要点执行手册等质量管控文件。以创优规划为纲，并结合国家能源集团洁净化施工要求，组织成立16个专业组，详细策划了清水混凝土、砌筑、避雷接地、电缆敷设、二次接线、保温工艺等26个精细化施工样板工程的实施细则，下发各参建单位并贯彻落实到施工全过程，以确保过程成优目标的顺利实现。

（2）严把质量管控流程及过程管理，质量验收按照项目六级验收制度执行，施工单位内部三级验收、总包单位四级验收、监理单位五级验收、业主单位六级验收。按照专业创优实施细则，实施实体样板引路，严格管控小精品项目，对小径管焊接、电缆敷设及接线、保温施工、建筑地面等实施重点控制。如将耐磨混凝土地面施工列入重点项目，总结各厂耐磨混凝土施工的优缺点制定施工质量标准，专题会讨论施工工艺，统一实施。质量小精品实施过程中按照已经编制的工艺样板严格落实施工工艺质量标准，强化工序交接管理和验收程序、验收标准，以每个环节、每道工序的高质量，确保工程整体施工安装质量达到优良标准。

（3）精心策划中低压管道加工配置及工厂化加工配管质量要求，提升工程内在质量。

1）对中低压管道进行工厂化加工配置设计、小径管及热控测点设计、电缆敷设路径计算机模拟设计作为设计招标质量要求写入招标文件，要求设计院提供满足中低压管道工厂化加工配管图要求的管道布置图，并配合进行中低压管道工厂化加工；小径管及热控测点设计，执行国华电力公司小径管及热控测点设计管理规定，其中主厂房区域 DN80 以下 DN20 以上的管道进行三维设计，出管道布置图；热工仪表管出规划布置图；电缆（含控缆及设备厂商供应电缆、光缆等）敷设、封堵出设计图（平面图、断面图等），所有电缆（控缆/动缆）敷设应采用计算机模拟敷设。热控测点接管座则统一采购成品，杜绝现场加工配置测点接管座。

2）严格落实洁净化施工质量控制目标，严格执行基建工程洁净化施工管理规定和管道工厂化施工管理规定。要求施工单位在施工总平面设置工厂化加工配管车间和管道喷砂除锈车间（施工单位招标时写入招标文件），所有中低压管道按图纸配管加工后送除锈车间，经业主、监理、总包及施工单位联合四方验收合格后封口，发放验收标牌，方可进入厂房进行管道安装。所有管道的切割、打磨坡口、开孔（包括热工管座）必须在配管过程中完成，管道一律采用机械切割方式进行，如必须采用割炬时，必须将端口处打磨平整，管道内部清理彻底，管段切口应平直、无毛刺、翻边等现象，严禁在安装好的管道上进行开孔作业。对于油管道，出厂前配管酸洗，现场安装时再进行洁净化检查，用白绸布清理、验收通过后方可对口焊接施工。对汽水管道、锅炉集箱内部进行洁净化专项检查后，方可现场安装作业。锅炉受热面组合前通球，组合完成后，进行二次通球，监理全程旁站见证，组合前、后，所有集箱全部内窥镜检查。

（4）实施保温质量专项控制。贯彻 2017 年 8 月 2 日神华集团党组成员、副总经理王树民主持召开的总经理办公会上提出的"设备保温标准要高，要考虑未来 20、30 年损失的能量"要求。三期工程率先成功实践了主蒸汽及再热蒸汽管道保温层外表温度不超 40℃、汽轮机各级抽气管道保温层外表温度不超 45℃、汽轮机本体保温优于国家标准 5～10℃的保温设计方案，有效减少主厂房环境温度，创立了电力行业保温设计新标杆。

1）落实设计院按照"主要设备和管道保温外护板表面温度不超过 45℃、汽轮机各级抽汽管道保温外护板表面不超过 40℃要求"开展保温专项设计方案，提交《保温设计专题报告》，组织召开保温设计专题评审会，并落实设计监理进行保温设计复核确认。同时开展保温设计"回头看"，与国内同期建设、新投产机组开展保温设计对标，确认满足设计要求。

2）对锅炉本体大罩壳区域、人孔门、看火孔、折焰角、刚性梁围带、转弯烟道、四大管道垂直段、支吊架、弯头以及阀门等保温薄弱点，制定《锅炉保温质量控制专项方案》。采用分层保温时，按照"一层应错缝、多层应压缝、层间和缝间不得有空隙、方形设备四角保温应错接"的原则进行保温质量验收把关，对采用硬质材料保温时，缝隙用软质高温保温材料充填。实施效果：锅炉各部位保温无一例超温现象。

3）汽轮机本体保温方案由哈尔滨汽轮机厂进行专题设计，其设计原则为：在正常运行工况下，当环境温度为 27℃时，汽轮机保温层表面温度不应超过 45℃。当环境温度超过27℃时，汽轮机保温层表面温度不超过环境温度加22℃。汽轮机保温层材料选用硅酸铝针刺毯与气凝胶纳米保温复合材料，包裹层采用耐双绞钢丝耐高温陶瓷纤维布（可耐1100℃，可在800℃下长期使用）分区、分块制作，外保护层用0.8mm彩钢板外罩壳分区、分块制作而成。高、中压缸上缸及主汽阀、调阀采用可拆卸式保温设计，具有保温效果好、外形美观、安装便捷易拆卸、方便维修可重复使用的特点。汽轮机高压缸下缸、中压缸下缸等不需频繁大修等处采用固定式保温。

汽轮机本体保温施工时，按照可拆式保温块（每块编号）分布示意图进行安装。保温块铺装工艺采用层层错缝法，每层错缝100～150mm，保温块采用特制固定保温钉进行固定，每块之间采用不锈钢丝连接，连接应牢固、整齐、美观；拆卸保温与固定保温的连接处采用预埋阶梯对接方式，每层保温上下之间采用缝隙错开搭接工艺，确保保温效果。

（八）高度重视设备质量的全过程管理，为建设优质工程奠定坚实基础

1. 加强设备招标采购管理、提升设备整体质量水平

（1）设备招标前的市场调研、运行业绩、设备关键部件材质等技术准备工作必须充分细致。

招标技术文件审核：是招标采购需求的最基础、最重要、最完整的工程文件，也是招标需求的性能、质量、范围的规范文件，保证招标文件的编制质量，是招标成败的关键程序之一。由于招标技术文件中条款的不明确、漏项、描述不准确等原因，往往会给合同执行增加难度，或者对工程的顺利进展产生负面影响。设备招标技术规范书由设计人员编制完成，组织审核的控制重点为：

1）设备技术规范应当明确提出对设备性能、设备档次的要求，技术参数应当在满足使用要求的前提下，做出科学合理的规定。参数过高，将导致投标人过少，甚至无人应标；参数过低，不能满足使用要求。

2）产品技术参数要全面、完整和准确、不出差错，不漏项。技术规范与性能参数以设备的使用要求为依据，不能照抄照搬特定的商标、商品目录、样本或者其他类似内容。

3）不能指明具体厂商名称或者产品型号，不能有任何倾向性、排他性的提法。

4）要明确提供技术文件内容、设备工作条件、设备图纸资料和环境要求等。产品的制造标准应为国标公认标准或者国家标准。

5）供货范围应尽可能清楚明了，不能含糊不清、模棱两可。

6）技术服务、技术培训、检验、测试、质量保证等方面的内容，必须清楚地界定各方责任，并提出具体的要求。

（2）强化设备技术评标的技术把关作用。

对于评标工作而言，技术评标不仅是商务评标的基础，而且直接关系到评标工作的成败。

1）确保技术评标人员的素质，参加人员应具备相当的技术水平、具有敬业精神和必要的道德操守。

2）技术评标人员应当对投标文件进行详细审阅，认真对比与招标文件的差异，特

别是关键参数、技术要求、性能描述应核对详细，通过书面澄清、当面澄清的方式把含义不清、存在差异之处澄清明确。

3）进口设备的技术评标过程中，要认真核对产品的产地、型号，防止出现投标人假借其在其他国家设置工厂为名，采用第三方产品进行投标的情况出现。

4）在核对设备供货范围时，应详细明确，统一一致，特别是主体设备的辅助设备，避免出现因供货范围差异而导致投标价格偏差过大。

5）对于辅助部件、辅助材料的分包外购应当详细盘点、严格控制，要求投标人上报其分包外购厂商，最终由招标小组确定三家，进行报价。

6）技术评分时，应当根据对厂商的综合评价、设备参数、技术性能，合理、公正地对应评分，分数与项目指标必须一致。

7）编制评标技术报告时，应根据技术评分结果，结合投标文件、厂家业绩、产品性能、厂家的技术实力、提供的方案等方面，进行公正的评述。

8）应适当增加技术评分与商务价格之间的比重关系，防止出现次品低价中标，而导致设备质量不能满足长期稳定运行的需求。

（3）精心谈判、精细签订合同。

1）技术协议谈判时，应当详细对比招标文件、投标文件、投标过程中的技术文件，尽可能消除差异。

2）设备技术参数、设备型号、设备性能、使用功能应当全面、详细、正确地填写，避免出现关键参数错误、型号误差的情况。

3）供货范围应当与投标报价范围一致，尽可能详细列出，如果出现偏差，必须与设计单位进行核实确认。

4）如果由于特殊原因需要进行方案变更，须由设计单位确认，并上报国华锦能公司决定具体处理方案。

5）罚则应当科学合理，合理分配双方风险。

（4）严把设备到货验收关。

设备到货验收是设备技术管理工作的一项非常重要的工作，是保证入场设备质量的第一道关卡。但是，这项工作往往容易被忽视，一般到场验收只是对外观进行检查，不进行详细验收。应根据工程策划阶段编制的各设备到货验收要点，联合生产准备及监理、施工单位共同验收把关，做好验收记录。

1）设备到货后型号、性能参数、设备产地应当与技术协议进行核对，特别是进口设备，确保其正确性，如有差异必须由厂家进行解释，并由设计单位核实确认。

2）设备的外形尺寸、接口尺寸需要与图纸进行核对，避免出现设备安装时尺寸不对应，影响安装进度的情况出现。

3）对于成套供货的产品，一方面应当根据图纸核对其系统是否存在不能满足性能要求的情况；另一方面应当根据技术协议检查附件的品牌、附件的型号、材料是否对应，杜绝以次充好的情况发生。

4）备品备件的数量、型号是否与技术协议规定相符。

5）检查资料是否按照技术协议规定提供完整。

（5）高度重视工程原材料的规范管理。

对计划、采购、验收、仓储、发放等环节进行有效的控制，按工程进度要求，编制切实可行的采购计划，提前做好材料选厂工作，认真进行生产厂的资质评定，从合格厂家进行采购。到货后首先进行外观检查，核查质量证明文件，需进行复检的进行检验，合格后再入库、发放，监理要加大监督力度，未经监理同意的材料不能用于工程，防止和杜绝不合格材料和设备用于工程，造成工程的隐患。

2. 加强施工及试运过程的技术管理，是保障工程质量的关键

结合当时电建施工单位的市场及经营状况，一般施工单位技术力量相对较弱，不能形成一个完善有效的技术管理体系，使得基层技术管理弱化。此外，施工监理的技术力量配置不均衡，部分专业监理能力、责任心欠缺，容易存在监督不到位现象。业主方部分专业的工程技术管理人员经验不足，对技术管理工作不够重视，使得技术管理工作弱化，没有充分发挥其作用。为此，必须强化工程技术管理，提高技术管理水平。

（1）对于施工方案无论大小，由监理组织进行会审讨论，把施工方案作为一项重点工作进行控制，施工过程中各单位必须按照审定的施工方案严格实施。

（2）加强设计技术、施工工艺技术等的交底管理，对于重点施工项目，监理、业主工程师参与施工单位的技术交底会，确保技术交底不流于形式，把技术难点、控制重点明确交代施工单位及施工人员。

（3）各专业务必要定期开展现场质量检查制度，定期由监理组织总结安装过程中出现的问题，提出解决方案，回馈解决结果。

（4）提高与设备厂家的联系效率，提高设备缺陷的处理速度和处理成功率。

3. 落实项目监造、前检及技术监督的把关责任

（1）落实设备监造人员对主、辅机设备监造过程中发现的各类设备及部件质量缺陷均需记录在册，确保监造所发现的制造缺陷消除在设备出厂前。

（2）落实基建技术监督单位对锅炉钢结构、受热面管屏、集箱现场见证检查，对各部件存在的缺陷登记、落实责任人监督消缺在设备安装之前。对安装焊口射线底片（水冷壁、低温过热器、省煤器悬吊管、延伸包墙等）进行抽查复评。

（3）高度重视三大主机监装，指派专业技能好、责任心强的专业人员联合监造人员，按照主机厂的监装方案，明确监装要点、监装内容、监装方式、监装人员配置，防止由于安装不当造成与设计图纸、技术文件等的质量偏差。

4. 建立预警机制、开展有效的催交催运管理

针对主要设备、影响工程关键节点建设的设备实行预警管理，对存在供应风险的设备物资采取分设备、分区域、分层级的专项催交催运工作。同时通过生产准备人员的设备监造，督促落实监造纪要的消缺闭环工作。

（九）加强设备及系统的调试质量保证措施

组织成立生产准备经验人员参加的设备试运管理组织体系，强化对设备及系统的试运技术管理。设备试运不仅是对设备性能的验收，同时也是对系统安装质量的验收。

设备、系统初次试运时，通常是故障多发期，其中有设备本身的原因，也有试运方案不合理导致系统、设备损坏的情况发生。这一阶段技术管理的主要工作是控制试运措施质量，避免由于措施不得当导致系统、设备故障；对设备、系统试运结果进行验收，控制系统、设备的运行指标，保证设备整体投运的质量。

（1）在机组调试过程中，实行调总负责制，加强调试监理的监控作用，认真执行《火力发电厂建设工程启动试运及验收规程》（DL/T 5437—2009），全面实现调整试验与技术指标中的质量目标、指标。

（2）做好机组启动前的准备工作。

1）根据机组的特点编制调试大纲，明确试运过程中的组织分工和调试计划，确定重要的分系统调试和整套启动调试方案。调试大纲报国华电力公司审批，与电网有关设备的"调试方案"等资料报电网公司。

2）编制各系统调试措施（含技术、质量、安全保证措施），明确各项调试工作的组织、调试方法和应达到的质量标准。

3）积极收集和熟悉工程技术资料、设备说明书。对新设备、新技术进行调研，做好充分技术准备。熟悉系统设计、启动调试措施、设计联络会议纪要及相关图纸，发现问题及时提出修改建议。

4）除主体调试单位承担的项目外，提前妥善安排好其他单位（例如制造厂家、环保部门）承担的试验、调试项目。

（3）调试工作开始，严格审核调试大纲，从分部试运起组织针对各系统的专项检查，认真地将不符合规范要求和影响系统运行的问题一条条仔细罗列出来，一条条地跟踪解决，确保单机试运、分部试运高标准、高质量地完成，确保三期工程调试各项指标达到国内同类机组的先进水平。

（4）机组整套启动前，组织对各系统启动条件进行确认，整套试运期间及时发现影响调试进度的关键工作，随时参与研究解决问题及时进行试运阶段验收签证，确保分系统及整组启动的安全、可靠。从机组分部试运、分系统调试、整套空负荷调试、整套带负荷试运、168h满负荷调试优良率都达到了100%，确保锅炉水压试验、厂用受电、汽轮机扣盖、点火冲管、汽轮机冲转、整套启动、并网发电和满负荷试运行一次成功，从而保证了机组高质量地完成半年试生产并长期、安全、稳定、经济运行。

（5）分系统和系统调试实行文件包制度，要求人员落实、组织落实、措施落实。落实调试和试运组织机构、制定详细的试运操作方案、反事故措施和风险预控措施；对试运过程重大方案进行审查、讨论，要求重大操作有调试人员到场监督执行；对每个系统（分系统）的调试均须达到优良标准，对不合要求的调试试运项目进行严格整改。

（6）对现场调试过程中的问题成立攻关小组落实责任人。对重大设备的试运、机组启动、并网带负荷等重大调试项目，严格执行"条件确认书"签证确认制度。

（7）对重点问题，成立了保温、DEH、漏氢、真空严密性及液控蝶阀、等离子点火等专题攻关小组，及时解决设计、安装、调试中的一系列问题。

（8）对试运过程的质量控制。

1) 严把试运质量关，切实落实各项试运工作应具备的条件，做到不具备条件的不进行试运，试运中发生的问题及时解决，保证各分系统在试运结束后都能满足机组整套启动要求。

2) 加强过程控制，规范作业行为，做到整个调试工作不漏项、不甩项，每项工作都有记录，都经过质量验收。

3) 加强外围系统的调试工作，对外围系统和主系统同等重视。严格执行规程规范和调试措施，使每项工作都在程序控制范围内进行。

4) 调试人员要对参加试运人员进行技术交底，指导运行人员对投入的系统和设备进行操作，认真监护，发现问题及时处理，确保设备系统运转正常。调试人员在机组热态调试中，认真做好记录和试验数据的分析，高标准地完成各项指标。

(9) 加强调试资料管理，做到数据真实可信，结论明确，报告完整。

(10) 从首次蒸汽系统吹洗至168h满负荷试运质量的保证措施。

1) 加强启动前的冷态检查和预防性试验工作，尽可能提前发现设备存在的缺陷并及时进行消除，避免启动过程中出现设备及系统质量问题。

2) 机组启动前必须有周密计划，不带病启动，机组启动后，如发现影响连续运行的缺陷时，应立即形成决议停机，不能无限拖延造成设备损坏现象。

3) 热工调试人员要认真做好元器件的校验工作及联锁、保护、逻辑程序的调试工作，确保准确无误，避免因误动作造成熄火停炉，提高试运效率。

4) 在冷态时对点火装置进行冷态试验，预先进行系统清扫或检修工作。

5) 调试、运行人员应根据冷态空气动力场试验结果对锅炉燃烧进行及时调整，合理配风，并按要求及早投入自动，以保证锅炉燃烧的稳定。

6) 维修、维护人员应做好一切准备工作，将工具、备品备件、材料备齐，一旦发现缺陷应及时进行检修，需要抢修的应立即组织进行抢修。

7) 机、炉、电专业应认真做好各项静态试验，争取做到锅炉点火、汽轮机冲转、机组并网一次成功，电气、汽轮机等试验时间应合理计划，准备充分。

8) 尽早投入除氧器加热系统，提高给水温度，及时投入高压加热器，缩短冷态时间。

9) 尽早投入精处理，锅炉点火后，为确保除盐水量的供应，应及时调度并制备足够的除盐水和再生药品的准备。

10) 对于机组各种安全门的校验工作，工作之前要准备齐全各种安全门校验的专用工具，校对用的计算器、记录表格等，确保安全门校验连续、高效。

11) 机、炉、电、热、化、燃料等各专业要加强工作间的协调和联系，以防止因相互影响，造成无效等待及时间的拖延，影响试运工作的连续性。

12) 试运指挥、值长要及时安排煤、水、电、油、汽、气的供应协调工作，加强各单位及部门之间的配合，使各专业有机、完整地紧密配合；应有预见性，提前做好设备备品、备件的准备工作。

通过上述工程质量措施的控制，工程从开工至完成168h试运，未发生一般及以上安全、质量责任事故、重大环境污染事件和重大不良社会影响事件。高标准通过国家能源集团组织的达标投产复检验收，总得分率 94.051%，成为近年国家能源集团达标投产验收最高分机组。整体工程质量评价综合得分（95.02＋5）分，达到高质量等级优良工程，为创建国家优质工程奠定了坚实基础。

第四节　工程进度管理

一、工程进度管理策划

（一）总体思路

2016 年项目核准后，全力以赴推进三大主机及勘测设计招标，完成主机厂配合设计提资以及工程初步设计内、外部评审；2017 年依据确定的初设工程技术方案，完成初设收口审查、组织 EPC 总承包招标、开展五通一平及桩基工程设计及施工，同步组织三大主机厂、弹簧隔振装置及空冷岛设备制造厂与设计院就高位布置的详细工程设计方案、研究课题、数模/物模试验等，进行设计配合及讨论，多层次深入开展高位布置设计专题的优化设计，确保高位布置设计研究大纲确定的各项设计专题、子课题顺利通过院士专家、设计大师、电力规划总院等的审查确认，保障 2018 年初具备主厂房基坑开挖、工程正式开工条件。

按照上述思路，初步设计审查前，需按照已审定的汽轮发电机高位布置研究大纲确定的研究专题，组织设计院、三大主机厂，召开 3～4 次高位布置设计方案的专题配合设计协调会议，待完成设计院与主机厂的配合设计及校核计算（四大管道及空冷排汽管道应力控制、阻力核算等）工作，确认该方案下的锅炉及汽机房结构偏摆对四大管道应力及推力的影响措施可控，满足"技术风险可控"条件后才能系统地组织各专业开展工程初步设计。计划 2016 年 12 月完成初步设计内、外部审查，正式签订三大主机技术协议及采购合同；2017 年 6 月前完成 EPC 总承包招标，开展现场五通一平及桩基工程施工，2017 年 12 月前完成高位布置课题设计成果审查，具备开展司令图设计及鸣放条件。

考虑上述工程特点，三期工程将以 2017 年为分界点，先期及早确定 EPC 总包单位，以尽早开展后续配合设计并加快组织五通一平、施工生活临建设施、主厂房桩基工程开工建设，为 2018 年全面开工奠定好基础。同步严谨、充分准备工程实施条件，加快开展高位布置结构动力特性试验研究与施工图设计在进度上的良好匹配。在做好集中优化设计、施工能力准备的同时，为 2018 年 4～5 月顺利开工创造工程连续推进的良好条件，力争 2020 年底两台机组全部建成投产。为此，工程主要前期推进计划如下。

（1）2016 年 4～5 月完成勘测设计招标。

（2）2016 年 6～7 月完成三大主机招标。

（3）2016 年 7～11 月组织召开高位布置配合设计专题会议，详细确定工程初步设计方案。

（4）2016 年 12 月前完成初步设计审查。

（5）2017 年 1～3 月完成初步设计收口审查。

（6）2017 年 2～4 月上报 EPC 招标采购计划，2017 年 6～8 月完成 EPC 总承包招标。

（7）2017 年 5 月完成施工监理招标；6～7 月五通一平设计完成；8～9 月五通一平施工招标完。

（8）2017 年 7 月完成桩基工程施工招标。

（9）2017 年 8～11 月主厂房桩基工程施工。

（10）2017 年 12 月前高位布置创新设计课题研究成果通过院士专家组审查。

（11）2018 年 1～3 月高位布置创新设计课题研究成果正式向国华电力公司以及三期工程创新领导小组汇报并闭环完成。

（12）2018 年 4 月汽轮发电机组基座弹簧隔振装置数模试验完并评审完。

（13）2018 年 5 月高位布置主厂房结构物模试验/动力特性试验完成并审查完。

（14）2018 年 3～4 月主厂房基坑土方开挖施工，5 月主厂房浇筑第一罐混凝土，工程正式开工。

（15）2020 年 12 月底前两台机组完成 168h 试运，移交生产。

（二）里程碑节点进度计划及其编制原则

（1）初设完成后，进行第一批辅机设备招标；第一批设备招标完成并收到厂家资料后，设计院即可开展部分土建施工图设计（如主厂房基础、锅炉基础等）；辅机招标分八批次完成，前三批辅机（含四大管道）招标要求在主厂房开挖之前完成，钢架吊装前应完成进口阀门的招标，汽轮机低压下汽缸及基础台板安装时，最后一批辅机设备需招标完成。

（2）施工监理及设计监理招标在初步设计开始组织，确保监理参加初步设计审查工作。

（3）工程正式开工、主厂房浇筑第一罐混凝土前，设计院需提交锅炉房、汽机房基础全部施工图纸；主厂房基础出零米时，设计院须提交满足土建结构连续施工三个月的施工图。

（4）特殊消防施工招标应在主厂房基础出零米之前完成，因电控楼、集控楼上部结构施工时，特殊消防需同步施工，既要考虑特殊消防施工时对集控楼精装修的影响，又可以满足 DCS 复原调试时特殊消防投运要求。

（5）锦界三期工程地处陕北，受冬季寒冷影响，开工后的第一个冬季需考虑主厂房上部结构土建施工冬歇 4 个月，汽轮发电机安装工期相对紧张，但是锅炉钢结构吊装冬季不停工。为此，锅炉区域的施工整体进度需达到：酸洗具备蒸汽系统吹洗条件；蒸汽系统吹洗达到锅炉点火条件；锅炉点火时必须达到整套启动的条件；整套启动达到 168h 条件。此外，加快炉后及脱硫、脱硝等设施的完工进展，抢抓锅炉外围附属设施在机组整套启动前，即具备移交条件，是三期工程施工组织的重要工作。

（6）主厂房上部结构施工时，设备需求：汽轮机、锅炉、给水泵、凝结水泵、磨煤机等地脚螺栓和预埋件、预埋管需到货，满足设备基础施工要求。主厂房基础出零米后的土建冬歇期，需完成输煤钢煤斗制作，并于第二年开春土建结构复工前完成钢煤斗吊装。

（7）烟囱基础可与主厂房基础同步或晚一个月出零米，或者至少在当年入冻前完成电动提模装置的安装调试后，进入冬歇期；烟囱结顶可与主厂房砌筑封闭前或同步完成，具备较好的工程形象进度；在锅炉开始酸洗前至少一个月，烟囱需具备投运条件，满足酸洗前的烟风系统调试、锅炉冷态通风试验、锅炉首次试点火的节点条件。

（8）地下管网开工时间宜在主厂房基础出零米之后，主干管完工时间安排主厂房框架结构到顶之前完成。在汽机房上屋架安装前，应将行车梁、轨道等用履带式起重机吊装预存就位。主厂房封闭前汽机房两台行车安装调试、质检验收完。

（9）送风机室为混凝土结构，需同步与锅炉房基础出零米，以方便送风机室场地给锅炉钢架、受热面组装预留场地。待锅炉受热面吊装 2～3 个月后，再开始送风机室上部结构施工，但是需考虑烟道预存时的交叉施工影响；渣仓土建计划安排必须考虑锅炉吊装机械布置的影响，需等锅炉主体设备吊装完成后，锅炉吊装机械拆除后才能施工，这样造成渣仓土建工期非常紧张。应先施工渣仓基础回填至 0m 然后停工，渣仓土建施工计划安排时需考虑上部结构施工与渣仓安装交叉施工的影响。

（10）主厂房结构施工工期较长，不同于常规主厂房 A 列框架先行结构到顶后再开挖直接空冷岛基础土方的施工组织，需空冷岛基础与主厂房基础同步大开挖、同步出零米、同步进行上部结构施工。因此，空冷配电室和空冷变频器室基础可安排随空冷岛柱子基础同时出零米，但空冷配电室和空冷变频器室土建结构施工时要充分考虑空冷岛建筑吊车站位影响，必须合理安排施工，最晚完工时间必须满足空冷调试工期安排。

（11）因脱硫吸收塔壳体、循环泵房、烟道支架等与烟囱距离较近，需考虑烟囱外筒施工对上述脱硫设备及工期的影响，需避开交叉施工。

（12）锅炉受热面吊装前需特别注意大板梁质检，焊口需 100% 检验，吸取某工程大板梁断裂导致工期后延 8 个月的教训。此外，要特别注意钢架吊装与主厂房上部结构施工期间，机具交叉施工的影响。锅炉钢架及大板梁安装完（除少量缓装件外），梯子、平台施工完，施工通道形成需临存部件大部已就位固定，锅炉钢架安装通过质监验收合格，具备承载条件，受热面地面组合，开始吊装。

（13）锅炉水压前 10～20 天化学制出合格除盐水。因此，化水系统是第一个移交投运的项目，为便于出精品工程，工期及设备采购应及早安排。完成标准：锅炉补给水车间及附属设施的土建、机务、电气、热控全部施工完，整个流程系统导通，经分部试运验收合格，调试制出合格的除盐水，具备供水条件，制水时废水能够正常排放至工业废水池并经处理合格后回用。

（14）化学清洗完成，应同步完成输煤系统调试，钢煤斗具备进煤条件。

（15）由于三期工程主厂房结构高、体量大，主厂房结顶后必须组织足够的施工劳动力抢抓主厂房封闭，并且要求在入冬之前暖气投用。此外，除氧器应在除氧层封闭之前拖运就位，或留出吊装孔；考虑施工方便及安全，在 A 列墙留出穿排汽装置（凝汽器）上的低压加热器的吊装孔。另外，厂区、主厂房及锅炉、电除尘区域、脱硫等辅助厂房区域的浅沟浅基、工艺管道、排水等与主厂房封闭同步完成；汽机房及除氧煤仓间结构施工完，汽轮发电机基础、汽机房及煤仓间内各层平台、楼梯混凝土施工完成，汽轮机煤仓间的屋架、屋面梁、屋面板施工完，屋顶风机就位。汽机房、煤仓间砌筑、抹灰完，门窗安装完成。

（16）电控楼交安后 6 个月完成电热设备及电缆敷设施工，具备厂用受电条件（DCS复原试验完）。要注意电缆、开关柜等与厂用带电有关的设备采购及供货时间，特别是由施工单位采购的部分电缆及电源盘柜的交货时间需满足厂用受电需要。此外，厂用受电后，要马上组织进行化水、循环水、冷却水以及各辅机的单体和分系统调试需要。2019 年入冬前需电控楼封闭完，采暖投用，并在入冬前敷设完与厂用受电有关的室外电缆。厂用系统受电应尽量安排靠前，以留给电气及热控足够安装、调试时间使机组分部试运及整组启动能顺利进行。

（17）汽轮机主油箱应与低压下汽缸同时交货，及早安装，为油系统有足够的大流量油循环冲洗时间做准备。套装油管道必须严格执行工厂化加工配管、洁净化施工措施，采用氩弧焊焊接工艺，以确保油循环时间和效果，所以应在汽轮机扣盖前至少 1.5 个月即开始体外油循环。油系统的累计有效循环时间不应低于 35 天，油循环进瓦有效时间不得低于 240h。

（18）为使发电机定子四角受力均匀，按发电机厂要求在对轮复查后、二次灌浆前对发电机定子做载荷分布试验。定子就位后，相应进行定子及绕组气密性检查、定子水压、相关试验，具备汽轮机扣盖条件；汽轮机扣盖后开始发电机密封瓦安装、发电机对轮连接、端盖安装、发电机密封油系统调试，具备点火蒸汽系统吹洗条件。发电机定冷水冲洗合格后开始进行热水流试验，定子交直流耐压试验，由于发电机定冷水冲洗合格时间较长（约 1 个月），应尽早进行，以免影响热水流试验及发电机内端盖进度。定子、转子相关试验包括：定子水压、定子端部固有频率试验、电位外移试验、绕组绝缘、直阻测量、起晕试验；转子通风试验、转子交流阻抗试验。由于固有频率试验、电位外移试验、转子通风试验、热水流试验为外委试验，试验前应尽早与试验单位联系，以免影响后续安装进度。

（19）锅炉点火蒸汽系统吹洗的临时管道系统（包括管道支架）需由主体设计院按照正式施工蓝图设计，并按照审定的蒸汽系统吹洗方案完成管道系统的应力校核计算，提交校核计算报告书。锅炉点火蒸汽系统吹洗前，锅炉零米细地面抹灰完；脱硝系统需在蒸汽系统吹洗前 10 天具备通烟气条件；脱硫系统冷态调试完具备热态通烟气条件需在蒸汽系统吹洗前完成；制粉系统需在蒸汽系统吹洗前调试完。完成标准：主厂房内锅炉及中低压给水系统、一二次汽系统及相关辅机设备及系统施工完，经分部试运（除给水泵汽轮机及汽动给水泵外）验收合格，具备随时投运条件，汽轮机润滑油、抗燃油油质合格，汽轮机投盘车，锅炉煤灰系统分部试运完，具备上煤除灰条件，锅炉 FSSS 调试完，能正常投用，DCS 控制部分调试基本完。四大管道支吊架调整完，临时管道及消声器安装完，支架及膨胀检查合格，局部保温完，警戒标志设立完。点火系统试运完，锅炉点火，开始吹管。

（20）机组整套启动前 3～5 天，先锅炉点火，空冷岛热态冲洗合格后（冲洗要求固体悬浮物的含量小于 $10\mu g/L$，铁离子低于 $200\mu g/L$），直接进入整套启动调试阶段。空冷岛冲洗需要的临时水箱、水位计和临时管道已安装完毕，冬天冲洗时临时管道保温应完成。锅炉点火进行空冷岛冲洗。

（21）机组按照《火力发电厂建设工程启动试运及验收规程》（DL/T 5437—2009）规定的所有试运、启动调试、试验项目完成后，带负荷试运完，甩 50% 及 100% 负荷试验完，脱硫脱硝同步投运，完成满负荷 168h 试运，需同步达到：无尾工、无二类以上缺陷，主厂房、外围系统、厂区工程具备达标条件，热态移交试生产。

二、土建及安装阶段的进度管理

（一）明确阶段目标、加强过程控制

（1）应用 P6 软件将工程里程碑进度计划分解为一、二、三级进度，落实施工单位、工地、班组进行分级控制，使其成为全面动态管理进度的有力工具，提高进度的预警和控制能力。

（2）为加强施工进度控制，避免出现前松后紧现象，依据 P6 目标计划从 2018 年 5 月份开始每月下达月度目标考核计划，并跟踪检查完成情况，对滞后项目及时预警，要求施工单位积极采取纠偏措施，保证月度目标计划的按时完成。

（3）通过分解年度考核点、加强月度控制，保证了 2018～2020 年里程碑及年度考核点全部按时或提前完成。

（二）及时对重要节点进行风险分析

（1）定期召开月度施工进度分析会议，要求总包及施工单位编写重要节点风险分析报告，分析进度偏差发生原因，提出改进建议或措施、督促各单位实施改进建议或措施。对影响工程施工进度的图纸、设备等各种问题汇总，并上报工程进度决策指挥系统研究解决。实施周进度风险分析的管理方式。

（2）加强周风险分析，施工单位每周对人力、设备、材料、机械、施工组织、现场协调等因素进行风险分析，洞察潜在的风险，提前预控，总包、监理、业主及时协调解决存在的问题。

（3）施工过程中重点协调土建、安装等前道工序完成条件及完成计划，并争取提前交付下道工序。对交叉作业，利用作业特点，协调各方对共用部分采取错峰施工方式，提高时间利用效率。

（4）对提前到货设备，凡具备安装条件的，协调施工单位即刻开始安装，为后续工序争取时间，并为试验、消缺预留出较充裕时间。对于外委特殊试验项目，按预计时间提前 1 周通知各相关单位，便于提前准备：吊车、仪器、电源、开工作票、配合人员、道路开通等事项，保障试验及时顺利进行。

（三）建立进度计划预警机制

（1）根据各级施工计划定期对滞后进度预警，及时制定纠偏措施，保障计划按期完成。定期检查施工计划的执行情况，及时对施工进度计划进行调整，要求施工单位及时调整相应的资源，将进度计划执行情况与所需资源有机结合起来，保证工程整体目标的顺利实现。

（2）开展设备分级预警。一级预警：影响里程碑及年度考核点设备；二级预警：影响内部年度责任状节点设备。三级预警：影响月度控制节点设备。依据 P6 计划中的设备需求计划，对设备交付进度分级预警。明确催交重点，及时协调解决存在的问题。重点关注设备制造质量、运输状态、到货验收质量状态，尽可能降低设备制造质量对进度的影响。

（四）推行专项 P6 计划

（1）根据工程进度实际进展情况，对偏差等级较大的作业或控制节点，依据《P6 工程进度管理标准》要求承包商按照单项工程或单位工程在规定的时间内上报专项进度计划。

（2）紧抓关键路径管理，主厂房及锅炉房暖封闭、汽轮机本体安装、炉后脱硫及湿除区域等，制定专项计划，分解到月及周计划，同时落实各道工序所需图纸、人员、设备、机械等资源，联系设计院、厂家对施工单位进行设计交底，明确设计意图，达成统一目标，制定切实的施工顺序及计划。

三、调试阶段的进度管理

为保证各项进度考核指标按时完成，围绕年度考核节点，通过考核点风险分析，做到提前预控、及时解决，通过采取"以调试促安装进度""以设备代保管促尾工""以强化现场协调促闭环""以抓设备缺陷为重点"等几项举措，促进了各项考核节点全部提前完成。

（一）以调试促安装进度，严格把控交安标准

随着土建结构工作临近尾声，土建交安工作陆续开始，加强移交条件的监督与检查，严格执行国华电力公司《火电工程土建交付安装基本条件规定》《火电工程安装工程关键工序交接基本条件规定》《火电工程关键节点具备条件规定》等的要求，组织各专业进行现场交安条件验收确认，过程严格履行检查签证交接程序，达到节点条件检查精细化。做好土建交安装、安装交调试的监督与管理，保证高标准移交，为下道工序创造更好的条件。

从 2018 年 5 月开始，参建各单位根据调试一级网络计划，对其进行分解、细化，达到了"以调试促安装进度"的目的。

（二）以设备代保管促尾工

组织工程技术人员、生产准备人员联合监理、总包及施工单位，按照设备及系统代保管条件分专业盘点代保管范围内存在的尾工，落实完工所需要的人力、机具及完工计划，并在集控室签字闭环，完成代保管交接。

（三）以强化现场协调促闭环

成立现场决策指挥系统现场决策应在规定时间内闭环。施工单位不闭环的项目，监理、工程部专业专工可越级报告责任单位上级领导；凡业主两天内不能回复的协调事项，参建单位直接报告国华锦能公司主管领导。

（四）以抓设备缺陷为重点

（1）机组在单体试运阶段即组织成立设备消缺领导小组，下设备专业消缺作业组，专项负责设备制造、安装、调试缺陷的消除工作，为零缺陷进入 168h 试运奠定坚实的基础。

（2）机组在整套启动阶段主要围绕三个重点开展工作：严格执行《机组调试深度策划书》，每日组织召开热工自动投入碰头会，确保调试深度精细化；分系统组织盘点未完尾工及设备系统缺陷，实现尾工处理精细化、缺陷处理及时化。

第五节　工程管控难点及技术创新

三期工程将汽轮发电机布置在 65m 层，汽机房顶标高 83.7m，土建结构增高、AB 列跨度（14m）大幅减少，主厂房结构施工时超高、超大型施工脚手架分段、分层五次搭设及拆除、大型施工机械布置密集、主厂房 A 列与空冷岛混凝土结构柱同步施工、主厂房紧身封闭施工层间上下交叉，施工组织与常规布置工程均存在较大差异。汽轮发电机基座混凝土台板施工模板支护、发电机定子吊装、DN8500 空冷排汽管道安装、长距离垂直母线布置等各主、辅机设备吊装难度相对提高。各工程方案的编制、讨论、技术审核把关，均属于首次组织。机组从开工至投产的安全顺利投运，标志着高位布置设计、制造、施工、生产运维技术均得到了全面系统实践，已成为煤电创新示范的成功典范。

一、工程实施的管控难点及效果

（1）高位布置主厂房框架剪力墙施工采用新型高支模脚手架支撑加固体系。主厂房现浇钢筋混凝土楼板共九层，层间标高不同，脚手架及其混凝土模板支撑高度分别为 8.25、11、12、15.15、18.15m，均属于危险性较大的超高超大型混凝土模板支撑工程。搭设时需确保同跨内立杆纵、横间距一致、水平杆步距一致，以增大支撑体系的刚度和稳定性。框架结构混凝土浇筑按梁柱、楼板次序由中间向两边分层浇筑，保障支撑体系受力均匀，避免高大模板支撑体系失稳倾倒。高支模施工难度远高于常规大模板支撑加固措施，是高层工业厂房清水混凝土施工可复制、可推广的新型模板支撑体系。高位布置主厂房如图 12-1 所示。

图 12-1　高位布置主厂房

（2）首次成功采用 HN700 重型工字型钢梁作为高位布置汽轮发电机组弹簧隔震基座顶板混凝土浇筑的加固体系。基座顶板结构长 44.256m、宽 15.0m、厚度 3.0m、重 3000t，布置在 61.1m 的框架剪力墙上，底部以下结构与汽轮机大平台整体联合形成钢筋混凝土框架剪力墙结构，混凝土浇筑质量及顶板平整度控制严格。

（3）超前设计 Flash 三维动画模拟大件吊装全过程，采用双行车抬吊、大型履带式起重机等起重机械双抬吊、铺设专用拖运轨道作业方式，解决了高位布置发电机定子、高压缸、除氧器等大体积、大吨位设备吊装预存起吊时间长、提升距离高、吊装位置狭小等设备吊装难题。三维动画模拟大件吊装全过程如图 12-2 所示。

图 12-2　三维动画模拟大件吊装全过程

（4）创新了汽轮发电机组更加严格的轴系找中、汽缸负荷分配安装工序。汽轮机高、中、低压缸在完成常规负荷分配后，在禁止调整猫爪垫片的前提下，待大口径管道（再热管道、抽汽及低压排汽管道）与汽缸连接完成、各类弹簧（汽轮机基座隔振弹簧及高中压主汽阀及管道支吊架弹簧等）依序释放后，分别进行半实缸、全实缸负荷分配，仅通过调整相连管道支吊架进行精细调整，确保管道连接后预加载给各汽缸的负荷分配符合设计要求，汽轮机台板标高变化小于 0.22mm。通过对汽轮机安装 48 个重要验收项目、196 个质量见证点严格把关，全部一次成优，保障了机组启停顺利。两台汽轮发电机组至第一次冲转、定速、带负荷后，机组各轴承振动均在 50μm 之内，各轴承瓦温均低于 72℃，实现了机组"振动不超标，瓦温不超限"的质量控制目标。汽轮机轴系找中、汽缸负荷分配安装工序如图 12-3 所示。

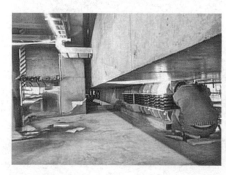

图 12-3　轴系找中、汽缸负荷分配安装工序

（5）汽轮机低压外缸与排汽装置喉部焊接应力控制工序严谨、验收把关严格。低压外缸与排汽装置喉部为刚性连接，为确保其接口受力均匀，在底部四角刚性支撑位置找平后调整排汽管道整体纵横中心线偏差在允许范围内，采用 4 台 200t 带称重液压千斤顶专用工具进行低压缸负荷分配。排汽管道焊接前采用液压千斤顶支撑，保证与

低压缸的接口间隙为2～3mm。焊口采取分区、对角焊接方式，减小接口变形及焊接应力。优先连接低压缸与排汽管道水平焊口，焊接过程中使用百分表保证低压缸撑脚位移不大于0.10mm，喉部连接完成后连接与空冷排汽三通焊口。待上述施工完成后，低压缸通流间隙精调前完成排汽装置下部恒力弹簧释放，同步缓慢释放千斤顶，监视弹簧冷态标尺在允许载荷±10％范围内。各项安装工序要求极为严谨，质量把关严格。

（6）长距离、高垂度封闭母线施工空间狭小，工艺质量控制极为严格。发电机封闭母线从布置在65m的发电机下引至6.9m层垂直高度50m，再经A列墙水平引出至主变压器。各垂直段封闭母线受相邻汽水管道布置密集影响，吊装、焊接空间十分狭小，安装过程需严格控制因自重及温度变化引起的热位移，工艺质量控制极为严格。长距离、高垂度封闭母线结构支撑体系获得国家实用新型专利。

二、绿色施工管理

开工前，依据达标创优规划优选绿色施工方法，涵盖"四节一环保"措施，编制了绿色施工总体策划、绿色施工专项方案》，各参建单位编制了绿色施工实施细则。公司引进环保和水保第三方设计、监理、检测、评估单位，完善了绿色施工保证组织体系。定期组织绿色施工培训，开展自检、联检和自评价工作，采用"智慧工地"管理方法，成功研发应用"空冷岛翅片全自动智能冲洗技术""低温烟气余热闪蒸＋浓液干燥的脱硫废水处理技术""汽轮发电机组和风机噪声控制技术""CO_2捕集技术"等节能环保创新技术，实现"四节一环保"各项限额控制指标，环境保护"三同时"配套设施同步正常投运，机组节能环保指标均优于国家规定的超低排放标准和设计值。于2021年9月获得中国电力建设工程智慧工地管理成果奖，通过环保、水保专项验收，于2022年1月以高质量等级标准通过中电建协绿色施工专项评价。

第六节 工程投资控制

投资控制是锦界三期工程建设控制的重点之一，贯穿于工程建设的全过程，在满足合理工期和质量的前提下，采取了技术与经济相结合的手段，在工程建设的各个阶段，尤其是在设计阶段和设备采购阶段对投资进行控制，将工程的整体投资把握在限额范围内，使整个工程建设的设备、材料、劳动力、机械等得到有效利用和合理组合，使工程投资得到了合理控制。

一、投资控制目标

（1）执行概算不超初设概算，结算投资额不超执行概算。
（2）若因设备材料市场价格波动导致局部投资增加，但分部分项投资额不得超过计划投资额。

二、投资控制策略

1. 系统的投资控制
本着对投资、进度、质量三大目标达到合理平衡的目的，既要力争使工程总投资估算额控制在投资限额之内，又要实现工程预定的功能、使用要求和质量标准，实现目标规划与目标控制之间的有机统一，实现三大目标控制的统一。

2. 全过程的投资控制

全过程的投资控制，是指工程设计（含初步设计）、招标、施工以及竣工验收各阶段都要进行投资控制。虽然工程建设的实际投资主要发生在施工阶段，但节约投资的重点却主要在设计和设备采购阶段，越早进行控制，成效越好。

3. 全方位的投资控制

实施全方位投资控制，包括两个方面：一是对单项单位乃至分部分项工程的投资控制；二是对总投资构成内容分解的各项费用进行控制，即对建筑、安装工程费用、设备和工器具购置费用以及工程建设其他费用的过程控制。

三、设计阶段投资控制

设计阶段是工程建设全过程投资控制的重点，设计阶段概算及施工图预算要求全面准确，力求不漏项、不留缺口，并要考虑各种价格浮动因素。设计投资控制是锦界三期工程的亮点之一，在初设及施工图阶段，开展了广泛的设计优化和投资比较与分析工作，均取得了显著的投资控制效果。

1. 初步设计阶段

主要对设计标准进行全面系统的优化，尤其对重大设计方案的反复论证优化，如：选用国产给水泵电动机代替进口设备，每台机组节约投资约 1000 万元；给水泵汽轮机上排汽直排主机空冷系统，减少投资 4300 万元，均取得了相当可观的投资控制效果。

2. 施工图设计阶段

在施工图设计阶段，对各系统具体的设计技术细节进行了详细分析，进行了大量的设计优化工作。合理确定设计方案。如：主变压器最终确定采用三相变压器，每台机设备造价较单相变压器降低约 340 万元；升压站盘柜设备布置在两个继电器室内，取消原设计网控楼，减少了控制电缆长度，降低了投资。

四、设备选型投资控制

设备选型阶段，是投资控制的另一个关键环节。

1. 合理确定进口范围

国产设备和进口设备在价格上有相当的差距，在确定进口范围时既要能保证工程的整体质量，也要控制好工程的总投资。确定进口范围时，重点是对部分可进口也可国产的设备进行选型。

2. 合理确定设备档次

同样是国产设备，在档次上也有一定的差别，其价格也有较大的差距。因此，在保证工程整体质量情况下确定合理的设备档次也是节约投资的有效途径，在进行设备投标厂商选择时选择同一档次的供货厂商，从而有效避免招标过程中的恶意竞争，使最终选定的设备具有较高的性价比。

3. 供货范围力求明确、具体

在设备招标和合同签订过程中，供货范围应明确、具体，便于厂家准确进行成本核算，从而更有利于给出合理的价格，反之，如供货范围过于笼统，则会带来诸多问题。一方面设备厂家报价时顾忌过多，报出的价格留有较大的空间，增加了设备的投资；另一方面是设备厂家报价时有缺件，给后期合同执行造成困难，设备质量无法保证。

4. 正确处理技术和价格的关系

通过各种途径全面了解投标厂家的生产实力、产品性能及业绩状况，对厂家的投标文件及报价情况进行客观的比较评价，有效地规避低价中标带来的设备风险，使最终选定的设备实现性能和价格的最优组合。

五、工程建设过程中的投资控制

1. 工程合同中工程量清单详细、施工界线明确

与设备类似，在工程招标和合同签订过程中，工程量清单必须具体、细致、明确。工程量清单按照有关计算规则和设计图纸，并充分考虑到各标段之间的联系和项目划分情况，遵循客观、公正、科学、合理的原则进行了编制；同时在编制过程中力求详尽，不漏项、不增项、不错项，条目清晰、简明，符合工程建设的实际。从而有效地避免了施工过程中的纠纷，节约了投资。

工程量清单的编制过程中，重点划清了甲、乙供材料的界线，有效地避免了施工过程中的纠纷；同时对乙供材料的质量要进行规范，避免了出现由于乙供材料质量问题而出现增加投资现象。

2. 严格审查设计图纸和施工技术方案

（1）加强技术管理，对施工图纸中的问题要求设计单位及时解决，不因图纸和技术问题而延误施工，避免造成不必要的经济损失。

（2）由懂技术、有丰富现场实践经验的专业工程师对施工单位编制的施工组织设计、重大施工方案及其他费用有关的技术方案和措施进行审核。

3. 认真审核工程量签证

（1）监理和工程部要熟知施工合同，对施工单位提出的签证要严格审查，凡在施工合同中已包含或定额范围内的内容一律不予签证。

（2）重点做好工程量签证中工程量的审核工作，避免施工单位虚报工程量使投资增加。

4. 严格控制施工质量

（1）对进场的原材料、设备及其他半成品等进行质量检验，并有完善的设备、材料管理程序，以保证材料、设备及半成品始终处于良好的质量状态。

（2）严格控制施工质量，杜绝重大质量事故，避免因质量不合格返工造成投资增加。

5. 抓好施工进度管理

（1）根据工程进度计划按时开工。材料和设备价格会随市场而波动，避免因延误开工后价格上涨而造成投资费用的增加。

（2）提高劳动生产率，做到按计划施工，避免和减轻高峰期的施工压力，减少不必要的费用支出。

6. 合理控制材料用量

材料费用在工程建设中所占比例较大，施工过程中，严格控制材料的用量，同时合理确定材料的价格。施工单位严格按合同进行施工，根据合同规定的工程量制定材料总用量和分阶段用料计划，及时掌握材料的供应情况和市场信息，适时进料，不误工程所需，并使材料价格最低。

7. 严格审查设计变更

受各种因素的影响，施工过程中的出现设计变更是在所难免的，设计变更的发生，增加了投资控制的难度。对施工过程中出现的设计变更，尤其是对重大设计变更，应严格审核，从变更的必要性、合理性、经济性等各方面进行认真分析，避免不必要的费用支出。

8. 完善结算管理体系

工程结算时，监理和工程部严格把关，规范结算手续，对手续不全或质量不合格的工程暂不予结算，限期整改；重点做好设计变更通知单和工程量签证的审核工作，严格按照设计变更通知单和工程量签证进行结算。

投资控制是经营管理的重要环节，与计划、设计、设备材料、安全、质量、进度等工程管理工作密不可分。项目建设过程中经历了环保政策升级、人工及材料价格上涨、新冠疫情影响等各种不利影响，通过投资分析定期化、合同执行规范化、结算管理专业化的"三化管理"，实现了概算、预算、结算过程管理始终受控。工程决算总投资 40.71 亿元，比集团批复可研估算 47.26 亿元降低 6.55 亿元，较批复概算 43.19 亿元降低 2.48 亿元，投资控制在同期、同类机组中处于先进水平。

第十三章

高位布置专项重大施工方案

第一节　主厂房施工组织设计

一、主厂房施工方案概述

（一）主厂房结构

汽机房长度 167.5m，总高度为 83.70m，分 10 层布置，汽轮机运转层平台以下分汽机房、煤仓间。汽机房跨度为 14m，煤仓间跨度为 12m，汽轮机运转层平台标高优化为 65m，汽轮机顺列布置，基座占用煤仓间框架上部空间，汽轮机基座布置在 61m 层，汽轮机运转层平台横跨 26m。

主厂房采用现浇框排架结构，主厂房横向由汽机房 A 排柱—汽机房屋面—B、C 排柱组成框架—剪力墙结构受力体系，纵向 A、B、C 排为框架＋剪力墙结构。

运转层以下各层框架梁与主厂房 A、B、C 轴柱为刚性连接，汽轮发电机基座顶板采用弹簧隔震基座大板结构，顶板周边与汽轮机大平台设伸缩缝，底部以下结构与主厂房结构整体联合形成钢筋混凝土框架剪力墙结构。运转层以上框架＋支撑结构。

主厂房屋面支承结构采用实腹钢梁及型钢檩条组成的有檩屋面系统，加设水平支撑。主厂房各层楼板采用 H 型钢梁—现浇钢筋混凝土板组合结构，局部采用钢格栅或花纹钢板。

汽机房大平台采用钢筋混凝土框架结构，楼板采用 H 型钢梁—现浇钢筋混凝土楼板组合结构，局部采用钢格栅。电梯井结构采用钢结构，通过水平支撑与锅炉钢架连接，以保证其侧向稳定。

煤斗采用支撑式钢结构煤斗，上部为圆形筒仓、下部为圆锥形漏斗，锥形漏斗采用厚度为 3mm 不锈钢板作为耐磨内衬。

（二）主要工程量

主要工程量见表 13-1。

表 13-1　　　　　　　　　　　主要工程量

项　　目	高位布置方案工程量
板墙（m³）	3400
框架柱混凝土（m³）	7020
框架梁混凝土（m³）	7240
现浇板（m³）	30000
楼板钢梁（t）	1900
屋面钢结构（t）	480
基座混凝土（m³）	2400
钢筋用量（t）	5470

（三）安全、质量目标

安全目标：不发生人身伤害及以上人身伤亡事故，不发生火灾事故，不发生施工机械事故。

质量目标：混凝土结构内实外光、棱角平直、埋件美观；建筑工程的单位、分部、分项工程一次合格率 100％，工程质量评价总得分 92 分及以上，达到高质量等级的优良工程。主厂房整体框架、空冷岛混凝土柱子等所有外露混凝土达到清水混凝土标准。

（四）主厂房土建结构施工进度计划

首层结构开始施工：2018 年 7 月。

主厂房结构到顶：2019 年 10 月。

二、主要施工机具配置及物料输送方案

主厂房分 A、B 两个标段施工，分别在固定端、扩建端 B-C 排之间各布置一台 20t 的塔式起重机，在主厂房 A 排外分别布置两台 6t 的塔式起重机、两台塔式布料机、两台施工电梯，用于主厂房上部结构施工。其中，主厂房布置的两台固定式塔吊采用上回转、水平臂、液压顶升自行安装塔身标准节，实现对主厂房施工区域基本全部覆盖，主要满足主厂房的钢筋、施工材料和炉前平台材料的垂直运输、主厂房的外墙封闭、楼层钢次梁、汽机房屋面系统的吊装、施工材料的垂直运输等需要。

由于主厂房结构较高，A 标段在主厂房固定端 B-C 排之间、B 标段在主厂房 A 排外 12～13 轴之间分别布置一部 SC-150 型双笼施工电梯，方便作业人员快速通行。施工电梯在主厂房 43m 结构层以下落地式外脚手架拆除后便可安装使用，在主厂房封闭前拆除。电梯最高可升至 61.1m 层。

主厂房各层混凝土结构的浇筑：35.2m 层以下采用混凝土输送泵车进行浇筑；65m 运转层以下采用混凝土拖泵与吊车吊灰斗配合方式浇筑混凝土；82.3m 以下排架采用吊车吊灰斗方式浇筑混凝土，C 排 10 轴运转层以上框架柱因 A 排外建筑吊臂长不够，故其混凝土采用 400t 履带式起重机吊灰斗方式浇筑。

主厂房周围环形道路和 B＝503.10 施工区南北向主干道路均采用永临结合的方式修建，主要道路宽度为 7m，满足机械和材料运输要求。

三、主厂房结构施工方案

（一）施工测量控制

根据测量控制基准点，用全站仪将定位中心轴线测放，弹好墨线，用红油漆做好标记。上层轴线控制则根据下层轴线控制点翻测上去。要严格控制柱的垂直度，确保框架柱层高垂直度控制在要求以内。

标高测放，由专业测量人员依据测量控制基准点用激光水准仪进行翻测，用水平仪进行抄平。埋件标高根据各层抄平的标高控制线来控制，梁底标高将各层标高控制线引至立杆上控制，混凝土的标高则通过模板上口高度来控制。

（二）施工缝留设及处理

混凝土结构水平施工缝按结构楼层标高划分见表 13-2。

表 13-2　　　　　　　　　　　　　按结构楼层标高划分

结构楼层标高	日期
第一道施工缝 6.85m 结构以下混凝土结构	2018 年 7 月 16 日至 8 月 6 日
第二道施工缝 13.15m 结构以下混凝土结构	2018 年 8 月 6 日至 9 月 1 日
第三道施工缝 20.45m 结构以下混凝土结构	2018 年 9 月 1 日至 9 月 25 日
第四道施工缝 26.45m 结构以下混凝土结构	2018 年 9 月 26 日至 10 月 20 日
第五道施工缝 35.2m 结构以下混凝土结构	2019 年 2 月 15 日至 3 月 10 日
第六道施工缝 42.95m 结构以下混凝土结构	2019 年 3 月 11 日至 4 月 5 日
第七道施工缝 47.45m 结构以下混凝土结构	2019 年 4 月 5 日至 4 月 25 日
第八道施工缝 50.45m 结构以下混凝土结构	2019 年 4 月 26 日至 5 月 15 日
第九道施工缝 61.1m 结构以下混凝土结构	2019 年 5 月 16 日至 6 月 5 日
第十道施工缝 64.95m 结构以下混凝土结构	2019 年 6 月 5 日至 7 月 25 日
第十一道施工缝 75.4m 结构以下混凝土结构	2019 年 7 月 26 日至 8 月 15 日
第十二道施工缝 82.3m 结构以下混凝土结构	2019 年 8 月 15 日至 9 月 5 日

施工缝的处理：

（1）将混凝土凿去浮灰、松动的砂石及软弱混凝土层，清理附着在预埋钢筋上的浮灰、油污及铁锈，然后绑扎钢筋。

（2）支模前将混凝土上表面清理干净，柱模板底部留清扫孔。

（3）混凝土浇筑前用水冲浇施工缝表面，并保持湿润 24h 以上。

（4）铺设 30～50mm 厚水泥砂浆一层，其配合比与混凝土内砂浆成分相同。

（5）浇筑上一层混凝土时，将下层已施工完的混凝土表面覆盖塑料薄膜，用胶带纸缠紧来防止上层混凝土砂浆污染下层混凝土表面。浇筑时设专人维护，一旦污染立即清理干净。

（三）排架支撑体系

外脚手架搭设：计划在 13.15m 以下采用落地式双排脚手架，13.15～35.2m 采用悬挑式脚手架，35.2～42.95m 采用悬挑式脚手架，42.95～60.1m 采用悬挑式脚手架，60.1～64.95m 采用悬挑式脚手架，在 64.95m 运转层平台上搭设落地式双排脚手架，完成 A、C 排排架施工。

在主厂房内部，梁、板混凝土结构下搭设满堂支撑脚手架。根据主厂房各楼层的净空高度以及工期要求，钢脚手管、扣件、顶托等材料要满足三层同时施工，在施工第四层结构时，周转第一层的材料使用。以后的施工相同。外脚手架的搭设采用单立杆，沿建（构）筑物周围连续封闭，采用密目式安全网封闭。

第二节　主厂房施工机具布置及其防碰撞措施

一、大型机械和主要施工机具配置原则

（1）遵照安全可靠、经济可行的原则，采取先进的吊装技术和工艺，尽量减少高

空作业，同时加快施工进度缩短工期的目标而布置吊机。

（2）成立专业的大型吊装机具调配组织机构，尽量提高施工机械的使用率，减少闲置时间。考虑一台施工机械能满足多个设备的吊装（一机多用），同时在时间上又能衔接好，目的是减少大型施工机械的进退场频次。

（3）安排周转频率较少的大型吊装机具，避免调配过多，影响工作效率和浪费转运时间。调增性能较好的大型施工机械吊装任务，避免因施工机械性能老化或更换零部件而浪费时间，影响施工进度、耽误工期。所有施工机械必须符合施工技术要求，施工机械的技术资料必须齐全、有效，机械使用前必须经过相关部门检验，检验合格取得有效合格证后方可使用。

二、主厂房主要施工机械的配置

两标段主厂房区域施工机具布置见表 13-3 和表 13-4。

表 13-3　　　　　　　　　五号机组主厂房的主要施工机械

序号	机械或设备名称	型号规格	数量	产地	安装位置	制造年份	额定功率（kW）	施工机械到场时间
1	履带式起重机	LR1400/1	1	德国	机动	2012	400t	2019 年 1 月
2	履带式起重机	CC1400	1	德国	机动	2012	250t	2019 年 4 月
3	履带式起重机	QUY-70	1	长沙	机动	2015	70t	2018 年 5 月
4	汽车起重机	QY50-1	1	徐工	机动	2014	50t	2018 年 6 月
5	汽车起重机	QY25-1	1	徐工	机动	2015	25t	2018 年 5 月
6	塔式起重机	TCT7032	1	长沙	主厂房固定端 B-C 排	2015	20t	2018 年 4 月
7	塔式起重机	QTZ63（TC5013）	1	山东	出厂房 A 排外	2014	6t	2018 年 4 月
8	塔式起重机	TC7052	1	中联	空冷岛侧	2018	25t	2019 年 4 月

表 13-4　　　　　　　　　六号机组主厂房主要施工机械

序号	机械或设备名称	型号规格	数量	产地	安装位置	额定功率（kW）	施工机械到场时间
1	履带式起重机	CC1500	1	德国	主厂房	275t	2019 年 6 月
2	履带式起重机	P&H7150	1	日本	机动	150t	2019 年 9 月
3	履带式起重机	KH180	1	日本	机动	50t	2019 年 4 月
4	塔式起重机	TC6515B	1	中联	主厂房 C 排	12t	2018 年 7 月
5	塔式起重机	TC5613	1	中联	A 排外	6t	2018 年 7 月
6	塔式起重机	TC7052	1	中联	空冷岛侧	25t	2018 年 9 月
7	汽车式起重机	QY50	1	中联	机动	50t	2018 年 6 月
8	汽车式起重机	QY25	1	中联	机动	25t	2018 年 6 月

主厂房主要施工机械布置如图 13-1 和图 13-2 所示。

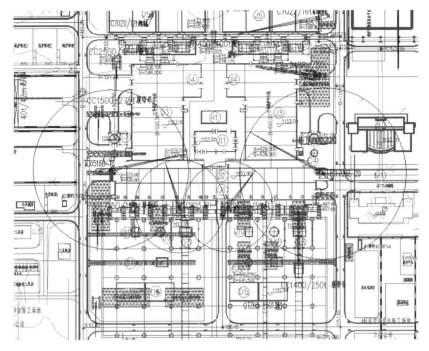

图 13-1 大型机械平面布置图

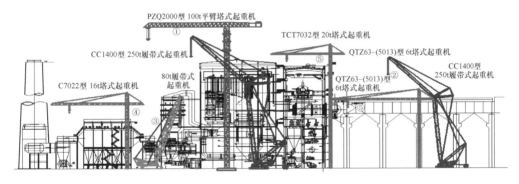

图 13-2 大型机械立面布置图

三、大型施工机具防碰撞措施

三期工程投入大型施工机械较多，围绕锅炉、主厂房及炉后集中区域密集布置，涉及履带式起重机、塔式起重机等多个机械，存在土建与安装间机械相互干涉、安装专业间机械相互干涉、塔式起重机顶升高度动态变化、履带式起重机工况改变、履带式起重机工作区域变动等多个等不利因素，给大型施工机械防碰撞管理带来挑战。为有效防范和坚决遏制重特大机械事故发生，确保工程建设"安全、高效、顺畅"推进，采取动态管理模式，制定主要措施如下。

（1）重视方案编制及评审。起吊作业严格执行内、外部评审制，重点审查：吊装钢丝绳动载系数取 1.1，不均衡系数取 1.2；拖运轨道强度必须进行校核；拖运滚杠数量要进行计算；拖运卷扬机的选用要正确；起吊吊装高度要校核等。

（2）对每一台大型施工机械安装位置、每次塔机顶升、吊装工况变化、吊车位置移动等，均需组织进行防碰撞风险辨识，及时编制或更新防碰撞技术措施。

（3）作业过程中，严格执行大型施工机械"低位让高位、快速让慢速"的基本原则。不同单位之间、不同专业之间签订防碰撞安全施工协议，建立沟通联系机制和协调原则，确保施工安全顺利进行。

（4）对作业区域交叉的塔机首先在机具布置时考虑不同施工阶段下的起吊高度及回转半径，作业过程中严密监督起重臂高度差控制在施工方案审定的范围内，确保同一区域起重臂保证足够安全距离，作业区域交叉的塔机、履带式起重机之间划定各自回转工作区域。同专业间进入交叉工作区域必须有现场施工起重总指挥协调指挥；跨专业间进入交叉工作区域必须有施工机械管理员、现场施工起重总指挥协调指挥；跨单位进入交叉工作区域必须有业主（监理）管理员、现场施工起重总指挥协调指挥。

（5）对作业交叉的全部塔式起重机安装防碰撞报警装置（报警、断电装置）；对于固定端 TCT7032 型塔机和扩建端 TC6515B-12 型塔机与 PZQ2000-100 型平头塔机、FZQ1380-63 型动臂变幅塔机以及锅炉钢结构可能碰撞的部位，增加设置临时缓冲装置。

（6）要求主厂房区域各台大型吊装机械必须安装安全监控综合管理系统，相关监控画面同步接入施工现场安全监控室。安全监控综合管理系统的主要作用：

1）能够在吊装机械临近限位装置前发出预警，使司机直观了解吊装机械工作状态，执行正确操作。

2）同时能够对吊装机械的运行数据、运行状态进行实时监控及显示，预防机械带病运行。

3）能够自动采集记录吊装机械吊重、变幅、高度、回转角度、风速变化等安全作业工况指标，便于安全可问责、事故可追溯。

4）司机在驾驶室通过监控设备的显示屏，可以实时可视化地了解塔式起重机的运行状态，与交叉作业塔式起重机位置关系，第一时间做出操作判断，提高效率、降低风险。

5）如果吊装机械在运行过程中发生超限、超载、超力矩、碰撞、进入限行区等违章或潜在危险时，监控系统会自动预警、报警甚至截断塔式起重机进行危险操作方向的电源，预防超载、超限、碰撞等安全事故的发生，保障吊装作业安全。

（7）结合现场实际使用需求，最大限度地降低回转速度，以减小塔机高速停车惯性，降低碰撞风险。对低位塔机在现有回转限位的基础上，增加回转减速限位功能，起重臂达到减速限位位置减速并同时发出报警提示。

（8）根据季节风向的不同，抗风防碰撞措施中图示反映各台塔机不同季节停放的角度；风力小于 7 级时，每台塔机下班后按要求方向停放；风力在 7~10 级时，还应结合天气预报顺风向停放。

（9）在司机室对该吊装机械的工作范围进行明确标识，保证司机知道该塔机的工作范围。

第三节　主厂房悬挑脚手架搭（拆）方案

主厂房位于锅炉房南侧、空冷平台北侧，±0.00m 相当于 1956 黄海高程

1153.00m。主厂房包括 A、B、C 列梁板柱，上部结构为多跨多层现浇钢筋混凝土框架剪力墙结构形式，楼面结构型式为钢梁—混凝土组合结构。13.65m 以下框架外侧搭设双外排落地防护用脚手架；13.65m 层以上采用搭设悬挑式脚手架，采用槽钢进行悬挑，共悬挑四次，第一次在 13.65m 层悬挑至 26.45m 层，悬挑高度为 13.3m；第二次 26.45m 层悬挑至 42.95mm 层，悬挑高度为 16.5m；第三次 42.95m 层悬挑至 64.95m 层，悬挑高度 22m；第四次 64.95m 层悬挑至 83.7m 层，悬挑高度 18.75m。采用钢管脚手管式悬挑脚手架。

一、搭设原则

（1）型钢悬挑梁采用双轴对称截面的型钢。楼板混凝土浇筑前将工字钢锚固螺栓提前预埋，楼板混凝土浇筑后，先将工字钢安装完毕，再进行楼板满堂脚手架搭设，且在搭设过程中将满堂脚手架的扫地杆紧紧贴着工字钢上表面搭设，因满堂架与悬挑架搭设模数不一，尽可能使满堂架立杆立在悬挑工字钢上，减少工字钢对拉环的反作用力，待满堂架搭设部分后再进行悬挑脚手架上部搭设。

（2）锚固型悬挑梁锚固螺栓直径为 16mm；采用冷弯成型。锚固螺栓与型钢间隙应用硬木楔楔紧；用电焊将锚固螺栓与楼板钢筋电焊，在浇筑混凝土时派专人进行预埋螺栓的看护。

（3）悬挑结构主梁型钢采用 18 号工字钢，转角部位上下层搭接处也采用 18 号工字钢；工字钢长度为 3.9m，悬挑端长度为 1.45m，悬挑钢梁固定端长度不小于悬挑段长度的 1.25 倍。

（4）为防止立杆滑移偏位，钢梁上在立杆位置焊接短钢筋头，立杆套于短钢筋头上。型钢悬挑梁悬挑端应设置能使脚手架立杆与钢梁可靠固定的定位点，定位点离悬挑梁端部不应小于 100mm。型钢悬挑梁与建筑物采用螺栓钢板连接固定，钢压板尺寸不小于 100mm×10mm（宽×厚），压板上用垫片加双帽进行紧固。

（5）在型钢悬挑梁外端宜设置钢丝绳或钢拉杆与上一层建筑结构斜拉结。设置一根钢丝绳，钢丝绳采用直径为 14mm 的钢丝绳，钢丝绳与建筑结构拉结的吊环应使用 HPB300 级钢筋，其直径不宜小于 20mm，吊环预埋锚固长度应符合现行国家标准 GB/T 50010—2020《混凝土结构设计规范》中钢筋锚固的规定。钢丝绳拉点设置在上一层结构混凝土梁上，每个工字钢都要用钢丝绳进行斜拉，间距为工字钢间距 1.35m。

（6）工字钢：将 18 号工字钢加工成每段 3.9m 长的悬挑钢梁，用于楼板等处悬挑。悬挑脚手架示意如图 13-3 所示。

（7）转角处构造楼梯转角处节点构造，在架体四周由于结构设计导致无法安装工字钢的要求在立杆底部增设一道槽钢，要求槽钢放置在悬挑工字钢上，使荷载传递至悬挑工字钢上，如图 13-4 所示。

二、材料的选用

钢管宜采用力学性能适中的 Q235A（3 号）钢，其力学性能应符合国家现行标准《碳素结构钢》（GB/T 700—2006）中 Q235A 钢的规定。钢管选用外径 48mm，壁厚 3.25mm 的焊接钢管。立杆、大横杆和斜杆的最大长度为 6m，小横杆长度 2m。扣件

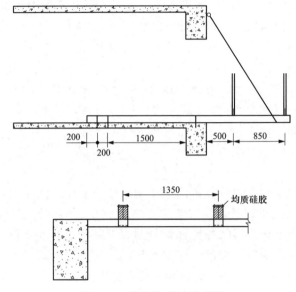

图 13-3　悬挑脚手架示意图

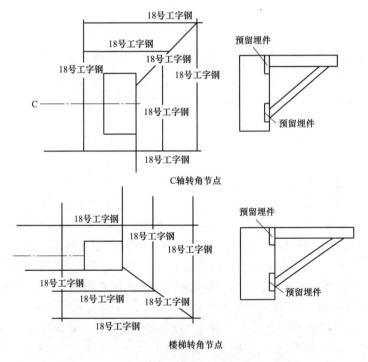

图 13-4　转角节点示意图

采用机械性能不低于 KTH330-08 的可锻铸铁制造，铸件不得有裂纹、气孔，不宜有缩松、砂眼、浇冒口残余披缝、毛刺、氧化皮等。扣件与钢管的贴合面必须严格整形，表面要进行防锈处理，应保证与钢管扣紧时接触良好，当扣件夹紧钢管时，开口处的最小距离应不小于5mm。钢管及扣件使用标准：钢管弯曲、压扁、有裂纹或严重锈蚀、扣件有脆裂、变形、滑扣的禁止使用。

三、悬挑脚手架搭设的工艺流程

水平悬挑→纵向扫地杆→立杆→横向扫地杆→小横杆→大横杆（拦腰杆）→剪刀撑→连墙件→铺脚手板→扎防护栏杆→扎安全网。

悬挑工字钢梁纵向间距为 1.35m。立杆直接支承在悬挑的支承结构上。上部脚手架立杆与支撑结构应有可靠的定位连接措施，以确保上部架体的稳定。采用在挑梁纵向钢梁上焊接 200mm 外径 ϕ25mm 的短钢筋，立杆套座其外，并同时在立杆底部设置扫地杆。

定距定位：根据构造要求在建筑物内定出悬挑构件预埋的间距及尺寸，并做出标识进行预埋，悬挑工字钢梁安装时按照脚手架设计参数定出端部内外立杆距墙面的距离，拉线以确定立杆在一条直线后固定其他悬挑梁。当脚手架操作层高出连墙件两步时，宜先外排，后立内排。其余按构造要求搭设。

四、施工方案

悬挑水平钢梁采用 18 号工字钢，建筑物外悬挑长度 1.45m，建筑物内锚固长度 2.3m，与楼板连接部位采用 16 圆钢加工成的锚固螺栓，预埋件下部落在楼板底部钢筋以下，立杆采用双立杆。采用的钢管类型为 ϕ48×3.25mm。扣件为十字扣件、旋转扣件、接头扣件。脚手架搭设立杆纵向间距 1.35m，横向间距 0.85m，步距 1.5m。连墙件三步两跨设置，采用扣件刚性连接，连墙件连接方式为单扣件。内排架距离墙 0.5m，扫地杆小横杆在下，其余小横杆在上，横杆与立杆连接方式为单扣件，小横杆除大横杆外端长度统一为 100mm。立杆底部在悬挑钢梁上焊接 ϕ25mm 短钢筋，长度 200mm，并在距悬挑工字钢上表面 200mm 处设置扫地杆。在挑出层及操作层满铺脚手板，且脚手板边缘距结构不大于 350mm，并沿两端立杆设置不小于 180mm 高的挡脚板，脚手板底部挂水平兜网，在上一层设一道水平安全网，其他作业层必须挂水平网，以防止楼上物体坠落伤人。在挑出层用模板满铺在脚手板上，避免物体掉落伤人，密目网满挂在外立杆和大横杆的内侧。

（1）立杆：起步立杆长为 6、4 和 3m（将接头错开），以后均用 6m 杆，采用对接扣件连接立杆接头，两个相邻立杆接头不能设在同步同跨内，各接头中心距主节点 ≤500mm($H/3$)，立杆必须沿其轴线搭设到顶，且超过作业层高度 1.5m，立杆的垂直偏差≤35mm。立杆与大横杆采用直角扣件连接。立杆接长在顶层、顶部采用搭接，搭接长度不应小于 1m，应等间距设置 3 个旋转扣件固定，端部扣件盖板边缘至杆端距离不应小于 100mm。

（2）纵向水平杆：纵向水平宜设置在立杆内侧，其长度不应小于 3 跨。纵向水平杆接长宜采用对接扣件连接。两根相邻纵向水平杆的接头不宜设置在同步或同跨内；不同步或不同跨两个相邻接头在水平方向错开的距离不应小于 500mm；各接头中心至最近主节点的距离不宜大于纵距的 1/3。在封闭型脚手架的同一步中，纵向水平杆应四周交圈。

（3）横向水平杆（小横杆）：主节点处必须设置一根横向水平杆，用直角扣件固定在紧靠纵向水平杆上面的立杆上，且严禁拆除。非主节点处的横向水平杆根据支撑脚手板的需要等间距设置，最大间距不应大于纵距的 1/2，横向水平杆两端用直角扣件固定在纵向水平杆的上面。在双排脚手架中，横向水平杆靠墙一端至墙面的距离不宜小于 300mm。横向水平杆在主节点处，杆端伸出扣件边缘不应小于 100mm。

（4）扫地杆：所有外架均须设置纵、横向扫地杆。纵向扫地杆悬挑梁上表面 200mm 进行安装，横向扫地杆固定在紧靠纵向扫地杆下方的立杆上。

（5）脚手板：作业层的脚手板应铺满、铺稳，应设置在三根横向水平杆上，铺设可采用对接平铺或搭接铺设。对接铺设时，接头处必须设置两根横向水平杆，脚手板外伸长度 130～150mm，两块板外伸长度的和≤300mm。当采用搭接铺设时，接头必须支在横向水平杆上，搭接长度≥200mm，其伸出横向水平杆的长度≥100mm。在拐角、斜道平台口处的脚手板，应与横向水平杆可靠连接，防止滑动。脚手板端头应用直径 3.2mm 的铁丝固定在支承杆上。

（6）连墙件：连墙杆靠近主节点设置，偏离主节点的距离不大于 300mm。从底层第一步纵向水平杆处开始设置。当搭至有连墙件的构造点时，在搭设完该处的立杆、纵向水平杆、横向水平杆后，立即设置连墙杆。如脚手架施工操作层高出 2 步时，应采取临时措施，直到上一层连墙杆搭设完后方可根据情况拆除。悬挑脚手架在每层框架梁、框架柱按照三步两跨设置连墙件，在框架梁预埋 $\phi48mm$ 钢管，在框架柱设置抱框拉结。连墙件中的连墙杆呈水平设置，当不能水平设置时，与脚手架连接的一端应下斜连接，不应采用上斜连接。

（7）剪刀撑：按规范要求设置的双排脚手架，必须在外侧立面的两端各设置一道剪刀撑，并应由底至顶连续设置，中间各道剪刀撑之间的净距不应大于 15m，见表 13-5。

表 13-5　　　　　　　　　　脚手架剪刀撑搭设数据

序号	剪刀撑斜杆与地面的倾角	剪刀撑跨越立杆的最多根数
1	45°	7
2	50°	6
3	60°	5

剪刀撑的设置应符合下列规定：

1）每道剪刀撑宽度不应小于 4 跨，并不应小于 6m，斜杆与地面的倾角宜在 45°～60°之间。每道剪刀撑跨越立杆的根数宜按表 13-5 的规定：剪刀撑跨越立杆的最多根数。

2）剪刀撑接长宜采用搭接，搭接长度不小于 1m，用 3 个旋转扣件连接，杆端距扣件盖板边缘不小于 100mm。

3）应用旋转扣件固定在与之相交的横向水平杆的伸出端或立杆上，旋转扣件中心线至主节点的距离不宜大于 150mm。

4）剪刀撑从架体端部开始设置。

5）剪刀撑应随立杆、纵向和横向水平杆同步搭设，各底层斜杆下端均必须支承在垫板上。

（8）安全防护搭设：防护用的安全网必须有产品合格证书，旧网必须有允许使用的证明书或有合格的检验记录（现场承载力合格性试验）。在每个系结点上，边绳应与支撑物（架）靠紧，并用一根独立的绳系连接，系结点沿网边均匀分布，其结点间的距离不大于 750mm。系绳结点牢固又易解，受力后不会散脱为准。不得用铁丝代替系绳。网与网连接时，相邻部分应靠紧或重叠，连接系绳的材质与网绳相同。

架体上水平网的垂直间距。双排脚手架内水平兜网的垂直布置，与木脚手板每 4 步间隔设置，并在水平网上铺设密目网。

脚手架作业层设置护身栏杆，上栏杆离基准面高度为 1200mm，中栏杆离基准面高度为 500mm，并设置一道挡脚板。

（9）钢丝绳与吊环：工程采用钢丝绳吊拉，采用直径为 $\phi 14mm$ 的钢丝绳，钢丝绳上端固定在预埋于上层楼层的 $\phi 20mm$ 吊环上，采用花篮螺栓对钢丝绳张紧度进行调节。做到所有钢丝绳拉紧程度基本相同，避免钢丝绳受力不均匀。

（10）脚手架拆除控制措施：拆除前应对脚手架进行检查，如周围有电线或其他障碍物时，必须采取措施后才能拆除。

拆除时周围应设围栏或警戒标志，禁止人员进出，并应安排专人看管，拆除顺序应先上后下，一步一清，不准上下同时作业，严禁用推倒的方法。

所有连墙杆随脚手架逐层拆除，严禁先将连墙杆和卸荷杆件整层或数层拆除后再拆脚手架。分段拆除高低差不大于 2 步，如高差大于 2 步时增设连墙杆加固。

当脚手架拆至下部最后一根长钢管的高度时，应先在适当位置搭临时抛撑加固，后拆连墙杆件和卸荷杆件。

拆除架子时，地面要有专人指挥，上下呼应，动作协调，当松开与别人有关的接结点时应先告知对方，以防坠落。

随拆随运随清，禁止往下乱扔脚手架料具。材料及工具要用滑轮和绳索运送。

第四节　主厂房高支模施工方案

主厂房结构总高度 83.7m，共 9 层楼板结构，共分为 10 层，分别为 6.85m 层、13.65m 层、20.25m 层、26.98m 层、35.25m 层、42.95m 层、50.45m 层、61.10m 层、64.95m 层。吊车梁顶标高 78.7m，屋顶标高 83.7m。东西方向轴线总长度为 73.00m，8 排框架柱，自东向西依次为 10a～17 轴线，除了 12～13 轴线间距为 12.00m、13～14 轴线间距为 11.00m 外，其余跨轴线间距均为 10.00m。南北方向轴线总长度为 26m，3 列框架柱,从南向北依次为 A 轴、B 轴、C 轴,AB 轴线间距为 14.00m,B-C 轴线间距为 12.00m。根据主厂房框架图纸,A 排框架柱大小为 800mm×1800mm,B 排框架柱大小为 900mm×2000mm,C 排框架柱大小为 800mm×1800mm。

一、高支模区域

主厂房模板 B-C 轴标高 0～13.65m 处模板支撑高度达到 12m 左右,梁截面尺寸为 600mm×1400mm,支模最大跨度为 14m。

B-C 轴标高 13.65～26.81m 处模板支撑高度达到 11m 左右,梁截面尺寸为 700mm×2600mm,支模最大跨度为 12m。

A-B 轴标高 26.81～35.2m 处模板支撑高度达到 8.25m 左右,梁截面尺寸为 600mm×1600mm,支模最大跨度为 12m。

A-B 列 50.45～61.315m 模板支撑高度达到 11m 左右,梁截面尺寸为 800mm×3000mm,支模最大跨度为 14m。

A-B 列 42.95～61.315m 模板支撑高度达到 15.15m 左右,梁截面尺寸为 800mm×3000mm,支模最大跨度为 12m。

A 列及 B 列 64.95～76.4m 模板支撑高度 10.45m,梁截面尺寸为 300mm×1100mm,支模最大跨度为 12m。

二、搭设原则

在保障安全可靠的前提下,梁与板整体支撑体系设计的一般原则是:确保同步内水平杆步距要一致,搭设统一;同跨内立杆纵或横距一致,纵横向水平杆件拉通设置;架体构造要求按规范设置,保证整体刚度和稳定性。

三、材料的选用

钢管宜采用力学性能适中的 Q235A(3 号)钢,其力学性能应符合国家现行标准《碳素结构钢》(GB/T 700—2006)中 Q235A 钢的规定。钢管选用外径 ϕ48mm。立杆、大横杆和斜杆的最大长度为 6m,小横杆长度 2m。扣件采用机械性能不低于 KTH330-08 的可锻铸铁制造,铸件不得有裂纹、气孔,不宜有缩松、砂眼、浇冒口残余披缝,毛刺、氧化皮等。扣件与钢管的贴合面必须严格整形,表面要进行防锈处理,应保证与钢管扣紧时接触良好,当扣件夹紧钢管时,开口处的最小距离应不小于 5mm。钢管及扣件使用标准:钢管弯曲、压扁、有裂纹或严重锈蚀、扣件有脆裂、变形、滑扣的禁止使用。

四、施工顺序

测量放线确定各立杆的位置→先从 1 轴位置开始搭设支模架→斜撑随进度跟上→搭设好整个支撑系统→支撑系统验收(检查扣件情况)→验收合格后铺设梁、板模板→模板验收→绑扎钢筋→总体验收→浇注混凝土。

五、支模架搭设方案

测量放线确定各立杆的位置，自角部起，由一端向周边延伸，依次向四边竖立立杆，固定立杆前校核立杆的垂直度，根据竖立立杆的进度，搭设第一步纵、横向水平杆与立杆扣接固定，校核立杆和水平杆符合要求后，按 $40\sim65N\cdot m$ 力矩用扳手拧紧扣件螺栓，每隔 $6\sim8m$ 设置支设一根抛撑，按上述要求依次延伸搭设，直至第一步架完成，再搭设纵、横水平扫地杆，再全面检查一遍架体质量，确保架体质量要求后再进行第二步水平杆搭设，随后按搭设进程及时搭设梁侧竖向斜撑、中间梁底加固的竖向斜撑，搭设梁底、板底水平杆时，严格控制标高，梁底、板底水平杆与立杆连接采用扣件，设置与柱、框架梁的拉结构造措施，搭设好整个支撑系统，检查扣件是否拧紧扣紧。

（1）水平杆：每步纵横向水平杆双向拉通。水平杆件接长采用对接扣件连接，对接扣件交错布置，两根相邻水平杆的接头不得在同步内，不同步内的两个相隔接头在水平方向错开的距离不宜小于 500mm，各接头中心在主节点的距离不大于步距的 1/3，水平对接接头位置要求如图 13-5 所示。

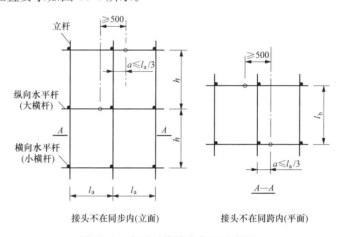

图 13-5　水平对接接头位置示意图

对于承重水平杆，采用搭接连接，连接长度为 1m，采用 3 个扣件扣牢。对于柱位置立杆不能拉通的，在柱位置处断开，外加一根长度大于 3 跨的水平杆连通。

（2）立杆：立杆各步接头采用对接扣件连接。对接应符合下列规定：立杆上的对接扣件交错布置；两根相邻立杆的接头不得设置在同步内；同步内隔一根立杆的两个相隔接头在纵向方向错开的距离不小于 500mm；各接头中心在主节点的距离不大于步距的 1/3，具体如图 13-6 所示。

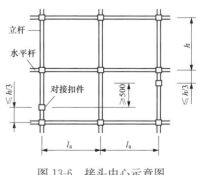

图 13-6　接头中心示意图

立杆与大横杆必须用直角扣件扣紧，不得隔步设置或遗漏。立杆的垂直度偏差应不大于 35mm。摆放扫地杆、竖立杆。脚手架必须设置纵、横向扫地杆，扫地杆距离地面 200mm。

（3）扫地杆：纵向扫地杆应采用直角扣件固定在距底座上皮不大于 200mm 处的立杆的内侧，横向扫地杆也应采用直角扣件固定在紧靠纵向扫地杆下方的立杆上。竖立杆时，将立杆插入扣件中。要先里排后外排，先两端后中间。在立杆与纵向水平杆扣住后，按横向水平杆的间距要求，将横向水平杆与纵向水平杆连接扣牢，然后绑上临时抛撑。

（4）大小横杆：大小横杆的接长位置应错开布置在不同的立杆纵距中，脚手架的立杆与大横杆交点处必须设置小横杆，并紧固在大横杆上。相邻步架的大横杆应错开布置在立杆的里侧和外侧。

（5）小横杆：贴近立杆布置，搭于大横杆之上并用直角扣件扣紧，无论在任何情况下，均不得拆除作为基本构架结构杆件的小横杆。杆件接头交错布置，两根相邻杆件接头不得设置在同步或同跨内，接头位置错开距离不小于 500mm，各接头中心至主节点的距离不大于纵距的 1/3。

（6）满堂架搭设：楼板底满堂支撑架第一步扫地杆从地面起来 200mm，步距为 1500mm，立杆纵向间距为 1000mm，立杆横向间距为 1000mm。

满堂架横杆搭设：大横杆应水平连续设置，横向大横杆置于纵向大横杆之下，扣件与立柱扣紧；钢管长度不应小于 3 跨，接头宜采用对接扣件连接，其接头应交错布置，两根相邻纵或横向水平杆的接头不应在同步同跨内，上下两个相邻接头应错开一跨，其错开的水平距离不应小于 500mm，各接头距立柱的距离不大于 500mm，各接头中心至主节点的距离不大于纵距的 1/3。当水平管采用搭接时，其搭接长度不应小于 1000mm，不少于 2 个旋转扣件固定，其固定的间距不应少于 400mm，相邻扣件中心至杆端的距离不应小于 150mm。

（7）斜撑：满堂脚手架在架体内部纵横向每 6m 由底至顶设置连续竖向斜撑，当架体搭设高度超过 8m 时，在架体底部、顶部及竖向间隔不超过 8m 分别设置连续水平剪刀撑，水平剪刀撑宜在竖向斜撑斜杆相交平面设置，斜撑宽度为 6~8m。侧周围应设置由上至下的竖向连续式剪刀撑，斜撑由底至顶连续设置。斜杆与地面夹角为 45°~60°，斜撑应沿架高连续布置，斜撑的斜杆两端用旋转扣件与脚手架的立杆或大横杆扣紧外，在其中间应增加 2~4 个扣紧点。斜撑、横向支撑应随立杆、大、小横杆同步搭设，中间搭接处、错开搭接、搭接长度不小于 1000mm，两头让出 100mm 用 3 个旋转扣件均匀分开扣紧。

斜撑杆件接长可采用搭接或对接，斜杆与立杆交结点必须设扣件连接。

（8）与结构的拉结设置（连墙件）：连墙件主要使用钢管抱柱子形式，连墙件宜靠近主接点设置，偏离主接点的距离不应大于 300mm；采用三步三跨进行设置，连墙件中的连墙杆宜呈水平放置，当不能水平放置时，与脚手架连接的一端应下斜连接，不应采用上斜连接；连墙件必须采用可承受拉力和压力的构造。脚手架下部暂不能设连墙件时要搭设抛撑。抛撑应采用通长杆件与脚手架可靠连接，与地面的倾角应在 45°~60°，连接点中心至主接点的距离不应大于 300mm，抛撑应在连墙件搭设后方可拆除；

装设连墙件或其他撑拉杆件时，应注意掌握撑拉的松紧程序，避免引起杆件和整架的显著变形。

待柱混凝土强度达到75%后，支撑系统采用水平杆利用柱为连接连墙件，柱箍在底部设置一个，中间隔步设置一个，柱箍做法见图13-7。

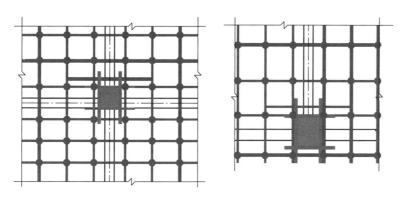

图 13-7　柱箍做法示意图

在联系梁处设置抱箍，每跨设置一个和支模架系统联结，抱箍做法见图13-8。

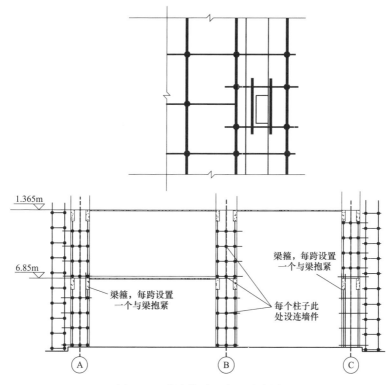

图 13-8　连墙件平面布置示意图

（9）脚手架拆除控制措施。拆除前应对脚手架进行检查，如周围有电线或其他障碍物时，必须采取措施后才能拆除。拆除时周围应设围栏或警戒标志，禁止人员进出，并应安排专人看护，拆除顺序应先上后下，一步一清，不准上下同时作业，严禁用推倒的方法。

所有连墙杆随脚手架逐层拆除，严禁先将连墙杆和卸荷杆件整层或数层拆除后再拆脚手架。分段拆除高低差不大于 2 步，如高差大于 2 步时增设连墙杆加固。

拆除架子时，地面要有专人指挥，上下呼应，动作协调，当松开与别人有关的接结点时应先告知对方，以防坠落。随拆随运随清，禁止往下乱扔脚手架料具。材料及工具要用滑轮和绳索运送。

第五节　汽轮发电机组基座支撑方案

汽轮发电机组作为火力发电厂的核心设备，其基础的重要性不言而喻，项目首次成功采用 HN700 重型工字型钢梁作为高位布置汽轮发电机组弹簧隔震基座顶板混凝土浇筑的加固体系。

一、施工的难点和关键点

汽轮机基座是火力发电厂建设过程中结构最复杂、施工难度最大、施工验收精度要求最高的钢筋混凝土现浇结构，汽轮发电机基座采用弹簧隔震大板结构，周边与汽轮机大平台设伸缩缝，布置在主厂房 61.1m 层 3m、2.8m 高的混凝土梁，与主厂房结构整体联合形成钢筋混凝土框架剪力墙结构。施工中的难点和关键点是汽轮机基座采用高位布置，与现有常规火电汽轮机基座结构形式不同，65m 层为汽机房运转层，汽轮机顺列布置，占用煤仓框架上部空间。汽轮机基座质量大，汽轮机基座总长度为 44.45m，宽度为 15、10.6m；高压缸进汽中心线至中压缸进气中心线间距为 7.393m，中压缸进气中心线至低压缸进气中心线间距为 9.48m，低压缸进气中心线至发电机中心线间距为 11.521m；混凝土总量约为 1200m³，现浇混凝土楼板不能作为底部支撑，无法使用钢脚手管作为底模支撑，所以采用型钢作为支撑系统。

二、总体施工安排

为了避免大面积地与主厂房 A、C 排排架施工交叉作业，汽轮机基座的施工安排在主厂房上部 65m 结构完成以后再进行弹簧隔振器、HM600、HN700、HM300 型钢的布置。同时，61m 结构层满膛支撑脚手架在结构施工完毕后，基座下部脚手架先不拆除，作为基座型钢支撑及模板安装操作脚手架保留，待模板安装完成后拆除。

三、施工顺序

测量放线及高程点控制→弹簧减振器安装→型钢支撑架搭设→平台梁底模铺设→平台梁底埋件安装、固定→平台梁钢筋绑扎→螺栓、套筒及埋件固定架安装→螺栓、套筒及预埋件安装、定位→检查验收→平台梁侧模板施工检查验收→平台梁混凝土浇筑→拆模→养护及收尾工作→交安前验收→进入整体移交前沉降观测。

四、基座施工技术措施

（一）弹簧隔振器的安装和就位

对弹簧隔振器的标高控制点采用每层引测的 3 处标高控制点校核后取其平均值作为该层的抄平基准，清理干净梁顶预埋铁件上的混凝土等杂物，梁顶面支撑区内的高度差不得超过 2mm。按照安装图纸的要求，在梁顶预埋铁件上标记弹簧隔振器的纵横中心线，各装置轴线标记延伸到框架梁顶边缘或侧面，以便于设备就位后进行找正。在支好的汽轮机基座平台大梁的底模上，弹簧隔振器顶面预埋铁件的位置，按对应预埋件的大小留设预留孔。弹簧隔振器上部的预埋铁件安装完毕后，即可进行汽轮机基座结构的施工。施工时，注意不得对设备造成移位和撞击，并注意不能损伤包裹的塑料薄膜。

（二）支撑系统及 H 型钢梁支撑平台安装

支撑系统将采用型钢加顶托形式。经验算，整个汽轮机区域 10m 跨采用 HM600（顶标高 61.936m），11m、12m 跨采用 HN700（顶标高 61.936m），型钢与型钢之间，沿 HM600、HN700 跨度方向上每隔 2m 用 10 号槽钢连接，槽钢的腰在型钢腹板中间位置与型钢腹板焊接，双面焊，焊角尺寸 8mm，用来保证型钢框架的整体稳定性和强度、刚度要求。

其余轴线孔洞处采用 HN700 与 HM300 相组合的方式进行布置，HN700 与 HM300 之间点焊用来保证型钢框架的整体稳定性。

支撑梁铺好后，在支撑梁上铺设钢管，钢管壁厚 3.25mm，间距 200mm，作为基座底模的背楞，钢管上铺设 15mm 厚木模板，作为汽轮机基座底模。

对于无型钢支撑的部位（61.1m 层框架梁顶部位），采用钢管脚手架进行支撑，钢管壁厚 3.25mm。将钢管裁切至 600mm 高，在 61.1m 层梁顶搭设 3 排立杆，立杆沿 61.1m 层大梁方向间距 500mm。在立杆底部和顶部纵横向加水平杆。对于 61.1m 大梁上一半有型钢，一半无型钢的，无型钢部位采用 HN700 与 HM300 立放做成的钢支墩，钢支墩间距为 400mm，型钢与型钢之间焊接，焊角尺寸 8mm。基座板厚 3500mm 位置处在梁底用混凝土找平 38mm 厚，再放置 HM300 保证顶标高为 61.436m。

支撑钢梁布置，如图 13-9～图 13-16 所示。

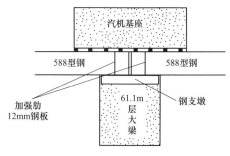

图 13-9　梁顶两根均为 588 型钢节点示意图

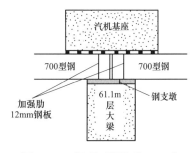

图 13-10　梁顶两根均为 700 型
钢节点示意图

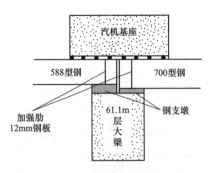

图 13-11　一根为 588 一根为 700
型钢节点示意图

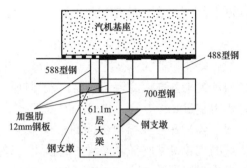

图 13-12　5 轴混凝土横梁节点示意图

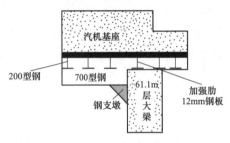

图 13-13　4 轴混凝土横梁节点示意图

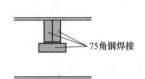

图 13-14　钢梁与钢梁焊接节点示意图

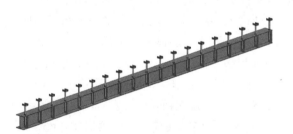

图 13-15　型钢支撑示意图

图 13-16　加固支撑体系

第六节 大件吊装专项方案

一、发电机定子吊装方案

发电机定子由哈尔滨电机厂有限责任公司生产制造，运输质量 290t（包含底脚和吊攀），定子长 10350mm，运输时净高 4173mm，最大宽度 3990mm，定子筒身直径 3800mm。垫盘横向中心间距 4627mm，纵向间距 2821mm。

发电机定子布置于汽机房 65m 运转层，汽轮发电机组中心线（定子纵向中心线）与主厂房 B 排中心线重合。

（一）施工方案

发电机定子使用厂家的平板拖车运抵施工现场，从 A 排 8～9 轴线间的吊装口进入汽机房。

定子吊装选用汽机房内布置的两台 170/35T-24.5m 型桥式起重机并联方式，两台行车 170t 大钩抬吊定子吊装专用工具 9.85m "C 梁"（重 13.45t），其下挂 600t 转向大钩一只（重 8.67t），将定子抬吊就位。

将定子吊运至发电机基础处，缓慢落钩，将发电机定子放在基础台板上，吊装工作结束。

（二）计算与校核

1. 起吊重量校核

发电机定子重 290t，9.85m "C 梁"重 13.45t，600t 转向大钩重 8.67t，ϕ108mm 圈绳重 2.34t，单台行车额定起重量 170t，则起吊负荷率为：$(290+13.45+8.67+2.34)/(2\times170)=92.5\%$，满足起吊要求。

2. 起吊钢丝绳长度校核

（1）如图 13-17 所示，钢丝绳选用（6×61+IWR）ϕ108mm×24m 圈绳一对，8 股起吊。B、C、D、E 四点为定子吊耳，吊耳宽 300mm，吊装转向大钩宽 200mm。BC 为纵向距离，CD 为横向距离，AO 为钢丝绳吊点距定子吊耳垂直距离。

$$\{24-[(3.14\times0.3)+0.2\times2]\}\div4\approx\{24-[(3.14\times0.3)+0.2\times2]\}\div4$$
$$\approx5.665\text{m}$$

（2）钢丝绳单边长度 $AB=AC=AE=AD=\sqrt{AB^2-\left(\dfrac{ED^2+DC^2}{2}\right)}\approx4.975\text{m}$

（3）钢丝绳吊点距定子吊耳垂直距离 $AO=\sqrt{AC^2-OC^2}=\sqrt{AC^2-\dfrac{1}{2}CE^2}$

3. 起吊 9.85m "C 梁"钢丝绳安全校核

（1）钢丝绳选用（6×61+IWR）ϕ108mm×5m 圈绳 1 对，8 股绳受力。

（2）根据上海昊卿钢绳锁具有限公司出具的 ϕ108mm×5m 圈绳的质量证明书可知，钢丝绳的公称抗拉强度为 1870kN，每股钢丝绳最小破断拉力为 6320kN，6320÷9.8≈644.89t。

（3）发电机定子及起吊工具总重为 314.46t（定子重 290t、9.85m "C 梁"重

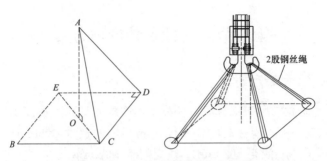

图 13-17　起吊钢丝绳悬挂示意图

13.45t、600t 转向大钩重 8.67t、ϕ108mm 圈绳重 2.34t)。单股钢丝绳拉力：314.46÷8＝39.31t，钢丝绳垂直受力无夹角。安全系数：$k=S_p/F$，吊装发电机定子时：644.89÷39.31t≈16.41，安全系数大于规程要求的 6～8 倍，满足吊装要求。

4. 起吊定子钢丝绳安全系数校核

(1) 钢丝绳选用 (6×61＋IWR)ϕ108mm×24m 圈绳 1 对，8 股绳受力。根据上海昊卿钢绳锁具有限公司出具的 ϕ108mm×24m 圈绳的质量证明书可知，钢丝绳的公称抗拉强度为 1870kN，每股钢丝绳最小破断拉力为 6320kN，6320÷9.8≈644.89t。

(2) 钢丝绳与竖直方向夹角∠α＝arccos(4.688÷5.665)＝34.1°，如图 13-18 所示。

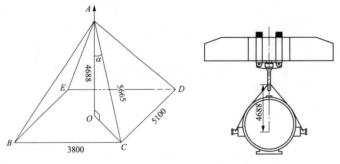

图 13-18　起吊钢丝绳长度示意图

(3) 吊攀距离定子顶部距离为 1900m；转向大钩至定子顶部距离为 4688－1900＝2788mm。不会与定子相碰，所以钢丝绳吊挂可行。

(4) 发电机定子及钢丝绳总重为 292.34t。单股钢丝绳拉力：F＝292.34÷8÷cosα≈40.6t。钢丝绳安全系数：$k=S_p/F$＝644.89÷40.6t≈15.88，安全系数大于规程要求的 6～8 倍，满足吊装要求。

5. 起升高度校核

(1) 行车大钩最大起升高度为 7.63m；运转层标高为 65m；定子吊耳至定子底部垂直距离为 2.085m；9.85m "C 梁" 底端至定子吊耳垂直距离为 3.700m；行车吊钩起吊 9.85m "C 梁" 选用 (6×61＋IWR)ϕ108×5m 圈绳 1 对，8 股绳受力，垂直受力无夹角，至 9.85m "C 梁" 底端垂直距离为 3.930m。

(2) 计算得出发电机定子实际起吊高度为 76.3－2.085－3.7－3.93＝66.585(m)，起吊余量为 66.585－65＝1.585(m)，如图 13-19 所示。

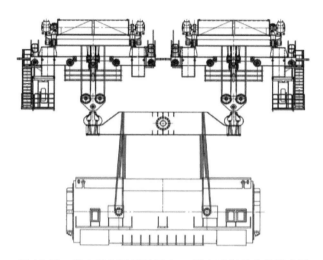

图 13-19　发电机定子吊运至 65m 平台后起吊余量示意图

6. 行车轮压校核

单台行车自重为 107t，发电机定子及起吊工具总重为 314.46t，单台行车载荷为 $Q=107+314.46/2=264.23t$。

本次吊装采用 2 台行车通过定子吊装专用工具抬吊发电机定子，起吊过程中载荷平均分配到 2 台行车，2 台行车各有 8 只车轮，起吊时行车中心距离 A 排 5400mm，A-C 排跨距 26000mm，因此 2 台行车均为 A 排侧的 4 只车轮载荷最大，单台行车 A 排侧载荷：N 行车 A＝Q×(26000－5400)/26000＝209.35t。每只车轮承担的重量为：N 车轮＝N 行车 A/4＝209.35/4＝52.34t，小于行车的最大轮压 55t，本次吊装行车轮压满足要求。

根据桥式起重机技术协议，行车的最大轮压为 55t，故行车轮压满足吊装要求。

（三）作业程序及施工方法步骤

超前设计 Flash 三维动画模拟吊装全过程，推演吊装过程中的各种细节，提前解决可能会出现的问题，确保发电机定子吊装全过程受控，如图 13-20 所示。

图 13-20　三维动画模拟吊装全过程

1. 作业程序

吊装前准备→行车并车并起吊抬吊专用工具→发电机定子运至主厂房内→起吊后运输车开至厂外→向扩建端行走行车→将发电机定子旋转 90°后放至地面→拆出 600t 钩

头及其钢丝绳→将整圈绳挂起吊大梁上生钩→继续起吊将发电机定子起吊超过 6 号汽机房运转层平台→向固定端移动行车→将发电机定子平移至发电机基础台板上方→缓慢回落发电机定子→将发电机定子就位于发电机基础台板上→发电机定子吊装至此完成，拆除起吊工具。

2. 施工方法步骤

(1) 吊装前准备。

1) 行车并车：5 号机和 6 号机行车，拆除两行车内侧的缓冲器、防碰撞限位装置。5 号机、6 号机行车低速操作相向而行，当两车间距为 8800mm 时，两台行车停止移动，在两台行车两端的接触处上方各焊接一根槽钢并用高强度螺栓连接，将两台行车连成一个整体。然后再将两台行车的操作系统按行车厂家提供的并车电气图进行电气改造以实现联动。两行车并车示意如图 13-21 所示。

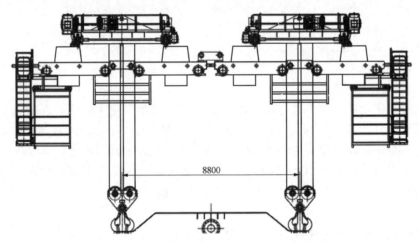

8800

图 13-21　两行车并车示意图

2) 厂家确认，两台行车并联完成，能够满足发电机定子吊装要求。

3) 钢丝绳悬挂：在汽机房 65m 平台组装定子起吊梁，起吊 9.85m "C 梁" 用无接头钢丝绳（圈绳 ϕ108mm×5m）1 对，在 9.85m "C 梁" 下挂 600t 转向大钩。起升行车，将起吊定子用无接头钢丝绳（圈绳 ϕ108mm×24m）1 对挂在 600t 转向大钩上。吊装梁组合如图 13-22 所示。

(2) 发电机定子吊装。

1) 清理汽机房 8～9 轴柱间的通道，将运输通道平整压实，定子运输车最大宽度为 4600mm，将定子运输车缓慢倒车进入汽机房零米时靠 9 轴柱侧的间距保持 400mm（9 轴柱宽度 800mm，即到 9 轴柱中心距离为 800mm），当定子靠 A 排侧距离 A 排中心线 2500mm（此位置起吊定子不会受到 6.9m 层平台阻挡）停车。

2) 同时移动两台行车，使起吊梁位于定子正上方，此时定子起吊梁靠 8 轴柱侧间距保持 1500mm（8 轴柱宽度 800mm，即到 8 轴柱中心间距 1900mm）。将无接头钢丝绳（圈绳 ϕ108×24m）挂在 600t 转向大钩上，下端挂到定子吊耳上。

3) 缓慢起钩，将定子吊离运输车约 100mm 时，静止悬挂 10min 左右，检查有无

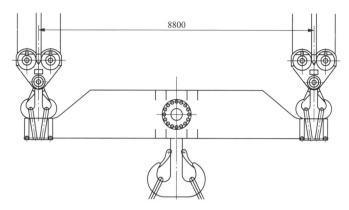

图 13-22　吊装梁组合示意图

异常现象。缓慢起吊和回钩 2～3 次，并试抱闸，确认行车无异常现象后，两台行车同时向扩建端行走，待定子移出运输车范围后，运输车开走。

4）起吊定子前，测量桥式起重机主梁挠度，确认正常后方可起吊。定子上升过程中要监测倾斜角度和位置变化。吊装过程中设专人监测桥式起重机挠度变化，定子落到台板就位后，测量桥式起重机主梁挠度并核对其恢复情况。

5）挠度的测量：在 65m 平台架设地水平仪，起吊前在机组纵向中心线正上方的行车大梁上垂直向下拉盘尺，地质水平仪记录读数，标记大梁上向下拉盘尺的位置，吊起定子静止悬挂时再次测量读数并记录，定子到位落在台板后再次测量读数，比较所得数据可知挠度恢复情况。

6）在定子起吊之前应在定子四角绑 ϕ20mm 麻绳，防止吊装过程旋转。

7）运输车开走后，两台行车同时继续向扩建端行走，待满足将定子旋转 90° 后，使定子纵向方向与基础纵向方向一致，回落发电机定子至地面，解除 600t 转向大钩。

8）将无接头钢丝绳（圈绳 ϕ108mm×24m）挂在 9.85m "C 梁"上，下端挂到定子吊耳上。重新起吊定子，将定子缓慢起吊至超出 65m 层后（定子底部标高大于 65m），两行车均匀慢速向发电机基础平台方向行走。

9）在发电机基础处有专人测量基础和定子的中心位置，两个中心基本重合时，缓慢回落吊钩，使定子平稳回落基础板（台板）上。

10）待定子落稳后，将无接头钢丝绳（圈绳 ϕ108mm×24m）从定子的吊点上摘除，完成发电机定子吊装工作。

二、除氧器吊装方案（高、低压加热器，凝结水箱等主厂房各层大件吊装及拖运方式与除氧器吊装基本一致）

三期工程除氧器为武汉大方机电股份有限公司生产的 DFST-2300.235/188 型内置卧式除氧器，两侧为滑动支座，中间一个固定支架，外形尺寸（直径×长度）：4056mm×25936mm。

除氧器净重 95.8t；滑动支座 2 个，每个 1.6t，共 3.2t；固定支座 1 个，1.2t；ϕ56 钢丝绳 72m 重约 0.85t。吊装总重约 102t。

除氧器布置在主厂房 A-B 间 27m 层。

（一）施工方案

根据主厂房结构，除氧器需要从主厂房端部穿装，端部需预留足够的孔位。

将除氧器运输车辆沿主厂房固定端厂区道路停靠在距吊车作业半径 8m 处，使用 CC2000（260t）履带式起重机和 QUY260（260t）履带式起重机将除氧器抬吊至 27m 层，放置在使用 HM588×300×12×20 型钢制作成整体结构的拖运专用轨道，利用布置在 27m 层的一台 5t 牵引卷扬机，将放置在 4 台 60t 重物移运器上的除氧器拖运就位，再使用 4 台 50t 液压千斤顶将除氧器顶起，拆除拖运轨道，回落同时操作 4 台千斤顶，使除氧器平稳落在支座上，吊装工作结束。

（二）计算与校核

1. 卸车

使用 260t 履带式起重机直接起吊，主臂 44m，额定 110t；除氧器质量 95.821t，钢丝绳质量 0.85t，总重约 98t；负荷率 89%，满足要求。

除氧器起吊时 4 点受力，平均分配负荷，即单点受力为：$G=98/4=24.5t$，钢丝绳缠绕位置为距中心 3700mm 处，如图 13-23 所示。

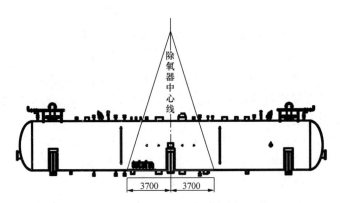

图 13-23　卸车时钢丝绳位置示意图

单根钢丝绳长度：36m，受力：$\cos26.6°=9.8G/F$，$F=268.52kN$。

钢丝绳从除氧器本体上缠绕一圈后引出，一端绳头穿过吊钩与另一端绳头用 35t 卸扣连接。

选用 $\phi56$ 的 6×37+FC（纤维芯），抗拉强度为 1770MPa 的钢丝绳，最小破断拉力为 1830kN，则钢丝绳的安全系数为 1830/268.52=6.2 倍，安全可以选用。

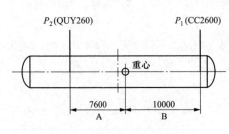

图 13-24　除氧器吊装吊点图示

2. 双车抬吊

CC2600（260t）履带式起重机和 QUY260（260t）履带式起重机起吊位置如图 13-24 所示（钢丝绳从除氧器本体上缠绕一圈后引出，一端绳头穿过吊钩与另一端绳头用 35t 卸扣连接）：CC2600（260t）履带式起重机抬后端（RB），主臂 56m，作业时最大半径 10m 到 16m，荷重为 86t 到 67t，吊点距除氧器重心 10m，$P_1=(GB)/(A+B)$ 负荷率最大为

44.04/67＝65％。QUY260(260t) 履带式起重机抬前端，主臂 54m，作业时最大半径为 14m，荷重 92.7t，吊点距除氧器重心 7.6m，$P_2＝(GA)/(A+B)$ 负荷率为 57.95/92.7＝62.5％。

起吊过程中 QUY260 履带式起重机距 1 轴（轨道拖运梁）5500mm，两车同步向主厂房方向缓慢转杆移动，直至除氧器前支腿落到轨道上，移除 QUY260 履带式起重机，起重机位置如图 13-25 所示。

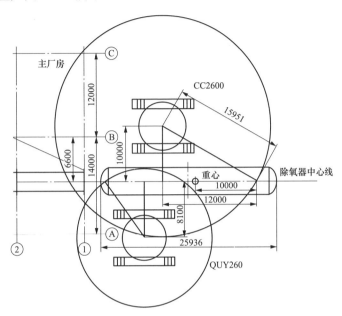

图 13-25 两起重机抬吊站位示意图

QUY260 履带式起重机撤出，由 CC2600 履带式起重机抬除氧器后侧，此时受力发生变化，如图 13-26 所示。

此时，经受力计算分析，CC2600(260t) 履带式起重机负荷为 102t，根据力学平衡原理：$P_1＝(102 \times 12000)/(12000＋10000)＝61.2t$，CC2600 履带式起重机负荷率为 55.64/86＝64.6％，满足承重要求。

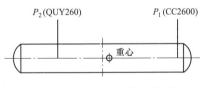

图 13-26 QUY260 履带式起重机移出后示意图

3. 卷扬机及钢丝绳

除氧器重 102t，采用 2 台 3-3-32t 滑轮组，6 股绳受力，引出绳拉力（E 选取 1.04，n 为钢丝绳数 $n＝6$，除氧器启动系数选 0.15）。

$$S＝F \times E^n - 1 \times (E-1)/(E^n-1)＝102 \times 0.15 \times 0.04 \times 1.045/(1.046 -- 1)＝2.8t$$

选用 5t 卷扬机，钢丝绳直径 18mm，查表得公称抗拉强度为 1770MPa，ϕ18mm 的 6×37＋FC（纤维芯）钢丝绳最小破断拉力为 189kN，则钢丝绳的安全系数为 189/(2.8×9.8)＝6.88 倍，安全可以选用。

4. 拖运轨道校核

（1）A-B 列间 27m 平台各轴间距 10m，可以满足除氧器运行时最大质量 376000kg，设备质量为 98000kg，因此厂房承载土建梁本身已经能够承受除氧器的荷载。

（2）拖运轨道选用 $2 \times HM588 \times 300 \times 12 \times 20$ 型钢，除氧器使用 4 台 60t 重物移运器拖运就位，单点受力最重为：$102/4 = 25.5t$，钢梁最大弯矩：

$$M_{max} = PL/4 = 25.5 \times 1000 \times 12 \times 100/4 = 7650000 \text{kg} \cdot \text{cm}$$

查表得：$HM588 \times 300 \times 12 \times 20$ 型钢抗弯截量 $W_x = 4020 \text{cm}^3$

钢梁最大应力计算：$\sigma_{max} = M_{max}/W_x = 1902.99 \text{kg/cm}^2 = 190.3 \text{MPa}$

钢梁为标准 H 型钢，材料容许应力可取：$[\sigma] = 200 \text{MPa}$，$\sigma_{max} < [\sigma]$，安全可以选用。

5. 260t 履带式起重机抬吊作业时垂直高度校核

CC2600 履带式起重机，主臂长 56m 工况，作业半径 10m，垂直起升高度为 55m。

QUY260 履带式起重机，主臂长 54m 工况，作业半径 14m，垂直起升高度为 52m。

除氧器起吊时除氧器中心最大高度为平台＋拖运梁＋重物移动器＋除氧器中心到支座距离 $= 27000 + 600 + 300 + 200 + 2350 = 30.45$m，钢丝绳垂直高度为 8m，因此吊钩相对标高最小为 $30.45 + 8 = 38.5$m。

（三）拖运轨道布置

由于厂房 27m 层平台楼板仅能承受 1000kg/m^2 的荷载，所以仅靠楼板是无法进行拖运的，必须由承载梁承担拖运的荷载。

轨道采用 $HM588 \times 300 \times 12 \times 20$ 型钢铺设，间距 2600mm。型钢拖运梁顶面点焊 28 槽钢，用作 60t 重物移运器限位轨道；型钢两侧每隔 500mm 对焊一个加固肋（满焊，铁板 $\delta = 12$mm），在轨道铺设并调整标高完成后，两条轨道之间用 $\phi108 \times 5$ 钢管连接（钢管端部满焊，间距 5m，上下两层），使轨道形成整体结构，增强稳定性；轨道布置完成后检查焊接部位无气孔、夹渣等缺陷。

注：由于拖运轨道与平台下钢梁不重合，在铺设拖运轨道时，接缝必须处于土建主梁上；由于除氧器基础土建固定支架支墩已经完成，为了使拖运轨道与除氧器支墩标高一致，铺设 H 型钢及钢板进行找平，使轨道处于水平状态。

拖运轨道铺设示意如图 13-27 所示。

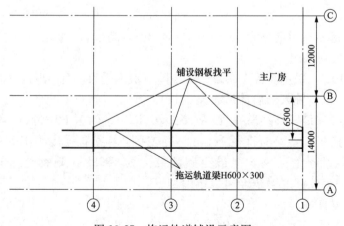

图 13-27　拖运轨道铺设示意图

（四）除氧器吊装及拖运

吊装前，将除氧器正式支撑座在地面上进行组装焊接（吊装总重约102t），并在除氧器上搭设临时安全防护栏杆、拉水平扶绳。

用260t(ZCC2600)履带式起重机抬后端，260t(QUY260)履带式起重机抬前端，两吊车同时起吊，将除氧器提升离地100mm范围内，反复起降3次，以检查起重机的刹车性能，确认无问题后开始起吊。

当除氧器支座高于除氧平台轨道上面200mm左右时，两履带式起重机同时摆杆移动，前支腿落到轨道上预先布置的60t重物移运器上，260t(QUY260)履带式起重机移除。

利用在27m层设置的一台5t牵引卷扬机和2套3-332t滑轮组，拖运除氧器，除氧器前支腿落在拖运轨道上，使用卷扬机拖运时，260t(ZCC2600)履带式起重机操作应与卷扬机操作保持同步，起重机钢丝绳保持受力。除氧器后支腿落到轨道上后，260t(ZCC2600)履带式起重机移除。继续将除氧器拖运到安装位置，注意拖运时轨道接口处，防止接口断开。

（五）除氧器就位

将放置在4台60t重物移运器上的除氧器拖运就位，再使用4台50t液压千斤顶将除氧器顶起，拆除拖运轨道，回落同时操作4台千斤顶，使除氧器平稳落在支座上，吊装工作结束。

第七节　空冷排汽三通安装方案

空冷三通空冷凝汽器钢结构平台在A排外紧靠汽轮机主厂房，每台机组采用8列空冷凝汽器组成，每列空冷凝汽器有8个空冷凝汽器单元。空冷机组单元尺寸为11.390m×11.770m。整岛平台高度为45m。

排汽管道采用高位布置，排汽主管道为1条直径8.550m、管外部加加固环的焊接钢管。空冷岛主排管道包括"大三通"、水平管道、"小三通"、支座、大小头等共计工程量1100t，本次吊装空冷三通布置在主厂房A排第一排空冷柱之间的钢结构上，中心标高48.262m，为各组件最大单体部件，见表13-6。

表 13-6　　　　　　　　　　　空冷三通组件

设备名称	总重量（t）	数量	长×宽×高（mm×mm×mm）	吊装重量（t）
空冷三通组件	116	1	15850×9915×10280	118

一、施工方案

空冷排汽三通吊装步骤如下：

空冷三通转运至汽机房A排外→500t履带式起重机单机卸车→500t履带式起重机吊装三通→三通就位、找正。由500t履带式起重机到位。

吊装前空冷岛第一排空冷柱至A排轴线上部钢结构缓装，基础钢结构完成。

311

二、计算与校核

（1）选用 CC2500-1/500t 履带式起重机单机吊装进行，SWSL 工况（54m 主臂＋24m 副臂 100t 超起配重），吊装作业性能见表 13-7。

表 13-7　　　　　　　　CC2500-1/500t 履带式起重机吊装作业性能表

R(m)	15	16	17	18	19	20	22	24	26	超起配重
Q(t)	166.5	166.5	164.5	161.5	159	156.5	151.5	136	123	100

注　性能表中起重量为起重臂下重量（含钩头及起升钢丝绳自重）。由 CC2500-1/500t 履带式起重机部件重量表知 2×200t 钩头自重 6.7t。钩头及钢丝绳总重 9t。

（2）CC2500-1/500t 履带式起重机平均路基压强计算。

500t 履带式起重机自重 375t，三通重量为 116t，钢丝绳及钩头重 9t，因此：

对地压力 $p＝375＋116＋9＝500t$

走道板尺寸（长×宽）：$2×6＝12m^2$

对路基的压强 $p_1＝p/A＝500÷（4×12）＝10.4t/m^2$

为保证安全，在路基处理时，要求路基承载力在 $15t/m^2$ 以上，可以满足吊车的需要。

（3）三通吊耳布置及钢丝绳的选用。

1）吊耳布置。三通吊装吊耳共四个，以三通重心为中心点，对称布置在三通筒体，左右间距 12000mm，前后间距 8550mm，前后吊耳之间用 $\phi 133mm×8mm$ 钢管从筒体内部连接加固，吊耳位置及加固方式如图 13-28 所示。

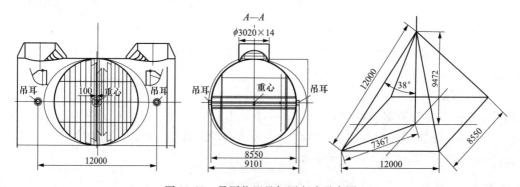

图 13-28　吊耳位置及加固方式示意图

2）吊装钢丝绳的选用。500t 履带式起重机负载最大时为 118t，钢丝绳选用 6×61-1770-$\phi 76$ 纤维芯钢丝绳 2 根，每根长度 24m，与竖直线夹角为 38°，4 点起吊，4 股受力，则钢丝绳每股受力为 $1.1×118×9.8/4/\cos 38°＝404kN$，参照 GB/T 20067—2017《粗直径钢丝绳》表 11 可知规格为 6×61-1770-$\phi 76$ 纤维芯钢丝绳最小破断拉力为 3370kN，安全系数 $n＝3370/404＝8.3>8$，可以满足卸车及吊装要求。

三、作业程序

（1）施工场地铺设平整，保证施工道路畅通，履带式起重机行走区域及站位位置应按吊车要求进行回填并逐层夯实、走道板下方铺设路基石，在基石上方铺设钢板，地面倾斜度不大于1%，设专人对起重机水平度进行监测。

（2）500t履带式起重机布置在6号主厂房A排外的空地上，行走方向与A排平行。

（3）三通吊装。500t履带式起重机单机起吊，吊装SWSL工况（54m主臂＋24m副臂，100t超起配重），幅度为17m，额定起重量为164.5t，三通重118t，钩头钢丝绳共计9t，负荷率77%。

起吊前检查起重机械路基、吊机性能及其安全装置等，确保完好无误方可起吊；三通吊离地面约20cm时应暂停起吊并进行全面检查，做起升和下降动作试验刹车，确认正常后方可正式起吊，起吊时要确保起吊水平。

500t履带式起重机将三通起升至底部略高于就位基础钢结构500mm，径直朝东行走7m，吊装幅度由17m增加至24m（24m幅度额定起重量136t，负荷率93.4%），直至三通位于就位基础正上方，然后缓慢落钩，使三通平稳落在支座上。

第八节　离相母线安装方案

发电机出线端子全主变压器低压侧的离相封闭母线、厂用高压变压器和励磁变压器及电压互感器柜分支离相封闭母线、交直流励磁共箱母线、发电机连接至中性点柜的中性点母线、发电机励磁系统等发电机引出线附属设备的布置和安装。

一、作业流程及施工方法

（一）主要施工技术要求和施工顺序

（1）施工技术要求。母线到现场后配合物资部门根据供货清单和图纸资料清点设备，检查母线外观有无机械损伤和变形、油漆是否完整，检查母线端接部位接触面镀银层有无损伤；核对各部件是否齐全、完整，核对分段母线长度尺寸和母线与外壳的同心度有无偏差；规格、型号、数量、长度、技术参数应与图纸设计要求相符。

（2）施工顺序。施工前准备工作→封闭母线支、吊架安装→封闭母线的安装→母线及外壳焊接→发电机电气设备安装→微正压装置安装→密封、耐压试验→整体检查验收。

（二）施工方法

（1）安装前的检查及准备工作。

1）设备开箱检查需业主、总包、监理、厂家及施工单位共同见证，并做好检查记录，复验合格后方可安装。

2）安装前将封闭母线内部清理干净，封闭母线连接处密封胶条压接严密紧固、间隙均匀，连接螺栓紧固后及时加装防雨罩。

3）封闭母线连接前将内部导体、绝缘子、箱体的灰尘、杂物清理干净，螺栓连接力矩值符合规范要求，耐压前再次彻底清扫。耐压后不得随意开启母线盖板。

（2）施工前准备工作。

1）封闭母线基础标高核对：离相封闭母线与发电机出线箱、主变压器低压侧、厂用高压变压器高压侧、电压互感器柜、励磁变压器高压侧等设备连接前，必须核对到货后的母线尺寸与总装配图相符，如发现不符时，应及时通报总包、监理和设计单位；安装前要核对母线相序必须与各相连接设备相序一致。

2）封闭母线中心线核对：以发电机轴线为准在地面上放好线，封闭母线 B 相中心线应与厂用高压变压器、主变压器中心线重合一致。

3）母线支、吊架安装。用水平仪找出母线中心线，按照图纸要求焊接支腿和横撑，支、吊架安装必须牢固，支、吊架间标高偏差≤5mm。支架所有焊缝处焊肉饱满光滑，焊渣清理并涂刷防锈漆或手喷锌。支架与主地网可靠连接安装牢固不少于 2 点，焊接处涂刷防锈漆，支架安装完毕，必须做好自检记录，并经过检查验收合格后进行母线的安装。

二、封闭母线的安装

（1）母线安装前应检查其绝缘做好记录，发现问题应及时报告相关方解决。安装前进行壳内外的清扫，用抹布将母线导体和绝缘子擦干净，用塑料布将两头扎紧，防止灰尘和雨水进入。封闭母线使用液压手拉车和滚杠运输到安装位置，吊装时由专业起重人员统一指挥，吊装应使用尼龙吊装带以免划伤，安装过程中严禁撞击和拖拽母线。封闭母线垂直段安装过程中，孔洞设置围栏做好防护，在明显处挂警示牌。根据厂供装配图及设计蓝图尺寸定位发电机出线箱位置，核对好进出线方向后使用手拉葫芦将出线箱和断路器吊到预装支架上安装固定。根据厂供装配图和母线分段图相序、编号、方向和标志，按由发电机出线箱至主变压器的方向核对母线的位置和顺序依次用手拉葫芦将母线吊到支架上。母线全部就位后在支架上进行试调整和排列，当出现较大误差时，应将该误差按比例均匀分配到各个接口上。

（2）母线与发电机出线箱、励磁变压器及电压互感器柜的连接：母线螺接部分采用不锈钢螺栓，保证螺栓不导磁，避免产生涡流导致局部过热，紧固螺栓时用力矩扳手紧固，力矩值应符合规范要求。

（3）母线及外壳焊接。

1）焊接母线前先对试件进行焊接，然后进行着色试验，待试件合格后再对母线进行焊接。母线就位前，将框架点焊于预埋件上，母线就位并调整完毕后，根据布置图，穿墙板安装图及三相外壳的位置，调整穿墙板框架的位置使之符合要求。调整完毕，将框架焊接与墙孔预埋件上，然后将穿墙板，橡胶垫用螺栓紧固与框架上，穿墙板与封闭母线外壳用橡胶条密封并绝缘。调整母线间距及标高，放到支架上固定好，悬空部分可用临时支架支好。母线组合焊接时首先调整好导体间距再调整外壳间距，扣上导体抱瓦，注意抱瓦与导体搭接尺寸应保持两端相同。清理母线两侧各 50mm 范围内表面污物、漆膜、氧化膜，且在清理后迅速焊接。焊接前应进行焊口的打磨坡口处理，对口平直，其弯折偏移不应大于 0.2%。中心偏移不应大于 5mm。用吸尘器把母线内部清理干净，把已调整好的导体抱瓦用手拉葫芦缠绕后拉紧，用橡皮锤敲击使抱瓦与导体紧密结合，再次核实间距无误后即可焊接。

2）母线垂直段焊接过程中应将母线两端加装临时支撑，以免变形过大。对支柱绝缘子做好防护工作，焊接下方铺设防火布，做好接火、接焊渣防护措施。铺设隔板，以免施工人员发生坠落事件。导体焊接完毕后，将母线内部杂物和焊接飞溅清理干净，拆除导体临时支撑，导体焊接处涂刷厂供的无光泽黑漆。按照标准要求进行无损检测，检测合格后扣母线外壳抱瓦，同样是用手拉葫芦拉紧后焊接。依此类推。所有焊接点与其部件的厚度相同，并加强厚度。焊接表面及断口无肉眼可见的裂纹、凹陷、缺肉、未焊透、气孔、夹渣等缺陷。

3）采用吊架安装方式的部分，首先应将上部承重梁位置固定好，穿好吊杆将下承重梁及抱箍上部安装好，再用手拉葫芦母线吊起，调整到位后将下部抱箍固定好，调整母线标高时用手拉葫芦辅助调整，调好后将吊杆螺栓紧固好。封闭母线与变压器、发电机连接的铜编织线在连接前用酒精清理表面，并涂以电力复合脂，用力矩扳手上紧螺栓，紧固力矩值符合表 13-8 螺栓的紧固力矩值。

表 13-8　　　　　　　　　　　　　　螺栓的紧固力矩值

钢制螺栓规格（mm）	力矩值（N/m）	高强螺栓规格（mm）	力矩值（N/m）
M10	17.7～22.6	M10	50
M12	31.4～39.2	M12	80
M14	51.0～60.8	M16	140
M16	78.5～98.1	M20	160

注　如厂家对力矩有特殊要求，按照厂家要求执行。

4）紧固后应反复确认不允许有漏紧现象。紧固后应清扫母线内部，决不允许将杂物和工具遗落在母线箱内，然后封好盖板。装好一节母线，等待安装下一节时，应将安装好的母线端口封好以免有杂物和灰尘进入。彻底封闭应在母线各段全部就位并调整误差合格，绝缘子、盘形绝缘子和电流互感器经试验合格后进行。封闭母线在外壳封焊完毕后，进行母线气密性试验，利用空压机通过微正压装置向母线外壳内充气。同时用肥皂水检查外壳焊缝、绝缘子、盆式绝缘子、法兰等装配连接密封面，如存在漏点，停止充气进行漏点密闭处理。外壳内空气泄漏率每小时不超过外壳容积的 6%。安装完毕后用 2500V 绝缘电阻表测量每相导体的绝缘电阻，绝缘电阻值不小于 100MΩ。

第十四章

机 组 调 试

第一节　主要调试技术特点及调试原则

锦界三期工程采用了多项节能、环保创新技术，其中汽轮机高位布置技术创新属世界首例工程应用，环保排放远优于国家现行超低排放标准，实现在标准状态下，烟尘 $1mg/m^3$、二氧化硫 $10mg/m^3$、氮氧化物 $20mg/m^3$ 的超低排放。

一、"六高两单"调试技术特点

汽轮发电机组布置高——采用全高位布置，附属系统设计与常规机组有较大的差别，对机组的冷热态启动过程提出更高的要求。

再热蒸汽温度（热段）高——额定蒸汽参数达到 $623℃$，为国内同类型锅炉最高额定参数。

自动化水平高——设置全厂控制中心，采用"八机一控"模式，机组设计 APS 自启停功能（一键启停），实现从辅机启动至机组带负荷全过程无人为干预。

环保排放标准高——远高于国家超低排放标准，实现在标准状态下烟尘 $1mg/m^3$、二氧化硫 $10mg/m^3$、氮氧化物 $20mg/m^3$ 的生态环保排放。

工程目标高——提出确保中国电力行业优质工程奖及争创工程建设最高奖国家优质工程金质奖的目标。

对调试指标要求高——根据国华电力公司要求，需全面开展深度调试，各项经济技术指标要达到同类型机组领先水平。

锅炉主要辅机采用单列布置（单台一次风机、送风机和引风机）。

每台机组配置单台全容量汽动给水泵，在超超临界机组首次采用给水泵汽轮机排汽排入主机直接空冷系统相关技术。

二、高位布置机组调试九项原则

（1）优化汽轮机相关附属系统，使得系统布置满足高位布置要求；

（2）充分考虑高位布置机组的特点，并体现在计划制订、调试工序、调试工艺及调整试验等方面；

（3）优化机组启动参数，严控汽轮机启动条件，与汽轮机厂家充分沟通，提前研究并熟知机组启动特性；

（4）研究机组启动振动特性，加强启动过程全方位振动监测，包括进汽管路、本体、基础等部位；

（5）加强对启动过程进汽管路及汽缸膨胀、滑销系统的监测；

（6）在启动过程中，根据振动、胀差等参数变化，进一步摸索暖机转速、暖机负荷、临界转速等启动技术参数；

（7）开展主机润滑油压力冷热态优化调整、汽动给水泵汽源切换试验、高压加热器解列试验等，提高安全稳定运行水平；

（8）开展滑压运行曲线优化、空冷最佳背压优化、高低压加热器端差优化、带负荷燃烧调整等试验，提高机组运行的经济性；

（9）分别在分系统、稳压吹管、整套启动阶段优化完善 APS 各项逻辑及相关工作，最终实现 APS 所有功能，提高机组运行的自动化水平。

第二节　调试前期优化

为了保证锦界三期工程深度调试工作高标准、高质量开展，调试单位于 2019 年 7 月提前 5 个月进驻现场，确定了全面提高机组长周期、安全稳定、经济、环保、自动化运行水平的调试目标。为了更好地实现各项目标，国网河北能源技术服务有限公司作为调试单位加强了质效和创新管理。确定了工作制度化、制度标准化、标准流程化、流程表单化、表单信息化的"五化"工作原则，明确了"六明确、十强化、五实行"的工作思路，并在此基础上确定"一措两图十卡"新型管控模式。为提升调试过程信息化、智能化，开发了基于"互联网＋基建调试"全过程标准化智能管控平台，实现调试全过程管控，管控平台与现场管理体系的有机融合，上述举措对保证机组调试安全，优化调试进度，提高调试质量起到了很好的促进作用。

一、前期技术调研及分析研究

（一）提高机组经济性方面

（1）进行机组运行经济性相关研究，通过试验优化设计参数和曲线，努力使机组运行在最优工况。

（2）开展机组滑压运行曲线优化、直接空冷系统运行优化、燃烧初调整优化、机组泄漏治理、主要辅机运行特性、全负荷段高效运行（低负荷运行）及机组能耗综合诊断等方面研究及技术储备。

（3）研究调整和优化机组的运行方式，提高机组设备运行的稳定性，降低运行成本。

（4）开展脱硝系统喷氨优化等试验，监督吸收塔浆液循环泵、吸收塔液位、脱硫系统 pH 值等优化调整试验研究，以实现降低污染物排放同时，减少物料以及电量消耗。

（5）针对锅炉再热汽温（热段）达到额定参数稳定运行开展调研与分析，制定再热汽温 623℃控制措施，包含冷态（提高冷态试验精度、增加冷态试验工况）试验和热态精细化燃烧初调整。

（二）提高机组安全稳定性方面

（1）针对高位布置机组振动问题，与华北电力大学振动专家和学者进行多次技术研讨，研究机组振动监测及控制方案。

（2）进行影响机组安全运行因素的定性、定量分析和评价，并编制实施方案。

（3）开展设计系统优化、逻辑优化、阀门测点优化、调试程序优化（分系统调试以 APS 功能组优化完善）、试验方法优化等工作。力争做到系统可靠、阀门测点合理、逻辑完善、调试程序及试验方法最优。

（4）针对锅炉最小安全给水流量试验、直接空冷机组背压突升、辅机采用单列布置、汽轮发电机组全高位布置、重要辅机事故切换、高压加热器事故解列、直接空冷机组防冻、汽水品质全过程控制、低负荷燃烧安全性等技术开展研究。

（三）提高机组自动运行水平

（1）参加针对 APS 系统的调研工作，了解 APS 功能的设计、调试和投入情况，以及在基建期调试过程中遇到的具体问题和解决方案等，结合工程特点，明确了 APS 系统的控制范围和断点设计原则，逐步完善 APS 系统功能调试工作策划。

（2）开展汽轮机滑参数启停曲线优化研究；研究 APS 一键启停技术，并随调试工作开展有次序、有步骤地完善各功能子组，实现 APS 与机组开环控制逻辑的完美结合，最终顺利实现 APS 功能投入与验证。

（3）研究自动控制系统特性，全面开展机组定值扰动试验，努力实现全过程自动控制系统投入，增强机组智能化水平，努力减少机组运行过程中的人为干预。

（四）优化调试工艺方面

（1）调研已投产超临界、超超临界机组的运行情况，并进行指标对比分析，提前发现调试中可能遇到的问题。

（2）优化超超临界机组调试工艺，对机组化学清洗、吹管、空冷岛热态冲洗等重大节点工作进行精心策划。

（3）优化各调试系统工作顺序，确定调试进度控制原则。

二、深度调试策划

（一）调试负面清单

提前深入学习调试相关标准规范及国华电力公司相关制度文件，调试单位与施工单位、建设单位、总包单位进行深入沟通，明确调试原则性方案以及临时设施、测点的安装要求，为后续调试工作打好基础。通过对同类型机组的调研，总结出调试过程中易出现的问题、难点，并对应编制锦界三期调试负面清单，涵盖机、电、炉、热控、化学、环保等 6 个专业，共计 114 条。

（二）超前策划

针对锦界三期汽轮发电机组高位布置的调试难点、关键技术及关键环节，提前开展深度调试策划工作，共编制 16 项深度调试策划书，涉及化学清洗、蒸汽稳压吹管、整套启动等关键环节，以及高位布置汽轮机启动、直接空冷调试优化、燃烧调整、APS 一键启停、定值扰动、降低污染物排放、提高机组经济运行水平等关键技术，编制完成的文件经专家多次审核及细化，最终形成的策划可有效指导后续调试工作。

三、调试前期综合优化

调试单位提前进驻现场，深度熟悉现场设计及设备资料，实时了解施工进度，积极查阅技术、科研文献资料，深入分析研究设计及安装问题，全方位开展前期优化工作。

（一）测点优化

针对高位布置及辅机单列布置等特点，提出测点优化原则，测点布置位置能准确反映参数变化，主机、重要辅机（三大风机、汽动给水泵）重要控制（自动和保护）的测点在设计上应满足三取中或三取二的要求，防止因个别测点故障导致控制逻辑失效；涉及主要辅机保护的测点数量应能够满足要求，避免出现单点保护，共计对 18 个设备及系统 86 项测点提出优化建议，在项目实施过程中进行了采纳、应用。

（二）保护联锁逻辑优化

在设计阶段参与制定 DCS 保护、联锁逻辑的组态原则，并对不合理的逻辑提出修改意见和建议，针对保护设计问题，及时与各参建单位进行沟通，积极参加热工逻辑优化讨论会，对逻辑保护提早进行优化设计，努力保障热控保护的合理性，共提出 160 项控制逻辑优化建议。根据最终确定的联锁保护逻辑和定值，编制分专业的联锁保护试验传动表，用于保护的测点，在进行逻辑功能试验时，采用就地一次元件处加模拟信号的方式进行。

（三）系统设计优化

在设计阶段及调试初期，及时发现因系统设计不当可能出现的安全隐患，提出优化建议。

对于机组化学清洗、锅炉冷风动力场试验、机组吹管、空冷岛冲洗等重大调试项目，与相关单位进行事前沟通，明确调试原则性方案以及临时设施、测点的安装要求。

对主机及附属系统设计进行优化分析和改进，重点关注本体及管道疏水系统、汽封系统、旁路系统、回热系统、临时系统、制粉系统、主机润滑油系统、点火系统及脱硝等系统，确保改进后的系统布置和使用更加合理科学，从而提高机组运行的安全性和可靠性。

针对辅机冷却水、辅机干冷塔冲水、抽汽回热、给水泵汽轮机进汽、给水泵汽轮机调节油、机组疏水、凝结水及凝补水、辅助蒸汽等系统存在的问题。调试单位提出涉及系统设计、测点、逻辑及调试方法等相关优化方法 55 项，并报送业主及各参建单位，均得到了采纳，内容见表 14-1。

表 14-1　　　　　　　　　　　　　部分设计优化项目

序号	系统名称	主要优化内容
1	给水泵汽轮机进汽系统	将五段抽汽供给水泵汽轮机进汽管道改至五段抽汽止回阀 1 前，五抽至给水泵汽轮机供汽管路止回阀应采用带辅助动力驱动的止回门，同时辅汽供给水泵汽轮机调试用汽管路加装止回阀及电动截止阀
2	辅机冷却水系统	对辅机冷却水提出两种优化建议：将差压水箱将至标高 70m 附近，将差压水箱出水管道改至干式冷却塔入口管道侧；采用高、低位辅机冷却水布置
3	干冷塔补水系统	调整干冷塔充水管道至对应排水管道阀前，使干冷却冲水与投运能够分别进行，增加辅机冷却水系统可靠性及稳定性

续表

序号	系统名称	主要优化内容
4	给水泵 汽轮机调节油系统	建议采用与主汽轮机 AST 跳闸模块相同的跳闸模块，采用 4 个跳闸电磁阀配合 4 个插装阀及两个节流孔串并联的经典配置。给水泵汽轮机跳闸条件优化，建议加入速关油压判断条件
5	机组疏水系统	调整后的 b、d、f、g 疏水集管汇入扩容器 B（本体疏水）；调整后的 a、c、e、h 疏水集管汇入扩容器 A（管道疏水）
6	高位布置 机组抽汽系统	设计上尽量缩短抽汽止回门至汽缸的距离，便于控制甩负荷时机组飞升转速；将六段抽汽至给水泵汽轮机补汽汽源改至六段抽汽止回阀前，六段抽汽至给水泵汽轮机补汽管道上加装电动截止阀
7	辅助蒸汽系统	二期辅汽母管至三期出口钢制楔式闸阀后到三期入口电动闸阀之间无疏水点，建议至少布置两个疏水点，并且保证足够管径（流量）；三期入口电动闸阀与薄膜气动调节阀之间建议布置一个疏水点；辅汽母管至 5 号机辅汽联箱入口电动闸阀前建议布置一个疏水点；辅汽母管至 6 号机辅汽联箱入口电动闸阀前建议布置一个疏水点
8	凝结水 输送泵再循环	建议凝结水输送泵增加再循环系统；提出重新设计凝结水补水泵后凝结水补水调门及补水管路配套优化建议
9	高位布置 机组甩负荷	建议将各抽汽止回门和管段门等移至靠近汽轮机缸体位置，减少管段内蒸汽对甩负荷的影响
10	高压加热器冲洗临时系统	建议将高压加热器冲洗临时管道从 4 号高压加热器正常疏水管道手动阀前引出，接临时冲洗阀门，然后接至凝结水启动放水管道（凝结水启动放水止回门后），4 号高压加热器疏水通过凝结水启动放水管道排至锅炉疏水扩容器，用于机组试运过程中高压加热器汽侧冲洗
11	发电机密封油系统	针对密封油系统空侧密封油泵 A、B 电流未传至 DCS，空侧密封油泵出口无压力测点，提出优化建议

（四）APS 功能优化

针对机组 APS 功能进行系统与控制逻辑优化，提出 60 余项 APS 设计优化建议，确定按照调试过程六大阶段（前期优化、仿真机、分系统、蒸汽吹管、空负荷、带负荷）进行 APS 调试的原则，并在调试过程中按步骤实施 APS 各分项及整体功能验证。在前期设计阶段已经提出了整体优化方案，涉及 6 个系统中 30 余个阀门，并对逻辑中同一断点的部分功能组，提出控制顺序的调整或同步进行的优化建议，具体内容详见表 14-2。

表 14-2	优化建议

一、整体优化	
设计原则及范围优化建议	（1）凡是设计有顺控或 MCS 的系统均考虑进 APS。 （2）机组 APS 控制系统设置为按需使用，不投入时不影响机组的正常控制。 （3）每个顺控功能组具有暂停及恢复功能，按设备的运行情况选择执行步序。 （4）APS 对 MCS 的接口设计实现：自动投自动并自动设定定值、不同调节方式和调节回路的切换、特殊工况下可以实现超驰控制。 （5）启动从纳入主机 DCS 控制的辅助系统开始至机组并网升负荷直至投入 CCS 方式。停止从机组当前负荷开始减负荷至投汽轮机盘车结束、风烟系统停运；脱硫主系统纳入 APS 控制范围内。 （6）脱硫主系统纳入 APS 控制范围内；化学制水、输煤系统、工业水等外围系统暂不纳入

一、整体优化		
各个阶段优化情况及原则	设计阶段	（1）审查了 APS 系统控制范围内的设备、测点及各系统间的接口信号的设计情况，对不满足 APS 功能要求的提出了变更建议。 （2）参加了 APS 系统的设计联络会，对控制逻辑进行了审查，对存在的问题提出了修改建议。 （3）参加了 DCS 的出厂验收，检查了 APS 系统组态及画面的完成情况，使其初步具备了操作、显示、报警等功能
	调试准备阶段	（1）通过了解、熟悉锅炉、汽轮机以及各辅助系统和设备的设计、运行及控制要求，逐步编写了 APS 系统的试验方案、安全技术注意事项及危险源辨识、条件检查确认表、系统及设备状态检查确认卡等文件。 （2）DCS 带电及复原工作完成后，组织人员对控制逻辑及画面进行全面的检查，包括 APS 系统与各系统间的接口信号检查。 （3）通过仿真机，逐级向上进行纯仿试验，验证逻辑设计的合理性和画面组态连接的正确性，对发现的问题及时提出解决意见
	调试阶段	（1）分系统调试阶段，逐步进行设备级、功能子组级、功能组级 APS 功能试验。在完成各个断点内所有功能组、功能子组试验后，进行各断点的试投试验。 （2）在锅炉吹管阶段，联合试投机组启动阶段的前两个断点的相关功能组。 （3）在空负荷和带负荷阶段分别试验机组的 APS 功能
二、系统及设备的优化		
1	凝结水系统	化学补水至凝补水箱补水电动门（50LCP31AA001）：变更为调节门，前后增加电动门，旁路设电动门（可中停）
		凝输泵出口至凝汽器补水调节阀（50LCP40AA101）：前后手动门改电动门，旁路设电动门（可中停）
		凝补泵出口至凝汽器补水旁路调节阀（50LCP10AA101）：旁路改主路，调节阀前后手动门改电动门，旁路设电动门（可中停）
		凝结水最小流量再循环调节阀（50LCA40AA101）：调节阀前后手动门改电动门，旁路设电动门（可中停）
		凝结水系统除氧器水位调节阀旁路电动门：旁路电动门改为带中停和模拟量反馈的电动阀
		凝结水至凝结水箱放水管道电动闸阀（50LCA36AA001）：此电动闸阀改为中停和模拟量反馈的电动阀
		考虑低压加热器在高位布置，凝结水系统冲洗管道电动闸阀（50LCA37AA001）后需要增加电动调节阀
2	闭式水系统	闭式膨胀水箱补水电动门（50LCP11AA002）：应变更为调节门，前后增加电动门，旁路设电动门（可中停）
		主机冷油器冷却水回水调节阀（50PGB24AA101）、发电机氢气冷却器 A、B 冷却水回水调节阀（50PGB26AA101、50PGB26AA102）、发电机空侧、氢侧密封油冷却器回水管道薄膜气动调节阀（50PGB27AA101、50PGB27AA102）、定子冷却器冷却水回水调节阀（50PGB28AA101）、给水泵汽轮机冷油器回水气动调节阀（50PGB23AA101）：前后手动门改电动门，旁路设电动门（可中停）
3	给水系统	凝结水泵用母管至给水泵密封水管道设置一个电动隔离门
		汽动给水泵密封水调节阀 A、B（50LCB13AA101、50LCB13AA102）：增加前截门、后截门、旁路门（电动）

续表

二、系统及设备的优化		
4	抽汽系统	二段抽汽电动门、三段抽汽电动门、四段抽汽电动门、五段抽汽至除氧器电动门、五段抽汽至给水泵汽轮机电动门、六段抽汽电动门、七段抽汽电动门：改为带中停和模拟量反馈的电动阀
5	辅汽系统	辅汽到除氧器电动门、五抽至辅汽联箱电动门、冷再至辅汽联箱电动门、辅汽至给水泵汽轮机调试用汽电动门、辅汽联箱至邻机加热电动门、辅汽至烟气余热吹灰电动门：改为带中停和模拟量反馈的电动阀
		辅汽至磨煤机消防蒸汽减温减压阀：确认此阀门能否实现自动调节压力，如果不能增加调节阀
6	锅炉汽水系统	过热器Ⅰ级喷水减温水左右侧调节阀、过热器Ⅱ级喷水减温水左右侧调节阀、再热器微量喷水减温水左右侧调节阀、再热器事故喷水减温水左右侧调节阀：加装电动关断门
		疏水扩容器左右侧进口管道调节阀、贮水箱至过热器Ⅰ级喷水管路调节阀：加装隔离门

三、断点设置及逻辑优化	
1	APS功能启动过程和停止过程均分为三个阶段
2	凝结水启动功能组、凝结水排放冲洗和除氧器上水功能组调整到APS启动第一阶段
3	空压机启动纳入APS系统，第一阶段第三步启动空压机功能组
4	给水管道注水功能组，须考虑给水泵高位布置，启动前置泵给高压给水管道注水。汽动给水泵出口阀增加一路小旁路并设置注水电动门，用于给水管道注水
5	APS不考虑电动给水泵上水方式，电动给水泵由运行人员手动启动。电动给水泵在运行状态，25%负荷时启动汽动给水泵，切换至汽动给水泵运行
6	抽真空功能组，同时启动两台真空泵，真空建立后由运行人员手动停一台真空泵，同时抽真空功能组需考虑空冷岛抽真空电动门
7	APS启动第二阶段锅炉冷态冲洗时，同时调用除渣系统投运功能组
8	APS启动第二阶段投入空气预热器吹灰时，同时调用烟气余热吹灰功能组，因此，辅汽至烟气余热吹灰电动门（50LBG27AA001）需改为中停门
9	引风机启动子功能组第一步增加建立空气通道指令
10	ATC程控启动条件中加入"氢气系统正常"判断
11	ATC程控启动条件"润滑油系统正常"中加入"润滑油联锁已投入""抗燃油联锁已投入""密封油联锁已投入""定冷水联锁已投入"的条件
12	ATC程控第6步加入蒸汽品质、油品质人工确认点

四、关于全程自动的优化建议	
1	原则：自动控制系统随各个功能子组、功能组及断点试验适时投入，不断优化调节品质，保障自动控制系统符合APS系统的要求
2	给水全程自动应分为锅炉上水和冲洗、湿态运行和干态运行三个阶段，分别通过HWL阀自动开环控制储水箱水位，给水旁路调节阀控制给水流量和汽动给水泵转速控制给水流量及中间点温度来实现。尤其是在进行主辅路切换时，给水旁路调节阀和汽动给水泵转速控制的无扰切换非常关键。另外建议增加给水泵再循环调节阀根据流量和转速进行开环调节
3	主蒸汽压力的全程控制，主要是考虑锅炉点火之后热态冲洗阶段、升温升压阶段、冲转并网带初负荷阶段及逐步升负荷阶段的控制方式和定值设置问题。建议：旁路控制主蒸汽压力时采用开环控制，运行人员手动设定偏置；初负荷阶段逐步转为TF方式，由汽轮机调节阀控制主蒸汽压力，设定值采用定压方式；转干态运行之后，可提早投入CCS方式，设定值采用滑压方式

	四、关于全程自动的优化建议
4	燃料全程自动则主要需要考虑首套制粉系统的启动前自动通风暖磨的过程、热态冲洗过程中对分离器出口温度的控制，以及升温升压过程中对压力和温度的控制。其他几套制粉系统则随着机组的启动阶段逐步投入，上层制粉系统还需考虑对汽温的影响
5	风烟系统的全程自动，建议送、引风机启动初期，动叶进行超驰控制，维持一定的开度，满足负压和风量的要求，吹扫完成之后再进行闭环调节

（五）调试程序优化

明确调试主线——根据机组特点，确定调试主线工期，研究在保证调试质量前提下，尽量缩短调试周期，以调试促安装、以生产促调试的工作原则，分析不同季节试运的特点，确定各系统试运的先后顺序，提前确定系统试运的制约因素。

把控关键节点——对关键节点、调试难点进行深入研究，制定最佳调试程序。提前创造系统试运条件——系统及早试运，提前暴露试运过程中可能出现的各项缺陷。

实现几个结合——机组化学清洗与锅炉冷态冲洗及蒸汽吹管条件相结合，蒸汽吹管与空冷岛热态冲洗及整套启动工作相结合，整套启动自动控制系统优化与带负荷各项试验相结合。

优化试验流程——优化空负荷及带负荷试验流程，使各项试验衔接紧凑、合理，节省试运时间，进入带负荷试运后，以热控定值扰动及协调控制系统优化为主线，穿插实施其他带负荷试验项目。

分阶段 APS 调试——按照调试过程六大阶段（前期优化、仿真机、分系统、蒸汽吹管、空负荷、带负荷）进行 APS 深度策划，在调试过程中按步骤优化并实现 APS 各分项及整体功能。

（六）研究开发新型调试过程管控模式

为进一步规范调试工作，针对锦界三期工程特点，充分利用信息化及智能化手段，开发基于"互联网＋基建调试"全过程标准化智能管控平台（App），实现调试全过程管控，管控平台与现场管理体系的有机融合，在有效保证机组调试安全的同时，优化调试进度，提高调试质量。实现目标分解、调试计划、安全技术交底、条件检查确认、关键步序、数据记录、安全检查等过程管控功能；在三期工程推行"一措两图十卡"新型管控模式。

"一措"——调试措施。

"两图"——调试流程图、设计图（系统及 PID 图）。

"十卡"——工作准备阶段（测点阀门传动卡、联锁保护传动卡、内部交底培训卡、条件检查确认卡、危险源辨识卡、外部安全技术交底卡）及工作实施和收尾阶段的过程步序控制卡、数据记录卡、质量验收卡、调试工作质量评价卡。将每一项调试工作、每一个调试环节、每一个调试步骤均通过智能化手段实时确认，使得过程可追溯，文件可查询，项目管理人员可通过平台及时了解调试工作开展情况，把控调试工作过程。

第三节　调试难点及应对策略

一、全高位布置汽轮发电机组调试技术难点

（一）高位布置机组振动问题

汽轮机高位布置厂房刚度变化——汽轮机运转层布置在厂房 65m 高处，钢架结构刚度受外界温度变化和安装的影响较大，造成其刚度变化较大，当厂房局部区域刚度较低，其固有频率接近汽轮机运行频率时，将引发结构共振，造成该区域振动大。如果该区域在汽轮机附近时，有可能造成汽轮机基础刚度左右不对称，在汽轮机运行时，轴瓦将产生较大的 2 倍频振动，影响机组安全运行。高耸的厂房在较大的风载荷和地震载荷下，可能存在刚度不足的问题，使运行平台产生较大水平位移。主、再热蒸汽管道从锅炉到汽轮机管系较短、较硬，在管道膨胀和厂房位移的共同作用下，汽轮机本体可能受到大的作用力，影响机组正常膨胀，造成汽缸跑偏，改变各轴承的载荷分配，甚至造成联轴器对轮错位，引起汽轮机振动恶化。

汽轮机基础弹性支撑——汽轮机采用弹性基础，基础的横向刚度较差，虽然滑销系统采用中心梁结构，增加轴承箱及台板的刚度、轴承箱底部增加铸铁滑块等措施，增加了滑销系统及台板的刚度、减小了滑销系统的摩擦阻力，但是在大口径的管道应力的作用下，其横向刚度可能仍然不足。汽轮机主排汽管道和抽汽管道管径大、管道短且要求的轴向和横向补偿量大。虽然采用 U 型布置方案，设置有曲管压力平衡型补偿器、排汽管道支撑采用弹性支撑等补偿措施，在机组带负荷过程中，随着负荷的变化，排汽和抽汽管道无法完全消除因管道膨胀造成的位移。管道膨胀产生的位移将对汽轮机产生巨大的横向和纵向应力，造成汽缸跑偏，汽缸与转子发生动静碰磨，同时改变各轴承的载荷分配，诱发汽流激振或轴承油膜涡动，使汽轮机振动恶化。

（二）高位布置机组甩负荷问题

根据高位布置机房的布置特点，与汽轮机直接连接的抽汽管道长度远超过常规布置的机组，相应的管道蒸汽容积大幅度增加，在机组甩负荷试验时大量蒸汽会倒流到汽轮机，使得汽轮机转速飞升偏高及在高转速区间维持时间较长。为保证机组安全及甩负荷试验的顺利进行，有必要提早、深入研究高位布置机房对机组甩负荷试验的影响，并及早采取措施。考虑到三期工程每台机组单台汽动给水泵设计及电动给水泵扬程低只做启动泵使用的特点，需要考虑机组甩 100% 负荷后，锅炉给水方式及汽动给水泵给水能力不足问题，避免发生甩负荷试验由于锅炉异常灭火中断。

（三）高位布置机组的冷却水压力问题

高位布置机组冷却水用户分布在机侧及炉侧不同标高，冷却水最高用户为发电机氢冷器，低层用户为 0m 各冷却水用户，高位布置造成的标高差，使不同标高冷却水压力偏差较大，高层用户容易出现冷却水压力不足问题，低层用户容易出现冷却水超压问题。图 14-1 为目前辅机冷却水系统简图。

以辅机冷却系统为例，系统注水完成，辅机循环水泵未运行状态下，干冷塔三角形冷却单元管道承受静压约为 0.8MPa，已经达到干冷塔三角形冷却单元的设计压力，

考虑到系统启、停及异常工况的压力冲击，系统干冷塔三角形冷却单元存在超压风险；系统稳定运行状态下，氢冷器出水调节阀后管道可能产生负压，严重时会导致辅机冷却水产生气化或真空管段，对管道和系统造成冲击和振动，系统压力、流量、电流波动等问题，危及系统及设备安全；系统运行工况变化时，可能造成较长真空管段，引起系统水量变化，最终会导致差压水箱的水位波动，可能造成差压水箱溢流或水位下降导致辅机冷却水泵运行异常；由于差压水箱出水管道补水至辅机冷却水泵出口母管侧，限制了泵的出口压力，对于高位布置的辅机冷却水用户其入口压力最高为差压水箱水位与辅机冷却水用户换热器入口高差，可能会产生冷却水进水压力不足问题。

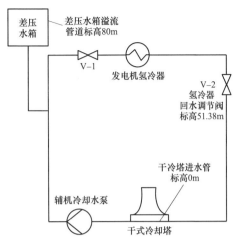

图 14-1　目前辅机冷却水系统简图

（四）高位布置机组的疏水系统问题

高位布置机组管道布置异于常规布置机组，疏水及抽汽回热系统布置同样不同于常规机组设计，新设计及布置方式没有经过实际工程应用考验，为避免调试期间抽汽疏水系统发生问题，确保机组安全可靠稳定运行，需要对高位布置机组疏水及抽汽回热系统进行详细核查及分析。

（五）高位布置对空冷系统的影响

系统布置影响——高位布置机组设计给水泵汽轮机直排空冷岛，取消了传统空冷机组给水泵汽轮机凝汽器，排汽管道及凝结水布置均不同于常规空冷机组，非常规设计没有经过机组试运及长期运行的考验。

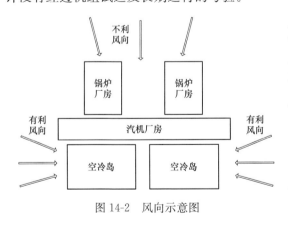

图 14-2　风向示意图

空冷凝汽器运行特性变化——高位布置空冷机组机房及空冷凝汽器的相对标高发生显著变化，从而使空冷凝汽器的运行特性发生变化，尤其是对环境风向及风速的响应特性，研究资料显示，风速由 3m/s 提高到 9m/s 时，空冷凝汽器换热量下降超过 15%。同时，当风向由最有利（图 14-2 中显示）转为最不利时，空冷凝汽器换热量至少下降 10%。空冷凝汽器换热量的下降会造成机组背压明显升高甚至保护动作。因此需要进一步分析高位布置机组空冷凝汽器运行特性。

（六）给水泵汽轮机直排空冷

给水泵汽轮机采用单列直排空冷给水泵汽轮机，未设计高压汽源，电动给水泵为两台机公用，且电动给水泵受限于流量及扬程只能作为启动泵使用。此设计简化了热力系统，但为机组调试及启动运行带来了新问题。

对汽动给水泵运行可靠性提出更高要求——任何汽动给水泵本体及附属系统的故障机及保护误动都可能造成机组停机，应采取相关措施提高给水泵系统的运行可靠性。

对稳压吹管提出新的要求——机组稳压吹管过程，为满足稳压吹管流量要求，需要投运汽动给水泵，空冷系统应具备热态冲洗条件；另外冬季吹管时，应充分考虑到空冷岛最小防冻流量的要求。

对机组的给水及协调控制水平提出了更高的要求——给水泵汽轮机直排主机空冷系统会造成主机背压波动直接影响给水泵汽轮机出力，从而影响机组给水流量，机组背压升高，给水泵汽轮机及汽泵出力会下降，机组给水流量减小，而主机背压增加时其他条件不变下，机组发电量减小，如要保持机组发电量不变需要增加主蒸汽流量及给水流量。

对恶劣工况的适应性提出严苛的要求——给水泵汽轮机设计无高压备用汽源，当机组处于特定工况时，由于背压升高或其他原因需要增加给水流量时，单独五段抽汽及六抽补汽供汽可能无法满足给水泵汽轮机出力要求，此种情况减负荷并不能有效解决给水泵汽源供应不足问题（五段抽汽及六段抽汽压力随机组负荷变化），因此机组运行过程中，应开展背压突升给水流量及负荷变化试验。

对机组甩负荷试验造成很大的影响——甩负荷时汽动给水泵失去五段抽汽及六抽补汽汽源，虽然可以提前并入辅汽汽源，但是由于辅汽汽源管道设计管径小，可能无法满足甩负荷工况给水泵汽轮机用汽量要求，造成甩负荷后锅炉给水不足而停炉，应提前估算辅汽带汽动给水泵辅机流量，试运时应开展辅汽带给水泵最大出力试验。

两台机组共用电动给水泵设计对冬季启动影响——冬季受限于空冷岛最小防冻流量的限制，机组启动过程中只能采用电动给水泵启动，机组带至一定负荷后才可以启动汽动给水泵，由于两台机组共用电动给水泵，5、6号机组冬季无法同步启动。

（七）高位布置机组稳压吹管问题

高位布置超超临界机组蒸汽吹管较传统布置方式涉及多项难点，其中包括临时热膨胀量及部分管道和消声器出机房悬空布置、主蒸汽靶板装设位置、凝结水系统储水量小、主再热管道变短后导致应力大可能对锅炉膨胀的影响、电动给水泵与汽动给水泵配合、系统阻力与吹管参数确定等都是机组吹管过程中需要重点关注的安全和技术要点。

（1）吹管临时系统布置所需固定件采用预埋的方式，消声器伸出汽轮机外悬空布置，外延管道、消声器及固定件强度在吹管期间需要重点关注。

（2）再热蒸汽管道变短，有可能引起膨胀量不足、管道热应力变大，进而传导到锅炉或汽轮机本体，也是本次吹管重点监视的关键。

（3）再热蒸汽管道变短，其相应的吹管系统（正式及临时）的阻力相应也会变小，本次吹管的压力可能会低于传统布置，增加了汽温控制方面难度。

（八）再热器温度623℃调试

通过调研同类型机组及锅炉的调试及运行情况，再热器温度在满负荷时均未能长时间623℃稳定运行，尤其是在中高负荷时，偏离设计情况更为严重。锅炉厂在设计再热汽温623℃时，再热器材料没有换代、升级，只是利用了材料的使用余量，在汽温提高至 623℃时，汽温与壁温报警更加接近，对左右烟温、流速偏差要求更高，增加了调整难度，需要进行全面的冷态试验和深度的热态优化调整，使再热汽温、壁温等各参数达到设计值。

全高位布置主再热蒸汽管道短，在使用减温水调整汽温时，可能造成汽轮机进汽温度的大幅度变化。因此在调节汽温时要充分考虑各参数变化可能对汽轮机带来的影响，这需要通过试验精准掌握各参数在不同阶段的特性，如何优化协调控制参数，确保再热汽温在不同的工况下稳定在设计参数运行是调试难点。

（九）高位布置机组 APS 及全程自动调试

APS 系统实现的难点和关键点在于机组启动和停止过程中自动系统的全程投入和控制。锦界三期工程采用汽轮发电机组高位布置、主要辅机单列设置等为 APS 的实现提出了更高的要求。具体体现在以下几个需要重点解决的功能组和控制回路中：全程给水控制、燃烧控制系统、主蒸汽压力控制系统等。

全程给水自动控制难点——解决电动给水泵程控启动、汽动给水泵程控启动、锅炉上水及冷热态冲洗、自动并泵、给水旁路阀控制与汽动给水泵转速控制的配合和切换，以及干湿态切换等难题。

燃烧控制系统难点——如何根据负荷指令的增减来自动安排磨煤机系统的启动和停止。一是单层煤层启/停功能组的实现，包括磨煤机冷热风挡板自动匹配控制及给煤机煤量自动控制的功能；二是煤层自动投运/停运顺序的确定，这与助燃方式和机组特性有关。

主蒸汽压力控制系统难点——机组启动点火、热态冲洗、升温升压、冲转、并网、带低负荷阶段，主蒸汽压力主要通过旁路调节阀来控制；升负荷过程中，逐渐通过燃料自动控制来实现对主蒸汽压力的控制。主要解决锅炉启动初期升温速率控制问题等，使燃料控制能够尽早投入，使旁路迅速关闭，使锅炉主控尽快根据负荷或压力自动调节。

风烟系统的全程控制难点——主要解决风机启动初期超驰量控制和全程自动调节的设定值等问题。

二、针对调试技术难点重点举措

（一）高位布置机组振动

设计阶段——应充分考虑主排汽管道和抽汽管道正常膨胀及各管道支吊架工作载荷的合理分配。

设备安装前——采取相应措施，保证各基础的浇筑与灌浆质量，消除厂房与各设备基础的关联性，避免发生因基础刚度不足产生的结构共振。

设备安装阶段——保证汽缸与支撑、台板等接触良好，管道、阀门各连接螺栓牢靠，检查所有支吊架布置应合理、可靠，确保主、再热管道膨胀正常，避免对汽轮机产生较大的作用力。

机组启动之前——对汽轮机高压、中压和低压缸缸体左右两侧提前布置监测仪表，以便对汽轮机启动及运行过程中的各部膨胀进行监测；对汽轮机高压缸、中压缸以及低压缸的弹性基础布置振动传感器，测量弹性基础在汽轮机不同转速下的振动情况，检验弹性基础是否影响机组启动及运行，为高位布置汽轮机振动建模提供数据支持。

机组暖管过程中——全面检查主、再热系统管道支吊架工作情况，对偏差较大和膨胀受阻现象进行分析消除，对汽缸左右偏差和滑销系统故障，要及时消除，如有不正常或造成机组重大偏移的现象，应停止暖管，查明原因，消除安全隐患后再进行暖管。

机组整套启动期间——监测机组各轴承、轴瓦以及弹性基础的振动情况，应进行如下工作：

（1）启动及带负荷过程缸体膨胀、位移指示的监测。在机组启动及带负荷过程中，加强对汽轮机缸体膨胀、位移指示监测，同时对弹性支撑、台板等相互接触状况进行检查。检查机组启动及带负荷过程中弹性支撑、台板的支撑刚度是否稳定，检查汽缸左右两侧膨胀是否一致、猫爪及滑销系统状态是否存在卡涩；如有异常现象，消除异常后再重新启动；同时控制好主机润滑油的压力和温度，保持油膜的稳定性，避免发生油膜震荡造成的轴系振动。

（2）汽轮机各轴承、轴瓦的振动监测。机组整套启动期间，监测汽轮机各轴承、轴瓦和弹性基础的振动，验证弹性基础的刚度是否满足机组启动要求，其固有频率是否对机组启动及运行造成影响；对启动过程中的各类异常振动（如转子质量不平衡、动静碰磨、结构共振等）进行分析，查明原因，制定相应的处理措施。

（3）各轴承、轴瓦振动监测。对机组带负荷过程中各轴承的异常振动进行分析，制定相应的处理措施。当各加热器投入，各段抽汽管道的温度升高后，应密切注意机组振动与各段抽汽管道温度的相关性，通过振动分析和汽轮机缸体膨胀等数据，及时判断汽轮机是否在管道热应力的作用下发生动静碰磨、汽缸跑偏、膨胀受阻以及轴承载荷变化引起的振动恶化等，如有以上异常情况，应查明抽汽管道应力大的原因，消除异常。随着机组负荷的升高，各轴承所受激振力逐渐增大，激振力中不同频率分量的振动值也随之增大。机组带高负荷后，测试各轴承、轴瓦、厂房不同部位、机组弹性基础以及各段抽汽管道的振动情况，发现是否存在异常振动。

（二）机组甩负荷飞升转速控制

通过与常规超超临界机组比较，可以进行初步的汽轮机飞升转速定量分析，见表14-3。

表 14-3　　　　　　　　　　汽轮机飞升转速定量分析

序号	管道名称	标高变化（m）	管道长度（m）	管道通径（mm）
1	冷再到高压缸排汽止回门	64～39	52	DN850、DN600
2	主蒸汽疏水	66～23.7	30	DN50
3	一段抽汽至抽汽止回门	64～51	29.303	$\phi141.3\times10$
4	二段抽汽至抽汽止回门	64～51	18.799	$\phi219\times16$
5	三段抽汽至抽汽止回门	47～43	17.405	$\phi325\times18$
6	四段抽汽至抽汽止回门	64～49	16.809	$\phi273\times14$
			26.932	$\phi325\times16$

序号	管道名称	标高变化（m）	管道长度（m）	管道通径（mm）
7	五段抽汽至抽汽止回门	64～51	29.948	φ325×7.5
			4.6	φ457×11
			9.774	φ630×15
			8.478	φ530×113
8	六段抽汽至抽汽止回门	64～39	19.254	φ480×9
			25.856	φ630×11
9	七段抽汽至抽汽止回门	58～44	36.991	φ630×7

根据机组轴系转动惯量、常规布置与高位布置抽汽管道蒸汽容积量差、机组 THA 工况蒸汽参数，初步计算出高位布置汽轮发电机组甩负荷因管路容积增大转速飞升变化值为 24.78r/min，机组实际甩负荷过程中，偏高的转速有可能导致机组超速保护跳闸。

为避免上述问题发生，提出了相应的系统优化内容：前移各段抽汽止回门，减少与汽缸连接的蒸汽管道容积，可以从根本上消除汽轮机转速飞升过高的隐患，此项工作需要更改设计，已经与设计单位进行了充分的沟通。

DEH 选型时的采样时间——一般 DCS 的采样周期为 500ms 到 1s，DEH 的关键数据应能够实现不高于 50ms 的高速数据采集；测试 ETS 系统响应时间，并研究优化 ETS 系统跳闸响应速度的方案，尽可能缩短甩负荷时各阀门关闭时间。

OPC 复位时间——机组甩负荷时，DEH 的超速预估功能将会自动触发 OPC 功能，关闭主、再热调速汽门，汽轮机转速下降，当汽轮机转速低于恢复转速后或 8～15s 后，OPC 功能复归，机组维持额定转速运行。为了保证机组甩负荷功能良好运行，应通过试验过程验证适当延长 OPC 保持时间，保证汽轮机转速稳定下降，减少汽轮机转速波动次数，根据经验，可先将 DEH 的 OPC 保持时间延长 15～20s，然后再通过试验修改相应值。

阀门冷热态关闭时间——严格汽轮机阀门冷热态关闭时间测试，确保机组阀门关闭时间合格。

阀门严密性试验——把控高中压主汽门、调节阀安装、调试质量，确保调节保安系统工作可靠；甩负荷前按规程要求进行阀门严密性试验及抽汽止回阀活动试验，OPC、电超速及备用电超速试验，并确保动作的可靠。

（三）辅机冷却水优化及运行建议

针对辅机冷却水存在的问题，优化措施如下：

方案一：将差压水箱降至标高 70m 附近，有效降低系统静压，避免干冷塔三角形冷却单元超压，将差压水箱出水管道改至干式冷却塔入口管道侧，可以避免系统管道内产生高负压及冷却水汽化，提高系统稳定性，同时稳定干式冷却塔入口压力，有效避免三角形冷却单元超压。系统简图如图 14-3 所示。

方案二：高、低位辅机冷却水布置，将辅机冷却水用户按照标高分为高位辅机冷却水用户和低位冷却水用户，高、低辅机冷却水分别供高低位冷却用户，低位辅机

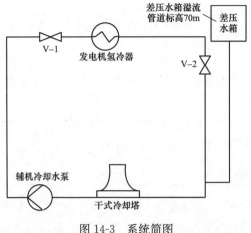

图 14-3　系统简图

冷却水采用干式冷却塔冷却，高辅机冷却水采用换热器由低位辅机冷却水冷却，这样通过高、低位分层布置解决高位冷却水用户压力匹配问题。系统简图如图 14-4 所示。

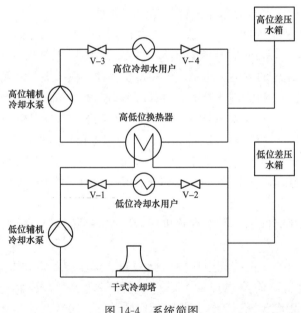

图 14-4　系统简图

调试及运行措施：

系统严密性——针对目前辅机冷却水系统设计存在的问题，试运前应对辅机冷却水系统管道进行严密性试验，避免试运过程中由于负压管段漏入空气造成系统无法正常运行，危及机组安全；系统注水完成后，严密关闭可能产生负压管段放空气阀及放水阀，避免运行过程中空气进入系统。

运行控制要点——要密切监视各标高辅机冷却水压力，重点监视发电机氢冷器及 0m 各层冷却水压力，高标高冷却水用户采用回水调节阀调整冷却水流量，低标高冷却水用户建议采用进水门节流方式调整冷却水流量，避免出现冷却水压力不足或超压现象；辅机冷却水系统启动前差压水箱水位维持中等水位，系统启动初期密切监视差压水箱水位，避免出现差压水箱满水现象；机组运行工况变化时注意监视辅机冷却水是否能够稳定运行，系统管道无冲击，差压水箱水位无异常波动；辅机冷却水泵压力低联锁启动逻辑宜采用泵进出口压差低联锁启动备用泵逻辑，或采用泵入口压力高联锁启动泵用泵逻辑。

（四）抽汽疏水系统优化

根据 DL/T 834—2018《火力发电厂汽轮机防进水和冷蒸汽导则》的相关要求，对本机组的抽汽及疏水系统提出如下优化建议。

抽汽系统及给水泵汽轮机进汽优化——将五段抽汽供给水泵汽轮机进汽管道改至五段抽汽止回阀 1 前，五抽至给水泵汽轮机供汽管路止回阀应采用带辅助动力驱动的止回门，同时辅汽供给水泵汽轮机调试用汽管路加装止回阀及电动截止阀；将六段抽汽至给水泵汽轮机补汽汽源改至六段抽汽止回阀前，六段抽汽至给水泵汽轮机补汽管道上加装电动截止阀。

疏水系统优化——原设计：a、b、c、d 疏水集管汇入扩容器 B；e、f、g、h 疏水集管汇入扩容器 A。调整方案：通过对 8 个疏水集管各疏水进行调整，调整后的 b、d、f、g 疏水集管汇入扩容器 B（本体疏水）；调整后的 a、c、e、h 疏水集管汇入扩容器 A（管道疏水），具体如图 14-5 所示（图中未体现的疏水保持布置不变）。

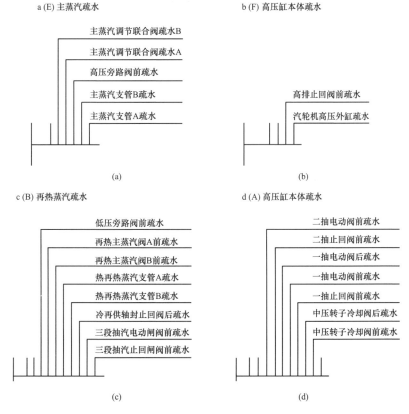

图 14-5　疏水系统优化（一）

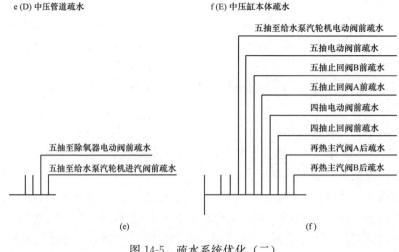

图 14-5　疏水系统优化（二）

（五）高位布置对空冷系统及机组背压的影响

边界条件变化分析——通过仿真分析及试验研究确定，风速、风向等边界条件变化对空冷凝汽器性能的影响，试验机组典型工况下机组负荷及背压等重要参数对特定风速、风向的响应特性，为后期的机组最佳运行背压优化、空冷机组背压 RB 提供必要性提供技术数据储备，也可以为其他高位布置机组空冷机组提供参考依据。为进行高位布置对空冷系统及机组背压影响试验研究，有必要在空冷凝汽器系统对应位置增加相应的温度、风速及风向测点（或临时测点），确保试验的准确性。

背压突升逻辑优化——增加背压突升汽轮发电机组降负荷逻辑，避免机组由于背压高跳闸。

空冷风机优化——试验空冷风机夏季超频运行功能，并可根据空冷风机电流调整叶片角度，优化空冷凝汽器各工况运行性能，减小环境风速及风向的影响。

防范大风影响——在一般情况下，机组背压控制不高于 35kPa，尽量避免背压在临界值运行；同时，要加强对天气情况的预知，在可能发生大风等强对流天气到来前，还要进一步降低运行背压。

空冷系统运行方式优化——通过对各运行工况进行深入的研究，确保空冷机组不因高温、大风等问题出力受阻。根据气象条件，从控制逻辑、运行方式及设备系统优化等方面着手，制定相应的预案及措施，提高空冷系统抵御极端恶劣气象条件（如大风、沙尘等）的能力，最大限度降低恶劣气象条件对空冷机组造成的不良影响。

机组迎峰度夏举措——应在进入夏季前对所有空冷散热片表面进行彻底的高压水清洗，并定期对空冷凝汽器外表面进行清洗，保持良好的换热状态；在空冷风机出口，增加喷雾装置强化换热系统，可有效地降低进入散热器的空气温度，而部分未蒸发的水雾在通过换热面时还会起到强化换热的效果。

（六）给水泵汽轮机设计相关问题优化建议

针对给水泵组特点及所面临的恶劣工况，考虑从以下几个方面采取措施，确保泵组的安全可靠运行。对汽动给水泵组本体及附属系统及保护逻辑机型优化，避免保护逻辑误动，避免出现单点保护逻辑，提高系统可靠性，重点对汽动给水泵组瓦温、振动测点保护进行优化，还要进一步优化给水泵汽轮机挂闸判断条件、给水泵再循环控制逻辑、给水泵入口压力低保护逻辑、给水泵汽轮机润滑油逻辑、给水泵汽轮机盘车逻辑及运行、给水泵汽轮机安全油系统等，采取各种措施确保启动给水泵安全可靠运行。

研究机组背压变化对给水泵组出力的影响，通过专项试验进行定量分析、总结规律，用以指导给水泵组控制及机组协调控制参数优化。

给水泵汽轮机汽源优化措施：增加给水泵汽轮机高压汽源（冷再供给水泵汽轮机汽源）；优化辅汽供给水泵汽轮机汽源管相关疏水系统，使辅汽供给水泵汽轮机汽源管道具备热备用及自动投入能力；增加辅汽供给水泵汽轮机汽源管管道直径，提高辅汽汽源供汽能力。通过以上优化全面提高给水泵汽轮机汽源可靠性，以增加给水泵汽轮机应对背压突升、给水流量增加等极端恶劣工况的能力，显著提高机组运行的灵活性及安全性、可靠性。

为确保机组甩负荷试验顺利，应进行辅汽汽源带给水泵汽轮机的专项试验，确定辅汽汽源单独供汽工况下，给水泵出力（压力、流量）及机组可以达到的最大负荷，确定甩负荷试验时给水泵的控制策略及其他具体操作细节，确保甩负荷试验安全及试验的顺利进行，同时也可为机组运行提供相关指导意见。

考虑到电动给水泵共用及给水泵汽轮机直排空冷冷岛的设计及冬季受限于空冷岛最小防冻流量的限制，应通过合理的进度及试运计划安排，避免在冬季进行锅炉吹管工作，避免冬季两台机组同步启动情况的发生。

（七）稳压吹管主要技术举措

高位布置超超临界机组蒸汽吹管较传统布置方式涉及多项难点，其中包括临时热膨胀量及部分管道和消声器出机房悬空布置、主蒸汽靶板装设位置、凝结水系统储水量小、主再热管道变短后导致应力大可能对锅炉膨胀的影响、电动给水泵与汽动给水泵配合、系统阻力与吹管参数确定等都是机组吹管过程中需要重点关注的安全和技术要点。

吹管方式选择——根据高参数、直流锅炉、蓄热能力较差的特点，从经济性及吹管效果考虑，本次吹管采用稳压串级吹管的方式，主蒸汽系统和再热蒸汽系统吹管串联吹扫一次完成。为了提高吹管效果，中间穿插降压吹管，每次稳压吹管结束进行不小于 12h 大冷却，冷却不少于 2 次。

吹管系统参数比对及膨胀检查——对于机组蒸汽吹管，应重点关注并解决临时管道受力情况，在热态冲洗、试吹、降压吹管、正式稳压吹管等不同阶段加强临时系统受力、支吊架等是否牢固可靠、膨胀自如的检查。在吹管的不同阶段，对比实际吹管参数（压力、温度、系统阻力）与吹管系统选用参数，确保所有参数在选用范围内，如有异常或超处的，应停止升温升压，在作出相应准确判断或补救措施前不得进行后续作业。该高位布置汽轮机项目为首次工程应用，主再热蒸汽管道变短，有可能引起膨胀量不足、管道热应力变大，进而传导到锅炉或汽轮机本体，也是本次吹管重点监视的关键；本次吹管锅炉热负荷达到 40%～55%B-MCR，因此本次吹管也是检验机组膨胀系统的良好机会，为后续试运奠定基础。

吹管质量验收——高位布置汽轮机，主蒸汽系统管道较传统布置方式短，增加了主蒸汽系统靶板布置、验收的难度。装设靶板检查器的空间及上下游直管段的距离不满足规范要求，临时系统需适当增加长度，增加了施工的复杂性。根据行业标准及国华电力公司相关规定，主蒸汽系统均要求检验靶板。稳压吹管方式检验靶板时，要求施工单位制作能够在线更换靶板的装置。

补排水能力——要求EPC总包单位负责校核吹管期间综合补水能力达到1000t/h，需临时增加的管线及泵等续综合考虑5、6号机组公用的情况；机组排水系统在冷热态冲洗期间，连续排水能力不小于600t/h。

锅炉上水方式——主、再热蒸汽管道变短，其相应的吹管系统（正式及临时）的阻力相应也会变小，本次吹管的压力可能会低于传统布置，增加了汽温控制的难度，本次吹管将采取临时措施，将主给水电动门改为点动操作、同时使用汽动给水泵上水、电动给水泵供再热减温水的运行方式。

给水泵汽轮机排汽要求——蒸汽吹管过程中要投入真空系统、汽封系统、直接空冷系统，由于空冷凝结水不能回收，直接空冷系统应具备热态冲洗条件，热态冲洗临时管路及临时水箱应安装完毕。

部分子组功能实现——吹管时，需基本完成除汽轮机冲转外的所有工作，为了及早暴露问题、优化完善系统功能，在本次吹管前和吹管期间穿插完成冷却水子组、凝结水子组、给水子组、烟风子组、制粉投运、锅炉点火等相关功能的动静态调试及初步优化。

（八）再热器温度623℃调试重点

1. 冷态试验前的检查验收

一次风、二次风（周界风、燃尽风、助燃风、消旋风）喷口等水平偏置安装角度及上下摆动连杆在零位时，二次风喷口垂直度的检查；各一二次喷口、制粉系统各风道等内部杂物的清理验收；各风量风压变送器、一次元件及仪表管的严密性试验；所有一二次风门、烟气挡板动作试验，首先确认挡板轴端刻度与挡板实际开度一致；确认轴端刻度与就地指示一致；确认就地指示与计算机指令一致，同时检查DCS反馈信号，偏差不得大于±5%。

2. 冷态试验关键点

挡板特性试验——风机动叶、制粉系统冷热风调门、燃烧器区域所有二次风挡板特性试验在开度（0、25%、50%、75%、100%），并绘制特性曲线。

调平试验——在二次风总风量（动叶开度或电流）在30%、50%、75%、100%等典型工况下二次风挡板的调平试验；一次风调平试验，同层各燃烧器偏差小于±3%。

炉膛出口烟气流场——通过改变二次风（启旋、消旋）配比、改变消旋水平角度、二次风上下摆动角度等多个试验工况进行炉膛出口烟气流场的测试，掌握不同工况下炉膛出口左右、上下流场的变化，为热态调整提供依据。

分别进行有、无等离子燃烧器的动力场贴壁风、炉内切圆大小的精细化测试。

3. 热态调整试验

在点火初期、中低高等典型负荷阶段进行优化调整试验。具体试验项目包含：减温水特性、变一次风量试验；变周界风（燃料风）风量试验；变辅助风风量试验；变燃尽风风量试验；变总风量试验；变煤粉细度试验；变燃烧器摆角试验（水平、垂直）；变燃料量分配（制粉系统投运组合）试验；变烟气挡板开度；吹灰器投用效果试验。

全面掌握各变量对过再热汽温、壁温、NO_x、排烟温度、飞灰等重要指标的影响，通过多因素的组合调整，确保重要参数（汽温、壁温）等全面达到或优于设计参数。在炉膛上部或尾部烟道加装试验测孔，利用调试单位的仪器（烟气分析仪、数据采集器、无线变送器等）装备对调整过程关键参数（氧量、NO_x、温度、流速）等进行动态测试、分析。根据典型工况的设备特性，配合热控人员进行自动优化，确保设备在可调的范围内能够按照电网要求或规范进行安全、稳定的变负荷。

4. 针对高位汽轮机布置调整关键要点

在化学清洗、蒸汽吹管前检查所有再热器壁温测点，确保测点正常显示，且同区域趋势一致、正确。在进行各变量，尤其是使用减温水进行汽温调整时，应先小幅度地调整、逐步优化，避免减温水大幅度变化，引起壁温超温或进汽温度波动大，从而影响机组的安全运行。

（九）APS 及全程自动调试举措

针对 APS 系统实现的难点和关键点，通过收集三期工程热力系统和辅机设备的相关资料，结合工程特点（汽轮机高位布置、主要辅机单列设置等），对原有的自动控制系统进行了相应的调整，包括各自动控制系统投入时期和投入方式、投入初期调节方式的选择、投入后调节对象的转换等方面。进一步完善了 APS 系统调试工作策划，并编写了提高自动控制系统调节品质的调试策划等。

自动系统调节方式优化——包括设备的初始定位和超驰逻辑、设定值的形成及变化速率、控制器变参数等方面。

给水全程三阶段自动控制——分为机组启动上水阶段、湿态运行阶段、直流阶段；三个阶段分别通过不同的控制回路来调节汽水分离器水位和给水流量。

主蒸汽压力全程控制——APS 方式下，机组启动前由旁路系统控制主蒸汽压力，在机组并网升负荷过程中，旁路退出的情况下主蒸汽压力和负荷全程控制是通过协调控制系统实现的，分 4 个阶段。机组正常运行时的压力设定值生成回路，机组在滑压阶段，主蒸汽压力的设定等于负荷指令对应的滑压函数加上运行人员设定的滑压偏置。当发生 RB 或 BF 工况时，主蒸汽压力跟踪机前压力。

烟风系统全程控制——APS 下的送风全程控制关键是在机组启停过程中生成合理的风量设定值，包括最小风量设定、燃料交叉限幅后的风量设定和氧量校正后的风量设定三部分，最终输出的风量指令是这三部分的最大值。

在具体的调试过程中，通过大量的设备流量特性试验、定值大幅度阶跃扰动试验等，不断的优化主要自动调节系统的调节品质。

第四节　创新调试技术与成效

一、锅炉动力场试验

锅炉冷态通风动力场试验进行磨煤机风量、二次风风量、送风机风量、一次风机风量、引风机风量标定，以及一次风调平、二次风调平等常规项目，特别针对保证锅炉再热蒸汽 623℃，增加试验工况，找到不同变量对锅炉炉内切圆、水平烟道流场的影响规律。

（1）燃烧器出口风速达到模化风速后，在燃烧器 A 层、AB 层进行不同工况下的切圆测量，通过短飘带（网格）来观察切圆大小情况，如图 14-6 所示。

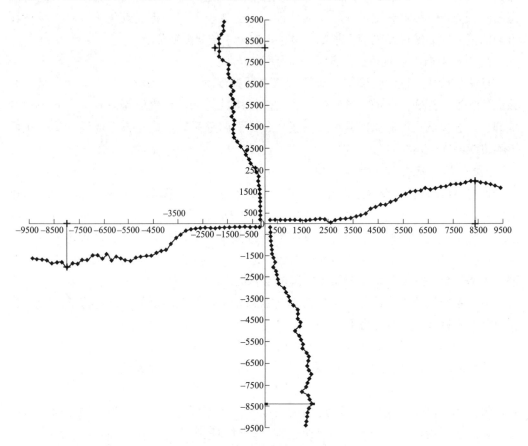

图 14-6　A 层水平摆角切圆（mm）

由图 14-6 看出 A 层喷口切圆位置基本居中，右墙、左墙、前墙、后墙与锅炉中心点距离分别为 8400、8000、8400、8200mm，切圆左右直径 16400mm、前后直径 16600mm，切圆偏大。

图 14-7 看出 AB 层喷口切圆位置基本居中，右墙、左墙、前墙、后墙与锅炉中心点距离分别为 8800、8600、8000、8600mm，切圆左右直径 17400mm、前后直径 16600mm，切圆较 A 层喷口偏大。

（2）调整 A1 层偏置风开度至 100％、60％、30％、0％，测量得到不同工况下燃烧器 AB 层切圆大小，见表 14-4。

调整 A1 层偏置风，在 100％开度工况下，切圆左右侧直径为 17400mm，前后侧直径为 16600mm，关闭偏置风后即开度 0％工况下，切圆左右侧直径为 15200mm，前后侧直径为 15400mm，偏置风可以起到调节切圆大小的作用。

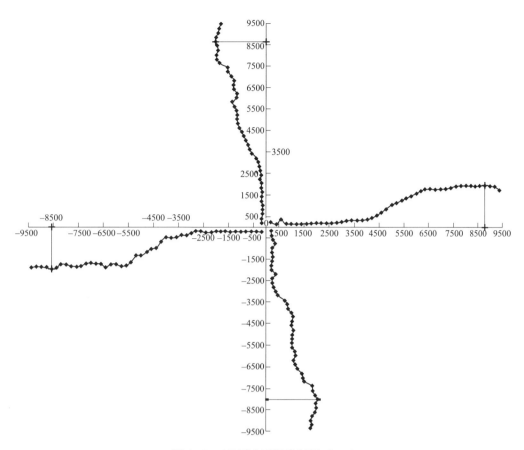

图 14-7 AB 层水平摆角切圆（mm）

表 14-4　　　　　　　　　不同偏置开度锅炉 AB 层切圆大小

偏置开度	右墙（mm）	左墙（mm）	前墙（mm）	后墙（mm）
A1 偏置风 100%	8800	8600	8000	8600
A1 偏置风 60%	8600	8000	8200	8400
A1 偏置风 30%	8000	7200	7400	8000
A1 偏置风 0%	7800	7400	7600	7800

（3）调整 A1 层偏置风开度至 100%、60%、30%、0%，测量得到不同工况下燃烧器 A 层切圆大小，见表 14-5。

表 14-5　　　　　　　　　不同偏置开度锅炉 A 层切圆大小

偏置开度	右墙（mm）	左墙（mm）	前墙（mm）	后墙（mm）
A1 偏置风 100%	8400	8000	8400	8200
A1 偏置风 60%	8200	7800	7400	8400
A1 偏置风 30%	8200	7400	8000	8200
A1 偏置风 0%	8000	7600	8000	7600

调整 A1 层偏置风，100％开度工况下，切圆左右侧直径为 16400mm，前后侧直径为 16600mm，关闭偏置风后即开度 0％工况下，切圆左右侧直径为 15600mm，前后侧直径为 15600mm，偏置风可以起到调节切圆大小的作用。

（4）燃烧器出口风速达到模化风速后，关闭燃烧器 A 层周界风，在 A 层、AB 层进行不同工况的切圆测量，通过短飘带（网格）来观察切圆大小，见表 14-6。

表 14-6 关闭周界风锅炉切圆大小

位置	右墙（mm）	左墙（mm）	前墙（mm）	后墙（mm）
A 层切圆大小	8200	8600	8800	8400
AB 层切圆大小	8600	7800	8200	8600

关闭燃烧器 A 层周界风后，A 层切圆左右侧直径为 16800mm，前后侧直径为 17200mm，AB 层切圆左右侧直径为 16400mm，前后侧直径为 16800mm，周界风对切圆大小影响不明显。

（5）燃烧器出口风速达到模化风速后，燃烧器下摆至最低位，在 A 层、AB 层进行不同工况下的切圆测量，通过短飘带（网格）来观察切圆大小。

燃烧器下摆至最低位，AB 层切圆速度场呈较大区间分布，右墙 4200～9400mm，左墙 4400～9400mm，前墙 2600～9400mm，后墙 6400～9400mm，无明显切圆。

燃烧器下摆至最低位，A 层切圆速度场呈较大区间分布，右墙 4200～9400mm，左墙 5000～9400mm，前墙 3800～9400mm，后墙 4200～9400mm，无明显切圆。

（6）燃烧器出口风速达到模化风速后，燃烧器上摆至最高位，在 A 层、AB 层进行不同工况下的切圆测量，通过短飘带（网格）来观察切圆大小，见表 14-7。

表 14-7 燃烧器上摆锅炉切圆大小

位置	右墙（mm）	左墙（mm）	前墙（mm）	后墙（mm）
A 层切圆大小	6400	6200	6200	7200
AB 层切圆大小	6400	6800	6400	7000

燃烧器上摆至最高位，燃烧器 A 层切圆左右侧直径为 12600mm，前后侧直径为 13400mm，AB 层切圆左右侧直径为 13200mm，前后侧直径为 13400mm，燃烧器上摆切圆明显减小，同时风速 A 层、AB 层炉膛切面的风速减小。

（7）主燃烧器一次风与炉膛对角线夹角为 2°，偏置二次风采用 22°的设计，为典型同心正切燃烧，形成"风包粉"氛围，可有效防止煤粉刷墙，由于一、二次风设计角度不同，通过调节一、二次风风量比可以调节切圆大小，根据设计的一二次风量比，实际切圆大小在 14～16m 之间。

以上为 5 号锅炉动力场试验数据，可以看出，5 号炉切圆较设计切圆大，运行中需注意观察火焰是否刷墙，是否挂焦；6 号炉在燃烧器出口风速达到模化风速后，燃烧器水平摆角工况下，测量 A 层切圆，右墙、左墙、前墙、后墙与锅炉中心点距离分别为 6800、6800、7000、7000mm，切圆左右直径 13600mm，前后直径 14000mm，切圆基本接近设计切圆；其他工况与 5 号炉切圆变化规律基本相同。

（8）水平烟道流场分布。燃烧器出口风速达到模化风速后，调整燃烧器摆角、偏置风开度、烟气挡板等不同工况，测量水平烟道流场分布，水平烟道分布为右侧至左侧。

燃烧器水平摆角，在二次偏置风开度100％、80％、40％、0％水平烟道流场分布基本均匀，主要是由于冷态工况水平烟道流速偏低。

燃烧器上下摆角、烟气挡板开度调节对水平烟道流场影响不大。燃尽风调节至+20°，炉内旋转增强，水平烟道流速左侧速度明显高于右侧；燃尽风调节至−20°，起到消旋作用，水平烟道流场流速均匀。

随着高低位燃尽风开度增大，水平烟道流场由左侧流速高于右侧，逐渐趋于均匀分布。关闭单个燃烧器二次风挡板开度，对水平烟道流场影响不大，无明显规律。

二、冷却水压力分析

（一）干冷塔冲水过程系统压力波动

在系统试运干冷塔冲水过程中，造成了系统压力波动，干冷塔冲水过程中系统压力最低降至0.57MPa，并造成发电氢气冷却水断水。针对此问题，由于系统优化方案改动量大、周期长，并未实施，在调试期间进行了逻辑优化。优化后的充水程控，将冷却单元充水与系统充水同步进行，双方能够弥补系统水量变化造成的压力波动；将冷却单元充水程控中充水阀开步续由两段改为一段，取消第二段开阀时间，减缓冷却单元充水流量，从而减小冲水过程系统压力波动。优化后干冷塔冲水程控见图14-8。

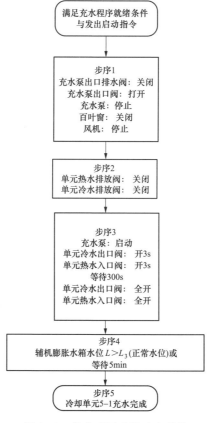

图 14-8　优化后干冷塔冲水程控

优化干冷塔充水程控逻辑后充水过程系统压力最低降至 0.73MPa，仅比正常运行压力降低 0.01MPa，冲水过程能够满足系统安全、稳定运行要求。

（二）高位布置辅机冷却水系统流量测试

辅机冷却水的用户遍布整个厂房，为确定冷却水流量的分布情况，选取位置最高的用户氢冷器（汽轮机厂房 65m 层）和循环回路远端的引风机冷油器（靠近脱硫厂房）为对象进行了一系列流量测试，结果见表 14-8 和表 14-9。

表 14-8　氢冷器冷却水流量测量结果

编号	辅机冷却水泵永磁调速装置开度（%）	转速（r/min）	母管回水压力（MPa）	氢冷器流量（t/h）
1	80	92	0.53	800
2	75	900	0.54	780
3	65	835	0.56	730
4	60	790	0.57	690
5	57	754	0.58	650
6	54	705	0.59	620
7	48	640	0.61	560

表 14-9　引风机冷油器冷却水流量测量结果

编号	转速（r/min）	母管回水压力（MPa）	引风机冷油器流量（t/h）
1	927	0.53	14
2	896	0.53	13.5
3	870	0.54	13
4	850	0.55	12.9
5	820	0.56	12.3
6	720	0.59	10

由表 14-8、表 14-9 可见，在用户的进、回水阀门开度不变的情况下，其冷却水流量与辅机冷却水泵永磁调速装置开度（转速）呈正比例关系，开度越大，流量越高。

在机组正常运行、全部用户正常投入期间，固定辅机冷却水泵的转速后，对各重要用户的冷却水流量进行了测量。测量期间，用户回水调节阀自动正常投入，回水温度控制在正常范围内，未发生异常升高现象。测量结果表明，合理地调整辅机冷却水泵转速，控制好各用户的进、回水阀门开度，可以保证远端用户（氢冷器、一次风机冷却器、送风机冷却器、引风机冷却器）的冷却需要。具体数据见表 14-10。

表 14-10 各重要用户测量结果

名称	设计流量（t/h）	测试流量（t/h）
辅机冷却水泵出口	3200	1800
氢冷器	600	160
主机油冷却器	830	142
密封油冷却器（空侧）	120	0
密封油冷却器（氢侧）	60	0
定冷水冷却器	400	38
给水泵汽轮机油冷却器	108	18
一次风机冷却器（液压油＋润滑油）	20	22.2
送风机冷却器（液压油＋润滑油）	20	25.3
引风机冷却器（液压油＋润滑油）	20	25

三、锅炉稳压吹管

（一）锅炉静压上水

首次尝试锅炉静压上水，利用连通器原理，利用辅汽将除氧器加热至一定压力后，在不启动给水泵及前置泵的情况下，通过静压向锅炉上水，并完成锅炉冷态冲洗，5 号机组锅炉吹管阶段进行锅炉静压上水调试，将除氧器加热至 0.5MPa 时，能够达到锅炉上水要求，将除氧器加热至 0.8MPa 时，能够达到锅炉冷态冲洗流量 210t/h。

采用静压上水方式，可以控制上水时间与传统静压上水时间相当，但静压上水可以避免锅炉给水旁路调节阀差压大问题，同时静压上水不需要启动给水泵、真空等辅助系统，可以节约厂用电。

（二）锅炉冷热态冲洗

锅炉上水完成后，进行冷态冲洗，为提高冲洗效果，缩短冲洗时间，节约工质，采用变流量、变温度冲洗，通过调整给水旁路门开度（0～83.8%）的大小，快速开关，改变冲洗流量，同时逐步提高除氧器温度，直至除氧器温度达到 120℃ 左右，快速开大给水旁路门，待除氧器温度下降 50℃ 左右时，关小给水旁路门，反复操作，冲洗过程中除氧器温度最高达到 150℃，保证了水质的快速合格并回收，同时减少锅炉热态冲洗时间，通过上述方法实施，达到启动分离器水质铁离子含量仅 20μg/L，远超合格标准。

（三）临机加热投运

一般临机加热系统是将一期工程两台机组冷再管道连通，再从此管道分别引出管道分别连接至两台机组的 3 号高压加热器，在机组启动过程中投运此系统以提高给水温度，但本期工程临机加热汽源取自辅助蒸汽，压力等级低于冷再压力，以额定辅汽压力 1.0MPa 计算，考虑管道压损、加热器端差等高压加热器出口压力可以达到

180℃，可以增加锅炉冷态冲洗效果，进一步提高辅汽压力，可以实现不点火热态冲洗。

（四）机组补排水能力试验

吹管前，为保证锅炉稳压吹管连续补水量，特进行了机组补水能力试验。机组补水流程，除盐水箱—除盐水泵—凝补水箱—凝输泵（凝补泵）—凝结水箱，全厂共设置3台小除盐水泵、2台大除盐水泵、1台凝输泵、2台凝补泵，从除盐水箱经过一根母管输送至凝补水箱，母管设置调节门，凝输泵设计最大出力660t/h，凝补泵设计最大出力在39t/h，经过凝结水补水试验发现，凝输泵与两台凝补泵同时运行时，最大补水量能够达到1000t/h，再加上凝结水箱（300t）、除氧器（200t）容量，在保持凝结水箱、除氧器高水位情况下基本满足稳压吹管要求；再次对凝补水箱补水能力进行试验，启动不同除盐水泵补水，可以看出，在启动5台除盐水泵，调节阀全开工况下，除盐水母管压力达到0.45MPa，补水流量达到881t/h，不能够满足稳压吹管45%B-MCR（927t/h）工况流量要求，通过检查系统，发现除盐水至凝补水箱调节门通流直径远小于母管直径，对补水能力限流严重，为此在调节门旁增加旁路，同时设手动门，再次进行补水试验，在启动5台除盐水泵，手动旁路门全开、调节门全开工况下，补水量能够达到1000t/h，除盐水泵不超电流，运行正常，能够满足稳压吹管补水量要求。

机组冷态冲洗期间，冲洗耗水量大，约20000t，冲洗流量在500～700t/h，排水方式有两路，一路排水至400m³容量机组排水槽，通过3台排水泵输送至一二期工业废水池，处理能力约400t/h，不能够满足冷态冲洗流量要求；另一路为增加的临时排水管路，首次在集水箱底部放水管接临时排放管至附近支路雨水井，但由于雨水井地埋管堵塞严重，导致排水不畅，后将临时排放管接至雨水井母管，同时在母管加装手动门；冷态冲洗过程中，通过调整临时排放母管手动门开度，控制冲洗水至机组排水槽排水量，防止一二期废水池溢满，同时及早试运锅炉疏水泵，在疏水箱水质铁离子含量达到1000μg/L时，启动疏水泵进行回收。锅炉集水箱排水管路设计有减温水，进行热态冲洗前，检查发现由于锅炉疏水温度测点安装错误，集水箱排水温度接在底部放水与减温水混合管后面，但与减温水管距离太近，无法准确监视溢流水管混合后温度，同时集水箱溢流水管无减温水管，造成无法监视疏水温度，为此提出通过就地采用点温枪的方式测量水温。通过减温水严格控制机组排水温度，一方面由于机组排水槽至一二期排水管道为衬塑管，同时一二期衬塑管道老化严重；另一方面当水温高时，排水泵空蚀严重，处于不出力状态，不能够及时排水，因此，需将排水温度控制在70℃以下，提出将温度测点更改至集水箱底部放水管与溢流管混合后母管位置。

四、空冷岛热态冲洗

（一）优化冲洗临时系统

2020年11月，为实现空冷岛热态冲洗后不停机回收凝结水，临时系统变更执行完毕，具备凝结水外排与回收条件。空冷岛热态冲洗临时系统如图14-9所示。

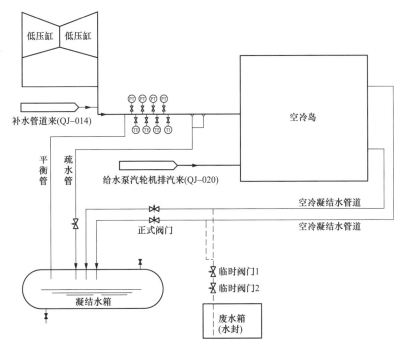

图 14-9　空冷岛热态冲洗临时系统示意图

（二）空冷风机试转

5 号机组空冷风机开始整体试运结束后，共有 7 台风机需要停电消缺，运行正常的 57 台风机均进行了变转速试验与超频试验。风机整体试运期间的环境温度约为 10℃，所有风机超频运行未发生超电流现象，风机电流整体一致，无须进行风机扇叶角度调整，见表 14-11。

表 14-11　　风机超频试验数据统计（风机频率 55Hz，环境温度 10℃）

编号	1	2	3	4	5	6	7	8
第一列	174	174	180	184	178	180	消缺	183
第二列	177	177	180	180	182	181	180	194
第三列	181	181	消缺	180	175	176	177	186
第四列	187	185	175	180	176	176	175	180
第五列	181	176	消缺	178	179	消缺	173	179
第六列	180	182	186	178	消缺	185	178	182
第七列	181	182	消缺	186	182	183	185	186
第八列	181	177.6	180.5	179	183	消缺	180.4	175

需要消缺的风机在机组 2020 年 12 月 1 日前全部试运完毕，超频运行电流均未超过额定值。

（三）空冷岛热态冲洗

锅炉点火后，主蒸汽压力 9.08MPa，高、低压旁路全开运行，开始空冷岛热态冲洗工作，空冷岛热态冲洗采用逐列、变温度、变流量冲洗方式。

试验时的环境温度约为−7℃。冲洗开始前，将机组真空系统的保护定值临时修改为50kPa；空冷岛进汽后，第七列隔离阀后温度快速上升到65℃，全开此列隔离阀防冻。

在已经投入5列空冷散热器的情况下，以每10分钟间隔，逐列增减风机转速，变化冲洗列的蒸汽量与凝结水温度，提高冲洗效果。

随着3、4、5、6、7列的逐列冲洗，9∶44开启第二列隔离阀门，12∶04开启第八列阀门，13∶19开启第一列阀门，上述阀门全部开启后，进行所有列的循环热态冲洗工作。冲洗工作共进行了4轮，第三次循环冲洗结束后，联系化验人员进行逐列清洗的实时取样工作，化验结果表明，通过4轮空冷凝汽器的循环冲洗，凝结水水质合格，至此，5号机组空冷岛热态冲洗工作结束。5号机组空冷岛热态冲洗仅使用了约9h，将凝结水水质含铁下降到1000μg/L，冲洗合格。后续一天的凝结水水质连续监测，未发生精处理前置过滤器反洗时间间隔缩短和凝结水铁含量增高现象。空冷岛冲洗过程顺畅，冲洗效果理想。

五、高位布置机组振动分析与测试

(一) 弹性基础平台模态分析

锦界三期项目汽轮机组轴系共高压、中压、低压、发电机四根转子构成，轴系长度远高于单个转子，使轴系中最低临界转速降低。弹性基础平台不但要满足设备安装承载功能，同时其低阶模态固有频率还应远离轴系的工作转速和主要临界转速，使轴系与平台的固有频率相匹配。通过对弹性基础平台进行模态分析，分析其模态频率及振型，验证弹簧隔振平台是否与机组是否匹配，能否满足机组的安全稳定运行。

鉴于弹簧隔振器的隔振效应，目前国内外弹性基础平台的动力特性主要分析平台与机组轴系的匹配及隔振弹簧的配置问题，因此模态分析也仅考虑基础平台的结构，选取部分典型整体模态的固有频率及对应振型。根据弹性基础平台有限元模型，计算分析后的前16阶振动固有频率及模拟轴系工作转速下平台振动如表14-12及图14-10所示。

表 14-12 弹性基础平台模态固有频率计算结果

阶 数	频率（Hz）	阶 数	频率（Hz）
1	6.336	9	42.627
2	9.275	10	42.784
3	17.615	11	45.844
4	20.817	12	48.121
5	21.747	13	49.199
6	24.934	14	50.405
7	33.322	15	52.543
8	33.981	16	52.862

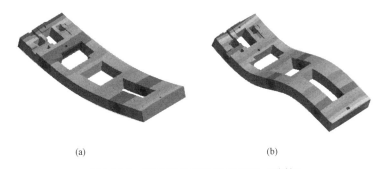

(a)　　　　　　　　　　　(b)

图 14-10　基础平台部分典型振型（计算）

(a) 竖向一阶；(b) 竖向二阶

由计算结果可知：

（1）该弹性基础平台的固有模态频率设计满足选配基本设计要求，即其低阶高能量主模态远离汽轮机组轴系的工作转速（50Hz）和各转子的临界转速。

（2）通过模态分析得到的基础平台的模态固有频率值非常密集，且在 50Hz 附近存在一定数量的固有频率，但都是高阶低能量频率，对机组正常时运行影响较小。

（二）振动测试

1. 汽轮机启动前各轴瓦载荷变化测试

为了判断汽轮机启动及带负荷后基础平台是否存在标异常引起的轴承振动，根据汽轮机各轴承均为可倾瓦、盘车状态下各轴瓦下瓦左右两侧载荷基本相同的情况，通过汽轮机启动前不同工况下轴瓦温度变化判断轴承受力是否一致，从而判断各轴承在机组启动及带负荷过程中工作是否正常。

（1）抽真空后轴瓦载荷变化测试。布置在弹性基础平台上的汽轮机建立真空后，在大气压力的作用下，低压缸受到向下的力，造成弹簧隔振器载荷增加。如果存在弹簧隔振器刚度调整不合理、支柱刚性不足等原因，机座平台将产生不均匀沉降，使轴系扬度与设计值产生偏差，进而造成各轴承载荷异常，将出现汽轮机启动过程中过临界困难、带负荷过程中轴承振动异常等故障。沉降发生后，低压缸前后轴承与其相邻轴承的标高将发生变化，引起轴承温度发生变化，因此通过机组建立真空前后的低压缸轴承与相邻轴承的轴瓦温度能够判断基础平台变高变化是否一致。

2020 年 11 月 26 日 5 号汽轮机送汽封、抽真空当机组背压降至 6.2kPa 时，低压缸前轴承（5 号轴承）与同一轴承箱的 4 号轴承的下瓦左、右瓦块温度偏差，以及低压缸后轴承（6 号轴承）与其同一轴承箱的 7 号轴承的下瓦左、右瓦块温度偏差均在 0.5℃以内，并未出现在汽轮机抽真空后因弹簧载荷变化造成的平台不均匀沉降。由于机组的设计背压为 9.7kPa，说明汽轮机在设计背压运行时，低压缸两端的隔振弹簧能够保证低压缸及附近的平台沉降均匀，从而使轴系扬度与设计值始终保持一致，各轴承也不会出现因真空造成的载荷异常引起的振动增大。

汽轮机在盘车状态，此时的轴承温度反映的完全是轴瓦的静态载荷。当汽轮机抽真空后，机组背压降至 11.7kPa 时，低压缸轴承（5、6 号轴承）及其相邻的轴承（4、7 号轴承）轴瓦温度偏差均在 0.5℃以内，但是 2 号轴承轴瓦温度较 1 号轴承和 3 号轴承高约 4℃。2 号轴承标高较 3 号轴承仅高约 1.8mm，由于 1 号轴承温度与 3 号轴承温度基本一致，且 3 号轴承较 4 号轴承高约 1.8℃，未出现因 2 号轴承载荷高造成的 1 号轴承和 3 号轴承温度偏低的情况，由此说明 2 号轴承温度高并不是载荷引起的，可能还存在轴瓦顶隙偏小等问题，在机组启动及带负荷过程中可能出现轴瓦温度高的问题。

（2）蒸汽管道受热后轴瓦载荷测试。高位布置的超超临界汽轮机主蒸汽、再热蒸汽管道距离长、管径大，管道工作温度高，受热后蠕变变形量大。如果管道限位不合理或支吊架刚度调整不当，管道受热后膨胀受阻，管道残余热应力得不到释放，残余热应力作用在汽轮机上，汽缸将出现跑缸、轴承座出现偏移故障。当以上故障出现后，轴瓦的载荷将发生变化，轴瓦温度也将随之变化。

2020 年 11 月 27 日锅炉点火后，汽轮机主汽门、再热汽门前温度均升至 400℃ 以上。在蒸汽温度上升过程中，1～3 号轴承左、右两侧瓦块温度有同步上升的趋势，然后又出现了一个同步减小的趋势，最后均保持在 40℃ 左右。在轴承温度变化过程中，1～3 号轴承左、右两侧瓦块 6 个温测点的趋势曲线始终平滑，未出现明显的跳变，轴瓦载荷在蒸汽温度上升前后始终一致。由此说明主蒸汽、再热蒸汽管道温度升高至汽轮机冲车所需的参数时，主蒸汽、再热蒸汽管道膨胀顺畅、不存在残余热应力作用在汽缸上的现象，汽轮机的高压、中压缸未受到蒸汽管道产生的残余热应力。同时可以进一步判断：汽轮机启动及带负荷过程中不会出现因蒸汽管道残余热应力造成的汽缸跑偏故障。

2. 汽轮机启动及带负荷过程中振动测试

（1）汽轮机启动过程中振动测试。5 号汽轮机布置在弹性基础平台上，在汽轮机冲车过程中，如果隔振弹簧的刚度调整不良，弹性平台有可能在转子激振力的作用下出现明显的沉降，引起轴瓦载荷降低、振动增大，同时隔振弹簧附近的平台由于刚度降低，振动增大，在载荷较大的 2～5 号弹簧隔振器附近的平台下部布置振动传感器，测试汽轮机启动过程中，不同转速下的平台垂直方向的位移变化。弹簧隔振器附近平台振动传感器布置如图 14-11 所示。

图 14-11　弹簧隔振器附近平台振动传感器布置图

5 号汽轮发电机组于 2020 年 12 月 1 日首次顺利冲车至 3000r/min。在汽轮发电机组启动过程中 2～5 号弹簧隔振器附近平台垂直方向振动如图 14-12 所示，汽轮机转速在 850r/min 附近时 2～5 号弹簧隔振器附近平台出现振动峰值。由于汽轮机的高压、中压和低压转子一阶临界转速均远离该转速，说明弹性基础平台及设备存在 14.17Hz 的共振，但是由于共振峰值均在 15μm 以内，对汽轮机各轴承载荷影响轻微，通过汽轮机

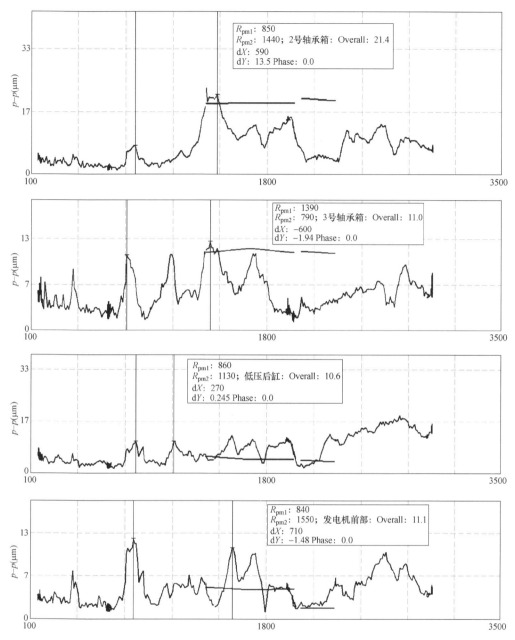

图 14-12 汽轮机启动过程中 2～5 号弹簧隔振器附近平台垂直方向振动 Bode 图

启动过程中振动 Bode 图，各轴承振动在该转速下均未出现变化。

汽轮发电机组转速在 1130r/min 时 3 号轴承箱和低压缸后部弹性基础出现振动峰值，由于该转速为低压转子的一阶临界转速，低压转子质量较重，能够产生较大振动激振力，因此认为该振动峰值为低压转子一阶临界转速产生的激振力造成的。低压转子两端的 5、6 号轴承和与之相邻的 4、7 号轴承振动 Bode 图均未出现明显的振动变化，说明平台垂直方向的位移变化未对低压转子振动及载荷分配造成影响，同时也说明低压转子一阶动平衡优良。

汽轮发电机组转速在 1400r/min 附近时 2 号和 3 号轴承箱下部弹性基础平台出现振动峰值，由于汽轮机各转子一阶临界转速均远离该转速，说明 2、3 号轴承箱附近的弹性基础平台及设备由于载荷的不同存在 23.3Hz 的共振，由于汽轮机各轴承振动在 1400r/min 振动稳定，说明该振动峰值未对轴承振动产生影响。

汽轮发电机组转速升至 1700r/min 高压、中压转子一阶临界转速附近时，2～5 号弹簧隔振器附近的平台均出现振动峰值，其中 2 号弹簧隔振器附近的平台振幅最大，达到 16μm，平台的固有频率与高压、中压转子一阶临界转速重合，1、2 号轴承振动出现峰值，但是幅值均在 40μm 以内，平台的刚度完全满足高压、中压转子一阶临界转速时的要求。

汽轮发电机组转速升至 2700r/min 发电机转子二阶临界转速附近时，各弹簧隔振器附近的平台在出现振动峰值，其中发电机前部振动最大，达到 11μm，低压缸后轴承和发电机前轴承也出现振动峰值，但均小于 60μm。

汽轮发电机组启动过程中的各轴承振动优良，通过各轴承振动 Bode 图发现，各转子通过相应临界转速时，1～8 号轴承振动均在 70μm 以内，说明汽轮机及发电机各转子动平衡优良，各转子与汽封、油挡等部件间隙合理，未出现较大的动静碰磨；弹性基础平台垂直方向在转子不同转速产生的激振力作用下出现多次共振峰值，但是均未引起轴瓦载荷的明显变化，对各轴承振动未出现明显异常，说明基础平台各组弹簧支撑的刚度调整合理，能够完全满足机组启动时需要。汽轮机在 1～9 号轴承在启动过程中振动 Bode 图如图 14-13～图 14-17 所示。

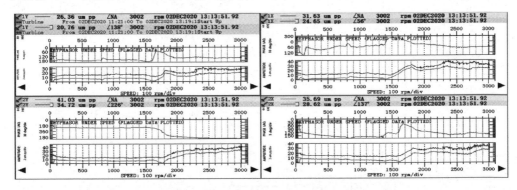

图 14-13　汽轮机在 1、2 号轴承在启动过程中振动 Bode 图

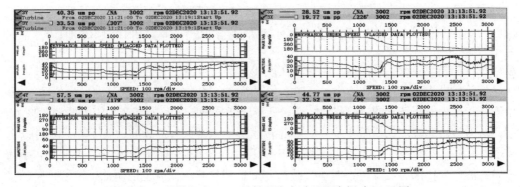

图 14-14　汽轮机在 3、4 号轴承在启动过程中振动 Bode 图

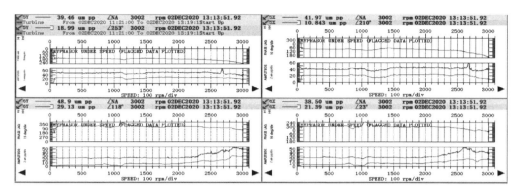

图 14-15 汽轮机在 5、6 号轴承在启动过程中振动 Bode 图

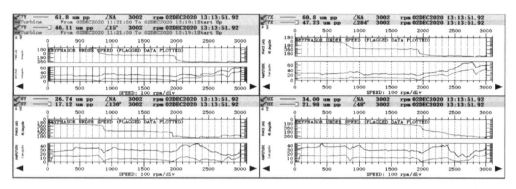

图 14-16 汽轮机在 7、8 号轴承在启动过程中振动 Bode 图

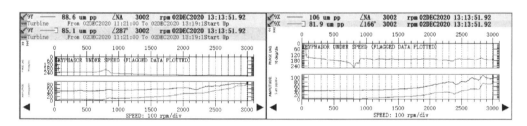

图 14-17 汽轮机在 9 号轴承在启动过程中振动 Bode 图

通过汽轮机启动过程中各轴承振动 Bode 图，得到高压、中压、低压和发电机四根转子在弹性基础平台上的实际临界转速。各转子实际临界转速见表 14-13。

表 14-13　　　　　　　高压、中压、低压与发电机转子实际临界转速　　　　　　r/min

临界转速	高压	中压	低压	发电机
一阶	1807	1477	1192	870
二阶	—	—	—	2137

汽轮机首次冲车至 3000r/min 后 1～8 号轴承振动均在 70μm 以内、振动优良，但 9 号轴承振动接近报警值。汽轮机首次冲车至 3000r/min 时振动数据见表 14-14。由表 14-14 数据可知，9 号轴承振动以 1 倍频分量为主，1 倍频相位角较为稳定。通过 DCS

画面数据显示，汽轮机定速 3000r/min 后，9 号轴承轴瓦温度 52.1/52.7℃，轴瓦回油温度 37.3℃，远低于 8 号轴承轴瓦温度 56.8/57.6℃ 和轴瓦回油温度 54.6℃，说明励磁机转子除存在一定的质量不平衡故障外，9 号轴承还存在轴瓦标高低、载荷不足的故障。汽轮机首次冲车至 3000r/min 时各轴承振动见表 14-14。

表 14-14 　　　　　　　汽轮机首次冲车至 3000r/min 时各轴承振动 　　　　μm∠/°/μm

测试位置	振动值	测试位置	振动值
1X	49∠36/56	5Y	11∠356/32
1Y	33∠110/39	6X	29∠17/44
2X	47∠119/57	6Y	39∠113/56
2Y	55∠204/56	7X	49∠291/56
3X	13∠300/16	7Y	58∠23/70
3Y	11∠50/26	8X	48∠74/60
4X	26∠70/37	8Y	41∠158/60
4Y	36∠161/45	9X	91∠168/115
5X	13∠232/21	9Y	94∠292/97

　　（2）机组带负荷后各轴承振动测试。汽轮发电机组并网后，机组负荷逐渐升至 150MW，进行汽轮机超速试验前的带负荷暖机。机组 1～8 号轴承在升负荷及带负荷暖机期间振动稳定，9 号轴承振动逐渐升高至 120μm 以上，说明带负荷后励磁机转子激振力增加，引起 9 号轴承振动进一步增大。

　　在汽轮机组超速试验过程中，如表 14-15 数据所示转速升至 3300r/min 时 1～8 号轴承振动无明显增大，但是随着转速升高 9 号轴承振动明显增大。汽轮机超速试验转速升至 3300r/min 时各轴承振动见表 14-15。

表 14-15 　　　　　　　汽轮机超速试验转速升至 3300r/min 时各轴承振动 　　　　μm∠/°/μm

测试位置	振动值	测试位置	振动值
1X	31∠48/35	5Y	18∠30/36
1Y	20∠120/25	6X	18∠90/32
2X	28∠131/32	6Y	22∠173/32
2Y	30∠219/34	7X	55∠285/59
3X	32∠300/36	7Y	62∠15/70
3Y	38∠30/43	8X	46∠70/58
4X	48∠114/55	8Y	27∠135/32
4Y	61∠210/67	9X	115∠170/118
5X	23∠312/32	9Y	110∠299/113

由于 9 号轴承振动较大，主要振动分量为 1 倍频，1 倍频相位角较为稳定。为了减小 9 号轴承振动，在励磁机转子平衡轮燕尾槽配重 182g/300°。动平衡后汽轮机冲车至 3000r/min，9X、9Y 方向振动均在 60μm 以内。

（3）高、低压加热器投入后汽轮机轴承振动测试。汽轮机具有 9 级回热抽汽，分别向高、低压加热器及除氧器供汽。高位布置汽轮发电机组布置在 65m 运转层，1～3 号高压加热器、6～7 号低压加热器均布置在 35.3m 运转层，4 号高压加热器、除氧器布置在 27m 运转层。如图 14-18 所示的二段抽汽管道，各抽汽管道长达 30～60m，每根管道上弯头、支吊架、支撑和限位布置远多于普通形式的机组。当各加热器投入运行后，如果管道支撑及限位布置不合理，支吊架刚度调整不当，容易出现管道膨胀受阻，管道膨胀产生的热应力将作用在汽缸上，造成汽缸轴向中心线偏离轴系中心线，转子与静止部件的间隙也随之变化，出现严重的动静碰磨故障，轴承振动将快速增大；同时汽缸跑偏产生的横向力在猫爪的作用下对轴承座产生翻转力偶，使轴承座翻转，引起油膜刚度变化，造成振动快速发散，机组跳闸。二段抽汽管道布置如图 14-18 所示。

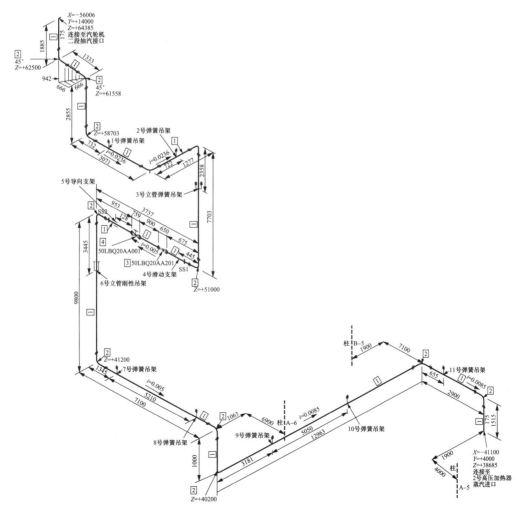

图 14-18　二段抽汽管道布置示意图

通过与汽轮机高压缸、中压缸两端轴承振动及轴瓦温度变化能够判断与该汽缸相连的抽汽管道膨胀是否正常，是否存在作用在汽缸上的残余热应力。在一段、二段抽汽管道温度升高的过程中以及 1、2 号加热器稳定运行的 3h 期间，1、2 号轴承振动无明显的变化，轴承下瓦轴瓦温度稳定，无明显波动及跳变。说明一段、二段抽汽管道受热后膨胀顺畅，高压缸未受到抽汽管道残余热应力，管道布置、支撑和支吊架能满足机组升降负荷过程中抽汽管道温度变化的需要。

在投入与中压缸相连的四、五、六段抽汽的过程中及与之相连的加热器稳定运行 3h 期间，中压转子两端的 3 号、4 号轴承振动及轴瓦温度的变化情况。中压缸相连的各段加热器投入后，在抽汽管道温度上升过程的较长一段时间里，中压缸两端轴承振动无明显的变化，轴承下瓦轴瓦温度稳定，无明显的波动及跳变。说明四、五、六段抽汽管道受热后膨胀顺畅，中压缸未受到抽汽管道残余热应力，因此可以判断四段、五段、六段抽汽管道膨胀顺利，无膨胀受阻故障。

汽轮发电机组启、停及带负荷过程中各轴承振动稳定，如图 14-19～图 14-21 所示，在负荷升至 660MW 后逐渐降低到零、然后停机过程中，各轴承振动在升降负荷过程中未出现明显的爬升。由此说明 1～9 轴承载荷分配合理，转子与静止部件动静间隙合理，汽轮机滑销系统工作正常、汽缸膨胀顺畅；在停机转子惰走过程中，经过各转子临界转速区时，各轴承振动均小于 80μm，说明各转子动平衡优良、转子与静止部件动未出现较大的碰磨故障。

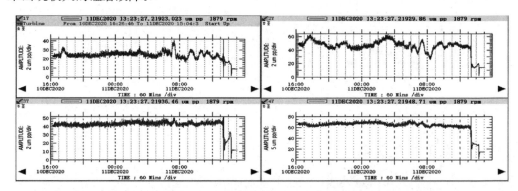

图 14-19　机组升降负荷及停机过程中 1～4 号轴承振动趋势图

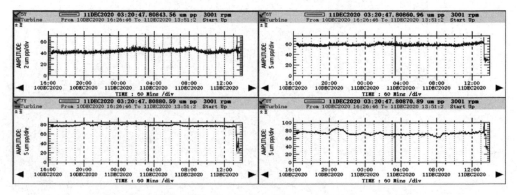

图 14-20　机组升降负荷及停机过程中 5～8 号轴承振动趋势图

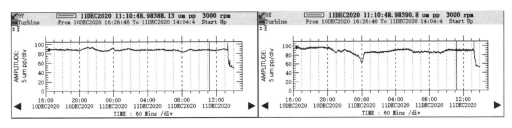

图 14-21　机组升降负荷及停机过程中 9 号轴承振动趋势图

汽轮发电机组负荷逐渐升至 660MW 的过程中，由表 14-16 数据可知，随着带负荷时间的延长，各轴承振动有逐渐降低的趋势。当负荷在额定工况时，1～9 号轴承 X、Y 方向振动均小于 $70\mu m$，说明汽轮发电机组轴系各转子动平衡优秀、转子对轮中心偏差优良、各转子与静止部件无明显的动静碰磨故障，各轴承载荷分配良好、无明显的汽流激振及油膜涡动故障。

表 14-16　　　　　　　　　　　并网带负荷后各轴瓦振动　　　　　　　　　　　　　μm

工况		轴相对振动								
		1 号	2 号	3 号	4 号	5 号	6 号	7 号	8 号	9 号
并网	X	17	36	19	48	29	37	62	58	114
12 月 3 日	Y	16	40	28	57	24	46	67	49	106
100MW	X	13	31	22	52	28	36	61	61	103
12 月 4 日	Y	14	38	31	60	28	46	69	50	106
200MW	X	14	33	19	42	23	32	61	56	55
动平衡后	Y	14	39	33	52	22	37	63	42	71
330MW	X	21	41	25	52	37	48	65	82	85
12 月 10 日	Y	17	47	39	60	35	50	73	64	83
400MW	X	23	32	23	45	25	38	64	81	75
12 月 10 日	Y	16	40	36	52	23	42	70	67	85
500MW	X	22	33	22	47	24	40	62	77	78
12 月 10 日	Y	15	39	38	54	28	44	67	63	82
600MW	X	21	28	24	51	36	51	68	78	75
12 月 11 日	Y	18	30	36	58	39	51	72	60	81
660MW	X	28	31	25	47	23	36	63	62	65
12 月 19 日	Y	18	36	41	53	26	38	65	51	70

在机组负荷额定工况时，通过图 14-22～图 14-24 所示的 1～9 号轴承振动频谱所示，各轴承振动频谱中均出现轻微的倍频成分，说明机组轴系各轴径均存在轻微的动静碰磨，此外 1、2 号轴承振动频谱中还存在轻微的低频成分，说明 1、2 号轴承轴瓦载荷较轻，有轻微的油膜涡动现象。机组在起机并网带负荷过程中，各轴承轴振动值基本稳定，振动主要分量是工频，机组轴系状况良好，如图 14-22～图 14-24 所示。

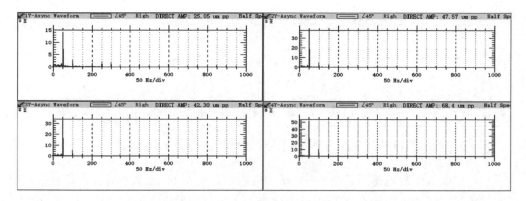

图 14-22　1~4 号轴承振动频谱图

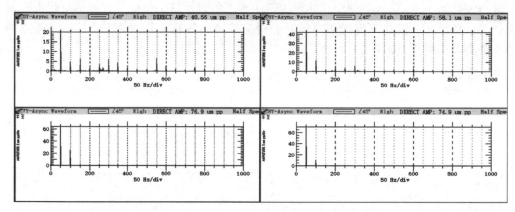

图 14-23　5~8 号轴承振动频谱图

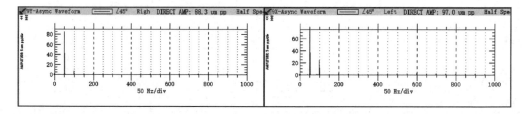

图 14-24　9 号轴承振动频谱图

（三）结论

两台汽轮发电机组在启动及带负荷过程中，弹性基础平台各组弹簧支撑的刚度调整合理，在各种工况下汽轮机轴承载荷正常，轴系扬度与设计值偏差小，支撑弹簧刚度能够完全满足各种工况的需要。机组 1~9 号轴承振动在各种工况下均在 76μm 以内，说明机组轴系各转子动平衡优秀、转子与汽缸等静止部件动静间隙合理，轴系对轮中心偏差小，各轴承载荷分配良好、无明显的汽流激振或油膜涡动故障。

六、高位布置机组甩负荷试验

（一）甩负荷试验难点

1. 汽轮机调速汽门严密性

应用于此现场的汽轮机为成熟的 ZNK660-28/600/620 型汽轮机，此类型汽轮机使用的主调阀和再热蒸汽调节阀体积较大，为了保证阀门开启顺畅而使用了带卸载孔结构（详见图 14-25），使得调节阀在全关工况时有微量漏流。机组进行甩负荷试验时，触发 DEH 的 OPC 超速功能，使得调节阀全关同时主汽阀全开，这会在很高的蒸汽压力时影响汽轮机转速下降速度。

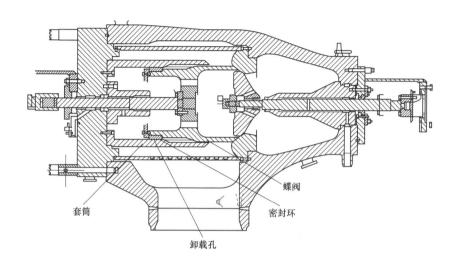

图 14-25　汽轮机调节阀结构示意图

目前，此种带卸载孔结构的调节阀在进行调节阀严密性试验时，汽轮机转速下降后的最终稳定值均高于国家标准的要求。为此，哈尔滨汽轮机厂发布了企业标准，说明此类型结构的合格标准为：当机组试验参数超过半参数、调节阀严密性试验开始后，汽轮机转速下降到 860r/min 以下即为合格；而行业标准为不高于 500r/min。这会对汽轮机转速飞升产生不良影响，不利于机组甩负荷试验结果。

2. 机组抽汽止回阀管路蒸汽容积

从机组系统布置介绍可见，汽轮机高位布置共有 10 层平台，其中第 9 层与第 8 层平台标高差超过 10m，各抽汽止回阀也没有完全布置在距离汽轮机最近的平台位置。使得抽汽止回阀前管道偏长，相应的管道容积较大。这将在机组甩负荷试验时形成新的蒸汽容积，提高汽轮机飞升转速。通过现有数据估算，当机组甩负荷时，汽轮机转速飞升将较常规布置机组偏高约 25r/min。

3. 单系列辅机机组，各项控制参数要求高

锦界三期除汽轮机设备高位布置外，还采用了前沿的辅机单系列布置方式，机组给水泵、送风机、引风机等均为单台方式。当机组甩负荷试验时，这些辅机将在偏低的工况运行，其可调、可控性能将打折扣，此为隐患之一。

机组配置单台 100% 容量汽动给水泵和共用的启动电动给水泵，进行甩负荷试验时，如果汽动给水泵不能维持稳定运行，电动给水泵无法维持超过 22MPa 的给水压力，势必造成锅炉灭火，影响系统恢复速度；加之机组冬季试运，防冻问题也会直接影响机组再次启动，此为机组甩负荷最大隐患。

4. 空冷岛防冻问题

汽动给水泵直排主机空冷岛的方式，在冬季运行时，使用电动给水泵启动然后过渡到汽动给水泵，甩负荷试验如果电动给水泵无法实现旋转备用，汽动给水泵连续运行只有最高 70t/h 的排汽进入空冷岛。如果不能实现空冷岛短时间恢复防冻负荷，空冷岛冻结将会带来致命的后果。所以研究甩负荷试验后，如何保证汽动给水泵运行与机组快速恢复热负荷是试验中和试验后的重点工作。

5. 目标飞升转速

甩负荷试验是一个综合各专业的试验，有一定的安全风险，如何能够利用现有系统，最大限度避免汽轮机超速、锅炉灭火是甩负荷试验的安全底线。在保证基本安全要求前提下，如何保证汽轮机甩负荷试验一次成功，并通过过程试验和系统改造降低汽轮机飞升转速，是现场工作的重点。按照前述的机组特性，预测的甩 50% 负荷工况下，汽轮机飞升转速约为 3080r/min，通过后续的影响因素分析，并实施一定的管控措施，实现机组转速飞升在 3070r/min 左右是可行的。

（二）机组甩负荷相关控制因素

1. DEH 控制参数

DEH 是汽轮机控制的核心，与汽轮机甩负荷和超速试验直接相关的是 DEH 控制参数和 OPC 功能的可靠性，尤其是 DEH 调速控制能力，将直接影响甩负荷试验结果。机组 DEH 控制逻辑由哈尔滨汽轮机厂提供，由和利时控制组态团队实现，经过初步适应性修改后实施。为了保证机组甩负荷试验成功，应针对机组技术特点，研究并发现 DEH 相关控制逻辑问题，针对性修改控制逻辑，方可做到汽轮机各项机械动作可靠、可控。

2. 管道容积

锦界三期汽轮发电机组采用高位布置方式，原本水平布置的各种辅助设备、管道均改变为垂直高度散布方式。由于设备状态已经确定，管道蒸汽容积变化及其带来的不良影响，不可改变。减少此管道容积的影响，可以从抽汽止回阀控制入手，尽快切断抽汽管道反向蒸汽流动。

3. 汽动给水泵运行特性

汽动给水泵的可靠运行是甩负荷试验后机组快速恢复的关键设备，此工程的汽动给水泵为单台全容量泵，相比较小容量给水泵，其在维持锅炉压力与流量时，需要的蒸汽流量较大，现有的辅助蒸汽供汽量能否满足需求，需要进一步试验确定。另外，给水泵汽轮机排汽直排主机空冷岛的设计方式为机组冬季运行带来困难，空冷岛防冻问题也是保证汽动给水泵运行的重点工作之一。

所以，在调试初期制定了详细的试验项目计划：

（1）一二期辅助蒸汽供汽能力试验；

（2）汽动给水泵单独使用辅助蒸汽带负荷能力分析；

（3）汽动给水泵单独使用 5 抽供汽的特性分析；

（4）空冷岛防冻能力试验。

4. 电动给水泵与汽动给水泵配合

电动给水泵为两台机组共用设备，其使用权限切换比较严格，所以当电动给水泵工作权限在另外机组时，机组取得权限需要进行一系列的操作。并且，由于两台机组同时启动造成了电动给水泵使用的不确定性。为此，机组甩负荷试验按照电动给水泵停运方式进行策划，这为机组甩 100％负荷增加了新的难度。为了保证两台机组冬季启动过程的连续可靠，进行电动给水泵、汽动给水泵的带负荷切换试验尤其必要，这不仅是为了甩负荷试验，还是保证机组可靠运行的重要条件。

5. 辅助蒸汽

查阅二期到三期辅助蒸汽联络管道，管道分为两段布置，靠近二期管路为 DN400 口径，靠近三期部位口径变为 DN300 的管路。按照经验，这种口径的管道输送蒸汽能力不能满足常规设计 120t/h 的要求。全容量汽动给水泵的用汽量较大，在机组甩负荷时，利用二期的辅助蒸汽能否满足汽动给水泵和除氧器加热使用需求，需要试验验证。

6. 抽汽回热系统（含高低压加热器冲洗）

汽动给水泵在设计阶段将两个互为备用的前置泵滤网优化为单个滤网，作为单列布置的汽动给水泵，滤网堵塞将导致机组停机的严重后果；然而，甩负荷试验是机组各种设备运行工况的一次大扰动，所有容器均将经历一次压力和液位的波动。如果启动过程中，机组汽水循环品质不合格，一次成功的甩负荷试验将会被杂质影响，导致系统不能快速恢复并网发电状态，甚至引发冬季运行设备冻结等耽误工期的不良后果。

汽轮机的热力系统在吹管期间已经部分投运，3 号高压加热器已经完成了投运和疏水系统初步冲洗。抽汽回热系统的带负荷与冲洗工作将在机组启动后进行，这对凝结水系统和给水系统是个考验，尽早完成抽汽回热系统冲洗，保证良好的凝结水、给水水质也成为甩负荷试验的一项准备工作。

7. 抽汽止回阀活动试验

前述的抽汽管道已经安装完毕，相关的蒸汽容积问题已经无法修改。及时进行抽汽止回阀带负荷活动试验，可以保证阀门动作灵活，间接减小管道蒸汽容积的影响。

8. 空冷岛防冻

根据空冷岛厂家提供的资料，空冷岛少量进汽后，可保证在 2h 内不结冻。当机组 100％甩负荷后，可能发生仅轴封和给水泵汽轮机运行工况，此时空冷岛进汽量约为 90t/h，可保证 2h 不结冻。

（三）调试过程实施

1. DEH、MEH 仿真试验

2020 年 9 月，DEH、MEH 设备到场，进行控制功能纯仿真功能试验。通过仿真试验，发现 MEH 功能与设备不符的内容 5 项，现场进行了功能修改与完善；发现 DEH 多项操作异常，已经进行了修改。

对于甩负荷试验至关重要的机组 OPC 功能，调试人员进行了详细试验和逻辑检查，并将发电机解列触发 OPC 的脉冲时间改为 20s，旨在通过增加调速汽门关闭时间降低管道容积带来的负面影响。以上功能分别在机组 DEH、MEH 相关阀门调整完毕后，进行了相关功能的混合仿真试验，再次验证完善后的控制功能与本机组一致，具备机组动态试运条件。

2. 高低压加热器随机投运

汽动给水泵及其前置泵只有一套滤网，如何保证机组带负荷过程连续、可靠，高低压加热器及其管路的尽早清洗成为了重点。为此，调试人员利用一切机会，进行高低压加热器管道冲洗工作。2020 年 12 月 1 日，5 号汽轮机首次启动，汽轮机挂闸后，低压加热器开启进汽电动门随机启动；5 号汽轮机定速后，高压加热器随机投运；高、低压加热器进汽后，全开危急疏水管路进行系统冲洗。2002 年 12 月 3 日机组首次并网，高压加热器在已经充分暖管状态下随机投入，各级加热器温升及进汽温度变化平缓，高压加热器顺利投入运行。

高压加热器、低压加热器的危急疏水均进入汽轮机疏水扩容器，此时疏水扩容器的温度会上升较快，通过及时调整机组背压，避免了凝结水温突增带来的精处理超温解列。

3. 辅助蒸汽供汽能力试验

2020 年 12 月 9 日，5 号机组汽动给水泵带负荷启动，启动全程使用辅助蒸汽，此调试工作验证了二期辅助蒸汽供汽能力。试验开始后，汽动给水泵升速到 3100r/min，辅助蒸汽联箱压力 0.78MPa，给水泵汽轮机进汽压力下降到 0.39MPa，MEH 的主调阀开度约为 36.35%，汽动给水泵可调可控；当汽动给水泵继续升速到 3551r/min 时，给水泵汽轮机进汽压力下降到 0.35MPa，主调阀开度达到 98.51%，阀门几近全开后，给水泵汽轮机无法调节转速；迅速将供汽汽源切换到 5 抽，由于 5 抽管路较粗，供汽能力强，给水泵汽轮机供汽压力回升到 0.39MPa，主调阀开度恢复到 67.46%。

从以上数据分析，给水泵汽轮机能够正常运作的基本供汽压力不应低于 0.4MPa，当仅使用辅助蒸汽向给水泵汽轮机供汽时，二期到三期管路的节流和辅汽联箱到给水泵汽轮机前的节流情况不可忽视，如果必须保证甩负荷时的可靠性，需要二期和临机共同供汽。

4. 汽动给水泵利用辅助蒸汽冲车、带负荷试验

为了确认汽动给水泵使用辅助蒸汽为单一汽源的带负荷能力，2020 年 12 月 12 日，现场在汽轮机带 200MW 负荷稳定运行状态下，进行了辅助蒸汽独立供给水泵汽轮机带负荷试验。整理出试验数据见表 14-17。

表 14-17　　　　　　　　　　辅助蒸汽供汽动给水泵上水数据

项目	再循环运行	电动给水泵、汽动给水泵并联	汽动给水泵独立上水	汽动给水泵独立上水
机组负荷（MW）	200	200	200	200
汽动给水泵转速（r/min）	3125.32	3277.23	3500	3411
汽动给水泵出口压力（MPa）	17.17	18.45	19.70	17.92
汽动给水泵进汽压力（MPa）	0.63	0.59	0.36	0.34
汽动给水泵进汽温度（℃）	289.5	289.5	290.5	290.8
辅助蒸汽压力（MPa）	0.67	0.65	0.53	0.52
给水泵汽轮机调节阀开度（%）	25.14	30.02	75.19	80.14
给水泵流量（t/h）	435.23	509.82	1012.46	1145

从数据分析，当给水泵汽轮机进汽压力低于 0.4MPa 后，给水泵汽轮机调节阀开度接近 65%，造成给水泵汽轮机调节性能迟缓，所以，如果需要保证给水泵汽轮机调节特性良好，无论使用辅助蒸汽还是 5 抽蒸汽，均应保证给水泵汽轮机进汽压力不低于 0.5MPa。辅汽压力与调节阀开度关系见表 14-18。

表 14-18　　　　　　　　　　　辅汽压力与调节阀开度关系表

项目	数　　据											
流量（t/h）	1130	1149	1135	1150	1121	1125	1115	1117	1097	1117	1107	1099
压力（MPa）	0.35	0.37	0.39	0.41	0.43	0.45	0.47	0.49	0.51	0.53	0.55	0.56
开度（%）	73.8	68.8	63.7	58.2	53.6	50.8	44.3	40.9	38.6	36.9	35.4	34.2

5. 动给水泵正式汽源带负荷能力

根据运行数据统计，汽轮机并网带负荷后，先整理抽汽回热系统各参数到正常值，然后投入给水泵汽轮机运行，在 200MW 负荷时切换到汽动给水泵上水，同时将汽源切换到 5 段抽汽，随着机组升负荷，汽动给水泵相关的运行参数见表 14-19。

表 14-19　　　　　　　　　　　汽动给水泵带负荷运行主要参数

项目	单位	辅汽带	5 抽带	主给水	关再循环	带负荷			
机组负荷	MW	200	240	287	340	440	500	550	660
泵流量	t/h	819.3	900.4	1082.3	1060	1343	1551	1761	2067
给水流量	t/h	631.6	695.3	915.1	1065	1348	1546	1752	2045
母管压力	MPa	21.23	21.28	16.37	18.17	22.44	27.98	28.30	32.30
泵转速	r/min	3575	3586	3264	3378	3922	4468	4652	5147
进汽压力	MPa	0.49	0.56	0.62	0.64	0.78	0.88	0.98	1.14
进汽温度	℃	298.5	298.2	297.7	302.7	335.6	384.5	373.5	381.6
进汽流量	t/h	60	65	71	79	84	100	105	123
主调阀开度	%	53.3	44.5	34.45	37.85	44.93	60.56	63.32	76.43

由表 14-17 所示，当启动给水泵再循环关闭后，机组升负荷过程中，汽动给水泵调节阀开度可控，直至机组带满负荷阶段，阀门开度维持 76.43%，基本达到设计要求。

6. 甩负荷过程策划

两个甩负荷均采用不投运电动给水泵方式，但操作有较大区别，其基本原则为：

（1）甩 50% 负荷时，使用汽动给水泵上水，汽源由一二期与临机冷再供汽共同保障；锅炉不灭火；试验成功后快速恢复并网。

（2）甩 100% 负荷时，由于汽动给水泵无法维持高压力运行，甩负荷需要手动停运锅炉，待汽轮机转速稳定后，汽轮机打闸，汽动给水泵不停运；试验成功后，快速恢复锅炉上水和点火成为恢复系统的关键。

由上述关键点的把控，在甩负荷试验前制定了详细的操作细则，按照不同时间节点控制相应的操作，以便运行人员掌握操作思路和操作步骤。

（四）机组甩 100％负荷

1. 试验准备

（1）汽动给水泵在 100％负荷时，5 抽压力达到 1.1MPa，而辅助蒸汽压力无法与 5 抽并汽运行，甩负荷开始前，辅助蒸汽汽源暖管，全开所有供汽阀门。

（2）为了避免锅炉受到超压冲击，甩负荷试验前，准备手拉过热器安全阀的措施。

（3）为了防止锅炉负压保护动作使得风机跳闸，甩负荷按照 70s 倒计时方式，锅炉提前做措施吹空即将停运的磨煤机。

（4）试验按照"解列"—"MFT"—"汽动给水泵维持转速等锅炉降压"—"锅炉上水、点火"—"空冷岛防冻"—"快速并网"的节奏控制机组运行方式。

2. 过程控制

（1）甩负荷后，汽轮机利用锅炉余热稳定转速，汽轮机转速稳定后，立即打闸防止进汽温度急降。

（2）甩负荷后，汽轮机进汽压力明显降低，主调节阀已经全开，最大上水能力与压力约为 20MPa，实际等待主蒸汽压力下降到 15MPa 后，锅炉方恢复启动流量。5 号机组甩 100％负荷数据见表 14-20。

表 14-20　　　　　　　　　　5 号机组甩 100％负荷数据表

项目（阶段）	单位	待锅炉压力下降	开始上水	锅炉点火	升参数	机组并网
汽动给水泵转速	r/min	3269	3304	3266	3295	3364
泵出口压力	MPa	18.18	18.36	18.03	17.21	18.94
给水泵汽轮机进汽压力	MPa	0.30	0.22	0.26	0.40	0.56
给水泵汽轮机进汽温度	℃	200.3	211.6	235.4	254.9	284.6
辅汽压力	MPa	0.47	0.34	0.38	0.62	0.66
给水泵汽轮机调阀开度	％	99	91.15	66.31	99.79	37.27
汽动给水泵流量	t/h	593.57	524.60	609.10	1117.46	1012.92

3. 实施成效

机组甩 100％负荷时，汽轮机最高飞升转速 3144r/min，机组在没有备用电动给水泵的情况下，以汽动给水泵连续运行保证了机组的快速恢复，试验取得圆满成功。

（五）结论

锦界三期调试工程，通过一系列准备性试验，掌握了机组运行的基本特性，并将总结的经验成功应用于两台机组的甩负荷试验中。两台机组甩负荷试验均未依赖电动给水泵，实现了试验全程汽动给水泵运行，试验过程连续顺畅，机组快速恢复。两台机组甩 50％飞升转速分别为 3073r/min 和 3074r/min，较常规 660MW 级机组高约

10～15r/min；两台机组甩 100％负荷试验的汽轮机飞升转速 3144r/min 和 3141r/min，
与常规布置机组一致，甩负荷试验取得了圆满成功。

七、单列汽动给水泵、给水泵汽轮机直排空冷机组启动及防冻

（一）MEH 系统仿真试验

在给水泵汽轮机控制油系统未具备试运条件前，组织和利时公司人员、运行维护
人员一同将 MEH 系统画面和控制逻辑进行了检查并进行了静态仿真试验，对不合理
的地方进行改动。包括：禁止了运行人员自行设置暖机时间的功能；取消了运行人员
在冲车时自行设置升速率的功能；修改了画面和逻辑，实现了锅炉遥控给水泵的功能，
为给水自动控制打好基础；修改了启动电磁阀（1843）和速关电磁阀（1842）失电顺
序及失电间隔时间，解决了给水泵汽轮机无法顺利挂闸等共 10 余项问题。在给水泵汽
轮机控制油系统调试完成后，进行了混合仿真试验。给水泵汽轮机挂闸、打闸过程画
面显示正确，就地的速关阀和调节阀动作正常。超速保护的各通道均能正常触发停机
动作。

通过 MEH 系统仿真试验，查找不相符的控制功能与参数，保证主机给水泵汽轮
机可靠运行。

（二）真空系统冷态空抽（干拉真空）

给水泵汽轮机直排冷却方式下，若机组启动时通过汽动给水泵进行上水和冲洗，
则需要主机和给水泵汽轮机共用的真空系统在尽可能短的时间内投入运行，因此进行
真空系统冷态空抽试验是十分必要的。2020 年 10 月 26 日，清理汽封套周围的保温等
杂物后，投入各真空测点，启动 A、B 真空泵，真空系统拉真空，先抽主机，再抽给水
泵汽轮机，在不投运轴封供汽情况下，真空系统压力降至 29kPa，试验结束。通过该试
验证明机组真空系统严密性良好，在不投运轴封供汽的情况下也能达到较低的真空度。

（三）汽动给水泵出力试验

单列布置的汽动给水泵的带负荷能力是其核心能力。给水泵汽轮机直排冷却方式
的排汽压力较湿冷方式高、排汽压力易受主机影响等因素，也提高了汽动给水泵带负
荷能力。

因此统计了汽动给水泵的相关运行数据。汽轮机并网带负荷后，先整理抽汽回热
系统各参数到正常值，然后投入给水泵汽轮机运行，在 200MW 负荷时切换到汽动给水
泵上水，同时将汽源切换到 5 段抽汽，当启动给水泵再循环关闭后，机组升负荷过程
中，汽动给水泵调节阀开度可控，直至机组带满负荷阶段，阀门开度维持 76.43％，基
本达到设计要求。

根据泵与风机的相似定律，可知汽动给水泵最大流量 Q_m 的计算公式为：

$$Q_m = \frac{n_m}{n_0} Q_0 \tag{14-1}$$

式（14-1）中，Q_0 为机组额定工况下汽动给水泵的流量，为 2067t/h；n_0 为机组额定工
况下汽动给水泵的转速，为 5147r/min；n_m 为汽动给水泵的最大转速，为 5387r/min。

计算后可知，汽动给水泵最大流量 Q_m 为 2163.4t/h，超过了机组 VWO 工况下要
求的 2060t/h 给水流量。即使在夏季高背压工况（TRL 工况，背压 28kPa，要求给水

361

量 1924.58t/h）下，此汽动给水泵也可保证机组 600MW 以上的出力。

（四）主机启动时直接空冷系统的防冻试验

2020 年 12 月 17 日在 6 号机组进行了空冷岛防冻能力试验，以此验证在仅有轴封供汽和给水泵汽轮机排汽两个汽源时的空冷岛抗冻能力。

试验开始后，锅炉降低燃烧负荷，逐渐关小高压旁路、全开低压旁路使得机组排汽以小流量进入空冷岛，试验从 17：50 开始到 19：30 结束。整个过程中，环境温度约为－8℃，空冷岛投入第 3～第 6 列运行，随着进入空冷岛的蒸汽量减至最低，空冷岛投入列的凝结水温度开始下降，时间来到 18 时 27 分，第 4 列和第 6 列散热器凝结水温度开始快速下降；到 18 时 54 分，所有投入列的凝结水温度下降到 25℃以下后温度快速下降到 2～5℃；随之而来的是空冷抽气管道温度下降，这标志着空冷散热器内部开始结冰。试验于 19 时 29 分开始恢复，锅炉增加燃烧量，逐渐开启高压旁路向系统供汽，各散热器回暖后于 19 时 33 分恢复初始温度。

试验表明，空冷岛在开始进汽后约 40min 开始出现凝结水温度下降，当温度下降到 25℃以下时，凝结水温度下降速度明显加快；凝结水下降到低于 4℃后，抽空气管道温度开始下降，可采取回暖措施，清除空冷岛结冻风险。

（五）冬季不借助电动给水泵的机组启动方案

通过一系列调试与试验，证明在寒冷的冬季采用原始启动方案机组是可以正常启动的。两台机组共用一台启动用电动给水泵，若出现该泵被另外一台机组占用或该泵出现故障、损坏、检修而不可用的状况，则机组无法在环境温度低于 2℃的情况下启动（空冷岛冻结的概率极大），而此种天气在锦界三期所处地区每年长达 5 个月以上，对机组运行十分不利。此处提出一种在冬季不借助电动给水泵启动方案。

（1）凝结水系统正常冲洗，除氧器正常上水。

（2）启动汽泵前置泵，进行锅炉冲洗、上水，疏水全部通过炉侧疏扩外排。

（3）投入邻机加热。

（4）炉侧风机启动，A、B 磨煤机做好启动前的准备，等离子系统做好点火前的准备。

（5）检查汽泵具备启动条件，辅汽联箱供给水泵汽轮机蒸汽管道暖管（至速关阀前）并具备冲车参数。

（6）提前启动两台真空泵干拉真空。

（7）空冷岛 1、2、7、8 列防冻蝶阀全部关闭，所有风机热态备用。

（8）辅汽联箱供给水泵汽轮机轴封蒸汽管暖管（至给水泵汽轮机轴封进汽门前）。

（9）锅炉冲洗水质合格，具备点火条件。

（10）投入给水泵汽轮机轴封，同时给水泵汽轮机挂闸，开始冲车。按照冷态启动曲线，从开始冲车至 2700r/min 耗时约为 46min。至 2700r/min 后汽动给水泵改为锅炉侧遥控，根据需要继续升转速。

（11）观察炉侧给水流量达到 580t/h 以上后，点火并迅速加煤、升参数、提高蒸发量。

（12）汽轮机高、低压旁路全开，并控制好减温水量，保证进入空冷岛的蒸汽尽可能多。蒸汽进入空冷岛 3～6 列，并自然冷却。

（13）锅炉继续升参数，尽快使排汽量达到空冷岛最低防冻流量。

（14）给水泵汽轮机冲车至 2700r/min 过程中，给水泵汽轮机轴封蒸汽和给水泵汽轮机耗汽总流量应不超过 30t/h，耗时不足 50min。根据之前所做的试验可知，在给水泵汽轮机冲转过程中空冷岛不会发生严重冻结。若锅炉侧可做到快速升参数，在冬季利用汽泵启动是可能实现的。

第四篇

生产运营

第十五章

生　产　管　理

第一节　生　产　准　备

一、组织机构

（一）健全组织机构

根据国家能源集团新建火电机组生产准备管理办法、安全风险预控管理体系生产准备管理制度要求，从生产部门抽调专人专职负责三期生产准备工作，成立运行三期分部、维护三期分部，具体负责三期工程生产准备相关工作。生产准备人员配置见表15-1。

表 15-1　　　　　　　　　　　生产准备人员配置表

运行部三期分部	维护部三期分部	共计
经理助理：1 人	经理助理：1 人	
专业组长：6 人	专业组长：10 人	97 人
集控人员：39 人	各专业人员：40 人	

新成立的生产准备组织机构呈现了两大特点：一是机制创新，成立了以董事长为组长，生产副总经理、总工程师为副组长，技术总监为常务副组长专职负责的三期工程生产准备组织机构，设置了运行、维护分部，具体负责三期工程生产准备相关工作，充分发挥生产体系在生产准备期间的主导作用和资源调配优势。二是人员充足，技术力量雄厚。从生产部门共抽调97人专职负责三期生产准备工作，涉及所有专业，所有成员独立管理，确保体系运作顺畅。

（二）明确职责划分

生产准备部门职责划分：运行分部主要对设备选型、系统优化负责；维护分部主要对单体设备质量负责；各部门完成技术资料准备、人员培训、依法合规管理等准备工作，做到分工负责、协调配合。

生产准备职责分工：结合专业特点、人员配置、业务工作量等因素，把工作业务划分为8大类40分项，落实设备分工责任制，按照"谁分管，谁负责"的原则，将单体设备管理责任到人，进行全过程跟踪管控，建立设备质量追溯制度，把好各环节的质量验收关。

（三）梳理制度与落实执行

1. 梳理标准、完善制度

（1）生产准备组织机构成立后，首先确立"依法合规，制度支撑，标准支持，技能保障"的工作思路，根据调整后的组织机构、国华电力公司生产准备管理办法、工程里程碑节点计划修编了生产准备大纲和生产准备工作规划，全面指导生产准备工作的开展。

（2）完成生产调试大纲编制，组织了生产部门、国华锦能公司、国华电力公司三级审查，并完成上报审批工作，按大纲要求跟踪落实调试方案的制定，全面指导系统、设备的调试工作。

（3）根据《三期 2×660MW 机组生产准备规划大纲》组织修编生产准备期质检工作管理办法等 26 项生产准备管理制度及生产准备人员行为要求等 11 个日常管理制度，强化责任管理，建立考核机制，提高人员参与工程积极性，推动生产准备工作高效完成。

（4）收集整理国家能源集团 27 个火电基建管理制度和国家行业标准进行培训学习，掌握最新制度和标准，"有目的、有方法、有措施、有标准、有总结"地开展生产准备工作。

（5）生产准备领导小组组长带队，组织相关人员对九江电厂、京能宁东、鸳鸯湖电厂、宁东电厂调研生产准备工作，全面对标，查找不足，学习兄弟单位先进的管理经验，不断提升管理水平。

2. 明确分工、责任落实

（1）实行"周检查，月总结"的管理方式，通过每周例会对各部门、各专业上周任务闭环通报评价情况，分解落实本周任务计划，核实工程联系单落实情况，分类汇总遗留问题，分配相关责任人专盯专办，重点难点事项与设计院、厂家组织专题会议进行协调解决，促使问题得到有效落实。

（2）生产准备体系建设同步开展，按照"专人管理，分工负责"的原则，分板块负责，各元素负责人定期收集相关资料，定期自查和阶段性集中检查相结合，对查出问题进行整改，并形成自查报告。按时向上级公司报送生产准备工作情况季度报表。生产准备制度明细见表 15-2。

表 15-2　　　　　　　　　　　生产准备制度明细表

序号	制度名称	责任人
1	生产准备技术监督网络管理规定	工程部/维护分部
2	生产准备人员培训管理细则	运行分部
3	外出实习人员管理规定	运行分部
4	现场信息分级报送管理办法	维护分部
5	运行规程系统图管理办法	运行分部
6	物资储备定额管理规定	维护分部
7	进入施工现场安全管理规定	安健环分部
8	可靠性对标管理办法	生技部/运行分部/维护分部
9	生产准备期质检工作管理办法	维护分部
10	基建生产一体化 AB 角管理规定	维护分部

序号	制度名称	责任人
11	生产准备例会管理实施细则	运行分部
12	生产准备启动、调试、操作管理办法	运行分部
13	调试期间设备停送电管理办法	运行分部
14	设备单体启动调试管理规定	运行分部
15	设备（系统）分部试运行管理办法	运行分部
16	机组整套启动试运管理规定	运行分部
17	机组试运缺陷处理程序和管理规定	维护分部
18	调试结果确认管理规定	运行分部
19	试运期间软件和工程师室管理办法	维护分部
20	试运文件包管理规定	维护分部
21	保护定值及逻辑组态、修改审批管理规定	维护分部
22	保护投退管理规定	维护分部
23	性能试验实施细则	生技部/运行分部/维护分部
24	设备命名管理规定	维护分部/工程部
25	基建工程调试深度实施细则	运行分部
26	基建工程调试管理实施细则	运行分部
27	基建工程调试期间DCS管理实施细则	维护分部

二、全过程融入工程质量管理

（一）设计"回头看"

通过"高标准、严要求、勤思考、盯落实、追责任、求卓越"的管理思路，针对三期高位布置与常规布置的差异性，组织生产准备人员开展设计"回头看"。

首先对辅机选型、系统设计进行审查，对各辅机选型的合理性开展辅机选型核算，找出差距，落实能耗指标挖潜的各项措施。促进机组投产后安全、可靠、经济、环保品质提升，全面提高机组安全性、经济性。开展机组经济性"挖潜"，全面排查影响经济性的因素，重点针对空冷岛选型、空气预热器选型、锅炉三大风机等7项影响机组关键技术指标的设备进行了对标核算，形成调研报告22份。

各专业小组全面审查了所辖辅机设备的设计参数，从轴功率计算、电机选型方面进行核对，优化设计，提出并落实锅炉吹灰汽源由热再改为冷再、喷氨优化、给水系统优化（增加给水充水泵）、优化浆液循环泵、氧化风机、脱硫真空泵、除雾器冲洗水泵电机选型等节能优化项目。安全性方面，提出凝结水补水泵流量、扬程不满足补水要求、给水泵汽轮机启停机后盘车状态、高压加热器注水、给水泵汽轮机停机电磁阀二取一风险、给水泵密封水水封优化等整改建议，经过专业组讨论并与总包方、设计院、监理统一整改建议，309项问题全部落实整改，为后期机组安全、经济运行打下坚实基础。

优化核算过程中，各专业小组结合专业理论和工作经验，深挖高位布置非常规设计项问题与不足，提出改进方案，提高系统的安全性和可靠性。汽轮机专业提出了辅机闭式循环冷却膨胀水箱布置高度设计偏低，运行中水压不足以克服流动阻力会导致氢气冷却器出现负压区，影响氢冷器换热效果。

维护分部汽轮机攻关小组，按照1∶500的比例制作了辅机冷却水系统模型，通过模型试验验证了辅机冷却水系统满足高位汽轮发电机组可行性。

辅机冷却水系统模型建模方法：在最高点布置了膨胀水箱，最低点布置了小型水泵，按照高中低压三个等级布置了三组换热系统，深度还原了辅机冷却水系统实际的运行状况，通过各种工况的试验，得出了膨胀水箱放置于锅炉76m平台并验证了辅机冷却水系统运行的可靠性，为系统顺利投运积累了宝贵经验。

（二）技术协议审查

以安全、质量管理为重点，深度融入工程技术把关，生产准备人员明确各系统、各设备责任人的工作内容和目标，做到每个设备有责任人，每个系统有负责人，把工程技术安全、质量的责任落实到了每个人身上，让技术、安全、质量管理责任保持连续性，并通过"严、细、实"地落实相关制度措施，确保把好设备关、技术关。鉴于此，生产准备提前介入，从技术角度出发开展合同、技术协议审查。共核查主、辅机技术协议、EPC总承包合同及技术规范书等文件130份，对于技术问题提出补充意见，提出工程联系单232项。同时提出专项整改方案33项，全部通过审核并落实。

（三）技术指标及图纸核对

高位布置工程无运行经验借鉴，对于任何系统设计图纸均需认真核对其合理性和可靠性。生产准备共审查工艺设计图纸690册，提出给水泵汽轮机疏水管道、高压缸排汽通风阀管道接引错误，辅汽至3号高压加热器疏水门管材选错等91项设计问题及建议并跟踪落实。系统图审核中，提出60只需变更的阀门，实际变更52只，另外增加5只手动门。在给水系统审核中将13只手动门变更为电动门。核对过程中还发现电缆漏设71项，给水泵汽轮机油系统、空气预热器测点等漏设34项、发电机氢干器安装位置设计遗漏、CO_2加热装置安装位置漏设等问题共107项。

组织开展主要管道及压力容器的保温计算。针对支撑架、保温层、固定件、外护板等关键工艺，制定出具体措施，组织对炉本体、静电除尘器、高低压加热器等设备的保温质量进行多轮检查，确保保温安装工艺规范性。

组织热控专业建立设备、管道、压力容器备用接口压力堵板台账，并全面排查堵板和高压管道封头设计统计，热工测点取样接管座、套管设计核查。

继电保护方面，组织开展发电机-变压器组、启动备用变压器、10kV厂用系统定值整定计算，并与外委定值整定计算单位进行"背靠背"校核计算，发现问题15项，经过与定值计算公司沟通交流，确认并修改了11项。随后，邀请国华电力研究院、河北省调等专家进行保护定值评审，重点对"发电机失步保护滑极次数整定""弧光保护出口方式"等6个方面的问题进行了讨论，形成了一致意见，提高了继电保护整定计算的准确性、可靠性，为机组安全稳定试运奠定了坚实基础。

三、特色质量管控

（一）全过程质量管理

1."质量五卡"规范管控

生产准备共编制特色质量"五卡"1508个（设备监造卡328个、到货验收卡451个、质量跟踪卡392个、调试跟踪卡34个、逻辑传动卡303个）。实现质量过程管控"标准表单化"。根据调研情况及各类事故通报，结合负面清单内容，在质量"五卡"编制中细化落实。生产准备人员在质量跟踪过程中有据可循、有理可依，按照规范要求严格执行。

2. 严把出厂验收关

对各台设备进行分级管理，共确定设备见证点715个，重点对汽轮机、发电机、DCS等主设备和给水泵汽轮机及重要辅机主要节点均安排专人到厂见证。对于汽轮机及发电机着重安排专人进行驻厂监造。监造过程中发现问题480多项，如5号汽轮机中压外缸和定中心梁连接板与设计图纸不符；6号机高、中压总装通流间隙多处超差；6号机中压联合汽阀螺栓材质与设计图纸不符，图纸要求为2Cr10MoVNbN，实际检测为1Cr11MoNiW1VNbN，共发现5、6号汽轮机有53项金属材质代用等问题，均及时进行了整改闭环处理。对于重要的设备制造质量建议则联合设备制造厂共同召开专题研讨会协商解决。

2020年初，受疫情影响，对于不能赴厂见证的设备，采用视频方式见证，也取得了预期效果，确保后续出厂设备质量达到技术协议要求。通过严把监造质量关，确保设备质量缺陷消除在出厂前，主设备投运后，未发生设备质量原因导致的不安全事件。

为落实三期工程单体设备质量监督化责任，对各台高压电机在"原材料审核、轴承安装、出厂试验"等方面进行严格把关。如4台UPS出厂验收中发现主机为零部件不符合整机进口要求、发电机-变压器组保护和故障录波装置电流电压回路选用线径小与技术协议不符、自动同期装置继电器DTK同时用于交直流回路易导致交直流互串等问题，均得以妥善处理。

在DCS机柜出厂验收前，对电源冗余切换、网络冗余切换、主控制器冗余切换的结果及切换时间进行明确规定；对模块内、盘柜间、系统间信号传输时间的试验方法及验收标准进行了统一；对于DCS功能的实时性、主控周期、系统操作响应时间等进行精细验收，尤其是针对锦界三期DCS数据传输量大、控制系统精度高等特点，要求必须进行防止网络风暴的全系统测试。DCS（78面机柜）FAT验收总计整理问题及建议149项，其中涉及和利时技术改进的问题22项，施工标准及规范性问题129项。国华电力公司生技部、国华电力研究院、锦界三期生产准备以及工程部相关人员会同FAT验收人员共同核对，对发现的149项问题逐条分析，详细制定整改计划并分类闭环。

机组热力系统中低压阀门数量多、范围广，对两台机组5194台阀门全部落实安装前打压、填充剂核查并确认，做到阀门验收洁净化、试压过程全跟踪、消缺验收严把关。

3. 严把设备到货验收关

坚持"未见证或不合格的设备不签字验收"的原则，共组织到货验收 380 批次，共发现问题 516 项，如汽轮机推力瓦厚度超差、5 号机中压转子前轴径波浪形锥度超差等；对进口设备验收则通过网上查询认证、确认报关单等方式，做到有依据、有标准、有办法防止"假冒"现象的发生，确保到厂设备合格。如发现输灰系统气动阀、输煤系统假冒进口设备 6 批次，均要求供货商进行了退换。

4. 安装过程全面跟踪

本着"紧盯关键工艺，关键部位、重大作业"的原则，各专业人员通过参加施工班组站班会、重大作业安全质量交底会，向施工队伍宣贯质量控制要点。如跟踪发现升压站第 5 串，第 6 串 3GD1、3GD2 标识与施工图不一致导致接线接反，消除了由于 3GD1 与 3G 互相闭锁、3GD2 闭锁 4G 等闭锁关系不正确易引发带接地开关误送电或带电误合接地开关的误操作重大隐患、启动备用变压器分支零序 AB 分支零序回路与一次系统相反，存在故障分支保护动作后非故障分支误跳闸，而故障分支保护因不动作而越级跳闸造成机组非停的严重隐患、5 号炉前墙水冷壁中间集箱左至右第 81 根机械损伤、5 号炉空气预热器支撑轴承座与垫铁接触面不足 60%、5 号炉前墙上部水冷壁与集箱对口处有 7 根折口超标等较大问题 70 余项，5、6 号机中压缸 4/5 级隔板轴向窜量大、5 号炉高温再热器出口安全阀出口法兰使用的垫片错用为橡胶板材、6 号机外置蒸汽冷却器壳侧放水管 12Cr1MVG 错用为普通碳钢、5 号炉烟气冷却器焊接时错用焊材、5062 断路器测控装置同期电压回路错误、6 号炉水冷壁伤管和受热面管道通球试验不合格、大管径焊接工艺焊前预热温度不达标等突出问题问题 6384 项，确保了现场设备的安装质量。

在洁净化施工验收中，按照"上道工序未验收、下道工序不开工"的原则，在发电机穿转子前对定子腔内认真检查确认无遗留杂物；管道焊接、封闭前进行五级验收，在油系统试运后检查洁净度优良，保障了油系统冲洗提前完成。

针对安装难点、薄弱点，全面开展单项设备检查工作，如：转动机械、阀门、集箱、电机、控制柜接线、炉管 100% 通球试验等专项检查；对影响安全经济性的质量环节开展专项质量控制，如噪声、保温、保护定值、接线、真空系统和氢系统的严密性等，进行表单化分解工作内容，按过程跟踪确认、签字，增强可执行性保证安装质量。

（二）运行、检修规程、标准制定

（1）厂用电受电前三个月完成了三期 2×660MW 超超临界机组培训教材，5、6 号机组运行规程，660MW 机组集控运行系统图，电气操作票、运行表单等标准的编制与审核。

（2）根据系统安装实际、设备说明书以及调试结果，修编运行规程、系统图，动态更新定期工作、操作票、运行表单、巡检表单、运行技术措施等技术资料。

（3）完成设备单体试运、厂用受电、保安电源送电、锅炉水压试验、炉前系统碱洗、锅炉酸洗、蒸汽吹管等重大操作的操作程序、技术措施、安全措施编制，及时审核下发学习。

（4）制定电气巡检标准，在线路倒送电前对升压站设备和新装 SVG 设备进行轮值巡检，发现问题记录在册。制定电气报警清册（包括光字牌、光子条、状态变化等），完善电气联锁、保护定值单，完善电气相关表单、台账。

（5）针对"六新技术"的应用，全面分析各系统的经济性、安全性。对机组运行重点及难点，如给水泵汽轮机直排运行、给水泵汽轮机上排汽运行、超超临界机组与亚临界机组水质指标差异性控制、零号高压加热器应用、锅炉启动氧化皮冲洗、锅炉干湿态转换、单列辅机可靠性试运等运行操作制定专项措施，严格执行。

（6）制定汽轮机试验、给水泵汽轮机试验、机组性能试验等专项方案，结合同类型机组经验，完善试验措施。

（三）"六新技术"管控与技术攻关

针对三期设备的"六新技术"，找出与一二期运行操作和事故预防的差异性，列出给水泵汽轮机直排运行、给水泵汽轮机上排汽运行、超临界机组与亚临界机组水质指标差异性控制、零号高压加热器应用等差异性专项 18 项，进行调研和操作研究，编制专项措施，同时开展"六新技术"研究，完成超超临界直流炉加氧技术调研、永磁开关调研、再热汽温 623℃调研报告、给水泵汽轮机运行专项调研等技术专题调研分析报告 31 项，为以后调试和投产打下基础。

组织对新技术、新工艺进行技术攻关。如卧式凝结水泵经多次试验、论证，理论结合实践，泵壳受力不足更换泵壳、出力不足修正叶轮，最终满足系统需求。再热汽温 623℃控制方案研究，风机降噪研究确认采用模块式隔声夹克技术路线，汽轮机降噪方案研究，协调实施八机一控、建筑物健康监测研究。调研空冷岛智能冲洗系统技术路线，确定技术方案。生产准备人员组成的智能智慧电站建设小组，确定智能电站建设方案，并确立"燃烧智能优化""高温受热面智能诊断""智能巡检机器人"等 29 项智能智慧电站建设项目，科技创新、科技引领、智慧智能应用广泛。主要项目见表15-3。

表 15-3　　　　　　　　　　　　　　　　主要项目

攻关项目	技术难点或攻关内容
首台卧式凝结水泵技术攻关	凝结水泵新泵型为厂家首创，国内首例，无成熟泵型可参考，从凝结水泵建模开始，结构型式、水力计算、轴向力平衡、设备稳定性、材质强度、硬度等无数次计算与调整，第一台泵窝壳出品发现泵壳严重裂纹
三期辅机冷却水系统建模试验	出口定压、高压闭式循环、系统布置国内唯一、干冷塔壁厚参数升级
大罩壳保温效果专项研究	施工困难，施工方案需创新
汽轮机本体隔声降噪	汽轮机本体的设备噪声值高达 112.5dB，机房内噪声设备较多，噪声源相互叠加，使得室内空间各点的噪声声压级均非常高
脱硫废水"零排放"技术路线研究	新型技术，浓缩倍率、进水要求、浓水含盐量、工艺复杂性、现场布置情况、系统运行、稳定性、维护均有不同程度问题
空冷岛冲洗系统研究、空冷智能冲洗研究	新型技术，大机组中未使用
氧化风机调研	氧化风机高压头低流量的设计，给设备选型带来了极大的难题
APS系统三个"断点"	APS系统机组级的控制共设置 3 个启动断点和 3 个停止断点。断电少，需对整个热力、电气系统的设备配置、锅炉、汽轮机等主要设备的特性进行研究

攻关项目	技术难点或攻关内容
长距离封母应用	发电机出口封闭母线位于 65.1m 层，从发电机出口到达主变压器低压侧将有 50m 落差，长距离、高落差离相封闭母线技术在火电行业尚无先例。需要解决高落差下母线支撑结构、过热等问题
智能 DCS 成功应用	采用常规 DCS＋智能 DCS 一体化嵌入式平台，实现最优真空调节、燃烧优化及试验、性能计算及耗差分析、智能报警、AGC 优化 6 项高级 DCS 控制功能
采用全保护自动加氧处理技术	对高压加热器汽侧、除氧器下降管及凝结水泵入口加入较低浓度的氧，保持加氧前后蒸汽氧浓度基本为零，实现给水和疏水系统同步保护
化水系统利旧升级改造	在原有离子交换制水系统上新增超滤、反渗透装置，进一步提高了除盐水水质标准，降低酸碱耗，减少酸碱废水排量。全厂生产用水全部采用矿井疏干水，年节约地表水 300 万 t
脱硫供浆长距离（1100m）输送问题	在 2、3 号机组之间设置了中间浆液缓存箱，浆液采用分段输送，通过优化设计，节约供浆再循环管道 1200m，降低离心泵扬程节约电耗 27.4%，采用低介质流速减轻管道磨损，设备寿命延长 30%

在三期工程建设过程中，卧式凝结水泵是一个技术难题。汽轮发电机组高位布置技术工程应用引发了空间结构、设备布局的改变，从而提出了一种既节省空间又降低投资安装卧式凝结水泵创新设计，取消了常规凝结深基深坑设计，节约投资 240 万元。

卧式凝结水泵为国内首创，从凝结水泵建模开始，通过对结构型式、水力计算、轴向力平衡、设备稳定性、材质强度、硬度等多次反复计算与调整，第一台凝结水泵经过试验台后发现泵壳严重裂纹。生产准备人员进入泵壳内部进行全面、详细壁厚测量，测量部位 30 处，测量记录数据 100 个，测量最薄处 10mm，最厚处 60mm，最薄处均在流道高压侧内部狭窄变径处。发现设计问题 4 项，其他问题 38 条，主要有泵壳高压侧出口流道底部存在蜂窝状铸造缺陷和其他泵壳不规则部分等 12 处铸造缺陷等，全部进行整改。

2020 年 8 月 22 日，锦界电厂 5 号机凝结水泵单体试运一次成功，标志着国内首台卧式凝结水泵由厂家试验到现场安装试运一次成功，为给水泵系统试运创造了有利条件。

（四）落实负面清单管理

根据收集到的负面清单，归类统计问题溯源，找出影响工程质量的因素，分项制定技术措施和管理措施。

（1）跟踪现场施工质量，如焊口、高温高压阀门、渗漏点等。重点关注垂直母线、卧式凝结水泵等非常规配置设备，研究设备结构、掌握安装、检修、维护技术，紧盯重点部位安装工艺，对重要设备安装、现场洁净化施工实行全方位、全过程、高标准管控。

（2）有重点地开展单体设备质量控制，如空气预热器密封间隙、空冷岛严密性、长距离输灰、三大风机液压比例阀等。

（3）深度参与继电保护回路检查校验、热工仪表校验与安装等工作。

（4）针对安装难点、薄弱点、影响安全经济性环节开展专项质量控制，如噪声、保温、保护定值、接线、真空系统和氢系统的严密性等，进行表单化分解工作内容，全过程跟踪签字确认。

（5）做好国产泵、国产阀门、电动机轴承的验收工作。通过查报关单、与中国总代理核实等手段对进口设备质量把关，防止"冒充进口设备"现象的发生。

四、优化经济技术指标研究

（一）经济性对标

对标宁东、府谷电厂经济性指标，全面核算汽轮机热平衡图、锅炉热力计算书、厂用电核算，对比设计指标，找出指标差距，提出优化方案，实施效果明显。

1. 吹灰汽源优化

5、6号锅炉本体吹灰汽源原设计取自低温再热器出口，为降低运行热耗，经研究计算，锅炉本体吹灰汽源改至低温再热器入口，吹灰减温水系统取消，保留空气预热器吹灰取自5、6号锅炉本体，吹灰汽源取低温再热器出口蒸汽，锅炉本体吹灰与空气预热器吹灰分开布置。既满足设备工艺需求，且更有利于锦界三期623℃再热蒸汽温度的控制，经实施后吹灰期间机组供电煤耗可降低0.2~0.3g/kWh。

2. 锅炉再热汽温623℃专项研究

为实现机组投产后能效达优，生产准备人员对安徽田集、安徽板集等电厂进行再热蒸汽温623℃专项调研，发现同类机组在80%额定负荷以下再热汽温很难控制在623℃运行。针对制约因素与上海锅炉厂共同研究，联合华北电科院对机组进行精细化燃烧调整，确保各工况下再热汽温达到设计值，保障了机组的经济运行。

（二）系统优化

持续进行系统分析，针对新设备、新技术、新流程、新工艺、新布置范围内的系统设备进行专题分析，解决了给水泵汽轮机正常汽源和补汽汽源设计不满足防进水导则、单系列给水泵密封水需优化等系统性问题。如：

（1）前置泵电源改接至10kV B段，增加了单列系统的可靠性。

（2）给水泵汽轮机补汽系统变更，增加电动隔离阀和抽汽止回阀，给水泵汽轮机出力不受6号加热器运行状态影响，增加了系统的安全性。

（3）五抽至给水泵汽轮机汽源单独设置变更，增加系统的可靠性。

（4）增加一台给水泵密封水增压泵，一运一备，增加给水泵汽轮机可靠性。

（5）蒸汽喷射器冷凝器后增加电动隔离阀，可实现不使用喷射器，小真空泵单独抽真空的功能，增加系统的灵活性。

（6）5号机组与6号机组辅汽160m联络管道增加两处自动疏水阀、一处放汽点，提高设备运行安全性。

（7）27台小辅机增加电流测点，并引入DCS（包括磨煤机润滑油泵、磨煤机液压油泵、火检冷却风机、等离子冷却水泵、凝结水补水泵、抗燃油循环冷却泵、氢侧密封油交流油泵、轴封加热器风机、空侧密封油交流油泵、湿除循环水泵、高速混床再循环泵、高速混床冲洗水泵），便于设备监视。

（8）凝补水泵提高扬程与流量，满足系统的需要。

（9）增加系统压力、温度、流量远传测点67个（如定冷水出口压力、给水泵汽轮机润滑油泵出口压力、凝补水流量），便于设备监视和实现 APS。

（10）空冷岛设置温度场、空冷防冻蝶阀后 3m 处增加温度测点，进行防冻蝶阀严密性的判断，有利于空冷防冻措施的执行。

（11）冷再管道、辅汽母管至轴封供汽管道等 35 处增加疏水点，保证系统的安全稳定运行。

（12）增加手动门 29 个，如真空泵补水电磁阀前、抗燃油冷却器电磁阀后、6 号低压加热器放水电动门后，减少手动门 17 个，如真空系统部分排空、放水门，空冷岛下降管阀门等，增加系统的安全性。

（13）优化单点保护，增加测点 103 个，防止保护的误动。

（14）膨胀水箱位置移高 8m，保证了氢冷器的供水流量，提高了出口定压闭式循环水系统的安全性。

（15）将辅汽至给水泵汽轮机供汽管道管径由 250mm 增大至 300mm，同时增设调节阀，保证启动过程给水泵汽轮机的供气量。

（16）10kV 开关增加紧急分闸回路，防止永磁开关拒动。

（17）辅助蒸汽至临机三号高压加热器供汽隔离电动门、抽汽电动门、除氧器上水旁路电动门等 35 个阀门增加中停功能，增加了系统的完善性能。

（18）除氧器布置位置低于高压加热器，同时也低于给水泵主泵布置高度，导致给水泵启动前无法实现静态注水、给水泵停运时给水会倒流入除氧器，为此增加一台充水循环泵、前置泵出口增加了止回门，实现了静态注水功能和暖泵功能，取消了原设计倒暖泵系统。

（19）为保证单列汽动给水泵运行可靠，给水泵密封水调节阀增加前后手动门、旁路手动门，调节阀故障可隔离检修，保证系统的可靠性。

（20）给水泵汽轮机排汽蝶阀无小旁路，增设了给水泵汽轮机排汽蝶阀小旁路设置旁路电动阀，提高设备安全性。

（21）冷再至辅汽供汽管道未设置止回阀，五抽至蒸汽喷射器、辅汽至蒸汽喷射器无止回门，增设了止回门防止蒸汽倒流，提高系统可靠性。

（22）经计算给水泵汽轮机交流油泵扬程不满足实际位置布置，更换叶轮，满足了系统要求。

（23）取消部分高中压管道疏放水、高低压加热器疏水排汽，降低汽水系统跑冒滴漏，提高机组真空度、热效率，降低成本。

（24）优化抗燃油冷却系统，提高系统的灵活性和可靠性。

（25）优化了机组滑压曲线，既降低了调节阀的节流损失，又降低了给水泵的耗功，从而降低供电煤耗。

（26）凝结水系统中无凝输泵再循环管路，凝输泵与凝补泵出口管道无联络，增加再循环和联络管，提升系统的可靠性和灵活性。

（27）部分疏水点接口移位，如加热器事故疏水在调阀后的，移至调阀和手动阀之间。增加系统的可靠性。

（28）给水泵汽轮机停机电磁阀改为四取二电磁阀。

（29）为实现 APS，手动门改为电动门或增加电动门 53 个，见表 15-4。

表 15-4 增补电动阀门统计表

阀门位置	个数
5、6 号吸收塔 pH 值测试冲洗装置	8
5、6 号石灰石浆液再循环节阀等	5
5、6 号吸收塔石膏排出泵入口门排地沟门	4
5、6 号机石灰石供浆调节阀前后无电动门	2
浆液泵出口母管密度计需设计冲洗系统，新增密度计电动冲洗系统	2
滤液箱系统滤液水泵入口门	6
吸收塔除雾器顶部冲洗阀门	14
5、6 号废水旋流给料泵出入口门	4
5、6 号事故浆液箱系统事故浆泵出口至三期吸收塔前排地沟门及塔前门	2
除盐水供水至凝补水箱增加电动门	1
五抽至给水泵汽轮机增加电动门	1
小真空泵入口增加电动门	1
膨胀水箱补水增加电动旁路门	1
充水循环泵出口手门改电门	1
凝结水箱补水手动门改电动门	1

根据国华锦能公司"攻坚 2020、展望 2025 节能降耗行动计划"，夯实小组建设，将值长、单元长、主值纳入攻坚小组；结合前期机组经济性计算，在设备系统调试、机组启动、运行过程中验证，在机组 168h 试运结束后，进一步优化设备系统运行方式，提高机组运行经济性。

（三）定值、逻辑审查优化

热工逻辑控制设计结合三期设计的特殊性，全面考虑高位布置所带来的偏差，热工人员深度参与 DCS 组态，把问题消除在组态过程中，缩短组态时间。评估保护、联锁、自动及定值设置的合理性。会同厂家将仿真机、DCS 逻辑组态、逻辑推演共同进行，为调试工作顺利进行打好基础，为工程进度赢得时间。

生产准备开展仿真机逻辑推演，对锦界三期工程 FAT 版 TSCS、BSCS、FSSS、DAS、MCS、DEH（ETS）、MDEH（METS）组态程序进行推演，以锦界三期集控运行规程第一版、锦界三期定值清册第一版为依据，开展逻辑差错验证及基础调试，共发现逻辑点引用错误、画面组态错误等 398 条问题提交组态单位修改更正，并在推演过程中修编了热控逻辑传动卡，组织控制方案的研究与优化讨论，通过仿真系统上的虚拟试验，研究机组不同运行状况下的控制规律，摸索机组最佳的控制方法。

五、设备系统排查及组织培训

（一）深度参与设备安装

1. 开展设备排查

为保证单体设备调试的顺利开展并为分系统试验赢得较多的调试时间，生产准备机务专业开展了转动机械、阀门、集箱、电机轴承问题排查。从 10kV 辅机叶片到阀门盘根，由安装间隙至油脂锈蚀，共对 1095 台机械转动设备进行检查，检查各类阀门 6500 台、集箱内窥检查 190 个、电机轴承 650 盘，发现了主要安装质量问题百余处。对 10kV 高压电机轴承、重要辅机转动轴承，组织现场检查确认，对不符合的给油脂进行更换，确保各转动机械状态良好，为单体及分部试运创造了有利条件。检查情况见表 15-5。

表 15-5　　　　　　　　　　　　　检查情况

序号	检查内容	数　量	检查情况
1	转动机械设备	1095 台	发现 105 台有问题，主要问题为油脂不足
2	电机轴承油脂	总电机 1331 台，检查 651 台	发现 6 台有问题，主要问题为油脂不足
3	阀门	5194 台	检查盘根、阀座、接合面 4182 台，发现问题 56 项。存在问题为：材质用错、压力等级选低、方向装反
4	仪表阀	1251 台	检查完成未发现问题
5	保温	全厂保温	发现问题 478 处，已全部处理
6	集箱内窥镜检查	192 台	检查 192 台；发现问题 16 项，处理 16 项
7	电除尘	2 台	发现问题 323 项，处理 287 项；主要问题有阴极线变形
8	高压电缆头终端制作	173 个	检查 173 个；发现有制作完成后穿入接线盒时将线芯绝缘管损伤、应力管损伤主绝缘，半导体做倒角时伤及绝缘等问题 12 项，全部处理

2. 电热专业查端子

组织电热专业深入细致开展接线紧固专项工作，制定专项措施，编制了接线紧固检查确认表，落实设备责任人逐台设备进行检查，专人对所有接线进行一次全面紧固，确保接线牢固，对所有二次盘柜、控制柜接线进行全面检查紧固。电气专业共有 486 面屏柜，检查发现端子松动、压接不到位、绝缘皮磨损、线芯损伤等问题 127 项，热控专业共有接线盒（箱、柜）1350 个，检查发现问题 230 项，消除了安全隐患，为后期机组安全稳定运行奠定了坚实基础。

3. 逻辑组态全跟踪

DCS 逻辑组态完善性、正确性直接影响电厂连续安全稳定运行。与西安热工院生产准备热控人员利用组态的机会对组态设计及多种控制策略对标等工作展开研究，三期工程 MCS、FSSS、BSCS、TSCS 等主要系统控制逻辑安全性得到了有效巩固。DCS 寄生逻辑、时序正确性验证、定值合理性检查等诸多细节都经过了逐一排查，实现了组态质量跟踪超前控制。

4. 专项检查抓重点

锅炉金属壁温监测系统是锅炉正常运行中金属温度场监测唯一重要手段，壁温监测对于锅炉安全、耐寿、经济性运行意义重大。锦界三期锅炉壁温有 2000 余测点且多安装于炉顶罩壳内，正常运行中罩壳高温且封闭无法实施检查、检修。本着"分层分级"质量管控原则、落实基建技术质量负面清单制度特制定《锦界三期热控专业组隐蔽测点专项措施》（简称措施）。《措施》中从测点取源部件安装、传输线缆敷设、显示仪表布置等方面均作出明确规范。锅炉金属壁温监测系统集热块焊接工作全面铺开后，强化现场质量跟踪，确保安装工艺，从安装图纸复核、热电偶校验验收、集热块数量及安装位置核对着手全面将《措施》内容全面落实到现场施工中。

（二）组织培训及取证

1. 理论培训

（1）2019 年 4～5 月，国华锦能公司组织徐州电力高级技工学校老师和国华电力研究院、设备厂技术专家对三期运行人员进行为期 2 个月的集中理论培训。完成授课 60 次，考试 8 次，培训内容涉及超超临界机组锅炉、汽轮机、电气、热工、化学、脱硫、除灰、集控等各个专业，使全体人员在理论层面上更加深入了解机组运行技术和注意事项，提高人员技能水平和操作调整及全局把控能力。

（2）注重理论与实践相结合，购买技术培训资料，组织编制运行题库、编写印刷锦界三期超超临界机组培训教材，编写《超超临界机组设备运行异常汇编》，收集整理近年投产电厂调试期典型异常 130 个，采用微信"分享"模式，强化了技术交流和经验分享。

（3）完成对一二期人员的专业讲课，根据下发的系统图制定阶段学习计划，学习锦界三期系统，使学员全面熟悉系统，掌握锦界三期设备原理、操作方法、运行注意事项、事故处理等内容。提高运行人员技能水平。

2. 模拟上岗

分阶段进行多层次，多维度测评考试 42 次，并在布连电厂、宁东电厂开展"第三方测评"的全过程"模拟上岗"考评，对运行人员的业务能力、技能水平、实战经验进行全方位把控，保证上岗人员技能水平达标。

选拔三人参加国华电力公司集控值班员技能大赛，分别获得第一、第五、第六的好成绩。

3. 人员取证

（1）在培训的各个阶段按照人员技能水平，及时编制培训计划，做到"一人一策"定制化培训，在实际培训中，找出差异化，有针对性地培训，发挥学员长处，开展交叉培训，全面提高运行人员技能水平。

（2）丰富安全教育、强化事故演练。在组织员工技能培训的同时，增加人员的安全教育，提高员工安全思想意识，定期观看安全科教视频、幻灯片、图片等教育，制定应急演练计划，开展事故演练活动，使人员绷紧安全弦，坚持从反习惯性违章做起，养成好习惯。

4. 制定特种作业取证培训方案

运行集控 43 人全部通过电站锅炉司炉证、高压电工作业证、低压电工作业证取证考试。分两批次赴国华徐州培训电校进行仿真机上机取证工作；维护部 7 人已取得化学仪表校验证，28 人取得超重、叉车、压力容器管理证，高、低压电工工作证取证考试。

（三）全程跟踪与操作

进入设备安装期，对三期生产准备人员的培训重心逐步转向仿真机和生产现场系统核对与学习，具体包括：

（1）在外学习期间开展同步仿真机学习和演练 120 余次，在训练中查找不足，列出操作风险点，逐项练习，逐步提高。

（2）依托仿真机培训平台，开展机组启停、汽轮机冲转、给水泵汽轮机冲转、锅炉点火、冷热态冲洗、机组并网、干湿态转换等重点操作及其故障处理演练，编制仿真机培训计划，确保培训有序开展。

（3）根据系统安装实际、设备说明书以及调试结果，修编运行规程、系统图，动态更新定期工作、操作票、运行表单、巡检表单、运行技术措施等技术资料，达到技术标准、准确、规范。

（4）在安装、调试过程重点熟悉设备构造、系统流程，了解启停操作过程及注意事项，对给水、锅炉疏放水、闭式冷却水等系统启停操作组建专项操作分析小组，进行深入分析，并开展小组交叉讲课，提升运行人员实际操作能力，规避设备系统调试风险。重点掌握关键部件安装工艺、检修试验方法，提高人员技能技术水平。

（5）完成设备单体试运、厂用受电、保安电源送电、锅炉水压试验、炉前系统碱洗、锅炉酸洗、蒸汽吹管等重大操作程序、技术及安全措施编制，及时审核下发学习。

（6）制定电气巡检标准，在线路倒送电前对升压站设备和新装 SVG 设备进行轮值巡检，发现问题记录在册。制定电气报警清册（包括光字牌、光子条、状态变化等），完善电气联锁、保护定值清单，完善电气相关表单、台账。

（7）从厂用电受电开始，所有操作均由运行人员按照生产流程进行检查和操作，所有操作必须使用操作票，促使标准操作票在调试前已经具备使用条件，确保操作无误，人员操作技能得到锻炼，整个调试期未发生机组非停，未发生因操作不当导致的设备异常。

六、深度调试

依照机组调试大纲、锦界三期项目 GHepc 调试管理实施细则和《关于成立锦界三期设备代保管管理小组的通知》编制了适用于运行部的锦界三期项目运行部深度调试指导手册，梳理制度要求，明确责任，促进调试管理工作顺利开展。

全面参与调试方案的制定审核，收集对比同类型机组调试方案、已投运电厂出现的问题、行业及公司下发的反事故措施，对调试计划和方案的合理性进行评估。

制定调试质量指标及验收标准。深度参与锅炉补给水处理系统调试，目前调试制水水源取自瑶镇水库，设计采用煤矿疏干水制取除盐水，制定水源的变化对制水设备的运行影响措施，确保系统制水可靠。

为配合调试单位提前策划深度调试项目及要求，运行分部按照三期机组系统，策划了 44 个深度调试跟踪卡，主要针对汽轮机、锅炉和电气专业，涉及深度调试项目 37 个，基本涵盖了分系统调试阶段集控专业所有的深度调试项目，超要求编制了辅汽系统、一二次风暖风器系统、制粉系统经济调整、机组排水槽系统的深度调试跟踪卡，同时增加了三期特有系统的深度调试调试跟踪卡，如烟气余热利用系统。

对收集的同类型机组、同类型设备在基建、施工、生产中出现问题的 130 项负面清单，制定措施，避免类似问题再次发生。通过调试期间质量管控，实现机组零缺陷移交；狠抓三票三制、人员习惯性违章，杜绝人员人为误操作。

（一）试运前全程核查

设备安装接近尾声时，设备单体试运及系统分步试运逐步开展。生产准备对计划试运的系统提前进行条件检查，重点对设计变更、监造问题、安装缺陷进行全面盘查，形成评估报告，提交试运指挥部，施工单位提前整改完成。同时也参与系统投运前的联合检查，对照评估报告提出的问题逐一核查，跟踪把关各测点、开关、阀门、联锁保护传动，热工、运行、机务三方共同见证，主控室展板上签字确认，保证传动质量，跟踪见证率达到100%。对于所有带介质的设备、系统试运前，均由运行、维护共同检查确认系统的完善性，保证了试运系统安全可控。涉及汽、水、油各项指标确认，均由运行化验班复核，保证达标试运。

（二）调试靠前跟进

系统分步试运前期，生产准备提前策划编制了深度调试跟踪卡34份，跟踪卡涵盖单体调试、分系统调试内容、阀门、测点、逻辑、专项增加内容、条件检查、试运记录、质量评定等内容，全程与调试所"背靠背"跟踪单体和系统调试，保证调试工作不漏项、不甩项，调试质量控制能按深度管理要求执行。对标国华电力公司分系统试运阶段深度调试项目及要求，针对三期机组系统的特殊性补充调试项目、要求及指标控制，在调试方案讨论和审查中，提出意见188项。对于如空气预热器密封间隙、空冷岛的严密性、风烟挡板、厂外长距离输灰系统、三大风机比例阀等重点单体质量控制，严把调试质量关，做到不合格不验收，不见证不签字。

生产准备针对安装难点、薄弱点、影响安全经济性的质量环节开展专项质量控制，如噪声、保温、保护定值、接线、真空系统和氢系统的严密性等，进行表单化分解工作内容，按过程跟踪确认、签字，增强可执行性保证安装质量。全面考虑高位布置所带来的偏差，收集对比同类型机组逻辑设计问题，吸收已投运厂暴露的缺陷，深度参与DCS逻辑组态，对保护、联锁、自动及报警逻辑与定值设置的合理性进行评估，持续开展逻辑推演，在调试及机组整套启动期间积累设备经济性运行经验，机组投产后持续改进经济性指标达到设计值。

（三）调试过程跟踪把关

（1）全面参与锅炉补给水处理系统调试，确保制水可靠，为锅炉水压试验及机组整套启动奠定基础。

（2）升压站设备带电后，组织人员定期对设备巡检，记录设备运行状态、异常、缺陷并形成技术台账。

（3）确定集控人员岗位，实行岗位轮换动态调整，合理分配各值人员，做到强弱、新老科学搭配；持续做好人员培训上岗工作，为四值三倒到五值四倒过渡储备人才。

（4）根据调试大纲规划和要求，全面参与设备系统调试，密切配合调试单位，编制调试期间各值工作交接制度、调试记录台账、调试日报、调试异常分析台账等。

（5）根据生产准备期缺陷管理制度要求，收集、整理生产准备设备系统调试期缺陷并建立台账，对重点缺陷制定管控措施，确保新机组设备安装、调试及168h试运高质量完成，为机组投运后长周期安全稳定运行积累技术资料和管控经验。

（6）组织DCS逻辑验证和保护定值审查，在设备调试和试运过程中深度参与保护逻辑的传动、验收工作。所有项目有人把关，做到不漏一项。

（7）为了深度发现运行过程中存在的缺陷和隐患，保证机组投产后点检体系运作更加顺畅。从设备进入单体调试开始，各专业对已带电及代保管设备开展点巡检工作。制定调试期间各值工作交接规定、调试记录台账、调试日报、调试异常分析等信息和制度的建设。调试期间运行各值累计填写缺陷453条，提高投产前设备健康水平。

（8）根据调试进度适时调整为3班2倒方式，调度统一由值长调度，三单元单独设副值长或单元长，负责三单元的调试工作，全力保障三期人员配备，确保5、6号机组调试工作顺利进行。根据自身专业技术，累计提出112项调试建议，促进系统调试全面、深入，提高系统可靠性。

（9）调试过程出现给水泵汽轮机给水泵油水互串，特殊的设计和布置导致密封水回水、润滑油回油管道落差大，密封水量大，油、水负压随负荷变化大，油、水负压很难调整平衡。经生产准备技术人员多次试验，提出增加一路至无压放水管道，增加给水泵密封水回水压力表、给水泵回油压力表，回水管道增加坡度和优化管道布置，维持密封水回水畅通，回油管道增加呼吸阀可调负压，水侧管道增加排空门，可调水侧负压，通过一系列运行调整维持安全运行。

（四）提前落实试运条件

两台机组投产时间仅仅相差一周，设备、系统基本同时调试，为克服调试人员不足造成的调试质量问题，按照试运指挥部安排，生产准备部先后牵头组织完成了6号机空冷岛1~8列冲洗、暖风器疏水回收汽轮机疏扩、辅汽疏水管道冲洗与疏水回收汽轮机疏扩、凝结水箱加热、汽轮机阀门全行程活动试验、给水泵汽轮机速关阀活动试验等重要项目。

根据生产准备期缺陷管理制度要求，收集、整理系统调试期缺陷并建立资料库，对重点缺陷制定管控措施。调试期间共下发执行运行措施32项。

为及时处理和解决机组试运的突发性设备及系统问题，组织成立了专业突击队，成功处置了抗燃油泄漏、给水泵密封水和润滑油互串等多次设备突发故障，通过试运指挥部组织的专题技术分析论证，制订了彻底解决方案，生产和基建人员合力消缺，确保了机组按期双投目标的顺利实现。

七、双机投产前准备工作

（一）设备指标管控

（1）生产准备体系建设检查各阶段评价均达到优良。

（2）运行人员技能水平满足岗位需求，不发生误操作事件。

（3）试运期间保护正确运动率达100%。

（4）设备单体试运启动一次成功率100%。

（5）生产准备各项基础工作按生产准备管理制度要求节点完成率达100%。

（6）调试质量符合国华深度调试要求，自动投入率为100%。

（7）不发生管理原因导致影响工程节点滞后事件。

（8）168h试运结束主设备零缺陷移交。

（9）机组主要经济技术指标达到或优于设计值。

（10）备品备件按生产准备要求配备到位。

（二）工器具大宗材料、备品备件准备

（1）按照大宗运行材料采购计划，根据里程碑节点做好运行常用酸、碱、石灰石（粉）、液氨（尿素）等材料的到厂、验收、入库工作。

（2）完成工器具及仪器仪表准备，建立安全工器具、计量仪器台账，按规定送检保证检验合格。

（3）完成备品备件定额计划编制、采购、验收、登记和入库，保障试运备件满足双机试运需求。

（4）配合完成并网调度协议和购售电合同的签订。

第二节　系　统　运　行

一、高位布置汽轮发电机运行特点

（一）给水泵汽轮机上排汽应用特点

由于汽轮机高位布置，高位汽轮机采用下排汽方式将乏汽经 L 形排汽管道，排至空冷岛。排汽口经方圆节变径为一根 DN8500 的主管，从 47m 水平进入空冷岛，经三通后在水平管段上分成八根 DN3000 的分支管，各分支布置有一台曲管压力平衡型补偿器，水平接至空冷凝汽器分配管入口。给水泵汽轮机布置在 43m 平台，采用上排汽方式，即给水泵汽轮机的排汽管道向上经排汽直接接入主机排汽管道。THA 工况下给水泵汽轮机排汽量约占主机排汽量的 10%，由于低负荷给水泵通常进行再循环调节，排汽量占比更多。汽轮发电机高位布置减少大口径薄壁排汽管道约 40m，蒸汽管道缩短后减少蒸汽在管道中的储存量，提高汽轮发电机组的调节性能，减少排汽管道的阻力损失。主机给水泵汽轮机排汽管道直接上排汽至主机空冷系统，排汽管道同时缩短，也使给水泵汽轮机排汽管道阻力减小，总体降低机组背压约 0.5kPa，折合供电煤耗约 0.212g/kWh。运行监控重点有：

确保给水泵汽轮机上排汽管道疏水顺畅：给水泵汽轮机背压变化大，具有一定湿度的排汽容易产生凝结，出现给水泵汽轮机水击现象。同时给水泵汽轮机的排汽管道向上，疏水向下，一旦排汽端的绝对压力小于疏水段绝对压力，会造成疏水倒流进入汽缸，造成给水泵汽轮机水击。为此，给水泵汽轮机的疏水一定要保持畅通，运行中需要重点监控给水泵汽轮机疏水扩容器的压力不能出现局部正压。

给水泵汽轮机汽缸稳定性的监控：由于上排汽的特殊结构，系统真空建立后，在真空作用下对汽缸有向上的作用力，可能造成给水泵汽轮机轴系中心偏移，造成给水泵组运行振动大，也是给水泵汽轮机运行中必须重点监视的关键参数。

（二）卧式凝结水泵的优越性

（1）取消传统的凝结水泵深坑布置，立式泵改卧式泵，卧式凝结水泵布置在 0m 层，布置简单，施工方便，工程造价降低，设备维修方便。

（2）凝结水箱布置在汽机房 13.7m 平台，凝结水箱正常液位 2.4m，所以运行中凝结水泵入口处有效空蚀余量约 16.1m 水柱，凝结水泵入口为正压，凝结水泵空蚀的风险较常规机组低，运行可靠性提高。

（3）凝结水泵取消外接密封水、取消抽空气系统，整体系统更加简单，运行操作和维护简单，安全性提高。

（4）卧式凝结水泵较传统的立式凝结水泵相比，变频时能够避开共振频率限制，设置一拖一变频装置，经济性和安全性较好。

（三）汽轮机进水风险降低

（1）汽轮机布置在65m平台，1～3号高压加热器布置在35m层、4号高压加热器布置在27m层、6～7号低压加热器布置在35m层、除氧器布置在27m，由于汽轮机布置位置远高于上述容器，高压加热器、除氧机器等容器满水导致的汽轮机进水风险较常规机组减小。汽轮机各级加热器系统如图15-1所示。

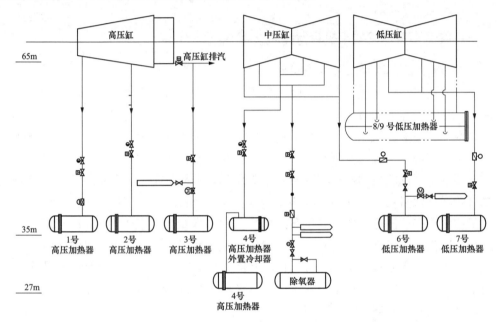

图 15-1　汽轮机各级加热器系统图

（2）汽轮机布置在65m平台，排汽管道直接进入空冷岛，凝结水箱（热井）布置在13.7m层，凝结水箱满水倒灌汽轮机的可能性小，汽轮机进水、进冷气的风险降低。

（3）汽轮机冷再管道布置高度50m，高于锅炉再热器入口点，冷再管道的最低点在锅炉房，所以冷再管道积水可以通过锅炉疏水排出，汽轮机通过冷再管道进水的风险降低。

（四）提高了机组深度调峰时的适应性

高压加热器布置位置高于除氧器，较常规机组，高压加热器疏水压差有明显优势，常规布置机组最后一级高压加热器与除氧器压差达到0.3MPa以上才能保证疏水顺畅，其中高压加热器与除氧器的位置落差一般为13～30m，高位布置机组除氧器与高压加热器布置在同一层，位置落差为0m，可以减少疏水压差约0.1～0.2MPa，机组深度调峰至20％负荷时，高压加热器疏水至除氧器压差依然满足，不需要切换至事故疏水，提高了机组在低负荷下的热经济性。

（五）热井水位稳定

热井、疏水扩容器分层、分离布置，疏水扩容器压力变化时对热井水位的影响较小。

（六）辅机冷却水压力高

由于氢气冷却器位置标高 69m，所以辅机冷却水系统压力要高于常规布置机组，运行压力达到 0.77MPa，辅机冷却水系统用户从 0～69m 分布，辅机冷却水管道长，流量分配易出现偏差，冷却器耐压能力要求高。需要在运行中特别关注各用户冷却器的承压能力，负荷变动下各用户冷却水量的分配，避免部分管道流速较高或流速过慢现象。

（七）点巡检时间延长

由于设备管道在垂直方向分散布置，汽机房 1～10 层，均有设备，运行点、巡检不方便，较常规机组，巡检时间延长，机组启动时运行人员操作相对不集中，对运行人员操作技能的培训提出了更高的要求。

（八）凝结水的虹吸现象

8、9 号低压加热器位于 51m 层，6、7 号低压加热器位于 35m 层，除氧器位于 27m 层，凝结水泵布置在 0m 层，系统启、停或低压加热器解列时凝结水易产生虹吸现象，正常运行中无影响。

二、系统运行差异性与措施

（一）高位辅机冷却水系统

1. 运行差异性

常规辅机冷却水系统（闭式系统）采用入口定压方式，冷却水泵入口设置闭式水箱，水箱一般布置在 15～25m，所以冷却水泵扬程为 25～30m，泵出口压力为 0.4～0.5MPa，即可满足系统要求。机组采用高位布置后，冷却水箱高度应大于发电机氢气冷却器（69m）标高，泵扬程约 40m，泵出口压力达到 1.1MPa，所有冷却器承压要提高等级，部分用户冷却设备需要定制。

为此，辅机冷却水系统采用了出口定压闭式循环系统。膨胀水箱布置在 71m，由于管道长、阻力高、用户分散、阻力分配不均、部分用户辅机水流速高，氢冷器等回水管道可能出现局部负压区。高位辅机冷却水系统如图 15-2 所示。

2. 解决办法与效果

（1）由于管道沿程阻力增加，导致高位水箱静压不能克服流动阻力，氢冷却器用户顶部出现空气区，提高膨胀水箱（补水箱）的高度，由原来的 71m 提高至 76m，增加 5m 的水柱高度，保证氢冷器充满水。

（2）通过控制辅机冷却水泵转速来控制母管流速，通过各用户进、回水阀门调节流量分配，控制各用户分支流速在合理范围内，系统不致产生负压。

（3）备用冷却器采用入口门开启、出口门关闭的方式，确保备用冷却器不聚集空气。

（4）辅机冷却水干冷系统中设置了自动排气阀，少量气体可自动排出。

（5）变速辅机冷却水泵的调整不以压力控制，以进出口压差来控制。设定差压值

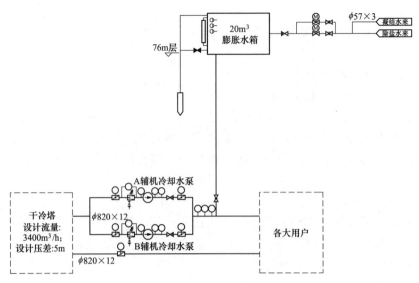

图 15-2　高位辅机冷却水系统图

投入自动，通过差压控制泵的转速，从而适应各种负荷下用户的需求。

通过上述运行控制措施，设备及系统运行稳定，各辅机冷却水用户回水温度控制良好。

（二）高位给水泵及密封水系统

1. 运行差异性

由于给水泵汽轮机组布置在 45m 层平台，除氧器布置在 27m 平台，前置泵布置在 0m，给水泵布置高于除氧器，给水泵原卸荷水只能通过密封水回水管道泄出，导致密封水量增加，密封水回水量约 20t/h。又由于高位布置给水泵汽轮机油系统的落差增大（18m），造成油系统在排烟风机不运行时，轴承负压达到−3000Pa，造成密封水回水腔和回油腔体负压易产生不平衡，导致油中进水。

2. 解决办法与效果

增加中间水箱，保证密封水回水畅通，稳定密封水回水管道负压。在汽机房 5 层（27m 层）增加密封水回水中间水箱，水箱容积 10m³，设远传水位测点与就地液位计、进水与出水管道与阀门、溢流与放水管道与排空，此水箱与大气相通，可以确保汽动给水泵密封水回水畅通且回水不受机组真空影响，密封水回水负压相对稳定，根据密封水回水管道至水箱的落差，维持密封水回水负压−500～−800Pa。此水箱出口经电动隔离阀、气动调节阀、手动真空阀、管道与凝结水箱连接，调阀控制进入凝结水箱的流量，维持水箱在一定的水位下运行，并设水箱溢流系统。高位给水泵及密封水系统如图 15-3 所示。

此系统避免了油水互串、实现密封水的全部回收。系统简单、可靠，运行操作简单，系统故障率低。适用于高位给水系统。

（三）高位布置机组油系统（主机油、给水泵汽轮机油）

1. 运行差异性

高位布置的汽轮发电机组主机润滑油系统、给水泵汽轮机润滑油系统与常规机组

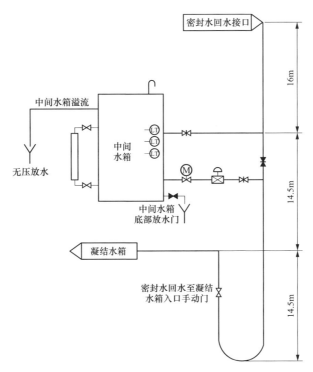

图 15-3 高位给水泵及密封水系统图

在布置上存在差异。其一，油箱标高与轴系中心线标高之间的位差与传统布置机组不同，即位差较传统机组偏高 1～5m。其二，供回油管道布置也不同，易出现轴瓦供油压力不足、事故切换时油压下降较快等问题。

以给水泵汽轮机为例，母管压力低于 0.15MPa 联锁备用泵，母管压力低于 0.08MPa，跳给水泵汽轮机。投产后利用停机机会进行联锁试验，当母管压力低于 0.15MPa 时，联泵的同时，母管压力低至 0.08MPa 时给水泵汽轮机跳闸。为此 5、6 号机将联泵定值改为 0.21MPa（正常运行 0.23～0.33MPa），同时增加泵出口压力开关低联备用泵逻辑，定值设定为 1.08MPa（正常运行 1.13～1.2MPa），即便如此，事故互联试验不成功，润滑油泵跳闸后，约 1s 后，润滑油、速关油压会降低到跳机值以下。给水泵汽轮机停运状态下，润滑油母管油压高，给水泵汽轮机事故互联能成功，但给水泵汽轮机冲转至 3000r/min 以上时，泵事故互联无法成功，在备用泵启动时，给水泵汽轮机已经达到跳闸条件。

2. 解决办法与效果

（1）设计时提高油泵扬程，缩短设备启动时间，根据启动时间选型动力电源需求。

（2）主机润滑油系统增加蓄能器，由 4 组增加至 10 组，每组 200L 容量。

（3）给水泵汽轮机油系统原设计一组 150L 蓄能器，投产后系统中增加了 5 组蓄能器，其中润滑油母管增加 2 组各 150L 容量的蓄能器，调节油系统增加 3 组各 50L 容量的蓄能器。投入新增蓄能器后，给水泵汽轮机交流油泵事故互联的时间从 1s 提升到 7s，能够保证事故互联、定期切换的可靠性。

（四）低位除氧器及加热器系统

1. 运行差异性

常规机组除氧器布置高于给水泵，可以对给水泵进行静态注水。高位布置机组除氧器低于给水泵，运行差异性如下：

（1）为保证前置泵的空蚀裕量，前置泵需要布置在除氧器之下，因此前置泵与主泵分轴布置，前置泵单独电机驱动；

（2）由于给水泵较除氧器高，给水泵静态注水无法实现，给水泵盘车时前置泵需要运行，前置泵电耗增加；

（3）停泵后给水有倒流除氧器风险；

（4）暖泵系统较复杂。

2. 解决办法与效果

取消暖泵系统，增加一套充水暖泵系统，给前置泵并列一台小泵，流量约 20t/h，扬程 90m，泵入口接入前置泵入口管道，出口接至前置泵出口管道，在充水暖泵前后增加隔离门，同时在原前置泵出口管道处增加机械止回门，运行方式如下：

（1）启动工况：启动前先关闭前置泵出口电动门，开启前置泵再循环门，启动前置泵建立循环后，逐步开启出口电动门利用前置泵出口压力对给水泵进行注水启动、暖泵，给水泵汽轮机冲转后逐步全开出口电动门，关闭再循环阀门；

（2）运行工况：正常运行，保持出口电动门开启，再循环关闭；

（3）停机盘车：与启动工况一致，前置泵再循环开启，少量水通过出口电动门进入给水泵，保持给水泵注满水。

（五）消防水、生活水系统

1. 系统差异

由于主厂房结构增高，汽轮发电机 65m 运转平台的消防水和生活水压力必须增加，系统设计时必须考虑提高水压的措施。

2. 解决办法与效果

（1）在生活水管道中增加一套变频增压泵系统，布置在汽机房 36m，通过增压泵，将原生活水压力 50m 扬程提高至 90m 扬程，完全保证 65m 平台的清洁用水，61m 的卫生间用水。

（2）提高消防泵出口压力，保证高层消防水压力满足使用要求，同时在锅炉房顶设置消防水箱，正常保持消防水箱满水状态，水箱补水由生活水增压泵提供，消防水箱随时保持备用状态。

三、日常巡检、操作

（一）系统差异

厂房高、层数多、设备布置分散，日常巡检时间长，汽机房分 10 层，全面巡回检查一次需要的时间比传统的汽机房巡检时间长 0.5～1h，运行人员劳动强度增大。

（二）解决方法与效果

汽机房设置 3 台智能巡检机器人，利用智能巡检机器人系统、智能电梯对接、防火门自动开关等先进技术，综合运用图像识别、无线通信、激光自主导航算法、视觉识别等多种方式，实现通勤巡检、定时巡检、特巡以及人工现场或后台操控系统巡检等场景模式，对现场全覆盖进行巡检和报警，巡检项目包括表计读数、跑冒滴漏识别、辅机温度和振动采集、红外测温等，代替人员的巡检，减少运行人员巡检次数，如图15-4 所示。

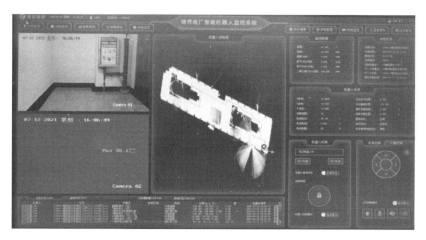

图 15-4　智能机器人监控系统

国内首创采用空冷岛翅片全自动智能冲洗技术，实现了远程一键无人清洗，简化了运维方式，通过散热片温度场控制冲洗频次，现场完全不需要人员操作，同时可根据散热片表面温度场数据、环境温度、机组负荷、机组背压等的数据与均值及理论值对比，达到设定的偏差值，冲洗小车对污染区域进行选择性精确冲洗，保证空冷系统的散热片冲洗节能、高效，全面有效地提高空冷冲洗效率。全智能清洗系统昼夜不停72h 就可以完成一遍冲洗，与人工冲洗相比缩短冲洗时间 70％，节水率可达 70％以上，最大限度地保障机组在最佳背压下运行，大幅降低运维人员的劳动强度。

为提高生产管控质量，避免人员不可控因素，减少人员操作的不稳定性，提高机组可靠性和安全性。实现重要设备自动定期切换/轮换应用，充分利用切换过程的历史数据，开发机组设备自动定期切换系统，利用 DCS 程控和逻辑判断完成设备的定期自动切换，保障整个设备切换过程的自动管控和智能操控，一旦设备参数有异常，从逻辑中闭锁了运行的不当操作，提高了系统的稳定性和可靠性。给水泵汽轮机油泵切换如图 15-5 所示。

（三）管理策略

利用智能智慧系统结合巡检人员的方式保障现场设备的点巡检，充分发挥机器人、智能报警系统、智能诊断系统等系统准确、及时、无遗漏的优点，实现全工况、全数据下参数的预警、故障诊断、劣化分析。

四、启停机与事故应急处理

汽轮发电机组采用高位布置，一方面，设备及系统相对分散，运行巡检及启停机操作不集中。另一方面，四大管道长度减少，管道系统的刚性增强，机组启停时对膨胀状况的监视尤为重要。运行措施如下：

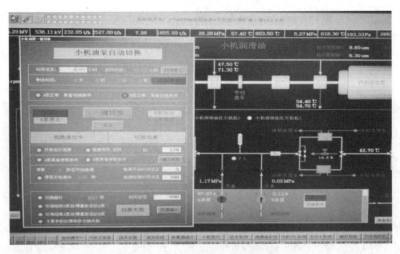

图 15-5 给水泵汽轮机油泵切换

（1）应用了机组自启停功能（APS），提高了机组启停阶段操作的正确性及规范性，减轻运行人员工作强度，缩短机组启停时间，从整体上提升机组自动化水平。APS 启动过程分为三个阶段（机组辅助系统准备/锅炉上水、点火、升温/汽轮机冲转、并网、升负荷），停止过程分为三个阶段（降负荷/机组解列/机组停运）。

（2）厂房设置应急电梯（消防电梯），运行人员可以快速到达任何层。

（3）编制 34 个系统启动阀门检查卡，启动时对照检查卡逐条操作，不致遗漏。

（4）大量阀门由手动门改为电动门或气动门，减少运行现场操作量。

（5）针对高位布置机组编制运行处置预案，定期组织演练，总结经验。

（6）国内首创基于双目视觉识别的高温蒸汽管道热位移测量技术，对主蒸汽、再热蒸汽及排汽装置热位移在线监测，布置测点 75 个，实时动态监视并预警蒸汽管道位移情况，机组启停阶段可有效监测、预防管道膨胀受阻或导向装置失效引发汽缸失稳事件。同时开发了厂房结构及厂房空间环境多要素监测的全域、全寿命周期数字化智能分析系统，可实时动态监视主厂房结构在大风、地震等极端工况下的安全状态，如图 15-6 所示。

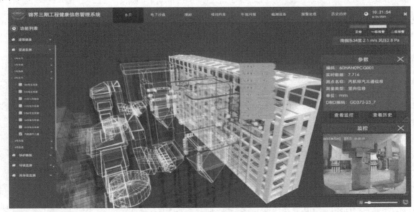

图 15-6 动态监视系统

（7）实现对锅炉膨胀各检测点的三维位移测量（X、Y、Z）检测（单台机组 57 点），并及时记录检测数据，实现多测点实时测量和集中监视的功能，并能够在各种工况下一键打印膨胀量报表。对锅炉膨胀各检测点的实时连续检测，使监测数据更加真实、准确、连续，降低人员工作强度，提高工作效率，科学评估锅炉的安全运行状态，及时分析和预防事故，保障锅炉安全。

（8）采用"八机一控"，确保生产运营高效管理。全厂机、炉、电、网及辅助车间采用集中控制方式，成功实现 1～4 号机组的控制移位，目前控制室内布置一、二期工程 1～4 号机组，三期工程新扩建的 5～6 号机组，规划扩建的 7、8 号机组（1～4 号机组操作员站移位新增 4 面网络柜，8 台交换机，48 台光电转换器，敷设光纤 20.8km），实现了全厂集中调度，高效管理。紧急情况或事故情况下，各机组值班员可以实现人员互补，提高了应急处置的响应和能力。

五、5、6 号机组运行参数

锅炉主蒸汽和再热蒸汽温度均达到并优于设计值，尤其是再热器温度在 40％ 及以上负荷，能稳定在 623℃，达到了国内领先水平。同时，锅炉管壁温度控制良好，未出现超温现象。锅炉飞灰可燃物小于 0.85％（国标小于 3％），炉渣可燃物小于 1.5％（国标小于 5％）。目前，锅炉效率实际运行 5 号锅炉 95.22％，6 号锅炉 95.29％，高于设计值 94.8％。

机组轴系振动值：5 号机组轴系振动水平整体良好。额定负荷下，所有轴振均小于 60μm，达到优良水平。除 $4X$、$4Y$、$8X$、$9X$ 和 $9Y$ 轴承处的轴振值高于保证值（50μm）外，其余各轴承处的轴振值优于保证值；各轴承座振动数值均优于保证值（25μm）。升速过程中，轴系振动最大 100μm，均优于保证值（150μm）。6 号机组汽轮发电机组轴系振动水平整体良好。各负荷下，所有轴振均小于 60μm，达到优良水平。额定负荷下，除 $1X$、$8X$ 和 $8Y$ 轴承处的轴振值高于保证值（50μm），其余各轴承处的轴振值优于保证值；各轴承座振动数值均优于保证值（25μm）。升速过程中，轴系振动最大 89μm，轴系振动均优于保证值（150μm）。其他运行参数均达到设计值，具体见表 15-6。

表 15-6　　　　　　　　　　　　　　5、6 号机组运行参数

类型	指标	单位	设计值	性能试验数据		2021 年全年数据	
				5 号机组	6 号机组	5 号机组	6 号机组
主要指标	发电量	亿 kWh	—	—	—	35.24	32.64
	上网电量	亿 kWh	—	—	—	33.32	30.88
	利用小时数	h	—	—	—	5339.23	4944.8
	直接厂用电率	％	4.84	3.95	4.19	4.93	4.84
	综合厂用电率	％	—	—	—	5.44	5.38
	发电煤耗	g/kWh	273.8	271.4	271.4	278.06	278.31
	供电煤耗	g/kWh	287.7	282.6	283.2	292.48	292.48
	负荷率	％	—	—	—	76.29	75.12

类型	指标	单位	设计值	性能试验数据		2021 年全年数据	
				5 号机组	6 号机组	5 号机组	6 号机组
环保排放（标况下）	烟尘	mg/m³	<1	0.41	0.38	0.32	0.40
	二氧化硫	mg/m³	<10	2.54	3.5	3.66	3.73
	氮氧化物	mg/m³	<20	11.17	10.88	15.47	15.51
环保效率	电除尘效率	%	99.73	99.79	99.89	—	—
	脱硝效率	%	85.2	93.94	89.94	—	—
	脱硫效率	%	99.2	99.7	99.57	99.6	99.6

第三节　设备检修管理

一、高位布置机组日常维护

汽轮发电机组高位布置不是常规布置机组简单的纵向拉伸。由高位布置引起的空间结构、设备布局完全发生变化，主厂房设备层共 10 层，热力系统管道容器、供回油管路、阀门安装均会有所差异，日常维护工作中与常规布置机组的主要差异化管理如下：

（一）设备点检

汽轮机、前置泵、汽动给水泵、凝结水泵、辅机冷却水泵等涉及系统稳定性的重要设备接入主要辅机智能点检诊断系统，自动采集分析主要辅机各项运行参数，借助专家诊断数据库进行边界、性能、功能判断并通过三维动画实时显示设备健康程度，为点检人员提供专业的决策参考。

（二）设备消缺

进入主厂房区域各设备层有显眼的区域方向指示引导，对于贯穿楼层的管道各楼层管道保温外护板都制作了介质流向、管路名称、焊缝位置的标识，阀门执行机构都悬挂有 KKS 编码和二维码识别的双重认证标示牌，热工测点元件标示牌区分有不同颜色，红色代表该测点参与重要保护逻辑，黄色代表该测点参与重要联锁、自动控制，无特殊标识则代表为普通 DAS 测点。通过多管齐下的管理办法提醒工作人员进行确认辨识，防止走错间隔、误动设备。

主厂房各层设备布置相对分散，检修方面在关键设备层均设有工器具间，针对不同层设备存放专用工具、应急工具、材料等，部分楼层划出专用区域用来存放少量脚手架搭设材料，如此设置不仅为检修作业带来便利，更能为应急处置及设备抢修争取更多时间。

（三）主厂房疏散

主厂房在固定端 A 排侧、扩建端的 C 排侧以及 C 轴的 8～9 轴间布置有三部混凝土疏散楼梯通往各层，其中 8～9 轴间的混凝土梯可通至各层及汽机房屋面，A 排 9～10 之间布置一部钢梯，满足疏散要求。其中一部可通至汽机房屋面，这三部楼梯均为封闭楼梯间。8~9 轴间的楼梯间设置了通风竖井，以满足封闭楼梯间的要求。A 排 9~10 轴间布置一部钢梯，也为封闭楼梯间，满足疏散要求。为方便运行操作，在主厂房固定端 A 排侧以及 A 排 9~10 轴间布置有电梯，其中固定端侧的电梯为一部消防电梯，一部客梯。A 排 9~10 轴间为客货两用电梯。

主厂房 0mA-B 轴间的 8~10 轴间，以及 B-C 轴间的固定端、扩建端，设有可进出汽车的检修场地，炉前设有纵向通道，作为施工机具及设备安装和运行检修出入之用。A-C 轴之间 9 轴处设有通向炉后的横向通道，A 排设有纵向贯通的通道。其他各层均设有纵横相通的疏散通道，且各点至疏散口距离不超过 50m。

火力发电厂主厂房并非人员密集的场所，通常在人员最多的汽机房运转层，工作人员不超过 20 人。人员行动速度按 60m/min 计算，各层人员用 0.83min 便可疏散进入楼梯间内。下楼速度按 15m/min 计算，工作人员在楼梯内疏散的时间约为 4.6min 到达楼梯口。最远的楼梯口距通向室外的出口不超过 50m，再需 0.83min。因此，主厂房内人员最多可通过 6min 时间从最高楼层处疏散到 0m 出口处，完全能够满足安全疏散要求。高位主厂房 65m 层为例逃生示意如图 15-7 所示。

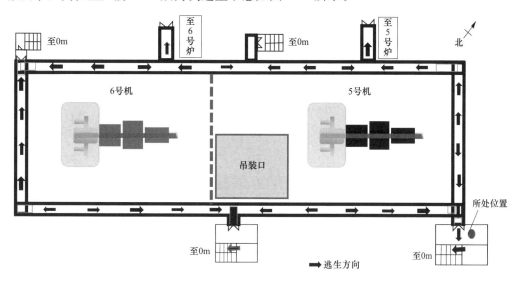

图 15-7　高位主厂房 65m 层疏散示意图

二、高位布置机组计划检修

高位布置机组计划检修相关项目设置、隔离布置、解体回装、设备试运等方面较常规布置机组主要差异化管理如下：

（一）检修策划

高位布置机组检修策划阶段主要对机组运行过程中产生的缺陷进行专项统计分析，尤其对于经过机组运行实践后总结出的专项检修消缺项目，需通过不断改进和提升高位布置机组检修的科学性和系统性。

（二）检修准备

高位布置机组准备阶段在进行常规硬隔离的基础上，需进行纵向隔离、分层布置。

三期机组汽机房各层运行区域和检修区域进行明显隔离，为避免检修人员误入运行区域，设置明显提示。汽机房除 3、10 层设置机组间警戒围栏外，其余 8 层实现硬隔离，防止检修人员误入运行机组区域。

主设备检修区域（如汽轮机、发电机解体等检修区域）用围栏隔离出主检修区域。主检修区再划分成若干功能区，如检修区、备件区、工具区等，并绘制符合现场实际的定置图。

主设备检修区域设置特殊通行证，持有特殊通行证人员方能进入现场。在汽轮机、发电机解体检修区域设置专人负责管控，并按照相关制度和标准检查登记。主设备检修区域、受限空间作业区域入口处设置物品存放点，防止遗漏在设备内部。辅机设备检修周围存在在线运行设备时，检修设备用警戒线或围栏进行隔离。主要柱体上粘贴运行机组和检修机组标识，防止走错间隔。电气设备检修、试验要按 GB 26164.1《电业安全工作规程　第 1 部分：热力和机械》要求设围栏和标识，以区分带电和不带电设备，防止误登、误进、误碰、误动。

吊装作业或高空作业下方应设围栏或警戒线及"当心吊物"的警告牌，吊装区内严禁人员逗留或通行。小型作业点视情况设置小围栏进行隔离。

检修期间对试运中和试运完成的设备单独进行隔离。在运行机组或运行设备区域内设置检修点时，将检修区域进行隔离，所放物品必须与运行设备保证足够安全距离，且不得影响运行操作及巡回检查。围栏安装应稳固，在整个检修过程中保持整齐。检修现场所采取的所有隔离措施不能影响运行人员正常工作。

65m 检修定置图如图 15-8 所示。

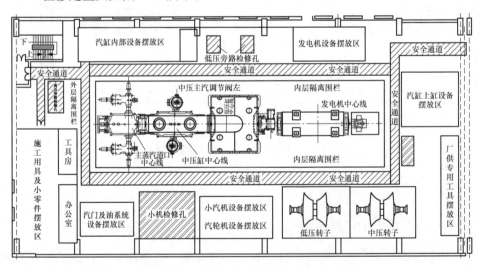

图 15-8　汽轮机 65m 运转层检修定置图

（三）检修施工管理

1. 物料搬运

主厂房内物料搬运应按物料质量、尺寸，使用电梯或行车搬运，不得超出额定载质量使用电梯搬运物料，防止发生电梯事故。对于超重或超尺寸物料搬运使用锅炉侧货梯搬运后，经主厂房与锅炉房连接通道进行转运至现场使用地点。使用行车搬运气瓶时，需使用专用吊笼或牢固木箱，不得直接绑扎吊运。

2. 物料存放

（1）保温、脚手架材料统一进行规划，按照其物料数量合理布置存放点，选择在不影响设备检修和人员通行的位置。存放区应用围栏进行隔离，存放区内物料整齐摆放。保温材料区可用围栏进行隔离，保温材料应铺设塑料布，并做好防风、防水、防火等措施，以及相邻墙面和地面的保护。管道和阀门保温拆除后裸露部分可用塑料布进行包扎。

（2）脚手架杆和架板应整齐放置在搭设好的架子上，并按照种类分开放置。

（3）大型设备检修，零部件及材料较多时，需放置专用货架存放备件材料，较大较重物料放下层，且不得超出货架称重要求，较轻较小物料放上层；若货架上需放置M30以下螺栓，应放置在专用储存盒内，防止遗失。

3. 吊装管理

为加强5、6号机组共用吊装口起重作业安全管理，预防、控制起重作业安全生产事故发生，提高起重作业隐患排查、风险控制、事故防范能力和管理水平，确保作业人员的生命安全，进行如下管理：

（1）主厂房中央吊装口地面是物件中转区，进入吊装口的重物要及时吊装存放至指定位置，从高层吊至零米吊装口的重物要及时运走，禁止堆积在零米中央吊装口地面影响货物中转。

（2）吊装口周围设置围栏，围栏出口设置明显标识或设置警示灯。

（3）中央吊装口地面货车卸货后及时开出吊装口大门，并由专人指挥进出。

（4）吊装口下（零米）设置人行通道，吊物下严禁人员逗留。

（5）中央吊装口高度高（65m），起重指挥人员与行车司机指挥联络应畅通，应使用对讲机、口哨或对讲机、手势指挥联络。

（6）起重作业可按工件质量划分为三个等级，大型：100t以上；中型：40～100t；小型：40t以下。其中，大中型设备、构件或小型设备在特殊条件下吊装应编制专项吊装方案及措施，吊装作业中未经审批人许可不得改变方案。起重作业前由技术人员向参加起重吊装的人员进行技术交底，交底记录应存档。进行起重作业前应组织对所有起重机械进行专项检查，消除缺陷及隐患。

第四节　安健环管理

一、安全管理

高位布置机组较常规布置机组安全管理特点及应用。

1. 吊物口安全管理

为保证5、6号机组共用吊物口起吊作业安全，严禁起吊作业下方无关人员穿行，在主厂房吊物口正下方0m地面区域，四周布设了电动移动隔离围栏，并加设了声光报警装置，具有提醒和警示作用。

为防止吊物口附近各层平台高处落物和坠落发生，在主厂房各层平台吊物口四周，布设了满足安全需要的安全防护栏杆，同时在主厂房 7 层（42m）吊物口处布设了钢丝水平安全防护网，以保障下层人员通行安全。

在主厂房 10 层（65m）吊物口四周布设了不锈钢防眩晕安全防护栏杆，在栏杆顶端四周向外延伸突出约 32cm 的水平栏杆，以免人员在吊物口四周向下观望时发生眩晕、引起不适。

2. 应急逃生安全设施

主厂房 0～65m 设置有三部电梯和四部步梯，从 0～65m 各层，电梯、步梯与主厂房之间均设立防火隔离门，电梯、步梯满足人员日常上下行走和逃生的需要。

主厂房 10 层（65m）平台，5、6 号机组两端分别设置了通往 5、6 号锅炉房区域的天桥过道。

主厂房 6 层（35m）平台，5、6 号机组两端分别设置了通往输煤廊道区域的两道防火隔离门。

3. 设备安全防护

为有效保障汽轮发电机组高位布置带来长管道安全运行检测需要，安装了四大管道位移检测、建筑物墙体偏移健康监测、作业环境空气质量检测等装置。

为防止水、汽、油泄漏引起次生事故的发生，主厂房各层平台均设置有防水挡水堰，在配电间、MCC 间外部加设防雨棚。

二、应急管理（详见第十七章　消防安全应急管理）

（一）风险评估

（1）结合三期工程高位布置的技术特点，进行整体风险评估，辨识不存在重大危险源，5、6 号机组脱硝装置采用尿素作为还原剂。氢气站单元包含 4 个 3.2MPa、13.9m^3 氢储罐，经计算储存的氢气量为 159kg，远小于 5000kg 临界量，均不构成重大危险源。

（2）对安全风险从自然灾害类、事故灾难类、公共卫生类、社会安全类四个方面，针对每类风险从风险类型、作业类型或影响部位、危害程度等进行风险评估与应急事件分类。

（二）应急预案

根据事故类型风险评估报告，结合一二期工程应急预案，增加了四个关于高位布置的专项应急预案。分别是：高位布置汽轮发电机组火灾事故应急预案、汽轮发电机组油系统火灾事故处置方案、输煤 8 号皮带火灾事故处置方案、65m 高位布置汽轮发电机承压部件爆炸泄漏应急预案。

三、健康管理

（一）远距离控制

生产区与操作区分开布置，生产区采用机械化和自动化生产，采用分散型控制系统（DCS）进行集中监视、控制及管理，一般工艺参数报警与联锁均在 DCS 中实现。操作工大多数时间在控制室用仪表控制，实现远距离控制。减少操作人员接触噪声的时间。

（二）引入机器人巡检

在生产现场引入机器人巡检，减少人员现场巡检频次、停留时间，降低现场噪声等危害因素对人员的伤害。针对高位布置厂房，在生产现场引入智能机器人监控系统，在汽机房布置了3台智能巡检机器人，智能巡检机器人携带有高清摄像头、红外摄像头及其他感应探头，具备表计读取、视频诊断、智能告警、自动乘坐电梯等功能，可以设定巡检路线自动巡检，将现场的重要参数传输到中央控制室控制台，在控制台可以进行视频监控、回放、数据分析等，减少人员现场巡检频次、停留时间，降低现场噪声等危害因素对人员的伤害，同时智能巡检机器人也可以通过云台控制巡检，可手动控制智能巡检机器人执行危险的检查任务，例如蒸汽管道漏汽、着火等现场危险情况，通过智能巡检机器人进行现场检查可以避免人员和危险现场的直接接触，降低人身风险，贯彻以人为本的理念。

（三）从建筑设计上采取的噪声防治措施

对人员比较集中的集控室，墙壁采用具有良好隔声作用的材料，内墙面的吊顶均加吸声保温层；采用密封铝合金门窗，观察窗采用隔声双层玻璃，通向控制室的孔洞做好密封填充等措施。

动力中心汽机房、除氧间、煤仓间、锅炉房、引风机房、脱硫吸收区泵房、风机房、脱硫硫铵厂房等易产生噪声污染的设备区域，均采用室内布置，有效降低了厂区范围内噪声污染。

（四）设备及管道的噪声防治

按国家噪声标准向设备制造厂家提出噪声控制值，并作为设备考核的重要因素。一般主机设备、辅机设备噪声控制在85dB（A）以下。

在高噪声设备管道上加装隔声棉等防噪声材料，大大降低了现场噪声，三期与一二期的噪声数据对比见表15-7。

表 15-7   **三期与一二期的噪声数据**

检测地点	一二期噪声 dB(A)	三期噪声 dB(A)
捞渣机	91.1	85.8
磨煤机	93.4	86.1
给煤机	87.6	75.2
引风机	93.6	75.2
一次风机	96.7	80.2
送风机	94.3	77.6
空气预热器	81.9	77.4
汽轮机平台	96.2	77.1
汽轮机 0m 给水泵	96	84.1

四、环保管理

锦界三期两台机组运营以来，严格遵守《环境保护法》《水污染防治法》《大气污染防治法》《噪声污染防治法》《固体废物污染防治法》等环保法律法规；建立健全生态环境管理机制，细化修订体系建设，明确责任；严格按证排污，一证式管理，始终把环保设施纳入主设备管理，不断加强和完善环保设施运营和环保设备治理工作，并依据 DB32/4041—2021《大气污染物综合排放标准》、GB 8978—2006《污水综合排放标准》、GB 13223—2011《火电厂大气污染物排放标准》，GB 12348—2008《工业企业厂界环境噪声标准》采取切实可行的防止水污染、大气污染、噪声及固体废物方面的管理措施；加大对废水、废气、噪声、固体废物及危险废物监督管控力度；严格控制用水消耗，做好清污分流；精细化调整废水、废气运行方式，确保达标排放；实行严格的固废、危废分类处置的原则，做到减量化、资源化、无害化处理。

　　锦界三期两台 660MW 机组采用低氮＋SCR、低低温静电除尘器＋高效除雾装置、石灰石-石膏湿法脱硫和脱硫废水零排等多项节能、环保创新技术，其烟气排放中烟尘、二氧化硫、氮氧化物浓度在运行中分别控制在 0.36、3.7、15.5mg/m^3 左右，均优于国家标准《火电厂大气污染物排放标准》（GB 13223—2011），并实现国家能源集团"112"设计标准（即在标准状态下：烟尘小于 1mg/m^3，二氧化硫小于 10mg/m^3，氮氧化物小于 20mg/m^3），实现了近零排放、废水全部回收利用建设目标，为陕西省减排任务作出应有的贡献。

第十六章

节 能 降 碳

第一节　机组性能试验结果

锦界三期机组投产后运行稳定，各项主要经济技术指标均优于设计值和性能保证值，达到国内同期同类机组领先水平。

一、汽轮机、附属设备及系统性能试验结果

（一）热耗率验收工况试验结果

5号机组：汽轮机在热耗率验收（THA）工况下的试验热耗率为7677.6kJ/kWh，修正后的热耗率为7528.6kJ/kWh，达到保证值7542.8kJ/kWh。

6号机组：汽轮机在热耗率验收（THA）工况下的试验热耗率为7664.8kJ/kWh，修正后的热耗率为7531.2kJ/kWh，达到保证值7542.8kJ/kWh。

（二）TRL工况试验结果

5号机组：夏季工况（TRL）下，试验电功率为613.405MW，试验低压缸排汽压力为28.2kPa，试验主蒸汽流量为1878.156t/h，修正到设计参数下主蒸汽流量为1938.098t/h，修正后的电功率为623.141MW，5号汽轮机夏季出力（TRL）达到保证出力613.370MW。

6号机组：夏季工况（TRL）下，试验电功率为618.158MW，试验低压缸排汽压力为28.2kPa，试验主蒸汽流量为1873.638t/h，修正到设计参数下的主蒸汽流量为1925.875t/h，修正后的电功率为617.970MW，6号汽轮机夏季出力（TRL）达到保证出力613.370MW。

（三）高位布置管道效率结果

5号汽轮机高位布置可使机组管道效率较常规机组提升约0.424%。

6号汽轮机高位布置可使管道效率较常规机组提升约0.379%。

（四）汽轮发电机组轴系振动

5、6号机组汽轮发电机组轴系振动测试结果：额定负荷下，各轴承座振动数值均优于保证值（25μm）。升速过程中，轴系振动均优于保证值（150μm）。

（五）汽动给水泵组性能试验结果

5号机组汽动给水泵组性能试验结果如下：汽动给水泵扬程、流量达到保证性能，汽动给水泵效率达到保证性能。给水泵及给水泵汽轮机前、后轴的振动值均小于30μm，振动合格。所有试验工况下，汽动给水泵组运行平稳，可以满足锅炉上水要求。

TMCR工况下，给水泵汽轮机汽耗率为5.095kJ/kWh，优于保证汽耗率5.213kg/

kWh；给水泵汽轮机内效率为 81.43％，达到 TMCR 工况下的保证值 81.40％。

6 号机组汽动给水泵组性能试验结果如下：汽动给水泵扬程、流量达到保证性能，汽动给水泵效率达到保证性能。给水泵及给水泵汽轮机前、后轴的振动值均小于 30μm，振动合格。所有试验工况下，汽动给水泵组运行平稳，可以满足锅炉上水要求。

在 TMCR 工况下，给水泵汽轮机汽耗率为 5.131kg/kWh，优于 TMCR 工况保证汽耗率 5.213kg/kWh；给水泵汽轮机内效率为 81.58％，达到 TMCR 工况下的保证值 81.40％。

（六）凝结水泵性能试验结果

5、6 号机组凝结水泵性能试验结果表明：凝结水泵的流量、扬程和效率均达到合同保证值。凝结水泵能够满足机组各负荷下除氧器上水的要求。

（七）直接空冷系统性能试验结果

5 号机组直接空冷系统性能试验结果如下：TRL 工况修正到设计条件下的低压缸排汽压力为 22.06kPa，优于空冷系统设计保证值 23kPa。TRL 工况下，修正至设计条件下的风机功率为 5066.9kW，优于保证值 5085kW。

6 号机组直接空冷系统性能试验结果如下：TRL 工况修正到设计条件下的低压缸排汽压力为 22.58kPa，优于空冷系统设计保证值 23kPa。TRL 工况下，修正至设计条件下的风机功率为 5074.3kW，优于保证值 5085kW。

二、锅炉、附属设备及系统性能试验结果

（一）锅炉效率

5 号锅炉 100％额定负荷考核工况下实测锅炉效率分别为 95.28％和 95.12％，修正后锅炉效率分别为 95.25％和 95.18％，修正后平均锅炉效率为 95.22％，高于保证值 94.80％。

6 号锅炉 100％额定负荷考核工况下实测锅炉效率分别为 95.31％和 95.30％，修正后锅炉效率分别为 95.30％和 95.28％，修正后平均锅炉效率为 95.29％，高于保证值 94.80％。

（二）锅炉最大连续出力

以给水流量加过热器减温水流量计算，5 号锅炉最大连续出力为 2161.5t/h，6 号锅炉最大连续出力为 2061.8t/h，均高于保证值 2060t/h，达到设计要求。

（三）锅炉额定出力

5、6 号锅炉不论高压加热器全部投运或切除。

改变磨煤机运行方式后，机组电负荷、过热蒸汽流量、温度、压力及再热蒸汽温度均能达到设计值，各级受热面金属管壁温度无超温现象，锅炉能够达到额定出力。

（四）风机性能测试

5、6 号机组：三个不同工况下，一次风机、送风机、引风机实测效率与性能曲线上对应点效率偏差均在 5 个百分点以内，达到了其设计要求。且各试验工况，一次风机、送风机及引风机的运行点均远离风机理论失速线，风机均运行在安全区域。

（五）空气预热器漏风率

5号锅炉在最大连续出力工况下，空气预热器漏风率为3.36%，低于保证值3.50%。

6号锅炉在最大连续出力工况下，空气预热器漏风率为3.34%，低于保证值3.50%。

（六）锅炉汽水系统压降

5号锅炉最大连续出力工况，省煤器进口至过热器出口之间的压降为3.90MPa，低于保证值（4.00MPa）；再热器进出口压降为0.18MPa，低于保证值（0.19MPa）。

6号锅炉最大连续出力工况，省煤器进口至过热器出口之间的压降为3.71MPa，低于保证值（4.00MPa）；再热器进出口压降为0.17MPa，低于保证值（0.19MPa）。

（七）空气预热器烟风压降

5号锅炉最大连续出力工况，空气预热器一次风侧压降为400Pa，一次风压降实际值与设计值（370Pa）偏差在10%以内，合格。A、B两侧二次风压降分别为995、1035Pa，两侧二次风压降实际值与设计值（1069Pa）偏差均在10%以内，合格。空气预热器烟气侧压降为1000Pa，烟气侧压降实际值与设计值（1015Pa）偏差在10%以内，合格。

6号锅炉最大连续出力工况，空气预热器一次风侧压降为400Pa，一次风压降实际值与设计值（370Pa）偏差在10%以内。A、B两侧二次风压降分别为1010、1057Pa，两侧二次风压降实际值与设计值（1069Pa）偏差均在10%以内。空气预热器烟气侧压降为960Pa，烟气侧压降实际值与设计值（1015Pa）偏差在10%以内，合格。

（八）锅炉无助燃最低稳燃负荷

5号锅炉无助燃最低稳燃负荷为612.7t/h，6号锅炉无助燃最低稳燃负荷为612.1t/h，2台锅炉均低于保证值618.0t/h。

（九）锅炉NO_x排放浓度

5号锅炉100%额定负荷，脱硝装置进口NO_x排放浓度为147mg/m³（标准状态，干基，6%O_2），低于保证值150mg/m³（标准状态，干基，6%O_2）。

6号锅炉100%额定负荷，脱硝装置进口NO_x排放浓度为148mg/m³（标准状态，干基，6%O_2），低于保证值150mg/m³（标准状态，干基，6%O_2）。

（十）磨煤机性能试验结果

5号锅炉A磨煤机出力为54.8t/h，D磨煤机出力为55.0t/h，磨煤机出力达到保证出力（54.626t/h）。磨煤机保证出力工况，A磨煤机单位功耗为7.64kWh/t，D磨煤机单位功耗为7.90kWh/t，磨煤机单位功耗均小于保证值（7.95kWh/t）。

6号锅炉A磨煤机出力为54.9t/h，B磨煤机出力为54.7t/h，磨煤机出力达到保证出力（54.626t/h）。磨煤机保证出力工况，A磨煤机单位功耗为7.62kWh/t，B磨煤机单位功耗为7.48kWh/t，磨煤机单位功耗均小于保证值（7.95kWh/t）。

（十一）机组散热测试结果

5号机组热力设备外表面一共测量520点，无超温点。

6号机组热力设备外表面一共测量520点，无超温点。

（十二）机组粉尘测试

5、6 号机组主要工作场所空气中粉尘浓度测试分别检测 43 处，主要工作场所空气中粉尘浓度均小于 4mg/m³（标准状态），均符合标准规定。

（十三）机组污染物排放测试

5 号机组 NO_x 排放浓度为 19.5mg/m³（标准状态，6％O_2），SO_2 排放浓度为 7.0mg/m³（标准状态，6％O_2），烟尘排放浓度为 0.5mg/m³（标准状态，6％O_2），废水实现零排放，符合标准规范。

6 号机组 NO_x 排放浓度为 19.7mg/m³（标准状态，6％O_2），SO_2 排放浓度为 6.3mg/m³（标准状态，6％O_2），烟尘排放浓度为 0.4mg/m³（标准状态，6％O_2），废水实现零排放，符合标准规范。

（十四）脱硝性能测试

5 号机组：100％额定负荷，两个工况脱硝装置出口 NO_x 平均浓度为 19.5mg/m³（标准状态，干基，6％O_2），小于保证值［20mg/m³（标准状态，干基，6％O_2）］；平均脱硝效率为 90.93％，高于保证值（90％）。

6 号机组：100％额定负荷，两个工况脱硝装置出口 NO_x 平均浓度为 19.7mg/m³（标准状态，干基，6％O_2），小于保证值［20mg/m³（标准状态，干基，6％O_2）］；平均脱硝效率为 90.40％，高于保证值（90％）。

（十五）电除尘器性能测试

5 号机组：A 除尘器除尘效率为 99.927％，B 除尘器除尘效率为 99.920％，除尘器平均效率为 99.924％，大于保证值（99.92％）。

6 号机组：A 除尘器除尘效率为 99.929％，B 除尘器除尘效率为 99.921％，除尘器平均效率为 99.925％，大于保证值（99.92％）。

（十六）脱硫性能测试

5 号机组：机组负荷 657.5MW，运行 BCD 三台浆液循环泵，原烟气 SO_2 浓度平均值为 979.6mg/m³（标准状态，干基，6％O_2），出口净烟气 SO_2 浓度平均值为 7.5mg/m³（标准状态，干基，6％O_2），脱硫效率为 99.23％，大于保证值（99.20％）。

6 号机组：机组负荷 657.2MW，运行 ACD 三台浆液循环泵，原烟气 SO_2 浓度平均值为 916.7mg/m³（标准状态，干基，6％O_2），出口净烟气 SO_2 浓度平均值为 6.3mg/m³（标准状态，干基，6％O_2），脱硫效率为 99.31％，大于保证值（99.20％）。

（十七）湿式电除尘器性能测试

5 号机组：湿式除尘器出口烟尘浓度小于保证值［1mg/m³（标准状态，干基，6％O_2）］。除尘效率为 88.1％，修正后除尘效率为 94.1％，大于保证值（90％）。

6 号机组：湿式除尘器出口烟尘浓度小于保证值［1mg/m³（标准状态，干基，6％O_2）］。除尘效率为 87.4％，修正后除尘效率为 94.8％，大于保证值（90％）。

三、电气部分试验结果

（一）厂用电率及发、供电煤耗试验结果

5 号机组厂用电率及发、供电煤耗结果如下：100％额定负荷，机组厂用电率为

3.95％，较设计值 4.84％低 0.89 个百分点；发电煤耗试验值为 276.8g/kWh，供电煤耗试验值为 288.2g/kWh；采用修正后锅炉效率、汽轮机热耗率，计算的发电煤耗为 271.4g/kWh，供电煤耗为 282.6g/kWh。发电煤耗较设计值 273.8g/kWh 低 2.4g/kWh；供电煤耗较设计值 287.7g/kWh 低 5.1g/kWh。

6 号机组厂用电率及发供电煤耗的试验结果如下：100％额定负荷，机组厂用电率为 4.19％，较设计值 4.84％低 0.65 个百分点；发电煤耗试验值为 276.1g/kWh，供电煤耗试验值为 288.2g/kWh；采用修正后锅炉效率、汽轮机热耗率，计算的发电煤耗为 271.4g/kWh，供电煤耗为 283.2g/kWh。发电煤耗较设计值 273.8g/kWh 低 2.4g/kWh；供电煤耗较设计值 287.7g/kWh 低 4.5g/kWh。

（二）发电机性能试验结果

5 号发电机性能试验结论如下：

（1）100％额定负荷，发电机效率为 99.09％，大于保证值 99.0％，发电机效率合格。

（2）100％额定负荷，发电机各项温度值均未超过国标的温度限值，发电机温升合格。

（3）发电机漏氢量为 5.1m³/24h（标准状态），优于保证值 6.0m³/24h（标准状态），发电机漏氢量合格。

6 号发电机性能试验结论如下：

（1）100％额定负荷，发电机效率为 99.02％，大于保证值 99.0％，发电机效率合格。

（2）100％额定负荷，发电机各项温度值均未超过国标的温度限值，发电机温升合格。

（3）发电机漏氢量为 4.5m³/24h（标准状态），优于保证值 6.0m³/24h（标准状态），发电机漏氢量合格。

四、噪声测试结果

5、6 号机组噪声试验结果如下：汽轮机、发电机、凝结水泵、辅机冷却水泵、一次风机、送风机、氧化风机、除尘器、真空泵、主变压器、空冷岛、磨煤机、浆液循环泵、给水泵汽轮机、汽动给水泵、汽动给水泵前置泵噪声合格。

主控室、锅炉平台 0m、锅炉平台 13.7m、汽机房 65m、汽机房 6.9m、汽机房 0m 噪声合格。厂界噪声合格。

第二节　节地节水节材

在资源日趋紧张、环境形势日益严峻的社会背景下，为贯彻落实国家有关绿色施工的技术经济政策，建设资源节约型、环境友好型社会，工程全面实施"四节一环保"（节能、节地、节水、节材和环境保护），实现经济效益、社会效益和环境效益的统一。通过科学管理和采用先进的技术措施，严格的过程管控，提高能源利用率，最大程度地节约资源和减少对环境的负面影响。采取了以下主要措施。

一、节约用地措施

（1）主厂房布置采用汽轮发电机组高位布置方案，建筑高度 83.7m，层数 10 层，将汽轮发电机组布置在 65m 运转平台，运转平台由 A、B 列与 B、C 列除氧煤仓层上部合并布置，取消了凝结水泵深基深坑，主厂房跨度 26m（汽轮机侧 14m），与常规（低位）主厂房相比，减少主厂房区用地面积 49%。

（2）辅助生产及附属建筑物主要利用电厂一二期工程已建成设施，三期尽量减少建、构筑物数量并将性质和功能相同和相近的建、构筑物进行合并联合布置。

（3）全厂设置集中空压机房，输灰空压机与厂用、仪表用空压机合并布置，节约设备投资、减少占地及公用设施。

（4）锅炉补给水处理系统利用原有离子交换设施，在化验楼南侧空地扩建超滤反渗透预处理及预脱盐系统，既减少了占地，又大大降低了离子交换系统的酸碱耗量。

（5）因地制宜，根据场地及工艺流程和功能分区，合理布置。在满足防护要求的前提下，充分利用好边角地带，并尽量压缩各种管线、道路、栈桥、走廊的长度和宽度。

（6）严格控制道路、广场面积，尽量采用综合管架及综合管沟，并将性质相同或相近管线及管沟相邻布置。

二、节约用水措施

（一）实行分质供水

（1）主机采用空冷方式，大大降低水源地表水的消耗量。

（2）辅机冷却水采用表面冷却方式，仅在温度较高时消耗一定水量，降低新鲜水的消耗量。

（3）脱硫系统采用湿法脱硫方案，工艺水采用工业废水、锅炉补给水处理系统及凝结水精处理系统的高含盐排水、脱硫设备冷却水回用水等，降低新鲜水的消耗量。设置了低温省煤器，大大减少了脱硫系统耗水量，单台机组可减少 45t/h，约 40%。

（4）根据厂址气候特点，集控室及电子设备间设置新风空调冷却系统，采用中央空调，不须设置制冷站，节约了空调系统的初投资及运行、管理费用，还可节约大量水资源。

（5）采用干式除灰系统，采用正压气力除灰、干灰输送方案。

（6）采用空冷岛翅片全自动智能冲洗技术，清洗小车可对污染区域选择性精准冲洗，实现了远程一键无人清洗，节水率可达 70% 以上。

（二）全厂排水资源化并重复利用

（1）厂区排水系统采用分流制，设独立的生活污水下水道、含油废水下水道、工业废水下水道、雨水下水道等。

（2）对电厂排放的各项废污水，依据各类废污水的水质特征，采取技术上可行、经济上合理的治理措施，分散处理和集中处理相结合，清污分流，实施统筹的水务管理，集中调配，全部回用。具体措施如下：

排水系统采用分流制，设有独立的工业废水、含油废水、生活污水管网及雨水排水系统及输煤冲洗水排水系统。

1）工业废水排水管网主要收集锅炉补给水处理系统的高悬浮物排水、厂房及各车间地面冲洗排水等废水，通过重力排水管道汇集至一二期工业废水调节池，经水泵提升后输送至一二期工业废水处理系统进行处理，处理后再作为三期脱硫系统工艺补充水和除灰系统用水。

2）含油废水排水管网主要收集主厂房油箱、变压器的事故放空及该区域的含油雨水，经事故油池隔油后，排至厂区工业废水排水管道，与工业废水一起排至一二期工业废水处理系统，处理后再作为本期脱硫系统工艺补充水和除灰系统用水。

3）生活污水排水管网主要收集主厂房及辅助、附属建筑物的卫生间排水。生活污水通过生活污水排水管网汇集至一期污水泵房下废水调节池，经提升后输送至室内生活污水处理系统进行处理，处理后排入市政污水管网。

4）厂区设雨水管网，主要收集厂区的地面、建筑物屋面的雨水，为自流排水。厂区雨水通过管道收集后，将收集到的雨水自流排入厂外排洪沟。

5）输煤系统冲洗水排水，电厂一二期工程已建的 $2\times15m^3/h$ 的煤水处理系统，其工艺为：混凝、沉淀、过滤。一二期工程平均排水量为 $13m^3/h$，三期工程平均排水量为 $4m^3/h$，可以利用一二期煤水处理设备，采用一根 DN50 压力煤水管输送至一二期煤水处理间。三期工程运煤系统冲洗水沿栈桥从 4 号机引接煤水回用水。

6）采取石灰石-石膏湿法烟气脱硫工艺，脱硫废水采用烟气余热低温闪蒸浓缩＋浓液干燥技术，实现了脱硫废水处理后无废水、无废气、无废弃固体物产生的真正零排放。

（三）提高汽水品质

给水/凝结水采用 CWT 处理工况，极大地改善了热力系统的水汽品质，对节水起到关键的作用。通过为大容量的机组配备凝结水精处理装置，消除了凝汽器泄漏、热力系统腐蚀产物对凝结水品质的影响，使热力系统水汽循环的品质大幅度地提高。同时，凝结水精处理装置的配备，使机组启动的时间大大缩短，其除铁、洗硅的功能十分明显，水汽循环能在短时间内达到要求，使机组提前满负荷运行。锦界三期设有凝结水精处理系统，机组启动的时间可缩短 50％以上，其节水的效果和提前发电所产生的效益是十分可观的。

（四）加强水务管理

（1）各用水系统均装设计量表计和阀门，以避免长流水。加强各用水点的用水和排水水量、水质的监控、监测，按水质、水量要求控制调度全厂用水。

（2）所有的卫生间冲洗阀全部采用节水阀，主要建筑物设置生活用水计量装置，限制超标用水。

（3）加大水务管理和节水的宣传力度，提高全厂人员的节水意识，制定切实可行的规章制度，将水务管理作为电厂运行考核的一项重要指标，使各项节水措施最终得以落实。设立水务管理机构，统一管理全厂用水，设立奖罚制度，以制度形式把用水指标控制在较先进的水平上。

三、节约材料措施

（1）采用汽轮发电机组高位布置，充分优化系统与布置，设备布置紧凑、减少四大管道重量 259.5t，节省率 30.93％，其中，节约主蒸汽及高压旁路阀前管道 81.5t、再热热段及低压旁路阀前蒸汽管道 44t、再热冷段及高压旁路阀后管道 71t 和主给水管道 63t。对直接空冷机组，还减少大口径薄壁排汽管道约 40m，节省率 93％。

（2）给水系统高压加热器采用大旁路，减少高压管路长度，节省高压管材，降低了初投资。

（3）热力系统中的主蒸汽和热再热蒸汽管道材料采用 ASTM A335P92、给水管道材料采用 15NiCuMoNb5-6-4，有效地减轻了管道及支吊荷重，减少了钢材耗量，降低主厂房框架投资。

（4）锅炉采用等离子点火方式，最大限度减少机组启动试运行期间及投产后的燃油消耗量。

（5）热控、电气设备实行高度物理分散布置，采用远程 I/O 设备，将 DCS 的 I/O 卡件尽量布置在靠近信号发生源和受控执行机构的位置，大量减少常规电缆和电缆桥架的数量。

（6）厂用低压配电系统采用 PC-MCC 两级供电方式，MCC 尽量靠近负荷中心布置，优化电缆敷设路径，减少电缆长度，降低电缆损耗。

（7）输煤系统尽量利用原有设施、设备，减少新增设备，减少转运，减少落地及搬运次数，减少落煤管长度，减少输煤系统的建筑物的体积（如不再新建输煤综合楼）达到节约钢材、水泥和其他材料的目的。

（8）主厂房布置采用高位竖向框排架结构方案，在混凝土构件中尽量采用可重复使用的模板，以减少木材的消耗量。

（9）主厂房及主要生产建筑物采用合理、经济的结构型式和轻型墙体材料，减少了建筑物的荷重，节约钢材、水泥用量。

（10）充分考虑生产需要、交通运输的便利和地下设施布置的合理，在满足工艺要求的前提下，合理利用了地形，设置合适的台阶，避免高挖深填，减少了土方工程量。

（11）就地取材，节约运输费用。三期工程 A、B 标段搅拌站共搅拌粉煤灰用量 1.37 万 t；建筑砌筑粉煤灰砖 2.67 万 m^3，约 2320 万块，实现变废为宝，综合利用。

第三节　二氧化碳捕集、利用与封存（CCUS）示范工程

一、项目背景意义

为积极探索落实"3060""双碳"目标，与三期工程同步建设投产了每年可捕集锅炉烟气 15 万 t 的 CO_2 全流程示范工程，该项目由神华集团公司批复，属国家重点研发项目（科学技术部国科高发计字〔2017〕39 号），项目获得中国化学协会优质工程奖。形成了我国完全自主知识产权的新一代烟气 CO_2 捕集技术，为火电行业继续推广更大规模 CO_2 捕集技术奠定了坚实基础。创新技术为产业赋能，科技成果为生态护航，推动生态文明建设迈向新台阶，助力火电行业低碳减污实现新跨越。

二、项目简介

依托集团公司科技创新项目"15 万 t/年燃烧后二氧化碳捕集和封存全流程示范项

目"开展燃煤电厂化学吸收法碳捕集技术研究，并进行工程示范，是当时我国最大规模的燃煤电厂燃烧后 CO_2 捕集—驱油/封存全流程示范项目。建设的"千吨级燃煤电厂烟气 CO_2 固体吸附工业验证装置"为国内规模最大的 CO_2 化学吸附工业验证装置，该装置采用国内首次开发的多级吸附—再生—冷却三流化床 CO_2 捕集工艺。示范工程及验证装置同时获得国家重点研发计划"用于 CO_2 捕集的高性能吸收剂/吸附材料及技术"（2017YFB0603300）支持。三期工程实施后为燃煤电站实现真正意义上的近零排放提供指导，为实现我国燃煤电厂大规模碳捕集和巴黎协定框架下国家自主贡献碳减排目标提供技术支撑，具有显著的环保效益和社会效益。

三、15 万 t/年燃烧后 CO_2 捕集/封存全流程示范项目

（一）工艺流程

烟气自国华锦界电厂 1 号机脱硫后出口烟道抽取后进入烟气洗涤塔，在塔内经洗涤降温和深度脱硫后进入吸收塔，新型吸收剂吸收烟气中 CO_2，为提高吸收能力，设置级间冷却工艺，从吸收塔中部对吸收液进行冷却，吸收后尾气经塔顶洗涤后排出。新型吸收剂吸收烟气中 CO_2 后成为富液，富液从吸收塔塔底流出后分为两股，一股进入贫富液换热器，热量回收后进入解吸塔，一股直接进入解吸塔，在再沸器的加热作用下，通过汽提解吸出富液中的 CO_2，解吸后的富液变为贫液，从解吸塔塔底流出。解吸塔内解吸出的 CO_2 连同水蒸气从解吸塔塔顶出，经气液分离器分离冷却除去水分后得到纯度 99.5%（干气）以上的 CO_2 产品气，进入压缩等后序工段进一步处理。解吸 CO_2 后的贫液进入闪蒸罐进行闪蒸，闪蒸出的气体进入吸收塔，贫液流出后进入贫富液换热器换热，冷却后进入吸收塔进行吸收。为了验证超重力反应器的解吸能力，与解吸塔并列设置超重力反应器，处理能力为 10%。溶液往返循环构成连续吸收和解吸 CO_2 的工艺过程。

从解吸塔塔顶出来冷却分离的产品气进入 CO_2 压缩机压缩，压缩机出口 CO_2 压力为 2.5MPa，温度 40℃，压缩后的 CO_2 气体进入提纯塔进行脱水干燥，经干燥处理后的 CO_2 气体进入二氧化碳冷凝器及过冷器，液化降温制冷至 -20℃ 以下，完全液化后送至二氧化碳球罐进行储存。

目前生产出液态 CO_2 为工业级 CO_2，可用于驱油、咸水层封存及矿化等方向，现场预留生产食品级 CO_2 的场地。燃烧后 CO_2 捕集—驱油/封存工艺流程如图 16-1 所示。

（二）主要技术创新点

1. 新型吸收剂

经测试已开发的复合胺、相变吸收剂、离子液体等不同溶剂捕集性能，筛选出具有更高循环容量的吸收剂，相对 MEA 能耗降低 25%，降解速率降低 50%。

2. 高效节能工艺

创新形成了"级间冷却＋分级解吸＋MVR"高效节能工艺，有效降低系统再生能耗 20% 以上。

3. 增强型塑料填料

采用增强型塑料填料，亲水改性聚丙烯塑料填料成膜率高，有效比表面积优于传

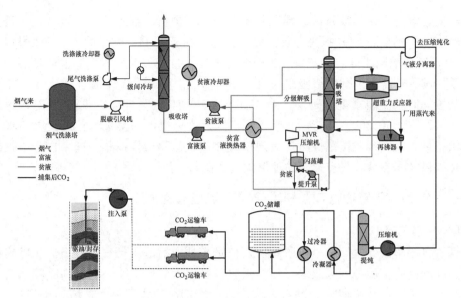

图16-1 燃烧后 CO_2 捕集-驱油/封存工艺流程

统不锈钢填料，成本降低到不锈钢填料1/3。

4. 降膜汽提式再沸器

采用新型降膜汽提式再沸器，具有传热系数高，设备结构紧凑等特点，一次蒸发量可高达30％，制造成本降低20％。

5. 超重力反应器

采用轻质化、热质传递效率高的超重力再生反应器，处理量为10％，与再生塔并行设计，有效降低设备高度，可制造成本降低约30％。

6. 低端差换热器

采用紧凑型低端差换热器，换热端差小于5℃，提升能量利用效率。

7. 研发验证平台

以复合胺吸收剂为主工艺进行设计，同时考虑兼容有机相变吸收剂、离子液体捕集工艺，具有拓展功能和试验验证功能。

（三）主要技术指标

CO_2 捕集率大于92％，CO_2 浓度大于99％，再生能耗小于2.4GJ/tCO_2。投资及捕集成本较传统 MEA 化学吸收工艺降低30％，整体性能指标达到国际领先水平。主要技术指标见表16-1。

表16-1 主要技术指标

序号	名称	单位	数量
1	烟气处理量（标准状态下）	m³/h	100000
2	产品气 CO_2≥99％（干气）	t/h	18.75
3	CO_2 捕集率	％	90
4	CO_2 捕集热耗	GJ/t CO_2	＜2.4

四、千吨级燃煤电厂烟气 CO_2 固体吸附工业验证装置

1. 工艺流程

系统主要由吸附床、再生床和冷却床三个流态化反应器组成：吸附床负责气固脱碳反应过程，再生床负责吸附剂的再生过程，冷却床负责将再生后的高温吸附剂冷却至吸附床温度。

脱硫烟气经烟气风机输送至吸附床，在流化吸附剂的同时与吸附剂发生脱碳反应。吸附反应是放热反应，反应后的吸附剂在中心风的卷吸作用下，输运至再生床。再生床采用隔板式单级鼓泡流化床结构，以 CO_2 作为流化介质，再生后的吸附剂通过溢流管和返料器输送至冷却床。冷却床采用隔板式单级鼓泡流化床结构，以 N_2 作为流化介质。冷却后吸附剂通过溢流管和返料器输送至吸附床，重复进行脱碳反应。多级吸附—再生—冷却三流化床反应器如图 16-2 所示。

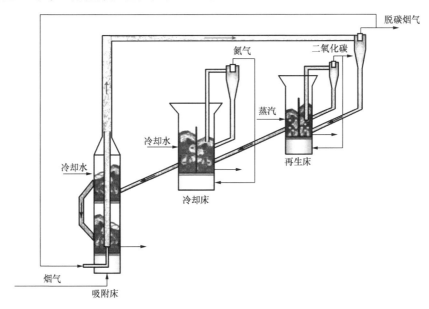

图 16-2　多级吸附-再生-冷却三流化床反应器

2. 创新点

（1）三流化床工艺。采用多级吸附—再生—冷却三流化床 CO_2 捕集工艺，具有工艺相对简单、设备紧凑、能耗低等特点，可有效解决常规 CO_2 固定床吸附反应器放大困难、操作复杂、难以适应大规模燃煤电厂烟气 CO_2 捕集的问题。

（2）固体胺吸附材料。采用新型高效固体胺吸附材料，改性多乙烯多胺＋复合骨架，吸附容量好。

3. 主要技术指标

该装置可实现 CO_2 捕集率大于 90%，CO_2 产品浓度大于 95%，综合能耗小于 2.2GJ/tCO_2，投资及捕集成本较传统 MEA 化学吸收工艺降低 40%，整体性能指标达到国际领先水平。主要技术指标见表 16-2。

表 16-2 主要技术指标

序号	名 称	技术指标
1	设计烟气处理量（在标准状态下）	638m³/h
2	吸附剂装料量	1784kg
3	吸附剂循环量	3557kg/h
4	CO_2 捕集效率	90%
5	CO_2 纯度	95%
6	综合热耗	<2.2GJ/tCO_2

五、项目验收

2023 年 3 月 30 日，科技部高技术研究发展中心组织了"煤炭清洁高效利用和新型节能技术"重点专项"用于 CO_2 捕集的高性能吸收剂/吸附材料及技术"项目综合绩效评价，专家组听取了项目综合绩效自评价报告，考察了示范装置现场，审查了相关文档和资料，经讨论和质询，形成评价意见如下：

（1）项目基本完成了任务书确定的各项攻关任务，达到了考核指标要求。开展了低能耗吸收剂研发及其规模化制备、高性能吸附材料研发及其规模化制备、CO_2 吸收/吸附过程关键技术和设备、吸收/吸附全系统流程设计与优化等关键技术的攻关，在国能锦界公司建成了 15 万 t/年的燃煤电厂烟气 CO_2 吸收工业示范装置，实现了 CO_2 吸收/吸附技术工业示范和验证。

（2）项目取得的重要成果。

1）开发了 MA 复合胺等 4 类新型吸收剂、酒石酸离子盐等 3 种抗降解剂，实验室测试结果表明，达到考核指标要求；其中 MA 复合胺＋酒石酸离子盐，与 30%MEA 相比，再生能耗降低 32.6%，降解速率降低 51.3%，建立了百吨级 1 年吸收剂制备装置。研发了换热器和直接蒸汽抽提再生等关键技术和装备，其中改性塑料填料塔代替常规不锈钢填料吸收塔可降低制造成本 50% 以上；在 200m³/h（标况下）中试平台上完成了新型吸收剂、塑料填料、高效板式换热器、级间冷却和富液分级流等关键技术和设备试验验证，形成了示范工程系统集成工艺包；建设了 15 万 t/年燃煤电厂烟气和 9.1 万 t/年燃气烟气 CO_2 吸收工业示范工程，实现了长周期稳定运行，第三方检测结果表明 CO_2 捕集率大于 92%，CO_2 浓度大于 99.95%，再生能耗均小于 2.4GJ/t CO_2，投资及捕集运行成本相对传统 MEA 分别降低 30.5% 和 30.3%。

2）研发了钙基、钠基和固体胺基新型吸附材料，模拟烟气下，实验室测量吸附容量均大于 2.2molCO_2/kg，磨损率均小于 0.35wt%/h，形成了相应的制备方法，具备吨级/年生产能力；开发了 5m³/h（标况下）新型多级吸附—再生双流化床吸附装置，CO_2 捕集率达 90% 以上，浓度达 95% 以上；在百吨级 CO_2 捕集能力中试平台上完成了钙基和固体胺基等新型吸附材料试验验证，完成了基于固体胺基的燃煤烟气千吨级/年 CO_2 吸附装置方案设计和工艺包编制；完成千吨级/年新型烟气 CO_2 吸附验证装置建设，通过 72h 稳定运行考核。

（3）申请发明专利 50 项，发表研究论文 91 篇，完成专著 1 项，培养研究生 44 名。

第十七章

消防安全应急管理

第一节 全厂消防系统简介

一、消防系统主要设计原则

（1）贯彻"预防为主，防消结合"的方针，各专业根据工艺流程特点，在设备与器材的选择及布置上充分考虑预防为主的措施，在建筑物的防火间及建筑物结构设计上采取有效措施，预防火灾的发生与蔓延。

（2）电厂灭火立足于自救，水消防是主要的灭火手段，设临时高压常规消防系统和自动喷水灭火系统，厂区消防水管网为独立系统。

（3）重要的建筑物及设备设有多种灭火手段。除设置常规消防系统及移动式灭火器材外，还设有以下特殊的灭火系统：

1）在电控楼5、6号锅炉电子设备间，锅炉工程师室共4个区域；集控楼1~2号机组工程师室、3~4号机组工程师室、5~6号机组工程师室、7~8号机组工程师室、网络机房、辅控DCS网络机房共6个区域；升压站继电器室、电气配电室共2个区域，在有人值守的保护区分设3套IG541洁净气体灭火系统。

2）主变压器、厂用高压变压器、启/备变压器、主厂房内重要油设备及燃油装置和油管路密集区域，煤仓层和输煤栈桥内的输煤皮带等区域设自动喷水灭火系统。

3）在电控楼内的5号保安配电室、6号保安配电室、5号UPS、直流配电室、6号UPS、直流配电室、5号锅炉配电室、6号锅炉配电室、5号锅炉电子间下电缆夹层、6号锅炉电子间下电缆夹层、公用配电室共9个保护区采用1套低压 CO_2 气体灭火系统，主厂房原煤仓采用 CO_2 气体惰化系统。

4）在主厂房电缆竖井及电缆交叉、密集区设超细干粉灭火系统。

（4）建立全厂火灾探测、报警及控制系统。

（5）值班人员与消防专业人员相结合，消防设施的维修与监视及建筑物内早期火灾的扑灭以值班人员为主。

（6）加强消防管理工作。建立消防组织，制定有关火灾预防、火灾扑救、消防监督及消防设施的维护等各项具体制度，并切实实施。

（7）根据《中华人民共和国消防法》第三十九条，大型火力发电厂应当建立专职消防队，承担本单位的火灾扑救工作。三期工程设置一座二级消防站，消防站负责全厂的消防，是消防救援人员住宿、办公、训练的场所。消防车库位于底楼，接火灾报警后出警灭火。根据《国华电力公司消防车及器材配备标准》配备 4 辆消防车。分别为一辆干粉-泡沫消防车（8t，其中干粉不小于 2t，泡沫不小于 2t）、一辆水罐消防车（8t）、一辆泡沫消防车（8t，泡沫不小于 3t），一辆举高喷射消防车（8t）。

二、常规消防系统

三期工程消防给水系统为独立给水系统，消火栓灭火系统和自动喷水灭火系统为合并系统。

（一）室外消火栓灭火系统

室外消防给水管道在主厂房区域为环状管网，以保证重要的建筑物可从不同方向供水。其中主厂房周围消防给水管道管径为 DN300。室外最小消防给水管道管径为 DN200。在管网上或结点处设置管段隔绝阀，使管网中部分管段事故或检修时对消防供水影响最小。室外消火栓布置原则如下。

（1）室外消火栓间距在主厂房周围不大于 60m，其他建筑物周围不大于 120m。

（2）消火栓采用 SA100/65（$p_N=1.6\text{MPa}$）型地下式消火栓，该消火栓有一个 DN100 的出水口，一个 DN65 的出水口。

（3）消火栓距路边不大于 2m，距房屋外墙不小于 5m。

（二）室内消火栓灭火系统

室内消火栓按照《建筑设计防火规范》（GB 50016—2014）和《火力发电厂与变电站设计防火标准》（GB 50229—2019）的相关条文进行设置。室内消火栓栓口处的出水压力超过的 0.50MPa 时，设置减压设施。

三、自动喷水灭火系统

自动喷水灭火系统与消火栓灭火系统合并设置。自动水消防采用如下四种形式：水喷雾系统、雨淋系统、水幕系统、湿式洒水系统。

（1）主厂房内自动喷水灭火系统的供水接自主厂房室内消防环形母管，雨淋阀组布置在主厂房内。

（2）A 排外变压器水喷雾灭火系统的供水接自主厂房室内消防环形母管，雨淋阀组布置在主厂房内。

（3）自动喷水系统。对煤仓层、输煤系统等采用自动喷水系统进行保护，其中输煤栈桥及主厂房煤仓层采用湿式自动喷水系统（闭式系统）；在栈桥与主厂房的连接部位设置开式水幕灭火系统；中间层油管路、燃烧器采用雨淋灭火系统进行保护。

湿式自动喷水灭火系统包括火灾探测系统、湿式报警阀组及闭式喷头。湿式报警阀前后管道内均充满压力水，当防护区发生火灾时，区域环境温度升高，喷头感温元件受热动作，系统立即能喷水灭火，同时在就地发出火警铃声，并通过水流指示器向消防报警主盘发出灭火系统动作信号。每个自动喷水灭火系统设有自动控制、手动控制及应急控制三种启动方式。就地控制盘上设有自、手动操作转换开关，能将自动操作转换为手动操作。手动操作也可通过直接操作阀门实现。

雨淋及水幕灭火系统包括火灾探测系统、雨淋阀组及或开式喷头。雨淋阀后管道平时为空管，火警时由火灾探测系统自动或手动开启雨淋阀，使该阀控制的全部开式洒水喷头同时喷水灭火，同时在就地发出火警铃声，并通过压力开关向消防主盘发出灭火系统动作信号。每个雨淋灭火系统设有自动控制、手动控制及应急控制三种启动方式。就地控制盘上设有自、手动操作转换开关，能将自动操作转换为手动操作。手动操作也可通过直接操作阀门实现。

自动喷水及水幕系统的控制阀组的就地控制盘上预留有与火灾报警系统的硬接线联动接口，将雨淋阀的水力开关反馈信号送至火灾报警系统。

四、气体消防系统

气体灭火采用洁净气体灭火系统和低压二氧化碳气体灭火系统相结合的方案。大部分被保护区域采用组合分配式低压 CO_2 气体灭火系统，只有少部分经常有人值班的区域采用洁净剂气体灭火系统。气体消防布置在以下区域：

（一）主厂房电控楼 IG541 洁净气体灭火系统

在电控楼 13.20m 5 号锅炉工程师室、13.20m 6 号锅炉工程师室、13.20m 5 号锅炉电子设备间、13.20m 6 号锅炉电子设备间有人值班的重要房间内设洁净剂气体灭火系统；采用组合分配式全淹没洁净气体灭火系统，洁净气体气瓶间布置在 13.20m 层。

（二）集控中心 IG541 洁净气体灭火系统

在集控中心 4.20m 1～2 号机组工程师室、4.20m 3～4 号机组工程师室、4.20m 5～6 号机组工程师室、4.20m 7～8 号机组工程师室、8.40m 网络机房、8.40m 辅控 DCS 网络机房有人值班的重要房间内设洁净剂气体灭火系统；采用组合分配式全淹没洁净气体灭火系统，洁净气体气瓶间布置在 0.00m。

（三）继电器室 IG541 洁净气体灭火系统

在零米继电器室、电气配电室有人值班的重要房间内设洁净剂气体灭火系统；采用组合分配式全淹没洁净气体灭火系统，洁净气体气瓶间布置在零米。

（四）主厂房电控楼低压 CO_2 气体灭火系统

在主厂房电控楼 6.90m 5 号保安配电室、6.90m 6 号保安配电室、6.90m 5 号 UPS、直流配电室、6.90m 6 号 UPS、直流配电室、6.90m 5 号锅炉配电室、6.90m 6 号锅炉配电室、10.60m 5 号锅炉电子间下电缆夹层、10.60m 6 号锅炉电子间下电缆夹层、13.20m 公用配电室共 9 个保护区采用 1 套低压 CO_2 气体灭火系统，主厂房原煤仓采用 CO_2 气体惰化系统；CO_2 气瓶间布置在 0.00m 层。

五、超细干粉灭火装置

超细干粉是通过加压、喷射，产生具有灭火性能气溶胶的平均粒径不大于 $5\mu m$ 的固体粉末灭火剂。超细干粉灭火方式以化学灭火为主，物理降温灭火为辅。发生火灾时能自动动作、喷射灭火剂灭火。该系统主要包括：装有灭火剂和驱动气体的容器、吊环或箱体、阀体、压力表、启动器及喷头等。主厂房及电控楼内电缆夹层、电缆竖井及电缆密集处采用超细干粉灭火装置。

六、灭火器材的配置

锦界三期各建构筑物及设备的灭火器材配置按《建筑灭火器配置设计规范》（GB 50140—2005）的规定进行选择和配置，主要采用磷酸铵盐（手提/推车）、二氧化碳（手提/推车）和泡沫（手提/推车）类型的灭火器。

七、消防排水

室内消火栓灭火时，排水排入室内地面排水系统，当通过机械排水时，排水量按 2 支消火栓流量确定。室外消火栓灭火时，排水散排。变压器水喷雾灭火系统的排水，排入含油废水下水道。

八、消防站

（1）建筑标准。根据《城市消防站建设标准》（建标 152—2011），三期工程设置二级普通消防站。消防站建筑面积指标：二级普通消防站 1800～2700m²。消防站车库的车位数及车辆数配备 2～4 辆。根据《国华电力公司消防车及器材配备标准》配备 4 辆消防车。分别为一辆干粉-泡沫消防车（8t，其中干粉不小于 2t，泡沫不小于 2t）、一辆水罐消防车（8t）、一辆泡沫消防车（8t，泡沫不小于 3t）、一辆举高喷射消防车（8t）。

（2）消防站的建设项目：训练场、消防站建筑、装备和人员配备。训练场主要是指室外训练场。消防站建筑包括业务用房和辅助用房。

九、火灾报警系统

火灾报警及消防控制系统由布置在集中控制室的中央监控盘（配备 LCD 上位机）、区域报警盘、报警触发装置（手动和自动两种）组成。中央监控装置布置在集中控制室内，与电厂的运行指挥密切结合。中央监控盘上设有消防水泵紧急启动按钮。

报警方式分手动和自动两种。报警手动方式：运行人员在就地巡检中，如发现火灾，则手动按下该区域的手动报警器，控制室内运行人员就可得知该区域有火灾。报警自动方式：通过用于各种不同检测对象的探测器产生的火灾电信号送至中央监控装置，发出声光报警信号。

锅炉房燃烧器区域、汽机房油系统区域、室外变压器区域、集控楼运转层区域、输煤栈桥区域等重要部位的火灾报警与消防系统应联动，为自动报警、自动灭火或确认后手动灭火。

中央监控盘负责全厂火灾报警、消防系统的监控。所选用的火灾报警系统符合我国有关的防火规范及国家标准，并在电厂有成熟经验和使用实绩，产品应持有公安部消防主管部门检验合格证书。

十、消防供电

对自动灭火系统、自动卷帘门及与消防有关的电动阀等负荷由保安电源供电。对火灾报警和消防控制系统由 UPS 供电。照明系统除按《发电厂和变电站照明设计技术规定》（DL/T 5390—2018）设计外，对主厂房出入口、通道、楼梯间及远离主厂房的重要工作场所将设置人员疏散用指示灯，指示灯采用应急灯型式。

第二节　消防安全与应急调度管理

按照"一规三标"消防工作与三期项目建设同步开展，消防工作贯彻执行"预防为主、防消结合"的方针，坚持"谁主管、谁负责"责任制管理。为防止火灾发生和减少火灾危害，保护国家财产和人员生命安全，维护公共安全和设备安全，保障应急救援工作，重点推进消防应急调度管理。

一、设置应急组织机构

（1）成立消防应急组织机构，设立应急指挥部，为消防应急调度管理的指挥中心，下设应急指挥管理办公室、应急值守办公室。

（2）调度体系中设立消防保卫组、运行控制组、技术支持组、医疗救护组、通信保障组、后勤保障组、公共关系组等职能组。

（3）建立义务消防组织。义务消防队在消防安全第一责任人、消防安全直接责任人的领导下开展消防安全工作，专兼职消防安全管理人员是义务消防队的指定成员。

二、消防制度建设

制定完善消防管理制度及责任制，依据防火重点部位制订紧急应变预案、消防队制订灭火预案、制订预案演练计划并定期组织开展培训及演练，确保消防各项工作有据可依。

三、设置消防站和组建专职消防队

建立专职消防队，消防队的职责为：

（1）承担企业消防安全宣传教育培训，普及消防知识。

（2）定期进行企业防火检查，督促有关部门和个人落实防火责任制，及时消除火灾隐患。对重点防火区域加强定期检查，对火灾隐患及时下发火灾隐患整改通知。

（3）监护作业：专职消防队的监护作业项目包括：一级动火作业，卸氨监护，卸油监护，防腐作业，密闭压力容器等其他高危作业监护，大、小修后机组启动监护。

（4）建立防火检查档案，按照国家规定设置防火标志。对企业的道路、消防水源、重点部位等情况，建立相应的消防业务资料档案。

（5）制定企业重点部位的事故处置和灭火作战预案，定期组织演练。管理及维护保养好消防器材、设施。

（6）组织消防队员的日常训练和指导培训义务消防队。

（7）扑救火灾，保护火灾现场，协助调查火灾原因、处理火灾事故。

（8）定期向地方公安消防机构报告消防工作情况。

（9）按照国家规定承担重大灾害事故和以抢救人员生命为主的应急救援工作。

（10）接受公安消防部门的业务指导，接受公安消防部门的调动指挥参加社会火灾扑救工作。

（11）当充分发挥火灾扑救和应急救援专业力量的作用。按照国家规定，组织实施专业技能训练，配备并维护保养装备器材，提高火灾扑救和应急救援的能力。

（12）建立教育训练和执勤备战制度，负责本单位、本地区的防火和灭火工作。

（13）参与公司的消防演练和消防安全培训工作。

四、编制消防运行规程

对室内外消火栓给水系统、自动水消防系统、二氧化碳气体惰化/灭火系统、IG541气体灭火系统、火灾探测报警与控制系统（含火灾应急广播与对讲电话）及移动式灭火器配置、组成、工作原理、操作方法等进行了说明，是生产人员进行消防系统管理、检查、试验及操作的依据。

五、消防安全管理

（1）建立防火岗位责任制、消防管理制度，制定本部门工作场所消防方案，落实消防措施，做到定点、定人、定任务。

（2）防火重点部位包括：控制室、调度室、通信机房、计算机房、档案室、锅炉制粉系统、汽轮机油系统；变压器、电缆间及隧道、蓄电池室、氨水储罐、氢气、乙炔、稀料、易燃易爆物品存放场所，以及人员集中部位和场所。防火重点部位设立明显标牌，内容包括防火重点部位、场所的名称及防火责任人等。设立禁止明火安全警示标志。

（3）三期项目特殊消防系统设置有火灾自动报警系统、自动喷水灭火系统、IG541气体灭火系统、超细干粉灭火装置及低压二氧化碳灭火系统和惰化系统。

1）火灾自动报警系统是火灾探测报警与消防联动控制系统的简称，是以实现火灾早期探测和报警、向各类消防设备发出控制信号并接收设备反馈信号，进而实现预定消防功能为基本任务的一种自动消防设施。

2）三期项目火灾自动报警系统设置有图形显示系统2台、火灾报警控制器6台、感烟探测器650只、感温探测器162只、线型感温电缆5.1万m、手报按钮311只及声光报警器218只等。

3）自动喷水灭火系统是发生火灾时，两只独立火灾探测器报警，由火灾自动报警系统控制开启雨淋阀组，压力开关报警并联启消防泵，向系统管网供水，喷头同时喷水灭火。三期雨淋阀组 52 套（开式雨淋阀 49 套、湿式雨淋阀 3 套）、消防电动给水泵 1 台、稳压泵 2 台、消防柴油泵 1 台。

4）IG541 气体灭火系统是发生火灾时，1 只感烟探测器发出报警，保护区内声光报警器鸣响，1 只感温探测器发出报警，保护区外声光报警器鸣响，火灾报警控制器接收到火灾信号经逻辑判断后，关闭空调系统和通风系统、启动排烟系统，经延时 30s 启动驱动气瓶电磁阀，气体喷放灭火。

三期项目设有三套 IG541 气体灭火系统，分为集控楼、电控楼及升压站继电器室，共计保护 18 个保护区；电控楼在用系统钢瓶 51 瓶、备用系统钢瓶 51 瓶，集控楼在用 18 瓶，继电器室在用系统 31 瓶（按最大系统备用 51 瓶），合计 151 瓶。

5）超细干粉灭火装置是发生火灾时，感温热敏元件发出报警信号，当火灾温度达到喷头爆破值时，喷气灭火。

超细干粉灭火装置主要用于 5、6 号机电缆竖井内，灭火装置共计 96 台。

6）低压二氧化碳灭火系统在发生火灾时，1 只感烟探测器发出报警，保护区内声光报警器鸣响，1 只感温探测器发出报警，保护区外声光报警器鸣响，火灾报警控制器接收到火灾信号经逻辑判断后，关闭空调系统和通风系统、启动排烟系统，经延时 30s 启动驱动气瓶电磁阀，气体喷放灭火。

三期项目低压 CO_2 灭火系统在电控楼 0mCO_2 间设有两个 5t 储罐互为备用，采用固定管网组合分配系统；灭火系统保护区 8 个，惰化系统保护区 12 个。

六、应急调度与处置

（一）预防

按照国家标准《火灾分类》（GB/T 4968—2008），进行消防风险辨识和隐患排查，及时处理涉及消防安全的重大问题，制订各类应急处置措施。

（二）预警

建立消防预警管理系统，系统采集现场图形显示系统（2 台）、火灾报警控制器（6 台）、感烟探测器（650 只）、感温探测器（162 只）、线型感温电缆（5.1 万 m）、手报按钮（311 只）及声光报警器（218 只）、雨淋阀组（52 套）、消防动力设备（消防泵 4 台）、IG541 气体灭火系统、超细干粉灭火装置（96 台）、氧化碳灭火系统等信号进行集中监控，一旦某一信号触发，报警终端会在中央控制楼系统屏幕和消防站控制中心进行报警，根据预测分析结果，对可能发生和可以预警的安全事故进行预警，预警级别依据安全事故可能造成的危害程度、紧急程度和发展态势，划分为红色、橙色、黄色、蓝色。

（三）应急响应

一旦发生消防预警，根据报警信息收集与报告，启动响应，公司应急值班中心及时向应急办公室汇报，立即成立一应急指挥组组织为首的现场指挥组。

（四）现场应急处置

国能锦界公司应急指挥部组织应急救援队伍和工作人员营救受害人员，疏散、撤离、安置受到威胁的人员，控制火灾危险源，标明火灾危险区域，封锁危险场所，并采取防止火灾危害扩大的必要措施，消防队等应急职能组到位，按照预案进行现场处置。

第三节　高位布置主厂房的应急疏散管理

根据《火力发电厂与变电站设计防火标准》（GB 50229—2019）的 3.0.3 条、5.1.1 条规定，本次两台机主厂房按一个防火分区设置，疏散楼梯间及外部出口按主厂房内最远工作地点到外部出口或楼梯间的距离不超过 50m 布置。由于主厂房楼层较多（10 层），考虑将混凝土疏散楼梯间均设计为防烟楼梯间。

主厂房在固定端 A 排侧、扩建端的 C 排侧以及 C 轴的 8～9 轴间布置有三部混凝土疏散楼梯通往各层，其中 8～9 轴间的混凝土梯可通至各层及汽机房屋面，A 排 9～10 之间布置一部钢梯，满足疏散要求。其中一部可通至汽机房屋面，这三部楼梯均为封闭楼梯间。8～9 轴间的楼梯间设置了通风竖井，以满足封闭楼梯间的要求。A 排 9～10 之间布置一部钢梯，也为封闭楼梯间，满足疏散要求。为方便运行操作，在主厂房固定端 A 排侧以及 A 排 9～10 之间布置有电梯，其中固定端侧的电梯为一部消防电梯，一部客梯。A 排 9～10 之间为客货两用电梯。

在锅炉区的锅炉本体附近，每台炉各设客货两用电梯一部，该电梯具有消防功能，并且能够通到锅炉本体的不同特定标高平台走道以及炉体顶部，除此之外每台锅炉本体设钢梯，作为锅炉本体各平台间之垂直交通联系。

主厂房±0.00m 层，A-B 轴间的 8a-10 之间，以及 B-C 轴间的固定端、扩建端，设有可进出汽车的检修场地，炉前设有纵向通道，作为施工机具设备安装和运行检修出入之用。A-C 轴之间 9 轴处设有通向炉后的横向通道，A 排设有纵向贯通的通道。其他各层均设有纵横相通的疏散通道，且各点至疏散口距离不超过 50m。

火力发电厂主厂房并非人员密集的场所，通常在人员最多的汽机房运转层，工作人员不超过 20 人。人员行动速度按 60m/min 计算，各层人员用 0.83min 便可疏散进入楼梯间内。下楼速度按 15m/min 计算，工作人员在楼梯内疏散的时间约为 4.6min 到达楼梯口。最远的楼梯口距通向室外的出口不超过 50m，再需 0.83min。因此，主厂房内人员最多可通过 6min 时间从最高楼层处疏散到 0m 出口处，完全能够满足安全疏散要求。

主厂房交通组织示意图：圆圈内为竖向交通枢纽；阴影部分为横向疏散通道，如图17-1～图 17-7 所示。

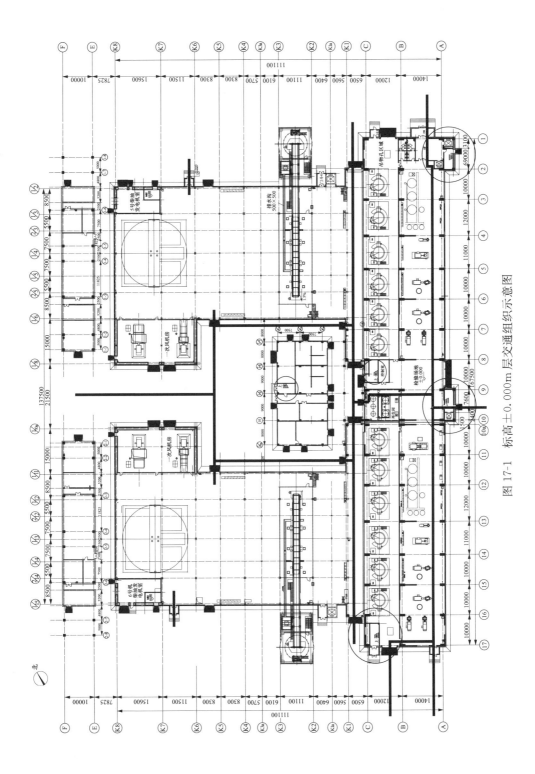

图 17-1　标高±0.000m 层交通组织示意图

417

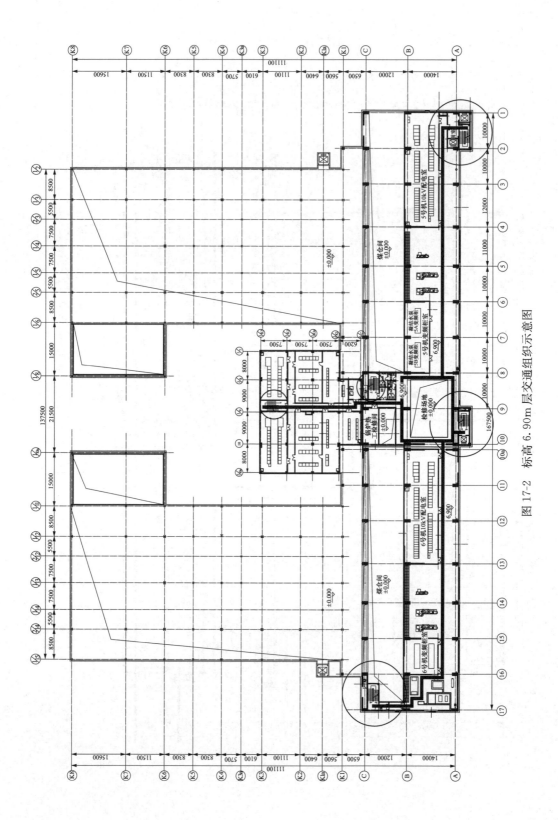

图 17-2 标高 6.90m 层交通组织示意图

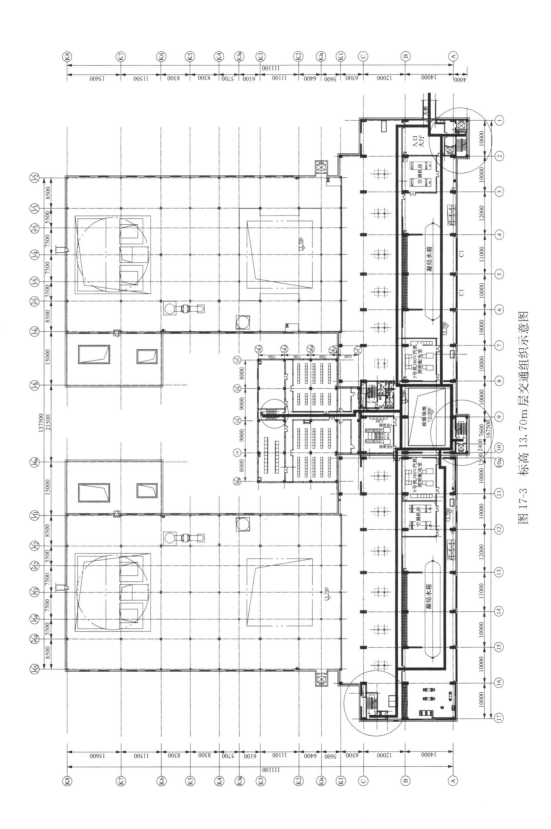

图 17-3　标高 13.70m 层交通组织示意图

419

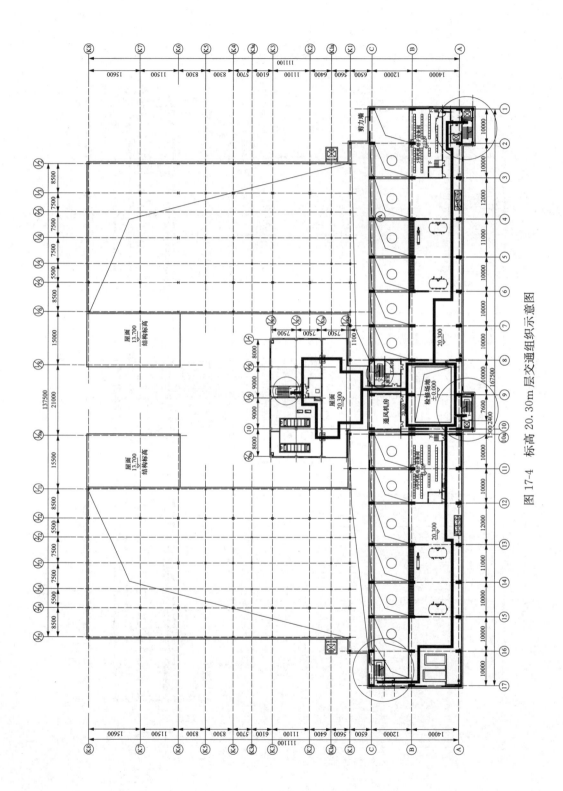

图 17-4 标高 20.30m 层交通组织示意图

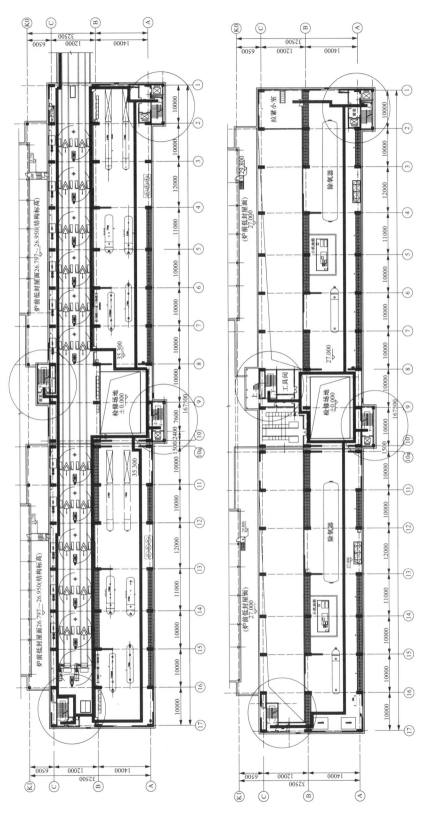

图 17-5　标高 27.00、35.30m 层交通组织示意图

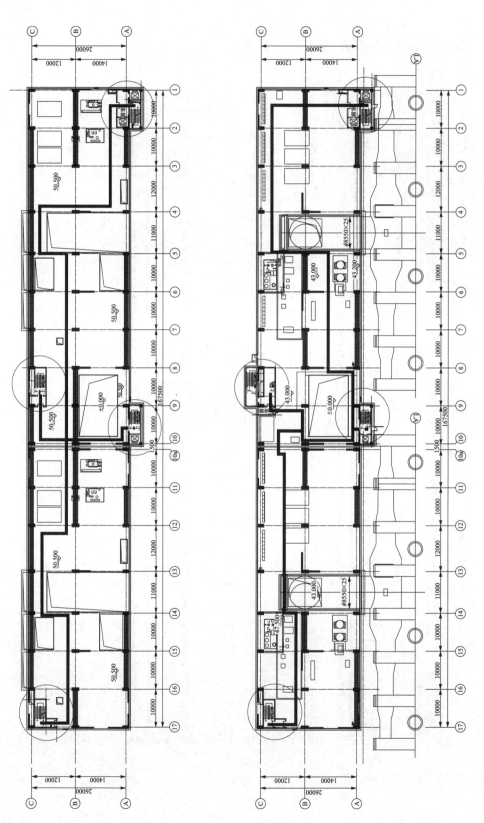

图 17-6　标高 43.00、50.50m 层交通组织示意图

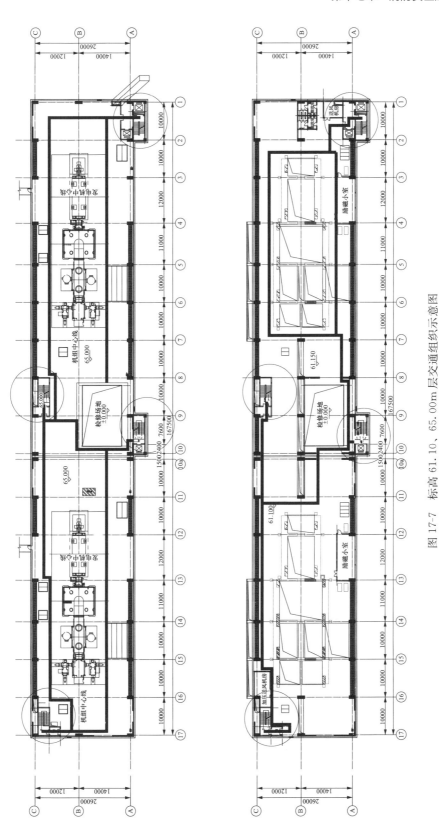

图 17-7　标高 61.10、65.00m 层交通组织示意图

423

第五篇

创新成果

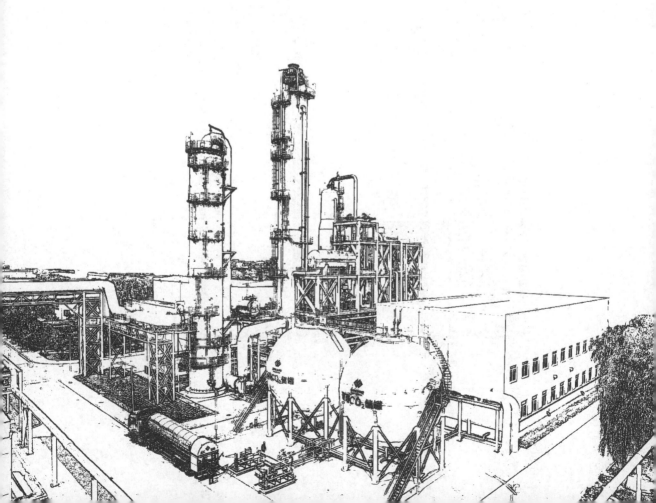

第十八章

科 技 成 果

锦界三期工程建设深入贯彻科技创新理念，取得了科技创新项目的系列成果，专利申请 155 项，共获得发明专利授权 22 项，实用新型专利授权 52 项，软件著作权 8 项，开展科技成果鉴定 11 项，其中高位布置汽轮发电机组整体技术达国际领先水平，局部技术达国际先进水平 3 项，国内领先水平 6 项，国内先进水平 1 项，为三期工程高标准投产和高质量投运奠定了科技基础。

第一节　主要科技成果

本章以汽轮发电机组高位布置关键技术及工程应用等 20 项科技创新项目为例，阐述科技创新项目理论依据、创新成果以及科技创新项目为工程应用带来的经济和社会效益。主要创新项目一览表见表 18-1。受篇幅限制，只对 1～6 项创新项目做出说明，不再逐一列举。

表 18-1　　　　　　　　高位布置汽轮发电机组主要创新项目一览表

序号	项 目 名 称
1	汽轮发电机组高位布置关键技术及工程应用
2	汽轮机高位布置主厂房结构健康监测系统研究与应用
3	汽轮发电机组深度降噪技术研究和应用
4	脱硫废水零排放技术应用
5	空冷岛全自动智能高效清洗节水系统
6	汽轮发电机组高位布置取消排汽装置技术研究
7	火电工程三维可视化防磨防爆检修平台
8	火力发电厂长距离管道输灰应用研究
9	大型两级双吸卧式凝结水泵研发与应用
10	火力发电厂高位布置长垂直段封闭母线应用研究
11	烟气脱硝智能精细化喷氨控制系统应用
12	基于深度学习的自主乘电梯智能巡检机器人技术与应用
13	汽轮机高位布置主厂房结构健康监测系统研究与应用
14	火电工程先进次同步谐振抑制技术研究与应用
15	汽轮发电机组高位布置主厂房结构技术研究
16	火电超超临界机组大直径单列四分仓空气预热器技术研究

序号	项 目 名 称
17	火电超超临界机组网络安全管理监测系统研发与应用
18	火电工程原煤仓安全可视化研究与应用
19	火力发电工程烟气再热器管道振动治理技术研究与应用
20	智能高效锅炉吹灰系统开发与工程应用

一、汽轮发电机组高位布置关键技术及工程应用

(一)项目简介

为突破 700℃ 超超临界燃煤发电技术存在的高温材料高成本瓶颈,国家能源集团组建项目团队提出了高参数汽轮发电机组高位布置的创新设想,即将汽轮发电机组整体布置在除氧煤仓间上部,以达到减少高温管道用量的目的。

(二)主要技术创新点

主要创新点和应用成果。

(1)研发了高位布置汽轮发电机组基座与主厂房一体化结构体系。

(2)开发了高位布置的汽轮发电机组。

(3)创建了高位布置高温蒸汽管道应力计算方法和评价准则。

(4)创建了空冷汽轮机新型排汽管道结构和补偿支撑体系。

(5)创建了基于主厂房全寿命周期安全保障的数字化健康监测系统。

(三)对促进行业科技进步的作用和意义

项目坚持科技引领,持续推进煤炭清洁高效利用,依托国能锦界公司三期扩建工程,通过联合高等院校、科研院所、设计院、设备制造厂等单位协同攻关,创新性地开展了汽轮发电机组高位布置关键技术研究和工程建设,掌握了机组高位布置的技术体系,实现了我国燃煤发电技术上的重大突破。项目成果为未来 700℃(650℃)先进超超临界燃煤发电技术的发展奠定了工程应用基础,起到先导示范作用,构建了我国富煤缺水的"三北"地区先进煤电机组建设新模式,是贯彻落实"四个革命、一个合作"能源安全新战略的生动实践。对推动能源生产和消费革命,推进生态文明建设,支撑我国经济社会持续健康发展具有重要意义。

二、汽轮机高位布置主厂房结构健康监测系统研究与应用

结合汽轮机基础和主厂房关键构件的运行数据,开展了汽轮机高位布置主厂房结构健康监测系统研究与应用,在高位布置汽轮机的火力发电厂主厂房结构上布置健康监测系统,对结构外部的风环境、结构的振动加速度、结构的应力应变和结构位移进行监测。该健康监测系统可完成主厂房结构各项重要指标的实时监测,保障主厂房结构的安全运转。

(一)主要创新点

(1)通过建立数字化的位移、应变、振动监测系统,实现对汽轮发电机基座的台板、支座、设备层楼面、关键承重构件进行实时监测,对超出阈值的监测值进行标记

和预警，让检测人员能够及时发现异常，确保了主厂房结构安全和汽轮机的不停机工作；通过建立可视化的集成结构健康监测系统，对测点实现全覆盖，可随时观察各测点的运营情况，确保主厂房的主要构件在高负荷情况下安全运转，提升了智能化企业建设水平。

（2）通过在主厂房结构和主厂房结构的关键部件上布置传感器，并将各类数据集成在同一个健康监测系统中，在健康监测系统中对这些参数进行实时跟踪，实现对异常值的自动预警，完成结构损坏或退化的早期预警。

（3）构建了汽轮机高位布置主厂房结构健康监测系统研究与应用平台。通过汽轮机高位布置主厂房结构健康监测系统研究与应用平台配合前端数据传感器，实现实时或间歇性状态数据采集，应用智能识别、数据融合、分析诊断、优化预测等技术，完整实现整个结构的在线监测、预警和管理。

（二）国内外同类研究、同类技术的综合比较

主要技术经济指标与国内外先进技术比较如下。

（1）优化布置结构的传感器，提升健康监测系统的准确度、时效性和经济性。

（2）在各层中间放置倾角计，分别计算各层的位移，然后将各层位移相加，算出结构的位移倾角。

（3）健康监测系统集成了应力应变数据、振动数据、位移数据、风速数据，可完成各类监测数据的实时监测，实现对异常值的自动预警，完成结构损坏或退化的早期预警，同时实现结构的虚拟可视化，将结构的监测信息与虚拟模型相结合，使监测结果更加直观。

（三）社会效益和经济效益

该系统实现了实时或间歇性状态数据采集，并进行数据的科学组织与管理，完整实现四大管道在线监测、预警和管理，同时实现结构的虚拟可视化，将结构的监测信息与虚拟模型相结合，使监测结果更加直观。本健康监测系统投运后，有效提高了机组的自动化、智能化水平。通过汽轮机高位布置主厂房结构健康监测系统研究与应用的应用，满足了企业标准化、规范化、精益化管理的要求，提升了电厂智能化水平，提高了电厂安全生产系数，为电厂赢得经济效益。

（四）推广应用成效

"汽轮机高位布置主厂房结构健康监测系统研究与应用"在锦界三期主厂房结构中成功应用，提升了电厂智能化水平，提高了电厂安全生产系数，具备极高的推广应用前景。

三、汽轮发电机组深度降噪技术研究和应用

锦界三期项目噪声源众多，且源强声级均较高，因布置在厂房内，预计众多噪声源的直达声和混响声将使得厂房区域噪声级达到较高水平，不利于企业的安全生产和人员的健康。为尽可能降低噪声源对厂房内的噪声影响，创建良好的生产环境，项目组对主厂房区域开展噪声预测及噪声降低对策措施方案的研究工作。

（一）主要创新点

（1）提出了基于大型旋转机械结构特征的噪声频谱三维空间分布建模方法，通过

对汽轮发电机、一次风机、送风机、密封风机噪声的频谱测量逐个准确分析，针对不同频谱建立大型旋转机械噪声频谱三维空间分布模型，制订相应噪声治理方案。

（2）研发了对宽频噪声随机激励下，分形结构得到噪声吸收仿真数值模拟的关键技术，噪声仿真预测是工业噪声治理措施预案制定的重要手段之一，通过实地测量，获得大量有效数据，研发仿真模型进行数值模拟计算。

（3）创建了三维空间物理仿真与声学原理协同的被动精准降噪设计体系，数值模拟叠加新材料、新工艺应用，针对设备不同部位采用不同的降噪材料，如风机和汽轮机本体采用夹克式降噪材料，在起到良好降噪的同时，方便后期检修和维护。

（二）实施方案

火力发电厂厂房噪声源多，高、中、低频噪声互相叠加，为了能在汽轮发电机组和风机降噪中取得研究突破，对如下方面进行研究和创新。

（1）汽轮发电机、一次风机、送风机、密封风机噪声的频谱分析测量必须要分析准确，针对不同频谱做不同方案；

（2）降噪材料的选择，通过实验室测量和大量调研，对设备不同部位采用不同的降噪材料，如风机和汽轮机本体采用夹克式降噪材料，在起到良好降噪的同时，方便后期检修和维护；

（3）对汽轮机化妆板、低压缸、连通管等不同部位采取不同降噪方案设计；

（4）吸声＋隔声材料的有效配合使用，做到减消结合，有效降低转动设备及风道降噪包裹后噪声值。

（三）对比国内外同类技术

对汽轮发电机组实施深度降噪，汽轮机平台噪声值低于 77dB（A），低于国家标准 5～7dB，远低于常规机组（96dB 左右），现场可实现无障碍对话交流，创行业新纪录。

对锅炉一次风机、送风机、密封风机、火检等离子冷却风机实施深度降噪〔本体采用降噪夹克，为 306mm 厚的复合隔声减振材料（2mm 厚低频阻尼隔声垫＋100mm 多孔隙率吸声棉＋2mm 隔声垫＋100mm 多孔隙率吸声棉＋2mm 隔声垫＋100mm 多孔隙率吸声棉）〕，锅炉房风机区域噪声值低于 80dB，低于国家标准 5～8dB，远低于常规电厂风机噪声值（100dB）。

（四）推广及应用情况

锦界三期工程投运后，汽轮发电机组的噪声经过多次测量，最大为 77.24dB，远低于国家标准 85dB。

对汽轮发电机组实施深度降噪，汽轮机平台噪声平均值低于 77dB（A），低于国家标准 5～7dB，远低于常规机组（96dB 左右），现场可实现无障碍对话交流，创行业新纪录。锅炉房风机区域噪声值低于 80dB，低于国家标准 5～8dB。现场可实现无障碍对话交流，打造电力行业新标杆。

四、脱硫废水零排放技术应用

为实现三期工程脱硫废水零排放目标，采用有效的脱硫废水"零排放"处理工艺，实现脱硫废水处理后无废水、无废气、无废弃固体物产生的真正零排放。

（一）解决的关键技术问题及创新点

脱硫废水零排系统采用烟气余热低温闪蒸浓缩＋浓液干燥脱硫废水零排放技术，实现脱硫废水处理后无废水、无废气、无废弃固体物产生的真正零排放。废水回收率高、回收水质优，产生的冷凝水回用于脱硫工艺水系统；系统闪蒸热源采用烟气余热，采用三效能源阶梯利用三次，达到节能降耗的目的。系统自动化程度高，可实现远程监控、一键启动、无人值守；浓液干燥速度快，无其他添加物产生；彻底解决系统设备结垢问题，运行可靠，维护量小。

（二）推广、应用情况

脱硫废水零排放系统已在锦界电厂三期工程成功投运，连续稳定运行达三年以上，采用烟气余热低温闪蒸浓缩＋浓液干燥技术路线。具备以下优点。

（1）利用烟道尾部余热，节能降耗。闪蒸热源采用烟气余热，采用三效能源阶梯利用三次。达到节能降耗的目的。

（2）废水回收率高、回收水质优。闪蒸浓缩回收率最大可达90％，回收水为蒸馏水，水质好可以作为各系统的补水。

（3）实现脱硫废水处理后无废水、无废气、无废弃固体物产生的真正零排放。系统产生冷凝水回用于脱硫工艺水系统，浓缩液在干燥塔内蒸发，随烟气回到电除尘。细小固态颗粒随烟气进入电除尘和灰一起排出。

（4）充分考虑可利用烟温的问题，从空气预热器前端接引烟气，且烟气流速可控，增大了蒸发能效；有效克服了主烟道可利用的有效蒸发长度不足、蒸发不彻底的缺点。

锦界三期工程脱硫废水零排放系统自2020年12月投运以来，运行情况良好。脱硫系统产生的废水全部进入了该系统，其废水处理能力匹配机组负荷，满足设计要求；DCS控制系统和设备运行正常、稳定；保护系统投入率为100％，完全满足系统正常运行；运行期间，系统未向外排放任何污染物和废水，真正做到了零排放，具备在行业内可推广、可复制的应用前景。

五、空冷岛全自动智能高效清洗节水系统

空冷岛一键全智能高效节水清洗系统是采用直角坐标机器人技术开发完成的一项创新型产品，清洗效率比传统清洗方式提高五倍以上，清洗压力、水量可调并稳定可靠，清洗用水量是传统方式的20％以下，节水节能效果明显，是一款可在直接空冷岛高温环境下实现智能机器人替换人工劳动的智能化集成系统。

（一）主要技术创新

（1）提出并建立了基于内外环反馈下的自动化理论研究平台，采用直角坐标机器人的设计理念，实现空冷岛执行机构的真正全自动平稳运行。实现清洗装置水平/垂直方向移动的智能化操作，并执行空冷岛任意区域的实时清洗作业，达到对翅片表面零损伤、节约大量人力成本、降低耗水量等效果。

该创新点获计算机软件著作权2项（一键式全智能空冷岛清洗装置控制系统，登记号：2019SR0943317；空冷岛清洗装置指导运行软件，登记号：2020SR0332770）。

（2）革新了全自动控制系统下运算分析与智能操控一体化流程，实现水路分流单元受控回路控制。优化创新水管、电缆自动化拖动机构设计，进一步加深了拖链槽的

灵活性和可靠性，开发了工业级平滑拖链槽机构，拖链的来回移动更加平滑。滚珠型拖链机构设计，进一步降低了拖链来回拖动所需要的阻力，使拖链总体性能大为提高。采用模块化集中设计理念，构建了基于光纤通信为基础的集成总线控制及通信系统，设备优化型式与布置更加清晰。优化上下驱动单元与喷淋架全流程耦合的自洽性能，能够做到冲洗系统的全覆盖无死角冲洗。

本创新点获实用新型专利 2 项（一种电厂空冷岛用全智能高效节水清洗系统CN210773661U；一种拖链限位导向系统，CN210440526U）。

（3）发明了国内首创的空化泡清洗技术，实现极低用水条件下岛面的低功耗无人化清洗，实现清洗岛下基本无滴水的功能，本质上保护岛下电器部件。改良双轨制喷淋架移动机构，保证喷嘴相对于翘片的垂直性和距离达到最佳倾角，使喷淋清洗更平稳。自动清洗后的空冷岛受热面可有效降低空冷背压 3～5kPa。掌握了上下轨道的变形关键因素及控制理论，研发了驱动单元柔性自调整设计方案，可以满足轨道上下 30mm以内的波形变化，满足空冷岛轨道变形带来的影响。

本创新点获实用新型专利 3 项（一种空冷岛全自动拖链柔性导向系统CN210919976U；一种电厂空冷岛清洗系统用空化泡清洗装置 CN212567097U；一种电厂空冷岛清洗系统用上下同驱驱动装置 CN212567102U）。

（4）创建了先进的全工况下空冷岛系统精准高效喷淋系统的计算与测试方法体系，实现了三维数据实时精准仿真，并开发了基于温度场平衡运算方式下的控制方法，提出了空冷岛条件冲洗方法的新概念，构建了以温度场给定数据按需自动清洗的冲洗体系，首次开发应用自寻找系统下的自控关键技术和装备，全自动清洗的模式节能清洗效果显著增强，达到无人干预自动运行的目的。

（5）通过多种冲洗模式下控制速度、水量、功率方式的针对性调节，使节能性能大幅提升。创新程序工艺流程，提高限位开关等传统部件的使用寿命，引进编码器坐标系反馈系统，整体运行采用内部坐标系运行模式，有效解决限位或接近开关的硬回路控制弊端。阐明了深度清洗与智能冲洗的关系，从空冷岛运行效果的机理出发，使设备自身可以根据翘片温度场情况自动定向清洗，能耗按需输出，达到了科学精准冲洗的目的。

该创新点获实用新型专利 1 项（一种电厂空冷岛翘片红外热成像柔性测温装置CN212513390U）。

（二）社会效益显著

社会效益：空冷岛全自动智能冲洗系统研究技术的推广应用，不仅实现了节约投资、控制风险、智能控制等空冷岛高效冲洗效果，同时节能节水效果明显，进一步达到节煤降耗的目的。该成果紧贴国家战略部署，填补了多项技术空白，它的成功研发与应用对于保障空冷岛稳定高效运行、降低厂用电率、方便操作和维护、保护自然环境起着重要的作用，对于空冷岛高效智能冲洗领域应用意义重大。项目符合国家产业升级与资源利用政策，具有显著的经济效益与社会效益，对区域经济发展和我国能源产业进步意义重大。

（三）对促进行业科技进步的作用和意义

相比传统半自动清洗方式和纯人工清洗方式，空冷岛一键全智能高效节水清洗系统真正实现现场无人作业，极大地降低了传统环境高温带来的安全管理隐患；真正达到低耗水下的深度冲洗，一次耗水量仅为原半自动冲洗方式的 10%，而且保证冲洗质量；真正实现集控中心一键式启动，并达到深度冲洗、维护性冲洗的全自动、智能优化冲洗等多种智能冲洗模式；此系统为完全非接触式设计结构，彻底解决了水管磨损翅片的问题，提升了翅片的使用寿命。

六、汽轮发电机组高位布置取消排汽装置技术研究

依托锦界三期工程高位布置汽轮发电机组方案进行相关技术研究，结合高位布置机组特点及系统运行要求对设备和管道设计和布置进行系统研究。项目研究成果对于取消排汽装置（凝汽器）的工程或机组均具有重大意义。

（一）主要创新点

（1）排汽管道与低压缸采用刚性连接成为整体，抵消真空吸力的影响。低压缸接口正下方的排汽管道中部设置导向支架，四周设置弹性支架，吸收管道及设备的垂直膨胀。

（2）建立数学模型，从数学的角度建立控制方程组，并将其离散化、线性化以进行迭代求解。

（3）采用 1∶1 模化比设计的模型，使用 Workbench 对该模型进行物理建模，对该结构模型在 ANASYS15.0 上采用非结构化网格技术进行网格划分。

（4）创新采用了大补偿量的曲管压力平衡型补偿器解决了汽轮发电机组高位布置后排汽管道短、管道柔性和自我补偿能力差的问题。

（5）创新采用了末级低压加热器独立支撑方案，避免了低压加热器与排汽管道、低压缸、基础的相互作用与影响，使得排汽管道、低压缸、基座的计算模型相对简单，更为安全。

（二）与同类先进成果主要技术指标比对情况

（1）采用汽轮发电机组整体高位布置，取消排汽装置（凝汽器），对各功能块重新设计后，能更好地利用空间，布置灵活，系统简单、稳定、可靠。

（2）排汽管道作为独立设计直接进入空冷岛平台，管道短，沿程阻力比传统设计小很多。若按空冷岛设备出力一样考虑，低压缸的背压会较传统方案更低。

（3）排汽装置（凝汽器）作为集装设备，内置了很多设备，这些设备的安装、检修、维护相对复杂。取消排汽装置（凝汽器）后，各功能块作为独立设备，安装、检修、维护都更为方便。

（三）节能减排及经济效益

可以减少占地，降低排汽管道阻力，简化系统节省投资。对于高位布置的火力发电厂，结合厂房多层的特点，利用现有空间及结构框架，依据系统运行需要，兼顾机组安全性和经济性的原则对取消排汽装置（凝汽器）后的系统和设备选型及连接、支撑设计进行了深入的研究，应用了很多的创新设计理念。

（四）推广应用前景

取消排汽装置（凝汽器），各功能块分别设计，独立运行的技术目前已在锦界三期扩建工程中成功应用。此项技术不仅适用于高位布置汽轮发电机组，对于其他机组同样推广应用前景广阔。

第二节　校企联合，产学研用

锦界三期工程建设过程中，结合工程世界首例汽轮机高位布置、CCS 项目等全国重点科研攻关项目展开工作，与国内多家高校合作，将理论研究与实践应用更好地融合，助推我国清洁能源及环保事业的可持续发展，适应新形势下对人才培养、科研攻关、技术开发、成果转化应用的需要，取得了多项企校合作共赢成果，树立了校企合作典范，推动了技术技能人才培养与企业共同发展。

一、清华大学

烟气脱硝智能精细化喷氨控制系统关键技术的研究及工程应用

锦界三期 $2\times660MW$ 机组配置 2 台 2060t/h 锅炉，烟气脱硝装置采用选择性催化还原法（SCR），为单烟道，还原剂采用尿素热解法。本项目联合清华大学能源与动力工程系针对尿素热解脱硝技术，研发了先进的 NO_x 测量仪表，快速准确地反馈烟道中各成分的含量，通过建立锅炉燃烧工况与入口 NO_x 含量的模型预测控制，精确预测出 NO_x 变化的趋势和数值，通过科学的算法，规避单个尿素阀门的死区和卡涩问题，克服燃烧系统惯性，杜绝因波动引起的 NO_x 超标，减少氨逃逸和喷氨量；同时对烟道划区测量，进行区域喷氨的自动化改造，结合先进的均衡控制算法，实现各个分区喷氨调门的自动控制，增强 SCR 出口 NO_x 的代表性，减少出口 NO_x 的偏差，从而减少氨逃逸量和氨利用率的不均匀性，提高脱硝系统运行水平。实现了喷氨量的节约、环保政策的减税等经济效益，另外减少机组因空气预热器堵塞引起的机组非停概率、提高机组可靠性、提高脱硝系统自动化程度、提高脱硝催化剂分区监控水平等方面的经济效益；有助于提高我国仪表自主研发能力，取代和减少进口，对发展具有自主知识产权的仪表具有重要意义，进而实现经济效益和社会效益的结合。

二、西安交通大学

高位布置燃煤发电热力系统高效、灵活运行基础理论与关键技术研究

锦界三期工程建成的世界首例高位布置汽轮发电机组显著缩短了四大管道及排汽管道长度，使得燃煤发电机组能效水平、技术经济性显著提高。相比常规布置方案，高位布置方案具有灵活性好、能效水平高的技术优势。为推动创新型高位布置系统形成完整的理论与技术体系，项目团队联合西安交通大学开展了高位布置热力系统理论研究，将高位布置系统性能研究上升至动态过程的"新维度"。揭示了高位布置燃煤发电热力系统的节能机理，获得高位布置方案变工况能耗与污染物排放特性，建成高位布置燃煤发电热力系统调峰与控制性能分析研究平台模型，阐明高位布置方案灵活性的技术优势，解决大量初期运行发现的技术问题。

三、同济大学

大型工业主厂房健康监测数字化系统研究与应用

针对高位布置主厂房结构服役中的安全问题，项目团队联合同济大学开发了大型工业主厂房健康监测数字化系统，系统能够实时监测结构上的主要荷载和环境作用下汽轮机基座弹簧、基座台板、基座大梁、基座大梁下剪力墙、排汽管道支撑梁、煤斗支撑大梁等关键构件/部位的应力、应变状态、整体结构的受力状态；建立结构监测数据的数据库，可以查询和调用相关数据，结合监测数据的分析结果，形成结构服役安全状态的历史档案；对监测数据在线分析，设置关键参数的预警水平；对监测的数据进行离线分析；监测运营阶段结构典型受力部位的受力变化规律，研究结构的内力分布以及厂房在各种载荷下的响应，为结构应变损伤识别和结构状态评估提供依据。系统对新型高位布置主厂房结构进行原型监测，揭示结构真实的受力状态，有效保障了结构服役安全性，同时监测分析的结果可以为同类结构的设计提供参考，为我国火电行业的技术进步积累数据和经验。

四、东南大学

基于 AI 视觉和深度学习的高精度四大管道三维位移量在线监测系统研究与应用

常规火力发电厂蒸汽管道就是一个庞大复杂的结构体系，应力不易释放，高温高压管道寿命期限及安全裕度一直是行业难题，锦界三期工程创造性地采用了汽轮发电机组高位布置的运行方式，汽轮机发电机运行平台由常规的 13.7m 提高到了 65m，通过抬高汽轮发电机组布置高度，取消排汽装置，可节约四大管道、排汽管道材料，减少主蒸汽、再热蒸汽管道阻力，达到减少投资、提高机组效率的目的，在全世界范围内属于首创。四大管道使用材料减少的同时，管道应力进一步增加，给管道在机组启停机及正常运行时的安全性带来巨大考验。为研究应力原因、管道实际运行过程中的热位移及与管道振动耦合，项目团队联合东南大学开展了基于 AI 视觉和深度学习的高精度四大管道三维位移量在线监测系统研究与应用，系统搭建二三维一体化的电厂管道位移全息化与健康状态管理系统。利用先进成熟的计算机和通信技术，建立火电机组蒸汽管道的三维立体模型，将管道位移振动与三维模型相对应。通过数字化信息技术，对所有管道实现实时在线全覆盖，位移监测精度达 0.1mm。管道位移振动监测系统具有监测和预警功能，智能同工况位移对比及位移趋势预测，对发生较大位移与形变的管道进行标记，精确化获得管道振动位移测量数据。得益于合理的位移阈值设定，可以确保电厂在高负荷及变负荷情况下安全运转，锅炉与管道的安全系数大大提升。该系统为大容量高参数火力发电机组参与深度宽负荷调幅提供了安全保障，也提高了智能化企业建设水平，促进了数字化电站建设步伐。

五、华北电力大学

基于 DCS 内生安全多维智能平台构建的智能预警及智能燃烧研究与应用

锦界三期工程立足锦界电厂建设"八机一控"的运维模式，打造燃煤火力发电新的智能化和智慧化能力，联合华北电力大学开展了基于 DCS 内生安全多维智能平台构建的智能报警及智能燃烧研究与应用。DCS 控制层实施智能控制应用，在现有 DCS 上通过部署智能控制器、高级应用服务器、大型实时历史数据库等部件，建立基本控制、智能控制等层级之间的闭环联系，纵向打通直接控制与智能运行控制的界限，提供开放的高级应用环境，将常规 DCS 扩展成基于 CPS 的工业边缘计算平台，利用升级的基于 CPS 的工业边缘计算平台强大的性能，运行采用大数据、人工智能、机器学习等数据分析技术和系统辨识、机理仿真、软测量、智能控制等先进控制技术的智能算法，实现机组的智能运行和控制。在现有 DCS 基础上建立统一的报警管理平台，集成 DCS 光字报警、报警历史检索、报警维护及报警知识库、报警归档、报警展示等功能，并实现报警过滤、参数预警、辅机健康度诊断、基于深度学习的故障诊断、报警溯源和报警统计等功能；在机组转入商业运行锅炉及相关辅机设备进入稳定运行期后，通过智能燃烧优化，首先实现防止锅炉结焦和偏烧、提升低负荷工况烟温维持再热汽温的目标，然后在此基础上进一步提高锅炉运行效率、降低 NO_x 生成量、提高深调峰工况下燃烧稳定性，实现机组控制以及运行方式的优化。

第三节　知　识　产　权

本节重点介绍汽轮发电机高位布置关键技术与工程应用下的专利成果，目前已取得发明专利 36 项、实用新型专利 67 项，计算机软件著作权 13 项，出版专著一部，相关科技论文 4 篇。本节对重点知识产权进行介绍。

一、授权（申请）专利

（一）发明专利

发明专利见表 18-2。

表 18-2　　　　　　　　　　发明专利

序号	专利类别	专利名称	授权号	专利号	授权日期
1	发明专利	蒸汽管道及发电系统	CN110260160B	ZL201910420033.4	2019 年 5 月 20 日
2	发明专利	高位布置给水泵汽轮机排汽系统	CN210152739U	ZL201920726999.6	2019 年 5 月 20 日
3	发明专利	采用高位布置厂房的电站辅机冷却水系统	CN210570167U	ZL201920725646.4	2019 年 5 月 20 日
4	发明专利	汽轮机高位布置的闭式冷却水系统	CN210087405U	ZL201920727051.2	2019 年 5 月 20 日
5	发明专利	汽轮机高位布置的空冷排汽管道设计方法及装置	CN110195621A	ZL201910419022.4	2019 年 5 月 20 日
6	发明专利	发电系统	CN110220183B	ZL201910418783.8	2019 年 9 月 10 日
7	发明专利	电厂结构	CN110242073B	ZL201910419315.2	2019 年 9 月 17 日
8	发明专利	一种脱硫系统及锅炉系统	CN110833750B	ZL201910980214.2	2019 年 10 月 15 日
9	发明专利	发电机定子冷却水系统	CN111682701A	ZL202010594445.2	2020 年 6 月 24 日
10	发明专利	一种磨煤机电机转子拆卸装置	CN112054638B	ZL202010699034.X	2020 年 7 月 20 日
11	发明专利	一种稀释取样探头的保护系统	CN112697547A	ZL202110004229.2	2021 年 1 月 4 日

序号	专利类别	专利名称	授权号	专利号	授权日期
12	发明专利	应用于高位布置汽轮机组的辅机冷却水系统	CN112797813A	ZL202110008151.1	2021 年 1 月 5 日
13	发明专利	一种全高位布置汽轮发电机组的回热系统疏水优化方法	CN112818516A	ZL202110011296.7	2021 年 1 月 6 日
14	发明专利	一种空冷风机温度场控制方法、装置和系统	CN112901545A	ZL202110135694.X	2021/2/1
15	发明专利	给水泵的状态及寿命监测方法、装置、设备及存储介质	CN113107831A	ZL202110225482.0	2021 年 3 月 1 日
16	发明专利	一种基于激光光斑中心定位方式实现高楼偏摆监测的方法	CN112683172A	ZL202110007641.X	2021 年 4 月 20 日
17	发明专利	高位布置汽轮机 8、9 号高压加热器就位专用装置	CN113353800A	ZL202110479131.2	2021 年 4 月 30 日
18	发明专利	利用一段抽汽调节阀补偿控制主蒸汽压力的方法及系统	CN113219822A	ZL202110506709.9	2021 年 5 月 10 日
19	发明专利	一种汽轮机组隔声降噪装置	CN113436598A	ZL202110574285.X	2021 年 5 月 25 日
20	发明专利	火电机组运行状态的监测方法、装置和系统	CN112909936A	ZL202110155558.7	2021 年 6 月 4 日
21	发明专利	设备健康状态的判断方法及装置	CN113408116A	ZL202110633986.6	2021 年 6 月 7 日
22	发明专利	一种设备点检系统、方法、装置及存储介质	CN112947177A	ZL202110155042.2	2021 年 6 月 11 日
23	发明专利	一种汽轮机组隔声降噪装置	CN113436598 B	202110574285X	2022 年 9 月 16 日
24	发明专利	火电机组运行状态的监测方法、装置和系统	CN112909936 B	2021101555587	2022 年 10 月 4 日
25	发明专利	一种空冷风机温度场控制方法、装置和系统	CN112901545 B	202110135694X	2022 年 6 月 14 日
26	发明专利	一种用于探伤检测的装置	CN112858347 B	2021100045360	2022 年 8 月 9 日
27	发明专利	一种自适应监测发电机扭振状态的方法	CN112857562 B	2021100041637	2022 年 11 月 11 日
28	发明专利	一种电除尘器阴阳极安装方法	CN 112871454 B	2021100040070	2022 年 12 月 9 日
29	发明专利	应用于高位布置汽轮机组的辅机冷却水系统	CN112797813 B	2021100081511	2022 年 12 月 9 日
30	发明专利	一种基于激光光斑中心定位方式实现高楼偏摆监测的方法	CN112683172 B	202110007641X	2022 年 11 月 11 日
31	发明专利	发电机定子汇水管固定装置	CN112197069 B	GN10000092200026	2022 年 7 月 19 日
32	发明专利	给水泵的状态及寿命监测方法、装置、设备及存储介质	CN 113107831 B	2021102254820	2023 年 2 月 28 日
33	发明专利	安全管理系统及方法	CN 112995140 B	2021101557544	2023 年 3 月 24 日
34	发明专利	吊装装置及吊装方法	CN 112850448 B	2021101543698	2023 年 6 月 30 日
35	发明专利	一种设备点检系统、方法、装置及存储介质	CN112947177 B	2021101550422	2023 年 1 月 6 日
36	发明专利	一种测定发电机轴系固有频率的方法	CN 112834216 B	2021100081901	2023 年 3 月 14 日

（二）实用新型专利

实用新型专利见表18-3。

表 18-3　　　　　　　　　　　实用新型专利

序号	专利类别	专利名称	授权号	专利号	授权日期
1	实用新型	无压排水管道系统	CN210459447U	ZL201920729106.3	2018 年 4 月 20 日
2	实用新型	采用高位布置厂房的电站辅机冷却水系统	CN210570167U	ZL201920725646.4	2019 年 5 月 20 日
3	实用新型	低压加热器固定结构	CN210509305U	ZL201920729155.7	2019 年 5 月 20 日
4	实用新型	电厂厂房	CN210563609U	ZL201920725663.8	2019 年 5 月 20 日
5	实用新型	电厂主厂房	CN210685518U	ZL201920725634.1	2019 年 5 月 20 日
6	实用新型	电厂主厂房	CN210685519U	ZL201920725703.9	2019 年 5 月 20 日
7	实用新型	电厂主厂房	CN210713986U	ZL201920728869.6	2019 年 5 月 20 日
8	实用新型	高位布置给水泵汽轮机排汽系统	CN210152739U	ZL201920726999.6	2019 年 5 月 20 日
9	实用新型	高位布置汽轮机空冷排汽系统	CN210087411U	ZL201920729204.7	2019 年 5 月 20 日
10	实用新型	间冷塔的散热装置、循环水冷却组件及发电系统	CN210089447U	ZL201920729337.4	2019 年 5 月 20 日
11	实用新型	离相母线支撑结构及发电系统	CN209844489U	ZL201920729969.0	2019 年 5 月 20 日
12	实用新型	汽轮机发电系统	CN210087414U	ZL201920727958.9	2019 年 5 月 20 日
13	实用新型	汽轮机发电系统	CN210087410U	ZL201920728929.4	2019 年 5 月 20 日
14	实用新型	汽轮机发电系统	CN210068253U	ZL201920728989.6	2019 年 5 月 20 日
15	实用新型	汽轮机发电系统	CN211115030U	ZL201920728472.7	2019 年 5 月 20 日
16	实用新型	汽轮机高位布置的闭式冷却水系统	CN210087405U	ZL201920727051.2	2019 年 5 月 20 日
17	实用新型	汽轮机散热组件及发电系统	CN210087404U	ZL201920724918.9	2019 年 5 月 20 日
18	实用新型	用于共箱母线的吹扫装置和共箱母线	CN210517352U	ZL201920729981.1	2019 年 5 月 20 日
19	实用新型	管道对口夹具	CN212122235U	ZL202020191316.4	2020 年 2 月 21 日
20	实用新型	筒体热处理整压装置	CN211866235U	ZL202020198488.4	2020 年 2 月 24 日
21	实用新型	脱硫塔及其托盘装置	CN211800008U	ZL202020200903.5	2020 年 2 月 24 日
22	实用新型	一种燃烧器喷口及锅炉	CN211854075U	ZL202020200638.0	2020 年 2 月 24 日
23	实用新型	一种脱硫脱硝装置	CN211837190U	ZL202020198051.0	2020 年 2 月 24 日
24	实用新型	一种用于加工管道端部的切割装置	CN212444098U	ZL202020199146.4	2020 年 2 月 24 日
25	实用新型	一种热力除氧设备	CN211925729U	ZL202020256435.3	2020 年 3 月 5 日
26	实用新型	一种凝结水蒸汽除氧系统及发电机组	CN212799717U	ZL202020972022.5	2020 年 6 月 1 日
27	实用新型	发电机组低压加热器疏水系统及支撑结构	CN212618236U	ZL202021053021.7	2020 年 6 月 10 日
28	实用新型	自动补水装置及发电机定子冷却水系统	CN212210758U	ZL202021207211.X	2020 年 6 月 24 日

序号	专利类别	专利名称	授权号	专利号	授权日期
29	实用新型	给水系统	CN212584928U	ZL202021218066.5	2020 年 6 月 28 日
30	实用新型	废水排放系统及电厂废水处理系统	CN212480500U	ZL202021248855.3	2020 年 6 月 30 日
31	实用新型	汽轮机房系统	CN212431011U	ZL202021242866.0	2020 年 6 月 30 日
32	实用新型	一种蒸汽管道位移监测系统	CN212227983U	ZL202021242979.0	2020 年 6 月 30 日
33	实用新型	发电机密封油系统	CN212745055U	ZL202021358360.6	2020 年 7 月 10 日
34	实用新型	给水系统及发电机定子冷却水系统	CN212572302U	ZL202021372477.X	2020 年 7 月 13 日
35	实用新型	凝结水除氧系统及火力发电系统	CN212805605U	ZL202021369828.1	2020 年 7 月 13 日
36	实用新型	变压器排油装置以及变压器系统	CN212847981U	ZL202021905994.9	2020 年 9 月 3 日
37	实用新型	一种用于寒冷地区锅炉的防冻系统	CN214745647U	ZL202120173439.X	2020 年 11 月 16 日
38	实用新型	一种低位布置输灰管道的布置结构	CN214242886U	ZL202023224048.0	2020 年 12 月 28 日
39	实用新型	一种叶轮拆装装置	CN214446050U	ZL202023247382.8	2020 年 12 月 28 日
40	实用新型	汽机房施工消防设备	CN214436032U	ZL202023247115.0	2020 年 12 月 28 日
41	实用新型	一种取样探头装置	CN214251716U	ZL202023276142.0	2020 年 12 月 29 日
42	实用新型	一种汽轮机基座底模	CN214219726U	ZL202023278845.7	2020 年 12 月 29 日
43	实用新型	一种超超临界锅炉受热面壁温施工装置	CN214641702U	ZL202023278447.5	2020 年 12 月 29 日
44	实用新型	结构变形检测装置	CN214149167U	ZL202120017216.4	2021 年 1 月 5 日
45	实用新型	密封盘、空气预热器组件及空气预热器	CN214307179U	ZL202120118330.6	2021 年 1 月 15 日
46	实用新型	一种吹灰器疏水回收装置	CN214307179U	ZL202120118330.6	2021 年 1 月 15 日
47	实用新型	一种机器人	CN214490603U	ZL202120173414.X	2021 年 1 月 21 日
48	实用新型	一种机器人	CN214724253U	ZL202120169912.7	2021 年 1 月 21 日
49	实用新型	永磁开关保护系统	CN214255832U	ZL202120324789.1	2021 年 2 月 4 日
50	实用新型	锅炉检修平台	CN214611399U	ZL202120325296.X	2021 年 2 月 4 日
51	实用新型	锅炉顶梁	CN214879479U	ZL202121264298.9	2021 年 6 月 7 日
52	实用新型	一种壳体结构及传感装置	CN216012287U	ZL202121508163.2	2021 年 7 月 2 日
53	实用新型	一种高位布置单序列汽动给水泵密封油水平衡调节装置	CN217950754U	ZL202222105100.3	2022 年 12 月 2 日
54	实用新型	升压站支柱绝缘子用拆卸工装	CN216328001 U	2021227855121	2022 年 4 月 19 日
55	实用新型	焊机柜	CN216325758 U	2021227068681	2022 年 4 月 19 日
56	实用新型	一种风机系统	CN216342926 U	2021225624052	2022 年 4 月 19 日
57	实用新型	供电系统	CN215997895 U	2021217228006	2022 年 3 月 11 日
58	实用新型	一种壳体结构及传感装置	CN216012287 U	2021215081632	2022 年 3 月 11 日
59	实用新型	变压器用清洗装置	CN215997736 U	2021215172665	2022 年 3 月 11 日

序号	专利类别	专利名称	授权号	专利号	授权日期
60	实用新型	集箱组件	CN216010805 U	2021209376152	2022 年 3 月 11 日
61	实用新型	火力发电厂的主厂房结构	CN217129094 U	2021209376951	2022 年 8 月 5 日
62	实用新型	巡检机器人的防滑装置及巡检机器人	CN219967979U	ZL202321724747.2	2023 年 11 月 7 日
63	实用新型	油档密封装置和轴瓦总成	CN220227549U	ZL202321476566.2	2023 年 12 月 22 日
64	实用新型	间隙放电抑制装置	CN219696323U	ZL202321373170.5	2023 年 9 月 15 日
65	实用新型	主汽门的行程反馈装置及主汽门	CN219570162U	ZL202321277187.0	2023 年 8 月 22 日
66	实用新型	铁路运输用罐车	CN219339441U	ZL202320151164.9	2023 年 7 月 14 日
67	实用新型	用于高位布置汽轮机的凝结水系统	CN218937073U	ZL202223361463.X	2023 年 4 月 28 日

二、软件著作权

软件著作权如表 18-4 所示。

表 18-4　　　　　　　　　　软件著作权

序号	软件名称	登记号
1	四检合一智能设备管控系统	2021SR0833994
2	燃煤电厂机器人巡检控制系统	2021SR0834052
3	智慧锅炉运行信息管理系统	2021SR0857322
4	智能检修人员资质管理系统	2021SR0834051
5	可视化辅机设备故障预警与诊断系统	2021SR0833995
6	设备故障诊断知识图谱平台	2021SR0834053
7	高位布置机组四大管道位移监测系统软件	2021SR0833987
8	工业厂房结构健康信息管理系统	2021SR0834016
9	火电过程参数趋势诊断软件	2024SR0002904
10	尿素机器人控制系统	2024SR0201177
11	高位布置数字化厂房集中管理平台研究与建设服务数据可视化驾驶舱系统	2023SR1671505
12	高位布置数字化厂房集中管理平台研究与建设服务报表系统	2023SR1676374
13	基于㶲经济性的机组各设备的计算软件	2023SR1584741

第四节　主要科技论文

工程建设过程中积累了完整全面的论文体系，涵盖工程设计、试验研究、设备制造、安装调试等各个环节，见表 18-5。

表 18-5　　　　　　　　　　　　　科技论文

序号	论文名称	完成人	刊物及刊号
1	汽轮发电机组高位布置技术研究与工程设计	王树民，宋畅，张满平，陈寅彪，张翼，孙锐，胡明，刘建海，严志坚	北大核心/EI/CSCD：中国电机工程学报 ISN：0258-8013
2	汽轮发电机组高位布置基础振动试验研究	王树民，吕智强，宋畅，张翼，李延兵，郝玮，李红星，高峰	北大核心/EI/CSCD：中国电机工程学报 ISSN：0258-8013
3	先进超超临界空冷汽轮发电机组高位布置技术及工程应用	王树民，张翼，徐陆，李延兵，顾永正，卓华，孙锐，张满平，姜士宏，刘建海，李红星	北大核心/CSCD：中国工程科学/ISSN：1009-1742
4	汽轮发电机高位布置经济性分析	刘兴华，何文	省部级/设备管理与维修/ISSN：1001-0599
5	高位布置汽轮发电机组试运中的稳定性测试与分析	张伟江，焦林生，薛应科，唐广通，李宁，李辉，杜威	北大核心/汽轮机技术/CN：23-1251/TH
6	高位布置 660MW 汽轮机组设计特点与安全性研究	张宏涛，张翼，焦林生，杨晓辉，高峰	北大核心/汽轮机技术/CN：23-1251/TH
7	超超临界 2×660MW 汽轮机高位布置给水泵选型与优化研究	张精桥，杜小军，张研	省部级/能源科技/ISSN：2096-7691
8	高位布置汽轮机组离相封闭母线薄弱点分析	赵明远，李延兵	省部级/河北电力技术/ISSN：1001-9898
9	汽轮机高位布置的排汽及凝结水系统性能优化研究	李延兵，张翼，王波，张宏涛，杨晓辉	北大核心/汽轮机技术/CN：23-1251/TH
10	基于双目视觉与 BP 神经网络的锅炉热膨胀在线测量系统	张军亮，周宾，李延兵	省部级/工业锅炉 ISSN：1004-8774
11	大模板支撑加固体系在框剪结构中的应用	闫万贵，李博，蒋志武	省部级/建筑技术开发 ISSN：1001-523X
12	高位布置 660MW 汽轮机组除氧水箱的结构开发	张庆健，张俊芬，郭民，许宝军	北大核心/汽轮机技术/CN：23-1251/TH
13	高位布置汽轮发电机组回热系统疏水方式优化与热经济性比较	杜威，焦林生，王志强	北大核心/汽轮机技术/CN：23-1251/TH
14	高位布置汽轮发电机组基础台板动力学特性研究	张伟江，李辉，李江，马辉	北大核心/中国测试/CN：23-1251/THISSN：1674-5124
15	高位布置汽轮机基础隔振弹簧安装工艺	李博，闫万贵，张明，刘殿金，王凯	省部级/建筑技术开发 ISSN：1001-523X
16	高位布置汽轮机基础支撑体系施工工艺	闫万贵，李博，蒋志武	省部级/建筑技术开发 ISSN：1001-523X
17	基于 KL-CEEMD 的高位布置汽轮机转子故障振动信号虚假分量识别方法	张伟江，唐广通，李路江，赵文波	北大核心/汽轮机技术/CN：23-1251/TH
18	汽轮发电机组全高位布置对机组热经济性的影响分析	杜威，唐广通，汪潮洋，鲁鹏飞，李宁	北大核心/汽轮机技术/CN：23-1251/TH
19	汽轮机低压缸高位布置汽缸稳定性的有限元算法研究	尉坤，魏红阳，关淳，初世明	北大核心/汽轮机技术/CN：23-1251/TH

序号	论文名称	完成人	刊物及刊号
20	汽轮机高位布置方案下新型直接空冷支架结构体系研究	冉颢，唐六九，李红星，王向阳	北大核心/武汉大学学报 ISSN：1671-8844
21	汽轮机高位布置超超临界燃煤发电系统变工况㶲经济性分析	李延兵，等	北大核心/发电技术 2024，45（1）69-78
22	电厂锅炉管道位移应力模拟与试验研究	张翼，李延兵，等	北大核心/传感技术学报第36卷，第12期

第五节　科技成果鉴定

在汽轮发电机组高位布置关键技术以及工程应用中的先进成果，经过国内行业协会的鉴定，取得了国内领先的鉴定结论，其涵盖的子课题 9 项均通过鉴定，具有规模化推广应用前景。

一、主要科技成果鉴定情况

主要科技成果鉴定情况见表 18-6。

表 18-6　　　　　　　　　　　科技成果鉴定

序号	奖项名称	颁奖单位	获奖等级	获奖日期
1	世界首例高位布置汽轮发电机组关键技术及应用	陕西省人民政府	一等奖	2024 年 3 月
2	汽轮发电机组高位布置关键技术与工程应用	中国能源研究会	一等奖	2022 年 11 月
3	汽轮发电机组高位布置关键技术与工程应用	中国电力企业联合会	大奖	2022 年 12 月
4	高位布置汽轮发电机组施工技术研发与应用	中国安装协会	一等奖	2022 年 4 月
5	空冷岛全自动智能冲洗装置	中国电力企业联合会	一等奖	2021 年 12 月
6	汽轮发电机组复杂震动故障诊断和治理关键技术及应用	陕西省人民政府	二等奖	2021 年 3 月
7	基于 650℃等级电站新型 G115 耐热钢焊材研发及工艺研究应用	中国电力企业联合会	二等奖	2020 年 12 月
8	基于机器视觉和深度学习的三维热位移测量技术与工程应用	中国安装协会	二等奖	2022 年 4 月
9	世界首例高位布置机组基建期调试及优化技术研究	中国安装协会	二等奖	2022 年 4 月
10	智能氢电导率仪表的研发与应用	陕西省人民政府	三等奖	2020 年 4 月
11	火电厂高层主厂房结构数字化管理系统	中国能源研究会	三等奖	2021 年
12	应急控制电力系统稳定方法	中电建协	三等奖	2022 年 1 月
13	汽轮机高位布置主厂房结构健康监测系统研究与应用	中国安装协会	三等奖	2022 年 4 月
14	汽轮发电机组、风机深度降噪研究与应用	中国安装协会	三等奖	2022 年 4 月

序号	奖项名称	颁奖单位	获奖等级	获奖日期
15	火电工程脱硫废水零排放技术研究与应用	中国安装协会	三等奖	2022 年 4 月
16	火电超超临界机组大直径单列四分仓空气预热器施工技术研究与应用	中国安装协会	三等奖	2022 年 4 月
17	满足超低排放的煤粉锅炉宽负荷快速燃烧优化及控制技术研究和应用	中国安装协会	三等奖	2022 年 4 月
18	"六维协同"火电调试标准化管理体系创新与实践	中国安装协会	三等奖	2022 年 4 月
19	火力发电工程长距离管道输灰施工技术研发与应用	中国安装协会	三等奖	2022 年 4 月
20	直接空冷火电机组空冷岛全自动智能高效清洗节水系统研发与应用	中国安装协会	三等奖	2022 年 4 月

二、中国电机工程学会鉴定

2022 年 6 月 1 日，由中国电机工程学会组织，中国工程院院士刘吉臻、陈政清、华能集团原副总经理、教授级高工那希志、清华大学教授丁艳军、王翠坤、西安交通大学能动学院院长严俊杰以及李福东、沈又幸、张丁旺、张学延、范幼林、蔺雪竹、洪文鹏、薛飞等院士、教授和专家组成的鉴定委员会对锦界三期汽轮发电机组高位布置关键技术与工程应用项目建设成果进行了一丝不苟、精准细致的审查、评价工作，鉴定结论为：该成果创新发展了汽轮发电机组高位布置技术，自主研发了成套技术装备和系统，在工程中得到成功应用，取得了显著的经济、社会效益，为我国发展更高参数先进煤电机组提供了技术储备和工程建设经验，整体技术达到国际领先水平。

证书编号：中电机鉴〔2022〕165 号。

成果名称：汽轮发电机组高位布置关键技术与工程应用。

完成单位：国能锦界能源有限责任公司等 24 家单位。

鉴定形式：视频/现场会议鉴定。

组织鉴定单位：中国电机工程学会。

鉴定日期：2022 年 06 月 01 日。

鉴定批准日期：2022 年 06 月 02 日。

（一）简要技术说明及主要技术性能指标

进入 21 世纪后，600℃等级超超临界参数燃煤发电机组已经在全球得到了广泛的应用。提高发电效率是实现节能减排的有效手段，为了使燃煤发电机组的效率达到50％以上，欧洲、美国、日本相继开展了初温达到 700℃以上的先进超超临界燃煤发电技术的开发工作，并取得了一些进展。2010 年国家能源局组建了我国 700℃超超临界燃煤发电技术创新联盟，开展了相关的课题研究。700℃超超临界燃煤发电机组的锅炉和汽轮机高温部件及高温蒸汽管道需要大量的镍基合金材料，尽管机组的效率得到提高，但是电站的造价大幅度地增加，阻碍了 700℃超超临界燃煤发电机组的工程应用步伐。

为了提高燃煤机组发电效率及提升机组经济性能，项目团队创造性提出了高参数汽轮发电机组高位布置的设想，即通过将汽轮发电机组整体布置在除氧煤仓间的上部，以达到减少高温管道用量的目的。

汽轮发电机组高位布置设计属世界首例，尚无成熟经验可借鉴。2014 年，原神华集团国华电力公司组建由设计院、设备制造厂、高等院校、科研院所等单位构成的产学研用项目团队（主要包括：神华集团、国华电力公司、电力规划总院、西北电力设计院、中国建筑科学研究院、哈尔滨汽轮机厂、上海锅炉厂、华北电力大学等单位及高校）依托锦界三期 2×660MW 扩建工程，对汽轮发电机组高位布置方案开展理论研究、技术研发及工程设计应用，创立了长度 167.5m、宽度 26m、屋顶标高 86.2m、汽轮发电机组运转层 65m、煤仓间设备和除氧间设备布置在主厂房下部的全新布置格局，攻克了高位布置主厂房结构抗震（振）设计、汽轮发电机组稳定运行、厂房/管道/设备间相互影响等关键技术难题，建成世界首例示范工程，掌握了完整的自主知识产权，取得了系列原创性、系统性重大突破，形成了技术可行、经济合理、安全稳定的高位布置技术体系，引领了富煤缺水"三北"地区清洁高效空冷机组的发展方向和建设模式，同时为未来 700℃先进超超临界燃煤发电技术的工程应用奠定了基础。

（二）主要技术性能指标及与国内外同类技术比较

1. 主要技术性能指标

项目成果在锦界三期工程成功应用，经西安热工研究院测试结果表明：

（1）主厂房偏摆、位移以及主要蒸汽管道振动、位移均在设计范围之内。

（2）与常规（低位）机组相比，四大管道节省率达 30.93%，节省供电煤耗约 1g/kWh，减少 CO_2 排放约 2.6g/kWh。

（3）5 号机组供电煤耗 282.6g/kWh，较供电煤耗较设计值 287.7g/kWh 低 5.1g/kWh；6 号机组供电煤耗 283.2g/kWh，较设计值 287.7g/kWh 低 4.5g/kWh。

（4）汽轮发电机组轴系振动：两台汽轮发电机组轴系振动水平整体优秀，额定负荷下轴承处振动 5 号机组范围为 23~67μm，6 号机组 10~51μm，均在优秀值（76μm）之内。西安热工研究院第三方性能试验指标见表 18-7。

表 18-7　　　　西安热工研究院第三方性能试验指标（2021 年 11 月）

序号	分类	名称	单位	设计值	5 号机组性能试验值	6 号机组性能试验值
1	机组经济性指标	供电标准煤耗	g/kWh	288.503	282.6	283.2
2		全厂厂用电率	%	4.84	3.95	4.19
3		汽轮机热耗率	kJ/kWh	7550.9	7528.6	7531.2
4		锅炉效率	%	94.8	95.22	95.29
5		汽轮发电机组轴振最大值	μm	≤76	67	51
6		真空严密性试验数值	kPa/min	0.27	0.2	0.3
7		发电机漏氢量	m³/d	6	5.1	5.1
8	环保排放指标（标况下）	烟尘排放浓度	mg/m³	1	0.41	0.38
9		二氧化硫排放浓度	mg/m³	10	2.54	3.5
10		氮氧化物排放浓度	mg/m³	20	11.17	10.88

序号	分类	名称	单位	设计值	5号机组性能试验值	6号机组性能试验值
11	环保效率指标	电除尘效率	%	99.73	99.93	99.89
12		脱硝效率	%	85.2	90.93	90.4
13		脱硫效率	%	99.2	99.23	99.31

2. 国内外同类技术比较

（1）汽轮发电机组高位布置技术的研究与工程应用属世界首创，类似技术国内外未见报道和应用。

（2）与常规（低位）布置相比，高位布置示范工程减少四大管道重量259.5t，节省率30.93%，其中主蒸汽及高压旁路阀前管道81.5t，再热热段及低压旁路阀前蒸汽管道44t，再热冷段及高压旁路阀后管道71t，主给水管道63t。直接空冷机组还减少大口径薄壁排汽管道约40m，节省率93%。

（3）单台机组节约高温管道材料费用约2000万元，按照700℃等级的耐热镍基合金材料价格是600℃等级的5~6倍估算，可节约高温管道材料费用1亿余元。

（4）主蒸汽管道减少阻力损失约0.56MPa，再热系统减少阻力损失约0.088MPa，排汽管道减少阻力损失约144Pa，节省供电煤耗约1g/kWh，减少CO_2排放2.6g/kWh，蒸汽管道缩短后，减少了蒸汽在管道中的储存量，提高了汽轮发电机组的调节性能。

（5）与常规（低位）机组相比，汽机房占地面积减少49%（高位布置汽机房面积2345m^2，常规机组汽机房面积4598m^2）。

（6）汽轮发电机组高位布置中采用了高位布置汽轮发电机组基座与主厂房一体化结构体系、数字化健康监测系统、空冷汽轮机新型排汽装置的结构和补偿支撑体系，这些关键技术均优于现有的常规（低位）机组。高位布置汽轮发电机组与同容量常规（低位）机组的比较见表18-8。

表18-8　高位布置汽轮发电机组与同容量常规（低位）机组的比较

核心技术	核心技术评价指标	单位	汽轮机高位布置机组	同容量常规（低位）机组
研发了高位布置汽轮发电机组基座与主厂房一体化结构体系	汽轮机主厂房占地面积	m^2	2345	4598
	侧移指标	—	1/1200	1/800, 1/550
	厂房高度	m	83.7	35
开发了高位布置的汽轮发电机组	汽轮发电机组轴振最大值	μm	51	80
	汽轮机运转平台的高度	m	65	13.7
创建了高位布置高温蒸汽管道应力计算方法和评价准则	四大管道的质量	t	579.5	839
	计算的组合工况	—	增添了偏摆、地震多维组合	常规组合

续表

核心技术	核心技术评价指标	单位	汽轮机高位布置机组	同容量机组
创建了空冷汽轮机新型排汽装置的结构和补偿支撑体系	真空严密性试验数值	kPa/min	0.2	0.3
	大口径薄壁排汽管道	m	3	43
创建了基于主厂房全寿命周期安全保障的数字化健康监测系统	厂房偏摆测量精度	mm	0.005	无
	管道位移测量精度	mm	0.1	无

（三）已应用情况，或推广应用的范围、条件和前景

项目研究成果已应用于国能锦界公司三期工程 2×660MW 超超临界直接空冷燃煤发电机组，锦界三期工程于 2018 年正式开工建设，2020 年顺利实现商业运行，运行稳定可靠，各项指标均达到或优于设计值。工程决算静态投资 404423 万元，动态投资 408340 万元，单位造价 3093 元/kW。

依托三期工程开发的高可靠性空冷汽轮机已在神华府谷项目（2×660MW）、新疆准东五彩湾北三电厂（2×660MW）、陕西榆能杨伙盘项目（2×660MW）、神华国能彬长项目 660MW 设计应用。首次开发的"全工况汽缸稳定性分析方法""动刚度耦合分析法"等创新技术在国能清远项目（2×1000MW）设计应用。整机抗震性能研究与结构改进技术在国电双维项目（2×1000MW）、甘电投常乐项目（4×1000MW）、神华府谷项目（2×660MW）、陕西榆能杨伙盘项目（2×660MW）、神华国能彬长项目 660MW、华电印尼玻雅项目（2×660MW）、国能清远项目（2×1000MW）工程中得到了应用。

项目研发成果应用到 700℃（650℃）先进超超临界燃煤发电工程项目中，将会收到更大的经济效益。

（四）鉴定意见

2022 年 6 月 1 日，中国电机工程学会以线上线下相结合的方式组织召开了"汽轮发电机组高位布置关键技术与工程应用"项目技术鉴定会。鉴定委员会听取了项目的工作报告、技术报告、经济效益分析报告、测试报告、科技查新报告和应用情况的介绍，审阅了相关技术材料，经质询、答疑和讨论，形成鉴定意见如下。

（1）提交的鉴定材料完整、规范，符合鉴定要求。

（2）结合我国电力行业发展超高参数燃煤发电机组、节省高温蒸汽管道材料、降低工程造价、提高燃煤发电效率，创新性地提出了 660MW 超超临界汽轮发电机组高位布置方案，开展了系统的技术攻关与装备研发工作，形成了完整的汽轮发电机组高位布置技术体系，并在工程中成功应用。主要的创新点包括：

1）研发了高位布置汽轮发电机组主厂房结构与设备抗震（振）技术体系。发明了汽轮发电机组弹簧隔振基础与主厂房一体化结构。通过主厂房结构与汽轮发电机组隔振系统耦联抗震（振）的有限元数值计算、模拟地震振动台模型试验和动力特性试验，研发了主厂房结构抗地震和设备振动的成套设计技术，解决了地震、风载荷引起的设

备振动技术难题，实现了各种不利工况作用下的设备正常运行和结构安全。

2）开发了高位布置的汽轮发电机组。研发了动刚度耦合分析方法、全工况汽缸稳定性分析方法、整机抗震性能分析方法，开发了多级小焓降反动式通流、整体铸造360°蜗壳进汽低压缸内缸等多项先进技术，解决了高位布置和弹性基础下汽轮机轴系设计、汽缸失稳的难题，实现了汽轮机薄弱结构优化，满足汽轮发电机组高位布置运行工况要求。

3）创建了满足高温蒸汽管道高位布置需求的应力计算方法和评价准则。建立了以风振、地震及其他水平荷载作用下建（构）筑物的偏摆作为边界条件的管系应力计算方法和评价准则，解决了汽轮机接口与锅炉接口位移方向存在多重不利组合复杂条件下管道应力计算和评价的难题，保障了各类型极端工况高温蒸汽管道的运行安全。

4）创建了空冷汽轮机新型排汽管道结构和补偿支撑体系。提出了紧凑型排汽管道新型结构，开发了新型曲管压力平衡补偿器和组合弹性支承布置等技术，创建了紧凑型排汽管道补偿支撑体系，解决了排气管道膨胀受限和失稳的难题，保障了排汽系统的安全高效运行。

5）创建了基于主厂房全寿命周期安全保障的数字化健康监测系统。开发了包括高温蒸汽管道、厂房结构及厂房空间环境多要素监测的全域、全寿命周期数字化智能分析系统，解决了高温蒸汽管道三维位移、高大空间厂房结构偏摆、核心设备振动数字化精准监测和主动预警难题。

6）该成果已在国能锦界能源有限责任公司 2×660MW 机组成功应用。两台机组于 2020 年 12 月投入商业运行，结果表明，厂房结构稳定，机组轴振指标优秀。与常规方案相比，四大管道节省 30.93％，单台机组可节约高温蒸汽管道材料费用约 2000 万元，主厂房减少占地面积约 50％，降低供电煤耗约 1g/kWh。

7）依托三期工程研发和应用实践，已获授权发明专利 22 项、实用新型专利 52 项、计算机软件著作权 8 项。

第六节　主要荣获奖项

项目所获奖项：

（1）陕西省科技进步一等奖。

（2）中国能源研究会能源创新一等奖。

（3）中国电力企业联合会电力创新大奖。

（4）中国施工企业管理协会国家优质工程金奖。

（5）工程设计奖项。

1）中国电力规划设计协会 2022 年度优秀工程设计一等奖。

2）中国施工企业管理协会 2022 年度建设项目设计水平评价一等成果。

（6）工程获得省部级科技奖励 22 项（其中创新大奖 1 项，一等奖 5 项、二等奖 4 项、三等奖 12 项）。

工程所获科技奖项见表 18-9。

表 18-9　　　　　　　　　　工程所获奖项

序号	奖项名称	颁奖单位	获奖等级	获奖日期
1	世界首例高位布置汽轮发电机组关键技术及应用	陕西省人民政府	一等奖	2024 年 3 月
2	汽轮发电机组高位布置关键技术与工程应用	中国能源研究会	一等奖	2022 年 11 月
3	汽轮发电机组高位布置关键技术与工程应用	中国电力企业联合会	大奖	2022 年 12 月
4	高位布置汽轮发电机组施工技术研发与应用	中国安装协会	一等奖	2022 年 4 月
5	空冷岛全自动智能冲洗装置	中国电力企业联合会	一等奖	2021 年 12 月
6	汽轮发电机组复杂震动故障诊断和治理关键技术及应用	陕西省人民政府	二等奖	2021 年 3 月
7	基于 650℃等级电站新型 G115 耐热钢焊材研发及工艺研究应用	中国电力企业联合会	二等奖	2020 年 12 月
8	基于机器视觉和深度学习的三维热位移测量技术与工程应用	中国安装协会	二等奖	2022 年 4 月
9	世界首例高位布置机组基建期调试及优化技术研究	中国安装协会	二等奖	2022 年 4 月
10	智能氢电导率仪表的研发与应用	陕西省人民政府	三等奖	2020 年 4 月
11	火电厂高层主厂房结构数字化管理系统	中国能源研究会	三等奖	2021 年
12	应急控制电力系统稳定方法	中电建协	三等奖	2022 年 1 月
13	汽轮机高位布置主厂房结构健康监测系统研究与应用	中国安装协会	三等奖	2022 年 4 月
14	汽轮发电机组、风机深度降噪研究与应用	中国安装协会	三等奖	2022 年 4 月
15	高位给水系统在 660MW 火电机组的应用与优化	中国电力企业联合会	二等奖	2023 年 12 月

第十九章

运 营 成 果

第一节 运营效果优良

一、主辅机设备及系统稳定

（一）机组启停、APS 及机组参与电网调峰能力

截至 2022 年 12 月，锦界三期 5 号机组进行了一次 C 级检修，两台机组配合电网调峰启停机 25 次，均实现一次点火并网成功。顺利完成了 2021 年冬季保供、节假日、党的二十大等重要时期的保电任务，荣获河北南网电力保供"突出贡献奖"。

机组一键启停（APS）顺畅，具有较高的可靠性和灵活性，机组启动只需三个断点、停机三个断点，达到国内领先水平，启停过程各部件膨胀顺畅，机组启停中振动良好，汽轮机过临机转速小于 $100\,\mu m$，主机偏心小于 $18mm$，各部件应力、轴向位移、胀差均良好。

机组日常调峰范围 $100\% \sim 30\%$，30% 负荷工况下锅炉无须助燃，等离子退出，机组着火稳定，负压调整正常，火检正常，机组各辅机运行正常，各运行参数稳定，保持干态运行，汽温均在可调整范围内，壁温无超温，高低压加热器疏水正常，脱硝、脱硫、除尘系统运行正常。

（二）主机、给水泵汽轮机振动情况

（1）汽轮发电机基座采用弹簧隔振基础，有效地保证汽轮机高位布置安全稳定地运行。5 号机组轴系振动水平整体良好，额定负荷下，所有轴振均小于 $60\,\mu m$，达到优良水平，除 $4X$、$4Y$、$8X$、$9X$ 和 $9Y$ 轴承处的轴振值高于 $50\,\mu m$ 外，其余各轴承及轴承座振动数值均优于 $50\,\mu m$。升速过程中，轴系振动最大 $100\,\mu m$，均优于保证值 $150\,\mu m$。

6 号机组各负荷下，所有轴振均小于 $60\,\mu m$，达到优良水平，额定负荷下，除 $1X$、$8X$ 和 $8Y$ 轴承处的轴振值高于 $50\,\mu m$，其余各轴承及轴承座振动数值均优于 $25\,\mu m$。升速过程中，轴系振动最大 $89\,\mu m$，轴系振动均优于保证值 $150\,\mu m$。

（2）给水泵汽轮机采用上排汽直排空冷，在各负荷下和真空下，给水泵汽轮机振动值最大 $30\,\mu m$，优于设计值 $50\,\mu m$。

（三）锅炉无超温、爆管（燃烧、温度场、排烟温度等）

自投运以来锅炉受热面无超温，锅炉无爆管。锅炉再热汽壁温最大 $639℃$（报警值 $650℃$），满负荷工况下主蒸汽汽温达到 604.8（设计值 $605℃$），再热蒸汽汽温达到 $623.5℃$（设计值 $623℃$），主蒸汽汽温左右偏差 $7℃$，再热汽温左右温度偏差 $3℃$。100% 负荷至 40% 深调负荷范围内，主、再热汽温基本达到设计值，全年机组（负荷率 70%）主蒸汽汽温平均值 $597.98℃$，再热汽温平均值 $618.88℃$。各级受热面管壁在稳定

运行时及升降负荷时，无超温报警现象，任何两点偏差小于30℃。

锅炉燃烧稳定，最低稳燃负荷小于30％额定负荷，达到厂家保证值，炉膛压力稳定，无结焦、燃烧稳定。锅炉排烟温度夏季最高129℃，运行最低105℃，全年平均排烟温度109.78℃，优于设计要求（设计排烟温度118℃），既保障了尾部烟道运行的可靠性，又能维持较高的锅炉运行经济性。

（四）八漏治理及效果

从设计、制造、施工、调试中实施全过程无渗漏管控，消除和减少设备系统的跑、冒、滴、漏。投产以来现场无明显漏水、漏油、漏汽、漏风、漏灰、漏烟、漏粉、漏煤、漏浆现象，综合渗漏率小于0.1‰，主机本体管道、油系统、给水泵等重要设备系统无一般漏点及严重漏点，达到同类机组领先水平。漏氢量$3m^3/d$，远小于同类发电机的水平。空气预热器漏风率3.34％，优于设计值。

（五）配套附属设备及系统稳定

配套辅助设备及系统状况良好，满足运行要求，出力和性能满足设计要求，汽、水、油指标优良，未出现超标现象。设备故障率低，未发生重大缺陷。高压加热器投入率100％。

空冷岛系统运行可靠，投产两年内环境温度最高38℃，最低－36℃，夏季负荷不受限，冬季防寒防冻满足要求。在大风、不利风向条件下，空冷岛能可靠保障机组安全运行。空冷风机电耗全年平均值0.47％，处于同类机组领先水平。

夏季工况下各转机轴承温度、电机绕组温度均小于厂家规定值，冷氢温度最大44℃。厂房通风良好。冬季厂房采暖系统可靠，厂房温度均匀，厂房最低环境温度大于10℃，满足设备运行要求。

（六）机组可靠性指标优良

（1）结构各层标高处投运2年期间偏摆监测结果如下，各层侧移均未超出设计值及规范限值，结构处于安全状态。

80.80m标高处平均值为12.13mm，期间最大值16.01mm，为5号主厂房10轴X方向。

61.10m标高处平均值为4.89mm，期间最大值7.83mm，为5号主厂房10轴Y方向。

42.95m标高处平均值为4.05mm，期间最大值7.22mm，为5号主厂房10轴Y方向。

26.45m标高处平均值为3.76mm，期间最大值6.37mm，为5号主厂房10轴X方向。

13.15m标高处平均值为3.99mm，期间最大值5.63mm，为5号主厂房10轴Y方向。

（2）截至2023年12月，锦界三期两台机组安全运行1096天，6号机连续运行461天。在2021年全国机组能效水平对标竞赛中获得AAAA级机组。

（3）首次采用了基于SVG式次同步波形调制技术进行次同步电流调制，项目历经2年科研攻关，解决了抑制机理、控制策略、参数设计等系列技术难题，基于SVG导纳调制方法，研制出的次同步谐振动态稳定装置投入应用后，轴系扭振抑制效果显著。

二、技术参数达到设计领先水平

（1）主蒸汽压力、温度、流量、压损，真空度，严密性，再热汽 623℃等。

统计全年参数，额定负荷下，过热器出口至汽轮机入口主蒸汽压力降低 0.4MPa，主蒸汽管道压损约 1.4%，主蒸汽管道温降 0.5～1.1℃，再热蒸汽管道温降 2～3℃，再热器压损约 3.8%，优于同类机组。

给水流量最大 2035t/h，小于设计值 2060t/h。

从运行数据看，机组在 660MW 额定负荷时，锅炉过热器出口温度为 604.8℃，设计值为 605℃；再热蒸汽出口温度为 623.5℃，设计值为 623℃，无论是再热蒸汽出口温度还是过热蒸汽出口温度均可达到设计值；高温再热器实际运行中的历史最高温度为 634℃，低于设计报警温度，因此高温再热器运行是安全的。高再出口最高温度（634℃）偏离平均温度（618.9℃）15.1℃，温度工况下再热汽温与设计偏差小于3℃，汽温偏差控制良好。

机组全年背压平均值 10.8kPa（设计冬季工况 10.5kPa，夏季工况 28kPa），春季运行背压 10.7kPa，夏季运行背压 12.3kPa，秋季运行背压 10.4kPa，冬季平均背压 9.5kPa。

真空严密性试验结果 15～93Pa/min，每月平均值 65Pa/min，达到优良水平。

（2）主要经济指标及运行参数。

主要经济指标及运行参数见表 19-1。

表 19-1　　　　　　　　　　　主要经济指标及运行参数

指标（参数）		单位	全年运行值	备注
经济指标	负荷率	%	70.78	平均值
	供电煤耗	g/kWh	287.25	平均值
	厂用电	%	4.79	平均值
	空冷电耗	%	0.47	平均值
	发电水耗	kg/kWh	0.19	平均值
主要运行参数	负荷率	%	70.78	平均值
	主蒸汽温度	℃	597.98	平均值
	再热汽温	℃	618.88	平均值
	主机瓦温最大值	℃	80	最大值
	主机振动最大值	μm	60	最大值
	给水泵汽轮机振动最大值	μm	35	最大值
	给水泵汽轮机瓦温最大值	μm	77	最大值

如表 19-1 所示，在全年机组负荷率 70% 下，机组指标、参数优良。主再热汽温全年平均接近设计值。在 50% 及以上负荷，锅炉主蒸汽和再热蒸汽温度均达到并优秀于设计值，尤其是再热器温度，能稳定在 620℃，达到了国内领先水平。同时，锅炉管壁温度控制良好，未出现超温现象。锅炉飞灰可燃物小于 0.85%（国标小于 3%），炉渣可燃物小于 1.5%（国标小于 5%）。目前，额定负荷下锅炉效率实际运行 5 号锅炉

95.22%，6号锅炉95.29%，高于设计值设计94.8%。

自投运以来，锅炉、脱硫、脱硝、电除尘各个系统运行稳定，各项环保指标均达到设计要求。烟尘排放0.36 mg/m³，二氧化硫为3.7 mg/m³，氮氧化物为15.5 mg/m³，实现近零排放，远优于国家环保指标。

三、智能智慧提高生产管理效率

国能锦界公司认真贯彻习近平总书记关于网络强国、数字中国、数字经济和实体经济融合发展的重要指示精神，以新一代信息技术为支撑，驱动能源工业技术、企业管理技术与信息通信技术融合创新，实现业务管理提升。以国家能源集团"一个目标、三个作用、六个担当"发展战略为指引，遵循集团公司《智慧企业建设指导意见》《智能发电建设指导意见》《国电电力智慧企业建设总体规划》《国电电力智慧火电建设规划》《国电电力数字化转型行动方案》《国电电力数字化转型行动三年滚动规划》，秉承"数字驱动转型发展"理念，以创新为动力，以需求为原则，以价值为导向，统筹规划，顶层设计，整体推进，锦界三期工程利用信息技术促进经营管理的科学化、网络化和智能化实现模式创新，通过互联网＋、大数据、移动计算、工业互联网等手段，在"智能＋安全""智能＋管理""智能＋运行""智能＋设施"四方面，共实施了19个模块，分别为锅炉三维可视化防磨防爆、汽轮机轴系监测与故障诊断、主要辅机诊断系统、主厂房健康监测系统、四大管道监控和位移监测系统、可视化"四检合一"智能设备管理系统、智能在线水务系统、三维数字化移交系统、基于CPS工业边缘计算平台、燃烧智能优化、AGC优化及深度调峰、智能报警、最优真空（背压）系统、耗差分析与性能计算、空冷岛全自动智能冲洗、脱硝系统智能喷氨、锅炉智能吹灰、智能巡检机器人，采用"八机一控"集中控制模式，显著提高了生产调度管理效率，实现电厂高效、绿色、可靠、安全、环保、经济运营。

第二节 经营效益优异

一、投资水平

项目竣工决算动态投资405317万元，总投资408317万元；单位千瓦造价3093元，低于电力规划总院公布的2020年同期常规2×660MW机组扩建项目单位千瓦造价3119元，造价水平领先。

二、经营指标分析

2021年三期机组经营指标见表19-2。

表19-2 **2021年三期机组经营指标**

2021年	5号机发电量（万kWh）	6号机发电量（万kWh）	合计	利用小时（h）	上网电量（万kWh）	收入（含税）万元
1月	14561.16	16171.30	30732.46	232.82	29126.27	8409.92
2月	10501.36	1980.65	12482.01	94.56	11605.17	3350.88
3月	38097.49	19250.60	57348.09	434.46	54362.68	15696.68

2021 年	5 号机发电量 （万 kWh）	6 号机发电量 （万 kWh）	合计	利用小时 （h）	上网电量 （万 kWh）	收入（含税） 万元
4 月	32163.51	33152.38	65315.89	494.82	61912.85	17876.72
5 月	0.00	38592.32	38592.32	292.37	36381.32	10504.74
6 月	29867.17	39454.85	69322.02	525.17	65176.68	18819.11
7 月	41509.81	40330.10	81839.91	620.00	77029.46	22241.49
8 月	40693.52	29484.96	70178.48	531.66	66216.79	19119.44
9 月	39918.96	6585.66	46504.62	352.31	43939.20	12687.00
10 月	37691.13	36056.16	73747.29	558.69	70063.42	20230.11
11 月	35340.17	33781.01	69121.18	523.65	65669.73	18961.48
12 月	32045.03	31516.61	63561.64	481.53	60522.57	17475.29
全年	352389.31	326356.60	678745.91	5142.01	642006.12	185372.85

2021 年，国能锦界公司三期工程 2×660MW 超超临界机组全年实现发电量 67.87 亿 kWh，折合利用小时 5142.01h，上网电量 64.20 亿 kWh，全年实现收入（含税）18.54 亿。2022 年三期机组经营指标见表 19-3。

表 19-3　　　　　　　　　　2022 年三期机组经营指标

2022 年	5 号机发电量 （万 kWh）	6 号机发电量 （万 kWh）	合计	利用小时 （h）	上网电量 （万 kWh）	收入（含税） 万元
1 月	29509.25	37705.78	67215.03	509.20	64000.82	22175.64
2 月	11871.52	28743.18	40614.70	307.69	38322.32	13277.15
3 月	38394.60	38380.37	76774.97	581.63	72625.49	25161.83
4 月	35901.57	35846.41	71747.98	543.55	67541.91	23400.57
5 月	28536.52	34923.65	63460.17	480.76	59566.73	20637.49
6 月	34232.84	34290.32	68523.16	519.11	64234.57	22254.71
7 月	30320.28	30340.53	60660.81	459.55	57129.53	19793.10
8 月	34525.65	34592.31	69117.96	523.62	65156.98	22572.33
9 月	26315.35	31603.93	57919.28	438.78	54613.91	18918.26
10 月	0.00	35326.06	35326.06	267.62	33419.73	11576.59
11 月	27857.18	31990.32	59847.50	453.39	56698.77	20397.09
12 月	30707.29	33136.95	63844.24	483.67	60751.18	21974.21
全年	328172.05	406879.81	735051.86	5568.57	694061.92	242138.96

2022 年，国能锦界公司三期工程 2×660MW 超超临界机组关键业绩再创新高，全年实现发电量 73.51 亿 kWh，折合利用小时 5568.57h，较一二期机组多 634.91h，上网电量 69.41 亿 kWh，全年实现收入（含税）24.21 亿，全面优于 2021 年数据。

2022 年 11～12 月，国能锦界公司利用三期机组优秀性能争取到替代电量 4.91 亿 kWh（落地侧），折算上网电量 5.03 亿 kWh，发电量 5.31 亿 kWh，贡献利用小时 142.66h。2023 年三期机组经营指标见表 19-4。

表 19-4　　　　　　　　　　**2023 年三期机组经营指标**

2023年	5号机发电量（万 kWh）	6号机发电量（万 kWh）	合计	利用小时	上网电量（万 kWh）	电价（元/MWh）	收入（含税）万元
1月	35621	30194	65815	498.60	62258.53	346.40	21566.36
2月	36433	31536	67969	514.92	64502.25	346.40	22343.58
3月	34069	34089	68158	516.35	64481.25	346.34	22332.44
4月	33463	16736	50199	380.30	47421.44	346.34	16423.94
5月	37185	23264	60449	457.95	56790.96	346.34	19668.98
6月	32777	32772	65549	496.58	61649.58	346.40	21355.41
7月	35362	35531	70893	537.07	66723.71	346.37	23111.09
8月	34520	30826	65346	495.05	61524.44	346.40	21312.06
9月	32618	28054	60672	459.64	57195.68	346.37	19810.87
10月	34397	34418	68815	521.33	64933.83	346.37	22491.13
11月	33903	33963	67866	514.14	64406.93	346.37	22308.63
12月	40044	40723	80767	611.87	76890.19	346.40	26634.76
全年	420392	372106	792498	6003.77	748778.79	346.37	259354.51

三期扩建工程 2×660MW 千瓦超超临界机组自投产以来，能源保供持续发力，彰显了企业履行政治责任、社会责任的担当和作为。

三、三期机组与一二期机组经济性对比

2021 年是国能锦界公司三期扩建项目投产的首个完整年度，机组投运以来运行稳定，性能优良，圆满完成了年度各项生产经营任务。三期机组与一二期机组经济性对比分析情况见表 19-5。

表 19-5　　　　　　　**三期机组与一二期机组经济性对比分析情况**

序号	项目	单位	2021年		2022年		2023年	
			一二期	三期	一二期	三期	一二期	三期
1	利用小时	h	6108	5142	4933.7	5568.6	5395	6003.8
2	发电量	MWh	14658540	6787460	11840805	7350519	12948090	7924980
3	售电收入	万元	366458	163913	365115	214282	432563.2403	259359.25
3.1	售电量	MWh	13553286.08	6420130	10811410	6940310	11845572	7487787.90
3.2	综合厂用电率	%	8.53	5.41	8.69	5.58	8.51	5.52
4.1	供电煤耗	g/kWh	319.89	292	318.76	293.43	316.95	291.29
4.2	发电煤耗	g/kWh	293.7	278.18	293.03	279.29	291.40	277.14
4.3	发电原煤量	万t	575	252	463.8	273.9	504	294
4.4	发电标准煤量	万t	431	189	347	205.3	377	219.6

通过对比 2020 年与 2022 年指标，2021 年一二期和三期机组电价、煤耗、厂用电率、单位售电利润、单位售电成本、单位燃料成本等关键技术经济指标和盈利能力指标，分析如下：

（1）从生产技术能耗指标方面：三期机组明显优于一二期机组，供电煤耗较一二

期机组低 27.89g/kWh，单位燃料成本较一二期低 4.67 元/MWh，2021 年全年带来利润贡献 0.63 亿元；综合厂用电率较一二期机组低 3.12%，2021 年带来利润贡献 0.54 亿元。

（2）从单位盈利能力方面：三期机组售电单位利润较一二期机组高 0.55 元/MWh，主要得益于成本优势。其中，单位燃料成本较一二期低 4.67 元/MWh，单位固定成本较一二期机组低 10.95 元/MWh。

（3）从煤电一体化生产链角度：三期机组煤耗较一二期机组低，2021 年售电单位原煤量 0.39t/MWh，较一二期低 0.03t/MWh，节约原煤 19.26 万 t。

（4）从资产回报角度：截至 2021 年底三期机组资产规模 27.01 亿元，资产回报率 27%；一二期机组资产规模 81.92 亿元，资产回报率 18%；公司电力板块整体资产规模 108.93 亿元，资产回报率 22%。三期机组资产回报率高于一二期机组和公司整体资产回报率。

（5）三期机组平均售电单价较一二期机组低 15.07 元/MWh，在锦界公司煤电一体化的运营模式下，三期机组技术经济指标的优越性与利润增长的联动性不能完全同步。

第三节　环境保护功能先进

工程投产后达到了"生态和谐、绿色环保、清洁高效、美丽电站"的建设目标，在烟气排放、废水处置、噪声控制、煤尘粉尘、水土保持、视觉污染、二氧化碳铺集等方面具有显著的环境效益和社会效益。

一、烟气排放

机组投产后，大气污染物排放指标均优于设计参数，全年运行指标（标况下）：烟尘排放浓度小于 0.4mg/m³，二氧化硫排放浓度小于 3.8mg/m³，氮氧化物排放浓度小于 16mg/m³，排放值低于国标中重点区域特别排放限值标准和燃气机组排放限值。

二、废水处理

脱硫废水处理采用"低温多效闪蒸浓缩＋干燥"技术，废水处理量约 15m³/h，系统产生冷凝水回用于脱硫工艺水系统，浓缩液在干燥塔内蒸发，随烟气回到电除尘。细小固态颗粒随烟气进入电除尘和灰一起排出，实现了废水零排放，投产以来系统运行稳定，累计处理废水量达 58896t。

三、噪声控制

通过调研火电厂设备噪声分布，锦界三期工程对汽轮发电机组平台、一次风机、送风机、密封风机等噪声严重的区域进行研究和突破，对主要噪声源及噪声频率进行研究，对不同部位、不同频谱、不同噪声值做出的针对性复合深度降噪处理，实现噪声有效控制。

四、水土保持

（1）三期工程采用辅机冷却水闭式循环、空气冷却，减少了原水用量，全年补水量约 500t，比传统机力通风塔年约节约用水量 17.6 万 t。

（2）三期工程汽轮机空冷岛区域实现雨水收集，地面设置雨水收集井，雨水及冲洗水进入工业废水处理系统，回用至脱硫吸收塔，每年减少原水用量约 2 万 t。

（3）三期机组冷却水全部采用矿井疏干水（疏扩混掺水），每年减少水库水用量约 15 万 t。

（4）三期工程厂区排水系统雨污分流，生活污水、工业污水经收集通过处理达标后回收利用，部分水用于厂区绿化浇灌。雨排系统接入全厂雨排管网，进入工业区排洪设施内。

（5）全厂水平衡监控系统运行稳定，实现用水管理自动化、信息化，能够精准锁定管网和系统的泄漏点，节约用水量，综合提高了水资源的利用、复用，2022 年全厂实现水耗 0.21kg/kWh。

五、煤尘粉尘

三期输煤系统除尘设计采用曲线落煤筒和微雾抑尘装置，除尘效果良好，输煤栈桥内粉尘浓度低于 $4mg/m^3$。同时煤场建设投产两台 3 万 t 级筒仓，2021 年 3 月投入生产，截至 2022 年，共计进煤 970 万 t，生产情况良好，自动化程度高，人工干预堆取作业少，取代煤场上煤方式，降低了煤场扬尘、噪声，对周围环境影响更小，避免降雨形成的煤场污水处理，减少运行人员接触大量粉尘概率，保护职工的身体健康，减少了推煤机、装载机的停放、检修设施等，减少废气排放，社会效益明显。

六、视觉污染

（一）厂房不冒汽

选择直接空冷机组、给水泵汽轮机排气直接排至主机空冷岛，辅机冷却使用干冷塔，设计、施工阶段对工质和热量的回收进行全面优化，机组投产后实现了"厂房不冒汽"，除氧器排汽、暖风器疏水、吹灰疏水、辅助蒸汽疏水、给水泵密封水回水等均实现完全回收，机组运行中无工质和热量排入大气。

（二）烟囱不冒"烟"

设置了 MGGH，烟气加热器可提高烟囱出口烟温至 72℃，基本消除烟囱结露腐蚀和白烟视觉污染，避免了"石膏雨"的现象，环保效益明显。

（三）厂房环境

厂房建筑与周边工业区环境协调融合，厂房"去工业化"，在全厂风格统一的同时增加一些创新，丰富了建筑层次。锅炉采用封闭式，除了美观之外，能够降低噪声。增加生产区室内环境的美观性，建筑色调符合当地地域文化中质朴、踏实的特色，形成了自然、清爽、整洁的效果，改善工人单调的工作环境，便于生产操作和维护检修，提高生产效率。

七、CCUS

建成了主要采用复合胺吸收剂为主的燃煤电厂化学吸收法 CO_2 捕集技术工业示范项目（CCUS），是燃煤电厂燃烧后 CO_2 捕集-驱油/封存全流程示范项目。CCUS 示范项目自 2021 年 6 月投产以来，实现了安全经济连续运行 9800h，运营成本较同类项目降低了 30%，是煤电行业运行的标杆，是主动应对气候变化，探索我国实现"碳达峰"和"碳中和"目标的实现路径和技术组合的重要构成部分。

第四节 成果应用广泛

一、新技术应用及成果

（一）工程设计中采用的创新技术及成果

汽轮发电机组高位布置技术成果依托锦界三期 $2\times660MW$ 机组工程，将汽轮发电机组从常规 13.7m 抬高至 65m 运转平台，减少主厂房 A、B 列跨距至 14m，不仅可以缩短大口径高温蒸汽管道 260m，两台机降低工程造价 4980 万元，还可降低高温蒸汽管道压损和机组背压，提高机组热效率，降低供电煤耗 1.01g/kWh，具有可推广、可复制的广阔应用前景，助推了我国煤电装备技术的进步，为更高参数、更高效率的煤电机组技术发展奠定了基础，也为新一代煤电机组技术发展起到积极的引领示范作用。高位布置主厂房结构三维视图如图 19-1 所示。

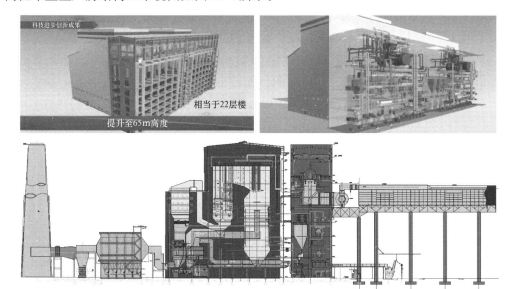

图 19-1 高位布置主厂房结构三维视图

研发了高位布置汽轮发电机基础高位竖向框排架＋剪力墙结构，降低结构重心，结构刚度强，偏摆位移小，抗震性能好，是国内首创的高位布置主厂房结构体系，获得国家实用新型专利。如图 19-2 所示。

　　配套设计了汽轮发电机组基座与整体框架＋弹簧隔振技术，隔振性能显著增强。汽轮发电机组基座及弹簧隔振装置如图19-3所示。

图19-2　国内首创的高位布置主厂房结构体系

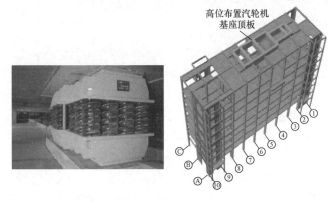

图19-3　汽轮发电机组基座及弹簧隔振装置

　　国内首创采用给水泵汽轮机上排汽直排主机空冷系统技术，节约投资4300万元，减少了排汽阻力，具有良好的热经济性，获得上海市科学技术进步一等奖。

　　国内首创开发制造了适用于高位布置的超超临界汽轮机组。完成了反动式多级数小直径通流、整体铸造360°蜗壳进汽单低压缸内缸、汽缸阀门模块设计优化等系列技术开发，提出了"动刚度耦合分析法"实现了弹性基础汽轮机轴系稳定性的高可靠性分析，提出了高效汽轮机轴系稳定性和全工况汽缸稳定性的计算方法，解决了高位汽轮机失稳的难题，提出了汽轮机大部套之间的连接件和定位件的增强结构设计方法，实现整机抗震性能高于常规机组，保证各类型极端工况的高位运行安全性。研发的高位布置汽轮机系列技术如图19-4所示。

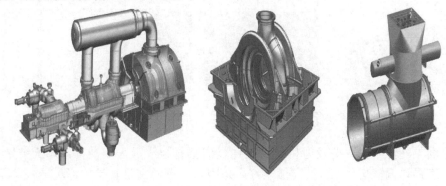

图19-4　研发的高位布置汽轮机系列技术

组织研发团队首创了适用于高位布置高温/高压蒸汽管道应力计算的评价准则。首次建立了风振、地震及其他水平荷载作用下主厂房的偏摆等边界条件的管系应力、设备接口推力计算及评价准则，完成了汽轮机水平位移大且位移方向与锅炉接口位移方向存在复杂不利条件组合下的推力分析、优化结构布置，达到了高温管道的安全设计条件；完善细化了传统火力发电厂汽水管道应力计算方法，填补了复杂工况下高温/高压蒸汽管道应力计算评价准则的空白。高温/高压蒸汽管道应力计算模型如图 19-5 所示。

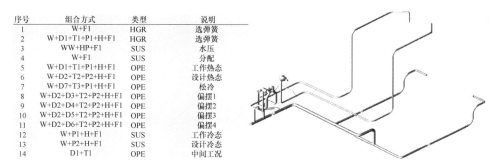

序号	组合方式	类型	说明
1	W+F1	HGR	选弹簧
2	W+D1+T1+P1+H+F1	HGR	选弹簧
3	WW+HP+F1	SUS	水压
4	W+F1	SUS	分配
5	W+D1+T1+P1+H+F1	OPE	工作热态
6	W+D2+T2+P2+H+F1	OPE	设计热态
7	W+D7+T3+P1+H+F1	OPE	松冷
8	W+D2+D3+T2+P2+H+F1	OPE	偏摆1
9	W+D2+D4+T2+P2+H+F1	OPE	偏摆2
10	W+D2+D5+T2+P2+H+F1	OPE	偏摆3
11	W+D2+D6+T2+P2+H+F1	OPE	偏摆4
12	W+P1+H+F1	SUS	工作冷态
13	W+P2+H+F1	SUS	设计冷态
14	D1+T1	OPE	中间工况

图 19-5　高温/高压蒸汽管道应力计算模型

为确保高位布置汽轮机排汽管道的安全可靠，设计了汽轮机乏汽从低压缸直接排入空冷岛冷却的创新结构。可大幅减小排汽阻力，提升了汽轮机组运行的经济性；首次在汽轮机排汽口下方的大口径薄壁排汽管道中布置末级低压加热器，耦合新型曲管压力平衡补偿器，创新性地提出采用多边多侧平衡支撑约束方式，并采取弹性支承布置有效吸收管道接口热位移、轴向膨胀及控制管系的不均匀沉降等。高位布置汽轮机空冷排汽管道数学模型图如图 19-6 所示。

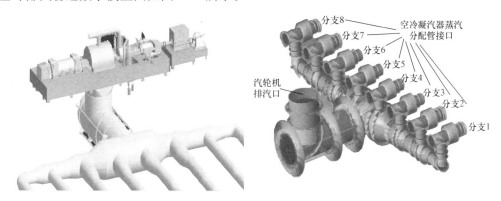

图 19-6　高位布置汽轮机空冷排汽管道数学模型图

国内首创实施主厂房全寿命周期安全保障数字化健康监测系统。设置 198 个监测点，开发了包括高温蒸汽管道、厂房结构及厂房空间环境多要素监测的全域、全寿命周期数字化智能分析系统，可实时动态监视主厂房结构在大风、地震等极端工况下的安全状态。获得中国能源研究会技术创新奖。

国内首创基于双目视觉识别的高温蒸汽管道热位移测量技术。对主蒸汽、再热蒸汽及排汽装置热位移在线监测，布置测点 75 个，实时动态监视并预警蒸汽管道在膨胀受阻或导向装置失效引发的撕裂泄漏事件。该检测软件取得国家版权局软件著作权，获得中国安装协会科技进步二等奖。

国内首创采用空冷岛翅片全自动智能冲洗技术，清洗小车可对污染区域选择性精准冲洗，实现了远程一键无人清洗，节水率可达 70％以上。获得中电联技术创新一等奖，获中国设备管理协会技术创新一等成果。

研发应用基于 SVC 导纳调制方法的次同步谐振动态稳定装置（SSR-DSⅡ），成功实施远距离输电抑制次同步谐振 SVG 技术，解决了全厂 6 台机组串补送出系统存在的抑制机理、控制策略、参数设计、装置调试等技术难题，失稳振荡有效抑制。出版专著《机网次同步扭振抑制机理与工程实践》。

积极打造可靠、可知、可控的智能智慧电站，应用数字化、智能化、可视化模块 19 个，实现电站全生命周期数字化管理。其中，主厂房智能巡检机器人可实现分层、定时、智能巡检。获实用新型专利 5 项，科技进步奖 1 项。

（二）工程节能环保设计及成果

国内首创采用"分段输送解决脱硫供浆长距离（约 1100m）输送控制技术"和"低温烟气余热闪蒸＋浓液干燥脱硫废水处理技术"，实现 5、6 号吸收塔稳定可靠供浆液，实现脱硫废水稳定零排放，回用水质指标优良，获专利 2 项。

汽轮发电机组和风机噪声控制刷新了行业新纪录，汽轮机平台噪声值低于 77dB（A），锅炉房风机噪声值低于 78dB，均低于国家标准 5～8dB（A），现场对话交流无障碍，成功打造电力行业新标杆，获得中国安装协会科技进步奖。汽轮发电机组深度降噪效果如图 19-7 所示。

图 19-7　汽轮发电机组深度降噪效果

率先成功实践了主蒸汽及再热蒸汽管道保温层外表温度不超 40℃、汽轮机各级抽气管道保温层外表温度不超 45℃的保温设计技术，优于国家标准 5～10℃，有效降低主厂房环境温度，创电力行业保温设计新标杆。高温蒸汽管道保温效果如图 19-8 所示。

为积极探索落实"3060""双碳"目标，与本期工程同步建设投产了国内运行规模

图 19-8　高温蒸汽管道保温效果图示

最大、每年可捕集锅炉烟气 15 万 t 的 CO_2 全流程示范工程，减少烟气排放 5%（两台机），经单独立项、由神华集团公司批复，属国家重点研发项目（科学技术部国科高发计字〔2017〕39 号），获得中国化学协会优质工程奖。形成了我国完全自主知识产权的新一代烟气 CO_2 捕集技术，为火电行业继续推广更大规模 CO_2 捕集技术奠定了坚实基础。

机组投产后运行稳定，各项经济技术指标均优于设计值和性能保证值，达到国内同期同类机组领先水平。各项技术经济指标实测值如图 19-9 所示。

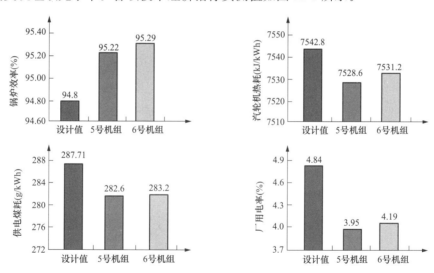

图 19-9　机组各项技术经济指标实测值

大气污染物噪声及环保排放效率指标均优于国家标准，见表 19-6。

表 19-6　　　　　　　　　各项环保及排放指标数据表

序号	分类	名称	单位	目标值	5号机组性能试验值	6号机组性能试验值
1	环保排放指标	烟尘排放浓度（标况下）	mg/m^3	5	0.41	0.38
2		二氧化硫排放浓度（标况下）	mg/m^3	35	2.54	3.5
3		氮氧化物排放浓度（标况下）	mg/m^3	50	11.17	10.88

序号	分类	名称	单位	目标值	5号机组性能试验值	6号机组性能试验值
4	噪声	锅炉房	dB	85	77.6	78.1
5		汽机房	dB	85	74	74.7
6	环保	电除尘效率	%	99.73	99.93	99.89
7	效率	脱硝效率	%	85.2	90.93	90.4
8	指标	脱硫效率	%	99.2	99.23	99.31

工程应用了"国家重点节能低碳技术"9项；"建筑业10项新技术"9大项21子项；"电力建设五新技术"41项；"自主创新技术"7项，科技创新成果十分显著。新技术应用专项评价报告结论为：陕西国华锦界三期扩建工程（2×660MW）新技术应用符合电力建设新技术应用专项评价办法规定，通过中国电力企业协会电力建设新技术应用专项评价。

二、科技创新成果推广及应用情况

（一）主厂房高位布置方案具有良好的实用性

高位布置方案属于创新优化设计，不仅可以尽最大可能减少主厂房建筑体积，充分利用建筑空间，与传统主厂房相比，缩小了汽机房跨度，大大减小了主厂房容积，达到节约用地、降低消耗和运行管理成本的目的。同时，还可以优化设备和系统布置，缩短大口径高温蒸汽管道260m以上，大幅降低工程造价，还可降低高温蒸汽管道压损和机组背压，提高机组热效率，降低供电煤耗1.01g/kWh。布置于65m层的汽机房运转平台，上部结构为主厂房A-B列与B-C列合并布置，结构跨度为26m，完全满足机组检修场地的布置需要。

三期工程主厂房采用高位布置方案，与国内外同类工程相比，主厂房占地面积、体积、主要管材耗量等指标都处于领先水平。从整体考虑，主厂房占地小，空间利用率高，功能分区明确，检修、维护条件良好，对于各类新建、扩建和改建的火电项目，具有可推广、可复制的广阔应用前景。

（二）科技成果的推广及应用情况

在锦界三期工程建设过程中，公司始终坚持贯彻新发展理念，构建新发展格局，大力发展设备装备技术创新，助推企业高质量发展。依托世界首创"汽轮发电机组高位布置关键技术与工程应用"项目，培养了一批科技创新人才和专业技术人才，形成一系列具有自主知识产权的核心技术，高位布置汽轮发电机组技术已授权发明专利36项，实用新型专利67项，计算机软件著作权13项，相关技术已推广应用到其他燃煤发电工程项目上。

通过采用烟气余热低温闪蒸浓缩＋浓液干燥脱硫废水零排放技术，实现脱硫废水零排放，解决了机组产生的脱硫废水处理难的问题，做到"优化用水，梯级利用"，最大限度地合理利用水资源，减少了环境污染。

通过自行研发应用空冷岛自动冲洗装置，使空冷岛清洗效率比传统清洗方式提高五倍以上，节能效果明显，进一步达到节煤降耗的目的。

针对锦界电厂轴系 SSR 抑制措施，深入研究抑制机理、控制策略、参数设计等一系列技术难题，提出针对机组轴系次同步谐振抑制有效的技术措施和方案，并进行全面进行工程应用论证，实现多机型多模态下各机组轴系的次同步扭振综合抑制，消除锦界三期投运后机组轴系扭振风险，确保机组安全运行。

结合直接空冷汽轮发电机组高位布置的特点及系统相关运行要求，取消了传统的排汽装置。结合厂房多层结构特点，利用现有空间及结构框架，依据系统运行需要，兼顾机组安全性和经济性的原则对原排汽装置的功能进行了模块化分解和设计，最终提出了直接空冷汽轮发电机组高位布置取消排汽装置后系统、设备和管道的最优设计方案。排汽装置模块化设计后，厂房单层高度降低，各模块布置、操作灵活，排汽管道及四大管道长度大幅减少，投资减少，运行效益提高。

进行转动设备降噪治理，取得了显著效果。主要对锅炉一次风机、送风机、密封风机、火检等离子冷却风机采用降噪"夹克"，风机表面安装 306mm 厚的复合隔声减振材料，通过采用低频阻尼隔声垫、多孔隙率吸声棉、隔声垫等多项新技术应用实施深度降噪，使锅炉房风机区域噪声值达到 80dB 以下，远低于常规电厂风机噪声值100dB，现场可实现无障碍对话交流，创行业新纪录。

（三）尾部烟气净化集成技术的成功应用具有良好的推广价值

锦界三期工程从初步设计阶段对尾部烟气余热利用和污染物净化及排放指标提出更高标准，通过多次专家讨论和设计优化，锦界三期项目采用尾部烟气电力集成技术，在实现尾部烟气余热综合利用的前提下，最终实现在标准状态下，烟尘 $1mg/m^3$、二氧化硫 $10mg/m^3$、实现氮氧化物 $20mg/m^3$ 超低排放，同时首创应用"低温烟气余热闪蒸＋浓液干燥"的脱硫废水处理技术，实现脱硫废水稳定零排放，回用水质指标优良，获专利 2 项，获省部级科技进步奖 2 项。

三期工程除尘系统采用双室五电场低低温干式静电除尘器、具有高效除尘效果的脱硫吸收塔和湿式除尘器，干式静电除尘器、脱硫吸收塔和湿式除尘器除尘效率分别按不低于 99.92％、70％、80％设计；采用石灰石-石膏湿法烟气脱硫工艺，设计脱硫效率不低于 99.2％，按 1 炉 1 塔 5 喷淋吸收层方案设计；设置烟气—烟气换热器（MGGH），采用前瞻性的、科学的、先进的设计理念，经过反复地论证，最终确定了锦界三期工程执行全球最严格的燃煤火电机组"近零排放"的环保工艺路线。锦界三期尾部烟气集成系统如图 19-10 所示。

尾部烟气电力集成技术在锦界三期工程应用以脱硝系统至烟囱整体进行设计和优化，主要优点如下：

（1）采用炉内型气气换热器，即换热器布置在锅炉高温段内，采用冷一次风（或稀释风机）作为风源，冷风通过烟气换热器与高温烟气换热升温到 480～600℃后，进入热解炉进行热解反应。采用炉内气气换热器相比常规加热器方案，可减少电耗、节省空间。在满负荷热解空气的热量相当于锅炉煤耗的 0.11％，热解空气热量考虑成锅炉热损失，满负荷锅炉效率降低约 0.11％。

（2）在空气预热器入口取少部分烟气供脱硫废水零排系统进行浓液干燥，一是充分利用烟道尾部余热，起到节能降耗作用；二是可以降低空气预热器出口排烟温度，

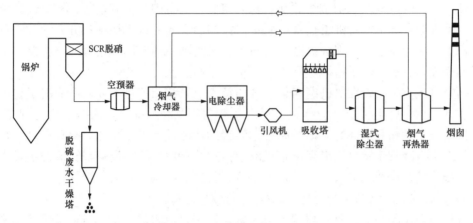

图 19-10　锦界三期尾部烟气集成系统

一定程度上可提高低低温干式静电除尘器的除尘效率。

（3）三期工程设计的 MGGH（烟气冷却器和烟气再热器）在尾部烟气的合理布置和设计，在电除尘器前设烟气冷却器，利用热媒水密闭循环流动降低烟气温度，使除尘器具有更好的除尘效果；烟气再热器系统设置在吸收塔与烟囱之间，通过热媒水密闭循环流动，升高烟气温度，避免烟囱降落液滴，提高烟气排放高度，消除视觉污染，同时也减少了烟道和烟囱的腐蚀，起到一举两得的作用。

（4）二氧化硫吸收系统采用单元配置，即每台炉设 1 套吸收塔系统。吸收塔单座逆流喷雾空塔，每座吸收塔设置 5 台浆液循环浆泵，对应 5 层喷淋层，同时采用新型高效三级屋脊式除雾器，脱硫装置效率不低于 99.2%，SO_2 排放浓度不超过 $10mg/m^3$（标况下），同时对烟气降尘起到一定作用。

（5）在脱硫吸收塔后布置高效湿式除尘器，将烟尘从入口含尘浓度 $10mg/m^3$ 降至 $1mg/m^3$（标况下），实现烟尘进一步脱除。

（四）集中控制室采用"八机一控"，显著提高了生产调度管理效率

随着国内电力产业规模及技术能力的不断提升，国能锦界公司建成了典型的高指标、大容量的燃煤火力发电厂，三期工程同步实现了"八机一控"控制方式，这种以计算机技术、通信技术发展为基础的"多机一控"方式，对于燃煤机组，乃至大规模集约型工业控制的优化具有广泛的参考价值，"多机一控"也将不断推动持续生产型工业企业运行结构改变，该项创新技术在锦界公司的成功应用，将具有极高的推广价值。

典型案例：国能锦界公司成功处置 12.14 送出线路故障导致全厂失电事件

1. 事件概述

国能锦界公司是国家"西电东送"北通道——锦府送出系统的重要启动电源点。锦府送出系统由国能锦界公司 6 台机组（总装机容量 3720MW）、府谷电厂 4 台机组（总装机容量 2520MW）组成，分别通过三回、两回线路以"点对网"的方式将电能送至山西忻都开关站，再经四回线路送至河北石家庄北开关站，构成"四站九线"完整送出系统，由国网华北分部电力调度控制中心（简称华北网调）、河北电力调度控

制中心（简称河北省调）两级调度。锦界至忻都开关站输电线路长度为 246～250km，忻都开关站至石家庄北开关站输电线路长度为 193～208km。国能锦界公司 500kV 升压站采用完整的 3/2 接线方式，6 台机组以发电机-变压器组的单元接线方式接入 500kV 母线。

事件前工况：国能锦界公司 6 台机组均正常运行，总出力 3650MW，500kV 送出线锦忻Ⅰ、Ⅱ、Ⅲ线运行，三回送出线潮流总负荷 3404MW，500kV 升压站双母线运行。

事件经过：2023 年 12 月 14 日 17 时 47 分，因冰雪灾害引发电网线路故障接地，国能锦界公司锦忻Ⅰ、Ⅱ线突发跳闸，送出系统安稳装置启动切机保护，机组全部跳闸。锦忻Ⅲ线、500kVⅠ母线、531B 降压变压器、1 号及 3 号启动备用变压器运行，500kVⅡ母线失电，1～4 号机组部分厂用电失电，5、6 号机组厂用电全部失去。事件发生后，国能锦界公司立即启动应急响应，成立由党委书记、董事长担任总指挥的应急指挥中心，第一时间汇报华北网调、河北省调、国电调度中心、集团公司总调度室、西北能监局。指挥中心设置在中央控制楼"八机一控"集控室，成立故障分析组、电气操作组、机组启动组、现场检查组、技术督导组、后勤保障组 6 个应急小组。各级领导精准研判、快速决策、靠前指挥，应急小组上下联动、协调有序，安全高效完成机组停运、厂用电恢复、机组启动等工作，于事发 3h 完成第一台机组点火，5h 完成第一台机组并网，7h 其余机组均恢复至正常备用方式，历时 30h 所有机组按河北省调调度令完成并网。

2. 事件原因

事发当日，山西省忻都站所在区域遭遇大风冰雪恶劣天气，17 时 47 分距离国能锦界公司 212.6、233.6km 处的锦忻Ⅰ、Ⅱ线发生 A 相永久性接地故障，两回线路跳闸。故障区域线路均为单塔单回路，故障点在山西省境内云中山脉，山脉灌木覆盖，冰雪大风导致线路覆冰舞动引起接地。

锦忻三回线路中任意两回跳闸后，对应安稳装置切机保护为：切机门槛值 2500MW、切机容量 3060MW，因当时机组总出力 3650MW，安稳装置在切除 5 台机组后仍未达到所需切机容量，因此 6 台机被迫全部切除。

3. 处置过程

事件发生后，国能锦界公司值班人员迅速检查各台机组保护动作、汽轮机转速下降、直流油泵启动、柴油发电机联动、保安电源投入等重要设备动作和系统运行情况，全面检查油、水、氢、汽系统并进行应急操作，对 5、6 号机组进行了发电机排氢降压、汽轮机破坏真空停机处置，同时开展现场人员排查、应急物资到位、医疗后勤保障、消防安全保卫、防寒防冻处置等工作，保证了 6 台机组安全停运。

按照应急指挥中心统筹调度，电气操作组快速完成 35kV 母线联络开关串带 35kVⅡ段母线，2、4 号启动备用变压器送电，恢复了 1～4 号机组厂用电。通过调度得知锦忻Ⅰ、Ⅱ线故障点短时间无法恢复后，指挥中心立即制定最快恢复全厂厂用电源的方案，作出了启动 3 号机并网、5032 开关就地手动合闸（正常方式下同期合闸）、通过 5033 开关恢复 500kVⅡ母线的决定，向调度多次申请同意后快速恢复了 500kVⅡ母线运行，又通过533B降压变为5、6号机组10kV母线供电，当日23时41分，5、6号机组厂用电恢复。

机组启动组快速完成厂外事故备用汽源、地方电网事故保安电源备用准备，做好了全面防寒防冻及机组黑启动工作准备，同时集中力量利用主蒸汽残余汽压对轴封系统供汽，快速启动3号机组，14日22时36分，3号机组并网，在保障机组安全运行情况下，快速调整负荷至550MW，为其他机组提供启动蒸汽，恢复了全厂采暖系统运行。15日14时锦忻线全部恢复运行，按调令2、4、1、6、5号机组分别于15日00时17分、15日05时22分、15日07时16分、15日12时30分、16日0时10分并网，所有机组、设备及系统恢复正常运行方式。

4. 处置分析

事件发生正值寒冬季节，环境温度零下15℃，给机组安全停运、设备防寒防冻、恢复启动带来了极大困难。事件处置中，累计进行操作设备481台次、电气倒闸操作469次，正确率、及时率100%。未发生漏水、漏油、漏汽事件，未发生人员受伤、火情、设备损坏等不安全事件。此次事件的成功处置，一方面得益于锦界公司长期以来始终坚持深入贯彻落实国家能源集团及上级公司安全生产管控体系，分级落实责任、细化管理流程，稳步实施管控流程化、作业标准化、监督体系化，在应急管理、技术监督、检修管理、承包商管理、双重预防机制建设、人才队伍建设等方面重点突破、高效协同，安全管控体系有力有效。

另一方面，"八机一控"模式的成功运营是本次事件高效处置的关键所在。"八机一控"实现了所有机组集中控制，极大缩短了指挥、执行、反馈几个环节时间，实现应急响应扁平化、一体化、可视化，保障了现场反馈精准、应急指令直达、响应联动迅速、资源分配合理、事故防控得当、人员调动灵活、信息报送迅速、处置复产高效。机组跳闸30s内值长就掌握6台机组现场柴油机、保安电源、直流油泵等重要设备联动情况，5min内应急指挥中心在"八机一控"控制室全面掌握现场所有重要信息，对现场人员管控，应急电源稳定，防寒防冻，防大轴弯曲、油系统着火、氢气系统爆炸，厂用电恢复，后勤保障等工作做出安排，革除了传统单元制控制机组在突发事故状态下信息反馈滞后、汇报准确率低、指令传达延时、多头指挥失序、执行处置滞后等弊端，达到了横向到边、纵向到底的应急指挥联动效果。事件处置运行操作中，充分利用了"八机一控"模式集约优势，各台机组值班员人员互补、信息互通、配合默契、协同高效，集中有限力量完成最紧急的操作，提高应急处置速度和力度。值长一人指挥多台机组操作，专业技术人员兼顾多机组操作监护、指导，克服了单元机组人员分散、技术分散的壁垒，实现应急操作效率最大化。

本次极端事件是对锦界公司安全生产管控体系、应急机制、设备设施系统的一次大考，事件的圆满处置赢得电网及上级公司的肯定，获得行业专家的赞许。国能锦界公司全面总结"12·14"全厂失电事件成功处置经验，进一步优化应急管理体系，制订《火力发电厂全厂停电应急处置手册》，为同类事件处置工作提供了范本。

三、高位布置创新设计方案的应用前景

锦界三期工程 $2\times660MW$ 机组采用了直接空冷汽轮发电机组高位布置方案，属于"世界首例"工程应用。具有极高的推广应用前景，主要表现在如下几个方面。

（1）项目建设过程中形成了具有完全自主知识产权的汽轮发电机组高位布置与主厂房一体化结构体系，将高层立体工业厂房的概念在能源行业进行了首次实践并取得成功，为今后其他重工行业提供工程参考。

（2）锦界三期工程开发了适用于高位布置的汽轮发电机组，在机组稳定性、抗震（振）方面取得了丰富的设计制造经验，可推广应用到其他发电厂的建设中。

（3）项目设计中形成了基于高位布置四大管道和排气管道的应力计算方法和评价准则，为今后其他发电厂在面临高风压、高地震烈度等复杂工况下进行高温蒸汽管道计算和分析提供借鉴。

（4）项目开发的蒸汽管道智能视觉位移和加速度监测系统、高位布置健康监测方案等智能技术，可为未来智慧电厂的发展与建设奠定基础。

（5）高位布置方案是缩短高温蒸汽管道的有效途径之一，可为未来 700℃先进超超临界燃煤技术突破技术瓶颈提供技术储备和设计经验，为推动行业技术进步积累了成功经验，对促进国内外燃煤电厂清洁高效发展具有重要意义。

第六篇

党建领航

第二十章

传承和弘扬延安精神

延安精神是中国共产党人的精神谱系中最具代表性的重要精神之一，是中国共产党伟大建党精神在延安时期的继承发扬，是党中央在延安13年间形成的好思想、好作风的结晶，是马克思主义与中国革命实践相结合的产物。

党的二十大闭幕后，习近平总书记带领中央政治局常委同志来到延安，重温延安时期的峥嵘岁月，并指出"在延安时期形成和发扬的光荣传统和优良作风，培育形成的以坚定正确的政治方向、解放思想实事求是的思想路线、全心全意为人民服务的根本宗旨、自力更生艰苦奋斗的创业精神为主要内容的延安精神，是党的宝贵精神财富，要代代传承下去"。

第一节　延安精神在国能锦界公司的传承与弘扬

国能锦界公司自2004年成立至今，二十年的改革发展历程中，始终传承和弘扬延安精神，以党的政治建设统领企业生产经营和基本建设发展，坚定正确的政治方向，坚持解放思想、实事求是的思想路线，牢固树立全心全意为人民服务的根本宗旨，以自力更生、艰苦奋斗的创业精神，不断赋予着延安精神新的时代价值和现实意义。

坚定正确的政治方向。2002年3月26日至29日，时任中共中央总书记江泽民在榆林视察时指示，"榆林资源这么丰富，一定要开发好"。神华集团党组牢牢树立听党话、跟党走的政治自觉，坚持企业发展方向与党中央决策部署保持方向一致、节奏同频，按照"一个项目法人、一体规划、一体设计、一体建设、一体管理、一体经营"理念，投资建成当时国内最大规模的煤电一体化项目——国能锦界公司。2008年10月，时任中共中央总书记胡锦涛实地考察国能锦界公司后，指出"你们企业采取煤电一体化模式，实现了煤炭资源就地转化，减少了运输压力和环境污染，符合我国能源产业发展方向"。

党的十八大以来，习近平总书记三次视察国家能源集团所属企业，发表重要讲话，为我国能源产业高质量发展指明前进方向、提供根本遵循。国能锦界公司深入贯彻习近平总书记关于国企党的建设、改革发展和能源电力发展的一系列重要讲话和重要指示批示精神，传承和弘扬伟大建党精神、延安精神，围绕高质量发展首要任务，确立全面建设"先进、智慧、低碳、和谐、美丽的世界一流现代化综合能源企业"发展战略，一张蓝图干到底，综合实力实现历史性跃升，产业发展实现跨越式升级，绿色转型取得重要进展，创新能力实现大幅度提升，改革攻坚实现整体性突破，党的建设得到系统性加强，企业价值得到全方位彰显，书写着端牢能源饭碗新答卷。

坚持解放思想、实事求是的思想路线。国能锦界公司自筹建至今，始终坚持实事求是，尊重客观规律，始终坚持解放思想，大胆创新，始终坚持党对科技事业的全面领导。立足煤电一体化优势和行业前沿技术成果，继承和弘扬科技自立自强、勇于自主创新的红色基因，将科技创新理念转化为不断前进的动力，加快实现高水平科技自立自强，用创新创效为高质量发展添薪续力。在一二期工程，国能锦界公司首次实现国产自主研发 DCS 在 600MW 亚临界空冷机组的成功应用和首次成功应用自主研发、国内首创次同步谐振动态稳定（SSR-DS）装置，在三期工程，建成世界首例汽轮发电机高位布置机组，并高质量建成投运"15 万 t/年燃烧后 CO_2 捕集和封存全流程示范项目"，将科技自立自强、勇于自主创新的发展理念融入企业发展历程中。

坚持全心全意为人民服务的根本宗旨。国能锦界公司积极践行习近平总书记以人民为中心的发展思想，坚持把实事办好，把好事办实，一方面是坚持群众路线，关心关爱员工，推动解决了一批长期想解决而没有解决、想办而没有办成的诸如接收安置神木公司 311 名员工、修建厂区门口过街天桥及交通信号灯等历史遗留难题；积极配置预防急救设备，广泛开展各类文体活动，体系化推动"健康锦能"建设，全面提升员工身体健康水平。一方面是把深入推进精准脱贫和全面推进乡村振兴作为重要政治任务，以完善基础设施、开展消费扶贫、结对精准帮扶等多种方式，持续做好对口帮扶工作，连续 16 年开展"春日·暖阳"志愿服务活动，累计投入 2.46 亿元助力移民搬迁及新村建设，投入定点扶贫资金 1000 余万元，植绿扩绿面积超过 400 亩，连续 4 年荣获"脱贫攻坚工作优秀帮扶企业"称号。

坚持艰苦奋斗、自力更生的创业精神。国能锦界公司建设初期正赶上国家电力大建设时期，再加上西北地区恶劣的自然条件，专业人才奇缺。全体建设者克服人员短缺、生活条件艰苦等困难，把环境艰苦与精神乐观有机结合，团结一致、开拓进取，最终高质量建成了一座现代化综合能源企业，创造了中国电力工业的奇迹，展示了中国人民自强不息的精神品格。国能锦界公司始终保持着艰苦奋斗、节俭生活、奋勇向前的工作作风，怀揣奋斗过程中的艰苦朴素情怀，办公、生活设施按照简约实用原则配置，基建初期的临建房一直使用到三期工程投产，为企业高质量发展提供了源源不断的精神支撑。

第二节　延安精神在国能锦界公司三期工程中的弘扬与实践

坚定正确的政治方向，在全球范围内率先实践应用高位布置技术。2014 年 6 月 13 日，习近平总书记主持召开中央财经领导小组第六次会议，提出"四个革命、一个合作"能源安全新战略。国能锦界公司一以贯之践行国家能源安全新战略，在陕西省、榆林市、神木市各级政府的大力支持以及神华集团、国华电力公司的坚强领导下，突破思维定式、传统技术和工程实践，在锦界三期工程中选择高位布置方案，在追求高品质发电、高质量发展的同时，为国家电力行业的进步提供技术储备，推动了未来 700℃ 先进超超临界燃煤发电技术工程应用的伟大实践迈上新台阶。坚定正确的政治方向还体现在政治清明、纪律严明和全面从严治党方面。国能锦界公司纪委坚持"风险点在哪里，监督执纪就跟进哪里"，对涉及工程设计、质量、安全、物资管理和设备供货等各个方面开展全覆盖、拉网式的监督监察，以"全面从严治党永远在路上、作风建设永远在路上"的韧劲和狠劲，为干事者撑腰鼓劲，向不担当、不作为者"亮出利剑"，用积极向上的廉洁文化感染人心、凝聚人心，坚决肃清"四风"，弘扬新风，推动工程高质量建设。

坚持解放思想、实事求是的思想路线，保障三期工程高质量建设投产。解放思想、实事求是是延安精神的精髓，体现在锦界三期工程的设计、施工和建设全过程。设计之初，从 2016 年至 2018 年，历时两年多，联合行业工程院院士、设计大师以及科研院所、参建各方等多方协同，进行了大量科学试验和论证，完成空冷岛数模试验以及主厂房数模、物模试验，攻克了四大管道的应力校核、管系复核、结构偏摆控制等相关重点技术难题，化解了各种风险因素，以追求真理的科学精神和实践精神，得出高位布置设计方案"工程技术风险可控，可用于工程设计和建设"的结论。在施工建设过程中，各个专业组、生产准备人员主动解放思想，理论联系实际开展"设计回头看"，在经过反复核算，认真分析汽轮机高位布置技术应用导致的设备安装结构变化、四大管道应力变化后，先后发现"设计院与设备厂家汽轮机热位移提资不准确""空冷排汽管道层间位移偏摆差存在接口力矩过大"等重大设计隐患，提出凝结水补水泵流量、扬程不满足补水要求等 354 项优化意见，有力保障了工程高质量建设和机组投产后经济安全运行。

坚持全心全意为人民服务根本宗旨，坚定走生态优先绿色发展之路。国能锦界公司把建设三期工程作为贯彻落实国家大气污染防治计划的重要建设项目、推进生态文明建设的重要举措，秉承国华电力公司以"生态文明"为旗帜，以"美丽电站"为纲领，以"清洁高效"为路径的建设发展理念，设计环保指标为在标准状态下，烟尘 $1mg/m^3$、二氧化硫 $10mg/m^3$、氮氧化物 $20mg/m^3$，优于国家标准。加大投入实施厂区声环境污染控制，实现了汽机房、锅炉房和厂界噪声污染控制技术应用效果领先，高位布置汽轮机平台振动噪声控制达到国内先进水平。此外，锦界三期工程建设过程始终遵循"以人民为中心"的发展思想，尤其是在机组全面调试阶段，成立三期调试现场关爱保障工作领导小组，尊重基层首创精神，建立基建创新专项奖励机制，精心制定关爱保障方案和"码上办"意见建议征集平台，对所有参建人员提供全方位的关心关怀。

坚持自力更生、艰苦奋斗的创业精神，以实干创造新的历史伟业。国能锦界公司始终牢记近平总书记"社会主义是干出来的"的伟大号召，在神华集团党组、国华电力党委的坚强领导下，聚焦三期工程高质量、高标准投产目标，"干"字当先，以"成功不必在我，功成必定有我"的责任担当和"越是艰难越向前"的巨大勇气，"勇于担当、精诚团结、奋勇拼搏"的斗争精神，历经 935 个日夜，成功使世界首例高位布置汽轮发电机组的伟岸身姿傲然屹立于塞北高原。尤其是 2020 年，突如其来的新冠肺炎疫情给锦界三期工程建设带来严重不利影响。国能锦界公司严格执行国家疫情防控政策及复工复产工作部署，第一时间成立党员突击队，依托"党员带群众全覆盖"，发挥党员先锋模范作用，安全、高效完成近 4000 名员工和外来施工人员的复工复产，未发现一例确诊或疑似病例，分别于 2020 年 3 月 11 日、12 日顺利完成重要里程碑节点——5、6 号发电机定子设备吊装，被中央电视台作为"控疫情、抓复工"的典型案例进行报道，为扎实做好"六稳"工作、全面落实"六保"任务作出了积极贡献。

　　坚持在新时代传承和弘扬延安精神，永远守护心中的宝塔山。2021 年，国华电力公司为传承和弘扬延安精神，原汁原味展现广大党员"全心全意为人民服务"的工作宗旨，指导国能锦界公司拍摄了微电影《心中有座宝塔山》，以国能锦界公司青年员工从青涩学生成长为技术骨干为主要原型，将历史与现实连接起来，生动诠释延安精神对新时代青年的深刻影响，激励着青年人树立正确的理想信念，校准人生坐标，积极投身中国式现代化的伟大征程，有力促进了延安精神持续发扬光大，红色基因代代相传。

第二十一章

党建引领提升工程治理效能的实践探索

坚持党的领导、加强党的建设，是我国国有企业的光荣传统，是国有企业的"根"和"魂"，是我国国有企业的独特优势。

2016 年 10 月 10 日，习近平总书记出席全国国有企业党的建设工作会议并发表重要讲话，深刻回答了国有企业要不要加强党的建设、怎样加强党的建设等一系列重大理论和实践问题，强调要坚持建强国有企业基层党组织不放松，确保企业发展到哪里、党的建设就跟进到哪里、党支部的战斗堡垒作用就体现在哪里，为新时代坚持党对国有企业的全面领导、做强做优做大国有企业指明了方向、提供了根本遵循。

2018 年 10 月 18 日，国家能源集团党组成员、副总经理王树民在锦界三期安全质量智慧工程现场会上，向锦界三期工程参建人员讲授了题为《认真学习习近平新时代中国特色社会主义思想，践行高质量发展要求，建设美丽电厂，实现美好生活》的专题党课。党课从"坚持党的领导、凝心聚力，建设美丽工程""坚持安全为天、以人为本，建设和谐工程""坚持质量第一、精雕细琢，建设百年工程""坚持解放思想、主动革命，建设创新工程""坚持互联互通、提高效率，建设智慧工程""加强组织领导、对标提升，建设世界一流工程"六个方面，强调要坚持"思想引领、遵循方略、创新实践"，推动融入陕北能源基地，树立创新工程示范。在锦界三期工程建设期间，国能锦界公司主要领导刘建海、何文、高过斌也分别向各方参建人员讲授了基建工程现场加强党的领导的专题党课，推进党建共建平台建设，开展承包商党建、安全、质量"三一行动"。

第一节 国有大型基建工程坚持党建引领的重要意义

作为国有企业，在大型基建工程建设过程中，同步抓好基层党建工作，创新党建工作载体方法，增强基层党组织生机活力，充分发挥基层党组织的战斗堡垒作用和党员的先锋模范作用，确保党建工作的目标任务落到实处，对健全企业治理体系，全面提升企业治理效能，推动企业高质量发展有着重要意义。

一、贯彻全面从严治党要求，是履行管党治党政治责任的主动作为

以习近平同志为核心的党中央高度重视国有企业党建工作，对国有企业坚持党的全面领导、全面加强党的建设、落实全面从严治党战略，提出了许多新的更高要求。

国能锦界公司党委坚持党的领导、加强党的建设，贯彻落实中央和上级党委工作部署，履行全面从严治党主体责任，围绕企业发展重心，抓住三期工程建设这一"牛鼻子"，坚持问题导向，将党支部建在工程项目上，由业主方党组织领导担任支部书

记，提升党支部组织力、突出政治功能作用发挥，形成在一个业主党委统筹领导下，参建各方党组织和党员资源集约、优势互补、共享共融、协同作战、共建优质精品工程的良好局面。

二、坚持问题导向，是破解工程党建难题，高质量完成工程目标的内在需要

国有大型基建工程具有特殊性，高质量完成工程建设目标既是企业的业绩任务，更是重大政治责任。当前，国有大型基建工程管理中具有主体多元化的特点，除了业主单位，还有数量众多的参建单位。在实践中，不同程度存在参建单位协同不足、业主单位要求贯彻落实难度大等问题。

国能锦界公司党委坚持守正创新，在深入开展调查研究的基础上，创新矩阵式党建共建管理模式，通过成立专业党小组等形式，将项目安全、质量、调试等专业人才聚集起来，聚焦建设优质工程目标，打造党建共建、专业协作的平台，统筹部署工作、协调解决问题，实现各参建单位"一盘棋、一股劲、一条心"。

三、贯彻"三一行动"理念，是推进党建工作与业务工作深度融合的积极探索

在工程建设管理中践行党建、安全、质量"三一行动"理念是国华电力公司多年基建管理经验积累的成果，是落实国家能源集团"一个目标、三个作用、六个担当"战略目标的具体实践，是国华电力公司基建工程建设管理的行动纲领。

通过开展矩阵式党建共建管理模式探索实践，有效建立了业主单位与参建单位之间、参建单位彼此之间的沟通渠道和协作平台，形成党建引领下的共建共享、协调共进的组织管理模式；为落实党建、安全、质量"三一行动"理念找到了有力抓手。

第二节　锦界三期工程党建管理的基本情况

一、锦界三期工程现场党组织和党员基本情况

锦界三期工程的参建单位主要有业主、总包等近 10 家，大多属于中央企业和地方国企，并成立了项目党支部，工程建设者近 5000 人，党员 99 人。其中，业主方三期工程党支部共有党员 36 人，党小组 2 个；西北电力设计院锦界项目部党支部共有党员 6 人；中能建西北城市建设有限公司锦界项目部党员 3 人；上海监理公司锦界项目部党员 2 人；东电一公司锦界项目部党支部共有党员 30 人，党小组 2 个；江苏电建一公司锦界项目部党支部有党员 15 人，党小组 2 个；国网河北能源锦界项目部党支部共有党员 12 人，党小组 2 个（参建各方人员流动较大，此为 2020 年 5 月数据）。

因此，党组织众多、隶属关系复杂、多数党组织人数少是锦能公司三期工程党组织的典型特点。

二、锦界三期扩建工程现场党建管理面临的挑战

通过深入的调研和走访，在项目建设的实践过程中，主要存在以下几个方面的问题：

一是工程参建各方党组织、党员作用发挥不到位。各参建单位党支部党员人数少，且长年驻扎在项目上，存在上级党组织管理、指导和监督不及时的现象；同时由于项目建设时间紧、工作任务繁重，党支部开展活动的数量、质量难以保证，党员教育管理和党内政治生活标准化、规范化不够，党员作用发挥的载体不足，导致党组织建设存在弱化、淡化、虚化、边缘化等问题。

二是落实党建、安全、质量"三一行动"理念不到位。在项目建设过程中，相同业务、同一专业之间缺乏共享纽带和高效协调机制，在安全、质量管理标准执行上存在偏差，缺乏一个引领和推动管理体系高效运行的督导机制，各参建单位往往是强调在会议上，喊在口头上，而在具体的行动落地环节上缺乏有效的抓手，党建工作与业务工作"两张皮"现象突出。

三是缺乏协同高效的共享平台。作为大型基建工程，锦界三期工程涉及的参建单位多、人员多，需要协调的事项、解决的问题多，各参建单位分标段建设，缺乏统筹协调落实的组织，相互之间没有形成协作共享的合作机制；业主方缺少一个强有力的抓手协调各参建单位落实工程建设的决策部署，管理理念难以迅速落地实践，整个工程管理难以形成协同共进的良好局面。

三、矩阵式党建共建管理模式的提出

国能锦界公司三期工程采用 EPC 模式建设，由此也带来了业主与工程各标段施工方没有直接合同关系而导致的一系列管理协调问题，如何在工程建设和管理中发挥党的领导作用，如何通过党建工作增强组织力，提升工程管理效能，破解工程建设一线难题，是国能锦界公司党委在实践中面临的一个重要课题。

国能锦界公司坚持问题导向、目标导向、结果导向相统一的原则，创造性建立矩阵式党建共建管理模式，通过在工程建设一线加强党的思想建设，深化党组织共建，形成"一核两翼"党建工作机制，打通"基层党建最后一公里"，显著提升组织力，有效破解"工程建设最后一公里"难题，切实发挥党建引领作用，提升工程治理效能。

第三节　矩阵式党建共建管理模式的基本思路

矩阵式党建共建管理模式，即在三期工程中，以党组织共建为"核心"，以"纵一横"管理为"两翼"，纵向上各参建单位党支部依照所属上级党组织要求开展工作，横向上成立国能锦界公司党委统一领导、以国能锦界公司三期党支部为主体的共建党支部，由国能锦界公司领导党委成员兼任党支部书记，各参建单位党员身份的负责人担任支部委员，下设若干专业党小组，将各参建单位党员纳入各党小组统一管理，融合专业管理开展党建工作，使党的组织体系遍布工程建设的"神经末梢"，实现党的领导从"有形覆盖"转向"有效覆盖"，全面提升工程治理效能。

矩阵式党建共建管理模式变"关门搞党建"为"开门搞党建"，推动工程党支部与参建单位党组织协同作战，推动党建与业务工作深度融合，持续增强基层党组织的政治领导力、思想引领力、群众组织力，激发基层党组织活力，将工程项目建设中成立的党组织和党员作用有效发挥出来，打造党建共建平台，实现党的统一领导，统筹部

署工作、协调解决问题，实现各参建单位"一盘棋、一股劲、一条心"，为实现工程高质量建设目标提供坚强保证。

矩阵式党建共建管理模式，简单说就是业主党组织与参建党组织协同开展党的建设，共同提高党组织的领导力，统一开展工程管理，整体提升工程效能。

一、以矩阵式党建共建模式为依托，打造工程项目参建各方落实党建责任、提升党建质量的党建共建平台

通过构建矩阵式党建共建管理模式，形成"业主党委-共建党支部-专业党小组"三级党组织管理体系，推动业主党委更好发挥"把方向、管大局、促落实"的领导作用，有效促进各参建单位党组织经验交流、资源共享，引导推动参建单位党组织加强自身建设、规范支部工作，履行党建责任，发挥党组织战斗堡垒和党员先锋模范作用。

二、以矩阵式党建共建模式为依托，培育落实党建、安全、质量"三一行动"理念的有效载体

通过构建矩阵式党建共建模式，成立三期共建党支部，设立专业党小组，将业主方工程技术人员按照专业编入专业党小组，实现各工程建设专业组按照党支部统一的党建理念、安全和质量管理体系标准贯彻执行，促进党建引领价值有效落地，为党建、安全、质量"三一行动"理念的落实落地找到了有效抓手，确保工程建设始终在控受控。

三、以矩阵式党建共建模式为依托，强化党建与工程建设的深度融合，以高质量党建引领保障工程高质量建设

通过开展矩阵式党建共建模式，加强党建与业务深度融合，把共建党支部打造成为攻坚克难的坚强战斗堡垒，发挥党员在安全、质量、进度、技经等工作中的先锋模范作用，确保哪里有急难险重任务，哪里就有党的组织，哪里就有党员的身影，把党旗牢牢插在重大攻坚项目的第一线，以党建引领推动业务工作形成"共建、共通、共融、共享"的工作局面，为顺利完成工程建设目标提供有力保障。

第四节　矩阵式党建共建管理模式的实践案例

一、党组织共建提高党员队伍整体素质，全面激发基层党组织活力

共建党支部以加强党员教育管理、提升党员队伍素质为基础，由共建党支部书记负责党建工作，定期召开学习会，组织开展各类形式多样的党建活动，实现业主党支部党员和参建单位党支部党员的思想政治教育工作全覆盖。

共建党支部积极引导广大党员创先进、争优秀、当先锋，全面开展"四个引领"的建设工作，开展党员"亮身份、作承诺、当先锋"活动强化身份引领，开展"党员示范岗"建设强化示范引领，开展"党员责任区""党员精品工程"等活动强化行为引领，在工程项目全体党员内部开展"月度之星"评选活动强化典型引领，常态化推动

党员先锋模范作用的发挥。

二、党组织共建统领资源整合，全面提高工程效能

在国能锦界公司党委统一领导下，通过构建矩阵式党组织体系，把分散在各参建单位的党员聚集起来，结合工程建设实际情况，按专业设置安全党小组、技术党小组、质量、技经党小组等专业党小组。工作中各专业党小组突出问题导向，以共建党支部整合资源，实现资源共享，变"各自为战"为"并肩作战"，引导党员在"急、难、险、阻"工程建设上更好发挥专业优势，实现项目党建和工程建设的良性互动，促进工程建设各项工作的推进。

2020年疫情期间，刚好也是春节时期，有近3000名施工人员返乡过节后无法及时返回现场。关键时刻，党建共建党支部第一时间组织成立'党员抗疫先锋队'，对各参建单位施工人员分布的22个省、161个市（县）开展疫情防控大数据风险评估，形成详细的风险评估报告，分批提出返工人员清单，经国能锦界公司疫情防控领导小组审定后安排返工。

"前后不到一个月的时间，我们完成了3000多名工人的快速复工返岗，实现了零疫情，是整个园区最早全面复工的企业，接连完成了5、6号世界首例汽轮机高位布置发电机定子吊装重大节点工程，被央视、"学习强国"及陕西省、市各级新闻宣传平台广泛宣传报道。我们都觉得特自豪！"

——国能锦界公司安健环监察三期分部　刘平

既然是世界首创，很多的技术难题也是"世界级"的难题！共建党支部着眼于解决汽轮机高位布置的主要技术难题，以技术党小组为核心，吸纳参建各方专业技术人员共同研究解决工程建设中遇到的每一个难题。先后成立了薛应科、苏鹏、王喜军、韩宏江4个"党员创新工作室"，开展了风机噪声研究与降噪实施、主厂房高位布置结构选型、汽轮发电机本体噪声研究与降噪实施、四大管道监控和位移监测等一系列技术研究工作，带动了全员开展小发明、小革新、小改造、小设计的热情，营造出工程技术创新的浓厚氛围。

"给我印象特别深刻的一件事是2019年12月，在进行5号机65m层汽轮机平台大体积混凝土浇筑的时候，由于高位布置的特殊性，导致此项作业完全区别于常规布置机组的施工方法，但同时，这项工作又极其重要，因为它关系到将来汽轮机能否安全稳定地运行在65m平台。就在这个时候，党建共建党支部组织召开支委会扩大会议，所有技术党小组成员列席会议，一同讨论解决这个技术问题，最终克服了难题。然后，相隔不到一个月，我们B标段也是到了同样的进度节点，但是有了A标段经验在前，我们非常高效、顺利地就完成了这项工作，真的是做到了技术共享、共通。党建共建这种模式是真的管用！"

——江苏电建一公司　孙卫东

质量是工程的生命，更是党建共建党支部工作的重心。质量党小组依托16个专业技术组将质量管理工作与党建工作融合，实现党建推动质量管理。党小组党员在质量管理体系中充分发挥带头作用，成立"党员质量督察先锋队"，将党员先锋模范作用发挥与质量管理工作相融合，定期开展质量督察活动，严把质量管理，形成业主定标准、

监理做监督、总包总策划、施工单位抓落实的质量精品共建机制。

"2020年6月下旬，我们'党员质量督察先锋队'在质量督察时发现5号汽轮机中压转子调端轴颈尺寸超标重大质量问题。针对这一质量问题，党建共建党支部立即组织西安热工院专家、哈尔滨汽轮机厂主设人员、监理、总包以及参建单位技术人员召开专题会，国华电力公司总工程师及国华电力研究院有关专业人员共同参与研究分析，一致认为此转子轴颈超差应进行返厂处理，要求哈尔滨汽轮机厂在10天内完成返厂处理工作。7月初，转子质量缺陷顺利解决，安装作业圆满完成。经过这件事，我们'党员质量督察先锋队'更加注重对工程质量管理的严格督查，确保工程质量经得住时间和实践的检验"。

——东电一公司 张立新

工程建设物资供应链"点多、面广、线长"，共建党支部积极推进党建工作与物资管理有机结合、深度融合，围绕"精准内嵌、精准施策、服务工程"为切入点和突破口，坚持"业务延伸到哪里，党建工作就覆盖到哪里"。

"2019年7月的时候，物资党小组经过调研，提出厂房外墙封闭材料、凝结水箱等设备供应存在滞后风险，可能影响工程进度。针对这一问题，党建共建党支部立即组成'支部书记＋物资党小组骨干党员'的党员先锋队，赴供货单位开展协调工作。与供货单位党组织进行专项协商，调整排产计划，克服设备生产各项难题，有力保障了设备提前完成生产并及时运达现场，保证了工程按计划施工。"

——国华锦界公司计划物资部 解国庆

由于疫情影响，锦界三期人力和物资的投入都有所增加，再加上物料价格的逐步攀升，总包与施工单位的成本矛盾日益突出。共建党支部技经党小组，依据《电力工程造价与定额管理总站关于发布应对新型冠状病毒疫情期间电力工程项目费用计列和调整指导意见的通知》与《关于新型冠状病毒防疫期间复工复产建设项目费用计价的通知》等文件精神，快速落实各参建单位疫情防控补助及复工复产奖励政策2000余万元。同时，优化变更签证确认流程和资金支付流程，提升管理服务效率，使各项变更费用及时支付到位，为工程建设提供了可靠的资金保障。

"调试工作是很辛苦的！这些年也参与过不少基建工程，但锦界三期机组的调试给我留下的记忆是最深刻的，党建共建平台确实不错，整合了各参建单位的优势资源，效率很高！而且还开展了现场关爱保障专项行动，国能锦界公司董事长和工会主席分别担任组长、副组长，每日四餐都及时送到现场，伙食质量非常好，还有水果！对了，在调试现场还开通了'码上办'服务，我们有什么需求，直接扫码填写，很快就能得到落实，这让我们非常感动。在这种良好的工作氛围下，我们针对汽轮机高位布置，策划了16项深度调试，各单位密切配合，各项工作得到高效推进，全部调试项目都一次性取得成功。"

——国网河北能源锦界项目部 李路江

三、党组织共建强化文化认同，提升党的服务功能和凝聚力

按照"党建引领，文化搭桥"的工作思路，共建党支部积极推动文化建设与工程建设双向融合，通过把全体参建单位党员纳入业主年度"两优一先"评选表彰奖励、

共同开展共建交流的党建活动和文化活动等形式，丰富活动内容、创新活动载体，促进各方员工交流感情、增进情谊，引领带动各参建单位增强对业主方企业文化、企业精神的思想认同、文化认同、情感认同，用共同认可的企业文化凝聚共识，从而实现对业主方管理标准和管理要求的认同、执行、落实。

"我从 2019 年初来到锦界项目部，近 2 年的时间里，我获得过企业年度优秀共产党员称号，国能锦界公司党委书记、董事长亲自给我颁发了荣誉证书，让我很受鼓舞；参加过党建共建党支部组织的'传承红色基因 牢记使命 共建世界首例高位布置火电机组'主题党日活动，到陕北延安革命纪念馆进行了参观学习，收获很大！2019 年，国能锦界公司举办的'我和我的祖国/壮丽 70 年/奋斗新时代/迎国庆慰问演出'，近 3000 人参加活动，对我们三期工程建设者进行了慰问，让我深受感动。2020 年举办的'鼓干劲/迎双投/谋未来'职工运动会，我们三期参建单位作为第一个方阵入场，站在舞台的最中央，感受到来自各方阵员工'功成不必在我，工程必定有我——向三期建设者致敬'的热烈感情，我和很多工友都激动得流下了眼泪，企业真正的是把我们当作了自己人！这个工程干的值！"

——西北电力设计院锦界项目部　杨磊

第五节　矩阵式党建共建管理模式的实践成效

一、建立了业主党委统筹领导下的工程党建组织体系

通过成立业主党委领导下的共建党支部，构建起全新的工程党建组织体系，并内嵌到工程建设的行政组织机构中，以党建共建思路优化业务管理链条，提升工程治理效能，实现了各参建单位党建与业务工作"共建、共享、共融"，形成党建与业务工作同谋划、同部署、同落实的工作格局，有效提升了党组织的组织力、凝聚力和战斗力，推动工程建设现场党组织从"有形覆盖"向"有效覆盖"的转变。

二、找到了落实党建、安全、质量"三一行动"理念的有力抓手

通过构建在业主党委统一领下的组织互联、思想互通、资源互补的矩阵式党建共建管理模式，促进党建与业务工作更加有效的融合，以党组织的政治优势和组织优势解决工程建设中存在的主要问题和矛盾，有力推动安全、质量管理体系高效运作，推动党建、安全、质量"三一行动"理念和管理标准制度真正落地落实。

三、构建了各参建单位可依托、可信赖、聚人心的坚强政治保障平台

共建党支部通过常态化开展"不忘初心、牢记使命"主题教育，做深做实调查研究工作，及时了解掌握并协调解决工程建设、员工生活以及农民工工资等各类问题，使党建共建成为一个参建单位可依托、可信赖的平台，凝聚起参建各方的强大合力。

四、锻造了忠诚干净担当、协同高效的高素质党员群众队伍

在矩阵式党建共建管理模式的组织体系下，有效发挥了党组织领导核心和政治核

心作用，依托"纵—横"双向联动管理、监督和教育党员，全面强化基本组织、基本队伍、基本制度建设，依托"党员带群众全覆盖"行动，把党员的先锋模范作用发挥在安全、质量、技经业务的具体工作实践中，打造出一支"党员带群众，共创一流业绩，共建一流工程"的高素质员工队伍。

五、形成了党建与工程建设业务深度融合的有效路径

矩阵式党建共建管理模式对发挥党支部战斗堡垒作用具有较强的针对性，通过设置专业党小组，形成各单位专业之间共建、共享、共融机制，使得党组织能及时发现、反馈、解决业务和其他涉及职工群众切身利益的问题，增强了各参建单位之间、党员之间、党员与群众之间的凝聚力，使党组织的"末梢神经"延伸至业务流程的每一个环节，打通了党建与工程建设深度融合的"最后一公里"。

六、提炼了可借鉴、可复制的国有大型基建工程党建管理方案

矩阵式党建共建管理模式在锦界公司三期工程中的实践应用，贯彻落实了新时代党的建设总要求和习近平总书记在全国国有企业党的建设工作会上的重要讲话精神，积累了丰富的工程管理和党建融合经验，在实践中研究形成一套可借鉴、可复制的国有企业大型基建工程党建管理模式，为国家能源集团乃至国内其他同类企业加强党的建设，提升工程治理效能，促进工程高质量建设，提供了一套可参考的解决方案。

习近平总书记指出："不论时代怎样变迁，不论社会怎样变化，我们党全心全意依靠工人阶级的根本方针都不能忘记、不能淡化，我国工人阶级地位和作用都不容动摇、不容忽视。"

党的二十大开启了全面建设社会主义现代化国家、全面推进中华民族伟大复兴的新征程。国有企业任务光荣、使命在肩，国有企业 4000 多万名在岗职工、80 多万个党组织、1000 多万名党员的产业大军满怀豪情、信心满满，坚定不移跟党走、为党奋斗，勇当原创技术的"策源地"、现代产业链的"链长"，积极应对许多"卡脖子"技术重大挑战，对标实现碳达峰、碳中和目标任务，加快关键核心技术攻关，不断增强国有经济竞争力、创新力、控制力、影响力、抗风险能力，努力为经济社会发展作出新的历史性贡献，坚决担当好党执政兴国的重要支柱和依靠力量，坚决成为建设中国特色社会主义的中坚力量。

国能锦界公司将继续传承和弘扬伟大建党精神和延安精神，始终牢记坚定正确的政治方向，坚持解放思想实事求是的思想路线，牢记全心全意为人民服务的根本宗旨，发扬艰苦奋斗、自力更生的创业精神，在新时代团结奋斗、锐意进取，用实际行动担当助推国家能源集团成为国家经济社会高质量发展的能源基石、转型主力、经济标兵、创新先锋、改革中坚、党建示范，努力成为党和国家最可信赖的依靠力量，成为贯彻执行党中央决策部署的重要力量，成为贯彻新发展理念、全面深化改革促进经济社会发展的重要力量，成为壮大综合国力、保障和改善民生的重要力量。

跋

　　创新惟其艰难，才更显勇毅；惟其笃行，才弥足珍贵。世界首例锦界三期高位布置空冷汽轮发电机组创新实践工程，以其高标准的工程建设质量、高水平的技术经济指标、长周期的安全稳定运行，厚植于陕北高原这片能源电力技术创新实践的沃土，传承延安精神而生生不息，历经千锤百炼而朝气蓬勃。作为工程的建设者和见证者，我们心中的荣誉感油然而生。

　　工程建设者们有追求、负责任，科学严谨、勇于突破，尤其是对创新有执着的追求、持久的激情和艰苦的付出，是每一个卓越创新工程取得成功的基础。回顾锦界三期高位布置发电工程的创新之路，无论在顶层设计、重大方案的严谨论证中，在基建施工安全质量的精益求精中，还是在生产运行检修维护的精心呵护中，每一个参建单位和每一位建设运行维护人员，都对工程倾注了大量心血、付出了百倍的努力。我们忘不了每次在工程建设中遇到难题和关键时刻，国家能源集团、神华集团、国华电力公司，以及中国能建集团、电力规划总院、哈电集团等单位领导和专家亲自协调解决重大工程建设问题。我们忘不了西北电力设计院、东电一公司、江苏一公司等参建单位领导带领项目经理夜以继日协调解决现场遇到的难题，对工程给予的支持和贡献。我们忘不了电网及调试单位对项目给予的大力支持和帮助。我们忘不了每一位平凡而又伟大的工程建设者，一砖一瓦精雕细琢、一点一滴皆是匠心，合力打造了更高参数、更高效率、更高水平的创新工程和精品工程。

　　从来没有什么作品，能够如世界首例工程这样艰苦卓绝的创新画卷这般拨动人的心弦、引起人的共鸣，画卷里水和火的交相辉映、汽与电的交融升华、低位到高位布置的跨越突破，无不向世人诉说着创新引领、止于至善的天地之美。世界首例高位布置空冷汽轮发电机组在锦界三期工程的成功组织实施，也再次印证了国华电力公司企业文化的先进性和生命力，再次印证了国华管控体系的科学性和实践性。正是得益于科学系统的顶层设计、精益求精的工程管理、追求卓越的文化氛围，得益于参建各方目标一致、荣辱与共、责任清晰、互利共赢，在我国能源电力工程技术开发与创新实践中创造了一个经典、铸就了一座丰碑。

　　工程建设历程波澜壮阔，工程建设总结也是一项重要的系统工作，对于世界首例高位布置空冷汽轮发电机组工程技术和创新实践的推广、传承、借鉴具有重要意义。这里要感谢所有参与本书的编写人员，他们都承担着繁重的设计、基建、生产、经营等方面任务，大都利用业余时间参与编写相关章节内容，并几易其稿，目的就是对得起工程和工程建设者特别是亲爱的读者，希望能从工程设计、建设、生产、运营全过程创新地系统呈现，为读者们由表及里地诉说锦界三期工程建设过程中追求卓越的精气神、矢志创新的真善美。

　　创业创新"道阻且长，行则将至"。世界首例锦界三期高位布置空冷汽轮发电机组创新实践工程，是追求700℃征程上的重要探索和成果，其立志高远、主动革命的宽广胸怀，协同创新、追求极致的跨越突破，大胆探索、小心求证的科学态度，砥砺奋进、自强不息的文化引领，贯通于披荆斩棘、波澜壮阔的建设历程中，正如创作了"深刻记录那个时代农村巨大变革"的《创业史》作者——陕西省榆林市吴堡县籍作家柳青的一首诗，道出了其蓝图设计者和建设者们创业创新的崇高境界和报国情怀：

襟怀纳百川，志越万仞山。

目极千年事，心地一平原。

最后，感谢社会各界对锦界三期高位布置发电技术创新实践工程的关心和赞誉，使其荣获陕西省人民政府授予的"陕西省科学技术进步奖一等奖"、中国能源研究会授予的"能源技术创新一等奖"、中国电力企业联合会授予的"电力技术创新大奖"、中国施工企业管理协会授予的"国家优质工程金奖"，是大家的共同付出，能源电力技术创新又迈上了一个新的高度。

编　者

2024 年 5 月

大 事 记

2002 年

3月26~29日，时任中共中央总书记江泽民到榆林视察，并做出指示："榆林资源这么丰富，一定要开发好"。陕西榆林锦界工业园区在大漠中拔地而起。

2003 年

4月29日，国华电力公司组建陕西国华锦界煤电项目筹建处，负责锦界煤电一体化项目前期筹备工作，任命王建斌为筹建处负责人。

6月5日，陕西国华锦界煤电项目2×600MW机组场平开工并举行开工仪式。

9月26日，陕西神木电厂—锦界煤矿煤电一体化项目建议书经国务院审批通过后，国家发展改革委以《关于复议陕西神木电厂—锦界煤矿煤电一体化项目建议书的请示的通知》（发改能源〔2003〕1522号）向陕西省计委和神华集团发文批复锦界煤电一体化项目规划容量为电厂6×600MW、煤矿年产原煤1000万t。

10月9日，陕西省副省长陈德铭、洪峰听取国华电力公司总经理顾峻源关于陕西国华锦界煤电项目建设情况汇报，国华电力公司副总经理秦定国、锦界煤电项目筹建处负责人王建斌参加。

10月16日，陕西省副省长洪峰主持召开锦界煤矿建设协调会，国华电力公司副总经理秦定国参加。

11月17日，陕西省委书记李建国视察陕西国华锦界煤电项目。

2004 年

2月16日，陕西国华锦界能源有限责任公司成立；王建斌参加榆林市一届人大六次会议。

3月18日，王建斌任陕西国华锦界能源有限责任公司总经理。

4月12日，张家镇任陕西国华锦界能源有限责任公司董事长。

4月23日，国华锦能公司1、2号机组主厂房基础浇筑第一罐混凝土，项目开工。

4月30日，国华锦能公司举行陕西国华锦界煤电一体工程项目奠基典礼，陕西省省长贾治邦、常务副省长陈德铭、副省长洪峰、神华集团党组书记、董事长陈必亭等领导出席并为工程奠基。

8月26日，甘肃省委原书记李子奇视察国华锦能公司施工现场。

9月16日，神华集团原董事长肖寒视察国华锦能公司。

9月17日，中央纪委原副书记李正亭视察国华锦能公司。

10月1日，国华电力公司总经理、党委书记秦定国到国华锦能公司视察指导工作。

11月19日，国家发展改革委"发改能源〔2004〕1557号"核准陕西国华锦界煤电一体化项目一期工程，同意建设规模120万kW，安装2台60万kW国产空冷燃煤机组，同步建设烟气脱硫装置。

2005年

2月18日，神华集团党组成员、副总经理张玉卓到国华锦能公司视察指导工作。

3月31日，国华锦能公司举行一期工程2×600MW发电机组烟气脱硫工程开工仪式，陕西省电力建设史上首个烟气脱硫项目正式开工。

4月13日，陕西省委副书记、省长陈德铭视察国华锦能公司。

6月4日，国家能源局局长徐锭明视察国华锦能公司。

6月30日，国华锦能公司总经理王建斌参加榆林市二届人大一次会议。

12月16日，国华锦能公司荣获水利部黄河水利委员会"黄河流域水土保持先进单位"称号。

2006年

2月7日，国华锦能公司总经理王建斌参加榆林市二届人大二次会议。

6月3日，中国神华能源股份有限公司总裁吴元到国华锦能公司视察。

6月12日，陕西省委副书记、代省长袁纯清到国华锦能公司视察。

6月28日，国华锦能公司取得采矿许可证。

7月6日，陕西省副省长吴登昌到国华锦能公司视察。

7月25日，陕西省原省长程安东到国华锦能公司视察工程建设情况。

8月18日，陕西省委原书记张勃兴到国华锦能公司视察工程建设情况。

8月31日，国华锦能公司二期工程获得国家发展改革委核准，同意建设2台60万kW国产空冷燃煤机组，同步建设烟气脱硫装置。

9月11日，江西省委原书记、中共中央统战部副部长万绍芬到国华锦能公司视察。

9月17日，陕西省委副书记董雷到国华锦能公司视察。

9月27日，锦界煤矿投入试生产。

9月30日，国华锦能公司1号机组通过168h满负荷试运行。

10月1日，中国神华能源股份有限公司总裁凌文到国华锦能公司视察并慰问生产一线员工。

2007年

1月13日，国务院国有资产监督管理委员会副主任邵宁在中国神华能源股份有限公司总裁凌文陪同下到国华锦能公司视察。

1月21日，国华锦能公司荣获陕西省"取水工作先进单位"称号。

1月22日，国华锦能公司总经理王建斌参加榆林市二届人大三次会议。

3月9日，国家煤炭地质总局局长徐水师到国华锦能公司视察。

3月13日，王建斌任陕西国华锦界能源有限责任公司党委书记、董事长，张艳亮任总经理。

4月16日，中办、国办联合督察组到国华锦能公司视察。

5月1日，国华锦能公司2号机组顺利通过168h满负荷试运行。

同日，陕西省委书记赵乐际到国华锦能公司视察。

6月8日，神华集团原董事长肖寒到国华锦能公司视察。

6月11日，原华能精煤公司副总经理刘凤堂到国华锦能公司考察调研。

6月26日，中央组织部副部长张纪南到国华锦能公司视察。

7月16日，神华集团党组成员、纪检组长徐祖发到国华锦能公司视察。

8月14日，陕西省副省长朱静芝到国华锦能公司视察。

10月20日，青海省委原书记黄静波到国华锦能公司考察。

11月19日，全国政协常委、中华慈善总会会长范宝俊到国华锦能公司视察。

12月22日，国华锦能公司二期工程3号机组圆满完成168h满负荷试运行。

2008年

2月5日，中国神华能源股份有限公司总裁凌文到国华锦能公司慰问一线员工。

2月23日，国华锦能公司党委书记、董事长王建斌参加榆林市二届人大四次会议。

4月28日，神华集团党组书记、董事长陈必亭到国华锦能公司检查指导工作。

5月16日，国华锦能公司二期工程4号机组圆满完成168h满负荷试运行。

6月10日，陕西省副省长景俊海到国华锦能公司视察。

6月20日，国华锦能公司"600MW机组自主化DCS的研发及其工程应用"项目荣获"中国电力科学技术进步一等奖"。

10月4日，中共中央政治局委员、中央书记处书记、中央组织部部长李源潮在陕西省委书记赵乐际、省长袁纯清的陪同下到国华锦能公司视察。

10月9日，中央组织部组织局局长张国隆到国华锦能公司视察。

10月29日，时任中共中央总书记、国家主席、中央军委主席胡锦涛到国华锦能公司视察。

11月5日，人力资源和社会保障部副部长、国家外国专家局局长季允石到国华锦能公司视察。

11月19日，兰州军区司令员王国生中将到国华锦能公司视察。

12月10日，国华锦能公司荣获中国企业文化促进会"企业文化建设优秀单位"称号。

12月21日，国华锦能公司一期工程荣获中国施工企业管理协会"2008年度国家优质工程银质奖"。

2009 年

2 月 15 日，国华锦能公司党委书记、董事长王建斌参加榆林市二届人大六次会议。

3 月 17 日，国华锦能公司 SSR-DS 项目带串补挂网调试成功。

3 月 28 日，国华锦能公司铁路专用线顺利实现与包西线接轨。

4 月 2 日，国华锦能公司顺利完成铁路专用线工程全线机车轧道。

4 月 7 日，国华锦能公司铁路专用线牵引试车一次成功。

4 月 10 日，国华锦能公司顺利通过清洁生产审核评审验收并获得陕西省环保厅"省级环境友好企业"称号。

4 月 28 日，国华锦能公司举行三期工程奠基仪式。

5 月 15 日，国家环保部副部长吴晓青到国华锦能公司视察。

9 月 12 日，原国家能源部部长黄毅诚到国华锦能公司视察。

9 月 17 日，国华锦能公司铁路专用线项目通过竣工验收。

2010 年

2 月 1 日，国华锦能公司取得锦界煤矿安全生产许可证。

3 月 19 日，国家安全监管总局局长骆琳到国华锦能公司视察。

3 月 25 日，国华锦能公司锦界煤矿一期工程通过国家能源局验收。

7 月 3 日，国华锦能公司党委书记、董事长王建斌参加榆林市三届人大一次会议。

8 月 5 日，国家统计局局长马建堂到国华锦能公司考察。

8 月 10 日，国华电力公司总经理、党委书记秦定国到国华锦能公司检查指导，听取生产组织流程优化前期准备和工作进展工作汇报。

9 月 8 日，国华电力公司党委委员、副总经理王树民到国华锦能公司检查指导。

11 月 4 日，陕西省委常委、常务副省长娄勤俭到国华锦能公司视察。

2011 年

4 月 21 日，陕西省委常委、副省长江泽林到国华锦能公司考察。

5 月 13 日，国华锦能公司 3 号机组被中国电力企业联合会评选为"2010 年度全国火力发电 600MW 级机组可靠性金牌机组"。

5 月 16 日，史超任陕西国华锦界能源有限责任公司党委书记。

5 月 17 日，国华锦能公司荣获陕西省政府"十一五污染减排先进企业"称号。

11 月 8 日，国华锦能公司通过 NOSA 体系四星认证。

2012 年

3 月 8 日，国华锦能公司荣获榆神工业区"2011 年度优秀企业"称号。

3 月 19 日，温长宏任陕西国华锦界能源有限责任公司总经理。

5 月 22 日，国华电力公司总经理王树民到国华锦能公司检查指导，要求紧紧围绕神华集团发展战略，坚持国华特色，高举一面旗帜，做到"两个务必"，坚持"三个追求"，担当"四个责任"，奋力建设有追求、负责任的世界一流发电企业。

5月23日，国华锦能公司荣获陕西省环境保护厅"陕西省建设项目环境监理先进单位"称号；国华锦能公司4号机组被中国电力企业联合会评选为"2011年度全国火力发电600MW级机组可靠性金牌机组"。

5月28日，国华锦能公司正式获批享受西部大开发企业所得税税收优惠政策。

9月18日，锦界煤矿一期工程取得国家发展改革委"煤炭生产许可证"。

12月13日，国华锦能公司荣获中国电力企业联合会"全国电力行业优秀企业"称号。

2013年

1月11日，锦界煤矿二期工程取得国家安全核准文件。

2月20日，国华锦能公司总经理温长宏列席榆林市三届人大四次会议。

2月27日，国华电力公司副总经理宋畅到国华锦能公司检查指导工作。

5月9日，国华锦能公司荣获中国安全生产协会"全国安全文化建设示范企业"称号。

6月5日，国华锦能公司1号机组被中国电力企业联合会评选为"2012年度全国火力发电600MW级机组可靠性金牌机组"。

6月13日，国华锦能公司荣获陕西省"2012年度特种设备使用管理先进单位"称号。

2014年

1月7日，神华集团总经理、党组成员张玉卓到国华锦能公司调研，要求确保安全生产稳定、深入成本管控、强化煤炭产运销管理，突出抓好运行优化、设备治理、电量营销等工作，争取电力市场份额最大化，进一步挖掘盈利空间。

2月24～28日，国华锦能公司总经理温长宏列席榆林市三届人大五次会议、政协三届五次会议。

5月16日，国家能源局下发《关于加快推进大气污染物防治行动计划12条重点输电通道建设的通知》（国能电力〔2014〕212号），明确陕北神木至河北南网扩建工程直送华北南网500kV交流线路为落实大气污染物行动计划12条重点通道建设项目，依照华北电网对接入系统的审查意见，国华锦能公司三期扩展项目确定新建机组容量为2×660MW。

6月12日，许定峰任陕西国华锦界能源有限责任公司董事长。

7月3日，工业和信息化部副部长杨学山到国华锦能公司视察指导，要求在国产DCS和神华数字矿山建设、员工的主人翁精神、坚持自主化道路方向和商业模式的融合等方面进行经验推广。

7月9日，国华电力公司董事长王树民到国华锦能公司调研，听取了安全生产、设备可靠性、循环经济、节能减排等方面的工作汇报，要求做好落实工作。

11月27日，国华电力公司副总经理李瑞欣到国华锦能公司检查指导工作。

2015 年

2 月 8～10 日，国华锦能公司总经理温长宏列席榆林市三届人大六次会议、政协三届六次会议。

3 月 10 日，国华锦能公司荣获榆林市"2014 年度安全生产工作先进单位"称号。

3 月 18 日，国华锦能公司荣获中国设备管理协会第五届"全国电力行业设备管理工作先进单位"称号。

6 月 11 日，国华锦能公司 2、4 号机组被中国电力企业联合会评选为"2014 年度全国 600MW 亚临界空冷机组一、二等奖"，2 号机组荣获"供电煤耗最优奖"。

8 月 6 日，国华锦能公司荣获公安部"网络安全重点保卫单位"称号。

12 月 25 日，国华电力公司副总经理陈杭君到国华锦能公司检查指导工作。

2016 年

1 月 14 日，国家能源局印发《关于陕西陕北煤电基地神木至河北南网扩建工程配套电源建设规划有关事项的复函》（国能电力〔2016〕10 号），国华锦能公司三期项目获得国家能源局"大路条"。

3 月 14 日，陕西省发展和改革委员会印发《关于陕西国华锦界电厂三期扩建项目核准的批复》（陕发改煤电〔2016〕300 号），国华锦能公司三期扩建项目获得陕西省发展和改革委员会正式核准。

3 月 21～24 日，国华锦能公司总经理温长宏列席榆林市四届人大一次会议、政协四届一次会议。

7 月 19 日，国华电力公司党委副书记赵世斌到国华锦能公司检查指导工作。

8 月 21 日，国华电力公司董事长肖创英到国华锦能公司调研，要求抓紧实施 CCS 项目，做好三期工程重大创新论证。

8 月 22 日，神华集团总经理、党组副书记凌文到国华锦能公司调研，要求在三期工程项目、节能环保等方面积极推广创新科技成果，努力打造成为科技、绿色、环保的新型能源示范企业。

9 月 20 日，中国神华副总裁王树民主持召开国华锦能公司三期工程科技创新领导小组第一次会议，专题研究三期工程汽轮发电机组高位布置设计方案。

2017 年

1 月 10 日，国华锦能公司通过中国安全生产协会组织的 2011～2013 年全国安全化建设示范企业复审，再次荣获"全国安全化建设示范企业"称号。

1 月 28 日，神华集团总经理、党组副书记凌文到公司进行"四不两直"检查和节日现场慰问。

2 月 13 日，温长宏任陕西国华锦界能源有限责任公司党委书记、董事长，张振科任总经理。

2 月 16 日，中国神华副总裁王树民主持召开国华锦能公司三期工程科技创新领导

486

小组第二次会议。

3月10～13日，国华锦能公司党委书记、董事长温长宏列席榆林市四届人大二次会议、政协四届二次会议。

3月24日，国华锦能公司荣获中国设备管理协会第六届"全国电力行业设备管理工作先进单位"称号。

4月11日，国华锦能公司荣获榆林市"2016年度安全和环保先进单位"称号。

4月14日，中国神华副总裁王树民主持召开国华锦能公司三期工程科技创新领导小组第三次会议。

4月24日，国华锦能公司荣获河北省发展改革委"2016年河北南网安全运行先进发电企业"称号。

5月24日，国华锦能公司荣获陕西省重点用能单位能源资源计量"标杆示范企业"称号。

6月21日，神华集团党组成员、副总经理王树民主持召开国华锦能公司三期工程科技创新领导小组第四次会议，组织外部专家开展设计研究方案论证。

7月24日，国华电力公司纪委书记邢仑到国华锦能公司调研指导。

8月2日，神华集团党组成员、副总经理王树民主持召开国华锦能公司三期工程科技创新领导小组第五次会议，就三期工程建设要统筹考虑"先进、生态、智能、环保"，推进"高位布置、智能电站"等创新实践做出明确部署。

8月22日，神华集团党组成员、副总经理王树民主持召开国华锦能公司三期工程科技创新领导小组第六次会议，专题研究轴系布置、系统设计等方面的优化设计。

8月31日，张振科任陕西国华锦界能源有限责任公司党委书记、董事长。

9月8日，国华锦能公司荣获陕西省"安全文化建设示范企业"称号。

11月17日，何文任陕西国华锦界能源有限责任公司总经理。

12月13日，国家能源集团党组成员、副总经理王树民主持召开国华锦能公司三期工程科技创新领导小组第七次会议，专题研究消防、降噪、保温、主厂房布置、防震等方面的设计方案优化相关事宜。

12月14日，国家能源集团党组成员、副总经理王树民主持召开国华锦能公司三期工程科技创新领导小组第八次会议，审议确认了高位布置汽机房采用钢筋混凝土框架—剪力墙结构、锅炉房采用钢结构，两者独立脱开布置的设计方案。

12月27日，中国神华能源股份有限公司财务总监张克慧到国华锦能公司调研指导。

2018年

1月15日，国家能源集团党组成员、副总经理王树民主持召开国华锦能公司三期工程科技创新领导小组第九次会议，专题听取了三期工程高位布置深入设计研究工作的落实情况。

2月12日，国家能源集团党组成员、副总经理王树民主持召开国华锦能公司三期工程科技创新领导小组第十次会议，听取了三期工程设计成果汇报。

2月24日，国华锦能公司参与完成的"大型火电机组送出系统次同步动态稳定关键技术研究及工程应用"项目科技成果通过中国电机工程学会专家鉴定。

3月16日，国家能源集团党组成员、副总经理王树民主持召开国华锦能公司三期工程科技创新领导小组第十一次会议，听取了19项设计专题报告、25项子课题研究成果的专题汇报。

4月16日，国家能源集团党组成员、副总经理王树民主持召开国华锦能公司三期工程科技创新领导小组第十二次会议暨三期工程安全质量现场座谈会，国华电力公司总经理李巍参会，专题研究三期工程安全质量相关事宜。

5月4日，国家能源集团党组成员、副总经理王树民在中国建筑科学研究院调研锦界三期汽轮机高位布置主厂房结构模型振动台试验进展情况。

5月28日，国华锦能公司三期2×660MW机组工程浇筑主厂房第一方混凝土，正式开工建设。

5月29日，榆林市委副书记、市长李春临到国华锦能公司三期项目实地考察调研，提出要高质量高标准推进工程进展。

6月21日，陕西省人大常委会副主任、榆林市委书记戴征社到国华锦能公司调研考察，要求全力以赴加快三期项目建设进度，确保高标准、高质量完成项目建设，为地方经济发展做出更大的贡献。

10月15日，国家能源集团党组成员、副总经理王树民主持召开国华锦能公司三期工程科技创新领导小组第十三次会议，专题研究讨论全厂集控中心、双智工程以及高位布置设计成果。

10月18日，国家能源集团党组成员、副总经理王树民到国华锦能公司讲授专题党课并召开智慧电厂建设座谈会。

10月25日，国华电力公司基建工程项目质量管理专题会在国华锦能公司召开，国华电力公司总经理李巍出席。

11月15日，国家能源集团党组成员、副总经理王树民主持召开国华锦能公司三期工程科技创新领导小组第十四次会议，专题研究三期工程科技创新推进相关事宜。

11月21日，国华锦能公司全面启动接收神木电厂划转人员安置工作，首批划转52名安置人员到厂。

2019 年

1月2日，刘建海任陕西国华锦界能源有限责任公司党委书记、董事长。

2月23～26日，国华锦能公司党委书记、董事长刘建海列席榆林市四届人大六次会议、政协四届四次会议。

4月17日，国华电力2019年基建安全质量会议在国华锦能公司召开。国华电力公司董事长宋畅、总经理李巍出席会议并讲话，总工程师陈寅彪主持会议。

5月12日，国华锦能公司与神木市签订《陕西国华锦界电厂"煤电一体化"四期2×1000MW扩建项目投资框架协议》。

5月13日，国华锦能公司3号机组被中国电力企业联合会评选为"2018年度全国火力发电 600MW 亚临界空冷机组优胜机组"。

7月9日，国华锦能公司圆满完成神木电厂划转人员接收工作。

7月12日，国家能源集团党组成员、副总经理王树民在西北电力设计院主持召开国华锦能公司三期工程科技创新领导小组第十五次工作会议，专题研究三期工程智能电站建设相关事宜。

8月11日，国华锦能公司荣获 2018 年度榆林工业企业主营业务收入"百强企业"称号，位居榆林市 2018 年度"四上企业"主营业务收入排行榜第五位。

9月21日，国华锦能公司员工王军胜获评"中央企业劳动模范"，在人民大会堂接受表彰。

11月1日，国华锦能公司举办"15 万 t/年燃烧后 CO_2 捕集和封存全流程示范项目开工暨 CCUS 技术论坛"。

11月14日，陕西省副省长赵刚到国华锦能公司调研三期扩建工程建设情况，就营造良好营商环境做出明确要求。

12月6日，国华锦能公司通过中电联标准化良好行为 5A 级企业认定。

2020 年

3月16日，全国政协常委、人口资源环境委员会副主任，中办、国办调研组组长姜大明一行到国华锦能公司调研三期工程复工复产情况。

4月6日，国华锦能公司"智能氢电导率仪表的研发及应用"荣获陕西省科学进步奖三等奖。

4月13～16日，国华锦能公司党委书记、董事长刘建海列席榆林市四届人大七次会议、政协四届五次会议。

4月14日，陕西省省长刘国中主持召开省重点企业复工复产工作座谈会，会上国华锦能公司党委书记、董事长刘建海作为重点企业代表就如何在疫情防控中保生产、抓基建、谋发展进行了交流汇报。

4月16日，哈电集团党委副书记、总经理吴伟章到国华锦能公司调研三期建设情况，就低压缸排汽装置加装保温、汽轮机降噪、叶片安装及深度挖掘技术创新项目进行深入交流沟通。

5月8日，国华锦能公司荣获神木高新技术产业开发区"2019 年度优秀企业"称号。

5月15日，陕西省"十四五"低碳发展战略规划调研组到国华锦能公司调研 CCS 项目建设情况。

6月16～19日，国华锦能公司开展 2020 年职工技能大赛，陕西省总工会副主席丁立虎、陕西省能源化学地质工会主席张嗣华等受邀出席大赛闭幕式。

7月27日，国华锦能公司《600MW 机组汽机主保护可靠性自主改造》科技成果顺利入选中国设备管理协会第四届全国设备管理与技术创新成果。

8月5日，国华电力公司总经理李巍到国华锦能公司检查指导工作。

8月26日，国家能源集团党组成员、副总经理王树民到国华锦能公司调研三期工程和 CCS 项目建设情况，强调要持续学习贯彻习近平新时代中国特色社会主义思想和《习近平谈治国理政》深邃思想内涵，抓好安全质量，推动创新实践，确保三期工程年底双投。

9 月 8 日，国华电力公司纪委书记邢仑以"四不两直"方式到国华锦能运销公司调研督导。

9 月 28 日，国华锦能公司作为联盟单位参加"榆林电力党建联盟成立仪式暨党建交流论坛"。

10 月 14 日，国华锦能公司获得神木市"脱贫攻坚组织创新奖"。

11 月 11 日，国家能源集团总经理助理张宗富到国华锦能公司调研。

11 月 12 日，榆林市副市长李二中到国华锦能公司调研；国华电力公司副总经理许定峰到国华锦能公司调研。

12 月 23 日 16 时 16 分，国华锦能公司三期工程 5 号机组通过 168h 连续满负荷试运行，正式投产发电。

12 月 24 日，国家能源集团党组成员、副总经理王树民到国华锦能公司调研，要求建立三期工程生产运营中风险管理、消防应急救援的新模式，持续做好科技创新和智能智慧建设。

12 月 30 日，国家能源集团党组副书记、总经理刘国跃到国华锦能公司调研，要求积极开展"风光火储"综合能源基地建设，深入研究与煤化工企业的结合融通，建立多联产模式，做好三期工程的总结与提升，培育精干、高效，一专多能的高素质人才，从生产型企业向生产经营型企业转变。

12 月 30 日 19 时 22 分，国华锦能公司三期工程 6 号机组通过 168h 连续满负荷试运行，正式投产发电。

2021 年

1 月 6 日，国华锦能公司荣获中国安全生产协会"全国安全文化建设示范企业"称号。

2 月 4 日，何文任陕西国华锦界能源有限责任公司党委书记、董事长，高过斌任总经理。

2 月 25 日，国华电力公司纪委书记邢仑到国华锦能公司调研并参加党委理论学习中心组（扩大）学习研讨会议。

3 月 6 日，榆林市委副书记、副市长张胜利到国华锦能公司调研 CCS 项目。

3 月 10 日，国华锦能公司"汽轮发电机组复杂振动故障诊断和治理关键技术及工程应用"荣获陕西省科学技术奖二等奖。

4 月 1 日，国华锦能公司荣获榆林市"2020 年度脱贫攻坚优秀帮扶企业"称号。

4 月 13~16 日，国华锦能公司党委书记、董事长何文列席榆林市四届人大八次会议、政协四届六次会议。

6 月 11 日，榆林市市委副书记、副市长张胜利到国华锦能公司调研 15 万 t/年燃烧后 CO_2 捕集和封存全流程示范工程，勉励抓好示范项目的安全施工和投产，为榆林市

"双碳"战略研究做出示范引领贡献。

6月16日，国华锦能公司荣获神木市"脱贫攻坚企业结对帮扶突出贡献奖"。

6月25日，国华锦能公司"15万 t/年燃烧后碳捕集与封存全流程示范工程"正式投产。

7月8日，国家能源集团电力领域首席科学家、中国工程院黄其励院士到国华锦能公司调研，强调要围绕电力市场、调峰市场和碳市场，提高机组效率和降低排放强度，探索由"发电"企业向综合型"供能"企业转变，多方向开展 CO_2 资源化、能源化利用技术研发。

7月13～15日，国华锦能公司承办陕西省能源化学工会"陕西国能电力杯"职工乒乓球比赛，并获特殊贡献奖。

7月20、21日，国电电力党委书记、副总经理吕志韧到国华锦能公司调研并开展党史学习教育宣讲、参加联系点支部主题党日活动，要求深入落实安全生产管控要求，全面、深入、细致谋划企业转型发展措施，持续对标先进指标，推进一流企业建设。

8月6日，国华锦能公司《铭记光辉历程 践行初心使命——陕北说书》作品获"百年铸辉煌 央企谱华章"庆祝建党百年暨第四届中央企业优秀故事二等奖。

8月17日，陕西省委副书记、省长赵一德在榆林市委书记李春临、神木市市委书记杨成林陪同下到国华锦能公司调研 CCS 工程运行情况。

8月29日，国华锦能公司荣获榆林市 2020 年度"市级文明单位"称号。

9月1日，陕西省委书记刘国中在榆林市委书记李春临陪同下到国华锦能公司调研 CCS 及三期工程投产运营情况。

9月2日，国家能源集团党组成员、副总经理王树民到国华锦能公司调研并组织召开座谈会，强调要深入学习新《安全生产法》，持续做好高位布置和二氧化碳捕集利用技术创新研究应用，深入学习习近平总书记"七一"重要讲话精神，将建党精神、延安精神融入到企业的生产经营中。

9月9日，国电电力党委委员、副总经理田景奇到国华锦能公司调研。

9月24日，国华锦能公司"15万 t/年燃烧后 CO_2 捕集示范工程"代表国家能源集团科技创新技术在"第二十四届中国北京国际科技产业博览会"布展。

9月28日，国家能源集团外部董事王寿君、李延江、杨爱民和董事会秘书、总经理助理张玉新到国华锦能公司调研。

10月10日，国华锦能公司获得神府—河北南网特高压通道配套新能源建设指标 140万 kW。

10月13～15日，国华锦能公司 CCS 示范项目在第十六届榆林国际煤炭暨高端能源化工产业博览会展出。

10月18日，国华锦能公司 2 号机组被中国电力企业联合会评选为"2020 年度全国发电机组可靠性对标 600 兆瓦等级燃煤煤粉锅炉标杆机组"。

10月28日，国华锦能公司 CCS 项目组荣获国家能源集团"优秀科技创新团队"。

11月3日，国华锦能公司"15万 t/年 CO_2 捕集封存全流程示范项目"荣获中国化工施工企业协会"化学工业优质工程"奖。

11月9日，国华锦能公司创作红色微电影《心中有座宝塔山》荣获第八届华人时尚盛典卓越传承企业大奖。

11月12日，国华锦能公司成功承办国家大型风电光伏基地陕西省项目集中开工仪式榆林分会场，榆林市副市长杨向喜，国电电力党委书记、副总经理吕志韧参加开工仪式。

11月18日，国华锦能公司科技创新成果《空冷岛全自动智能冲洗装置》荣获中国电力企业联合会"电力职工技术创新一等奖"。

11月19日，国电电力陕西新能源开发有限公司在陕西省榆林市注册完成，并取得营业执照，标志着国电电力陕西区域第一家新能源项目开发公司正式成立。

11月25日，国华锦能公司荣获河北南网"电力保供突出贡献奖"。

12月15、16日，国电电力总经理、党委副书记贾彦兵到国华锦能公司调研，强调要持续保持生产经营的竞争优势，大力发展新能源和综合能源产业，全力做好能源保供工作，为公司改革发展提供坚强保障。

12月22日，国华锦能公司通过"AAA信用企业"认证。

12月24日，陕西国华锦界能源有限责任公司正式更名为国能锦界能源有限责任公司。

12月29日，国电电力陕西新能源开发有限公司定边120MW光伏项目实现首次并网发电，标志着国电电力在陕西发出了第一度"绿电"，实现了新能源发电"零"的突破。

2022年

2月18日，国能锦界公司"高位布置汽轮发电机组施工技术研发与应用"项目成果被中国安装协会技术评价委员会鉴定为"达到国际先进水平"。

3月14日，国能锦界公司工程技术应用类专著《机网次同步扭振抑制机理与工程实践》由科学出版社出版发行。

3月27～29日，国能锦界公司党委书记、董事长何文列席榆林市五届人大一次会议、政协五届一次会议。

5月16日，国能锦界公司三期工程荣获中国电力规划设计协会优秀工程设计一等奖。

6月1日，国能锦界公司"汽轮发电机组高位布置关键技术与工程应用"科技项目经刘吉臻院士、陈政清院士等14位专家组成的中国电机工程学会鉴定委员会评定为整体技术"达到国际领先水平"。

6月28日，国能锦界公司三期工程获评中国电力建设企业协会"中国电力优质工程"。

7月6日，国能锦界公司三期工程荣获中国施工企业管理协会"工程建设项目设计水平评价一等成果"。

7月，国能锦界公司11项技术荣获中国安装协会科技进步奖，其中"高位布置汽轮发电机组施工技术研发与应用"荣获一等奖。

11 月 2 日，国能锦界公司 1、2 号机组被中国电力企业联合会评选为"2021 年度全国发电机组可靠性对标 600 兆瓦等级燃煤煤粉锅炉标杆机组"。

2023 年

1 月 7 日，国能锦界公司三期工程荣获中国施工企业管理协会"国家优质工程金质奖"。

1 月 14 日，国能锦界公司"15 万吨/年二氧化碳捕集封存全流程示范项目"荣获国务院国资委"2022 年度碳达峰碳中和行动典型案例二等奖"。

2 月 1～4 日，国能锦界公司党委书记、董事长何文列席榆林市五届人大三次会议、政协五届二次会议。

2 月 6～8 日，国电电力党委副书记、工会主席刘焱到国能锦界公司调研，强调充分发挥工会组织桥梁纽带作用，努力建强"三支队伍"，持续推进"健康国能"工程，推动创建精神文明单位，抓深一流企业建设。

3 月 2 日，国家能源集团党组副书记王敏在国电电力党委书记、副总经理罗梅健陪同下到国能锦界公司调研，指出要加强"新党建"实践，深化党的建设与企业发展一体模式，加强"新使命"担当，坚定不移贯彻新发展理念、推动高质量发展，加强"新模式"创建，实现多能协同一体化发展，加强"新技术"应用，保持企业发展的先进性，加强"新人才"培育，推动人才成长。

3 月 15 日，国能锦界公司荣获神木市高新技术产业开发区 2022 年度"优秀企业""统计先进单位"称号。

3 月 30 日，国能锦界公司"低能耗二氧化碳吸收/吸附技术工业示范和验证"示范工程通过国家科技部高技术中心验收。

3 月 31 日，国能锦界公司工会荣获陕西省能源化学地质工会"模范职工之家"称号。

4 月 19 日，国能锦界公司荣获陕西省"省级健康企业建设示范单位"称号。

4 月 27 日，国能锦界公司三期工程荣获中国电力企业联合会"2022 年度电力创新大奖"。

5 月 12 日，国能锦界公司"煤电＋CCUS＋新能源绿色低碳转型发展路径"案例荣获中国能源研究会"绿能星"一等奖，同时入选"2023 能源产业品牌成果典型案例100"及《中国能源产业品牌成果汇编》。

5 月 23 日，国能锦界公司厂区二期 3.1 兆瓦分布式光伏项目正式接入榆林电网。

8 月 15、16 日，国电电力总经理、党委副书记贾彦兵到国能锦界公司开展主题教育调研并讲授专题党课。

8 月 17 日，国能锦界公司 6 号机组被中国电力企业联合会评选为"2022 年度全国发电机组可靠性对标 600 兆瓦等级燃煤煤粉锅炉标杆机组"。

8 月 24 日，陕西省政协副主席、榆林市委书记张晓光和国家统计局党组成员、副局长蔺涛到国能锦界公司考察调研。

8 月 24、25 日，国电电力党委委员、副总经理张国林到国能锦界公司调研。

9月4、5日，国电电力党委书记、副总经理罗梅健到国能锦界公司调研，强调要持续抓好安全生产和能源保供，全力以赴抓好120万千瓦新能源项目建设，高标准推进第二批主题教育。

9月20日，国务院参事室副主任张彦通带领"能源转型与高质量发展"课题组，在陕西省政府办公厅副主任程光明、榆林市市长张胜利陪同下到国能锦界公司考察调研。

10月11日，中国电力企业联合会专职副理事长于崇德到国能锦界公司调研。国电电力副总经理朱江涛、中电联可靠性管理中心主任周霞陪同调研。

10月31日，国能锦界公司与国能新能源技术研究院、国电电力、浙江大学、西北大学共同完成的《燃煤电厂烟气脱碳关键技术研究与应用》项目，荣获生态环境部"2023年度环境保护科学技术奖二等奖"。

11月9日，国能锦界公司取得水利部黄河水利委员会颁发的锦界煤矿取水许可证，批复年生产、生活取水量为329.02万 m^3。

11月14日，中央主题教育第二十三巡回指导组副组长、国资委国企绩效评价中心副主任谭志博带领中央第二十三巡回指导组成员到国能锦界公司进行实地考察调研。国家能源集团公司团委书记、党建工作部副主任孙琰陪同调研。

11月23日，国家能源集团党组副书记、总经理余兵到国能锦界公司调研，要求加强防范化解重大安全风险、持续提升经营业绩、加大研发投入、推进低成本CCUS运行研究，深入学习领会习近平新时代中国特色社会主义思想的世界观和方法论，推进党建工作与安全生产、提质增效工作深度融合。

12月12日，国能锦界公司与北元集团签订工业蒸汽供用项目合同。

12月21日，国家能源集团党组成员、副总经理傅振邦到国能锦界公司调研，强调要细化能源保供方案和保障措施、加快推动"三改联动"和综合能源转型发展、深入研究超临界水蒸煤制氢发电技术的可行性、前瞻性谋划全厂千万吨级CCUS产业集群，打造"双碳"领域科技创新高地。

12月28日，国能锦界公司联合西北大学申报的"陕西省四主体—联合绿色低碳技术校企联合研究中心"获得陕西省科学技术厅批复。

2024年

1月29、30日，国电电力总经理、党委副书记贾彦兵到国能锦界公司调研，就新能源发展、榆神2×660MW煤电项目建设以及600MW整机CCUS示范工程等提出工作要求。

2月2日，国能锦界公司入选2023年度陕西百强企业，位列第47位。

2月4日，高过斌任国能锦界能源有限责任公司党委书记、董事长，陈兵任总经理、党委副书记。

2月6日，哈尔滨汽轮机厂和国能锦界公司联合申报的世界首例"660MW超超临界高位布置汽轮机关键技术研究与应用"项目，荣获由中国创新设计产业战略联盟、中国工程院、中国机械工程学会共同评选的"2023年度中国好设计银奖"。

2月7日，陕西省政协副主席、榆林市委书记张晓光听取了国能锦界公司党委书记、董事长高过斌关于进一步融入榆林市发展规划布局，加快推动煤炭、火电、新能源、铁路运输和CCUS碳捕集"五位一体化"产业发展的专题汇报。张晓光书记勉励锦界公司加快创新发展，为地方经济发展做出更大贡献。同日，高过斌就上述情况向榆林市委副书记、市长张胜利进行了交流汇报。

2月21~23日，国能锦界公司党委书记、董事长高过斌列席榆林市五届人大四次会议、政协五届三次会议。

2月29日，陕西省委科技工委书记、省科技厅厅长姜建春到国能锦界公司调研科技创新情况，指出要聚焦战新产业和未来产业培育布局，加快科技创新、产业创新，塑造适应新质生产力的生产关系，增强高质量发展新动能。陕西省科技厅郭文奇处长参加调研。

3月6日，国能锦界公司发布"1267"创一流文化指引。

3月21日，国际能源署煤炭工业咨询委员会专家到国能锦界公司参观调研。

3月22日，国能锦界公司、西北电力设计院、国家能源集团、国电电力发展股份有限公司、国华电力研究院、电力规划总院、哈电集团、中国能建集团、上海锅炉厂、青岛隔而固公司联合申报的"世界首例高位布置汽轮机发电机组关键技术及应用"荣获2023年度陕西省科学技术进步奖一等奖。